电子信息学科基础课程系列教材

教育部高等学校电工电子基础课程教学指导委员会推荐教材

国家精品课程教材

自动控制原理

卢京潮　主编

赵　忠 刘慧英 袁冬莉 贾秋玲　编著

清华大学出版社

北京

内 容 简 介

本书比较全面、系统地介绍了自动控制理论的基本内容和控制系统的分析、校正及综合设计方法。全书共分为8章，主要包括自动控制的基本概念，系统数学模型的建立，用以对控制系统进行分析、校正的时域法、根轨迹法和频域法，线性离散系统的分析与校正方法，分析非线性系统的相平面法和描述函数法以及控制系统的状态空间分析与综合设计方法等内容。全书计算绘图附有相应的MATLAB程序，每章给出了相应的内容提要和知识脉络图，并配有适当的习题；附录中有综合练习题以及各章习题的答案。

本书可作为高等学校电子信息科学类、仪器仪表类、电气信息类、自动控制类相关专业的教材，可作为成人教育和继续教育的教材，也可作为科技人员的参考用书。

图书在版编目(CIP)数据

自动控制原理/卢京潮主编. —北京：清华大学出版社，2013.3(2025.1重印)
(电子信息学科基础课程系列教材)
ISBN 978-7-302-31075-4

Ⅰ. ①自… Ⅱ. ①卢… Ⅲ. ①自动控制理论－高等学校－教材 Ⅳ. ①TP13

中国版本图书馆CIP数据核字(2012)第303471号

责任编辑：盛东亮 文 怡
封面设计：常雪影
责任校对：李建庄
责任印制：丛怀宇

出版发行：清华大学出版社
网　　址：https://www.tup.com.cn，https://www.wqxuetang.com
地　　址：北京清华大学学研大厦A座　　**邮　　编：**100084
社 总 机：010-83470000　　**邮　　购：**010-62786544
投稿与读者服务：010-62776969，c-service@tup.tsinghua.edu.cn
质量反馈：010-62772015，zhiliang@tup.tsinghua.edu.cn
课件下载：https://www.tup.com.cn,010-62795954
印 装 者：涿州汇美亿浓印刷有限公司
经　　销：全国新华书店
开　　本：185mm×260mm　　**印　　张：**27.75　　**字　　数：**691千字
版　　次：2013年3月第1版　　**印　　次：**2025年1月第23次印刷
定　　价：69.50元

产品编号：042785-03

《电子信息学科基础课程系列教材》
编 审 委 员 会

主任委员

王志功(东南大学)

委员(按姓氏笔画)

马旭东(东南大学)
王小海(浙江大学)
王　萍(天津大学)
刘宗行(重庆大学)
刘新元(北京大学)
张晓林(北京航空航天大学)
陈后金(北京交通大学)
郭宝龙(西安电子科技大学)
高上凯(清华大学)
徐淑华(青岛大学)
崔　翔(华北电力大学)
董在望(清华大学)
蒋宗礼(北京工业大学)
邓建国(西安交通大学)
王诗宓(清华大学)
王福昌(华中科技大学)
刘润华(中国石油大学)
张　石(东北大学)
沈连丰(东南大学)
郑宝玉(南京邮电大学)
柯亨玉(武汉大学)
高小榕(清华大学)
袁建生(清华大学)
傅丰林(西安电子科技大学)
曾孝平(重庆大学)

《电子信息学科基础课程系列教材》
丛书序

电子信息学科是当今世界上发展最快的学科，作为众多应用技术的理论基础，对人类文明的发展起着重要的作用。它包含诸如电子科学与技术、电子信息工程、通信工程和微波工程等一系列子学科，同时涉及计算机、自动化和生物电子等众多相关学科。对于这样一个庞大的体系，想要在学校将所有知识教给学生已不可能。以专业教育为主要目的的大学教育，必须对自己的学科知识体系进行必要的梳理。本系列丛书就是试图搭建一个电子信息学科的基础知识体系平台。

目前，中国电子信息类学科高等教育的教学中存在着如下问题：

(1) 在课程设置和教学实践中，学科分立，课程分立，缺乏集成和贯通；

(2) 部分知识缺乏前沿性，局部知识过细、过难，缺乏整体性和纲领性；

(3) 教学与实践环节脱节，知识型教学多于研究型教学，所培养的电子信息学科人才不能很好地满足社会的需求。

在新世纪之初，积极总结我国电子信息类学科高等教育的经验，分析发展趋势，研究教学与实践模式，从而制定出一个完整的电子信息学科基础教程体系，是非常有意义的。

根据教育部高教司 2003 年 8 月 28 日发出的[2003]141 号文件，教育部高等学校电子信息与电气信息类基础课程教学指导分委员会(基础课分教指委)在 2004—2005 两年期间制定了"电路分析"、"信号与系统"、"电磁场"、"电子技术"和"电工学"5 个方向电子信息科学与电气信息类基础课程的教学基本要求。然而，这些教学要求基本上是按方向独立开展工作的，没有深入开展整个课程体系的研究，并且提出的是各课程最基本的教学要求，针对的是"2＋X＋Y"或者"211 工程"和"985 工程"之外的大学。

同一时期，清华大学出版社成立了"电子信息学科基础教程研究组"，历时 3 年，组织了各类教学研讨会，以各种方式和渠道对国内外一些大学的 EE(电子电气)专业的课程体系进行收集和研究，并在国内率先推出了关于电子信息学科基础课程的体系研究报告《电子信息学科基础教程 2004》。该成果得到教育部高等学校电子信息与电气学科教学指导委员会的高度评价，认为该成果"适应我国电子信息学科基础教学的需要，有较好的指导意义，达到了国内领先水平"，"对不同类型院校构建相关学科基础教学平台均有较好的参考价值"。

在此基础上，由我担任主编，筹建了"电子信息学科基础课程系列教材"编委会。编委会多次组织部分高校的教学名师、主讲教师和教育部高等学校教学指导委员会委员，进一步探讨和完善《电子信息学科基础教程 2004》研究成果，并组织编写了这套"电子信息学科基础课程系列教材"。

在教材的编写过程中，我们强调了“基础性、系统性、集成性、可行性”的编写原则，突出了以下特点：

(1) 体现科学技术领域已经确立的新知识和新成果。

(2) 学习国外先进教学经验，汇集国内最先进的教学成果。

(3) 定位于国内重点院校，着重于理工结合。

(4) 建立在对教学计划和课程体系的研究基础之上，尽可能覆盖电子信息学科的全部基础。本丛书规划的 14 门课程，覆盖了电气信息类如下全部 7 个本科专业：

- 电子信息工程
- 通信工程
- 电子科学与技术
- 计算机科学与技术
- 自动化
- 电气工程与自动化
- 生物医学工程

(5) 课程体系整体设计，各课程知识点合理划分，前后衔接，避免各课程内容之间交叉重复，目标是使各门课程的知识点形成有机的整体，使学生能够在规定的课时数内，掌握必需的知识和技术。各课程之间的知识点关联如下图所示：

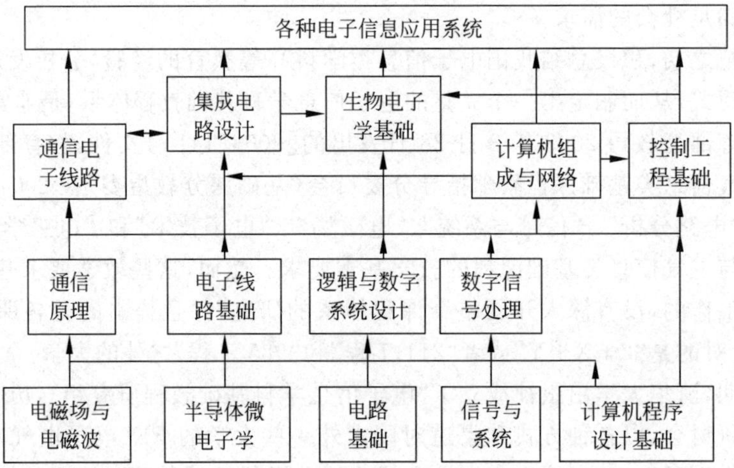

即力争将本科生的课程限定在有限的与精选的一套核心概念上，强调知识的广度。

(6) 以主教材为核心，配套出版习题解答、实验指导书、多媒体课件，提供全面的教学解决方案，实现多角度、多层面的人才培养模式。

(7) 由国内重点大学的精品课主讲教师、教学名师和教指委委员担任相关课程的设计和教材的编写，力争反映国内最先进的教改成果。

我国高等学校电子信息类专业的办学背景各不相同，教学和科研水平相差较大。本系列教材广泛听取了各方面的意见，汲取了国内优秀的教学成果，希望能为电子信息学科教学提供一份精心配备的搭配科学、营养全面的“套餐”，能为国内高等学校教学内容和课程体系的改革发挥积极的作用。

然而，对于高等院校如何培养出既具有扎实的基本功，又富有挑战精神和创造意识的社会栋梁，以满足科学技术发展和国家建设发展的需要，还有许多值得思考和探索的问题。比如，如何为学生营造一个宽松的学习氛围？如何引导学生主动学习，超越自己？如何为学生打下宽厚的知识基础和培养某一领域的研究能力？如何增加工程方法训练，将扎实的基础和宽广的领域才能转化为工程实践中的创造力？如何激发学生深入探索的勇气？这些都需要我们教育工作者进行更深入的研究。

提高教学质量，深化教学改革，始终是高等学校的工作重点，需要所有关心我国高等教育事业人士的热心支持。在此，谨向所有参与本系列教材建设工作的同仁致以衷心的感谢！

本套教材可能会存在一些不当甚至谬误之处，欢迎广大的使用者提出批评和意见，以促进教材的进一步完善。

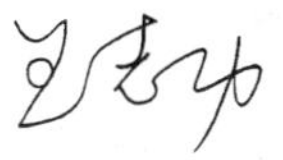

2008 年 1 月

前言

随着工业生产和科学技术的发展，自动控制技术已经广泛深入地应用于工农业生产、交通运输、国防现代化和航空航天等许多领域。自动控制原理作为工科院校重要的技术基础课，不仅对工程技术有指导作用，而且对培养学生的辩证思维能力，建立理论联系实际的科学观点和提高综合分析问题的能力，都具有重要的作用。深入理解、掌握自动控制原理课程的概念、思想和方法，对于学生日后解决实际控制工程问题，掌握控制理论其他学科领域的知识，都是必备的基础。

本书是在西北工业大学出版社出版的，被列为普通高等教育“十一五”国家级规划教材的《自动控制原理》（第 2 版）教材基础上，经过重新修订、更新而完成的。

本书比较全面地阐述了自动控制的基本原理，系统地介绍了自动控制系统分析和综合设计的基本方法。全书共分 8 章。前 5 章涉及线性定常连续系统的理论，具体包括自动控制的一般概念，描述系统的数学模型及其建立方法，用于系统分析、校正的时域法、根轨迹法和频域法。详细讨论了系统稳定性、快速性、准确性的定量计算与系统反馈、前馈校正方法；介绍了根轨迹的绘制法则以及利用根轨迹分析系统性能的方法；系统讲述了频率特性的绘制、频域中的稳定判据、性能分析以及串联校正方法。第 6 章是线性定常离散系统理论，介绍 z 变换理论和描述离散系统的数学模型，讲述分析离散系统性能的方法，讨论数字控制器的模拟化校正实现方法和数字校正设计方法。第 7 章属于非线性控制理论，介绍分析非线性系统的相平面法和描述函数法。第 8 章讲述现代控制理论中的状态空间分析与综合设计方法，系统介绍了控制系统的状态空间描述，运动分析，稳定性分析，可控性、可观测性以及极点配置和状态观测器设计等内容。

书中的计算绘图附有相应的 MATLAB 程序，各章配有适量的习题，以配合课堂教学，帮助读者准确理解有关概念，掌握解题方法和技巧，检验计算结果。每章之后的小结中给出了相应的内容提要和知识脉络图，帮助读者把握章节的要点和课程的体系结构。附录中有拉普拉斯变换、综合练习题及各章习题答案。

本书详细地阐述了课程的重点内容，删除了工程中不常用的扩展部分；以基本内容为主线，注重基本概念和原理的讲解，突出工程实用方法，在有些理论性较强的部分和主要的设计方法上作了较详细的分析与讨论。本书仍保持了论述系统、严谨，论证周密，理论性、系统性强；例题、习题丰富，配合基本概念，易于理解，又紧密结合工程实际，便于自学掌握和应用等显著特点。

本书由卢京潮主编，参加修订工作的有：刘慧英（第 2 章（部分））、贾秋玲（第 3 章）、袁冬莉（第 4、5 章）、赵忠（第 8 章）、卢京潮（第 1、2（部分）、6、7 章及附录）。宛良信教授仔细审阅了全书并提出了宝贵的修改意见。

本书修订过程中，参考了许多院校老师们编写的教科书和习题集，得到了学校教务处、清华大学出版社等有关同志的大力帮助。在此，谨向关心并为本书的修订、出版付出辛勤劳动的所有同志表示深深的谢意！

由于作者水平有限，书中难免出现错误及不妥之处，恳请各位读者、同行批评指正。

编　者

2012 年 12 月

于西北工业大学

目录

目录

目录

目录

目录

目录

第1章 自动控制的一般概念

1.1 引言

在科学技术飞速发展的今天，自动控制技术和理论已经成为现代社会不可缺少的组成部分。自动控制技术及理论已经广泛地应用于机械、冶金、石油、化工、电子、电力、航空、航海、航天、核工业等各个学科领域。近年来，控制学科的应用范围还扩展到交通管理、生物医学、生态环境、经济管理、社会科学和其他许多社会生活领域，并对各学科之间的相互渗透起到了促进作用。自动控制技术的应用不仅使生产过程实现自动化，从而提高了劳动生产率和产品质量，降低了生产成本，提高了经济效益，改善了劳动条件，使人们从繁重的体力劳动和单调重复的脑力劳动中解放出来；而且在人类征服大自然、探索新能源、发展空间技术和创造人类社会文明等方面都具有十分重要的意义。

自动控制理论是研究关于自动控制系统组成、分析和综合的一般性理论，是研究自动控制共同规律的技术科学。学习和研究自动控制理论是为了探索自动控制系统中变量的运动规律和改变这种运动规律的可能性和途径，为建立高性能的自动控制系统提供必要的理论根据。作为现代的工程技术人员和科学工作者，都必须具备一定的自动控制理论基础知识。

1.2 自动控制理论发展概述

自动控制理论是在人类征服自然的生产实践活动中孕育、产生，并随着社会生产和科学技术的进步而不断发展、完善起来的。

早在古代，劳动人民就凭借生产实践中积累的丰富经验和对反馈概念的直观认识，发明了许多闪烁控制理论智慧火花的杰作。例如我国北宋时代（公元 1086—1089 年）苏颂和韩公廉利用天衡装置制造的水运仪象台，就是一个按负反馈原理构成的闭环非线性自动控制系统；1681 年 Dennis Papin 发明了用作安全调节装置的锅炉压力调节器；1765 年俄国人普尔佐诺夫(I. Polzunov)发明了蒸汽锅炉水位调节器等等。

1788 年，英国人瓦特(James Watt)在他发明的蒸汽机上使用了离心调速器，解决了蒸汽机的速度控制问题，引起了人们对控制技术的重视。之后人们曾经试图改善调速器的准确性，却常常导致系统产生振荡。

实践中出现的问题，促使科学家们从理论上进行探索研究。1868 年，英国物理学家麦克斯韦(J. C. Maxwell)通过对调速系统线性常微分方程的建立和分析，解释了瓦特速度控制系统中出现的不稳定问题，开辟了用数学方法研究控制系统的途径。此后，英国数学家劳斯(E. J. Routh)和德国数学家赫尔维茨(A. Hurwitz)分别在 1877 年和 1895 年独立地建立了直接根据代数方程的系数判别系统稳定性的准则。这些方法奠定了经典控制理论中时域分析法的基础。

1932 年，美国物理学家奈奎斯特(H. Nyquist)研究了长距离电话线信号传输中出现的失真问题，运用复变函数理论建立了以频率特性为基础的稳定性判据，奠定了频率响应法的基础。随后，伯德(H. W. Bode)和尼柯尔斯(N. B. Nichols)在 20 世纪 30 年代末和 40 年代初进一步将频率响应法加以发展，形成了经典控制理论的频域分析法，为工程技术人员提供了一个设计反馈控制系统的有效工具。

二战期间，反馈控制方法被广泛用于设计研制飞机自动驾驶仪、火炮定位系统、雷达天线控制系统以及其他军用系统。这些系统的复杂性和对快速跟踪、精确控制的高性能追求，迫切要求拓展已有的控制技术，导致了许多新的见解和方法的产生。同时，还促进了对非线性系统、采样系统以及随机控制系统的研究。

1948 年，美国科学家伊万斯(W. R. Evans)创立了根轨迹分析方法，为分析系统性能随系统参数变化的规律性提供了有力工具，被广泛应用于反馈控制系统的分析、设计。

以传递函数作为描述系统的数学模型，以时域分析法、根轨迹法和频域分析法为主要分析设计工具，构成了经典控制理论的基本框架。到 20 世纪 50 年代，经典控制理论发展到相当成熟的地步，形成了相对完整的理论体系，为指导当时的控制工程实践发挥了极大的作用。

经典控制理论研究的对象基本上是以线性定常系统为主的单输入-单输出系统，还不能解决如时变参数问题，多变量、强耦合等复杂的控制问题。

20 世纪 50 年代中期，空间技术的发展迫切要求解决更复杂的多变量系统、非线性系统的最优控制问题(例如火箭和宇航器的导航、跟踪和着陆过程中的高精度、低消耗控制)。实践的需求推动了控制理论的进步，同时，计算机技术的发展也从计算手段上为控制理论的发展提供了条件。适合于描述航天器的运动规律、又便于计算机求解的状态空间描述成为主要的模型形式。俄国数学家李雅普诺夫(A. M. Lyapunov) 1892 年创立的稳定性理论被引用到控制中。1956 年，前苏联科学家庞特里亚金(Pontryagin)提出极大值原理。同年，美国数学家贝尔曼(R. Bellman)创立了动态规划。极大值原理和动态规划为解决最优控制问题提供了理论工具。1959 年美国数学家卡尔曼(R. Kalman)提出了著名的卡尔曼滤波算法，1960 年卡尔曼又提出系统的可控性和可观测性问题。到 20 世纪 60 年代初，一套以状态方程作为描述系统的数学模型，以最优控制和卡尔曼滤波为核心的控制系统分析设计的新原理和方法基本确定，现代控制理论应运而生。

现代控制理论主要利用计算机作为系统建模分析、设计乃至控制的手段，适用于多变量、非线性、时变系统。现代控制理论在航空、航天、制导与控制中创造了辉煌的成就，人类迈向宇宙的梦想变为现实。

为了解决现代控制理论在工业生产过程应用中所遇到的被控对象精确状态空间模型不易建立、合适的最优性能指标难以构造、所得最优控制器往往过于复杂等问题，科学家们不懈努力，近几十年中不断提出一些新的控制方法和理论，例如，自适应控制、预测控制、容错控制、鲁棒控制、非线性控制和大系统、复杂系统控制等，大大地扩展了控制理论的研究范围。

控制理论目前还在不断向更深、更广的领域发展。以控制论、信息论和仿生学为基础的智能控制理论，开拓了更广泛的研究领域，在信息与控制学科研究中注入了蓬勃的生命力。无论在数学工具、理论基础，还是在研究方法上都产生了实质性的飞跃，启发并扩展了人的思维方式，引导人们去探讨自然界更为深刻的运动机理。

控制理论的深入发展，必将有力地推动社会生产力的发展，提高人民的生活水平，促进人类社会的向前发展。

1.3 自动控制和自动控制系统的基本概念

1.3.1 自动控制问题的提出

在许多工业生产过程或生产设备运行中，为了保证正常的工作条件，往往需要对某些物理量（如温度、压力、流量、液位、电压、位移、转速等）进行控制，使其尽量维持在某个数值附近，或使其按一定规律变化。要满足这种需要，就应该对生产机械或设备进行及时的操作，以抵消外界干扰的影响。这种操作通常称为控制，用人工操作完成称为人工控制，用自动装置来完成称为自动控制。

图 1-1(a)所示是人工控制水位保持恒定的供水系统。水池中的水位是被控制的物理量，简称被控量。水池这个设备是控制的对象，简称被控对象。当水位在给定位置且流入、流出量相等时，它处于平衡状态。当流出量发生变化或水位给定值发生变化时，就需要对流入量进行必要的控制。在人工控制方式下，工人用眼观看水位情况，用脑比较实际水位与期望水位的差异并根据经验做出决策，确定进水阀门的调节方向与幅度，然后用手操作进水阀门进行调节，最终使水位等于给定值。只要水位偏离了期望值，工人便要重复上述调节过程。

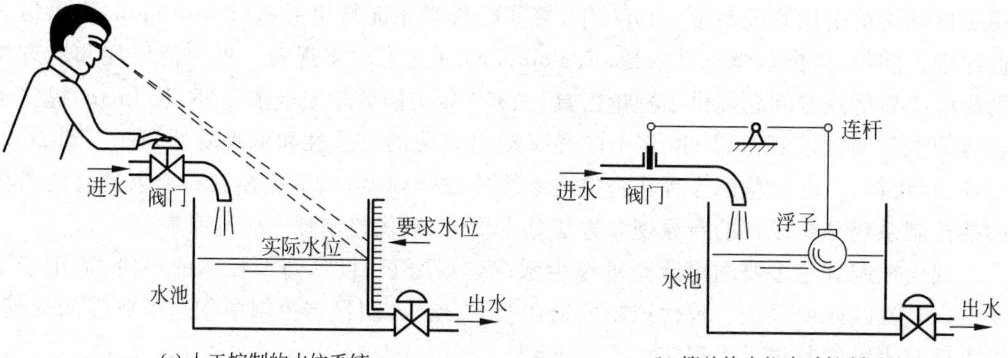

(a) 人工控制的水位系统　　(b) 简单的水位自动控制系统

图 1-1　水位控制系统

图 1-1(b)所示是水池水位自动控制系统的一种简单形式。图中用浮子代替人的眼睛，来测量水位高低；另用一套杠杆机构代替人的大脑和手的功能，来进行比较、计算误差并实施控制。杠杆的一端由浮子带动，另一端则连向进水阀门。当用水量增大时，水位开始下降，浮子也随之降低，通过杠杆的作用将进水阀门开大，使水位回到期望值附近。反之，若用水量变小，则水位及浮子上升，进水阀门关小，水位自动下降到期望值附近。整个过程中无需人工直接参与，控制过程是自动进行的。

图 1-1(b)所示的系统虽然可以实现自动控制，但由于结构简陋而存在缺陷，主要表现在被控制的水位高度将随着出水量的变化而变化。出水量越多，水位就越低，偏离期望值就越远，误差越大。控制的结果，总存在着一定范围的误差值。这是因为当出水量增加时，为了使水位基本保持恒定不变，就得开大阀门，增加进水量。要开大进水阀，唯一的途径是浮子要下降得更多，这意味着实际水位要偏离期望值更多。这样，整个系统就会在较低的水位上建立起新的平衡状态。

为克服上述缺点，可在原系统中增加一些设备而组成较完善的自动控制系统，如图 1-2 所示。这里，浮子仍是测量元件，连杆起着比较作用，它将期望水位与实际水位两者进行比较，得出误差，同时推动电位器的滑臂上下移动。电位器输出电压反映了误差的性质(大小和方向)。电位器输出的微弱电压经放大器放大后驱动直流伺服电动机，其转轴经减速器后拖动进水阀门，对系统施加控制作用。

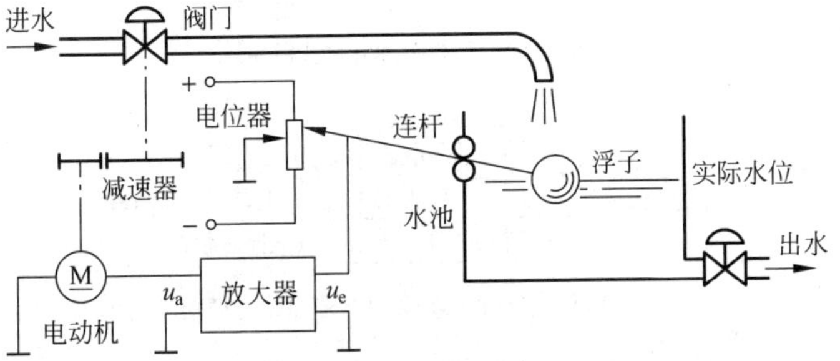

图 1-2　水位控制系统

在正常情况下，实际水位等于期望值，此时，电位器的滑臂居中，$u_e=0$。当出水量增大时，浮子下降，带动电位器滑臂向上移动，输出电压 $u_e>0$，经放大后成为 u_a，控制电动机正向旋转，以增大进水阀门开度，促使水位回升。当实际水位回复到期望值时，$u_e=0$，系统达到新的平衡状态。

可见，该系统在运行时，无论何种干扰引起水位出现偏差，系统都要进行调节，最终总是使实际水位等于期望值，大大提高了控制精度。

由此例可知，自动控制和人工控制极为相似，自动控制系统只不过是把某些装置有机地组合在一起，以代替人的职能而已。图 1-2 中所示的浮子相当于人的眼睛，对实际水位进行测量；连杆和电位器类似于大脑，完成比较运算，给出偏差的大小和极性；电动机相当于人手，调节阀门开度，对水位实施控制。这些装置相互配合，承担着控制的职能，通常称之为控制器(或控制装置)。任何一个控制系统，都是由被控对象和控制器两部分组成的。

1.3.2　开环控制系统

最常见的控制方式有三种：开环控制、闭环控制和复合控制。对于某一个具体的系统，采取什么样的控制手段，应该根据具体的用途和目的而定。

系统的控制作用不受输出影响的控制系统称开环控制系统。在开环控制系统中，输入端与输出端之间，只有信号的前向通道而不存在由输出端到输入端的反馈通路。

图 1-3(a)所示的他激直流电动机转速控制系统就是一个开环控制系统。它的任务是控制直流电动机以恒定的转速带动负载工作。系统的工作原理是：调节电位器 R_w 的滑臂，使其输出给定参考电压 u_r。u_r 经电压放大和功率放大后成为 u_a，送到电动机的电枢端，用来控制电动机转速。在负载恒定的条件下，他激直流电动机的转速 ω 与电枢电压 u_a 成正比，只要改变给定电压 u_r，便可得到相应的电动机转速 ω。

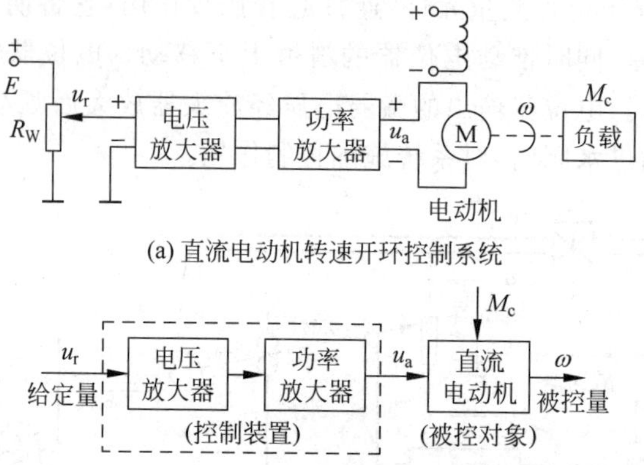

(a) 直流电动机转速开环控制系统

(b) 直流电动机转速开环控制系统方框图

图 1-3　直流电动机转速控制系统

在本系统中，直流电动机是被控对象，电动机的转速 ω 是被控量，也称为系统的输出量或输出信号。参考电压 u_r 通常称为系统的给定量或输入量。

就图 1-3(a)而言，只有输入量 u_r 对输出量 ω 的单向控制作用，而输出量 ω 对输入量 u_r 却没有任何影响和联系，称这种系统为开环控制系统。

直流电动机转速开环控制系统可用图 1-3(b)所示的方框图表示。图中用方框代表系统中具有相应职能的元部件；用箭头表示元部件之间的信号及其传递方向。电动机负载转矩 M_c 的任何变动，都会使输出量 ω 偏离希望值，这种作用称之为干扰或扰动，在图 1-3(b)中用一个画在电动机上的箭头来表示。

1.3.3　闭环控制系统

开环控制系统精度不高和适应性不强的主要原因是缺少从系统输出到输入的反馈回路。若要提高控制精度，就必须把输出量的信息反馈到输入端，通过比较输入值与输出值，产生偏差信号，该偏差信号以一定的控制规律产生控制作用，逐步减小以至消除这一偏差，从而实现所要求的控制性能。系统的控制作用受输出量影响的控制系统称为闭环控制系统。

在图 1-3(a)所示的直流电动机转速开环控制系统中，加入一台测速发电机，并对电路稍作改变，便构成了如图 1-4(a)所示的直流电动机转速闭环控制系统。

图 1-4(a)中,测速发电机由电动机同轴带动,它将电动机的实际转速 ω(系统输出量)测量出来,并转换成电压 u_f,再反馈到系统的输入端与给定电压 u_r(系统输入量)进行比较,从而得出电压 $u_e = u_r - u_f$。由于该电压能间接地反映出误差的性质(即大小和正负方向),通常称之为偏差信号,简称偏差。偏差电压 u_e 经放大器放大后成为 u_a,用以控制电动机转速 ω。

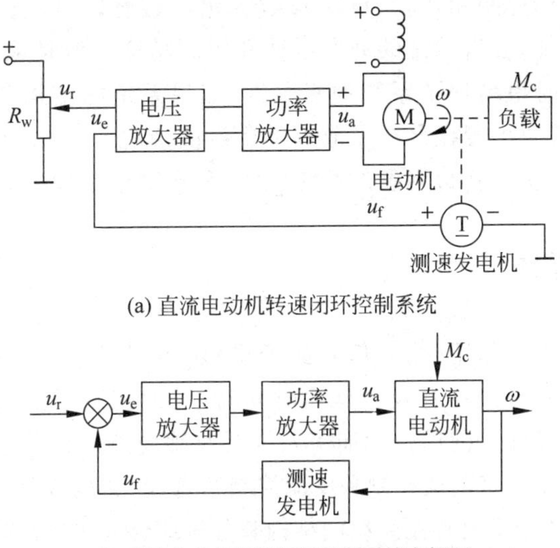

(a) 直流电动机转速闭环控制系统

(b) 直流电动机转速闭环控制系统方框图

图 1-4　直流电动机转速闭环控制系统

直流电动机转速闭环控制系统可用图 1-4(b)的方框图来表示。通常,把从系统输入量到输出量之间的通道称为前向通道;从输出量到反馈信号之间的通道称为反馈通道。方框图中用符号"⊗"表示比较环节,其输出量等于各个输入量的代数和。因此,各个输入量均须用正负号表明其极性。图中清楚地表明:由于采用了反馈回路,致使信号的传输路径形成闭合回路,使输出量反过来直接影响控制作用。这种通过反馈回路使系统构成闭环,并按偏差产生控制作用,用以减小或消除偏差的控制系统,称为闭环控制系统,或称反馈控制系统。

必须指出,在系统主反馈通道中,只有采用负反馈才能达到控制的目的。若采用正反馈,将使偏差越来越大,导致系统发散而无法工作。

闭环系统工作的本质机理是:将系统的输出信号引回到输入端,与输入信号相比较,利用所得的偏差信号对系统进行调节,达到减小偏差或消除偏差的目的。这就是负反馈控制原理,它是构成闭环控制系统的核心。

闭环控制是最常用的控制方式,我们所说的控制系统,一般都是指闭环控制系统。闭环控制系统是本课程讨论的重点。

1.3.4　开环控制系统与闭环控制系统的比较

一般来说,开环控制系统结构比较简单,成本较低。开环控制系统的缺点是控制精度不高，抑制干扰能力差，而且对系统参数变化比较敏感。一般用于可以不考虑外界影响或精度要求不高的场合，如洗衣机、步进电机控制装置以及水位调节系统等。

在闭环控制系统中，不论是输入信号的变化，或者干扰的影响，或者系统内部参数的改变，只要是被控量偏离了规定值，都会产生相应的作用去消除偏差。因此，闭环控制抑制干扰能力强。与开环控制相比，系统对参数变化不敏感，可以选用不太精密的元件构成较为精密的控制系统，获得满意的动态特性和控制精度。但是采用反馈装置需要添加元部件，造价较高，同时也增加了系统的复杂性，如果系统的结构参数选取不适当，控制过程可能变得很差，甚至出现振荡或发散等不稳定的情况。因此，如何分析系统，合理选择系统的结构和参数，从而获得满意的系统性能，是自动控制理论必须研究解决的问题。

1.3.5 复合控制系统

反馈控制只有在外部作用(输入信号或干扰)对控制对象产生影响之后才能做出相应的控制。尤其当控制对象具有较大延迟时间时，反馈控制不能及时调节输出的变化，会影响系统输出的平稳性。前馈控制能使系统及时感受输入信号，使系统在偏差即将产生之前就注意纠正偏差。将前馈控制和反馈控制结合起来，构成复合控制，它可以有效提高系统的控制精度。关于复合控制系统的结构和分析综合方法将在第 3 章中详细介绍。

1.4 自动控制系统的基本组成

任何一个自动控制系统都是由被控对象和控制器有机构成的。自动控制系统根据被控对象和具体用途不同，可以有各种不同的结构形式。图 1-5 是一个典型自动控制系统的功能框图。图中的每一个方框，代表一个具有特定功能的元件。除被控对象外，控制装置通常是由测量元件、比较元件、放大元件、执行机构、校正元件以及给定元件组成。这些功能元件分别承担相应的职能，共同完成控制任务。

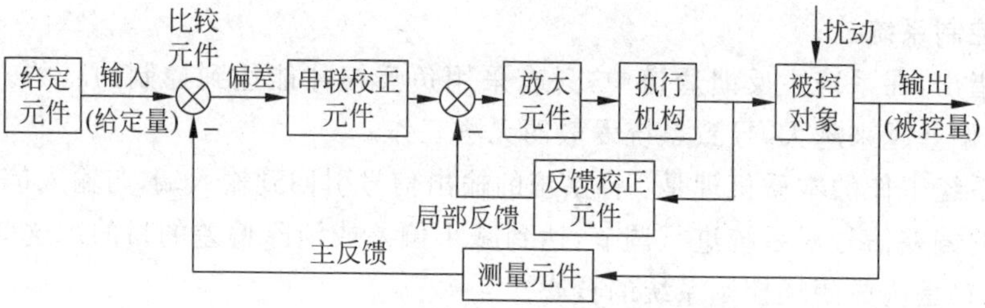

图 1-5　典型的反馈控制系统方框图

被控对象　一般是指生产过程中需要进行控制的工作机械、装置或生产过程。描述被控对象工作状态的、需要进行控制的物理量就是被控量。

给定元件　主要用于产生给定信号或控制输入信号。例如图 1-4(a)中直流电动机转速控制系统中的电位器。

测量元件 用于检测被控量或输出量，产生反馈信号。如果被检测的物理量属于非电量，一般要转换成电量以便处理。例如，图 1-4(a)中直流电动机转速控制系统中的测速发电机。

比较元件 用来比较输入信号和反馈信号之间的偏差。它可以是一个差动电路，也可以是一个物理元件(如电桥电路、差动放大器、自整角机等)。

放大元件 用来放大偏差信号的幅值和功率，使之能够推动执行机构调节被控对象。例如功率放大器、电液伺服阀等。

执行机构 用于直接对被控对象进行操作，调节被控量。如阀门，伺服电动机等。

校正元件 用来改善或提高系统的性能。常用串联或反馈的方式连接在系统中。例如 RC 网络、测速发电机等。

1.5 控制系统示例

1. 电压调节系统

电压调节系统工作原理如图 1-6 所示。系统在运行过程中，不论负载如何变化，要求发电机能够提供规定的电压值。在负载恒定，发电机输出规定电压的情况下，偏差电压 $\Delta u=u_r-u=0$，放大器输出为零，电动机不动，励磁电位器的滑臂保持在原来的位置上，发电机的励磁电流不变，发电机在原动机带动下维持恒定的输出电压。当负载增加使发电机输出电压低于规定电压时，反馈后的偏差电压 $\Delta u=u_r-u>0$，放大器输出电压 u_1 便驱动电动机带动励磁电位器的滑臂顺时针旋转，使励磁电流增加，发电机输出电压 u 上升。直到 u 达到规定电压 u_r 时，电动机停止转动，发电机在新的平衡状态下运行，输出满足要求的电压。

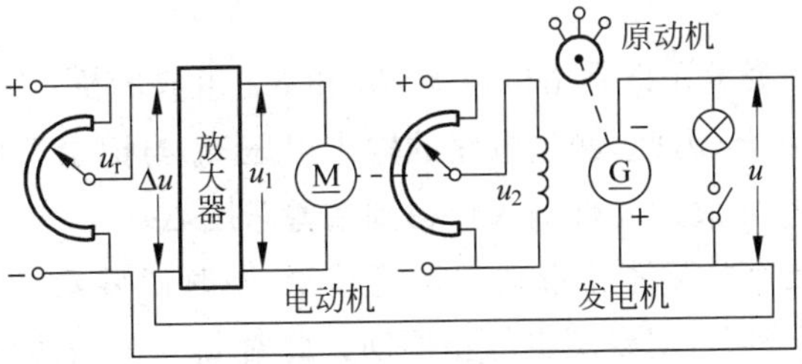

图 1-6 电压调节系统原理图

系统中，发电机是被控对象，发电机的输出电压是被控量，给定量是给定电位器设定的电压 u_r。系统方框图如图 1-7 所示。

2. 函数记录仪

函数记录仪是一种通用记录仪，它可以在直角坐标上自动描绘两个电量的函数关系。同时，记录仪还带有走纸机构，用以描绘一个电量与时间的函数关系。

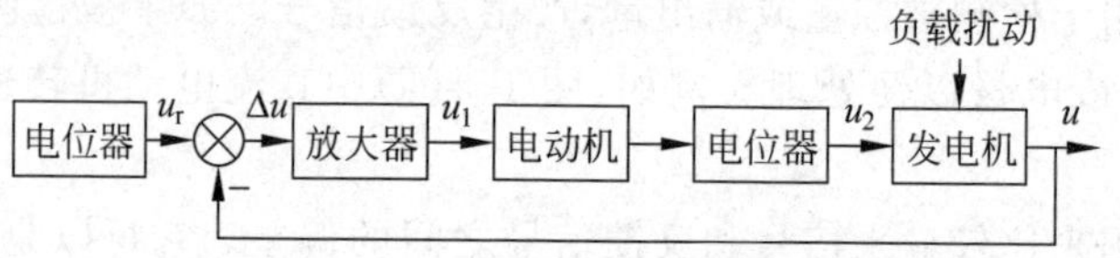

图 1-7　电压调节系统方框图

函数记录仪通常由衰减器、测量元件、放大元件、伺服电动机-测速机组、齿轮系及绳轮等组成，其工作原理如图 1-8 所示。系统的输入(给定量)是待记录电压，被控对象是记录笔，笔的位移是被控量。系统的任务是控制记录笔位移，在纸上描绘出待记录的电压曲线。

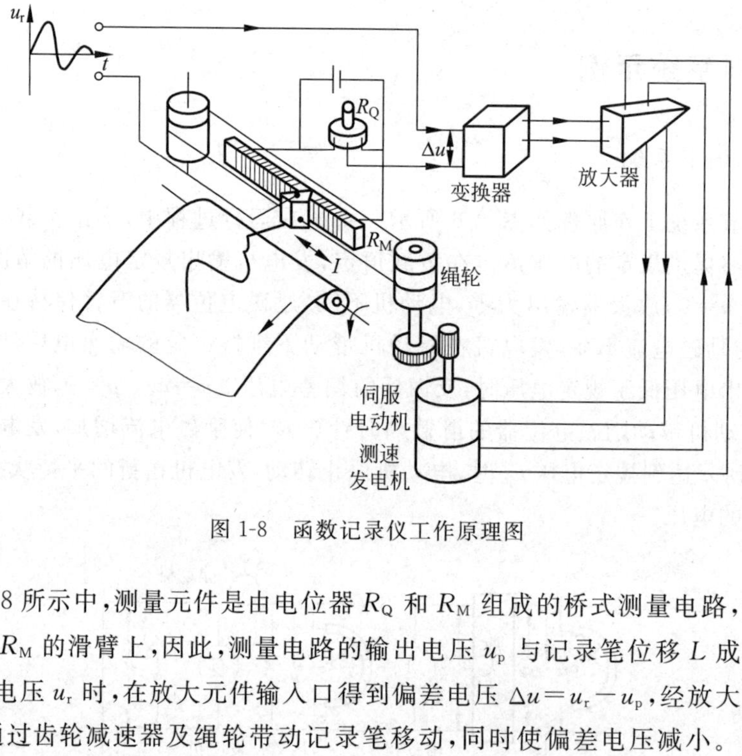

图 1-8　函数记录仪工作原理图

在图 1-8 所示中，测量元件是由电位器 R_Q 和 R_M 组成的桥式测量电路，记录笔就固定在电位器 R_M 的滑臂上，因此，测量电路的输出电压 u_p 与记录笔位移 L 成正比。当有慢变的输入电压 u_r 时，在放大元件输入口得到偏差电压 $\Delta u=u_r-u_p$，经放大后驱动伺服电动机，并通过齿轮减速器及绳轮带动记录笔移动，同时使偏差电压减小。当偏差电压 $\Delta u=0$ 时，电动机停止转动，记录笔也静止不动。此时 $u_p=u_r$，表明记录笔位移与输入电压相对应。如果输入电压随时间连续变化，记录笔便描绘出相应的电压曲线。

函数记录仪方框图见图 1-9。其中，测速发电机是校正元件，它测量电动机转速并进行反馈，用以增加阻尼，改善系统性能。

3. 火炮方位角控制系统

采用自整角机作为角度测量元件的火炮方位角控制系统如图 1-10 所示。图中的自整角机工作在变压器状态，自整角发送机 BD 的转子与输入轴连接，转子绕组通入单相交流电；自整角接收机 BS 的转子则与输出轴(炮架的方位角轴)相连接。

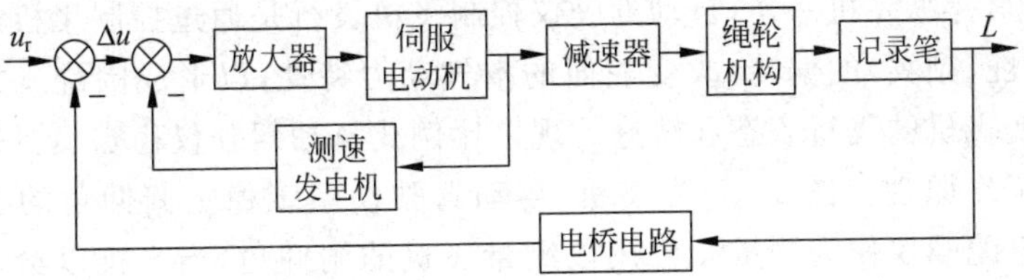

图 1-9　函数记录仪控制系统方框图

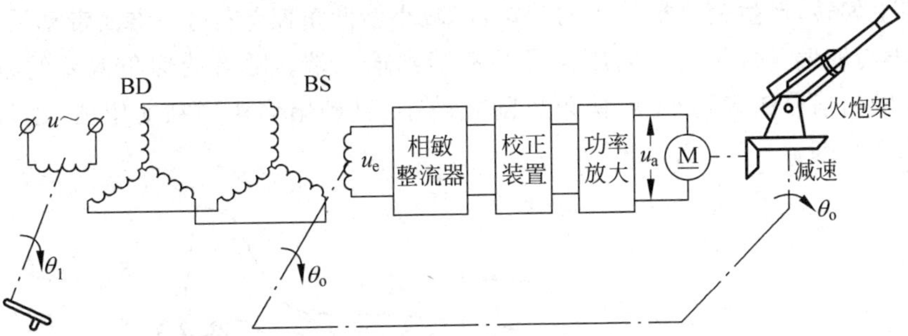

图 1-10　火炮方位角控制系统示意图

在转动瞄准具输入一个角度 θ_i 的瞬间，由于火炮方位角 $\theta_o \neq \theta_i$，会出现角位置偏差 θ_e。这时，自整角接收机 BS 的转子输出一个相应的交流调制信号电压 u_e，其幅值与 θ_e 的大小成正比，相位则取决于 θ_e 的极性。当偏差角 $\theta_e > 0$ 时，交流调制信号呈正相位；当 $\theta_e < 0$ 时，交流调制信号呈反相位。该调制信号经相敏整流器解调后，变成一个与 θ_e 的大小和极性对应的直流电压，经校正装置、放大器处理后成为 u_a。u_a 驱动电动机带动炮架转动，同时带动自整角接收机的转子将火炮方位角反馈到输入端。显然，电动机的旋转方向必须是朝着减小或消除偏差角 θ_e 的方向转动，直到 $\theta_o = \theta_i$ 为止。这样，火炮就指向了手柄给定的方位角上。

系统中，火炮是被控对象，火炮方位角 θ_o 是被控量，给定量是由手柄给定的方位角 θ_i。系统方框图如图 1-11 所示。

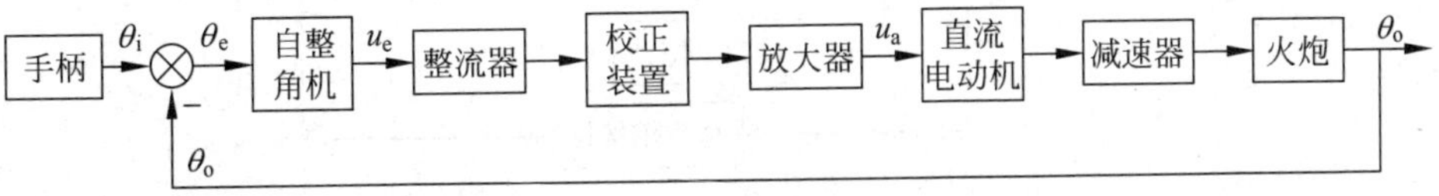

图 1-11　火炮方位角控制系统方框图

4. 飞机-自动驾驶仪系统

飞机-自动驾驶仪是一种能保持或改变飞机飞行状态的自动装置。它可以稳定飞机的姿态、高度和航迹；可以操纵飞机爬高、下滑和转弯。飞机和驾驶仪组成的控制系统称为飞机-自动驾驶仪系统。

如同飞行员操纵飞机一样，自动驾驶仪控制飞机飞行是通过控制飞机的三个操纵面(升降舵、方向舵、副翼)的偏转，改变舵面的空气动力特性，以形成围绕飞机质心的旋转力矩，从而改变飞机的飞行姿态和轨迹。现以比例式自动驾驶仪稳定飞机俯仰角的过程为例，说明其工作原理。图 1-12 为飞机-自动驾驶仪系统稳定俯仰角的工作原理示意图。图中，垂直陀螺仪作为测量元件用以测量飞机的俯仰角，当飞机以给定俯仰角水平飞行时，陀螺仪电位计没有电压输出；如果飞机受到扰动，使俯仰角向下偏离期望值，陀螺仪电位计输出与俯仰角偏差成正比的信号，经放大器放大后驱动舵机，一方面推动升降舵面向上偏转，产生使飞机抬头的转矩，以减小俯仰角偏差；另一方面带动反馈电位计滑臂，输出与舵偏角成正比的电压信号并反馈到输入端。随着俯仰角偏差的减小，陀螺仪电位计输出信号越来越小，舵偏角也随之减小，直到俯仰角回到期望值，这时，舵面也恢复到原来状态。

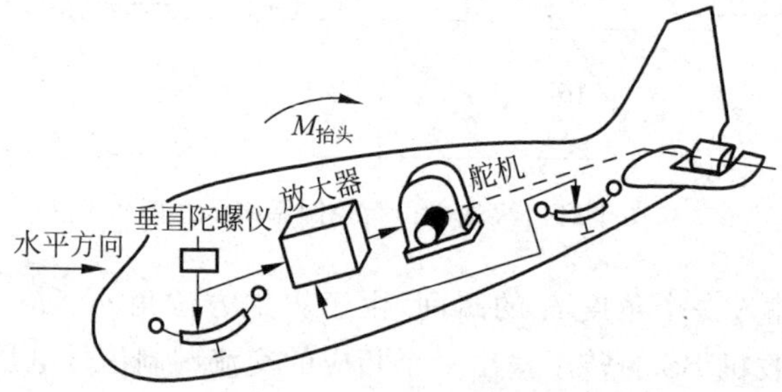

图 1-12　飞机-自动驾驶仪系统原理图

图 1-13 是飞机-自动驾驶仪俯仰角稳定系统方框图。图中，飞机是被控对象，俯仰角是被控量，放大器、舵机、垂直陀螺仪、反馈电位计等组成控制装置，即自动驾驶仪。参考量是给定的常值俯仰角，控制系统的任务就是在任何扰动(如阵风或气流冲击)作用下，始终保持飞机以给定俯仰角飞行。

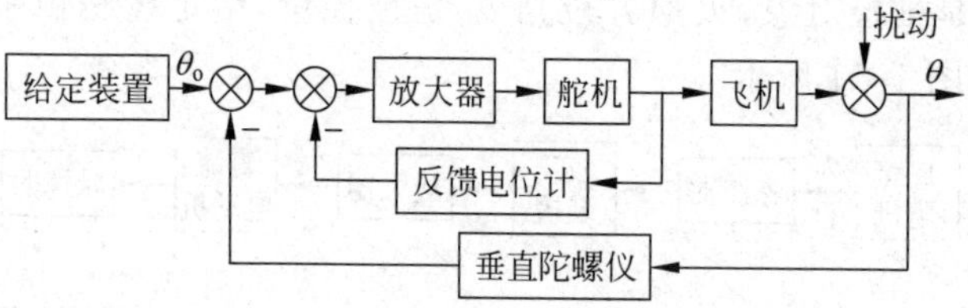

图 1-13　俯仰角控制系统方框图

1.6　自动控制系统的分类

自动控制系统的形式是多种多样的，用不同的标准划分，就有不同的分类方法。常见的有下述几种。

1.6.1 恒值控制系统、随动控制系统和程序控制系统

按给定信号的形式不同，可将控制系统划分为恒值控制系统和随动控制系统。

(1) 恒值控制系统

恒值控制系统(也称为定值系统或调节系统)的控制输入是恒定值，要求被控量保持给定值不变。例如前面提到的液位控制系统，直流电动机调速系统等。

(2) 随动控制系统

随动控制系统(也称为伺服系统)的控制输入是变化规律未知的时间函数，系统的任务是使被控量按同样的规律变化并与输入信号的误差保持在规定范围内。例如函数记录仪，自动火炮系统和飞机-自动驾驶仪系统等。

(3) 程序控制系统

程序控制系统的给定信号按预先编制的程序确定，要求被控量按相应的规律随控制信号变化。机械加工中的数控机床就是典型的例子。

1.6.2 定常系统和时变系统

按系统参数是否随时间变化，可以将系统分为定常系统和时变系统。

如果控制系统的参数在系统运行过程中不随时间变化，则称之为定常系统或者时不变系统，否则，称其为时变系统。实际系统中的温漂、元件老化等影响均属时变因素。严格的定常系统是不存在的。在所考察的时间间隔内，若系统参数的变化相对于系统的运动缓慢得多，则可近似将其作为定常系统来处理。

1.6.3 线性系统和非线性系统

按系统是否满足叠加原理，可以将系统分为线性系统和非线性系统。

由线性元部件组成的系统，称为线性系统，系统的运动方程能用线性微分方程描述。线性系统的主要特点是具有齐次性和叠加性。系统的稳定性与初始状态及外作用无关。

如果控制系统中含有一个或一个以上非线性元件，这样的系统就属于非线性控制系统。非线性系统不满足叠加原理，系统响应与初始状态和外作用都有关。非线性控制系统的有关内容在第7章中介绍。

实际物理系统都具有某种程度的非线性，但在一定范围内通过合理简化，大量物理系统都可以足够准确地用线性系统来描述。本书主要研究线性定常系统。

1.6.4 连续系统与离散系统

如果系统中各部分的信号都是连续函数形式的模拟量，则这样的系统就称为连续系统。1.5节中所列举的系统均属于连续系统。

如果系统中有一处或几处的信号是离散信号(脉冲序列或数码),则这样的系统就称为离散系统(包括采样系统和数字系统)。计算机控制系统就是离散控制系统的典型例子。有关离散系统分析、设计的内容将在第6章中介绍。

1.6.5 单变量系统和多变量系统

按照系统输入信号和输出信号的数目,可将系统分为单输入-单输出(SISO)系统和多输入-多输出(MIMO)系统。

单输入-单输出系统通常称为单变量系统,这种系统只有一个输入(不包括扰动输入)和一个输出。多输入-多输出系统通常称为多变量系统,有多个输入或多个输出。单变量系统可以视为多变量系统的特例。

1.7 对控制系统性能的基本要求

实际物理系统一般都含有储能元件或惯性元件,因而系统的输出量和反馈量总是滞后于输入量的变化。因此,当输入量发生变化时,输出量从原平衡状态变化到新的平衡状态总是要经历一定时间。在输入量的作用下,系统的输出变量由初始状态达到最终稳态的中间变化过程称为过渡过程,又称瞬态过程。过渡过程结束后的输出响应称为稳态过程。系统的输出响应由过渡过程和稳态过程组成。

不同的控制对象、不同的工作方式和控制任务,对系统的品质指标要求也往往不相同。一般说来,对系统品质指标的基本要求可以归纳为三个字:稳、准、快。

稳 稳是指系统的稳定性。稳定性是系统重新恢复平衡状态的能力。任何一个能够正常工作的控制系统,首先必须是稳定的。稳定是对自动控制系统的最基本要求。

由于闭环控制系统有反馈作用,控制过程有可能出现振荡或发散。以图1-10所示的火炮方位角控制系统为例,设系统原来处于静止状态,火炮方位角与手轮对应的方位角一致,$\theta_o=\theta_i$。若手轮突然转动某一角度(相当于系统输入阶跃信号),输入轴与输出轴之间便产生偏差角,自整角机输出相应的偏差电压 u_e。u_e 经整流器、校正装置和功率放大器处理后成为 u_a,驱动电动机带动火炮架向误差角减小的方向运动。当 $\theta_o=\theta_i$ 时,由于电动机电枢、火炮架存在惯性,输出轴不能立即停止转动,因而产生过调,$\theta_o>\theta_i$。过调导致偏差信号极性反相,使电机驱动火炮架开始制动,速度为零后又反向运动。如此反复下去,火炮架将在 θ_i 确定的方位上来回摆动。如果系统有足够的阻尼,则摆动振幅将随时间迅速衰减,使火炮架最终停留在 $\theta_o=\theta_i$ 的方位上,跟踪过程如图1-14中曲线1所示,系统便是稳定的。

并不是只要连接成负反馈形式后系统就一定能正常工作,若系统设计不当或参数调整不合理,系统响应过程可能出现振荡甚至发散,如图1-14中曲线3、曲线4和曲线5所示。这种情形下的系统是不稳定的。

不稳定的系统无法使用,系统激烈而持久的振荡会导致功率元件过载,甚至使设备

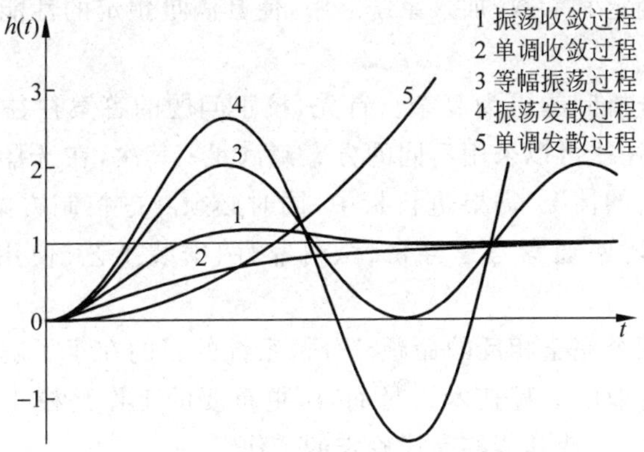

图 1-14　系统的单位阶跃响应过程

损坏而发生事故,这是绝不允许的。

准　准是对系统稳态(静态)性能的要求。对一个稳定的系统而言,当过渡过程结束后,系统输出量的实际值与期望值之差称为稳态误差,它是衡量系统控制精度的重要指标。稳态误差越小,表示系统的准确性越好,控制精度越高。

快　快是对系统动态(过渡过程)性能的要求。描述系统动态性能可以用平稳性和快速性加以衡量。平稳是指系统由初始状态过渡到新的平衡状态时,具有较小的过调和振荡性;快速是指系统过渡到新的平衡状态所需要的调节时间较短。动态性能是衡量系统质量高低的重要指标。

由于被控对象的具体情况不同,各种系统对上述三项性能指标的要求应有所侧重。例如恒值系统一般对稳态性能限制比较严格,随动系统一般对动态性能要求较高。

同一个系统,上述三项性能指标之间往往是相互制约的。提高过程的快速性,可能会引起系统强烈振荡;改善了平稳性,控制过程又可能很迟缓,甚至使最终精度也很差。分析和解决这些矛盾,将是本课程讨论的重要内容。

1.8　本课程的研究内容

自动控制原理是一门研究自动控制共同规律的工程技术科学,是研究自动控制技术的基础理论。自动控制系统虽然种类繁多,形式不同,但所研究的内容和方法却是类似的。本课程研究的内容主要分为系统分析和系统校正(或综合)两个方面。

(1) **系统分析**

系统分析是指在控制系统结构参数已知、系统数学模型建立的条件下,判定系统的稳定性,计算系统的动、静态性能指标,研究系统性能与系统结构、参数之间的关系。

(2) **系统校正**

系统校正是在给出被控对象及其技术指标要求的情况下,寻求一个能完成控制任务、满足技术指标要求的控制系统。在控制系统的主要元件和结构形式确定的前提下,系统校正的任务往往是需要改变系统的某些参数,有时还要改变系统的结构。选择合适的校正装置，计算、确定其参数，加入系统之中，使其满足预定的性能指标要求，这个过程称为校正。

校正问题要比分析问题更为复杂。首先，校正问题的答案往往并不唯一，对系统提出的同样一组要求，往往可以采用不同的方案来满足；其次，在选择系统结构和参数时，往往会出现相互矛盾的情况，需要进行折中，同时必须考虑控制方案的可实现性和实现方法；此外，校正时还要通盘考虑经济性、可靠性、安装工艺、使用环境等各个方面的问题。

分析和校正是两个完全相反的命题。分析系统的目的在于了解和认识已有的系统。对于从事自动控制专业的工程技术人员而言，更重要的工作是校正系统，改造那些性能指标未达到要求的系统，使其能够完成确定的工作。

1.9 小结

本章从人工控制和自动控制的比较入手，通过具体的自动控制系统，介绍了控制系统的组成和工作原理，从而使读者熟悉和了解自动控制的基本概念和有关的名词、术语。

本章内容提要

自动控制是在无人直接参与的情况下，利用控制装置，使被控对象的被控量按给定的规律运行。

基本的控制方式有开环控制、闭环控制和复合控制。闭环(反馈)控制系统的工作原理是将系统输出信号反馈到输入端，与输入信号进行比较，利用得到的偏差信号进行控制，达到减少偏差或消除偏差的目的。

控制系统由被控对象和控制装置组成，控制装置包括测量元件、比较元件、放大元件、执行机构、校正元件和给定元件。应理解控制装置各组成部分的功能，以及在系统中如何完成相应的工作，并能用方框图形式表示系统。通过方框图可以进一步抽象出系统的数学模型。

自动控制系统的分类方法很多，其中最常见的是按系统输入信号的时间特性进行分类，可分为恒值控制系统、随动控制系统和程序控制系统。

对自动控制系统的基本要求是：系统必须是稳定的；系统的稳态控制精度要高(稳态误差要小)；系统的响应过程要平稳快速。这些要求可归纳成稳、准、快三个字。

系统分析和系统校正(或综合)是本课程的两大任务。

习题

1-1 根据图1-15所示的电动机速度控制系统工作原理图，完成：

(1) 将a,b与c,d用线连接成负反馈状态；

(2) 画出系统方框图。

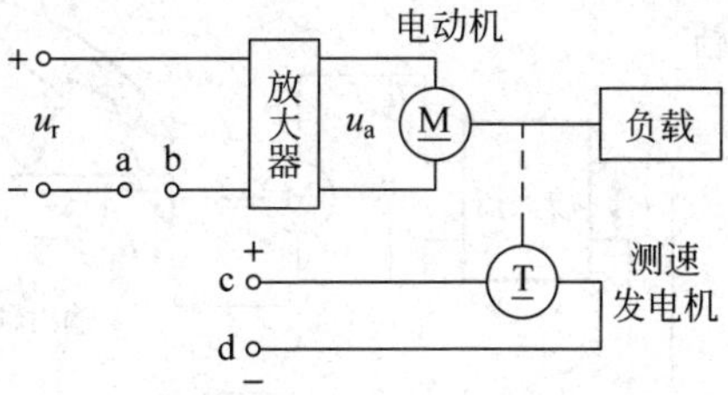

图 1-15　速度控制系统原理图

1-2　图 1-16 是仓库大门自动控制系统原理示意图。试说明系统自动控制大门开、闭的工作原理，并画出系统方框图。

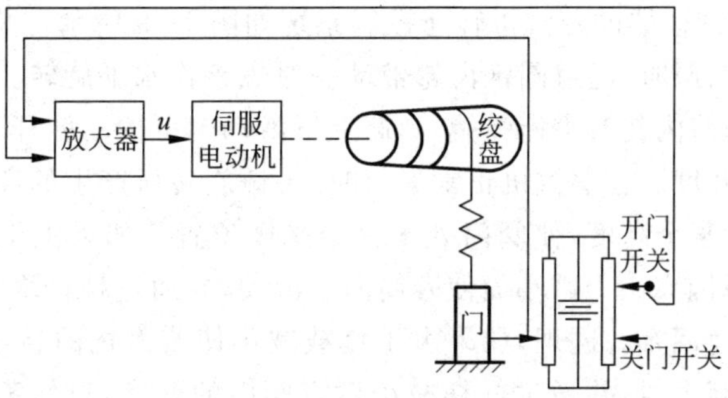

图 1-16　仓库大门自动开闭控制系统

1-3　图 1-17 为工业炉温自动控制系统的工作原理图。分析系统的工作原理，指出被控对象、被控量和给定量，画出系统方框图。

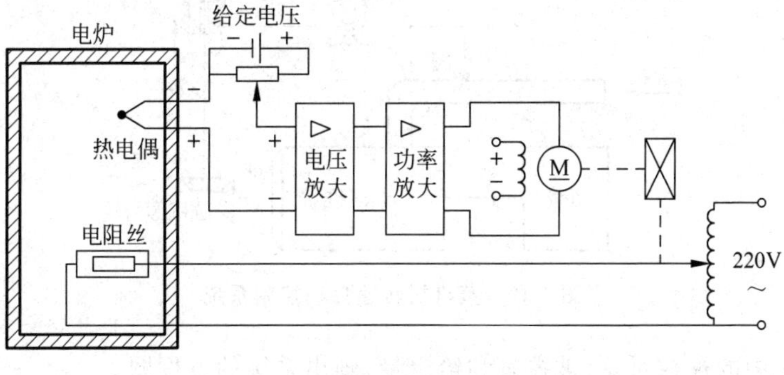

图 1-17　炉温自动控制系统原理图

1-4　图 1-18 是控制导弹发射架方位的电位器式随动系统原理图。图中电位器 P_1、P_2 并联后跨接到同一电源 E_0 的两端，其滑臂分别与输入轴和输出轴相联结，组成方位角的给定元件和测量反馈元件。输入轴由手轮操纵；输出轴则由直流电动机经减速后带动，电动机采用电枢控制的方式工作。

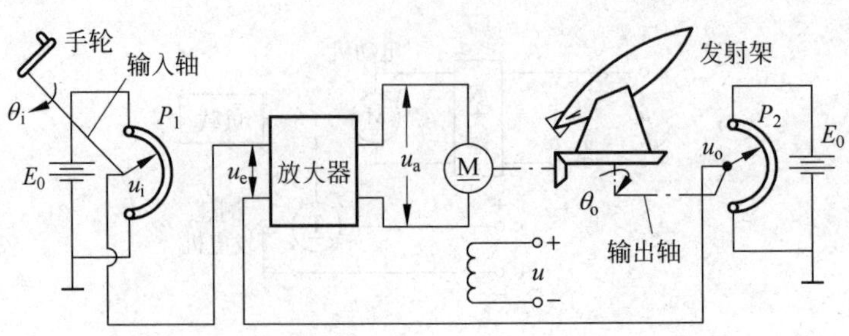

图 1-18　导弹发射架方位角控制系统原理图

试分析系统的工作原理，指出系统的被控对象、被控量和给定量，画出系统的方框图。

1-5　采用离心调速器的蒸汽机转速控制系统如图 1-19 所示。其工作原理是：蒸汽机在带动负载转动的同时，通过圆锥齿轮带动一对飞锤作水平旋转。飞锤通过铰链可带动套筒上下滑动，套筒内装有平衡弹簧，套筒上下滑动时可拨动杠杆，杠杆另一端通过连杆调节供汽阀门的开度。在蒸汽机正常运行时，飞锤旋转所产生的离心力与弹簧的反弹力相平衡，套筒保持某个高度，使阀门处于一个平衡位置。如果由于负载增大使蒸汽机转速 ω 下降，则飞锤因离心力减小而使套筒向下滑动，并通过杠杆增大供汽阀门的开度，从而使蒸汽机的转速回升。同理，如果由于负载减小使蒸汽机的转速 ω 增加，则飞锤因离心力增加而使套筒上滑，并通过杠杆减小供汽阀门的开度，迫使蒸汽机转速回落。这样，离心调速器就能自动地抵制负载变化对转速的影响，使蒸汽机的转速 ω 保持在某个期望值附近。

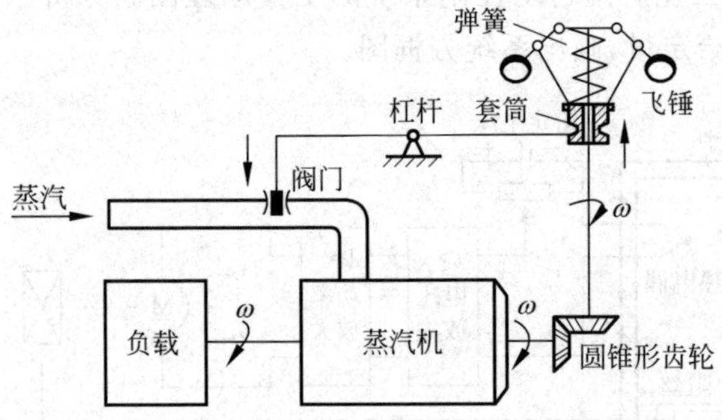

图 1-19　蒸汽机转速自动控制系统

指出系统中的被控对象、被控量和给定量，画出系统的方框图。

1-6　摄像机角位置自动跟踪系统如图 1-20 所示。当光点显示器对准某个方向时，摄像机会自动跟踪并对准这个方向。试分析系统的工作原理，指出被控对象、被控量及给定量，画出系统方框图。

1-7　图 1-21(a)、图 1-21(b)所示的系统均为电压调节系统。假设空载时两系统发电机端电压均为 110V，试问带上负载后，图 1-21(a)，图 1-21(b)中哪个能保持 110V 不变，哪个电压会低于 110V？为什么？

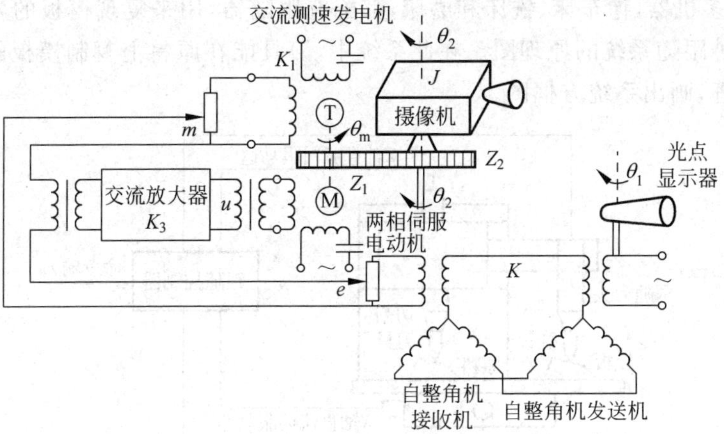

图 1-20　摄像机角位置随动系统原理图

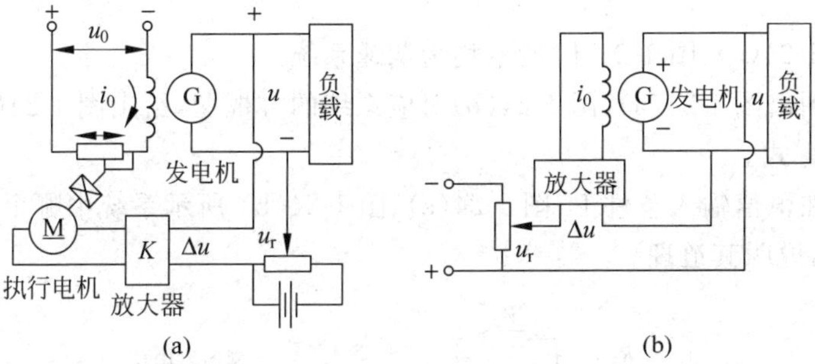

图 1-21　电压调节系统工作原理图

1-8　图 1-22 为水温控制系统示意图。冷水在热交换器中由通入的蒸汽加热，从而得到一定温度的热水。冷水流量变化用流量计测量。试绘制系统方框图，并说明为了保持热水温度为期望值，系统是如何工作的？系统的被控对象和控制装置各是什么？

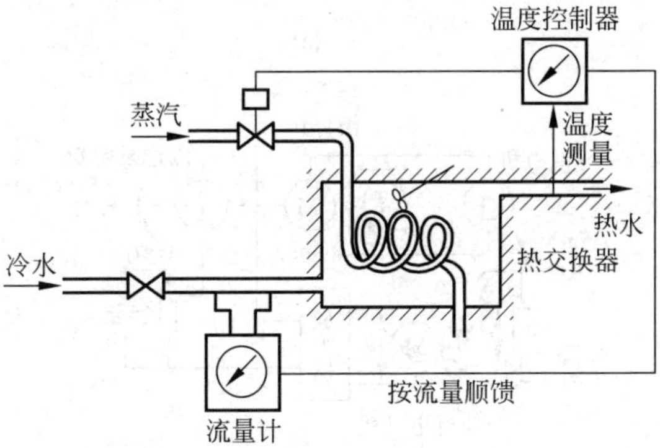

图 1-22　水温控制系统原理图

1-9 许多机器，像车床、铣床和磨床，都配有跟随器，用来复现模板的外形。图 1-23 就是这样一种跟随系统的原理图。在此系统中，刀具能在原料上复制模板的外形。试说明其工作原理，画出系统方框图。

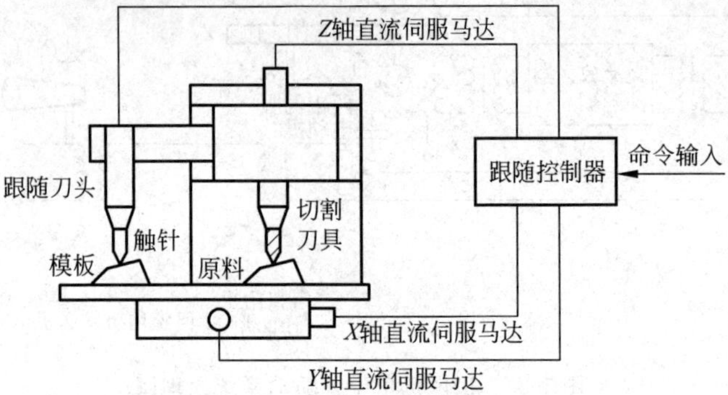

图 1-23 跟随系统原理图

1-10 图 1-24(a)、图 1-24(b)所示均为调速系统。

(1) 分别画出图 1-24(a)、图 1-24(b)对应系统的方框图，给出图 1-24(a) 所示系统正确的反馈连线方式。

(2) 指出在恒值输入条件下，图 1-24(a)、图 1-24(b) 所示系统中哪个是有差系统，哪个是无差系统，说明其道理。

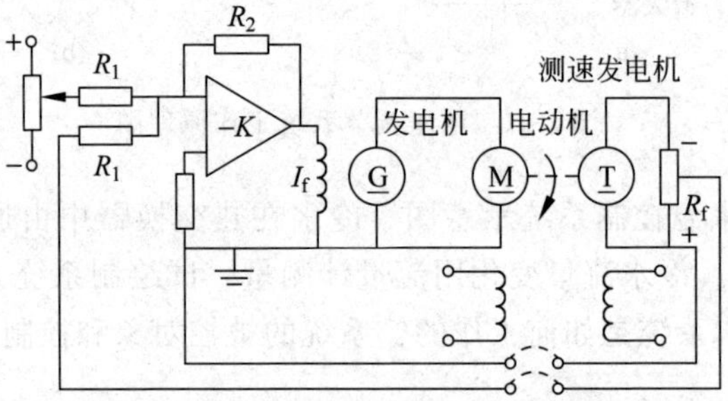

(a)

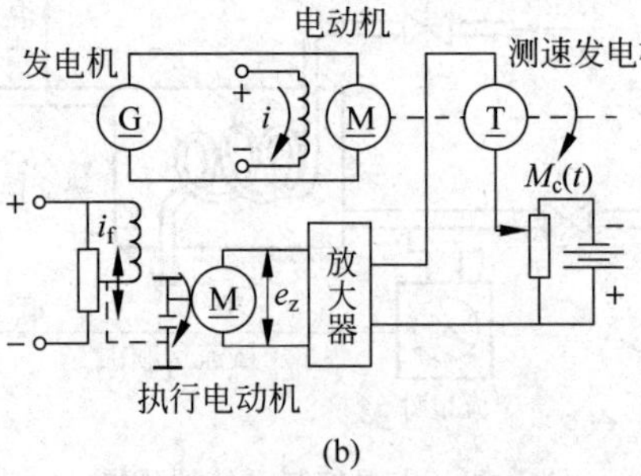

(b)

图 1-24 调速系统工作原理图

1-11 图1-25为谷物湿度控制系统示意图。在谷物磨粉的生产过程中，有一个出粉量最多的湿度，因此磨粉之前要给谷物加水以得到给定的湿度。图中，谷物用传送装置按一定流量通过加水点，加水量由自动阀门控制。加水过程中，谷物流量、加水前谷物湿度以及水压都是对谷物湿度控制的扰动作用。为了提高控制精度，系统中采用了谷物湿度的顺馈控制，试画出系统方框图。

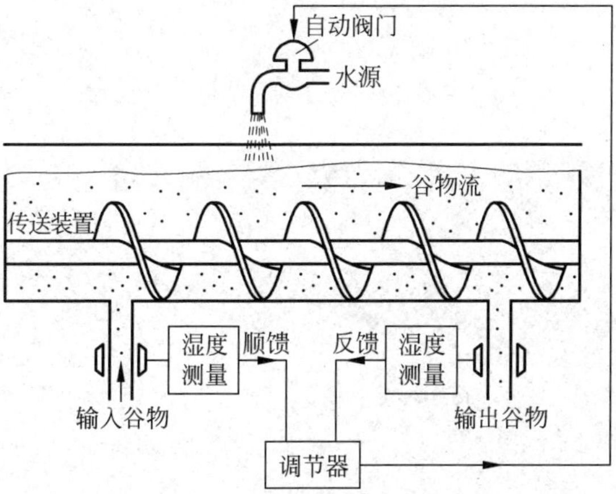

图1-25 谷物湿度控制系统示意图

第2章 控制系统的数学模型

2.1 引言

控制系统的数学模型是描述系统输入、输出变量以及内部各变量之间关系的数学表达式。建立系统的数学模型，是对控制系统进行分析和设计的基础。

许多表面上完全不同的系统（如机械系统、电气系统、化工系统等），其数学模型可能完全相同。数学模型更深刻地揭示了系统的本质特征，是系统固有特性的一种抽象和概括。研究透了一种数学模型，就能完全了解具有这种数学模型的各种系统的特点。

对一个实际系统，若要考虑所有因素，精确地描述其特性，往往会使数学模型十分复杂，给分析和设计带来不便。因此，在实际系统建模过程中，常常需要根据具体情况，忽略一些次要因素，进行适当简化，以获得能足够准确地反映系统的输入输出特性又便于分析处理的近似数学模型。

建立系统数学模型的方法有解析法（又称理论建模）和实验法（又称系统辨识）。解析法是根据系统中各元部件所遵循的客观规律和运行机理（如物理定律、化学反应方程式等）列写相应的关系式，导出系统的数学模型。实验法是人为地给系统施加某种测试信号，记录该输入及相应的输出响应，并用适当的数学模型去逼近系统的输入输出特性。本章只讨论运用解析法建立系统的数学模型。

系统数学模型常见的描述形式有微分方程、传递函数、频率特性、状态空间表达式等。它们从不同角度描述了系统中各变量间的相互关系。本章重点介绍微分方程和传递函数这两种基本的数学模型，其他形式的数学模型将在后续章节中分别介绍。

2.2 控制系统的时域数学模型

2.2.1 线性元部件、线性系统微分方程的建立

用解析法列写系统或元部件微分方程的一般步骤如下：

(1) 根据具体情况，确定系统或元部件的输入、输出变量；

(2) 依据各元部件输入、输出变量所遵循的基本定律，列写微分方程组；

(3) 消去中间变量，求出仅含输入、输出变量的系统微分方程；

(4) 将微分方程整理成规范形式，即将输出变量及其各阶导数项放在等号左边，输入变量及其各阶导数项放在等号右边，分别按降阶顺序排列。

下面举例说明建立微分方程的方法。

例 2-1 R-L-C 无源网络如图 2-1 所示，图中，R、L 和 C 分别是电路的电阻、电感和电容值。试列写输入电压 u_r 与输出电压 u_c 之间的微分方程。

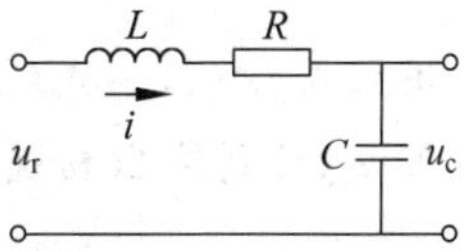

图 2-1 R-L-C 无源网络

解 根据基尔霍夫定律列写电路的电压平衡方程

$$u_r(t) = L\dot{i}(t) + Ri(t) + u_c(t) \tag{2-1}$$

$$i(t)=C\dot{u}_{c}(t) \tag{2-2}$$

联立上述方程，消去中间变量 $i(t)$，整理可得

$$\ddot{u}_{c}(t)+\frac{R}{L}\dot{u}_{c}(t)+\frac{1}{LC}u_{c}(t)=\frac{1}{LC}u_{r}(t) \tag{2-3}$$

当 R、L 和 C 都是常数时，式(2-3)为二阶线性常系数微分方程。

例 2-2 弹簧-质块-阻尼器系统如图 2-2 所示。其中 m 表示质块的质量，k 为弹簧的弹性系数，f 为阻尼器的阻尼系数。试列写以外力 $F(t)$ 为输入，以质块位移 $y(t)$ 为输出的系统微分方程。

解 取质块为分离体，分析其受力情况，如图 2-3 所示。由牛顿第二定律可写出

$$F(t)-f\dot{y}(t)-ky(t)=m\ddot{y}(t)$$

经整理可得

$$\ddot{y}(t)+\frac{f}{m}\dot{y}(t)+\frac{k}{m}y(t)=\frac{1}{m}F(t) \tag{2-4}$$

当 k、f 和 m 为常数时，式(2-4)为二阶线性常系数微分方程。

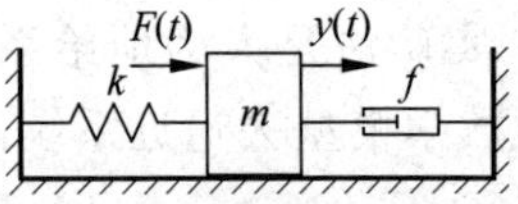

图 2-2 弹簧-质块-阻尼器系统

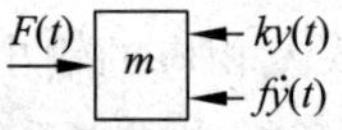

图 2-3 质块受力分析

例 2-3 电枢控制式直流电动机的工作原理是，电枢电压在电枢回路中产生电流，通电的电枢转子绕组在磁场作用下产生电磁转矩，从而带动负载转动。图 2-4 是电枢控制式直流电动机的工作原理图，图中，电枢电压 $u_a(t)$ 为输入量，电动机转速 $\omega_m(t)$ 为输出量。R 是电枢电路的电阻，f_m、J_m 分别是折合到电动机轴上的总黏性摩擦系数和总转动惯量。试列写其微分方程。

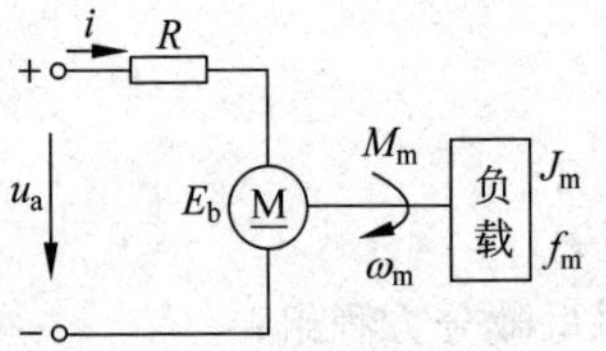

图 2-4 电枢控制式直流电动机

解 由基尔霍夫定律列写电枢回路电压平衡方程

$$u_a(t)=R\cdot i(t)+E_b(t) \tag{2-5}$$

式中，$E_b(t)$是电枢旋转时产生的反电势，其大小与转速成正比

$$E_b=C_e\omega_m(t) \tag{2-6}$$

式中，C_e 是比例系数。由安培定律，电枢电流产生的电磁转矩可以表示为

$$M_m(t)=C_m i(t) \tag{2-7}$$

式中，C_m 是电动机转矩系数。由牛顿定律写出电动机轴上的转矩平衡方程

$$J_m\dot{\omega}_m(t)+f_m\omega_m(t)=M_m(t) \tag{2-8}$$

联立式(2-5)～式(2-8)，消去中间变量 $i(t)$、$E_b(t)$ 和 $M_m(t)$，经整理可得到电动机输入电压 $u_a(t)$ 到输出转速 $\omega_m(t)$ 之间的一阶线性微分方程

$$T_m\dot{\omega}_m(t)+\omega_m(t)=K_a u_a(t) \tag{2-9}$$

式中，$T_m=\dfrac{RJ_m}{Rf_m+C_mC_e}$是电动机的机电时间常数，$K_a=\dfrac{C_m}{Rf_m+C_mC_e}$是电动机的传动系数。$T_m$、$K_a$ 均为常数时，式(2-9)是一阶线性常系数微分方程。

在工程实际中常以电动机的转角 $\theta(t)$ 作为输出量，将 $\omega_m(t)=\dot{\theta}(t)$ 代入式(2-9)有

$$T_m\ddot{\theta}(t)+\dot{\theta}(t)=K_au_r(t) \tag{2-10}$$

例 2-4 在第 1 章 1.5 节中分析了函数记录仪的工作原理，给出的方框图如图 2-5 所示。试列写以给定电压 $u_r(t)$ 为输入，记录笔位移 $L(t)$ 为输出的系统微分方程。

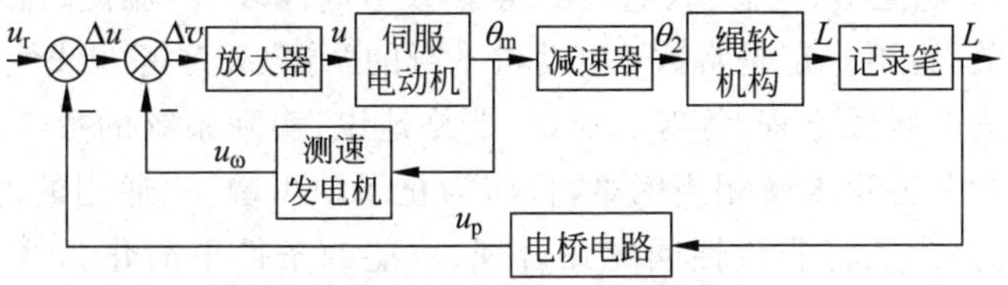

图 2-5 函数记录仪控制系统方框图

解 分别列写各元器件输入输出变量间的数学关系。

(1) 反馈口电压综合关系

$$\Delta v(t)=u_r(t)-u_p(t)-u_\omega(t) \tag{2-11}$$

(2) 放大器：设放大器放大倍数为 K_1，则有

$$u(t)=K_1\Delta v(t) \tag{2-12}$$

(3) 伺服电动机：利用式(2-10)有

$$T_m\ddot{\theta}_m(t)+\dot{\theta}_m(t)=K_mu(t) \tag{2-13}$$

(4) 测速发电机：设测速发电机传递系数为 K_ω，则有

$$u_\omega(t)=K_\omega\dot{\theta}_m(t) \tag{2-14}$$

(5) 减速器：设减速比为 K_2，则有

$$\theta_2(t)=K_2\theta_m(t) \tag{2-15}$$

(6) 绳轮机构和记录笔：设绳轮半径为 K_3，有

$$L(t)=K_3\theta_2(t) \tag{2-16}$$

(7) 电桥电路：设电桥的传递系数为 K_4，有

$$u_p(t)=K_4L(t) \tag{2-17}$$

联立式(2-11)～式(2-17)，消去中间变量 $\Delta v(t)$、$u(t)$、$\theta_m(t)$、$\theta_2(t)$、$u_p(t)$和 $u_\omega(t)$，可以得出系统微分方程

$$\ddot{L}(t)+\frac{1+K_1K_mK_\omega}{T_m}\dot{L}(t)+\frac{K_1K_2K_3K_4K_m}{T_m}L(t)=\frac{K_1K_2K_3K_m}{T_m}u_r(t) \tag{2-18}$$

从上述例子可以看出，不同类型的元部件或系统可以具有相同形式的数学模型。例如，例 2-1、例 2-2 和例 2-4 导出的数学模型均是二阶线性微分方程。称具有相同数学模型形式的不同物理系统为相似系统。

应当注意，同一个元部件或系统，当输入、输出变量选择不同时，对应的数学模型不

同。例如例 2-3 中，若取电动机转速 $\omega_m(t)$ 为输出，则对应一阶微分方程；若取电动机角度为输出，则对应二阶微分方程。要确定物理系统的数学模型，必须确定输入、输出变量。

2.2.2 非线性系统微分方程的线性化

以上讨论的元部件和系统都是线性的，描述它们的数学模型也都是线性微分方程。事实上，任何实际物理系统总是具有一定程度的非线性。例如，弹簧的刚度与其形变有关，并不总是常数；电阻 R、电感 L、电容 C 等参数与周围环境（温度、湿度、压力等）及流经它们的电流有关，也不一定是常数；电动机本身的摩擦、死区等非线性因素会使其运动方程复杂化而成为非线性方程，等等。所以，严格地说，实际系统的数学模型一般都是非线性的。非线性微分方程求解相当困难，目前为止还缺少统一、通用的方法。因此，在分析设计系统时，总是力图将非线性问题在合理、可能的条件下简化为线性问题处理。通过某些近似化简或适当限制问题的研究范围，可以将大部分非线性方程在一定范围内近似用线性方程来代替，这就是非线性特性的线性化。只要将系统模型化为线性的，就可以用线性理论来分析和设计系统。虽然这种方法是近似的，但在给定的工作范围内能足够准确地反映系统的特性，且便于分析计算，所以在工程实践中具有实际意义。

例 2-5 铁芯线圈如图 2-6(a)所示。试列写以电压 u_r 为输入，电流 i 为输出的铁芯线圈的线性化微分方程。

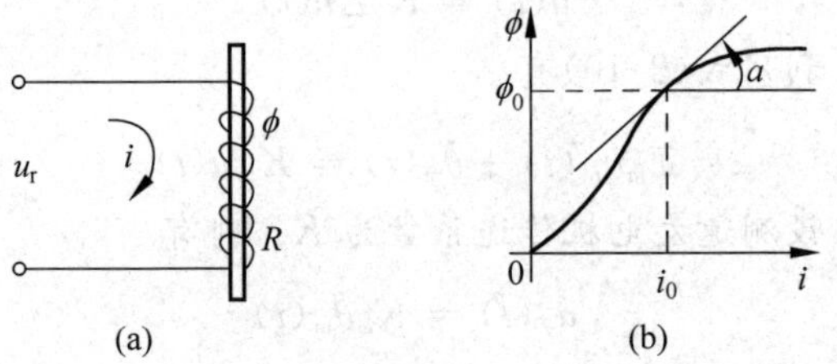

图 2-6 铁芯线圈及磁通 $\phi(i)$ 曲线

解 根据基尔霍夫定律有

$$u_r(t) = u_1(t) + Ri(t) \tag{2-19}$$

其中，u_1 为线圈的感应电势，它正比于线圈中的磁通变化率，即

$$u_1(t) = K_1 \frac{\mathrm{d}\phi(i)}{\mathrm{d}t} \tag{2-20}$$

其中，K_1 为比例常数。铁心线圈的磁通 $\phi(i)$ 是线圈中电流 $i(t)$ 的非线性函数，如图 2-6(b)所示。将式(2-20)代入式(2-19)得

$$K_1 \frac{\mathrm{d}\phi(i)}{\mathrm{d}i}\frac{\mathrm{d}i(t)}{\mathrm{d}t} + Ri(t) = u_r(t) \tag{2-21}$$

显然这是一个非线性微分方程。

如果在工作过程中，线圈的电压、电流只在工作点 (u_0, i_0) 附近做微小的变化，$\phi(i)$ 在 i_0 的邻域内连续可导，则在平衡点 i_0 邻域内，磁通 $\phi(i)$ 可表示成泰勒级数，即

$$\phi(i) = \phi_0 + \left.\frac{\mathrm{d}\phi(i)}{\mathrm{d}i}\right|_{i_0} \Delta i + \frac{1}{2!}\left.\frac{\mathrm{d}^2\phi(i)}{\mathrm{d}i^2}\right|_{i_0} (\Delta i)^2 + \cdots$$

式中 $\Delta i = i(t) - i_0$，当 Δi“足够小”时，略去高阶项，取其一次近似，有

$$\phi(i) \approx \phi_0 + \left.\frac{\mathrm{d}\phi}{\mathrm{d}i}\right|_{i_0} \Delta i$$

令 $C_1 = \left.\frac{\mathrm{d}\phi}{\mathrm{d}i}\right|_{i_0}$，则有

$$\Delta\phi(i) = \phi(i) - \phi_0 \approx C_1 \Delta i$$

上式表明，经增量线性化处理后，线圈中电流增量与磁通增量之间近似为线性关系了。将式(2-21)中 $u_r(t)$，$\phi(i)$，$i(t)$ 均表示成平衡点附近的增量方程，即

$$u_r(t) = u_0 + \Delta u_r(t), \quad i(t) = i_0 + \Delta i(t), \quad \phi(i) \approx \phi_0 + C_1\Delta i$$

将它们代入方程式(2-21)，消去中间变量并整理可得

$$K_1 C_1 \frac{\mathrm{d}\Delta i(t)}{\mathrm{d}t} + R\Delta i(t) = \Delta u_r(t) \tag{2-22}$$

式(2-22)就是铁芯线圈在工作点(u_0, i_0)处的线性化增量微分方程。在实际使用中，为简便起见，常常略去增量符号“Δ”而写成

$$K_1 C_1 \frac{\mathrm{d}i(t)}{\mathrm{d}t} + Ri(t) = u_r(t) \tag{2-23}$$

但必须明确，式(2-23)中的 $u_r(t)$ 和 $i(t)$ 均为相对于工作点的增量，而不是其实际值。

上述线性化方法称为小偏差法或增量法，线性化应注意的问题是：

(1) 线性化方程中的参数与选择的工作点有关，工作点不同，相应的参数也不同。

(2) 当输入量变化较大时，用上述方法进行线性化处理会引起较大的误差，所以要注意应用的条件。

(3) 对于在工作点附近不连续的本质非线性问题，不适合进行线性化处理。这类问题将在第7章中讨论。

2.2.3 线性定常微分方程求解

建立微分方程的目的之一是为了用数学方法定量地研究系统的运动特性，这需要解微分方程。借助于拉普拉斯变换可以将微分方程变换成复数域的代数方程，求解代数方程后进行拉普拉斯反变换即可得到微分方程的解析解，既简单又实用。

例 2-6 R-C 无源网络如图 2-7 所示，已知 $u_r(t) = E \cdot 1(t)$，$u_c(0) = u_0$。试求开关 K 闭合后，电容器电压 $u_c(t)$ 的变化规律。

解 根据基尔霍夫定律列写电压平衡方程，并注意回路电流 $i(t) = C\dot{u}_c(t)$，可得

$$RC\dot{u}_c(t) + u_c(t) = u_r(t) \tag{2-24}$$

将式(2-24)两端进行拉普拉斯变换

$$RC[sU_c(s) - u_0] + U_c(s) = U_r(s) = \frac{E}{s}$$

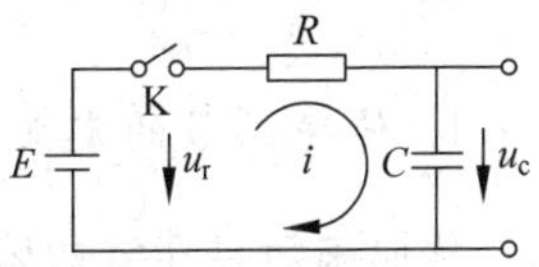

图 2-7 R-C 电路

解出 $U_c(s)$ 并分解为部分分式

$$U_c(s) = \frac{E}{s(RCs+1)} + \frac{RCu_0}{RCs+1} = \frac{E}{s} - \frac{E}{s+\frac{1}{RC}} + \frac{u_0}{s+\frac{1}{RC}} \tag{2-25}$$

将式(2-25)两端进行拉普拉斯反变换，得出微分方程的解析解

$$u_c(t) = E(1 - e^{-\frac{t}{RC}}) + u_0 e^{-\frac{t}{RC}} \tag{2-26}$$

上式右端第一项是输入 $u_r(t)$ 作用下的特解，称为零状态响应；第二项是初条件 u_0 引起的齐次解，称为零输入响应。

2.2.4 运动的模态

线性微分方程的解由齐次方程的通解和输入信号对应的特解组成。通解反映系统自由运动的规律。如果微分方程的特征根是单实根 $\lambda_1, \lambda_2, \cdots, \lambda_n$，则把函数 $e^{\lambda_1 t}, e^{\lambda_2 t}, \cdots, e^{\lambda_n t}$ 称为该微分方程所描述运动的模态，也叫振型。例如，例 2-6 R-C 无源网络的模态是 $e^{-t/RC}$。

如果特征根中有多重根 λ，则模态是具有 $te^{\lambda t}, t^2 e^{\lambda t}, \cdots$ 形式的函数。

如果特征根中有共轭复根 $\lambda = \sigma \pm j\omega$，则其共轭复模态 $e^{(\sigma+j\omega)t}$、$e^{(\sigma-j\omega)t}$ 可写成实函数模态 $e^{\sigma t}\sin\omega t$、$e^{\sigma t}\cos\omega t$。

每一种模态可以看成是线性系统自由响应中最基本的运动形态，线性系统的自由响应就是其相应模态的线性组合。通过模态分析，可以了解系统的运动特性。

2.3 控制系统的复域数学模型

控制系统的微分方程是在时间域描述系统运动规律的数学模型。若给定外作用及初始条件，求解微分方程就可得到系统输出响应的解析解。解析解中包含了系统运动的全部时间信息。这种方法直观、准确，但是如果系统的结构改变或某个参数变化时，就要重新列写并求解微分方程，不便于对系统进行分析和设计。

传递函数是在拉普拉斯变换基础上定义的，在复数域中描述系统的数学模型。传递函数不仅可以表征系统的动态特性，而且可以用来研究系统的结构或参数变化对系统性能的影响。经典控制理论中广泛应用的根轨迹法和频域法，就是以传递函数为基础建立起来的，因此传递函数是经典控制理论中最基本也是最重要的数学模型。

2.3.1 传递函数

1. 传递函数的定义

传递函数是在零初始条件下，线性定常系统输出量的拉普拉斯变换与输入量的拉普拉斯变换之比。

线性定常系统的微分方程一般可写为

$$a_n \frac{\mathrm{d}^n c(t)}{\mathrm{d}t^n} + a_{n-1} \frac{\mathrm{d}^{n-1} c(t)}{\mathrm{d}t^{n-1}} + \cdots + a_1 \frac{\mathrm{d}c(t)}{\mathrm{d}t} + a_0 c(t)$$

$$= b_m \frac{\mathrm{d}^m r(t)}{\mathrm{d}t^m} + b_{m-1} \frac{\mathrm{d}^{m-1} r(t)}{\mathrm{d}t^{m-1}} + \cdots + b_1 \frac{\mathrm{d}r(t)}{\mathrm{d}t} + b_0 r(t) \tag{2-27}$$

式中，$c(t)$为输出量，$r(t)$为输入量；$a_n, a_{n-1}, \cdots, a_0$ 及 $b_m, b_{m-1}, \cdots, b_0$ 均为由系统结构、参数决定的常系数。

在零初始条件下对式(2-27)两端进行拉普拉斯变换，可得相应的代数方程

$$[a_n s^n + a_{n-1} s^{n-1} + \cdots + a_1 s + a_0] C(s) = [b_m s^m + b_{m-1} s^{m-1} + \cdots + b_1 s + b_0] R(s) \tag{2-28}$$

系统的传递函数为

$$\frac{C(s)}{R(s)} = \frac{b_m s^m + b_{m-1} s^{m-1} + \cdots + b_1 s + b_0}{a_n s^n + a_{n-1} s^{n-1} + \cdots + a_1 s + a_0} \tag{2-29}$$

传递函数是在零初始条件下定义的。零初始条件有两方面含义：一是指输入是在 $t=0$ 以后才作用于系统。因此，系统输入量及其各阶导数在 $t\leqslant 0$ 时均为零；二是指输入作用于系统之前，系统是"相对静止"的，即系统输出量及各阶导数在 $t\leqslant 0$ 时的值也为零。大多数实际工程系统都满足这样的条件。零初始条件的规定不仅能简化运算，而且有利于在同等条件下比较系统性能。所以，这样规定是必要的。

例 2-7 试求例 2-1 中 R-L-C 无源网络的传递函数。

解 由式(2-3)可知，R-L-C 无源网络的微分方程为

$$LC\ddot{u}_c(t) + RC\dot{u}_c(t) + u_c(t) = u_r(t)$$

在零初始条件下，对上式两端取拉普拉斯变换并整理可得网络传递函数

$$G(s) = \frac{U_c(s)}{U_r(s)} = \frac{1}{LCs^2 + RCs + 1}$$

实际求元部件或系统的传递函数时必须考虑负载效应，所求的传递函数应当反映元部件正常带载工作时的特性。比如，电动机空载时的特性不能反映带载运行时的特性。

2. 传递函数的性质

(1) 传递函数是复变量 s 的有理分式函数，它具有复变函数的所有性质。

因为实际物理系统总是存在惯性的，并且动力源功率有限，所以实际系统传递函数的分母阶次 n 总是大于或等于分子的阶次 m，即 $n\geqslant m$。

(2) 传递函数只取决于系统或元部件自身的结构和参数，与外作用的形式和大小无关。

(3) 传递函数与微分方程有直接联系。复变量 s 相当于时域中的微分算子。

(4) 传递函数的拉普拉斯反变换即为系统的脉冲响应。

3. 传递函数的局限性

(1) 传递函数是在零初始条件下定义的，因此它只反映系统在零状态下的动态特性，

不能反映非零初始条件下系统的全部运动规律。

(2) 传递函数通常只适合于描述单输入/单输出系统。

(3) 传递函数是由拉普拉斯变换定义的,拉普拉斯变换是一种线性变换,因此传递函数只适用于线性定常系统。

2.3.2 常用控制元件的传递函数

控制系统由不同的元部件组成,了解元部件的功能和原理,有助于正确建立控制系统的数学模型。

1. 电位器

电位器可以把角位移(或线位移)转变成电压量。在控制系统中,单个电位器常用作信号变换装置,如图 2-8(a)所示。

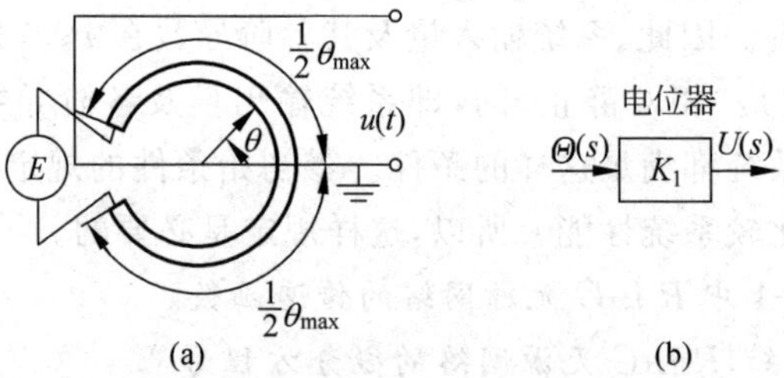

图 2-8 电位器原理图及结构图

电位器的输入、输出关系为

$$u(t) = K_1\theta(t) \tag{2-30}$$

式中,$K_1 = E/\theta_{max}$是电位器传递系数。对式(2-30)求拉普拉斯变换,可得电位器的传递函数

$$G(s) = \frac{U(s)}{\Theta(s)} = K_1 \tag{2-31}$$

电位器可用如图 2-8(b)所示的结构图表示。

2. 误差检测器

用一对电位器可以组成电桥,用来检测角度误差或位置误差。

用一对相同的电位器组成误差检测器时(如图 2-9(a)所示),其输出电压为

$$u(t) = u_1(t) - u_2(t) = K_1[\theta_1(t) - \theta_2(t)] = K_1\Delta\theta(t)$$

式中,K_1 是单个电位器的传递系数,$\Delta\theta(t) = \theta_1(t) - \theta_2(t)$是两个电位器电刷的角位移之差,称为误差角。以误差角作为输入量时,误差角检测器的传递函数为

$$G(s) = \frac{U(s)}{\Delta\Theta(s)} = K_1 \tag{2-32}$$

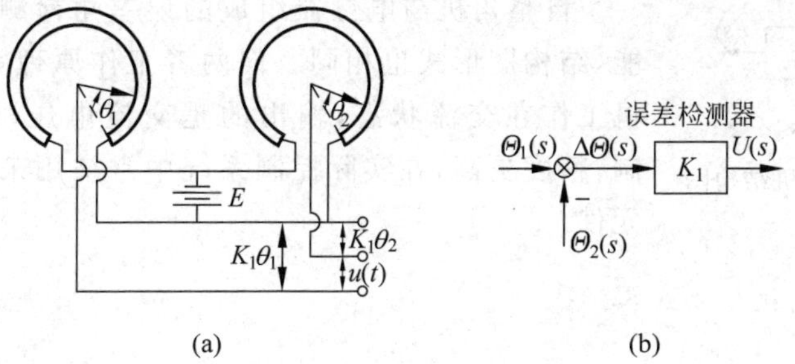

图 2-9　误差检测器原理图及结构图

误差角检测器的结构图如图 2-9(b)所示。

3. 自整角机

自整角机是角位移传感器,在随动系统中总是成对使用。图 2-10 所示是控制式自整角机(也称控制变压器)示意图,它由一个发送机和一个接收机组成,其工作原理如下。

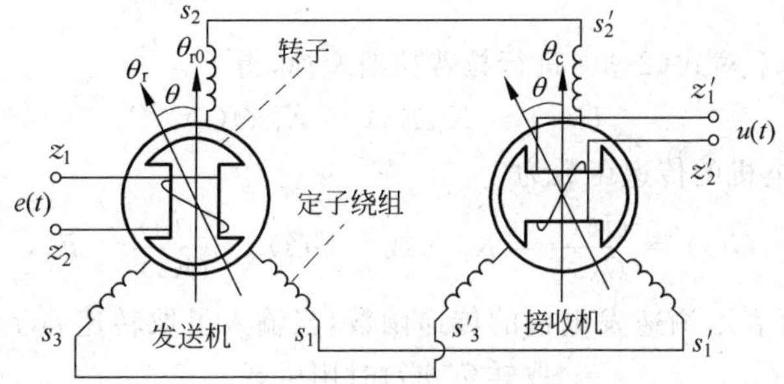

图 2-10　自整角机示意图

将自整角机的发送机转子和接收机转子互成 90°摆放,其初始方向角分别为 θ_{r0} 和 θ_c。自整角机工作时,在发送机的转子单相绕组上加交流激磁电压 $e(t)=E\sin\omega t$,在发送机上就产生脉动磁通 $\phi_r(t)$,使定子三相绕组中产生感应电流,该电流会在接收机中产生相应的脉动磁通 $\phi_c(t)$。当接收机转子的标称方向角 θ_c 与发送机转子的方向角 θ_r 相同,即失调角 $\theta=\theta_{r0}-\theta_c=0$ 时,接收机转子绕组不感应磁通 $\phi_c(t)$,输出电压 $u(t)=0$,当发送机转子转过一个角度时,失调角 $\theta\neq0$,$\phi_c(t)$就会在接收机转子绕组中产生感应电势 $u(t)$,其幅值大小为

$$u(t)=K_s\sin\theta \tag{2-33}$$

式中,K_s 为自整角机的灵敏度。实际控制过程中,失调角 θ 一般较小,因此近似有

$$u(t)=K_s\theta \tag{2-34}$$

可得出自整角机的传递函数

$$G(s)=\frac{U(s)}{\Theta(s)}=K_s \tag{2-35}$$

自整角机的结构图如图 2-11 所示。

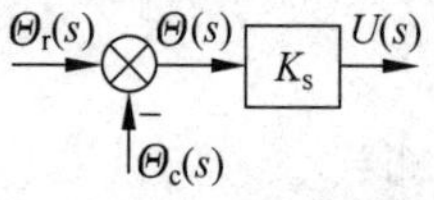

图 2-11　自整角机结构图

自整角机与电位器组成的误差角检测器具有相同的功能，结构图形式也相同。但两者工作原理完全不同，自整角机工作在交流状态，输出的是交流电压，而且转角没有限制，精度更高，在实际控制系统中常被用来作为检测或比较元件。

4. 测速发电机

图 2-12 为测速发电机原理示意图。测速发电机的转子与待测设备的转子轴相连，无论是直流或交流测速发电机，其输出电压均正比于转子的角速度，故其微分方程可写成

$$u(t)=K_t\omega(t)=K_t\dot{\theta}(t) \tag{2-36}$$

式中，$\theta(t)$为转子的转角，$\omega(t)$为转速，$u(t)$为输出电压，K_t 为测速发电机输出电压的斜率。当转子改变旋转方向时，测速发电机改变输出电压的极性或相位。

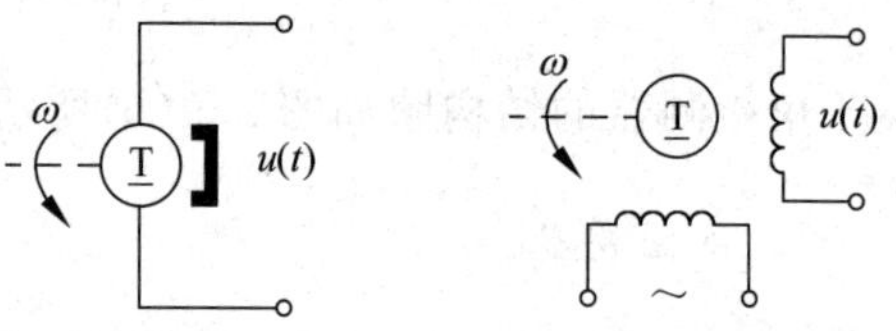

(a) 直流测速发电机　　(b) 交流测速发电机

图 2-12　测速发电机原理示意图

在零初始条件下对式(2-36)进行拉普拉斯变换，得

$$U(s)=K_t\Omega(s)=K_t s\Theta(s) \tag{2-37}$$

于是，可得测速发电机的传递函数为

$$G(s)=\frac{U(s)}{\Omega(s)}=K_t \quad 或 \quad G(s)=\frac{U(s)}{\Theta(s)}=K_t s \tag{2-38}$$

以上两式都可表示测速发电机的传递函数，当输入量取转速 $\omega(t)$时用前者，输入量取转角 $\theta(t)$时用后者。

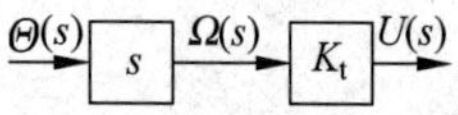

图 2-13　测速发电机结构图

可见，对同一个元部件，若输入、输出物理量选择不同，对应的传递函数就不同。

测速发电机的结构图如图 2-13 所示。

5. 电枢控制式直流电动机

由例 2-3 可知直流电动机的微分方程为

$$T_m\dot{\omega}(t)+\omega(t)=K_a u_a(t)$$

在零初始条件下对上式进行拉普拉斯变换，可得电枢控制式直流电动机的传递函数为

$$G_a(s)=\frac{\Omega(s)}{U_a(s)}=\frac{K_a}{T_m s+1} \tag{2-39}$$

若电动机的输出用角位移 $\theta(t)$表示，则传递函数还可表示成如下形式

$$G_a(s)=\frac{\Theta(s)}{U_a(s)}=\frac{K_a}{s(T_m s+1)} \tag{2-40}$$

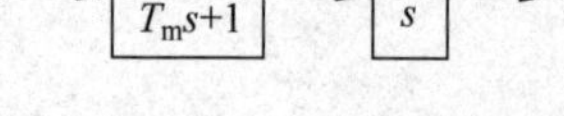

电枢控制式直流电动机的结构图如图 2-14 所示。

图 2-14　直流电动机结构图

6. 两相异步电机

两相异步电动机具有重量轻、惯性小、加速特性好的优点，在控制系统中被广泛使用。其原理示意图如图 2-15(a)所示。

两相异步电动机由相互垂直配置的两相定子绕组和一个高电阻值转子绕组组成。定子绕组中一相是激磁绕组，另一相是控制绕组。

两相异步电动机的转矩-速度特性曲线有负的斜率，且呈非线性。图 2-15(b)所示是在不同控制电压 u_a 下，实验测得的一组机械特性曲线。考虑到在控制系统中，异步电动机一般工作在零转速附近，作为线性化的一种方法，通常把低速部分的线性段延伸到高速范围，用低速直线近似代替非线性特性，如图 2-15(b)中虚线所示。此外，也可应用小偏差线性化的方法。通常两相异步电动机机械特性的线性化方程可表示为

$$M_m(t) = -f_m\omega_m(t) + M_s(t) \tag{2-41}$$

式中，$M_m(t)$是电动机输出转矩，$\omega_m(t)$是电动机的角速度，f_m 是电机轴上的总黏性摩擦系数，$M_s(t)$是堵转转矩。由图 2-15(b)表示的机械特性可求得

$$M_s(t) = C_m u_a(t) \tag{2-42}$$

其中，C_m 是由额定电压下的堵转转矩确定的常数。

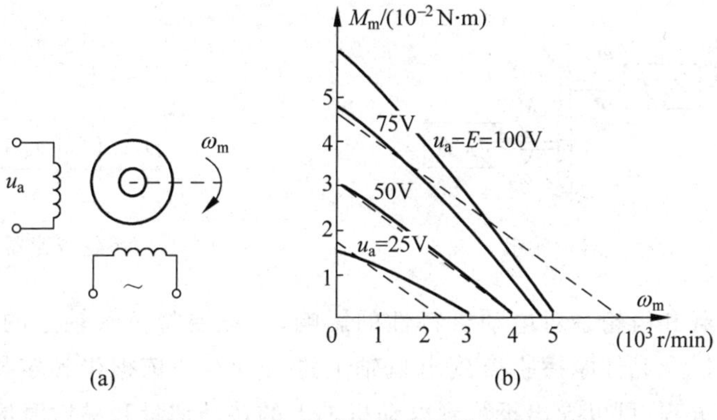

图 2-15　两相异步电动机及其机械特性

电动机输出转矩 M_m 用来驱动负载并克服黏性摩擦，由牛顿定律可写出电机轴上的转矩平衡方程

$$M_m(t) = J_m\dot{\omega}_m(t) + f_m\omega_m(t) \tag{2-43}$$

式中，J_m 是折算到电动机轴上的总转动惯量。

联立式(2-41)～式(2-43)，消去中间变量 $M_s(t)$、$M_m(t)$，并在零初始条件下求拉普拉斯变换，可求得两相异步电动机的传递函数为

$$G(s) = \frac{\Omega_m(s)}{U_a(s)} = \frac{C_m}{J_m s + 2f_m} = \frac{K_a}{T_m s + 1} \tag{2-44}$$

式中，$K_a = C_m/(2f_m)$是电动机传递系数；$T_m = J_m/(2f_m)$是电动机时间常数。由于 $\Omega_m(s) = s\Theta(s)$，式(2-44)也可写为

$$G(s)=\frac{\Theta_{\mathrm{m}}(s)}{U_{\mathrm{a}}(s)}=\frac{K_{\mathrm{a}}}{s(T_{\mathrm{m}}s+1)} \tag{2-45}$$

两相异步电动机的结构图如图 2-16 所示，在形式上与直流电动机结构图完全相同。

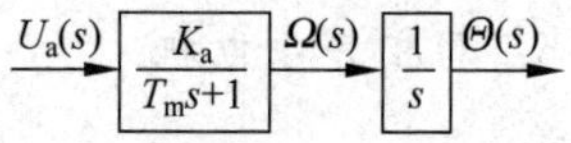

图 2-16　两相异步电动机结构图

7. 齿轮系

在许多控制系统中常用高转速、小转矩电动机组成执行机构，而负载通常要求低转速、大转矩进行调整，需要引入减速器进行匹配。减速器一般是由齿轮系组合而成，它们在机械系统中的作用相当于电气系统中的变压器。图 2-17 表示一对齿轮减速器结构。假设主动齿轮与从动齿轮的转速、齿数、转动惯量和黏性摩擦系数分别用 ω_1、Z_1、J_1、f_1 和 ω_2、Z_2、J_2、f_2 表示，一级齿轮的传动比定义为 $i_1=Z_2/Z_1>1$，则从动齿轮的转速

$$\omega_2(t)=\frac{Z_1}{Z_2}\omega_1(t)=\frac{1}{i_1}\omega_1(t) \tag{2-46}$$

一级齿轮减速器的传递函数可写为

$$G(s)=\frac{\Omega_2(s)}{\Omega_1(s)}=\frac{1}{i_1} \tag{2-47}$$

齿轮减速器结构图如图 2-18 所示。

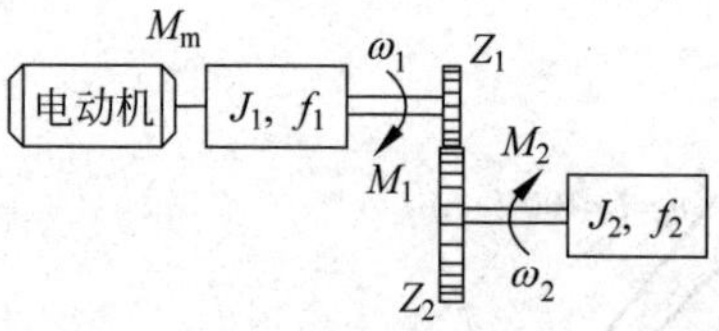

图 2-17　一对齿轮组

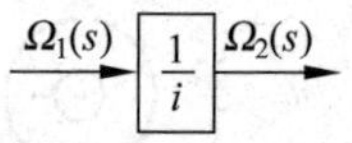

图 2-18　齿轮减速器结构图

为了考虑负载和齿轮系对电动机特性的影响，一般要将负载轴上的力矩、各级齿轮轴上的转动惯量以及黏性摩擦折合到电机轴上进行计算。依据牛顿定律列写各级齿轮轴上的力矩平衡方程，可以导出折算到电动机轴上的转动惯量和黏性摩擦系数分别为

$$J=J_1+\frac{1}{i_1^2}\cdot J_2 \quad f=f_1+\frac{1}{i_1^2}\cdot f_2$$

实际中通常要经过多级减速来实现较大的减速比。对于多级齿轮系，折算到电动机轴上的总的等效转动惯量和等效黏性摩擦系数分别为

$$J=J_1+\left(\frac{1}{i_1}\right)^2 J_2+\left(\frac{1}{i_1\cdot i_2}\right)^2 J_3+\cdots \tag{2-48}$$

$$f=f_1+\left(\frac{1}{i_1}\right)^2 f_2+\left(\frac{1}{i_1\cdot i_2}\right)^2 f_3+\cdots \tag{2-49}$$

从式(2-48)、式(2-49)可以看出，随着传动级数和传动比的增大，负载轴上的转动惯量和黏性摩擦的作用将迅速减小。因此，在实际系统中，越靠近输入轴的转动惯量及黏性摩擦对电动机的负载影响越大。尽量减小前级齿轮的转动惯量和黏性摩擦，有利于提高电动机的动态性能。

2.3.3 典型环节

在控制系统中所用的元部件有电器的、机械的、液压的、光电的等等，种类繁多，工作机理各不相同，但若将其对应的传递函数抽象出来，却都可以看做是有限个基本单元的组合。我们称这些基本单元为典型环节，将其列于表 2-1 中，供参阅。

表 2-1 典型环节

序号	环节名称	微分方程	传递函数	举例
1	比例环节	$c=K\cdot r$	K	电位器，放大器，减速器，测速发电机等
2	惯性环节	$T\dot{c}+c=r$	$\dfrac{1}{Ts+1}$	R-C 电路，交、直流电动机等
3	振荡环节	$T^2\ddot{c}+2\zeta T\dot{c}+c=r$ $0<\zeta<1$	$\dfrac{1}{T^2s^2+2\zeta Ts+1}$	R-L-C 电路，弹簧-质块-阻尼器系统等
4	积分环节	$\dot{c}=r$	$\dfrac{1}{s}$	电容上的电流与电压，测速发电机位移与电压等
5	微分环节	$c=\dot{r}$	s	
6	一阶复合微分环节	$c=\tau\dot{r}+r$	$\tau s+1$	
7	二阶复合微分环节	$c=\tau^2\ddot{r}+2\tau\zeta\dot{r}+r$	$\tau^2s^2+2\zeta\tau s+1$	

应当注意，不同的元部件可以有相同形式的传递函数。而同一个元部件当输入输出变量选择不同时，对应的传递函数一般不一样。

建立“典型环节”的概念，便于分析系统。系统的传递函数总可以看成是由典型环节组合而成的。

2.3.4 传递函数的标准形式

为了便于分析系统，传递函数通常写成首 1 标准型或尾 1 标准型。

1. 首 1 标准型（零、极点形式）

将传递函数分子、分母最高次项（首项）系数均化为 1，称之为首 1 标准型；因式分解后也称为传递函数的零、极点形式。其表示形式如下

$$G(s)=\frac{K^*\prod_{j=1}^{m}(s-z_j)}{\prod_{i=1}^{n}(s-p_i)}=\frac{K^*(s-z_1)(s-z_2)\cdots(s-z_m)}{(s-p_1)(s-p_2)\cdots(s-p_n)} \tag{2-50}$$

式中，$z_1,z_2,\cdots,z_m$ 为传递函数分子多项式为零的 m 个根，称为传递函数的零点；$p_1,p_2,\cdots,$

p_n 为传递函数分母多项式为零的 n 个根，称为传递函数的极点。将零、极点标在复数 s 平面上的图形，称为传递函数的零、极点图。零点通常用“o”表示，极点通常用“×”表示。

2. 尾 1 标准型(典型环节形式)

将传递函数分子、分母最低次项(尾项)系数均化为 1，称之为尾 1 标准型；因式分解后也称为传递函数的典型环节形式。其表示形式如下

$$G(s)=K\frac{\prod_{k=1}^{m_1}(\tau_k s+1)\prod_{l=1}^{m_2}(\tau_l^2 s^2+2\zeta\tau_l s+1)}{s^v\prod_{i=1}^{n_1}(T_i s+1)\prod_{j=1}^{n_2}(T_j^2 s^2+2\zeta T_j s+1)} \tag{2-51}$$

式中每个因子都对应一个典型环节。这里，K 称为“增益”。K 与首 1 标准型中的 K^* 有如下关系

$$K=\frac{K^*\prod_{j=1}^{m}|z_j|}{\prod_{i=1}^{n}|p_i|} \tag{2-52}$$

例 2-8 已知闭环系统传递函数为 $\Phi(s)=\dfrac{30(s+2)}{s(s+3)(s^2+2s+2)}$

① 求系统的增益 K；

② 求系统的微分方程；

③ 画出闭环系统的零、极点分布图。

解 ① 由题意可知 $K^*=30$

$$K=\frac{30\times 2}{3\times 2}=10$$

② $\Phi(s)=\dfrac{C(s)}{R(s)}=\dfrac{30(s+2)}{s(s+3)(s^2+2s+2)}=\dfrac{30(s+2)}{s^4+5s^3+8s^2+6s}$

$$(s^4+5s^3+8s^2+6s)C(s)=30(s+2)R(s)$$

进行拉普拉斯反变换(零初始条件下)可得系统的微分方程

$$\frac{d^4c(t)}{dt^4}+5\frac{d^3c(t)}{dt^3}+8\frac{d^2c(t)}{dt^2}+6\frac{dc(t)}{dt}=30\frac{dr(t)}{dt}+60r(t)$$

③ 闭环系统零极点图如图 2-19 所示。

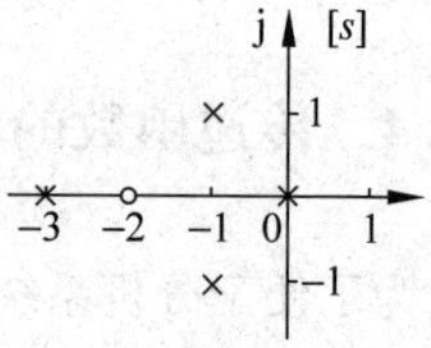

图 2-19 零极点分布图

2.4 控制系统的结构图及其等效变换

2.4.1 结构图

系统结构图是描述组成系统的各元部件之间信号传递关系的图形化数学模型。

建立系统结构图一般有两种方法：①在已知系统微分方程组的条件下，将方程组中

各子方程分别进行拉普拉斯变换，绘出各子方程对应的子结构图，将子结构图连接便可获得系统的结构图。②在得到系统方框图的条件下，将每个方框中的元部件名称换成其相应的传递函数，并将所有变量用相应的拉普拉斯变换形式表示，就转换成系统的结构图。下面分别举例说明。

例 2-9 式(2-5)～式(2-8)给出了描述电枢控制式直流电动机的微分方程组，试建立相应的结构图。

$$\begin{cases} u_a(t) = R \cdot i(t) + E_b(t) \\ E_b = C_e \omega_m(t) \\ M_m(t) = C_m i(t) \\ J_m \dot{\omega}_m(t) + f_m \omega_m(t) = M_m(t) \end{cases}$$

解 列出各子方程对应的子结构图，如图 2-20(a)所示，连接子结构图成为系统结构图，如图 2-20(b)所示。

$$\begin{cases} \dfrac{I(s)}{U_a(s) - E_b(s)} = \dfrac{1}{R} \\ \dfrac{E_b(s)}{\Omega_m(s)} = C_e \\ \dfrac{M_m(s)}{I(s)} = C_m \\ \dfrac{\Omega_m(s)}{M_m(s)} = \dfrac{1}{J_m s + f_m} \end{cases}$$

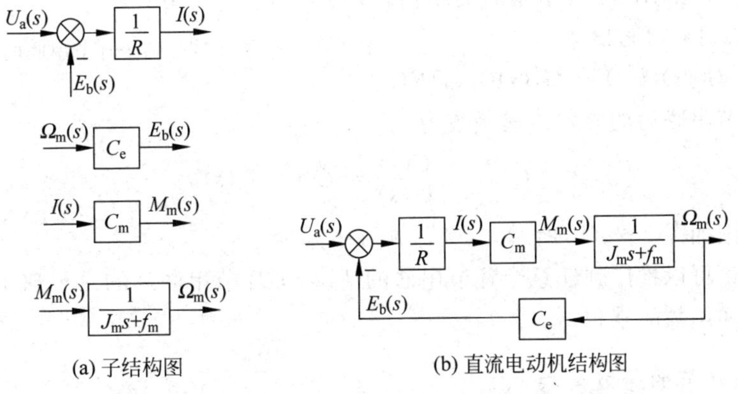

图 2-20 电枢控制式直流电动机的子结构图及系统结构图

例 2-10 依据图 1-9 给出的函数记录仪控制系统的方框图，建立相应的系统结构图。

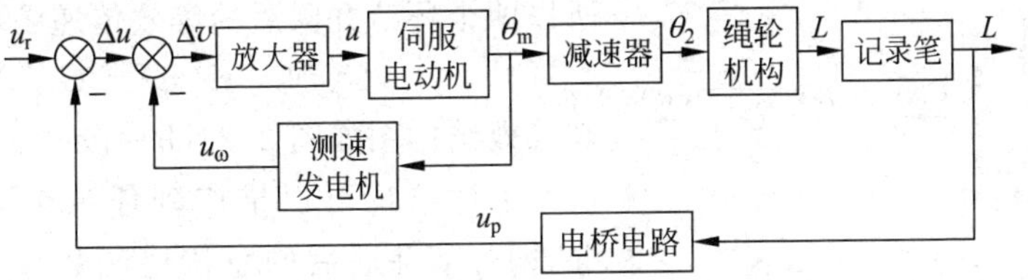

图 1-9 函数记录仪控制系统方框图

解 利用 2.3.2 节得出的结果，用各元部件的传递函数代替其名称，标出各变量的拉普拉斯变换，得出系统的结构图如图 2-21 所示。

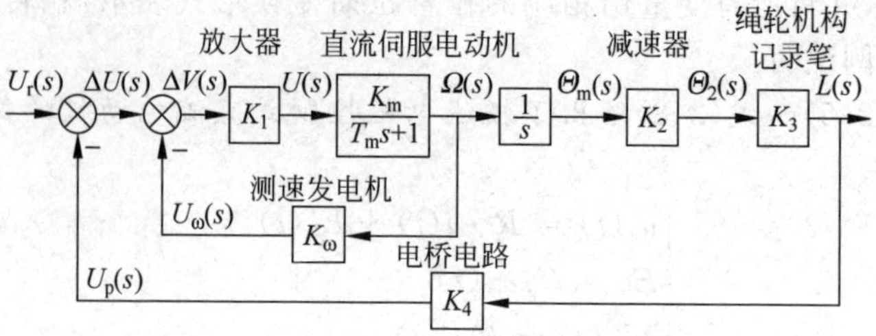

图 2-21　函数记录仪控制系统结构图

2.4.2　结构图等效变换

结构图是从具体系统中抽象出来的数学图形，建立结构图的目的是为了求取系统的传递函数，当只讨论系统的输入输出特性，而不考虑它的具体结构时，完全可以对其进行必要的变换，当然，这种变换必须是"等效的"，应使变换前后输入量与输出量之间的传递函数保持不变。下面依据等效原则推导结构图变换的一般法则。

1. 串联环节的等效变换

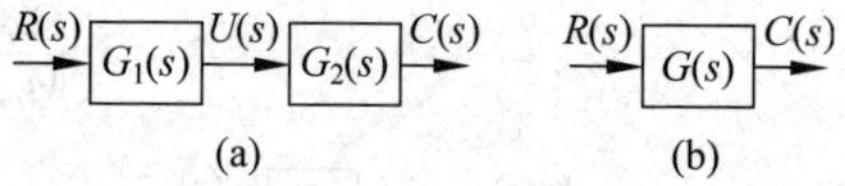

图 2-22　两个环节串联的等效变换

图 2-22(a)表示两个环节串联的结构。

由图 2-22(a)可写出

$$C(s) = G_2(s)U(s) = G_2(s)G_1(s)R(s)$$

所以两个环节串联后的等效传递函数为

$$G(s) = \frac{C(s)}{U(s)} = G_2(s)G_1(s) \tag{2-53}$$

其等效结构图如图 2-22(b)所示。

上述结论可以推广到任意个环节串联的情况，即环节串联后的总传递函数等于各个串联环节传递函数的乘积。

2. 并联环节的等效变换

图 2-23(a)表示两个环节并联的结构。由图可写出

$$C(s) = G_1(s)R(s) \pm G_2(s)R(s) = [G_1(s) \pm G_2(s)]R(s)$$

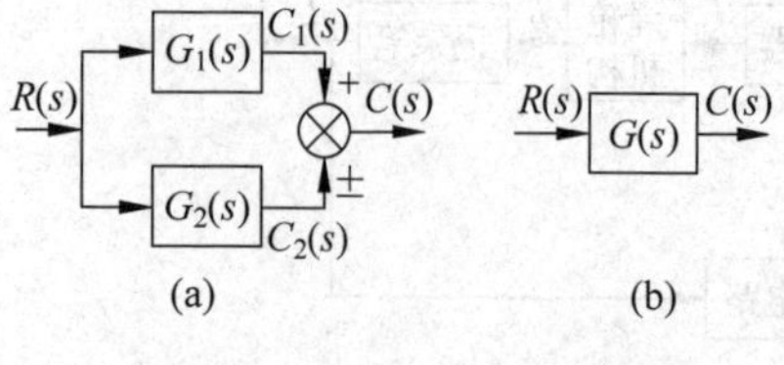

图 2-23　两个环节并联的等效变换

所以两个环节并联后的等效传递函数为

$$G(s) = G_1(s) \pm G_2(s) \tag{2-54}$$

其等效结构图如图 2-23(b)所示。

上述结论可以推广到任意个环节并联的情况，即环节并联后的总传递函数等于各个并联环节传递函数的代数和。

3. 反馈连接的等效变换

图 2-24(a)为反馈连接的一般形式。由图可写出

$$C(s)=G(s)E(s)=G(s)[R(s)\pm B(s)]=G(s)[R(s)\pm H(s)C(s)]$$

可得

$$C(s)=\frac{G(s)}{1\mp G(s)H(s)}R(s)$$

所以反馈连接后的等效(闭环)传递函数为

$$\Phi(s)=\frac{G(s)}{1\mp G(s)H(s)} \tag{2-55}$$

其等效结构图如图 2-24(b)所示。

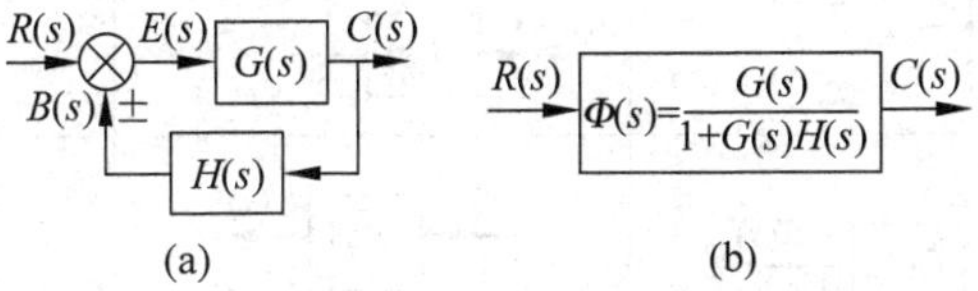

图 2-24　反馈连接的等效变换

当反馈通道的传递函数 $H(s)=1$ 时,称相应系统为单位反馈系统,此时闭环传递函数为

$$\Phi(s)=\frac{G(s)}{1\mp G(s)} \tag{2-56}$$

4. 比较点和引出点的移动

比较点和引出点的移动,包含比较点前移、比较点后移、引出点前移、引出点后移以及比较点与引出点之间的移动等不同情况。由于容易理解,不再赘述。

表 2-2 中列出了结构图等效变换的基本规则,可供查阅。

表 2-2　结构图等效变换规则

变换方式	变　换　前	变　换　后	等 效 关 系
串联	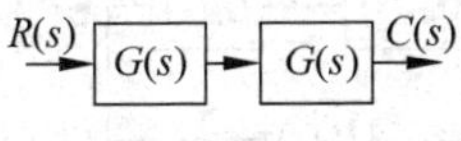	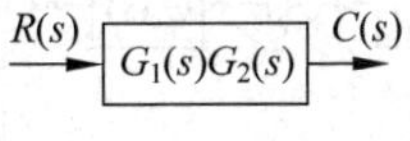	$C(s)=G_1(s)G_2(s)R(s)$
并联	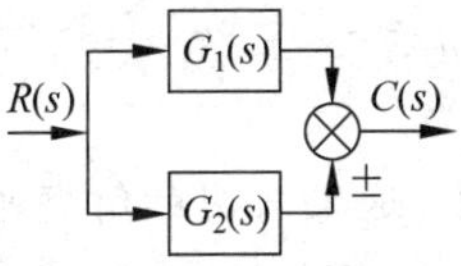	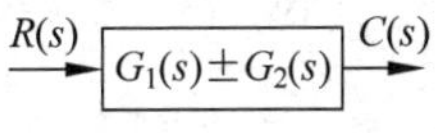	$C(s)=[G_1(s)\pm G_2(s)]R(s)$

续表

变换方式	变换前	变换后	等效关系
反馈	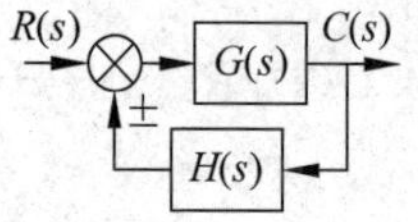	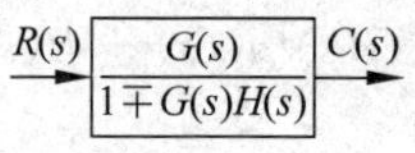	$C(s)=\frac{G(s)R(s)}{1\mp G(s)H(s)}$
比较点前移	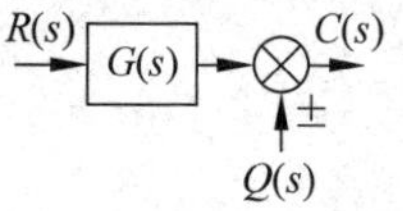	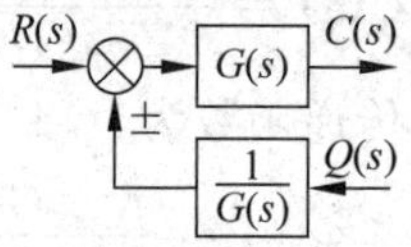	$C(s)=G(s)R(s)\pm Q(s)$ $=G(s)\left[R(s)\pm\frac{Q(s)}{G(s)}\right]$
比较点后移	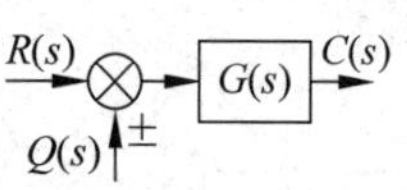	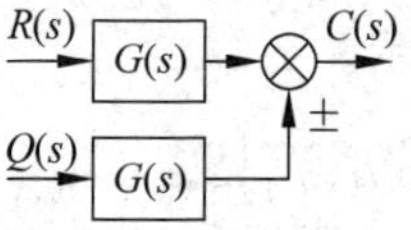	$C(s)=G(s)[R(s)\pm Q(s)]$ $=G(s)R(s)\pm G(s)Q(s)$
引出点前移	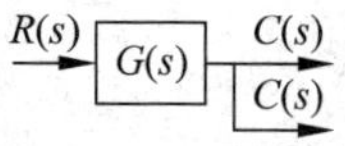	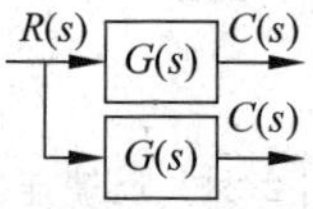	$C(s)=G(s)R(s)$
引出点后移	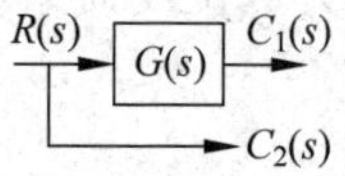	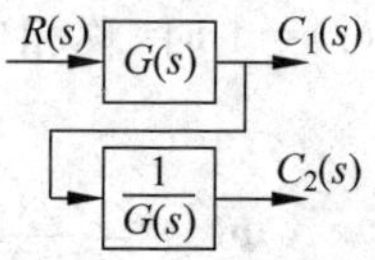	$C_1(s)=G(s)R(s)$ $C_2(s)=G(s)\frac{1}{G(s)}R(s)$
比较点与引出点之间的移动	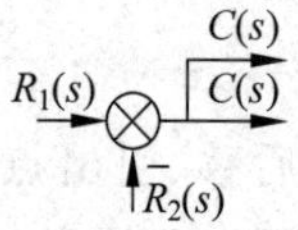	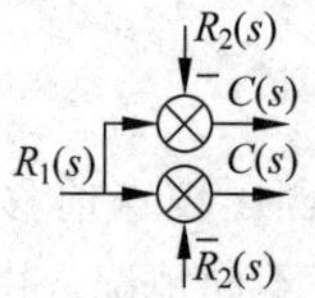	$C(s)=R_1(s)-R_2(s)$

例 2-11 简化图 2-25 所示系统的结构图,求系统的闭环传递函数 $\Phi(s)=\frac{C(s)}{R(s)}$。

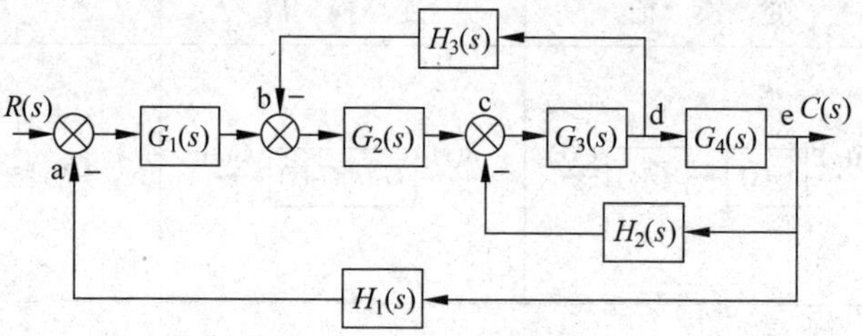

图 2-25 系统结构图

解 这是一个多回路系统,可以有多种解题方法,这里采用的解题思路仅供参考。

① 将比较点 a、b 后移至 c,将引出点 e 前移至 d,图 2-25 可简化成图 2-26(a)所示结构。

② 将图 2-26(a)中上边的反馈通道与下边两条反馈通道并成一路，组成一个反馈回路，进而简化成图 2-26(b)所示结构。

③ 对图 2-26(b)中的反馈回路等效化简后，再与左、右环节进行串联等效化简，成为如图 2-26(c)所示形式。

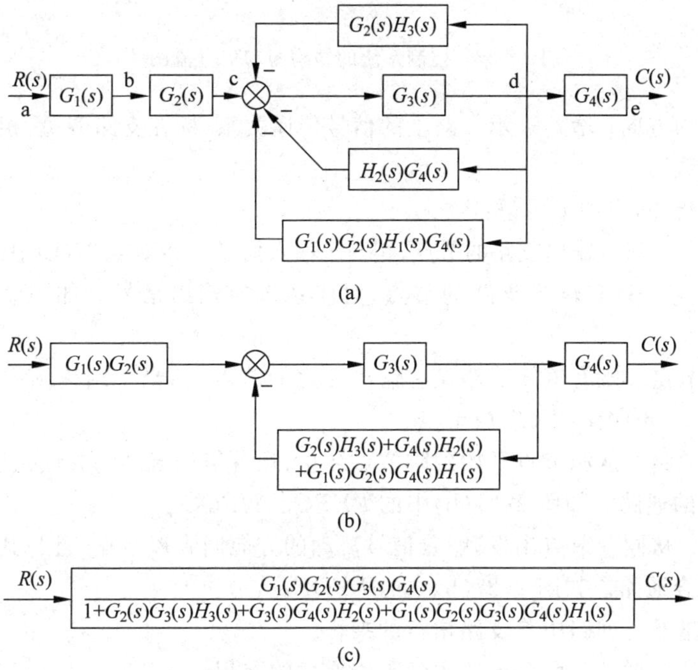

图 2-26 结构图等效变换

最后可得系统闭环传递函数

$$\Phi(s)=\frac{G_1(s)G_2(s)G_3(s)G_4(s)}{1+G_2(s)G_3(s)H_3(s)+G_3(s)G_4(s)H_2(s)+G_1(s)G_2(s)G_3(s)G_4(s)H_1(s)}$$

2.5 控制系统的信号流图

信号流图和结构图一样，都可用以表示系统结构和各变量之间的数学关系，只是形式不同。由于信号流图符号简单，便于绘制，因而在信号、系统和控制等相关学科领域中被广泛采用。

2.5.1 信号流图

图 2-27(a)、图 2-27(b)分别是同一个系统的结构图和对应的信号流图。

信号流图中的基本图形符号有三种：节点、支路和支路增益。节点代表系统中的一个变量(信号)，用符号“∘”表示；支路是连接两个节点的有向线段，用符号“→”表示，箭头

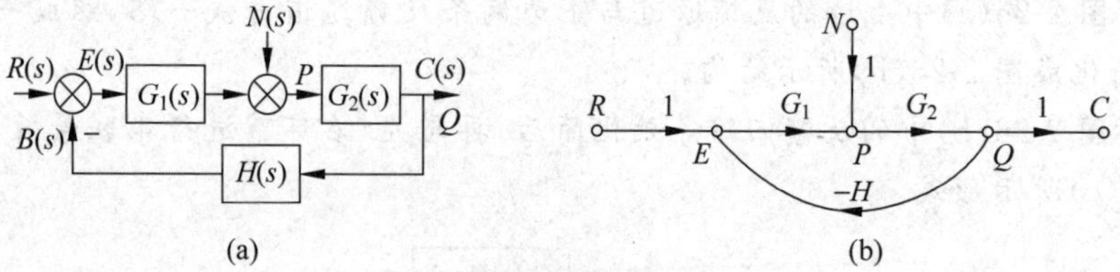

图 2-27 控制系统的结构图和信号流图

表示信号传递的方向；增益表示支路上的信号传递关系，标在支路旁边，相当于结构图中环节的传递函数。

关于信号流图，有如下术语：

(1) 源节点 只有输出支路的节点，相当于输入信号。如图 2-27(b)中的 R,N 节点。

(2) 阱节点 只有输入支路的节点，对应系统的输出信号。如图 2-27(b)中的 C 节点。

(3) 混合节点 既有输入支路又有输出支路的节点，相当于结构图中的比较点或引出点。如图 2-27(b)中的 E、P、Q 节点。

(4) 前向通路 从源节点开始到阱节点终止，顺着信号流动的方向，且与其他节点相交不多于一次的通路。如图 2-27(b)中的 $REPQC$、$NPQC$。

(5) 回路 从同一节点出发，顺着信号流动的方向回到该节点，且与其他节点相交不多于一次的闭合通路。如图 2-27(b)中的 $EPQE$。

(6) 回路增益 回路中各支路增益的乘积。

(7) 前向通路增益 前向通路中各支路增益的乘积。

(8) 不接触回路 信号流图中没有公共节点的回路。

2.5.2 梅逊增益公式

利用梅逊(Mason)增益公式不进行结构图变换就可以直接写出系统的传递函数 $\Phi(s)$。

梅逊增益公式的一般形式为

$$\Phi(s)=\frac{1}{\Delta}\sum_{k=1}^{n}P_k\Delta_k \tag{2-57}$$

式中，Δ 称为特征式，其计算公式为

$$\Delta=1-\sum L_a+\sum L_bL_c-\sum L_dL_eL_f+\cdots \tag{2-58}$$

式中，$\sum L_a$— 所有不同回路的回路增益之和；

$\sum L_bL_c$— 所有两两互不接触回路的回路增益乘积之和；

$\sum L_dL_eL_f$— 所有三个互不接触回路的回路增益乘积之和；

n— 系统前向通路的条数；

P_k— 从源节点到阱节点之间第 k 条前向通路的总增益；

Δ_k— 第 k 条前向通路的余子式，即把特征式 Δ 中与第 k 条前向通路接触的回路所在项除去后余下的部分。

下面举例说明应用梅逊增益公式求取系统传递函数的方法。

例 2-12 系统信号流图如图 2-28 所示，求传递函数 $\dfrac{C(s)}{R(s)}$。

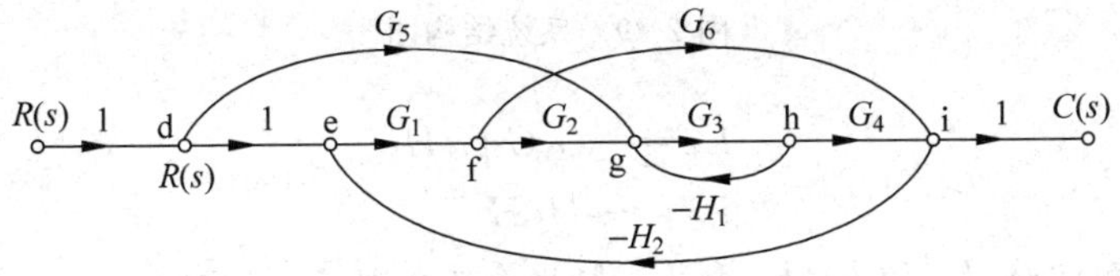

图 2-28 系统的信号流图

解 系统有三个回路

$$L_1 = -G_3H_1$$
$$L_2 = -G_1G_2G_3G_4H_2$$
$$L_3 = -G_1G_6H_2$$

其中，L_1 和 L_3 两回路互不接触。故特征式为

$$\begin{aligned}\Delta &= 1-(L_1+L_2+L_3)+(L_1L_3)\\ &= 1+G_3H_1+G_1G_2G_3G_4H_2+G_1G_6H_2+G_1G_3G_6H_1H_2\end{aligned}$$

系统有三条前向通路，其增益分别为

$$P_1 = G_1G_2G_3G_4$$
$$P_2 = G_1G_6$$
$$P_3 = G_5G_3G_4$$

其中，前向通路 P_2 与回路 L_1 不接触，所以前向通路的余子式分别为

$$\Delta_1 = 1$$
$$\Delta_2 = 1-(L_1) = 1+G_3H_1$$
$$\Delta_3 = 1$$

由梅逊增益公式(2-57)可得系统的传递函数

$$\begin{aligned}\Phi(s) &= \frac{C(s)}{R(s)} = \frac{1}{\Delta}(P_1\Delta_1+P_2\Delta_2+P_3\Delta_3)\\ &= \frac{G_1G_2G_3G_4+G_1G_6(1+G_3H_1)+G_3G_4G_5}{1+G_3H_1+G_1G_2G_3G_4H_2+G_1G_6H_2+G_1G_3G_6H_1H_2}\end{aligned}$$

例 2-13 已知系统结构图如图 2-29 所示，试求传递函数 $\dfrac{C(s)}{R(s)}$ 和 $\dfrac{C(s)}{N(s)}$。

解 系统有 4 个回路

$$L_1 = -G_1H_1$$
$$L_2 = G_2G_3H_2$$

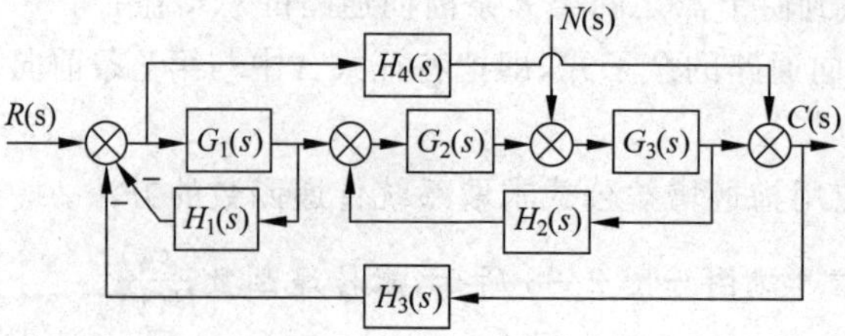

图 2-29　系统结构图

$$L_3 = -G_1G_2G_3H_3$$
$$L_4 = -H_3H_4$$

有 2 组互不接触回路，L_1 和 L_2，L_2 和 L_4，写出系统特征式

$$\Delta = 1 + G_1H_1 - G_2G_3H_2 + G_1G_2G_3H_3 + H_3H_4 - G_1G_2G_3H_1H_2 - G_2G_3H_2H_3H_4$$

当 $R(s)$ 作用时，有 2 条前向通路，即

$$p_1 = G_1G_2G_3 \quad \Delta_1 = 1$$
$$p_2 = H_4 \qquad \Delta_2 = 1 - G_2G_3H_2$$

根据梅逊增益公式可写出闭环传递函数

$$\Phi(s) = \frac{C(s)}{R(s)} = \frac{p_1\Delta_1 + p_2\Delta_2}{\Delta}$$
$$= \frac{G_1G_2G_3 + H_4(1 - G_2G_3H_2)}{1 + G_1H_1 - G_2G_3H_2 + G_1G_2G_3H_3 + H_3H_4 - G_1G_2G_3H_1H_2 - G_2G_3H_2H_3H_4}$$

当 $N(s)$ 作用时，有 1 条前向通路，即

$$p_{N1} = G_3 \quad \Delta_{N1} = 1 + G_1H_1$$

可写出系统在干扰作用下的闭环传递函数

$$\Phi_N(s) = \frac{C(s)}{N(s)} = \frac{p_{N1}\Delta_{N1}}{\Delta}$$
$$= \frac{G_3(1 + G_1H_1)}{1 + G_1H_1 - G_2G_3H_2 + G_1G_2G_3H_3 + H_3H_4 - G_1G_2G_3H_1H_2 - G_2G_3H_2H_3H_4}$$

系统的特征式只与回路有关，它反映系统自身的特性。同一个系统，输入、输出信号选择不同，相应传递函数的分子就不同，但其特征式一定是相同的。

2.6　控制系统的传递函数

实际控制系统不仅会受到控制信号 $r(t)$ 的作用，还会受到干扰信号 $n(t)$ 的影响。在分析系统时，会讨论输出特性 $c(t)$，也会涉及误差响应 $e(t)$。针对不同的问题，需要写出不同的传递函数。

2.6.1　系统的开环传递函数

系统结构图如图 2-30 所示，为分析系统方便起见，常常需要“人为”地断开系统的主

反馈通路，将前向通路与反馈通路上的传递函数乘在一起，称为系统的开环传递函数，用 $G(s)H(s)$ 表示。即

$$G(s)H(s)=G_1(s)G_2(s)H_1(s) \tag{2-59}$$

需要指出，这里的开环传递函数是针对闭环系统而言的，而不是指开环系统的传递函数。

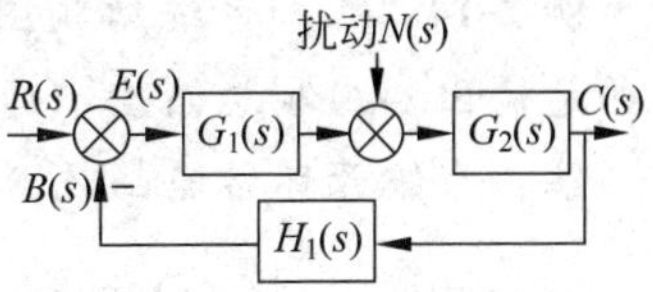

图 2-30 闭环系统结构图

2.6.2 闭环系统的传递函数

1. 控制输入作用下的闭环传递函数

当研究系统控制输入作用时，可令 $N(s)=0$，写出系统输出 $C(s)$ 对输入 $R(s)$ 的闭环传递函数

$$\Phi(s)=\frac{C(s)}{R(s)}=\frac{G_1(s)G_2(s)}{1+G_1(s)G_2(s)H_1(s)} \tag{2-60}$$

2. 干扰作用下的闭环传递函数

当研究扰动对系统的影响时，同理令 $R(s)=0$，可写出扰动作用下的闭环传递函数

$$\Phi_n(s)=\frac{C(s)}{N(s)}=\frac{G_2(s)}{1+G_1(s)G_2(s)H_1(s)} \tag{2-61}$$

根据叠加原理，线性系统的总输出等于不同外作用单独作用时引起响应的代数和，所以系统的总输出为

$$C(s)=\Phi(s)R(s)+\Phi_n(s)N(s)=\frac{G_1(s)G_2(s)R(s)+G_2(s)N(s)}{1+G_1(s)G_2(s)H_1(s)}$$

2.6.3 闭环系统的误差传递函数

1. 控制输入作用下系统的误差传递函数

讨论控制输入引起的误差响应时，可写出系统的误差传递函数

$$\Phi_e(s)=\frac{E(s)}{R(s)}=\frac{1}{1+G_1(s)G_2(s)H_1(s)} \tag{2-62}$$

2. 干扰作用下系统的误差传递函数

讨论干扰引起的误差影响时，可写出闭环系统在干扰作用下的误差传递函数

$$\Phi_{ne}(s)=\frac{E(s)}{N(s)}=\frac{-G_2(s)H_1(s)}{1+G_1(s)G_2(s)H_1(s)} \tag{2-63}$$

同理，在控制输入和干扰同时作用下，系统的总误差为

$$E(s)=\Phi_e(s)R(s)+\Phi_{en}(s)N(s)=\frac{R(s)-G_2(s)H_1(s)N(s)}{1+G_1(s)G_2(s)H_1(s)}$$

例 2-14 已知系统结构图如图 2-31 所示，求 $r(t)=1(t)$，$n(t)=\delta(t)$同时作用时系统的总输出 $c(t)$和总偏差 $e(t)$。

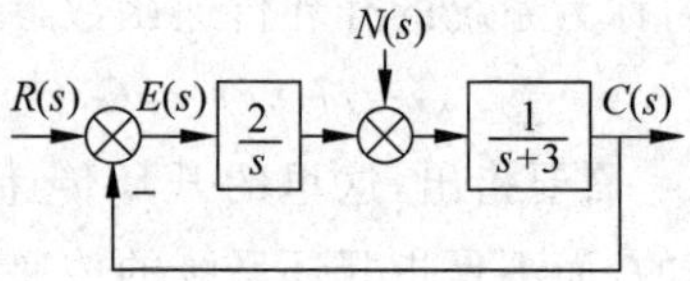

图 2-31 系统结构图

解 系统开环传递函数

$$G(s)=\frac{2}{s(s+3)}$$

系统的闭环传递函数

$$\Phi(s)=\frac{C(s)}{R(s)}=\frac{\frac{2}{s(s+3)}}{1+\frac{2}{s(s+3)}}=\frac{2}{(s+1)(s+2)}$$

$$\Phi_{\mathrm{n}}(s)=\frac{C(s)}{N(s)}=\frac{\frac{1}{s+3}}{1+\frac{2}{s(s+3)}}=\frac{s}{(s+1)(s+2)}$$

系统的总输出

$$C(s)=\Phi(s)R(s)+\Phi_{\mathrm{n}}(s)N(s)=\frac{2}{(s+1)(s+2)}\cdot\frac{1}{s}+\frac{s}{(s+1)(s+2)}$$

$$=\frac{s^2+2}{s(s+1)(s+2)}=\frac{1}{s}-\frac{3}{s+1}+\frac{3}{s+2}$$

$$c(t)=1-3\mathrm{e}^{-t}+3\mathrm{e}^{-2t}$$

求系统总误差时，可以采用相同的思路进行计算，但注意到系统是单位反馈的，故有

$$e(t)=r(t)-c(t)=1-(1-3\mathrm{e}^{-t}+3\mathrm{e}^{-2t})=3\mathrm{e}^{-t}-3\mathrm{e}^{-2t}$$

2.7 小结

本章主要介绍如何利用解析法建立系统的数学模型，建立数学模型是对控制系统进行分析和设计的前提。

1. 本章内容提要

数学模型是描述系统输入、输出以及内部各变量之间关系的数学表达式。

微分方程是系统的时域数学模型。要求掌握线性定常微分方程的一般形式、建立微分方程的步骤、微分方程的求解方法以及非线性方程的线性化方法。

传递函数是在零初始条件下，线性定常系统输出拉普拉斯变换和输入拉普拉斯变换之比。传递函数是系统的复域数学模型，也是经典控制理论中最常用的数学模型形式。要求掌握传递函数的定义、性质和标准形式，熟练运用传递函数概念对系统进行分析和计算。

结构图和信号流图都是系统数学模型的图形表达形式，两者在描述系统变量间的传递关系上是等价的，只是表现形式不同。结构图等效变换和梅逊增益公式是系统分析过程中经常运用的工具，应该熟练掌握。

开环传递函数 $G(s)H(s)$，闭环传递函数 $\Phi(s)=\dfrac{C(s)}{R(s)}$、$\Phi_n(s)=\dfrac{C(s)}{N(s)}$ 和误差传递函数 $\Phi_e(s)=\dfrac{E(s)}{R(s)}$、$\Phi_{en}(s)=\dfrac{E(s)}{N(s)}$，它们在系统分析、设计中经常被用到，应能熟练地掌握和运用。

2. 知识脉络图

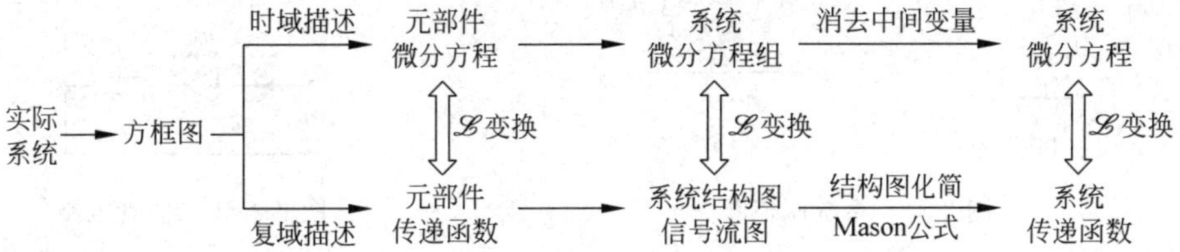

习题

2-1 建立图 2-32 所示各机械系统的微分方程(其中 $F(t)$ 为外力，$x(t)$、$y(t)$ 为位移；k 为弹性系数，f 为阻尼系数，m 为质量；忽略重力影响及滑块与地面的摩擦)。

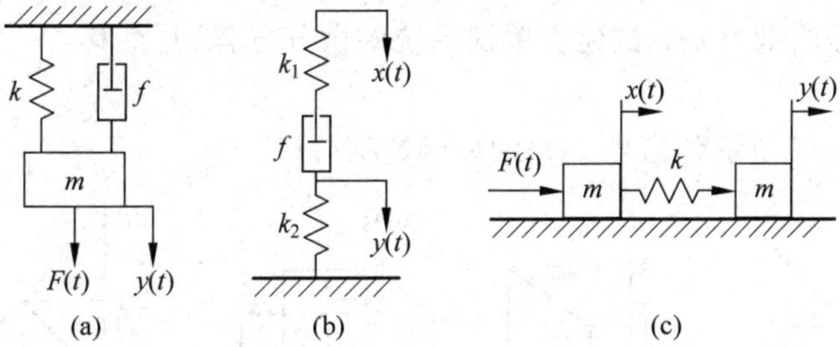

图 2-32 系统原理图

2-2 应用复数阻抗方法求图 2-33 所示各无源网络的传递函数。

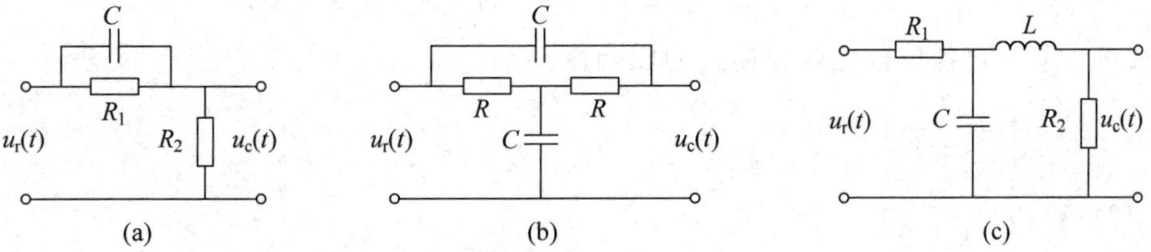

图 2-33 无源网络

2-3 证明图 2-34(a)所示的力学系统和图 2-34(b)所示的电路系统是相似系统(即有相同形式的数学模型)。

2-4 如图 2-35 所示，二极管是一个非线性元件，其电流 i_d 和电压 u_d 之间的关系为 $i_d=10^{-14}(e^{\frac{u_d}{0.026}}-1)$。假设电路在工作点 $u(0)=2.39\text{V}$，$i(0)=2.19\times10^{-3}\text{A}$ 处做微小变化，试推导 $i_d=f(u_d)$ 的线性化方程。

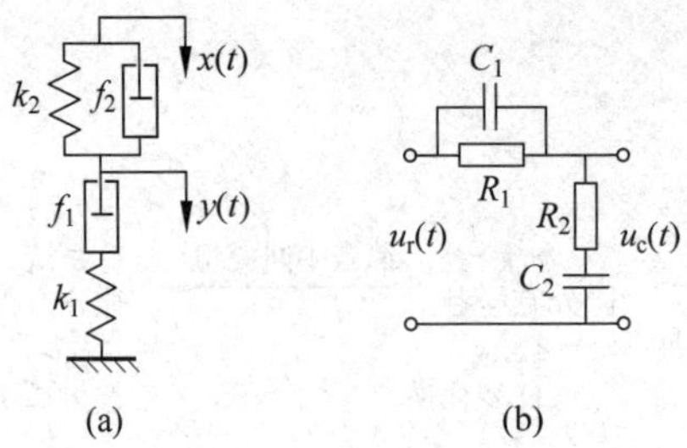

图 2-34 系统原理图

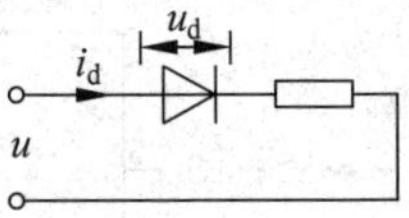

图 2-35 二极管电路

2-5 假设某容器的液位高度 h 与液体流入量 Q_r 满足方程

$$\frac{dh}{dt}+\frac{\alpha}{S}\sqrt{h}=\frac{1}{S}Q_r$$

式中，S 为液位容器的横截面积，α 为常数。若 h 与 Q_r 在其工作点 (Q_{r0},h_0) 附近做微量变化，试导出 Δh 关于 ΔQ_r 的线性化方程。

2-6 图 2-36 是一个单摆运动的示意图。图中，l 为摆杆长度，θ 为摆角，摆锤质量为 m。试建立单摆系统的微分方程，并将其线性化。

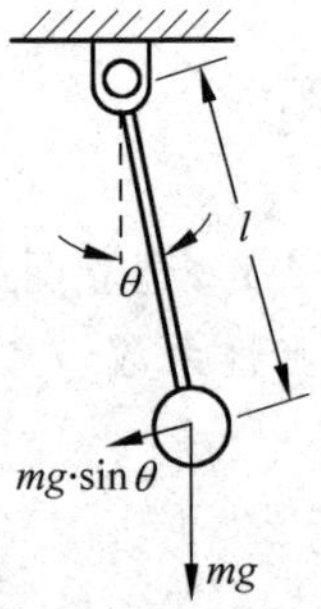

图 2-36 单摆系统

2-7 求图 2-37 所示各信号 $x(t)$ 的像函数 $X(s)$。

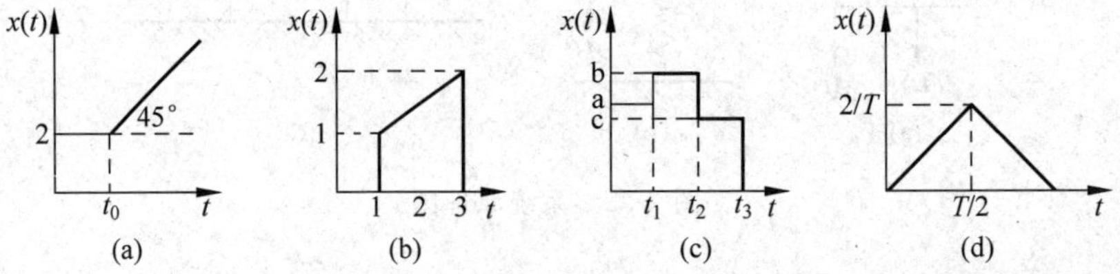

图 2-37 信号图

2-8 求下列各拉普拉斯变换式的原函数。

(1) $X(s)=\dfrac{e^{-s}}{s-1}$

(2) $X(s)=\dfrac{2}{s^2+9}$

(3) $X(s)=\dfrac{1}{s(s+2)^3(s+3)}$

(4) $X(s)=\dfrac{s+1}{s(s^2+2s+2)}$

2-9 已知在零初始条件下，系统的单位阶跃响应为 $c(t)=1-2e^{-2t}+e^{-t}$，试求系统的传递函数和脉冲响应。

2-10 已知系统传递函数 $\dfrac{C(s)}{R(s)}=\dfrac{2}{s^2+3s+2}$，且初始条件为 $c(0)=-1,\dot{c}(0)=0$，试求系统在输入 $r(t)=1(t)$ 作用下的输出 $c(t)$。

2-11 求图 2-38 所示各有源网络的传递函数 $\dfrac{U_c(s)}{U_r(s)}$。

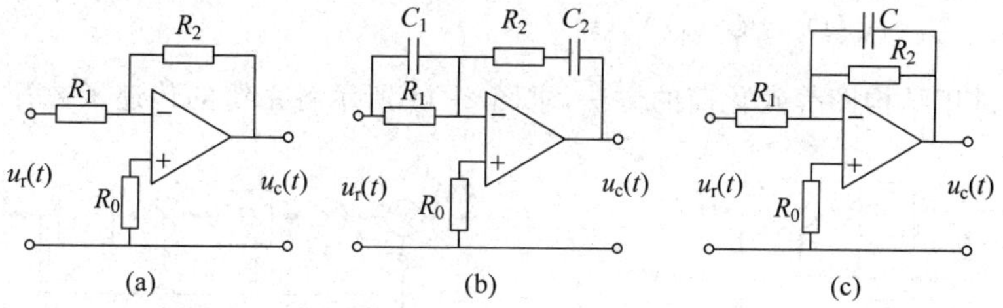

图 2-38　有源网络

2-12 某位置随动系统原理框图如图 2-39 所示，已知电位器最大工作角度 $Q_m=330°$，功率放大器放大系数为 k_3。

(1) 分别求出电位器的传递函数 k_0，第一级和第二级放大器的放大系数 k_1，k_2；

(2) 画出系统的结构图；

(3) 求系统的闭环传递函数 $\dfrac{Q_c(s)}{Q_r(s)}$。

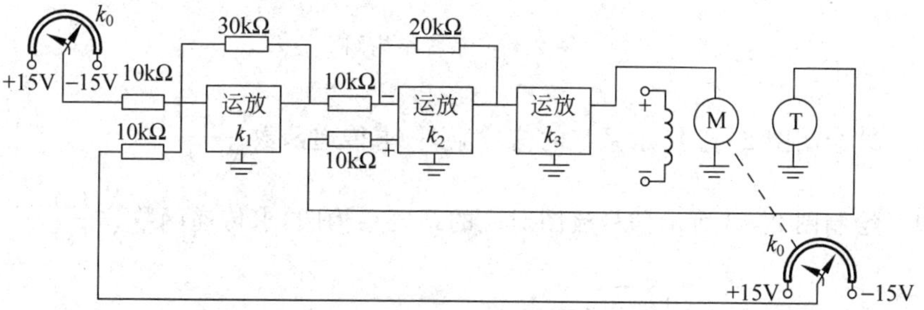

图 2-39　系统原理框图

2-13 飞机俯仰角控制系统结构图如图 2-40 所示，试求闭环传递函数 $\dfrac{Q_c(s)}{Q_r(s)}$。

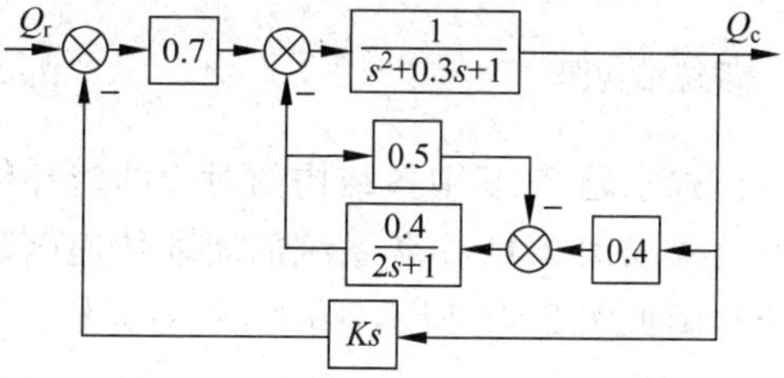

图 2-40　飞机俯仰角控制系统结构图

2-14 已知系统方程组如下，试绘制系统结构图，并求闭环传递函数$\dfrac{C(s)}{R(s)}$。

$$\begin{cases} X_1(s)=G_1(s)R(s)-G_1(s)[G_7(s)-G_8(s)]C(s) \\ X_2(s)=G_2(s)[X_1(s)-G_6(s)X_3(s)] \\ X_3(s)=[X_2(s)-C(s)G_5(s)]G_3(s) \\ C(s)=G_4(s)X_3(s) \end{cases}$$

2-15 试用结构图等效化简的方法，求图 2-41 所示各系统的传递函数$\dfrac{C(s)}{R(s)}$。

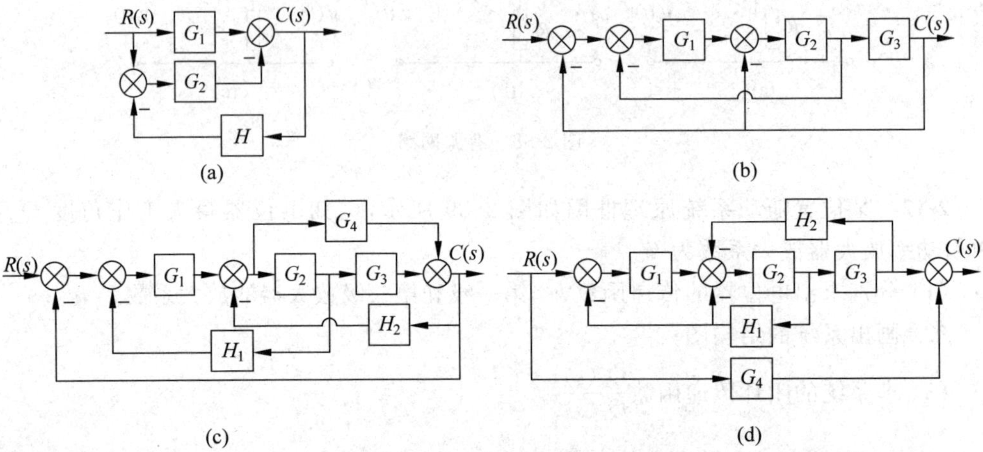

图 2-41　系统结构图

2-16 试绘制图 2-42 所示系统的信号流图，求传递函数$\dfrac{C(s)}{R(s)}$。

2-17 绘制图 2-43 所示信号流图对应的系统结构图，求传递函数$\dfrac{X_5(s)}{X_1(s)}$。

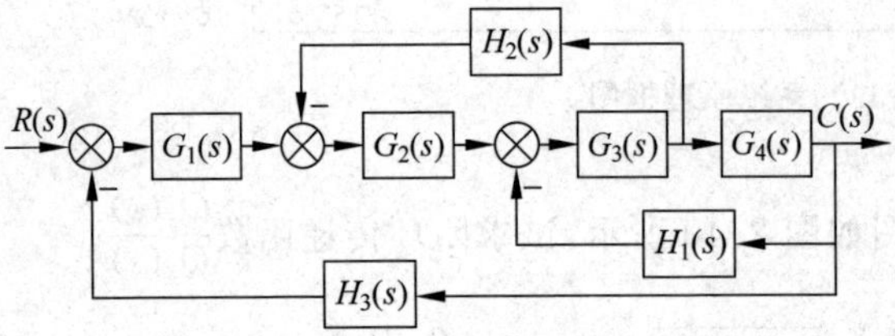

图 2-42　系统结构图

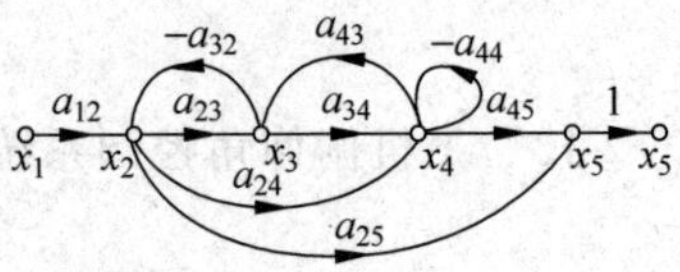

图 2-43　系统信号流图

2-18 应用梅逊增益公式求题 2-15 中各结构图对应的闭环传递函数。

2-19 应用梅逊增益公式求图 2-44 中各系统的闭环传递函数。

2-20 已知系统的结构图如图 2-45 所示，图中，$R(s)$为输入信号，$N(s)$为干扰信号，求传递函数$\dfrac{C(s)}{R(s)}$，$\dfrac{C(s)}{N(s)}$。

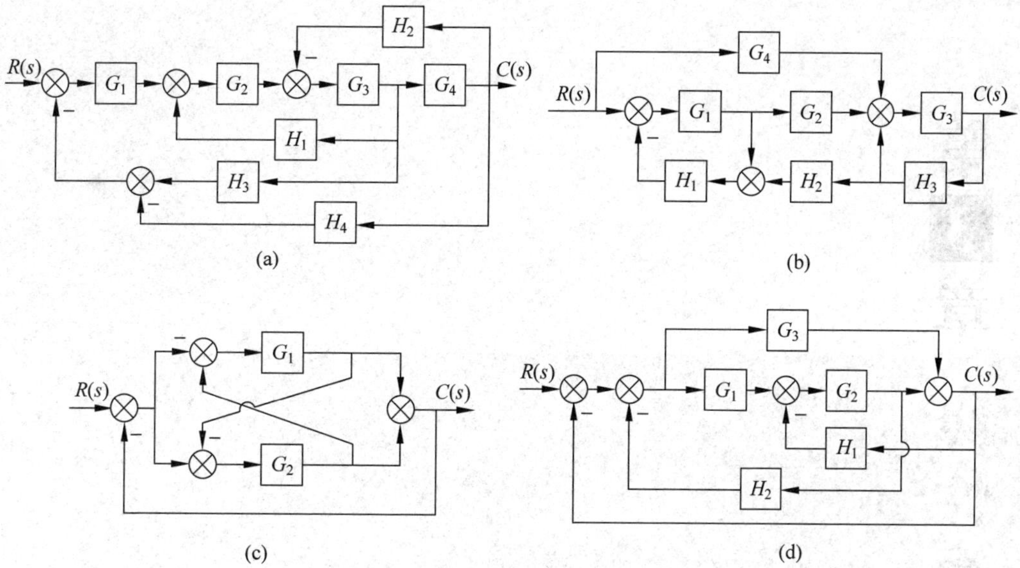

图 2-44 系统结构图

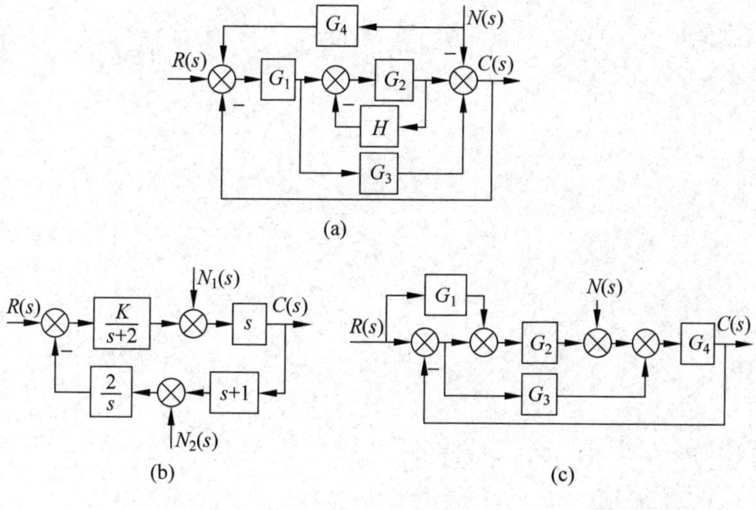

图 2-45 系统结构图

2-21 已知系统的结构图如图 2-46 所示。求当 $r(t)=n(t)=1(t)$同时作用时，系统的输出 $c(t)$及偏差 $e(t)$。

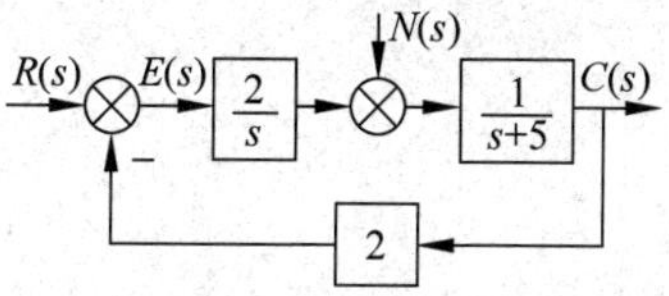

图 2-46 系统结构图

第3章 线性系统的时域分析与校正

3.1 概述

系统的数学模型建立后，便可对系统进行分析和校正。分析和校正是自动控制原理课程的两大任务。系统分析是由已知的系统模型确定系统的性能指标；校正则是根据需要在系统中加入一些机构和装置并确定相应的参数，用以改善系统性能，使其满足所要求的性能指标。系统分析的目的在于“认识”系统，系统校正的目的在于“改造”系统。经典控制理论中，系统的分析与校正方法一般有时域法、复域法（根轨迹法）和频域法，本章介绍时域法。

3.1.1 时域法的作用和特点

时域法是一种直接在时间域中对系统进行分析和校正的方法，它可以提供系统时间响应的全部信息，具有直观、准确的优点。但在研究系统参数改变引起系统性能指标变化的趋势这一类问题，以及对系统进行校正设计时，时域法不是非常方便。时域法是最基本的分析方法，该方法引出的概念、方法和结论是以后学习复域法、频域法等其他方法的基础。

3.1.2 时域法常用的典型输入信号

要确定系统性能的优劣，就要在同样的输入条件激励下比较系统的行为。为了在符合实际情况的基础上便于实现和分析计算，时域分析法中一般采用如表 3-1 中的典型输入信号。

3.1.3 系统的时域性能指标

如第 1 章所述，对控制系统的一般要求可归纳为稳、准、快。工程上为了定量评价系统性能的好坏，必须给出控制系统的性能指标的准确定义和定量计算方法。

稳定是控制系统正常运行的基本条件。系统稳定，其响应过程才能收敛，研究系统的性能（包括动态性能和稳态性能）才有意义。

实际物理系统都存在惯性，输出量的改变是与系统所储有的能量有关的。系统所储有的能量的改变需要有一个过程。在外作用激励下系统从一种稳定状态转换到另一种稳定状态需要一定的时间。一个稳定系统的典型阶跃响应如图 3-1 所示。响应过程分为动态过程（也称为过渡过程）和稳态过程，系统的动态性能指标和稳态性能指标就是分别针对这两个阶段定义的。

表 3-1　时域分析法中的典型输入信号

名　称	$r(t)$	时域关系	时域图形	$R(s)$	复域关系	例
单位脉冲函数	$\delta(t)=\begin{cases}\infty & t=0\\ 0 & t\neq 0\end{cases}$ $\int\delta(t)\mathrm{d}t=1$	↑	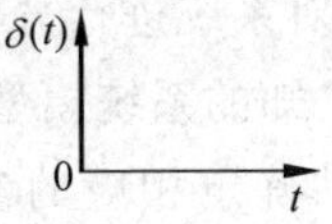	1	↑	撞击作用后坐力电脉冲
单位阶跃函数	$1(t)=\begin{cases}1 & t\geqslant 0\\ 0 & t<0\end{cases}$		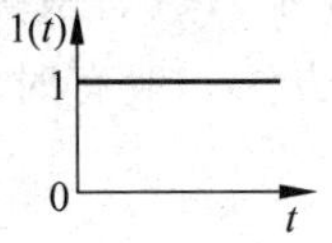	$\frac{1}{s}$		开关输入
单位斜坡函数	$f(t)=\begin{cases}t & t\geqslant 0\\ 0 & t<0\end{cases}$	$\frac{\mathrm{d}}{\mathrm{d}t}$	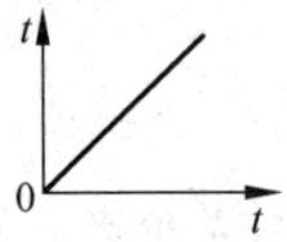	$\frac{1}{s^2}$	$\times s$	等速跟踪信号
单位加速度函数	$f(t)=\begin{cases}\frac{1}{2}t^2 & t\geqslant 0\\ 0 & t<0\end{cases}$		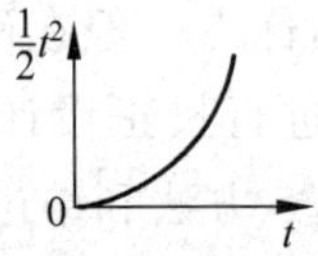	$\frac{1}{s^3}$		

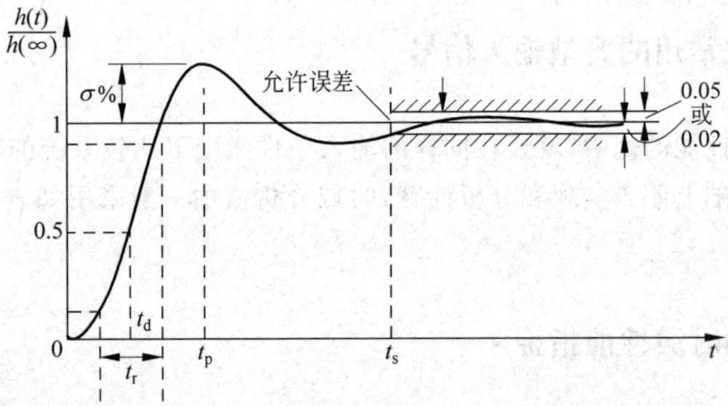

图 3-1　系统的典型阶跃响应及动态性能指标

1. 动态性能

系统动态性能是以系统阶跃响应为基础来衡量的。一般认为阶跃输入对系统而言是比较严峻的工作状态，若系统在阶跃函数作用下的动态性能满足要求，那么系统在其他形式的输入作用下，其动态响应也应是令人满意的。

动态性能指标通常有如下几项：

延迟时间 t_d　阶跃响应第一次达到终值 $h(\infty)$ 的 50%所需的时间。

上升时间 t_r　阶跃响应从终值的 10%上升到终值的 90%所需的时间；对有振荡的系统，也可定义为从 0 到第一次达到终值所需的时间。

峰值时间 t_p 阶跃响应越过终值 $h(\infty)$ 达到第一个峰值所需的时间。

调节时间 t_s 阶跃响应到达并保持在终值 $h(\infty)\pm5\%$ 误差带内所需的最短时间；有时也用终值的 $\pm2\%$ 误差带来定义调节时间。除非特别说明，本书以后所说的调节时间均以终值的 $\pm5\%$ 误差带定义。

超调量 $\sigma\%$ 峰值 $h(t_p)$ 超出终值 $h(\infty)$ 的百分比，即

$$\sigma\% = \frac{h(t_p)-h(\infty)}{h(\infty)}\times 100\% \tag{3-1}$$

在上述动态性能指标中，工程上最常用的是调节时间 t_s（反映过渡过程的长短，描述“快”），超调量 $\sigma\%$（反映过渡过程的波动程度，描述“匀”）以及峰值时间 t_p，它们也是本书重点讨论的动态性能指标。

2. 稳态性能

稳态误差是时间趋于无穷时系统实际输出与理想输出之间的误差，是系统控制精度或抗干扰能力的一种度量。稳态误差有不同定义（具体请参阅 3.6 节），通常在典型输入下进行测定或计算。

应当指出，系统性能指标的确定应根据实际情况而有所侧重。例如，民航客机要求飞行平稳，不允许有超调；歼击机则要求机动灵活，响应迅速，允许有适当的超调；对于一些启动之后便需要长期运行的生产过程（如化工过程等）则往往更强调稳态精度。

3.2 一阶系统的时间响应及动态性能

3.2.1 一阶系统传递函数标准形式及单位阶跃响应

一阶系统的典型结构如图 3-2 所示，K 是开环增益。

系统传递函数的标准形式（尾 1 型）为

$$\Phi(s) = \frac{K}{s+K} = \frac{1}{Ts+1} \tag{3-2}$$

式中，$T=1/K$ 称为一阶系统的时间常数，系统特征根 $\lambda=-1/T$。

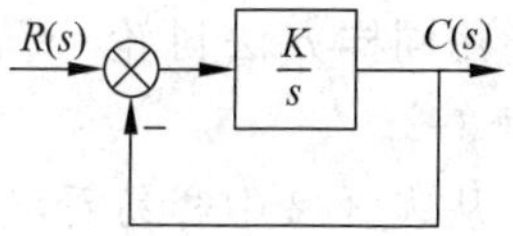

图 3-2 一阶系统典型结构图

系统单位阶跃响应的拉普拉斯变换为

$$C(s) = \Phi(s)\cdot R(s) = \frac{1}{Ts+1}\frac{1}{s} = \frac{1}{s} - \frac{1}{s+1/T}$$

单位阶跃响应

$$h(t) = \mathcal{L}^{-1}[C(s)] = 1-\mathrm{e}^{-\frac{t}{T}} \tag{3-3}$$

3.2.2 一阶系统动态性能指标计算

一阶系统的单位阶跃响应如图 3-3 所示，响应是单调的指数上升曲线。依调节时间

t_s 的定义有

$$h(t_s)=1-e^{-\frac{t_s}{T}}=0.95$$

解得

$$t_s=3T \tag{3-4}$$

图 3-3 表明，可以用时间常数 T 描述一阶系统的响应特性。时间常数 T 是一阶系统的重要特征参数。T 越小，系统极点越远离虚轴，过渡过程越快。图 3-4 给出一阶系统阶跃响应随时间常数 T 变化的趋势。

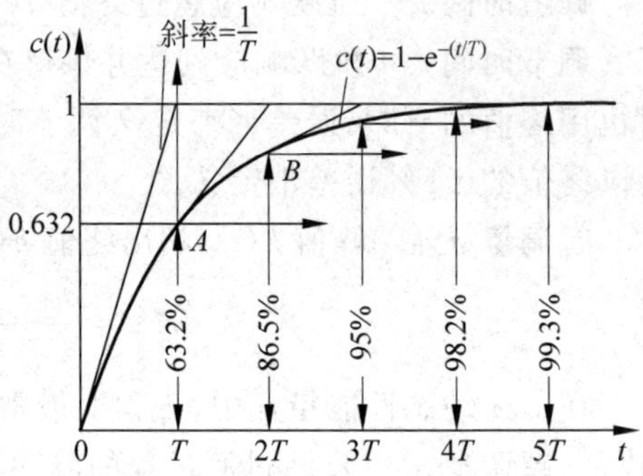

图 3-3　一阶系统的单位阶跃响应

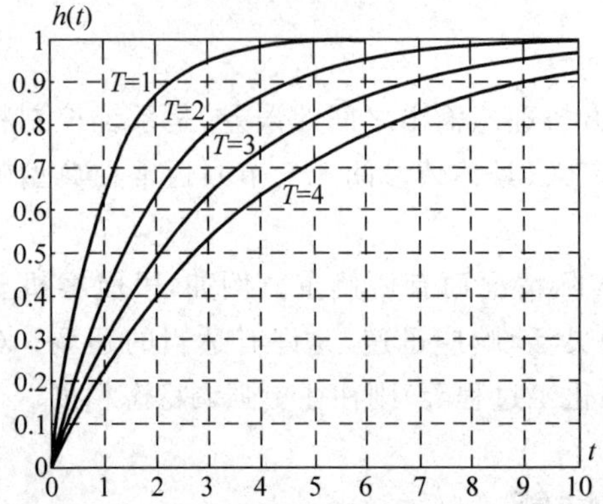

图 3-4　一阶系统阶跃响应随 T 变化的趋势

```
% 图3-4的绘制程序
  t=[0:0.1:10];T=1.0;
  for i=1:4
      num=[0,1];den=[i*T 1];
      [c x t] = step(num,den,t);
      plot(t,c,'k-');
      hold on;
  end;grid on;
```

3.2.3　典型输入下一阶系统的响应

用同样方法讨论一阶系统的脉冲响应和斜坡响应，可将系统典型输入响应列成表 3-2。

从表 3-2 中容易看出，系统对某一输入信号的微分/积分的响应，等于系统对该输入信号响应的微分/积分。这是线性定常系统的重要性质，对任意阶线性定常系统均适用。

表 3-2　一阶系统典型输入响应

$r(t)$	$R(s)$	$C(s)=\Phi(s)R(s)$	$c(t)$	响应曲线
$\delta(t)$	1	$\frac{1}{Ts+1}=\frac{\frac{1}{T}}{s+\frac{1}{T}}$	$k(t)=\frac{1}{T}e^{-\frac{1}{T}t}$ $t\geqslant 0$	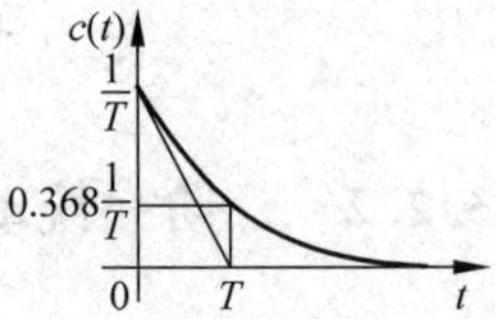

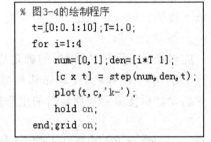

续表

$r(t)$	$R(s)$	$C(s)=\Phi(s)R(s)$	$c(t)$	响应曲线
$1(t)$	$\frac{1}{s}$	$\frac{1}{Ts+1}\frac{1}{s}=\frac{1}{s}-\frac{1}{s+\frac{1}{T}}$	$h(t)=1-\mathrm{e}^{-\frac{1}{T}t}$ $t\geqslant 0$	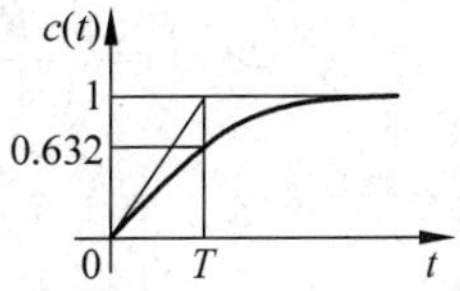
t	$\frac{1}{s^2}$	$\frac{1}{Ts+1}\cdot\frac{1}{s^2}=\frac{1}{s^2}-T\left[\frac{1}{s}-\frac{1}{s+\frac{1}{T}}\right]$	$c(t)=t-T(1-\mathrm{e}^{-\frac{1}{T}t})$ $t\geqslant 0$	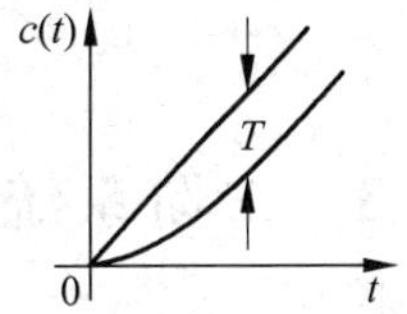

```
% 表3-2响应曲线的绘制程序
  t=0:0.1:7;num=[1];den=[1 1];figure;
  c1=impulse(num,den,t);plot(t,c1,'b-');
  xlabel('t/s'); ylabel('c(t)'); grid on; figure;
  c2=step(num,den,t);plot(t,ones(size(t)),'r-',t,c2,'b-');
  xlabel('t/s'); ylabel('c(t)'); grid on; figure;
  c3=lsim(num,den,t',t);plot(t,t,'r-',t,c3,'k-');
  xlabel('t/s'); ylabel('c(t)'); grid on;
```

例 3-1 某温度计插入温度恒定的热水后，其显示温度随时间变化的规律为

$$h(t)=1-\mathrm{e}^{-\frac{1}{T}t}$$

实验测得当 $t=60\mathrm{s}$ 时温度计读数达到实际水温的 95%，试确定该温度计的传递函数。

解 依题意，温度计的调节时间为

$$t_s=60=3T$$

故得

$$T=20$$

$$h(t)=1-\mathrm{e}^{-\frac{1}{T}t}=1-\mathrm{e}^{-\frac{1}{20}t}$$

由线性系统性质

$$k(t)=h'(t)=\frac{1}{20}\mathrm{e}^{-\frac{1}{20}t}$$

由传递函数性质

$$\Phi(s)=\mathcal{L}[k(t)]=\frac{1}{20s+1}$$

例 3-2 原系统传递函数为

$$G(s)=\frac{10}{0.2s+1}$$

现采用如图 3-5 所示的负反馈方式，欲将反馈系统的调节时间减小为原来的 0.1 倍，并且保证原放大倍数不变。试确定参数 K_0 和 K_1 的取值。

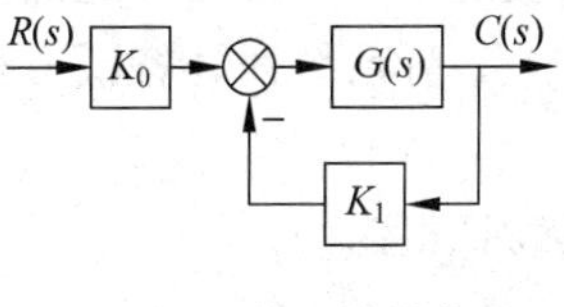

图 3-5 反馈系统结构图

解 依题意，原系统时间常数 $T=0.2$，放大倍数 $K=10$，要求反馈后系统的时间常数 $T_\Phi=0.2\times0.1=0.02$，放大倍数 $K_\Phi=K=10$。由结构图可知，反馈系统传递函数为

$$\Phi(s)=\frac{K_0G(s)}{1+K_1G(s)}=\frac{10K_0}{0.2s+1+10K_1}=\frac{\dfrac{10K_0}{1+10K_1}}{\dfrac{0.2}{1+10K_1}s+1}=\frac{K_\Phi}{T_\Phi s+1}$$

应有 $\begin{cases}K_\Phi=\dfrac{10K_0}{1+10K_1}=10\\ T_\Phi=\dfrac{0.2}{1+10K_1}=0.02\end{cases}$ 联立求解得 $\begin{cases}K_1=0.9\\ K_0=10\end{cases}$

3.3 二阶系统的时间响应及动态性能

3.3.1 二阶系统传递函数标准形式及分类

常见二阶系统结构图如图 3-6(a)所示，其中 K，T_0 为环节参数。系统闭环传递函数为

$$\Phi(s)=\frac{K}{T_0s^2+s+K}$$

为分析方便起见，常将二阶系统结构图表示成如图 3-6(b)所示的标准形式。系统闭环传递函数标准形式为

$$\Phi(s)=\frac{\omega_n^2}{s^2+2\zeta\omega_n s+\omega_n^2}\quad（首 1 型）\tag{3-5}$$

$$\Phi(s)=\frac{1}{T^2s^2+2T\zeta s+1}\quad（尾 1 型）\tag{3-6}$$

式中，$T=\sqrt{\dfrac{T_0}{K}}$，$\omega_n=\dfrac{1}{T}=\sqrt{\dfrac{K}{T_0}}$，$\zeta=\dfrac{1}{2}\sqrt{\dfrac{1}{KT_0}}$。

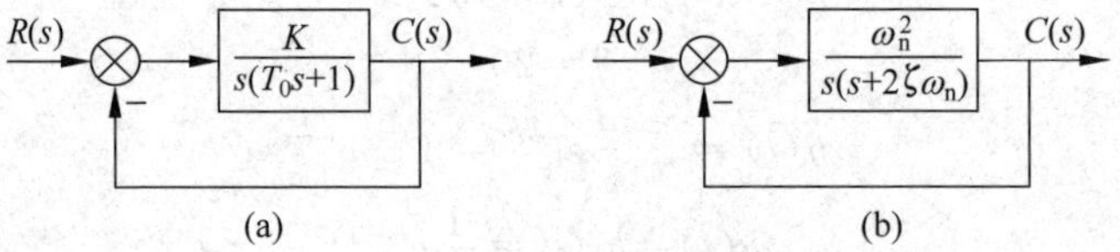

图 3-6 常见二阶系统结构图

ζ、ω_n 分别称为系统的阻尼比和无阻尼自然频率，是二阶系统重要的特征参数。二阶系统的首 1 标准型传递函数常用于时域分析中，频域分析时则常用尾 1 标准型。

二阶系统闭环特征方程为

$$D(s)=s^2+2\zeta\omega_n s+\omega_n^2=0$$

其特征根为

$$\lambda_{1,2}=-\zeta\omega_n\pm\omega_n\sqrt{\zeta^2-1}$$

若系统阻尼比 ζ 取值范围不同，其特征根形式不同，响应特性也不同，由此可将二阶系统分类，见表 3-3。

表 3-3　二阶系统（按阻尼比 ζ）分类表

分　类	特 征 根	特征根分布	模　态
$\zeta>1$ 过阻尼	$\lambda_{1,2}=-\zeta\omega_n\pm\omega_n\sqrt{\zeta^2-1}$	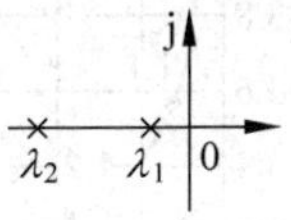	$e^{\lambda_1 t}$ $e^{\lambda_2 t}$
$\zeta=1$ 临界阻尼	$\lambda_1=\lambda_2=-\omega_n$	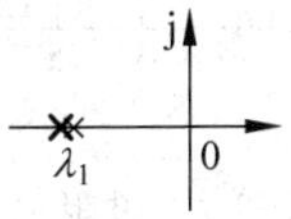	$e^{-\omega_n t}$ $te^{-\omega_n t}$
$0<\zeta<1$ 欠阻尼	$\lambda_{1,2}=-\zeta\omega_n\pm j\omega_n\sqrt{1-\zeta^2}$	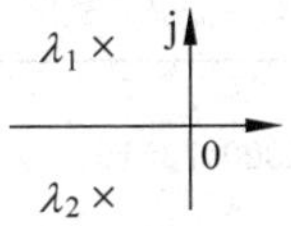	$e^{-\zeta\omega_n t}\sin\sqrt{1-\zeta^2}\,\omega_n t$ $e^{-\zeta\omega_n t}\cos\sqrt{1-\zeta^2}\,\omega_n t$
$\zeta=0$ 零阻尼	$\lambda_{1,2}=\pm j\omega_n$	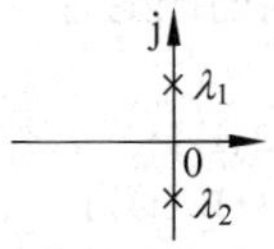	$\sin\omega_n t$ $\cos\omega_n t$

3.3.2　过阻尼二阶系统动态性能指标计算

设过阻尼二阶系统的极点为

$$\lambda_1=-\frac{1}{T_1}=-(\zeta-\sqrt{\zeta^2-1})\omega_n \quad \lambda_2=-\frac{1}{T_2}=-(\zeta+\sqrt{\zeta^2-1})\omega_n \quad (T_1>T_2)$$

系统单位阶跃响应的拉普拉斯变换

$$C(s)=\Phi(s)R(s)=\frac{\omega_n^2}{(s+1/T_1)(s+1/T_2)}\frac{1}{s}$$

进行拉普拉斯反变换，得出系统单位阶跃响应

$$h(t)=1+\frac{e^{-\frac{t}{T_1}}}{\frac{T_2}{T_1}-1}+\frac{e^{-\frac{t}{T_2}}}{\frac{T_1}{T_2}-1} \quad (t\geqslant 0) \tag{3-7}$$

过阻尼二阶系统单位阶跃响应是无振荡的单调上升曲线。根据式(3-7)，令 T_1/T_2 取不同值，可分别求解出相应的无量纲调节时间 t_s/T_1，如图 3-7 所示。图中 ζ 为参变量，由

$$s^2+2\zeta\omega_n s+\omega_n^2=(s+1/T_1)(s+1/T_2)$$

可解出

$$\zeta=\frac{1+(T_1/T_2)}{2\sqrt{T_1/T_2}}$$

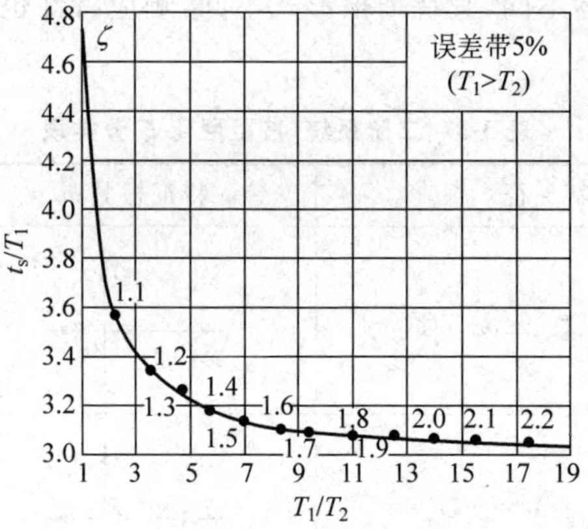

图 3-7　过阻尼二阶系统的调节时间特性

```
% 图3-7的绘制程序
  Tb=[];Ts=[];t=0:0.01:1000;T2=10;
  for i=1:length(T2)
      T1=T2(i):0.1*T2(i):20*T2(i);
      for j=1:length(T1)
          Tb=[Tb T1(j)/T2(i)];
          num = [1/(T1(j)*T2(i))];
          den = [1 (1/T1(j)+1/T2(i)) 1/(T1(j)*T2(i))];
          y = step(num,den,t);
          for k=length(y):-1:1
              if(abs(y(k)-1))>=0.05)
                  Ts=[Ts (k*0.01)/T1(j)];
                  break;
              end
          end
      end
  end
  plot(Tb,Ts);grid on;xlim([1 20]);
  xlabel('T1/T2');ylabel('ts/T1');title('过阻尼二阶系统的调节时间特性');
```

当 T_1/T_2（或 ζ）很大时，特征根 $\lambda_2=-1/T_2$ 比 $\lambda_1=-1/T_1$ 远离虚轴，模态 e^{-t/T_2} 很快衰减为零，系统调节时间主要由 $\lambda_1=-1/T_1$ 对应的模态 e^{-t/T_1} 决定。此时可将过阻尼二阶系统近似看作由 λ_1 确定的一阶系统，估算其动态性能指标。图 3-7 曲线体现了这一规律性。

例 3-3　某系统闭环传递函数 $\Phi(s)=\dfrac{16}{s^2+10s+16}$，计算系统的动态性能指标。

解　$\Phi(s)=\dfrac{16}{s^2+10s+16}=\dfrac{16}{(s+2)(s+8)}=\dfrac{\omega_n^2}{(s+1/T_1)(s+1/T_2)}$

$T_1=\dfrac{1}{2}=0.5$　　　　$T_2=\dfrac{1}{8}=0.125$

$$T_1/T_2=0.5/0.125=4 \qquad \zeta=\frac{1+(T_1/T_2)}{2\sqrt{T_1/T_2}}=1.25>1$$

查图 3-7 可得 $t_s/T_1=3.3$，计算得 $t_s=3.3T_1=3.3\times0.5=1.65s$。图 3-8 给出系统单位阶跃响应曲线。

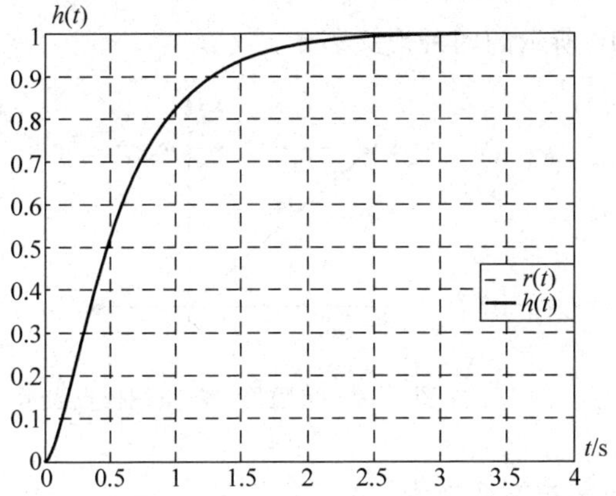

图 3-8　例 3-3 图

```
% 图3-8的计算程序
  t=[0:0.05:4]; r=ones(size(t));
  num=[16]; den=[1 10 16];
  [h x t] = step(num, den, t);
  plot(t,r,'--',t,h,'-');
  xlabel('t/s');ylabel('h(t)');grid on;
```

当阻尼比 $\zeta=1$ 时，系统处于临界阻尼状态，此时闭环极点是一对相等的实根，即

$$\lambda_1=\lambda_2=-\omega_n=-1/T_1$$

系统单位阶跃响应的拉普拉斯变换

$$C(s)=\Phi(s)R(s)=\frac{\omega_n^2}{(s+\omega_n)^2}\frac{1}{s}$$

其单位阶跃响应为

$$h(t)=1-(1+\omega_n t)e^{-\omega_n t}$$

临界阻尼二阶系统的单位阶跃响应也是无振荡的单调上升的曲线，其调节时间 t_s 可参照过阻尼二阶系统调节时间的方法计算，只是此时 $T_1/T_2=1$，调节时间

$$t_s=4.75T_1$$

例 3-4　角度随动系统结构图如图 3-9 所示。图中，K 为开环增益，$T=0.1s$ 为伺服电动机时间常数。若要求系统的单位阶跃响应无超调，且调节时间 $t_s\leqslant1s$，问 K 应取多大？

解　根据题意，考虑使系统的调节时间尽量短，应取阻尼比 $\zeta=1$。由图 3-9，令闭环特征方程

$$s^2+\frac{1}{T}s+\frac{K}{T}=\left(s+\frac{1}{T_1}\right)^2=s^2+\frac{2}{T_1}s+\frac{1}{T_1^2}=0$$

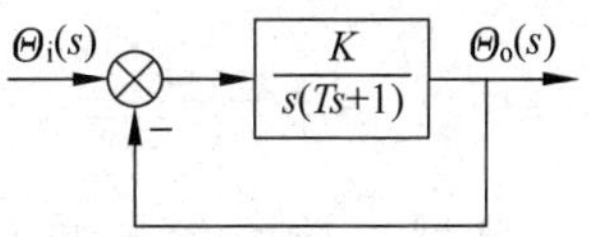

图 3-9　角度随动系统结构图

比较系数得

$$\begin{cases}T_1=2T=2\times0.1=0.2\\K=T/T_1^2=0.1/0.2^2=2.5\end{cases}$$

查图 3-7，可得系统调节时间 $t_s=4.75T_1=0.95s$，满足系统要求。

3.3.3 欠阻尼二阶系统动态性能指标计算

1. 欠阻尼二阶系统极点的两种表示方法

欠阻尼二阶系统的极点可以用如图 3-10 所示的两种形式表示。

(1) 直角坐标表示

$$\lambda_{1,2}=\sigma\pm j\omega_d=-\zeta\omega_n\pm j\sqrt{1-\zeta^2}\,\omega_n \tag{3-8}$$

(2) 极坐标表示

$$\begin{cases}|\lambda|=\omega_n\\ \angle\lambda=\beta\end{cases}\qquad\begin{cases}\cos\beta=\zeta\\ \sin\beta=\sqrt{1-\zeta^2}\end{cases} \tag{3-9}$$

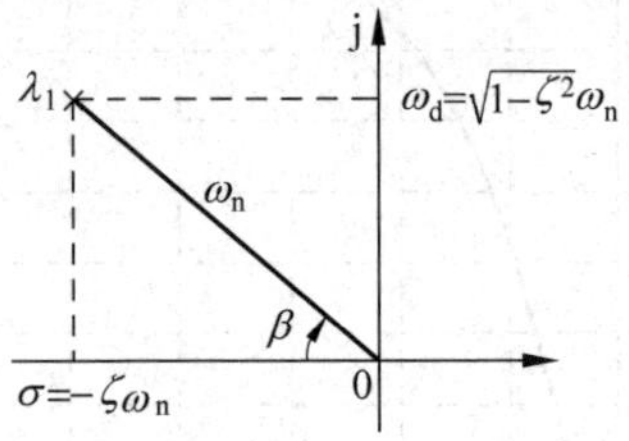

图 3-10 欠阻尼二阶系统极点表示

2. 欠阻尼二阶系统的单位阶跃响应

由式(3-5),可得系统单位阶跃响应的拉普拉斯变换为

$$C(s)=\Phi(s)R(s)=\frac{\omega_n^2}{s^2+2\zeta\omega_n s+\omega_n^2}\frac{1}{s}=\frac{1}{s}-\frac{s+2\zeta\omega_n}{(s+\zeta\omega_n)^2+(1-\zeta^2)\omega_n^2}$$

$$=\frac{1}{s}-\frac{s+\zeta\omega_n}{(s+\zeta\omega_n)^2+(1-\zeta^2)\omega_n^2}-\frac{\zeta}{\sqrt{1-\zeta^2}}\cdot\frac{\sqrt{1-\zeta^2}\,\omega_n}{(s+\zeta\omega_n)^2+(1-\zeta^2)\omega_n^2}$$

系统单位阶跃响应为

$$h(t)=1-e^{-\zeta\omega_n t}\cos(\sqrt{1-\zeta^2}\,\omega_n t)-\frac{\zeta}{\sqrt{1-\zeta^2}}e^{-\zeta\omega_n t}\sin(\sqrt{1-\zeta^2}\,\omega_n t)$$

$$=1-\frac{e^{-\zeta\omega_n t}}{\sqrt{1-\zeta^2}}\left[\sqrt{1-\zeta^2}\cos(\sqrt{1-\zeta^2}\,\omega_n t)+\zeta\sin(\sqrt{1-\zeta^2}\,\omega_n t)\right]$$

$$=1-\frac{e^{-\zeta\omega_n t}}{\sqrt{1-\zeta^2}}\sin\left(\sqrt{1-\zeta^2}\,\omega_n t+\arctan\frac{\sqrt{1-\zeta^2}}{\zeta}\right) \tag{3-10}$$

系统单位脉冲响应为

$$k(t)=h'(t)=\mathcal{L}^{-1}[\Phi(s)]=\mathcal{L}^{-1}\left[\frac{\sqrt{1-\zeta^2}\,\omega_n}{(s+\zeta\omega_n)^2+(1-\zeta^2)\omega_n^2}\cdot\frac{\omega_n}{\sqrt{1-\zeta^2}}\right]$$

$$=\frac{\omega_n}{\sqrt{1-\zeta^2}}e^{-\zeta\omega_n t}\sin\sqrt{1-\zeta^2}\,\omega_n t \tag{3-11}$$

典型二阶系统的单位阶跃响应如图 3-11 所示。响应曲线位于两条包络线 $1\pm e^{-\zeta\omega_n t}/\sqrt{1-\zeta^2}$ 之间,如图 3-12 所示。包络线收敛速率取决于 $\zeta\omega_n$(特征根实部之模),响应的阻尼振荡频率取决于 $\sqrt{1-\zeta^2}\,\omega_n$(特征根虚部)。响应的初始值 $h(0)=0$,初始斜率 $h'(0)=0$,终值 $h(\infty)=1$。

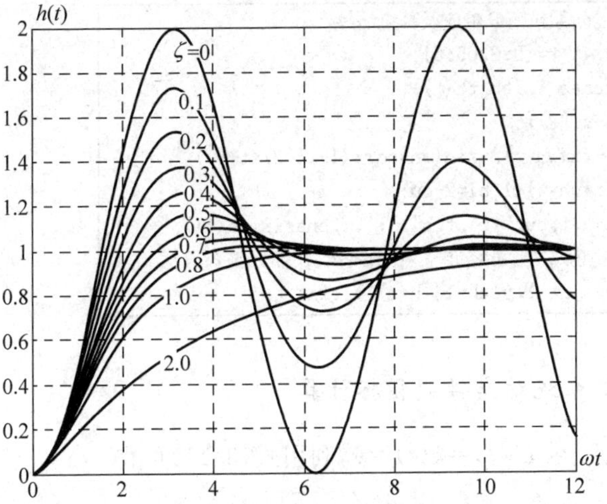

图 3-11　典型二阶系统的单位阶跃响应

```
% 图3-11的绘图程序
  t=[0:0.1:12];c=[];
  xi=[0 0.1 0.2 0.3 0.4 0.5 0.6 0.7 0.8 0.9 1.0 2.0];
  for i =1 : 11
      num=[1];den = [1 2*xi(i) 1];
      [c x t] = step(num,den,t);
      plot(t,c,'-');hold on;
  end
  xlabel('\omega_nt'),ylabel('h(t)');
  title('xi=0, 0.1, 0.2, 0.3, 0.4, 0.5, 0.6, 0.7, 0.8, 0.9, 1.0, 2.0');grid on;
```

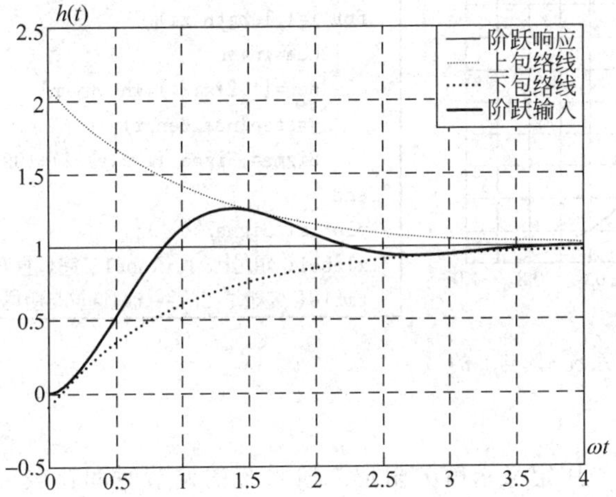

图 3-12　欠阻尼二阶系统单位阶跃响应及包络线

```
% 图3-12欠阻尼二阶系统阶跃响应及其包络线
  wn=2.5; xi=0.4; t=[0:0.05:6];
  tl=acos(xi)*ones(1,length(t));
  al=(1/sqrt(1-xi^2));
  hl=1-al*exp(-xi*wn*t).*sin(wn*sqrt(1-xi^2)*t+tl);
  bu=al*exp(-xi*wn*t)+1;bl=2-bu;
  plot(t,hl,'k-',t,bu,'-.',t,bl,':',t,ones(size(t)),'--');
  legend('阶跃响应','上包络线','下包络线','阶跃输入');
  xlabel('\omega_nt'),ylabel('h(t)');grid on;
```

3. 欠阻尼二阶系统动态性能指标计算

① 峰值时间 t_p　令 $h'(t)=k(t)=0$，利用式(3-11)可得

$$\sin(\sqrt{1-\zeta^2}\,\omega_n t) = 0$$

即有

$$\sqrt{1-\zeta^2}\,\omega_n t = 0,\pi,2\pi,3\pi,\cdots$$

由图 3-1，并根据峰值时间定义，可得

$$t_p = \frac{\pi}{\sqrt{1-\zeta^2}\,\omega_n} \tag{3-12}$$

② 超调量 $\sigma\%$　将式(3-12)代入式(3-10)整理后可得

$$h(t_p) = 1 + e^{-\zeta\pi/\sqrt{1-\zeta^2}}$$

$$\sigma\% = \frac{h(t_p)-h(\infty)}{h(\infty)}\times 100\% = e^{-\zeta\pi/\sqrt{1-\zeta^2}}\times 100\% \tag{3-13}$$

可见，典型欠阻尼二阶系统的超调量 $\sigma\%$ 只与阻尼比 ζ 有关，两者的关系如图 3-13 所示。

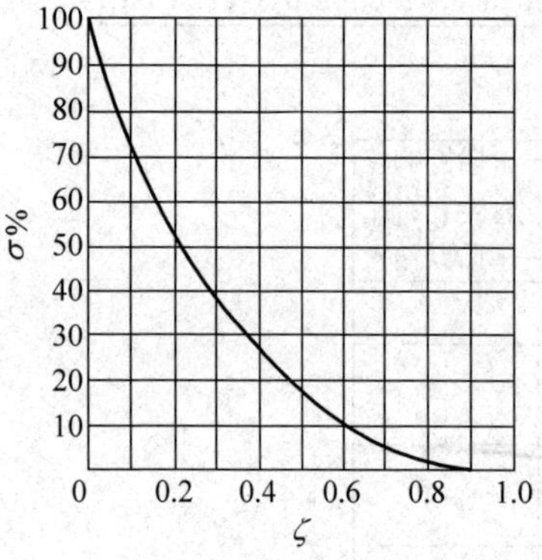

图 3-13　欠阻尼二阶系统 $\sigma\%$ 与 ζ 的关系曲线

```
% 图3-13的绘图程序
  Sigma=[];t=0:0.1:50;xi=0:0.005:1;wn=5;
  for i=1:length(xi)
      num=wn*wn;
      den=[1 2*xi(i)*wn wn*wn];
      y=step(num,den,t);
      Sigma=[Sigma (max(y)-1)*100];
  end
  plot(xi,Sigma,'b-');
  xlabel('阻尼比'),ylabel('超调量(%)');
  title('欠阻尼二阶系统超调量与阻尼比关系曲线');grid on;
```

③ 调节时间 t_s　用定义求解欠阻尼二阶系统的调节时间比较麻烦，为简便计，通常按阶跃响应的包络线进入 5% 误差带的时间计算调节时间。令

$$\left|1+\frac{e^{-\zeta\omega_n t}}{\sqrt{1-\zeta^2}}-1\right| = \frac{e^{-\zeta\omega_n t}}{\sqrt{1-\zeta^2}} = 0.05$$

可解得

$$t_s = -\frac{\ln 0.05 + \frac{1}{2}\ln(1-\zeta^2)}{\zeta\omega_n} \approx \frac{3.5}{\zeta\omega_n} \quad (0.3 < \zeta < 0.8) \tag{3-14}$$

式(3-12)～式(3-14)给出了典型欠阻尼二阶系统动态性能指标的计算公式。可见，典型欠阻尼二阶系统超调量$\sigma\%$只取决于阻尼比ζ，而调节时间t_s则与阻尼比ζ和自然频率ω_n均有关。按式(3-14)计算得出的调节时间t_s偏于保守。$\zeta\omega_n$一定时，调节时间t_s实际上随阻尼比ζ还有所变化。图3-14给出当$T=1/\omega_n$时，调节时间t_s与阻尼比ζ之间的关系曲线。可看出，当$\zeta=0.707(\beta=45°)$时，$t_s\approx 2T$，实际调节时间最短，$\sigma\%=4.32\%\approx 5\%$，超调量又不大，所以一般称$\zeta=0.707$为"最佳阻尼比"。

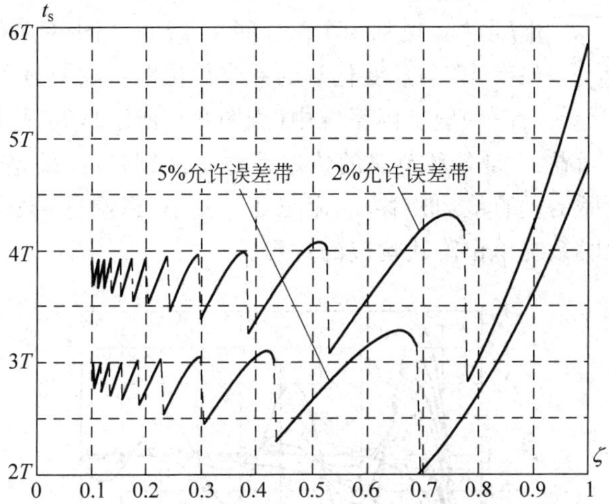

图3-14 t_s与ζ之间的关系曲线

```
% 图3-14的绘图程序
  Ts2=[];Ts5=[];Xi=[];re=1;t=0:.01:50;
  for im=10.:-0.02:0
      Xi=[Xi,cos(atan(im/re))];
      num=re*re+im*im;den=[1 2*re re*re+im*im];
      y=step(num,den,t);
      for k=5000:-1:0
          if(abs(y(k)-1))>=0.05,Ts5=[Ts5,k*0.01];break
          end
      end
      for k=5000:-1:0
          if(abs(y(k)-1))>=0.02,Ts2=[Ts2,k*0.01];break
          end
      end
  end
  plot(Xi,Ts2,'b-',Xi,Ts5,'r-');
  xlabel('xi'),ylabel('ts');
  title('极点实部保持不变时，调节时间随阻尼比的变化规律');grid on;
```

4. 典型欠阻尼二阶系统动态性能、系统参数及极点分布之间的关系

根据欠阻尼二阶系统动态性能计算式(3-13)、式(3-14)及极点表达式(3-8)、式(3-9),可以进一步讨论系统动态性能、系统参数及闭环极点分布间的规律性。

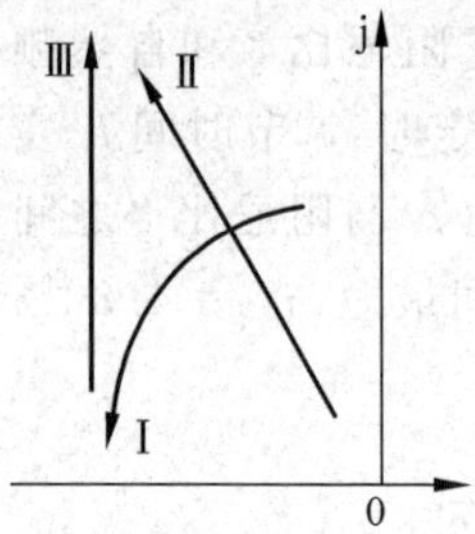

图 3-15　系统极点轨迹

当 ω_n 固定,ζ 增加(β 减小)时,系统极点在 s 平面按图 3-15 中所示的圆弧轨迹(Ⅰ)移动,对应系统超调量 $\sigma\%$ 减小;同时由于极点远离虚轴,$\zeta\omega_n$ 增加,调节时间 t_s 减小。图 3-16(a)给出 $\omega_n=1$,ζ 改变时的系统单位阶跃响应过程。

当 ζ 固定,ω_n 增加时,系统极点在 s 平面按图 3-15 中所示的射线轨迹(Ⅱ)移动,对应系统超调量 $\sigma\%$ 不变;由于极点远离虚轴,$\zeta\omega_n$ 增加,调节时间 t_s 减小。图 3-16(b)给出了 $\zeta=0.5$ ($\beta=60°$),ω_n 变化时的系统单位阶跃响应过程。

一般实际系统中(如图 3-6 所示),T_0 是系统的固定参数,不能随意改变,而开环增益 K 是各环节总的传递系数,可以调节。K 增大时,系统极点在 s 平面按图 3-15 中所示的垂直线(Ⅲ)移动,阻尼比 ζ 变小,超调量 $\sigma\%$ 会增加。图 3-16(c)给出 $T_0=1$,K 变化时系统单位阶跃响应的过程。

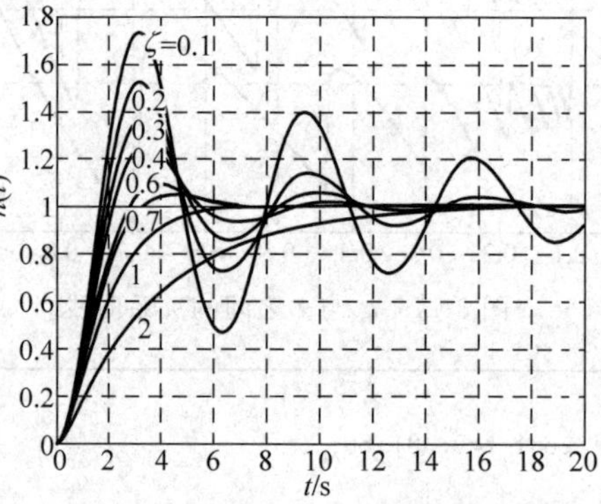

(a) $\omega_n=1$,ζ 改变时二阶系统阶跃响应

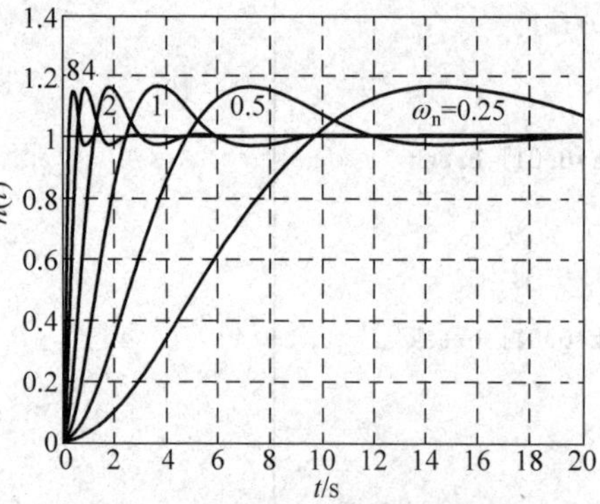

(b) $\zeta=0.5$,ω_n 改变时的阶跃响应

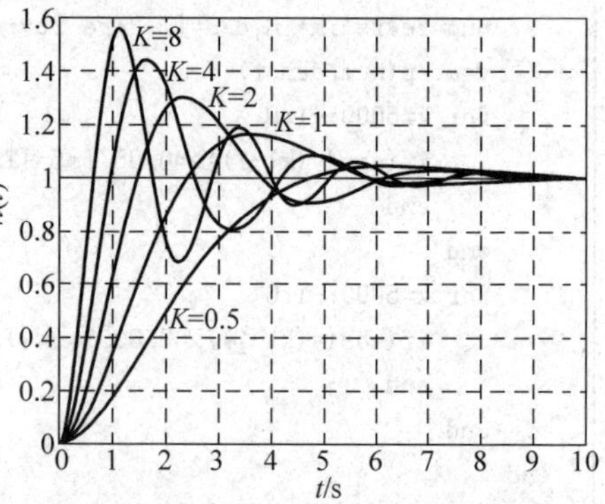

(c) $T_0=1$,K 改变时的阶跃响应

图 3-16　典型二阶系统参数变化对系统阶跃响应的影响

```
% 图3.16的绘制程序
t=[0:0.1:20];r=ones(size(t));wn=1;
xi=[0.1,0.2,0.3,0.4,0.6,0.7,1.0,2.0];
for i=1:length(xi)
    num=wn*wn; den=[1,2*xi(i)*wn,wn*wn];
    c=step(num,den,t); ab=plot(t,r,'r-',t,c,'k-');
    hold on,
end
xlabel('t / s'),ylabel('h(t)');
title('自然频率=1, 阻尼比变化'),
grid on; figure;
xi=0.5; wn=[0.25 0.5 1 2 4 8];
t=0:0.1:10; r=ones(size(t));
for i=1:6
    num=wn(i)*wn(i); den=[1,2*xi*wn(i),wn(i)*wn(i)];
    c=step(num,den,t); ab=plot(t,r,'r-',t,c,'k-');
    hold on,
end
xlabel('t/s'),ylabel('h(t)');title('xi=0.5;自然频率(0.25 0.5 1 2 4 8)');
grid;figure;

t=[0:0.05:10];r=ones(size(t));re=1;k=[0.5,1,2,4,8];
for i=1:length(k)
    num=k(i); den=[1,1,k(i)];
    c=step(num,den,t); ab=plot(t,r,'r-',t,c,'k-');
    hold on,
end
xlabel('t / s'),ylabel('h(t)');title('k=[0.5 1,2,4,8]'),grid;
```

综合上述讨论：要获得满意的系统动态性能，应该适当选择参数，使二阶系统的闭环极点位于$\beta=45°$线附近，使系统具有合适的超调量，并根据情况尽量使其远离虚轴，以提高系统的快速性。

掌握系统动态性能随参数及极点位置变化的规律，对于分析和设计系统是十分重要的。

例 3-5 控制系统结构图如图 3-17 所示。

(1) 开环增益 $K=10$ 时，求系统的动态性能指标；

(2) 确定使系统阻尼比 $\zeta=0.707$ 的 K 值。

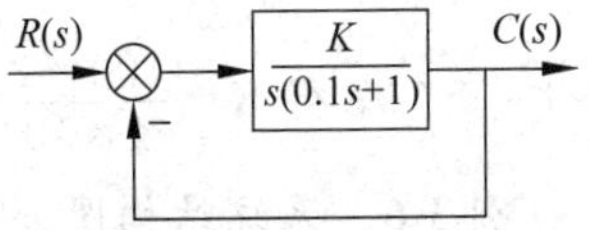

图 3-17 控制系统结构图

解 (1) 当 $K=10$ 时，系统闭环传递函数

$$\Phi(s)=\frac{G(s)}{1+G(s)}=\frac{100}{s^2+10s+100}$$

与二阶系统传递函数标准形式比较，得

$$\omega_n=\sqrt{100}=10,\quad \zeta=\frac{10}{2\times 10}=0.5$$

$$t_p=\frac{\pi}{\sqrt{1-\zeta^2}\,\omega_n}=\frac{\pi}{\sqrt{1-0.5^2}\times 10}=0.363$$

$$\sigma\% = e^{-\zeta\pi/\sqrt{1-\zeta^2}} = e^{-0.5\pi/\sqrt{1-0.5^2}} = 16.3\%$$

$$t_s = \frac{3.5}{\zeta\omega_n} = \frac{3.5}{0.5\times 10} = 0.7$$

相应的单位阶跃响应如图 3-18 所示。

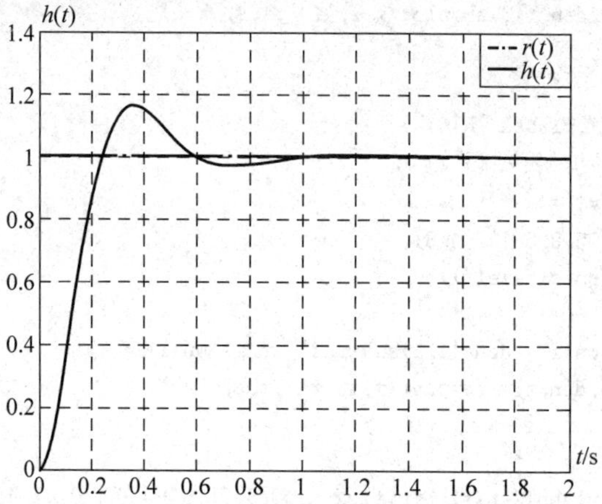

图 3-18 例 3-5 图

```
% 图3-18的绘图程序
  t=[0:0.01:2];r=ones(size(t));
  n=[10];d=[0.1 1 0];[num den]=cloop(n,d);
  c=step(num,den,t);
  plot(t,r,'r--',t,c,'b-');legend('r(t)','h(t)');
  xlabel('t/s');ylabel('h(t)');grid on;
```

(2) $\Phi(s)=\dfrac{10K}{s^2+10s+10K}$，与二阶系统传递函数标准形式比较，得

$$\begin{cases}\omega_n = \sqrt{10K} \\ \zeta = \dfrac{10}{2\sqrt{10K}}\end{cases}$$

令 $\zeta=0.707$ 得 $K=\dfrac{100\times 2}{4\times 10}=5$。

例 3-6 系统结构图如图 3-19 所示。求开环增益 K 分别为 10，0.5，0.09 时系统的动态性能指标。

解 当 $K=10$，$K=0.5$ 时，系统为欠阻尼状态；当 $K=0.09$ 时，系统为过阻尼状态，应按相应的公式计算系统的动态指标可列表计算，见表 3-4。

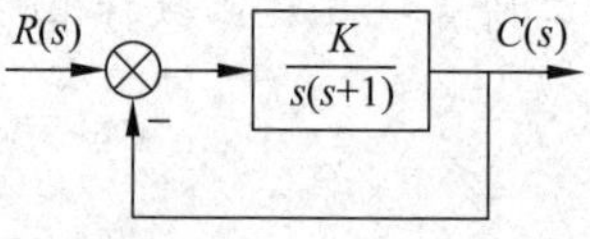

图 3-19 控制系统结构图

图 3-20(a)、图 3-20(b)分别给出了不同 K 值时的系统的极点分布和相应的单位阶跃响应曲线。可见，调整系统参数可以使系统动态性能有所改善，但改善的程度有限；而且，改善动态性能和改善稳态性能对 K 的要求相互矛

盾，一般只能综合考虑，取折中方案。用后面介绍的速度反馈或比例加微分控制可以进一步提高系统的动态性能。

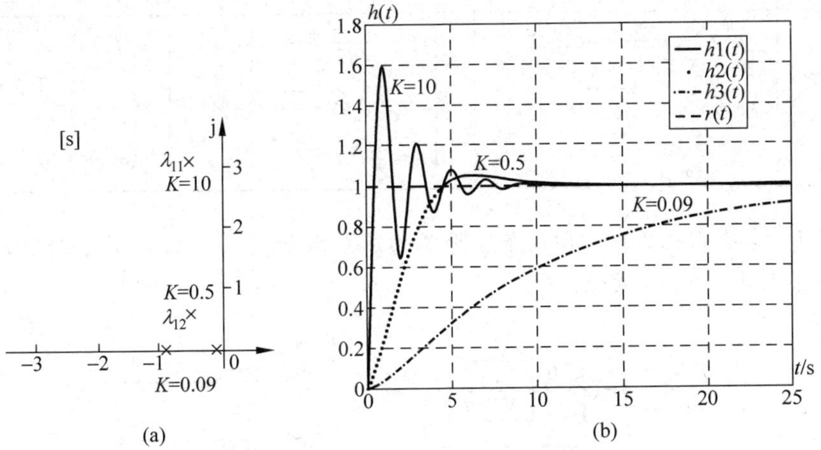

图 3-20　$K=10, 0.5, 0.09$ 时系统极点的分布及单位阶跃响应

```
% 图3-20的计算程序
  t=[0:0.2:25];Ch=[];K=[10 0.5 0.09];rh=ones(size(t));
  for i=1:3
      n=[K(i)];d=[1 1 0];[num den]=cloop(n,d);
      ch=step(num,den,t);Ch=[Ch ch];
  end
  plot(t,Ch(:,1),'-',t,Ch(:,2),'.',t,Ch(:,3),'.-',t, rh, 'k--');
  xlabel('t/s');ylabel('h(t)');grid on;
```

表 3-4　例 3-6 的计算结果

计算 \ K	10	0.5	0.09
开环传递函数	$G_1(s)=\dfrac{10}{s(s+1)}$	$G_2(s)=\dfrac{0.5}{s(s+1)}$	$G_3(s)=\dfrac{0.09}{s(s+1)}$
闭环传递函数	$\Phi_1(s)=\dfrac{10}{s^2+s+10}$	$\Phi_2(s)=\dfrac{0.5}{s^2+s+0.5}$	$\Phi_3(s)=\dfrac{0.09}{s^2+s+0.09}$
特征参数	$\begin{cases}\omega_n=\sqrt{10}=3.16\\ \zeta=\dfrac{1}{2\times 3.16}=0.158\\ \beta=\arccos\zeta=81^\circ\end{cases}$	$\begin{cases}\omega_n=\sqrt{0.5}=0.707\\ \zeta=\dfrac{1}{2\times 0.707}=0.707\\ \beta=\arccos\zeta=45^\circ\end{cases}$	$\begin{cases}\omega_n=\sqrt{0.09}=0.3\\ \zeta=\dfrac{1}{2\times 0.3}=1.67\end{cases}$
特征根	$\lambda_{1,2}=-0.5\pm j3.12$	$\lambda_{1,2}=-0.5\pm j0.5$	$\begin{cases}\lambda_1=-0.1\\ \lambda_2=-0.9\end{cases}$ $\begin{cases}T_1=10\\ T_2=1.11\end{cases}$

续表

计算 \ K	10	0.5	0.09
动态性能指标	$\begin{cases} t_p=\dfrac{\pi}{\sqrt{1-\zeta^2}\,\omega_n}=1.01 \\ \sigma\%=e^{-\zeta\pi/\sqrt{1-\zeta^2}}=60.4\% \\ t_s=\dfrac{3.5}{\zeta\omega_n}=7 \end{cases}$	$\begin{cases} t_p=\dfrac{\pi}{\sqrt{1-\zeta^2}\,\omega_n}=6.238 \\ \sigma\%=e^{-\zeta\pi/\sqrt{1-\zeta^2}}=5\% \\ t_s=\dfrac{3.5}{\zeta\omega_n}=7 \end{cases}$	$\begin{cases} T_1/T_2=9 \\ t_s=(t_s/T_1)\cdot T_1=31 \\ t_p=\infty \\ \sigma\%=0 \end{cases}$

例 3-7 二阶系统的结构图及单位阶跃响应分别如图 3-21(a)、图 3-21(b)所示。试确定系统参数 K_1, K_2, a 的值。

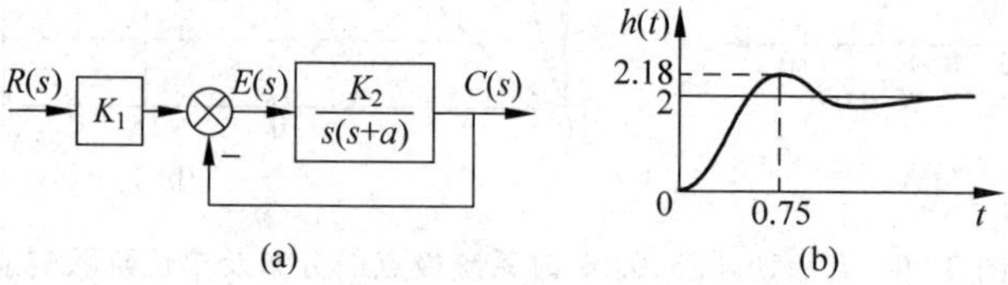

图 3-21 系统结构图及单位阶跃响应

解 由系统结构图可得

$$\Phi(s)=\frac{K_1K_2}{s^2+as+K_2}$$

与二阶系统传递函数标准形式比较,得

$$\left.\begin{aligned} K_2&=\omega_n^2 \\ a&=2\zeta\omega_n \end{aligned}\right\}\tag{3-15}$$

由单位阶跃响应曲线有

$$h(\infty)=2=\lim_{s\to 0}s\Phi(s)R(s)=\lim_{s\to 0}\frac{K_1K_2}{s^2+as+K_2}=K_1\tag{3-16}$$

$$\begin{cases} t_p=\dfrac{\pi}{\sqrt{1-\zeta^2}\,\omega_n}=0.75 \\ \sigma\%=\dfrac{2.18-2}{2}=0.09=e^{-\zeta\pi/\sqrt{1-\zeta^2}} \end{cases}$$

联立求解得

$$\begin{cases} \zeta=0.608 \\ \omega_n=5.278 \end{cases}\tag{3-17}$$

将式(3-17)代入式(3-15)得

$$\begin{cases} K_2=5.278^2=27.85 \\ a=2\times 0.608\times 5.278=6.42 \end{cases}$$

因此有 $K_1=2, K_2=27.85, a=6.42$。

关于二阶系统的脉冲响应和斜坡响应的讨论,方法与一阶系统类似,在此不再赘述。表 3-5 中给出了不同阻尼比下二阶系统的典型输入响应公式及曲线,供查阅。

表 3-5　二阶系统典型响应一览表

输入 $r(t)$	输出 $c(t)$ ($t\geqslant 0$)		响应曲线
$\delta(t)$	$\zeta>1$	$k(t)=\dfrac{\omega_n}{2\sqrt{\zeta^2-1}}\left[e^{-(\zeta-\sqrt{\zeta^2-1})\omega_n t}-e^{-(\zeta+\sqrt{\zeta^2-1})\omega_n t}\right]$	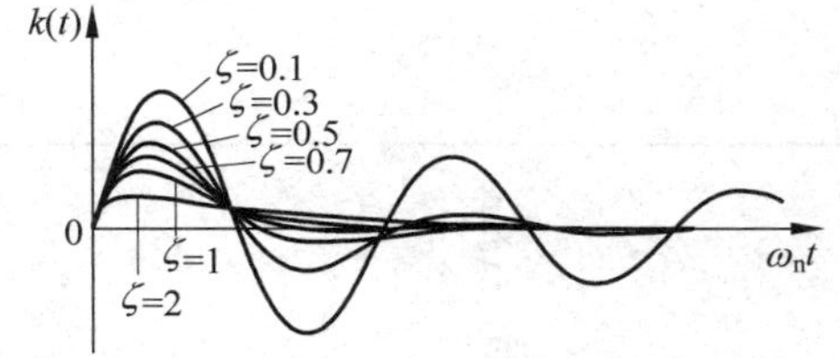
	$\zeta=1$	$k(t)=\omega_n^2 t e^{-\omega_n t}$	
	$0\leqslant\zeta<1$	$k(t)=\dfrac{\omega_n}{\sqrt{1-\zeta^2}}e^{-\zeta\omega_n t}\sin\sqrt{1-\zeta^2}\,\omega_n t$	
$1(t)$	$\zeta>1$	$h(t)=1+\dfrac{\omega_n}{2\sqrt{\zeta^2-1}}\left(\dfrac{e^{-s_1 t}}{s_1}-\dfrac{e^{-s_2 t}}{s_2}\right)$ $s_1=(\zeta+\sqrt{\zeta^2-1})\omega_n, s_2=(\zeta-\sqrt{\zeta^2-1})\omega_n$	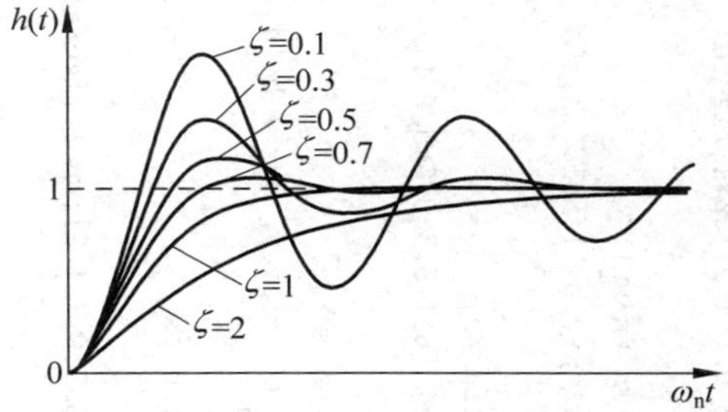
	$\zeta=1$	$h(t)=1-e^{-\omega_n t}(1+\omega_n t)$	
	$0\leqslant\zeta<1$	$h(t)=1-\dfrac{e^{-\zeta\omega_n t}}{\sqrt{1-\zeta^2}}\sin\left(\sqrt{1-\zeta^2}\,\omega_n t+\arctan\dfrac{\sqrt{1-\zeta^2}}{\zeta}\right)$	
t	$\zeta>1$	$c(t)=t-\dfrac{2\zeta}{\omega_n}+\dfrac{2\zeta^2-1+2\zeta\sqrt{\zeta^2-1}}{2\omega_n\sqrt{\zeta^2-1}}e^{-(\zeta-\sqrt{\zeta^2-1})\omega_n t}$ $-\dfrac{2\zeta^2-1-2\zeta\sqrt{\zeta^2-1}}{2\omega_n\sqrt{\zeta^2-1}}e^{-(\zeta+\sqrt{\zeta^2-1})\omega_n t}$	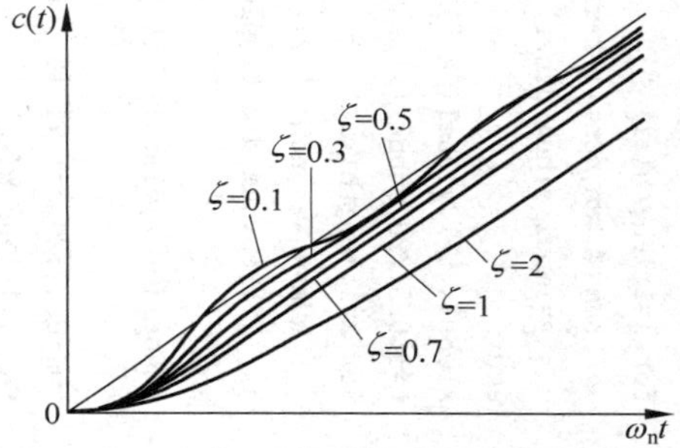
	$\zeta=1$	$c(t)=t-\dfrac{2}{\omega_n}+\dfrac{2}{\omega_n}\left(1+\dfrac{1}{2}\omega_n t\right)e^{-\omega_n t}$	
	$0\leqslant\zeta<1$	$c(t)=t-\dfrac{2\zeta}{\omega_n}+\dfrac{1}{\omega_n\sqrt{1-\zeta^2}}e^{-\zeta\omega_n t}$ $\sin\left(\sqrt{1-\zeta^2}\,\omega_n t+2\arctan\dfrac{\sqrt{1-\zeta^2}}{\zeta}\right)$	

```
% 表3-5典型响应的计算程序
  t=[0:0.01:20];xi=[0.1 0.3 0.5 0.7 1 2];wn=1;figure;
  for i=1:length(xi)
      num=wn*wn;den=[1 2*xi(i)*wn wn*wn];
      y=impulse(num,den,t);plot(t,y,'b-');hold on;
  end
  xlabel('t');ylabel('k(t)');grid on;
  t=0:0.01:20;u=ones(size(t));xi=[0.1 0.3 0.5 0.7 1 2];wn=1;figure;
  for i=1:length(xi)
      num=wn*wn;den=[1 2*xi(i)*wn wn*wn];
      y=step(num,den,t);plot(t,u,'r-',t,y,'b--');hold on;
  end
  xlabel('t');ylabel('h(t)');grid on;

  t=0:0.01:20;u=t;xi=[0.1 0.3 0.5 0.7 1 2];wn=1;figure;
  for i=1:length(xi)
      num=wn*wn;den=[1 2*xi(i)*wn wn*wn];
      y=lsim(num,den,u,t);plot(t,u,'r-',t,y,'b--');hold on;
  end
  xlabel('t');ylabel('c(t)');grid on;
```

3.3.4 改善二阶系统动态性能的措施

采用测速反馈和比例加微分(PD)控制方式,可以有效改善二阶系统的动态性能。

例 3-8 在如图 3-22(a)所示系统中,分别采用测速反馈和比例-微分控制,系统结构图分别如图 3-22(b)和图 3-22(c)所示。其中 $K_t=0.216$。分别写出它们各自的闭环传递函数,计算出动态性能指标($\sigma\%$,t_s)并进行对比分析。

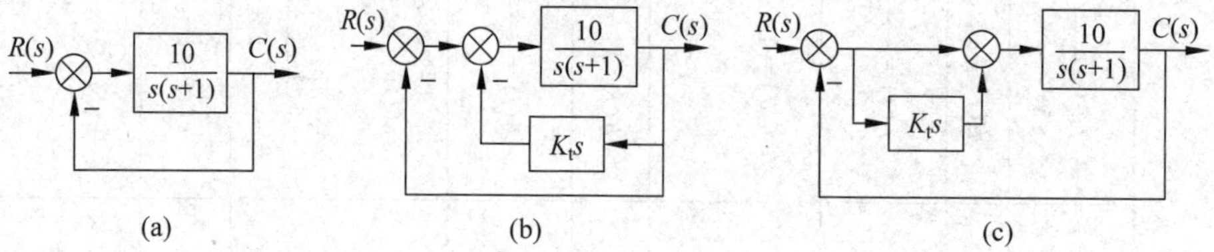

图 3-22 系统结构图

解 图 3-22(a)、图 3-22(b)中的系统是典型欠阻尼二阶系统,其动态性能指标($\sigma\%$,t_s)按式(3-13)、式(3-14)计算。将各系统的性能指标的计算结果列于表 3-6 中。而图 3-22(c)表示的系统有一个闭环零点,不符合式(3-13)、式(3-14)应用的条件,该系统可以用3.4 节(表 3-7)中相应的公式(或用 MATLAB)计算其动态性能指标。可以看出,采用测速反馈和比例加微分控制后,系统动态性能得到了明显改善。

表 3-6 原系统、测速反馈和比例加微分控制方式下系统性能的计算及比较

系统结构图		图 3-22(a)原系统	图 3-22(b)测速反馈	图 3-22(c)比例+微分
开环传递函数		$G_{(a)}(s)=\dfrac{10}{s(s+1)}$	$G_{(b)}(s)=\dfrac{10}{s(s+1+10K_t)}$	$G_{(c)}(s)=\dfrac{10(K_t s+1)}{s(s+1)}$
开环增益		$K_{(a)}=10$	$K_{(b)}=\dfrac{10}{1+10K_t}$	$K_{(c)}=10$
闭环传递函数		$\Phi_{(a)}(s)=\dfrac{10}{s^2+s+10}$	$\Phi_{(b)}(s)=\dfrac{10}{s^2+(1+10K_t)s+10}$	$\Phi_{(c)}(s)=\dfrac{10(K_t s+1)}{s^2+(1+10K_t)s+10}$
系统参数	ζ	0.158	0.5	0.5
	ω_n	3.16	3.16	3.16
闭环	零点	—	—	-4.63
	极点	$-0.5\pm j3.12$	$-1.58\pm j2.74$	$-1.58\pm j2.74$
动态性能	t_p	1.01	1.15	1.05
	$\sigma\%$	60%	16.3%	23%
	t_s	7	2.2	2.1

图 3-23 中给出了图 3-22 所示各系统的闭环极点位置及其单位阶跃响应。由于引入了测速反馈和 PD 控制，图 3-22(b)、图 3-22(c)所示系统的闭环极点 $\lambda_{(b)}$ 和 $\lambda_{(c)}$ 较图 3-22(a)所示系统闭环极点 $\lambda_{(a)}$ 远离虚轴(相应调节时间 t_s 小)，且 β 角减小(对应阻尼比 ζ 较大，超调量 $\sigma\%$ 较小)，因而动态性能优于图 3-22(a)所示系统。

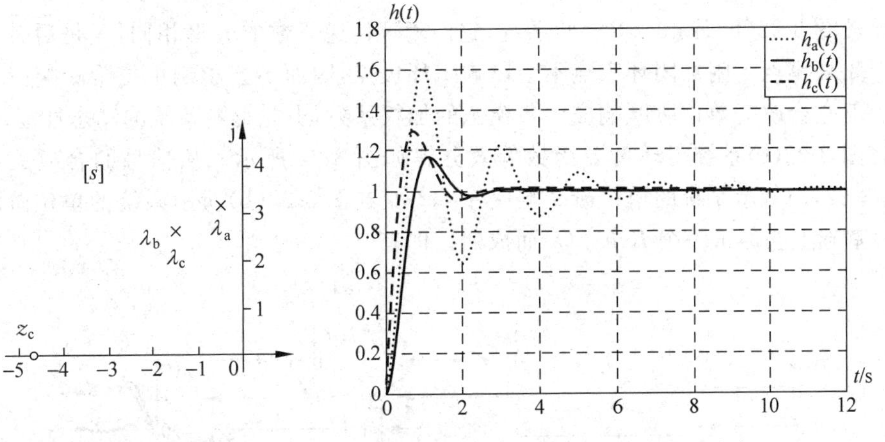

图 3-23 例 3-8 中三个系统的闭环零极点分布及单位阶跃响应

```
% 图3-23的计算程序
t=[0:0.1:12]; r=ones(size(t));im=1;xi=0.5;
numFa=[10];denFa=[1 1 10];ca=step(numFa,denFa,t);
numFb=[10];denFb=[1 3.16 10];cb=step(numFb,denFb,t);
numFc=[2.16 10];denFc=[1 3.16 10];cc=step(numFc,denFc,t);
plot(t,ca,'r:',t,cb,'g-',t,cc,'b--');
xlabel('t/s');ylabel('h(t)');grid on;legend('h_{(a)}(t)','h_{(b)}(t)','h_{(c)}(t)');
```

从物理本质上讲，图 3-22(b)系统引入测速反馈，相当于增加了系统的阻尼，使系统的振荡性得到抑制，超调量减小；图 3-22(c)所示系统采用了比例-微分控制，微分信号有超前性，相当于系统的调节作用提前，阻止了系统的过调。相对于原系统而言，这两种方法均可以改善系统的动态性能。

从对稳态精度的影响来看，在相同的阻尼比和无阻尼自然频率下，采用比例-微分控制不会改变系统的开环增益，因而不会影响稳态精度；而采用测速反馈则会导致开环增益下降(参见表 3-6)，造成稳态误差增加，然而采用测速反馈能削弱被包围部件中非线性特性、参数漂移等不利因素的影响。

从抗干扰能力来说，比例-微分环节是高通滤波器，会放大输入噪声，可能影响系统正常工作；而测速反馈信号则引自经过具有较大惯性的控制对象(如电动机)滤波后的输出端，噪声成分很弱，所以抗噪声能力强。

比例-微分环节一般串联在前向通道信号功率较弱的地方，需要用放大器将信号放大后去控制被控对象；而测速反馈则是从大功率的输出端(如电动机等)反馈到前端信号较弱的地方，一般不需要加放大器。

从实现的角度来看，比例-微分环节线路简单，成本较低；而测速反馈部件则较昂贵。

在实际系统中采用哪种方法，应根据具体情况适当选择。

3.3.5 附加闭环零极点对系统动态性能的影响

比较图 3-22(b)、图 3-22(c)两系统，它们闭环传递函数的分母相同，只是后者较前者多一个闭环零点。附加闭环零点不会影响闭环极点，因而不会影响单位阶跃响应中的各模态。但它会改变单位阶跃响应中各模态的加权系数，由此影响系统的动态性能。

将图 3-22(c)系统闭环传递函数等效分解如图 3-24 所示。从信号的合成关系上可见，图 3-22(c)所示系统的单位阶跃响应 $h_{(c)}(t)$是在图 3-22(b)所示系统的单位阶跃响应 $h_{(b)}(t)$基础上叠加了一个 $K_t h'_{(b)}(t)$而成的。即有

$$h_c(t) = h_b(t) + K_t h'_b(t)$$

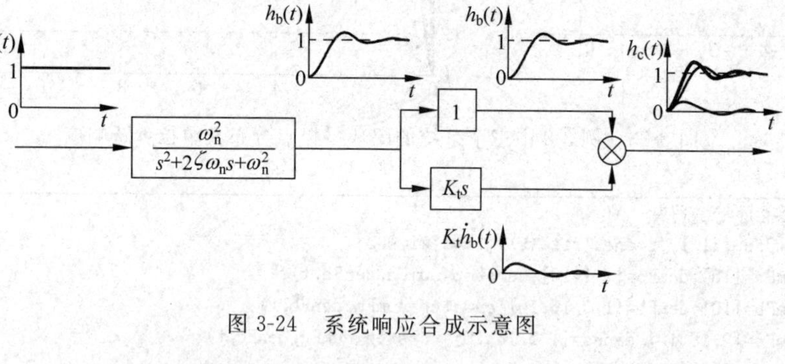

图 3-24 系统响应合成示意图

明显看出，附加闭环零点会使系统的峰值时间提前，超调量增加。附加的闭环零点靠虚轴越近(K_t 越大)，这种影响越强烈。

附加闭环极点的作用与附加闭环零点恰好相反。读者可以自行分析。

同时附加闭环零点和极点时，距虚轴近的零点或极点对系统影响较大。

图 3-25 给出在 $\Phi(s)=\dfrac{1}{s^2+s+1}$ 基础上分别附加闭环零点、极点和同时附加闭环零点和极点后系统阶跃响应的变化趋势。

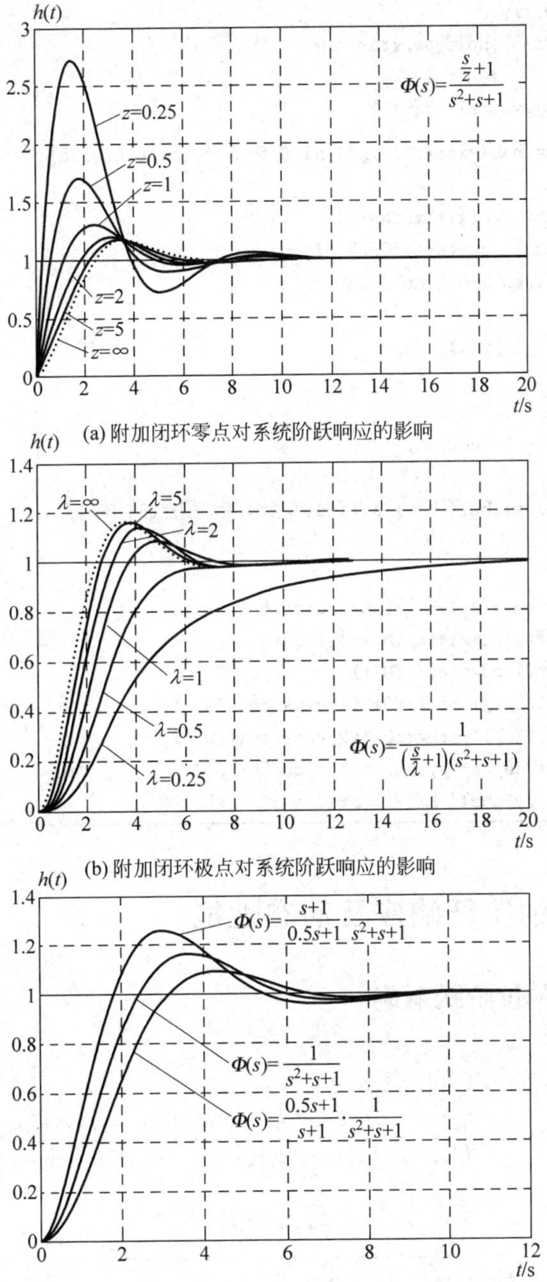

(a) 附加闭环零点对系统阶跃响应的影响

(b) 附加闭环极点对系统阶跃响应的影响

(c) 同时附加闭环零、极点时系统的阶跃响应

图 3-25　附加闭环零、极点对系统动态性能的影响

```
% 图3-25的绘图程序
  tf0=tf([1],[1 1 1]); c=step(tf0,t);
  plot(t,r,'r-',t,c,'k--');hold on
  for i=1:l
      tf1=tf([1/lamd(i),1],[1]);
      tfa=tf0*tf1;
      c=step(tfa,t);
      plot(t,c,'b-');hold on,grid on;
  end
  xlabel('t / s'),ylabel('h(t)');

  t=[0:0.1:20];r=ones(size(t));im=1;xi=0.5;z=[5,2,1,0.5,0.25];
  [h,l]=size(z);
  num0=im*im;den0=[1,2*xi*im,im*im];
  tf0=tf(num0,den0); c=step(tf0,t); figure;
  plot(t,r,'r-',t,c,'k--');hold on
  for i=1:l
      tf1=tf(z(i),[1,z(i)]);
      tfa=tf0*tf1;
      c=step(tfa,t);
      plot(t,c,'b-');hold on,
  end
  xlabel('t / s'),ylabel('h(t)');title('附加闭环极点的影响'),
  grid on;

  t=[0:0.1:12];r=ones(size(t));im=1;xi=0.5;
  num0=im*im;den0=[1,2*xi*im,im*im];figure;
  tf0=tf(num0,den0);c0=step(tf0,t);
  tf1=tf([1,1],[1/2,1]);tfa=tf0*tf1;ca=step(tfa,t);
  tf2=tf([1/2,1],[1,1]);tfb=tf0*tf2;cb=step(tfb,t);
  plot(t,r,'r-',t,c0,'m-',t,ca,'b-',t,cb,'k-');
  xlabel('t / s'),ylabel('h(t)');grid on;
```

3.4 高阶系统的阶跃响应及动态性能

3.4.1 高阶系统单位阶跃响应

高阶系统传递函数一般可以表示为

$$\Phi(s)=\frac{M(s)}{D(s)}=\frac{b_m s^m+b_{m-1}s^{m-1}+\cdots+b_1 s+b_0}{a_n s^n+a_{n-1}s^{n-1}+\cdots+a_1 s+a_0}$$

$$=\frac{K\prod_{i=1}^{m}(s-z_i)}{\prod_{j=1}^{q}(s-\lambda_j)\prod_{k=1}^{r}(s^2+2\zeta_k\omega_k s+\omega_k^2)}\quad n\geqslant m \tag{3-18}$$

式中，$K=b_m/a_n$，$q+2r=n$。由于 $M(s)$ 和 $D(s)$ 均为实系数多项式，故闭环零点 z_i、极点 λ_j 只能是实根或共轭复根。系统单位阶跃响应的拉普拉斯变换可表示为

$$C(s)=\Phi(s)\frac{1}{s}=\frac{K\prod_{i=1}^{m}(s-z_i)}{s\prod_{j=1}^{q}(s-\lambda_j)\prod_{k=1}^{r}(s^2+2\zeta_k\omega_k s+\omega_k^2)}$$

$$=\frac{A_0}{s}+\sum_{j=1}^{q}\frac{A_j}{s-\lambda_j}+\sum_{k=1}^{r}\frac{B_k s+C_k}{s^2+2\zeta_k\omega_k s+\omega_k^2} \tag{3-19}$$

式中，$A_0=\lim\limits_{s\to 0}sC(s)=\dfrac{M(0)}{D(0)}$，$A_j=\lim\limits_{s\to\lambda_j}(s-\lambda_j)C(s)$ 是 $C(s)$ 在闭环实极点 λ_j 处的留数。B_k 和 C_k 是与 $C(s)$ 在闭环复数极点 $-\zeta_k\omega_k\pm \mathrm{j}\omega_k\sqrt{1-\zeta_k^2}$ 处的留数有关的常系数。对式(3-19)进行拉普拉斯反变换可得

$$c(t)=A_0+\sum_{j=1}^{q}A_j\cdot \mathrm{e}^{\lambda_j t}+\sum_{k=1}^{r}D_k\cdot \mathrm{e}^{-\sigma_k t}\sin(\omega_{dk}t+\varphi_k) \tag{3-20}$$

式中，D_k 是与 $C(s)$ 在闭环复数极点 $-\zeta_k\omega_k\pm \mathrm{j}\omega_k\sqrt{1-\zeta_k^2}$ 处的留数有关的常系数

$$\sigma_k=\zeta_k\omega_k,\quad \omega_{dk}=\omega_k\sqrt{1-\zeta_k^2}$$

可见，除常数项 $A_0=M(0)/D(0)$ 外，高阶系统的单位阶跃响应是系统模态的组合，组合系数即部分分式系数。模态由闭环极点确定，而部分分式系数与闭环零点、极点分布有关，所以，闭环零点、极点对系统动态性能均有影响。当所有闭环极点均具有负的实部，即所有闭环极点均位于左半 s 平面时，随时间 t 的增加所有模态均趋于零(对应瞬态分量)，系统的单位阶跃响应最终稳定在 $M(0)/D(0)$。很明显，闭环极点负实部的绝对值越大，相应模态趋于零的速度越快。在系统存在重根的情况下，以上结论仍然成立。

3.4.2 闭环主导极点

对稳定的闭环系统，远离虚轴的极点对应的模态因为收敛较快，只影响阶跃响应的起始段，而距虚轴近的极点对应的模态衰减缓慢，系统动态性能主要取决于这些极点对应的响应分量。此外，各瞬态分量的具体值还与其系数大小有关。根据部分分式理论，各瞬态分量的系数与零、极点的分布有如下关系：①若某极点远离原点，则相应项的系数很小；②若某极点接近一零点，而又远离其他极点和零点，则相应项的系数也很小；③若某极点远离零点又接近原点或其他极点，则相应项系数就比较大。系数大而且衰减慢的分量在瞬态响应中起主要作用。因此，距离虚轴最近而且附近又没有零点的极点对系统的动态性能起主导作用，称相应极点为主导极点。

3.4.3 估算高阶系统动态性能指标的零点极点法

一般规定，若某极点的实部大于主导极点实部的 5～6 倍以上时，则可以忽略相应分

量的影响；若两相邻零、极点间的距离比它们本身的模值小一个数量级时，则称该零、极点对为“偶极子”，其作用近似抵消，可以忽略相应分量的影响。

在绝大多数实际系统的闭环零、极点中，可以选留最靠近虚轴的一个或几个极点作为主导极点，略去比主导极点距虚轴远 5 倍以上的闭环零、极点，以及不十分接近虚轴的相互靠得很近（该零、极点距虚轴距离是其相互之间距离的 10 倍以上）的偶极子，忽略其对系统动态性能的影响，然后按表 3-7 中相应的公式估算高阶系统的动态性能指标。

表 3-7　动态性能指标估算公式表

系统名称	闭环零、极点分布图	性能指标估算公式
振荡型二阶系统	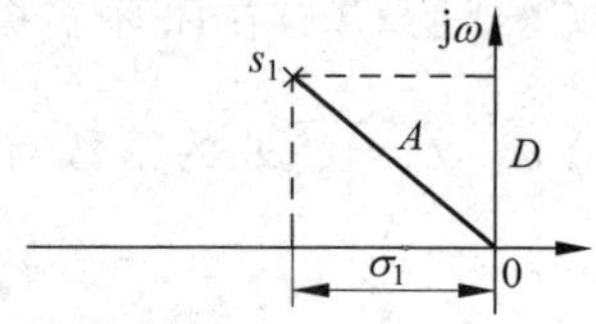	$t_p=\dfrac{\pi}{D}$，　$\sigma\%=100e^{-\sigma_1 t_p}\%$ $t_s=\dfrac{3+\ln\left(\dfrac{A}{D}\right)}{\sigma_1}$
	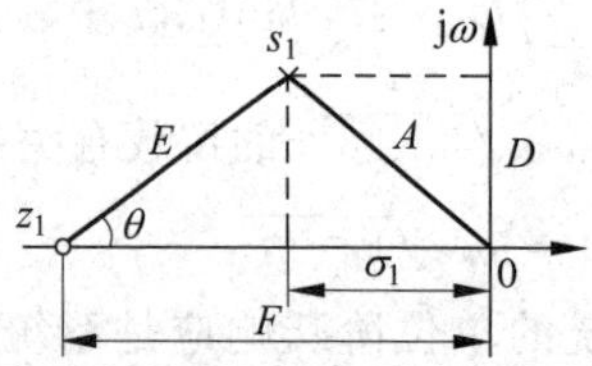	$t_p=\dfrac{\pi-\theta}{D}$，　$\sigma\%=100\,\dfrac{E}{F}e^{-\sigma_1 t_p}\%$ $t_s=\dfrac{3+\ln\left(\dfrac{A}{D}\right)\left(\dfrac{E}{F}\right)}{\sigma_1}$
振荡型三阶系统	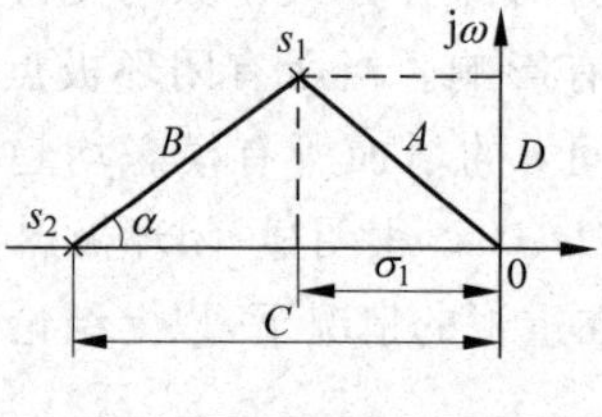	$t_p=\dfrac{\pi+\alpha}{D}, c_1=-\left(\dfrac{A}{B}\right)^2, c_2=\dfrac{A}{B}\dfrac{C}{D}$ $\sigma\%=100\left(\dfrac{C}{B}e^{-\sigma_1 t_p}+c_1e^{-ct_p}\right)\%$ $t_s=\dfrac{3+\ln c_2}{\sigma_1}$　（$C>\sigma_1,\sigma\%\neq0$ 时） $t_s=\dfrac{3+\ln\lvert c_1\rvert}{C}$　（$C<\sigma_1,\sigma\%=0$ 时）
	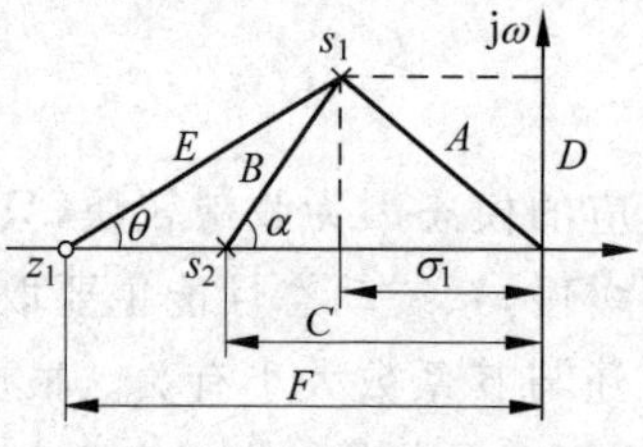	$t_p=\dfrac{\pi+\alpha-\theta}{D}, c_1=-\left(\dfrac{A}{B}\right)^2\left(1-\dfrac{C}{F}\right), c_2=\dfrac{A}{B}\dfrac{C}{D}\dfrac{E}{F}$ $\sigma\%=100\left(\dfrac{C}{B}\dfrac{E}{F}e^{-\sigma_1 t_p}+c_1e^{-ct_p}\right)\%$ $t_s=\dfrac{3+\ln c_2}{\sigma_1}$　（$C>\sigma_1,\sigma\%\neq0$ 时） $t_s=\dfrac{3+\ln\lvert c_1\rvert}{C}$　（$C<\sigma_1,\sigma\%=0$ 时）
非振荡型三阶系统	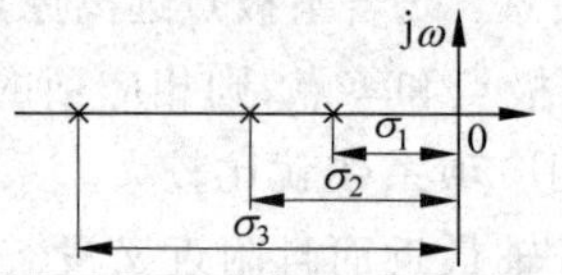	$t_s=\dfrac{3-\ln\left(1-\dfrac{\sigma_1}{\sigma_2}\right)-\ln\left(1-\dfrac{\sigma_1}{\sigma_3}\right)}{\sigma_1}$ （$\sigma_1\neq\sigma_2\neq\sigma_3$）
	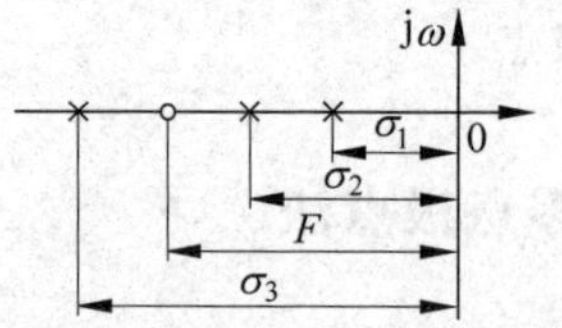	$t_s=\dfrac{3+\ln\left(1-\dfrac{\sigma_1}{F}\right)-\ln\left(1-\dfrac{\sigma_1}{\sigma_2}\right)-\ln\left(1-\dfrac{\sigma_1}{\sigma_3}\right)}{\sigma_1}$ （$\sigma_1\neq\sigma_2\neq\sigma_3$，　$F>1.1\sigma_1$ 时）

应该注意使简化后的系统与原高阶系统有相同的闭环增益，以保证阶跃响应终值相同。

例 3-9 已知系统的闭环传递函数为

$$\Phi(s)=\frac{(0.24s+1)}{(0.25s+1)(0.04s^2+0.24s+1)(0.0625s+1)}$$

试估算系统的动态性能指标。

解 先将闭环传递函数表示为零极点的形式

$$\Phi(s)=\frac{383.693(s+4.17)}{(s+4)(s^2+6s+25)(s+16)}$$

可见，系统的主导极点为 $\lambda_{1,2}=-3\pm \mathrm{j}4$，忽略非主导极点 $\lambda_4=-16$ 和一对偶极子($\lambda_3=-4, z_1=-4.17$)。注意原系统闭环增益为 1，降阶处理后的系统闭环传递函数为

$$\Phi(s)=\frac{383.693\times 4.17}{4\times 16}\cdot\frac{1}{s^2+6s+25}$$

$$=\frac{25}{s^2+6s+25}$$

可以利用式(3-13)、式(3-14)近似估算系统的动态指标。这里 $\omega_n=5, \zeta=0.6$，有

$$\sigma\%=\mathrm{e}^{-\zeta\pi/\sqrt{1-\zeta^2}}=9.5\%$$

$$t_s=\frac{3.5}{\zeta\omega_n}=1.17$$

降阶前后系统的阶跃响应曲线比较如图 3-26 所示。

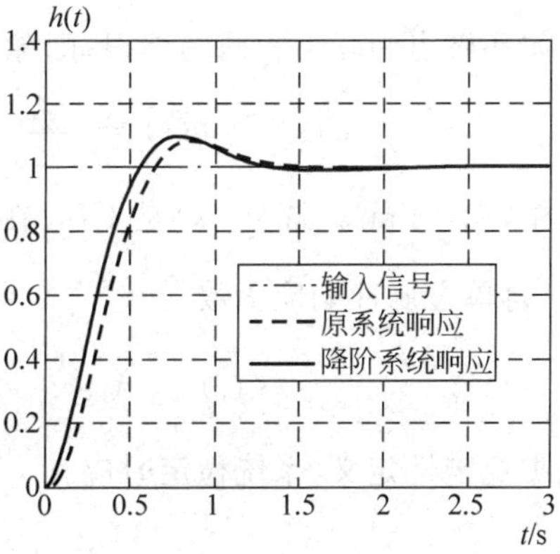

图 3-26 降阶前后系统阶跃响应的比较

```
%  图3-26的计算程序
   t=[0:0.02:3];rh=ones(size(t));
   tf1=tf([0.24,1],conv([0.25 1],conv([0.04 0.24 1],[0.0625 1])));
   c1=step(tf1,t);
   tf2=tf(25,[1 6 25]);c2=step(tf2,t);
   plot(t,rh,'r-',t,c1,'b-',t,c2,'k-');
   legend(['输入信号'],['原系统响应'],['降阶系统响应']);
   xlabel('t / s'),ylabel('h(t)');grid on;
```

3.5 线性系统的稳定性分析

稳定是控制系统正常工作的首要条件。分析、判定系统的稳定性，并提出确保系统稳定的条件是自动控制理论的基本任务之一。

3.5.1 稳定性的概念

如果在扰动作用下系统偏离了原来的平衡状态，当扰动消失后，系统自身能够以足

够的准确度恢复到原来的平衡状态，则系统是稳定的；否则，系统不稳定。

3.5.2 稳定的充要条件

脉冲信号可看作一种典型的扰动信号。根据系统稳定的定义，若系统脉冲响应收敛，即

$$\lim_{t\to\infty} k(t) = 0$$

则系统是稳定的。设系统闭环传递函数为

$$\Phi(s) = \frac{M(s)}{D(s)} = \frac{b_m(s-z_1)(s-z_2)\cdots(s-z_m)}{a_n(s-\lambda_1)(s-\lambda_2)\cdots(s-\lambda_n)}$$

设闭环极点为互不相同的单根，则脉冲响应的拉普拉斯反变换为

$$C(s) = \Phi(s) = \frac{A_1}{s-\lambda_1} + \frac{A_2}{s-\lambda_2} + \cdots + \frac{A_n}{s-\lambda_n} = \sum_{i=1}^{n}\frac{A_i}{s-\lambda_i}$$

式中，$A_i=\lim\limits_{s\to\lambda_i}(s-\lambda_i)C(s)$是 $C(s)$在闭环极点 λ_i 处的留数。对上式进行拉普拉斯反变换，得单位脉冲响应函数

$$k(t) = A_1 e^{\lambda_1 t} + A_2 e^{\lambda_2 t} + \cdots + A_n e^{\lambda_n t} = \sum_{i=1}^{n} A_i e^{\lambda_i t}$$

根据稳定性定义，系统稳定时应有

$$\lim_{t\to\infty} k(t) = \lim_{t\to\infty}\sum_{i=1}^{n} A_i e^{\lambda_i t} = 0 \tag{3-21}$$

考虑到留数 A_i 的任意性，要使上式成立，只能有

$$\lim_{t\to\infty} e^{\lambda_i t} = 0 \quad (i=1,2,\cdots,n) \tag{3-22}$$

式(3-22)表明，所有特征根均具有负的实部是系统稳定的必要条件。另一方面，如果系统的所有特征根均具有负的实部，则式(3-21)一定成立。所以，系统稳定的充分必要条件是系统闭环特征方程的所有根都具有负的实部，或者说所有闭环特征根均位于左半 s 平面。

如果特征方程有 l 重根 λ_0，则相应模态

$$e^{\lambda_0 t}, te^{\lambda_0 t}, t^2 e^{\lambda_0 t}, \cdots, t^{l-1} e^{\lambda_0 t}$$

当时间 t 趋于无穷大时是否收敛到零，仍然取决于重特征根 λ_0 是否具有负的实部。

当系统有纯虚根时，系统处于临界稳定状态，脉冲响应呈现等幅振荡。由于系统参数的变化以及扰动是不可避免的，实际上等幅振荡不可能永远维持下去，系统很可能会由于某些因素而导致不稳定。另外，从工程实践的角度来看，这类系统也不能正常工作，因此经典控制理论中将临界稳定系统划归到不稳定系统之列。

线性系统的稳定性是其自身的属性，只取决于系统自身的结构、参数，与初始条件及外作用无关。

线性定常系统如果稳定，则它一定是大范围稳定的，且原点是其唯一的平衡点。

用 MATLAB 语言的多项式求根指令 roots 可以由特征方程系数方便地解出全部特征根，或者用 poles 函数可以由闭环传递函数求出所有的极点，进而可以判断系统是否稳定。

3.5.3 稳定判据

劳斯于 1877 年提出的稳定性判据能够判定一个多项式方程中是否存在位于复平面右半部的正根，而不必求解方程。当把这个判据用于判断系统的稳定性时，又称为代数稳定判据。

设系统特征方程为

$$D(s) = a_n s^n + a_{n-1} s^{n-1} + \cdots + a_1 s + a_0 = 0 \quad (a_n > 0) \tag{3-23}$$

1. 判定稳定的必要条件

系统稳定的必要条件是

$$a_i > 0 \quad (i = 0,1,2,\cdots,n) \tag{3-24}$$

满足必要条件的一、二阶系统一定稳定，满足必要条件的高阶系统未必稳定，因此高阶系统的稳定性还需要用劳斯判据来判断。

2. 劳斯判据

劳斯判据为表格形式，见表 3-8，称为劳斯表。表中前两行由特征方程的系数直接构成，其他各行的数值按表 3-8 所示逐行计算。

表 3-8 劳斯表

s^n	a_n	a_{n-2}	a_{n-4}	a_{n-6}	$\cdots$
s^{n-1}	a_{n-1}	a_{n-3}	a_{n-5}	a_{n-7}	$\cdots$
s^{n-2}	$b_1 = \dfrac{a_{n-1}a_{n-2} - a_n a_{n-3}}{a_{n-1}}$	$b_2 = \dfrac{a_{n-1}a_{n-4} - a_n a_{n-5}}{a_{n-1}}$	b_3	b_4	$\cdots$
s^{n-3}	$c_1 = \dfrac{b_1 a_{n-3} - a_{n-1} b_2}{b_1}$	$c_2 = \dfrac{b_1 a_{n-5} - a_{n-1} b_3}{b_1}$	c_3	c_4	$\cdots$
$\vdots$	$\vdots$	$\vdots$	$\vdots$	$\vdots$	$\vdots$
s^0	a_0				

劳斯判据指出：系统稳定的充分必要条件是劳斯表中第一列系数都大于零，否则系统不稳定，而且第一列系数符号改变的次数就是系统特征方程中正实部根的个数。

例 3-10 设系统特征方程为 $D(s)=s^4+2s^3+3s^2+4s+5=0$，试判定系统的稳定性。

解 列劳斯表

s^4	1	3	5
s^3	2	4	0
s^2	$\dfrac{2\times3-1\times4}{2}=1$	$\dfrac{2\times5-1\times0}{2}=5$	
s^1	$\dfrac{1\times4-2\times5}{1}=-6$	0	
s^0	$\dfrac{-6\times5-1\times0}{-6}=5$		

```
>>例 3-10 题程序及结果
roots([1 2 3 4 5])
 0.2878 + 1.4161i
 0.2878 - 1.4161i
-1.2878 + 0.8579i
-1.2878 - 0.8579i
```

劳斯表第一列系数符号改变了两次，所以系统有两个根在右半 s 平面，系统不稳定。

3. 劳斯判据特殊情况的处理

(1) 某行第一列元素为零而该行元素不全为零时 —— 用一个很小的正数 ε 代替第一列的零元素参与计算，表格计算完成后再令 $\varepsilon\to0$。

例 3-11 已知系统特征方程 $D(s)=s^3-3s+2=0$，判定系统右半 s 平面中的极点个数。

解 $D(s)$的系数不满足稳定的必要条件，系统必然不稳定。列劳斯表

s^3	1	-3
s^2	0	2
s^1	$\dfrac{-3\varepsilon-1\times2}{\varepsilon}=c_1\to-\infty$	0
s^0	$\dfrac{2c_1-\varepsilon\times0}{c_1}=2$	

```
>>例 3-11题程序及结果
roots([1 0 -3 2])
 -2.0000
  1.0000
  1.0000
```

劳斯表第一列系数符号改变了两次，所以系统有两个根在右半 s 平面。

(2) 某行元素全部为零时——利用上一行元素构成辅助方程，对辅助方程求导得到新的方程，用新方程的系数代替该行的零元素继续计算。当系统中存在对称原点的极点时，也即当特征多项式包含形如$(s+\sigma)(s-\sigma)$或$(s+\mathrm{j}\omega)(s-\mathrm{j}\omega)$的因子时，劳斯表会出现全零行，而此时辅助方程的根就是特征方程根的一部分，也是系统中存在的对称于原点的特征根。

例 3-12 已知系统特征方程 $D(s)=s^5+3s^4+12s^3+20s^2+35s+25=0$，判定系统是否稳定。

解 列劳斯表

s^5	1	12	35
s^4	3	20	25
s^3	16/3	80/3	0
s^2	5	25	0
s^1	0 10	0 0	
s^0	25		

辅助方程：

$$F(s)=5s^2+25=0$$

$$F'(s)=10s=0$$

```
>>例 3-12 题程序及结果
D=[1 3 12 20 35 25];
roots(D)
 0.0000 + 2.2361i
 0.0000 - 2.2361i
-1.0000 + 2.0000i
-1.0000 - 2.0000i
-1.0000
```

劳斯表第一列系数符号没有改变，所以系统没有在右半 s 平面的根，系统临界稳定。求解辅助方程可以得到系统的一对纯虚根 $\lambda_{1,2}=\pm j\sqrt{5}$。

4. 劳斯判据的应用

劳斯判据除了可以用来判定系统的稳定性外，还可以确定使系统稳定的参数范围。

例 3-13 某单位反馈系统的开环零、极点分布如图 3-27 所示，判定系统是否可以稳定。若可以稳定，请确定相应的开环增益范围；若不可以，请说明理由。

解 由开环零、极点分布图可写出系统的开环传递函数

$$G(s)=\frac{K(s-1)}{(s/3-1)^2}=\frac{9K(s-1)}{(s-3)^2}$$

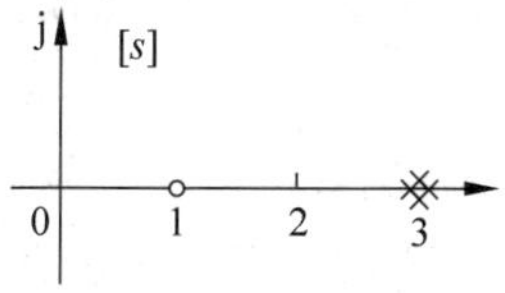

图 3-27 开环零极点分布

闭环系统特征方程为

$$\begin{aligned}D(s)&=(s-3)^2+9K(s-1)\\&=s^2+(9K-6)s+9(1-K)=0\end{aligned}$$

对于二阶系统，特征方程系数全部大于零就可以保证系统稳定。由 $\begin{cases}9K-6>0\\1-K>0\end{cases}$，可确定使系统稳定的 K 值范围为 $\frac{2}{3}<K<1$。

由此例可以看出，闭环系统的稳定性与系统开环是否稳定之间没有直接关系。

例 3-14 控制系统结构图如图 3-28 所示。

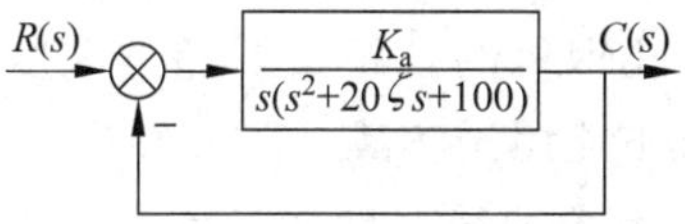

图 3-28 控制系统结构图

(1) 确定使系统稳定的开环增益 K 与阻尼比 ζ 的取值范围，并画出相应区域；

(2) 当 $\zeta=2$ 时，确定使系统极点全部落在直线 $s=-1$ 左边的 K 值范围。

解 (1) 系统开环传递函数为

$$G(s)=\frac{K_a}{s(s^2+20\zeta s+100)}$$

开环增益
$$K=\frac{K_a}{100}$$

系统特征方程

$$D(s)=s^3+20\zeta s^2+100s+100K=0$$

列劳斯表

s^3	1	100	
s^2	20ζ	$100K$	$\to \zeta>0$
s^1	$(2000\zeta-100K)/(20\zeta)$	0	$\to 20\zeta>K$
s^0	$100K$	0	$\to K>0$

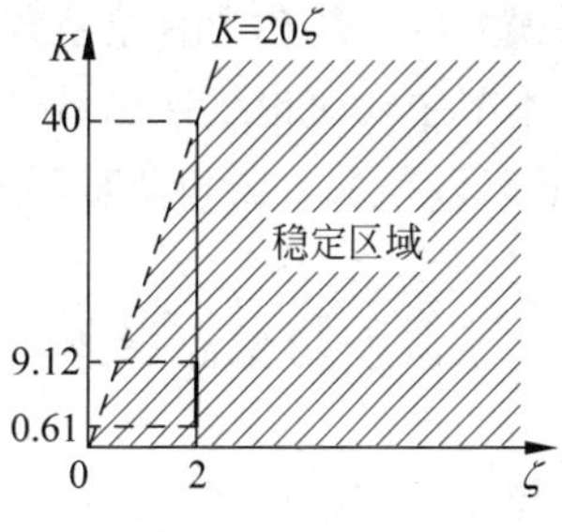

图 3-29 使系统稳定的参数区域

根据稳定条件画出使系统稳定的参数区域如图 3-29 所示。

(2) 令 $s=\bar{s}-1$ 进行坐标平移，使新坐标的虚轴

$\bar{s}=0$,就可以在新坐标下用劳斯判据解决问题。令

$$D(\bar{s})=(\bar{s}-1)^3+20\zeta(\bar{s}-1)^2+100(\bar{s}-1)+100K$$

代入 $\zeta=2$,整理得

$$D(\bar{s})=\bar{s}^3+37\bar{s}^2+23\bar{s}+(100K-61)$$

列劳斯表:

s^3	1	23	
s^2	37	$100K-61$	
s^1	$(37\times 23+61-100K)/37$	0	$\rightarrow K<9.12$
s^0	$100K-61$	0	$\rightarrow K>0.61$

因此,使系统极点全部落在 s 平面 $s=-1$ 左边的 K 值范围是 $0.61<K<9.12$。

劳斯稳定判据解决的是系统绝对稳定性的问题。在系统设计时,往往不仅需要知道系统是否绝对稳定,而且需要知道系统稳定的程度,即一个稳定的控制系统距临界稳定状态还有多大的裕度(或称稳定裕度)。在时域分析中,稳定裕度常用实部最大的特征根和虚轴之间的距离来描述。例 3-14 中(2)即反映了对系统稳定裕度的要求。

3.6 线性系统的稳态误差

一个稳定的系统在典型外作用下经过一段时间后就会进入稳态,控制系统的稳态精度是其重要的技术指标。稳态误差必须在允许范围之内,控制系统才有使用价值。例如,工业加热炉的炉温误差超过限度就会影响产品质量,轧钢机的辊距误差超过限度就轧不出合格的钢材,导弹的跟踪误差若超过允许的限度就不能用于实战,等等。

控制系统的稳态误差是系统控制精度的一种度量,是系统的稳态性能指标。由于系统自身的结构参数、外作用的类型(控制量或扰动量)以及外作用的形式(阶跃、斜坡或加速度等)不同,控制系统的稳态输出不可能在任意情况下都与输入量(希望的输出)一致,因而会产生原理性稳态误差。此外,系统中存在的不灵敏区、间隙、零漂等非线性因素也会造成附加的稳态误差。控制系统设计的任务之一,就是尽量减小系统的稳态误差。

对稳定的系统研究稳态误差才有意义,所以计算稳态误差应以系统稳定为前提。

通常把在阶跃输入作用下没有原理性稳态误差的系统称为无差系统;而把有原理性稳态误差的系统称为有差系统。

本节主要讨论线性系统原理性稳态误差的计算方法,包括计算稳态误差的一般方法,静态误差系数法和动态误差系数法。

3.6.1 误差与稳态误差

控制系统结构图一般可用图 3-30(a)的形式表示,经过等效变换可以化成图 3-30(b)的形式。系统的误差通常有两种定义方法:按输入端定义和按输出端定义。

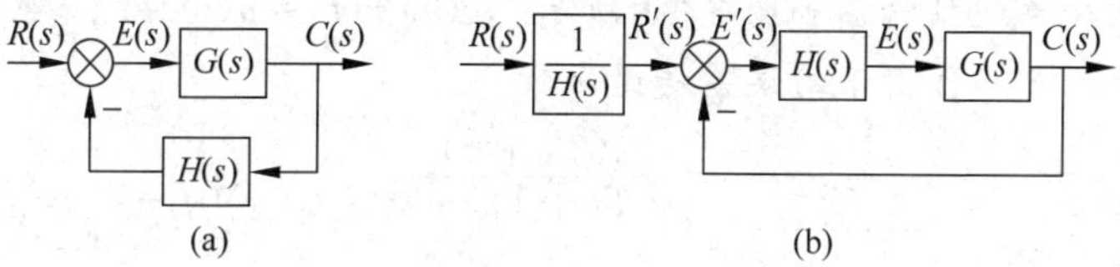

图 3-30　系统结构图及误差定义

（1）按输入端定义的误差，即把偏差定义为误差

$$E(s) = R(s) - H(s)C(s) \tag{3-25}$$

（2）按输出端定义的误差

$$E'(s) = \frac{R(s)}{H(s)} - C(s) \tag{3-26}$$

按输入端定义的误差 $E(s)$（即偏差）通常是可测量的，有一定的物理意义，但其误差的理论含义不十分明显；按输出端定义的误差 $E'(s)$ 是“希望输出”$R'(s)$ 与实际输出 $C(s)$ 之差，比较接近误差的理论意义，但它通常不可测量，只有数学意义。两种误差定义之间存在如下关系

$$E'(s) = E(s)/H(s) \tag{3-27}$$

对单位反馈系统而言，上述两种定义是一致的。除特别说明外，本书以后讨论的误差都是指按输入端定义的误差（即偏差）。

稳态误差通常有两种含义。一种是指时间趋于无穷大时误差的值 $e_{ss}=\lim\limits_{t\to\infty}e(t)$，称为“静态误差”或“终值误差”；另一种是指误差 $e(t)$ 信号中的稳态分量 $e_s(t)$，称为“动态误差”。当误差随时间趋于无穷大时，终值误差不能反映稳态误差随时间的变化规律，具有一定的局限性。

3.6.2　计算稳态误差的一般方法

计算稳态误差（这里仅指静态误差）一般方法的实质是利用终值定理，它适用于各种情况下的稳态误差计算，既可以用于求输入作用下的稳态误差，也可以用于求干扰作用下的稳态误差。具体计算分三步进行。

（1）判定系统的稳定性。稳定是系统正常工作的前提条件，系统不稳定时，求稳态误差没有意义。另外，计算稳态误差要用终值定理，终值定理应用的条件是除原点外，$sE(s)$ 在右半 s 平面及虚轴上解析。当系统不稳定，或 $R(s)$ 的极点位于虚轴上以及虚轴右边时，该条件不满足。

（2）求误差传递函数

$$\Phi_e(s) = \frac{E(s)}{R(s)},\quad \Phi_{en}(s) = \frac{E(s)}{N(s)}$$

（3）用终值定理求稳态误差

$$e_{ss} = \lim_{s\to 0} s[\Phi_e(s)R(s) + \Phi_{en}(s)N(s)] \tag{3-28}$$

例 3-15 控制系统结构图如图 3-31 所示。已知 $r(t)=n(t)=t$，求系统的稳态误差。

解 控制输入 $r(t)$ 作用下的误差传递函数

$$\Phi_e(s)=\frac{E(s)}{R(s)}=\frac{1}{1+\dfrac{K}{s(Ts+1)}}=\frac{s(Ts+1)}{s(Ts+1)+K}$$

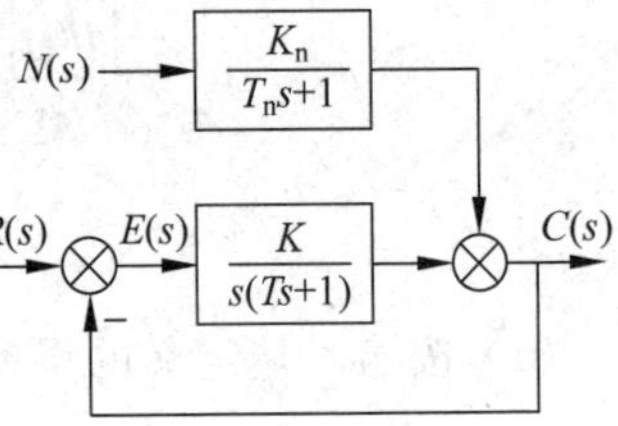

图 3-31 控制系统结构图

系统特征方程 $D(s)=Ts^2+s+K=0$

设 $T>0, K>0$，保证系统稳定。控制输入下的稳态误差为

$$e_{ssr}=\lim_{s\to 0}s\Phi_e(s)R(s)=\lim_{s\to 0}s\frac{s(Ts+1)}{s(Ts+1)+K}\frac{1}{s^2}=\frac{1}{K}$$

干扰 $n(t)$ 作用下的误差传递函数为

$$\Phi_{en}(s)=\frac{E(s)}{N(s)}=\frac{-\dfrac{K_n}{T_n s+1}}{1+\dfrac{K}{s(Ts+1)}}=\frac{-K_n s(Ts+1)}{(T_n s+1)[s(Ts+1)+K]}$$

干扰 $n(t)$ 作用下的稳态误差为

$$e_{ssn}=\lim_{s\to 0}s\Phi_{en}(s)N(s)=\lim_{s\to 0}s\frac{-K_n s(Ts+1)}{(T_n s+1)[s(Ts+1)+K]}\frac{1}{s^2}=\frac{-K_n}{K}$$

由叠加原理 $$e_{ss}=s_{ssr}+e_{ssn}=\frac{1-K_n}{K}$$

例 3-16 例 3-15 中，若 $r(t)$ 取 $A\times 1(t), At, \frac{A}{2}t^2$，试分别计算系统在控制输入 $r(t)$ 作用下的稳态误差。

解 利用例 3-15 得出的 $\Phi_e(s)$ 表达式，可得

当 $r(t)=A\times 1(t)$ 时， $e_{ss1}=\lim\limits_{s\to 0}s\dfrac{s(Ts+1)}{s(Ts+1)+K}\dfrac{A}{s}=0$

当 $r(t)=At$ 时， $e_{ss2}=\lim\limits_{s\to 0}s\dfrac{s(Ts+1)}{s(Ts+1)+K}\dfrac{A}{s^2}=\dfrac{A}{K}$

当 $r(t)=\dfrac{A}{2}t^2$ 时， $e_{ss3}=\lim\limits_{s\to 0}s\dfrac{s(Ts+1)}{s(Ts+1)+K}\dfrac{A}{s^3}=\infty$

由例 3-51、例 3-16 可以得出以下结论：系统的稳态误差与系统自身的结构参数、外作用的类型(控制量、扰动量及其作用点)以及外作用的形式(阶跃、斜坡或加速度)有关。

3.6.3 静态误差系数法

在系统分析中经常遇到计算控制输入作用下稳态误差的问题。分析研究典型输入作用下引起的稳态误差与系统结构参数及输入形式的关系，找出其中的规律性，是十分必要的。

设系统结构图如图 3-30(a)所示，系统开环传递函数一般可以表示为

$$G(s)H(s)=\frac{K(\tau_1 s+1)\cdots(\tau_m s+1)}{s^v(T_1 s+1)\cdots(T_{n-v}s+1)}=\frac{K}{s^v}G_0(s) \tag{3-29}$$

式中，$G_0(s)=\dfrac{(\tau_1 s+1)\cdots(\tau_m s+1)}{(T_1 s+1)\cdots(T_{n-v}s+1)}$，有

$$\lim_{s\to 0}G_0(s)=1 \tag{3-30}$$

K 是开环增益；v 是系统开环传递函数中纯积分环节的个数，称为系统型别，也称为系统的无差度。无差系统是指在阶跃输入作用下不存在稳态误差的系统。

当 $v=0$ 时，相应闭环系统为 0 型系统，也称为"有差系统"。

当 $v=1$ 时，相应闭环系统为Ⅰ型系统，也称为"一阶无差系统"。

当 $v=2$ 时，相应闭环系统为Ⅱ型系统，也称为"二阶无差系统"。

控制输入 $r(t)$ 作用下的误差传递函数为

$$\Phi_e(s)=\frac{E(s)}{R(s)}=\frac{1}{1+G(s)H(s)}=\frac{1}{1+\dfrac{K}{s^v}G_0(s)}$$

(1) 阶跃(位置)输入时，$r(t)=A\times 1(t)$

$$e_{ssp}=\lim_{s\to 0}s\Phi_e(s)R(s)=\lim_{s\to 0}s\,\frac{A}{s}\,\frac{1}{1+G(s)H(s)}=\frac{A}{1+\lim\limits_{s\to 0}G(s)H(s)}$$

定义静态位置误差系数

$$K_p=\lim_{s\to 0}G(s)H(s)=\lim_{s\to 0}\frac{K}{s^v} \tag{3-31}$$

则

$$e_{ssp}=\frac{A}{1+K_p} \tag{3-32}$$

(2) 斜坡(速度)输入时，$r(t)=At$

$$e_{ssv}=\lim_{s\to 0}s\Phi_e(s)R(s)=\lim_{s\to 0}s\,\frac{A}{s^2}\,\frac{1}{1+G(s)H(s)}=\frac{A}{\lim\limits_{s\to 0}sG(s)H(s)}$$

定义静态速度误差系数

$$K_v=\lim_{s\to 0}sG(s)H(s)=\lim_{s\to 0}\frac{K}{s^{v-1}} \tag{3-33}$$

则

$$e_{ssv}=\frac{A}{K_v} \tag{3-34}$$

(3) 加速度输入时，$r(t)=\dfrac{A}{2}t^2$

$$e_{ssa}=\lim_{s\to 0}s\Phi_e(s)R(s)=\lim_{s\to 0}s\,\frac{A}{s^3}\,\frac{1}{1+G(s)H(s)}=\frac{A}{\lim\limits_{s\to 0}s^2G(s)H(s)}$$

定义静态加速度误差系数

$$K_a=\lim_{s\to 0}s^2G(s)H(s)=\lim_{s\to 0}\frac{K}{s^{v-2}} \tag{3-35}$$

则

$$e_{ssa}=\frac{A}{K_a} \tag{3-36}$$

综合以上讨论可以列出表 3-9。

表 3-9 典型输入信号作用下的稳态误差

系统型别	静态误差系数			阶跃输入 $r(t)=A\times 1(t)$	斜坡输入 $r(t)=At$	加速度输入 $r(t)=A\frac{t^2}{2}$
	K_p	K_v	K_a	位置误差 $e_{ss}=\frac{A}{1+K_p}$	速度误差 $e_{ss}=\frac{A}{K_v}$	加速度误差 $e_{ss}=\frac{A}{K_a}$
0	K	0	0	$\frac{A}{1+K}$	∞	∞
1	∞	K	0	0	$\frac{A}{K}$	∞
2	∞	∞	K	0	0	$\frac{A}{K}$

表 3-9 揭示了控制输入作用下系统稳态误差随系统结构、参数及输入形式变化的规律。即在输入一定时，增大开环增益 K，可以减小稳态误差；增加开环传递函数中的积分环节数，可以消除稳态误差。此规律可借助于图 3-32 来理解。图中所示系统是Ⅱ型的，引入 $Ts+1$ 环节是为了保证系统稳定。当系统达到稳态时，$\lim\limits_{s\to 0}(Ts+1)\to 1$，$Ts+1$ 相当于比例环节。

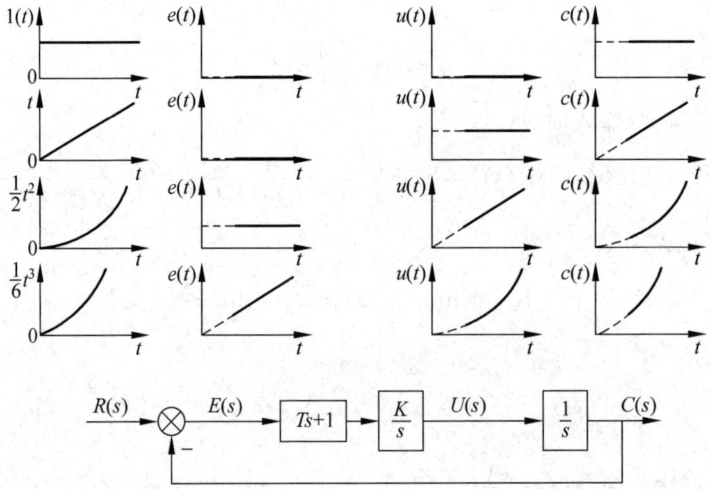

图 3-32 稳态误差随典型输入的变化规律

由图 3-32 所示容易理解，系统稳态输出中 t 的最高次数必定与输入的最高次数相同。阶跃响应稳态时为常值，意味着此时 $1/s$ 环节输入端信号 $u(t)$ 为零，也说明 K/s 环节输入端信号（即稳态误差 $e(t)$）为零；斜坡响应稳态时为等速信号，意味着 $u(t)$ 为常值，说明 $e(t)$ 为零。同样可以分析其他典型响应的情形。可见，系统型别是系统响应达到稳态时，输出跟踪输入信号的一种能力储备。系统回路中的积分环节越多，系统稳态输出跟踪输入信号的能力似乎越强，但积分环节越多，系统越不容易稳定，所以实际系统Ⅱ型以上的很少。

应用静态误差系数法要注意其适用条件：系统必须稳定；误差是按输入端定义的；只能用于计算典型控制输入时的终值误差，并且输入信号不能有其他前馈通道。

应当理解，稳态误差是位置意义上的误差。例如，系统的速度误差是系统在速度(斜坡)信号作用下，系统稳态输出与输入在相对位置上的误差，而不是输出、输入信号在速度上存在误差。

例 3-17 系统结构图如图 3-33 所示。已知输入 $r(t)=2t+4t^2$，求系统的稳态误差。

解 系统开环传递函数为

$$G(s)=\frac{K_1(Ts+1)}{s^2(s+a)}$$

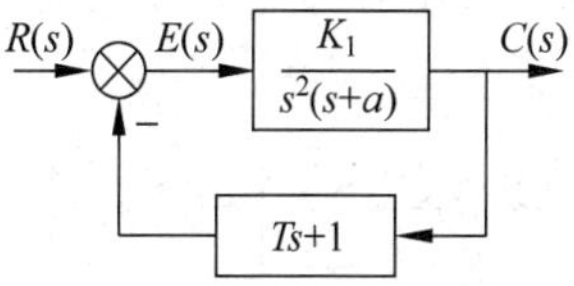

图 3-33 控制系统结构图

开环增益 $K=\frac{K_1}{a}$，系统型别 $v=2$。

系统闭环传递函数

$$\Phi(s)=\frac{K_1}{s^2(s+a)+K_1(Ts+1)}$$

特征方程 $D(s)=s^3+as^2+K_1Ts+K_1=0$

列劳斯表判定系统稳定性

$$\begin{array}{llll} s^3 & 1 & K_1T & \\ s^2 & a & K_1 & a>0 \\ s^1 & \dfrac{(aT-1)K_1}{a} & 0 & aT>1 \\ s^0 & K_1 & & K_1>0 \end{array}$$

设参数满足稳定性要求，利用表 3-9 计算系统的稳态误差。

当 $r_1(t)=2t$ 时， $e_{ss1}=0$

当 $r_2(t)=4t^2=8\times\frac{1}{2}t^2$ 时 $e_{ss2}=\frac{A}{K}=\frac{8a}{K_1}$

故得 $e_{ss}=e_{ss1}+e_{ss2}=\frac{8a}{K_1}$

3.6.4 干扰作用引起的稳态误差分析

实际系统在工作中不可避免要受到各种干扰的影响，从而引起稳态误差。讨论干扰引起的稳态误差与系统结构参数的关系，可以为我们合理设计系统结构，确定参数，提高系统抗干扰能力提供参考。

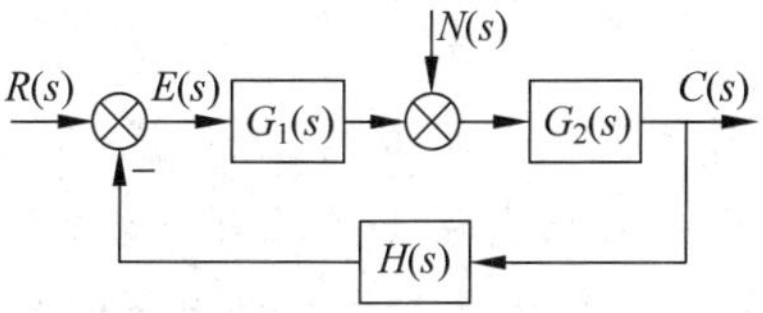

图 3-34 控制系统结构图

设系统结构图如图 3-34 所示。现分析干扰作用产生的稳态误差，即

$$e_{ssn}=\lim_{s\to 0}s\Phi_{en}(s)N(s)$$

$$=\lim_{s\to 0}s\frac{-G_2(s)H(s)}{1+G_1(s)G_2(s)H(s)}N(s)$$

当$|G_1(s)G_2(s)H(s)|>>1$时，有

$$e_{ssn}\approx\lim_{s\to 0}s\frac{-1}{G_1(s)}N(s)$$

即在深度反馈条件下，e_{ssn}主要与$N(s)$和$G_1(s)$有关。而$G_1(s)$是主反馈口到干扰作用点之间前向通道的传递函数。

例 3-18 系统结构图如图 3-35 所示。将开环增益和积分环节（为区分之，分别注以不同的下标）分布在回路的不同位置，讨论他们分别对控制输入$r(t)=t^2/2$和干扰$n(t)=At$作用下产生的稳态误差的作用。

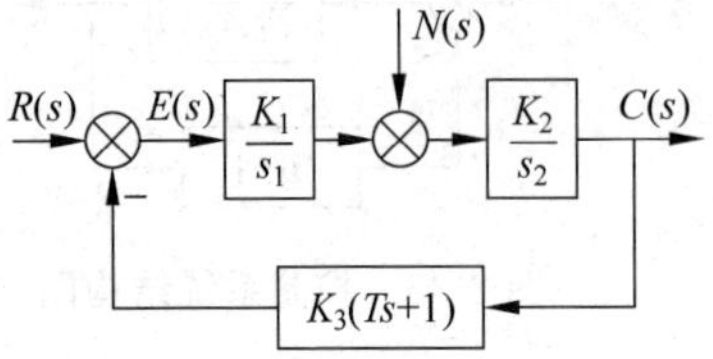

图 3-35 控制系统结构图

解 系统开环传递函数为

$$G(s)=\frac{K_1K_2K_3(Ts+1)}{s_1s_2}\qquad\begin{cases}K=K_1K_2K_3\\v=2\end{cases}$$

(1) $r(t)$作用下系统的误差传递函数为

$$\Phi_e(s)=\frac{E(s)}{R(s)}=\frac{s_1s_2}{s_1s_2+K_1K_2K_3(Ts+1)}$$

系统特征多项式 $D(s)=s_1s_2+K_1K_2K_3Ts+K_1K_2K_3$

当$\begin{cases}K_1K_2K_3>0\\T>0\end{cases}$时系统稳定。

当$r(t)=t^2/2$时，系统稳态误差为

$$e_{ssr}=\lim_{s\to 0}s\Phi_e(s)\frac{1}{s^3}=\lim_{s\to 0}\frac{1}{s^2}\frac{s_1s_2}{s_1s_2+K_1K_2K_3Ts+K_1K_2K_3}=\frac{1}{K_1K_2K_3}$$

可见，开环增益和积分环节分布在回路的任何位置，对于减小或消除$r(t)$作用下的稳态误差均有效。

(2) $n(t)=At$作用下系统的误差传递函数为

$$\Phi_{en}(s)=\frac{E(s)}{N(s)}=\frac{-K_2K_3s_1(Ts+1)}{s_1s_2+K_1K_2K_3Ts+K_1K_2K_3}$$

$$e_{ssn}=\lim_{s\to 0}s\Phi_{en}(s)N(s)=-A/K_1$$

可见，只有分布在前向通道主反馈口到干扰作用点之间的增益和积分环节才对减小或消除干扰作用下的稳态误差有效。

从图 3-35 所示分析，当$r(t)=0$时，要使稳态误差$e_{ssn}=0$，系统的稳态输出乃至稳态时积分环节K_2/s_2的输入都必须为零，而主反馈口到干扰作用点之间的积分环节K_1/s_1恰好能够提供一个抵消干扰$n(t)$的反向常值信号。若实现这个条件，则可保证$e_{ssn}=0$，而其他地方的积分环节起不到这样的作用。当$n(t)=t$时，积分环节K_1/s_1要提供抵消干扰$n(t)$的信号，稳态误差只能是常值，K_1越大，稳态误差值越小。而分布在其他地方的增益对减小稳态误差没有作用。

设计系统时应尽量在前向通道的主反馈口到干扰作用点之间提高增益、设置积分环节，这样可以同时减小或消除控制输入和干扰作用下产生的稳态误差。此外，如果干扰信号可测量，后面介绍的按干扰补偿的顺馈校正方法也可以有效减小干扰作用下的稳态误差。

3.6.5 动态误差系数法

用求稳态误差的一般方法和静态误差系数法只能得到系统的终值误差 e_{ss}，当稳态误差随时间趋于无穷时，e_{ss}反映不出其随时间的变化规律。对于那些只在有限时间范围内工作的系统，只需要保证在要求的时间内满足精度要求即可。而用动态误差系数法则可以研究误差的稳态分量随时间变化的规律。

1. 动态误差系数

动态误差系数法的思路是：将系统的误差传递函数 $\Phi_e(s)=E(s)/R(s)$在 $s=0$ 处展开成如下的泰勒级数

$$\Phi_e(s)=\Phi_e(0)+\frac{1}{1!}\Phi_e'(0)s+\frac{1}{2!}\Phi_e''(0)s^2+\cdots+\frac{1}{l!}\Phi_e^{(l)}(0)s^l+\cdots$$

定义动态误差系数

$$C_i=\frac{1}{i!}\Phi_e^{(i)}(0)\quad(i=0,1,2,\cdots)\tag{3-37}$$

则有

$$\Phi_e(s)=C_0+C_1s+C_2s^2+\cdots$$

$$E(s)=\Phi_e(s)R(s)=C_0R(s)+C_1sR(s)+C_2s^2R(s)+\cdots$$

$$e_s(t)=C_0r(t)+C_1r'(t)+C_2r''(t)+\cdots=\sum_{i=0}^{\infty}C_ir^{(i)}(t)\tag{3-38}$$

注意，式(3-37)右端是 $\Phi_e(s)$在复域 $s=0$ 处展开的，这对应时域中 $t\to\infty$时的特性，所以式(3-38)只包含 $e(t)$中的稳态分量 $e_s(t)$。对于适合用静态误差系数法求稳态误差的系统，静态误差系数和动态误差系数之间在一定条件下存在如下关系

0 型系统 $C_0=\dfrac{1}{1+K_p}$，　Ⅰ型系统 $C_1=\dfrac{1}{K_v}$，　Ⅱ型系统 $C_2=\dfrac{1}{K_a}$

2. 动态误差系数的计算方法

求取动态误差系数一般可以用系数比较法和长除法。下面举例说明。

例 3-19　两个控制系统，其结构图分别如图 3-36(a)、图 3-36(b)所示，在输入 $r(t)=2t+t^2/4$ 作用下，要求系统的稳态误差在 4min 内不超过 6m。应当选择哪一个系统？

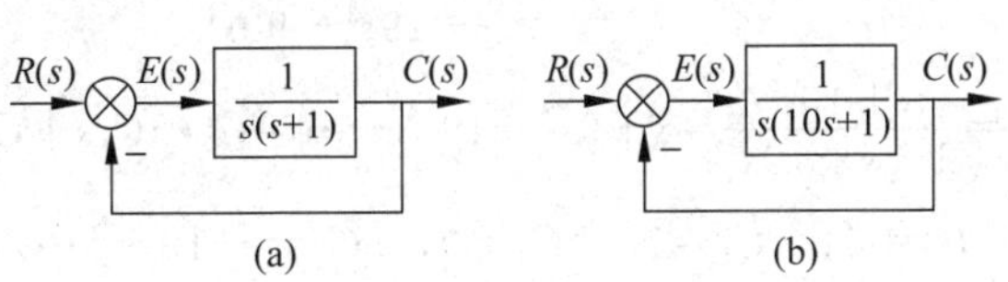

图 3-36　控制系统结构图

解　对图 3-36(a)系统，其误差传递函数为

$$\Phi_{e(a)}(s)=\frac{E(s)}{R(s)}=\frac{s(s+1)}{s^2+s+1}=C_0+C_1s+C_2s^2+\cdots$$

有 $$s^2+s=[C_0+C_1s+C_2s^2+\cdots](s^2+s+1)$$
$$=C_0+(C_0+C_1)s+(C_0+C_1+C_2)s^2+(C_1+C_2+C_3)s^3+\cdots$$

比较系数可得

$$\begin{cases}C_0=0\\C_0+C_1=1\\C_0+C_1+C_2=1\\\vdots\end{cases}$$

联立求解得

$$\begin{cases}C_0=0\\C_1=1\\C_2=0\\\vdots\end{cases}$$

由输入表达式$(t)=2t+\frac{1}{4}t^2$， $r'(t)=2+\frac{1}{2}t$， $r''(t)=\frac{1}{2}$， $r'''(t)=0$， …

代入式(3-38)有

$$\begin{aligned}e_{s(a)}(t)&=C_0r(t)+C_1r'(t)+C_2r''(t)+C_3r'''(t)+\cdots\\&=0+\left(2+\frac{1}{2}t\right)+0+0+\cdots\\&=2+\frac{1}{2}t\end{aligned}$$

对图 3-36(b)系统，其误差传递函数为

$$\Phi_{e(b)}(s)=\frac{E(s)}{R(s)}=\frac{s(10s+1)}{10s^2+s+1}=\frac{s+10s^2}{1+s+10s^2}$$

用长除法可得(注意将分子分母多项式分别写成升幂排列形式)

$$\begin{array}{r}s+9s^2-19s^3+\cdots\\1+s+10s^2\,\big)\overline{\;s+10s^2\qquad\qquad}\\-\quad s+s^2+10s^3\qquad\\\hline 9s^2-10s^3\qquad\\-\quad 9s^2+9s^3+90s^4\\\hline -19s^3-90s^4\end{array}$$

故得 $$\Phi_{e(b)}(s)=\frac{s+10s^2}{1+s+10s^2}=s+9s^2-19s^3+\cdots=C_0+C_1s+C_2s^2+\cdots$$

得 $$C_0=0,\quad C_1=1,\quad C_2=9,\quad C_3=-19,\quad \cdots$$

代入式(3-38)，有

$$\begin{aligned}e_{s(b)}(t)&=C_0r(t)+C_1r'(t)+C_2r''(t)+C_3r'''(t)+\cdots\\&=0+\left(2+\frac{1}{2}t\right)+9\times\frac{1}{2}+0+\cdots=6.5+\frac{1}{2}t\end{aligned}$$

$e_{s(a)}(t)$，$e_{s(b)}(t)$曲线如图 3-37 所示。可见，图 3-36(a)所示的系统满足要求。

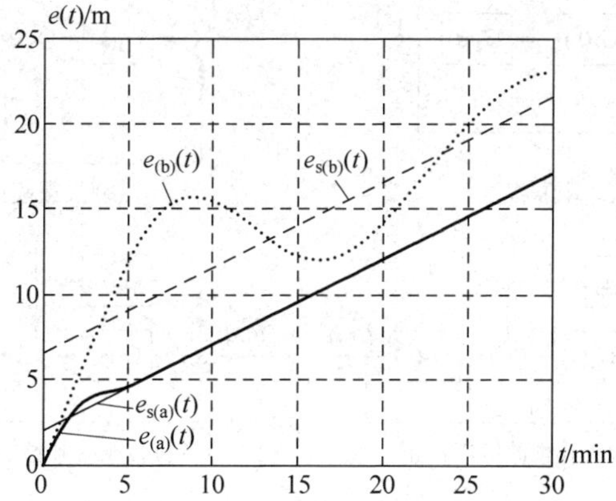

图 3-37　例 3-19 图

```
% 图3-37的计算程序
  t=0:0.3:30;r=2*t+t.*t/4;
  numea=[1 1 0];denea=[1 1 1];
  [ea xa]=lsim(numea,denea,r,t);
  numeb=[10 1 0];deneb=[10 1 1];
  [eb xb]=lsim(numeb,deneb,r,t);
  plot(t,ea,'-',t,eb,'.');
  xlabel('t/min');ylabel('e(t)');grid on;
```

动态误差系数法一般适用于输入函数具有有限阶导数的情况，例如，典型输入或其组合，t 的有限次多项式，等等。当 $r(t)$ 中含有 e^{-at} 项（如 $r(t)=1(t)+2t+4e^{-2t}$）时，$r(t),r'(t),\cdots$ 中的 e^{-at} 只对应瞬态响应项，故不必考虑。

3.7　线性系统时域校正

在系统分析中可以看出，系统的不同性能指标对系统参数的要求往往是矛盾的，所以调节系统中的可调参数（如开环增益 K）时，只能综合考虑系统的不同性能要求，采取折中方案，在有限范围内改善系统的性能。若这样仍不能满足系统的指标要求，就需要采用适当的方式在系统中加入一些参数和结构可调整的装置，如微分、积分电路组件或速度传感器等（称为校正装置），用以改变系统结构，进一步提高系统的性能，使系统满足指标要求。这一过程称为系统的校正（综合或设计）。

在设计校正装置过程中，设计者要在不改变系统基本部分的情况下，选择合适的校正装置，并计算、确定其参数，以使系统满足各项性能指标的要求。

常用的校正方式有串联校正，反馈校正和顺馈（复合）校正，相应在系统中的连接方式如图 3-38 所示。图中，$G_c(s)$ 为待求的校正装置传递函数。

系统的串联校正方法将在第 5 章中介绍，本节主要讲述反馈校正和顺馈（复合）校正的特点和作用。

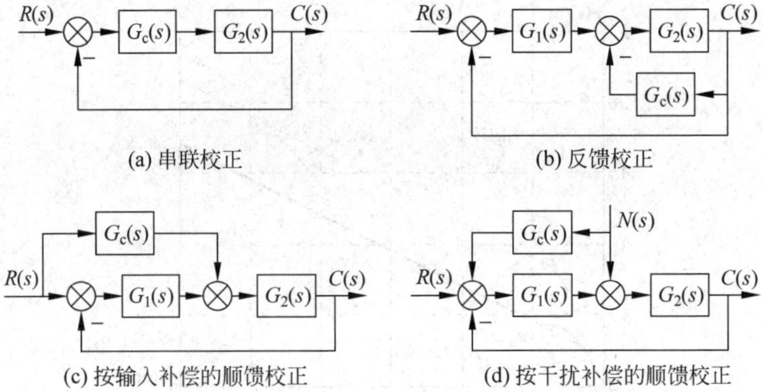

图 3-38　不同的校正方式

3.7.1　反馈校正

反馈校正一般是指在主反馈环内，为改善系统的性能而加入反馈装置的校正方式。这是工程控制中广泛采用的校正形式之一。反馈校正有下述作用。

(1) 比例负反馈可以减小被包围环节的时间常数，削弱被包围环节的惯性，提高其响应的快速性。

如图 3-39 所示，环节 $G(s)=\dfrac{K}{Ts+1}$ 被比例负反馈包围后系统的传递函数为

$$G'(s)=\frac{K}{Ts+1+KK_{\mathrm{h}}}=\frac{K'}{T's+1}$$

式中
$$T'=\frac{T}{1+KK_{\mathrm{h}}},\quad K'=\frac{K}{1+KK_{\mathrm{h}}}$$

反馈后系统的时间常数 $T'<T$，动态特性得以改善。但其增益 K' 同时降低，需要进行补偿。

(2) 负反馈可以降低参数变化或系统中不希望有的特性(如某些非线性特性等)对系统的影响。

对如图 3-40(a)所示的开环系统，若由于参数变化或其他因素引起传递函数 $G(s)$ 改变，产生一个增量 $\Delta G(s)$，则导致输出变化为

$$C(s)+\Delta C(s)=[G(s)+\Delta G(s)]R(s)$$

产生的输出增量是
$$\Delta C(s)=\Delta G(s)R(s)$$

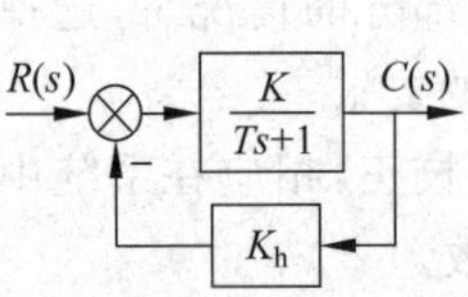

图 3-39　系统结构图

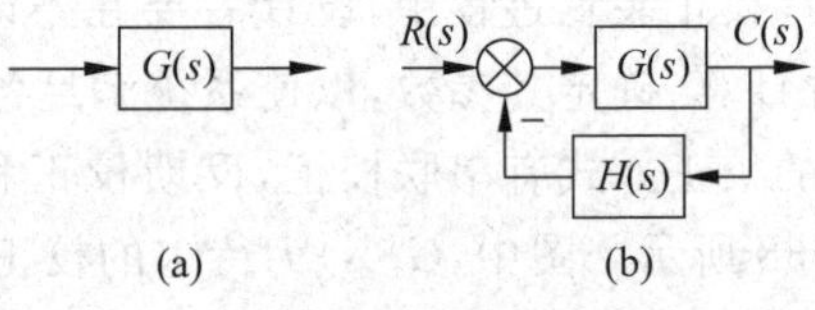

图 3-40　系统结构图

对如图 3-40(b)所示的闭环系统，则对应有

$$C(s)+\Delta C(s)=\Phi(s)R(s)=\frac{G(s)+\Delta G(s)}{1+[G(s)+\Delta G(s)]H(s)}\cdot R(s)$$

$$\Delta C\approx\frac{\Delta G(s)}{1+G(s)H(s)}R(s)$$

显然，负反馈可以大大减小 $\Delta G(s)$引起的输出增量 $\Delta C(s)$。在深度反馈条件下，$|[G(s)+\Delta G(s)]H(s)|>>1$，近似有 $\Phi(s)\approx 1/H(s)$，即系统几乎不受 $G(s)$的影响。在实际系统中，如果因为某一个环节性能很差，影响整个系统性能的提高，经常采用局部负反馈包围此环节，以抑制其不良影响。

(3) 合理利用正反馈可以提高放大倍数。

在图 3-41 所示系统中，前向通道放大倍数为 K。采用正反馈后，闭环放大倍数为$\frac{K}{1-KK_h}$。若取 $K_h\approx\frac{1}{K}$，闭环放大倍数可以大幅度提高。在实际系统中，用此方法提高增益时需要细心考虑，以防出现负面影响。

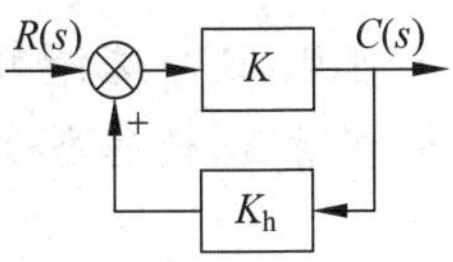

图 3-41 系统结构图

例 3-20 一种灵敏的绘图仪，其控制系统结构图如图 3-42 所示。

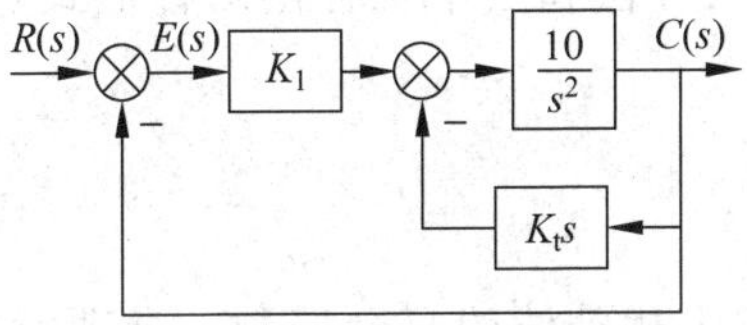

图 3-42 系统结构图

(1) 讨论若没有测速反馈($K_t=0$)时系统的性能；

(2) 设 $K_1=10$，讨论当 K_t 增加时，系统动态性能($\sigma\%$，t_s)的变化趋势，并确定阻尼比 $\zeta=0.707$ 时系统的动态性能指标；

(3) 设 $K_1=10$，讨论当 K_t 增加时，系统在 $r(t)=t$ 作用下稳态误差 e_{ss} 的变化趋势，并确定阻尼比 $\zeta=0.707$ 时系统的稳态误差 e_{ss}。

解 (1) 没有测速反馈时，系统闭环传递函数为

$$\Phi(s)=\frac{10K_1}{s^2+10K_1}$$

系统特征多项式 $D(s)=s^2+10K_1$ 中缺一次项，不论 K_1 取何值，系统都不可能稳定。

只改变系统的参数而不能使系统稳定，这样的系统称为结构不稳定系统。结构不稳定是由于系统结构原因导致的，并非由于参数设置不当。因此只有在系统结构上加以改造，采用适当的校正方式(串联、反馈等)，才能解决问题。

(2) 当 $K_t\neq 0$ 时，开环传递函数为

$$G(s)=\frac{10K_1}{s(s+10K_t)}\qquad\begin{cases}K=\dfrac{K_1}{K_t}\\ v=1\end{cases}$$

当 $K_1=10$ 时，闭环传递函数为

$$\Phi(s)=\frac{10K_1}{s^2+10K_ts+10K_1}=\frac{100}{s^2+10K_ts+100}\qquad\begin{cases}\omega_n=\sqrt{100}=10\\ \zeta=\dfrac{10K_t}{2\omega_n}=\dfrac{K_t}{2}\end{cases}$$

可见，当 $K_t<2$ 时，系统处于欠阻尼状态，若 K_t 增大，则 ζ 增大，超调量 $\sigma\%$ 减小；调节时间 $t_s=\dfrac{3.5}{5K_t}$ 减小。令 $\zeta=\dfrac{K_t}{2}=0.707$，解出 $K_t=1.414$。此时对应的系统动态性能为

$$\sigma\% = 5\%,\quad t_s = \frac{3.5}{\zeta\omega_n} = \frac{3.5}{5K_t} = 0.495$$

当 $K_t>2$ 时，系统呈现过阻尼状态，调节时间 t_s 随 K_t 增加而增加。

(3) 利用静态误差系数法，当 $r(t)=t$，K_t 增大时，$e_{ss}=\dfrac{1}{K}=\dfrac{K_t}{K_1}$ 增大。当 $K_1=10$，$\zeta=0.707(K_t=1.414)$ 时，$e_{ss}=\dfrac{1.414}{K_1}=0.1414$。

可见，适当选择测速反馈系数 K_t 可以改善系统的动态性能。但这同时会降低系统的开环增益，使稳态精度下降，需要适当增大 K_1 值进行补偿。

3.7.2 复合校正

在闭环系统内部采用串联校正或反馈校正，同时在闭环外部进行顺馈校正，采用这种组合校正的方式称为复合校正。顺馈校正分为按输入补偿和按干扰补偿两种形式，其主要作用在于提高系统的稳态精度。

1. 按干扰补偿的顺馈控制

将干扰信号通过前馈通道引入闭环回路中，形成按干扰补偿的复合控制。合理设计前馈通道的传递函数，可以有效减小干扰作用下的稳态误差。

例 3-21 系统结构图如图 3-43 所示。若要使干扰 $n(t)=1(t)$ 作用下系统的稳态误差为零，试设计满足要求的 $G_c(s)$。

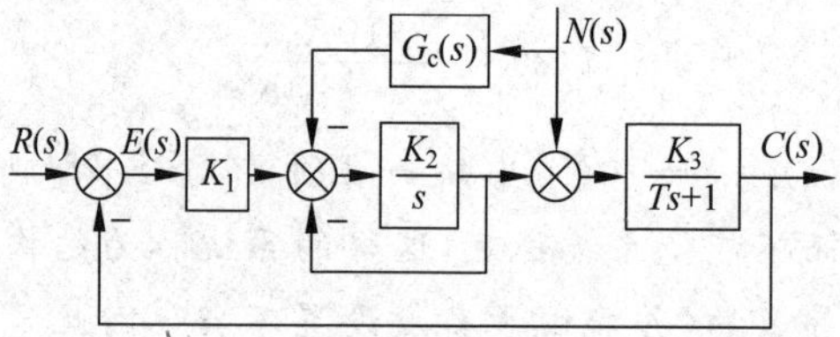

图 3-43 系统结构图

解 $n(t)$ 作用下系统的误差传递函数为

$$\Phi_{en}(s) = \frac{E(s)}{N(s)} = \frac{-\dfrac{K_3}{Ts+1}\left(1+\dfrac{K_2}{s}\right)+G_c(s)\dfrac{K_2K_3}{s(Ts+1)}}{1+\dfrac{K_2}{s}+\dfrac{K_1K_2K_3}{s(Ts+1)}}$$

$$= \frac{-K_3(s+K_2)+K_2K_3G_c(s)}{s(Ts+1)+K_2(Ts+1)+K_1K_2K_3}$$

$$e_{ssn}=\lim_{s\to 0}s\Phi_{en}(s)N(s)=\frac{-K_2K_3+K_2K_3G_c(s)}{K_2(1+K_1K_3)}$$

令 $e_{ssn}=0$ 得
$$G_c(s)=1$$

2. 按输入补偿的顺馈控制

按输入补偿的顺馈控制主要用于减小输入 $r(t)$作用下的稳态误差。

例 3-22 系统结构图如图 3-44 所示。

(1) 设计 $G_c(s)$，使输入 $r(t)=At$ 作用下系统的稳态误差为零。

(2) 在以上讨论确定了 $G_c(s)$的基础上，若被控对象开环增益增加了 ΔK，试说明相应的稳态误差是否还能为零。

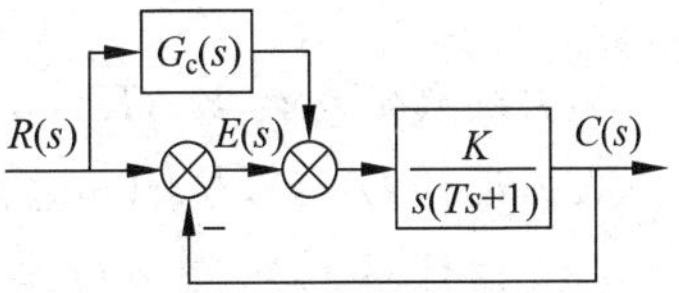

图 3-44 系统结构图

解 (1) 系统的开环传递函数为

$$G(s)=\frac{K}{s(Ts+1)}$$

开环增益是 K，系统型别为 $v=1$。系统特征多项式为

$$D(s)=Ts^2+s+K$$

当 $T>0,K>0$ 时系统稳定。系统的误差传递函数为

$$\Phi_e(s)=\frac{E(s)}{R(s)}=\frac{1-\frac{K}{s(Ts+1)}G_c(s)}{1+\frac{K}{s(Ts+1)}}=\frac{s(Ts+1)-KG_c(s)}{s(Ts+1)+K}$$

令
$$e_{ss}=\lim_{s\to 0}s\Phi_e(s)R(s)=\lim_{s\to 0}\frac{A}{K}\left[1-\frac{K}{s}G_c(s)\right]=0$$

可得
$$G_c(s)=\frac{s}{K}$$

(2) 设此时开环增益变为 $K+\Delta K$，系统的误差传递函数成为

$$\Phi_e(s)=\frac{s(Ts+1)-[K+\Delta K]\frac{s}{K}}{s(Ts+1)+[K+\Delta K]}$$

$$e_{ss}=\lim_{s\to 0}s\Phi_e(s)R(s)=\lim_{s\to 0}s\frac{s\left[Ts+1-\frac{K+\Delta K}{K}\right]}{s(Ts+1)+(K+\Delta K)}\frac{A}{s^2}=\frac{-A\Delta K}{K(K+\Delta K)}$$

通过例 3-22 的讨论可以看出，用复合校正控制可以有效提高系统的稳态精度，在理想情况下相当于将系统的型别提高一级，达到部分补偿的目的，同时控制系统并不因引入前馈控制而影响其稳定性。因此复合控制系统能够较好地解决一般反馈控制系统在提高精度和确保系统稳定性之间的矛盾。然而当系统参数变化时，用这种方法一般达不到理想条件下的控制精度。另外可以看出，当输入具有前馈通道时，静态误差系数法不再适用。

例 3-23 控制系统结构图如图 3-45 所示。

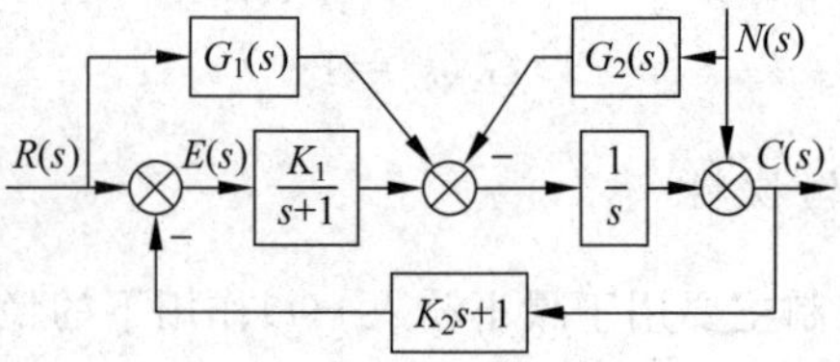

图 3-45 控制系统结构图

(1) 试确定参数 K_1, K_2，使系统极点配置在 $\lambda_{1,2}=-5\pm j5$；

(2) 设计 $G_1(s)$，使 $r(t)$ 作用下的稳态误差恒为零；

(3) 设计 $G_2(s)$，使 $n(t)$ 作用下的稳态误差恒为零。

解 (1) 由结构图，可以得出系统特征方程

$$D(s)=s^2+(1+K_1K_2)s+K_1=0$$

取 $K_1>0, K_2>0$ 保证系统稳定。令

$$\begin{aligned}D(s)&=s^2+(1+K_1K_2)s+K_1\\&=(s+5-j5)(s+5+j5)=s^2+10s+50\end{aligned}$$

比较系数得 $\begin{cases}K_1=50\\1+K_1K_2=10\end{cases}$，联立求解得 $\begin{cases}K_1=50\\K_2=0.18\end{cases}$。

(2) 当 $r(t)$ 作用时，令系统误差传递函数

$$\Phi_e(s)=\frac{E(s)}{R(s)}=\frac{1-\frac{K_2s+1}{s}G_1(s)}{1+\frac{K_1(K_2s+1)}{s(s+1)}}=\frac{(s+1)[s-(K_2s+1)G_1(s)]}{s(s+1)+K_1(K_2s+1)}=0$$

得出 $G_1(s)=\frac{s}{K_2s+1}$，这样可以使 $r(t)$ 作用下的稳态误差恒为零。

(3) 当 $n(t)$ 作用时，令 $n(t)$ 作用下的系统误差传递函数

$$\begin{aligned}\Phi_{en}(s)=\frac{E(s)}{N(s)}&=\frac{-(K_2s+1)+\frac{K_2s+1}{s}G_2(s)}{1+\frac{K_1(K_2s+1)}{s(s+1)}}\\&=\frac{-(K_2s+1)(s+1)[s-G_2(s)]}{s(s+1)+K_1(K_2s+1)}=0\end{aligned}$$

得出 $G_2(s)=s$，可以使 $n(t)$ 作用下的稳态误差恒为零。

3.8 小结

本章介绍的时域法是分析设计自动控制系统最基本、最直观的方法。利用时域法可以根据系统传递函数及其参数直接分析系统的稳定性、动态性能和稳态性能，也可以依据设计要求确定校正装置的结构参数。

1．本章内容提要

稳定是自动控制系统能够正常工作的首要条件。系统的稳定性取决于系统自身的结构和参数，与外作用的大小和形式无关。线性系统稳定的充分必要条件是其特征方程的根均位于左半 s 平面（即系统的特征根全部具有负实部）。

利用劳斯判据可以通过系统特征多项式的系数，间接判定系统是否稳定，还可以确定使系统稳定时有关参数（如 K，T 等）的取值范围。

自动控制系统的动态性能指标主要是指系统阶跃响应的峰值时间 t_p、超调量 $\sigma\%$ 和调节时间 t_s。典型一、二阶系统的动态性能指标 $\sigma\%$ 和 t_s 与系统参数有严格的对应关系，必须牢固掌握。

高阶系统的时间响应分析比较麻烦，当系统具有一对闭环主导极点（通常是一对共轭复数极点）时，可以用一个二阶系统近似，并以此估算高阶系统的动态性能。理解附加闭环零点、极点对系统性能的影响，有助于对高阶系统性能的分析。

稳态误差是控制系统的稳态性能指标，与系统的结构、参数以及外作用的形式、类型均有关。系统的型别 v 决定了系统对典型输入信号的跟踪能力。计算稳态误差可用一般方法（利用拉普拉斯变换的终值定理），也可由静态误差系数法获得。

在主反馈口至干扰作用点之间的前向通道中设置增益或增加积分环节数，可以同时减小或消除由控制输入和干扰作用产生的稳态误差。

反馈校正是工程中常用的校正方法，采用测速反馈可以有效增加系统阻尼，改善系统的动态性能。

在系统的主回路以外加入按给定输入作用或按扰动作用进行补偿的附加装置，构成复合控制，可以有效改善系统的稳态精度。

2．知识脉络图

分析：模型 ——→ 指标

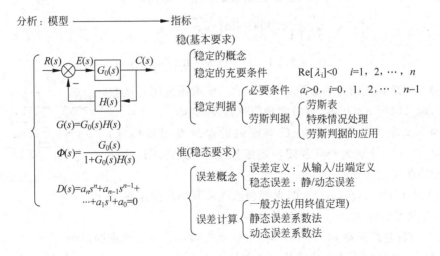

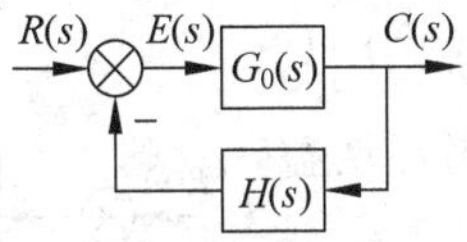

$G(s)=G_0(s)H(s)$

$\Phi(s)=\dfrac{G_0(s)}{1+G_0(s)H(s)}$

$D(s)=a_ns^n+a_{n-1}s^{n-1}+\cdots+a_1s^1+a_0=0$

稳（基本要求）
- 稳定的概念
- 稳定的充要条件　$\mathrm{Re}[\lambda_i]<0 \quad i=1,2,\cdots,n$
- 稳定判据
  - 必要条件　$a_i>0,\ i=0,1,2,\cdots,n-1$
  - 劳斯判据
    - 劳斯表
    - 特殊情况处理
    - 劳斯判据的应用

准（稳态要求）
- 误差概念
  - 误差定义：从输入/出端定义
  - 稳态误差：静/动态误差
- 误差计算
  - 一般方法（用终值定理）
  - 静态误差系数法
  - 动态误差系数法

快(动态要求)

- 动态指标定义　t_p，$\sigma\%$，t_s
- 一阶系统　$t_s=3T$
- 二阶系统
  - $\zeta\geqslant 1$　$t_s=\frac{t_s}{T_1}\cdot T_1$
  - $0\leqslant\zeta<1$
    - $t_p=\pi/(\sqrt{1-\zeta^2}\omega_n)$
    - $\sigma\%=e^{-\zeta\pi/\sqrt{1-\zeta^2}}\times 100\%$
    - $t_s=3.5/(\zeta\omega_n)$
  - 最佳阻尼比
  - 动态性能随极点位置变化的规律
- 高阶系统
  - 闭环主导极点
  - 零点极点法
  - 附加闭环零点、极点对动态性能的影响

校正：

方法	应用	效果
串联校正	比例+微分	提前控制，减小超调量
反校矫正	测速反馈	增加阻尼，减小超调量
复合校正	按输入补偿 按输出补偿	减小或消除稳态误差 有利于提高动态性能

习题

3-1　已知系统脉冲响应

$$k(t)=0.0125e^{-1.25t}$$

试求系统闭环传递函数$\Phi(s)$。

3-2　设某高阶系统可用下列一阶微分方程

$$T\dot{c}(t)+c(t)=\tau\dot{r}(t)+r(t)$$

近似描述，其中，$0<(T-\tau)<1$。试证系统的动态性能指标为

$$t_d=\left[0.693+\ln\left(\frac{T-\tau}{T}\right)\right]T$$

$$t_r=2.2T\quad t_s=\left[3+\ln\left(\frac{T-\tau}{T}\right)\right]T$$

3-3　一阶系统结构图如图3-46所示。要求系统闭环增益$K_\Phi=2$，调节时间$t_s\leqslant 0.4$s，试确定参数K_1，K_2的值。

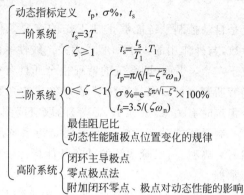

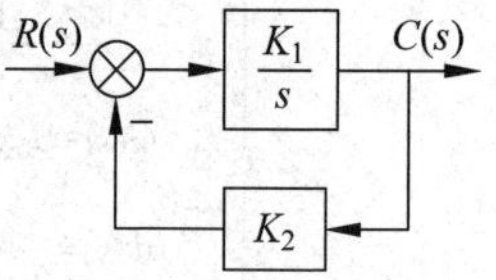

图3-46　系统结构图

3-4　在许多化学过程中，反应槽内的温度要保持恒定，图3-47(a)、(b)分别为开环和闭环温度控制系统结构图，两种系统正常的K值为1。

(1) 若$r(t)=1(t)$，$n(t)=0$，求两种系统从开始反应至温度达到稳态温度值的63.2%各需多长时间。

(2) 当有阶跃扰动$n(t)=0.1$时，求扰动对两种系统的温度的影响。

3-5　一种测定直流电动机传递函数的方法是给电枢加一定的电压，保持励磁电流不

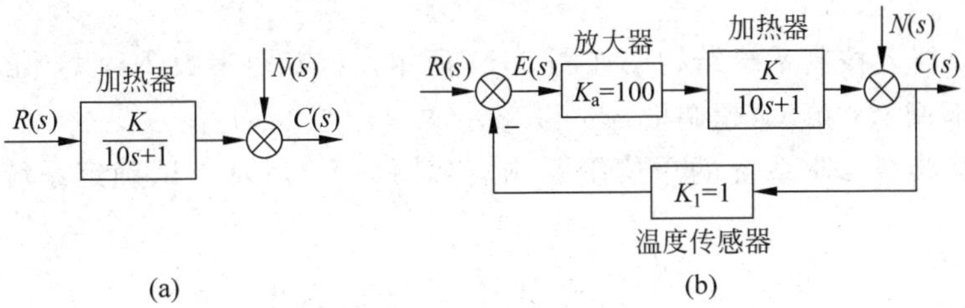

图 3-47　温度系统结构图

变，测出电机的稳态转速；另外要记录电动机从静止到速度为稳态值的 50%或 63.2%所需的时间，利用转速时间曲线（如图 3-48 所示）和所测数据，并假设传递函数为

$$G(s)=\frac{\Theta(s)}{V(s)}=\frac{K}{s(s+a)}$$

可求得 K 和 a 的值。

若实测结果是：加 10V 电压可得 1200r/min 的稳态转速，而达到该值 50%的时间为 1.2s，试求电动机的传递函数。

提示：注意$\frac{\Omega(s)}{V(s)}=\frac{K}{s+a}$，其中 $\omega(t)=\frac{\mathrm{d}\theta}{\mathrm{d}t}$，单位是 rad/s。

3-6　已知单位反馈系统的开环传递函数 $G(s)=\frac{4}{s(s+5)}$，求单位阶跃响应 $h(t)$和调节时间 t_s。

3-7　设角速度指示随动系统结构图如图 3-49 所示，其中 $T=0.1$。若要求系统单位阶跃响应无超调，且调节时间尽可能短，问开环增益 K 应取何值，调节时间 t_s 是多少？

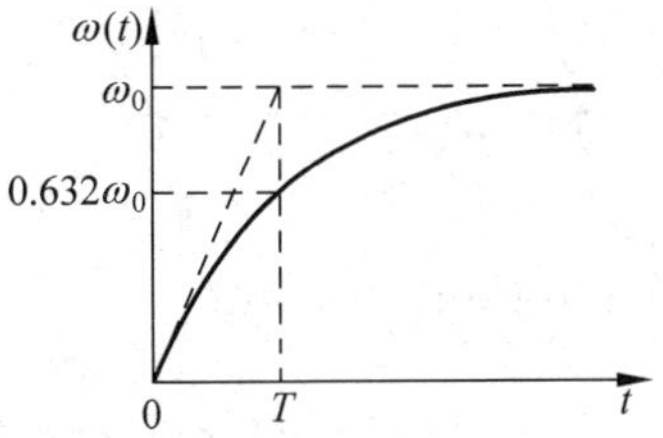

图 3-48　转速时间曲线

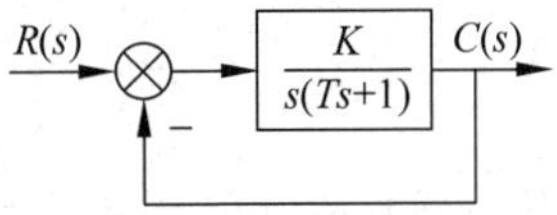

图 3-49　系统结构图

3-8　给定典型二阶系统的设计指标：超调量 $\sigma\%\leqslant5\%$，调节时间 $t_s<3$s，峰值时间 $t_p<1$s，试确定系统极点配置的区域，以获得预期的响应特性。

3-9　电子心脏起搏器心率控制系统结构图如图 3-50 所示，其中模仿心脏的传递函数相当于一纯积分环节。

(1) 若 $\zeta=0.5$ 对应最佳响应，问起搏器增益 K 应取多大？

(2) 若期望心速为 60 次/min，并突然接通起搏器，问 1 秒钟后实际心速为多少？瞬时最大

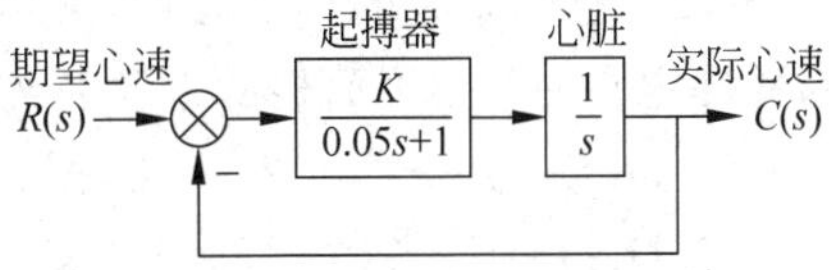

图 3-50　电子心脏起搏器系统

心速多大?

3-10 机器人控制系统结构图如图 3-51 所示。试确定参数 K_1,K_2 值,使系统阶跃响应的峰值时间 $t_p=0.5\text{s}$,超调量 $\sigma\%=2\%$。

3-11 某典型二阶系统的单位阶跃响应如图 3-52 所示。试确定系统的闭环传递函数。

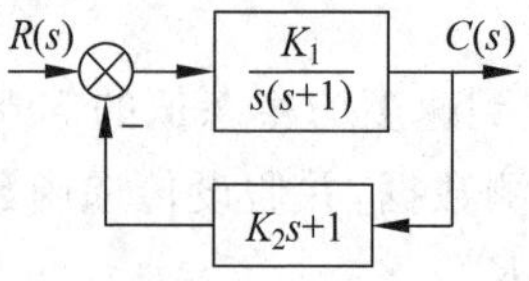

图 3-51 机器人位置控制系统

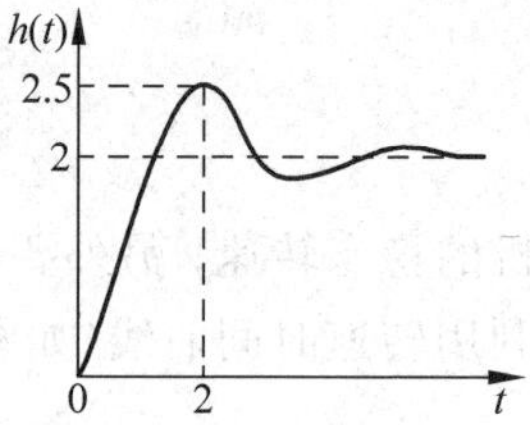

图 3-52 单位阶跃响应

3-12 设单位反馈系统的开环传递函数为

$$G(s)=\frac{12.5}{s(0.2s+1)}$$

试求系统在误差初始条件 $e(0)=10$,$\dot{e}(0)=1$ 作用下的时间响应。

3-13 设图 3-53(a)所示系统的单位阶跃响应如图 3-53(b)所示。试确定系统参数 K_1,K_2 和 a。

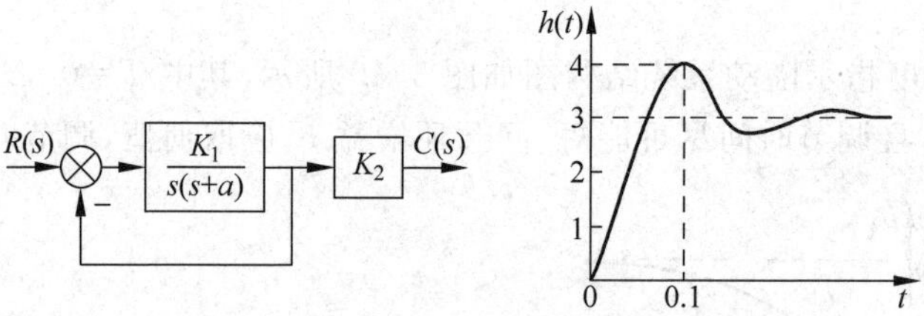

(a) (b)

图 3-53 系统结构图及单位阶跃响应

3-14 图 3-54 是电压测量系统,输入电压 $e_r(t)$ V,输出位移 $y(t)$ cm,放大器增益 $K=10$,丝杠每转螺距 1mm,电位计滑臂每移动 1cm 电压增量为 0.4V。当对电机加 10V 阶跃电压时(带负载)稳态转速为 1000r/min,达到该值 63.2%需要 0.5s。试画出系统方框图,求出传递函数 $Y(s)/E(s)$,并求系统单位阶跃响应的峰值时间 t_p、超调量 $\sigma\%$、调节时间 t_s 和稳态值 $h(\infty)$。

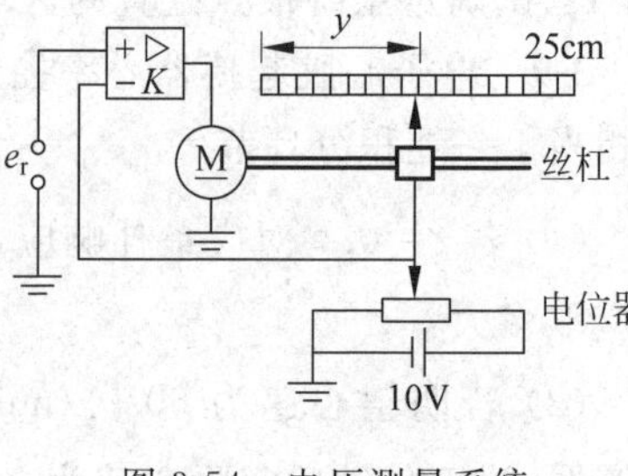

图 3-54 电压测量系统

3-15 已知系统的特征方程,试判别系统的稳定性,并确定在右半 s 平面根的个数及纯虚根。

(1) $D(s)=s^5+2s^4+2s^3+4s^2+11s+10=0$

(2) $D(s)=s^5+3s^4+12s^3+24s^2+32s+48=0$

(3) $D(s)=s^5+2s^4-s-2=0$

(4) $D(s)=s^5+2s^4+24s^3+48s^2-25s-50=0$

3-16 图 3-55 是某垂直起降飞机的高度控制系统结构图，试确定使系统稳定的 K 值范围。

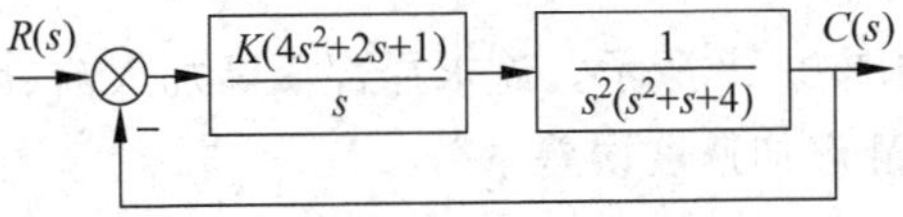

图 3-55　垂直起降飞机高度控制系统结构图

3-17 单位反馈系统的开环传递函数为

$$G(s)=\frac{K}{s(s+3)(s+5)}$$

要求系统特征根的实部不大于-1，试确定开环增益的取值范围。

3-18 单位反馈系统的开环传递函数为

$$G(s)=\frac{K(s+1)}{s(Ts+1)(2s+1)}$$

试在满足 $T>0, K>1$ 的条件下，确定使系统稳定的 T 和 K 的取值范围，并以 T 和 K 为坐标画出使系统稳定的参数区域图。

3-19 图 3-56 所示是核反应堆石墨棒位置控制闭环系统，其目的在于获得希望的辐射水平，增益 4.4 就是石墨棒位置和辐射水平的变换系数，辐射传感器的时间常数为 0.1s，直流增益为 1，设控制器传递函数 $G_c(s)=1$。

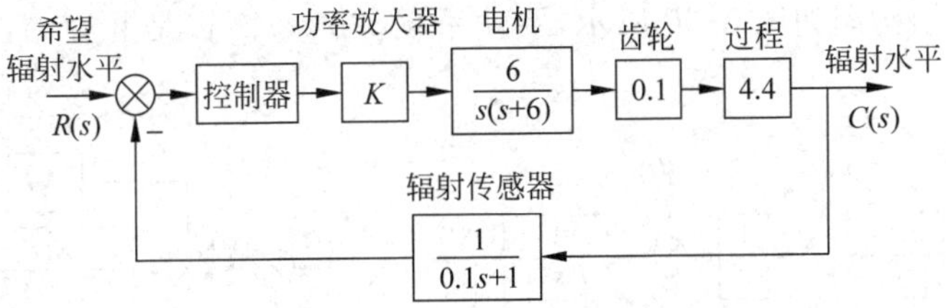

图 3-56　核反应堆石墨棒位置控制系统结构图

(1) 求使系统稳定的功率放大器增益 K 的取值范围；

(2) 设 $K=20$，传感器的传递函数 $H(s)=\frac{1}{\tau s+1}$（τ 不一定是 0.1），求使系统稳定的 τ 的取值范围。

3-20 图 3-57 是船舶横摇控制系统结构图，引入内环速度反馈是为了增加船只的阻尼。

(1) 求海浪扰动力矩对船只倾斜角的传递函数 $\frac{\Theta(s)}{M_N(s)}$；

(2) 为保证 M_N 为单位阶跃时倾斜角 θ 的值不超过 0.1，且系统的阻尼比为 0.5，求 K_2、K_1 和 K_3 应满足的方程；

(3) 取 $K_2=1$ 时，确定满足(2)中指标的 K_1 和 K_3 值。

3-21 温度计的传递函数为$\dfrac{1}{Ts+1}$，用其测量容器内的水温，1min 才能显示出该温度的 98%的数值。若加热容器使水温按 10℃/min 的速度匀速上升，问温度计的稳态指示误差有多大？

3-22 系统结构图如图 3-58 所示。试求局部反馈加入前、后系统的静态位置误差系数、静态速度误差系数和静态加速度误差系数。

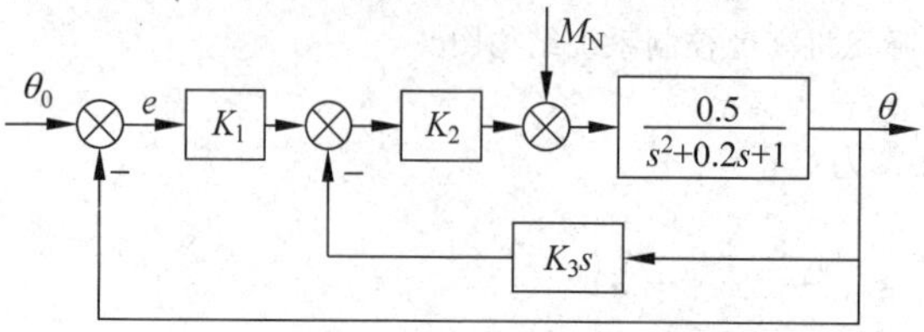

图 3-57 船舶横摇控制系统结构图

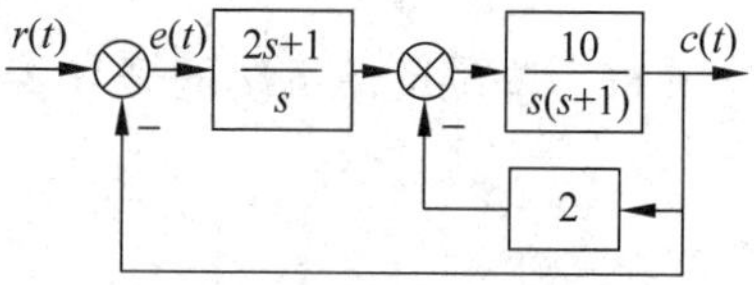

图 3-58 系统结构图

3-23 已知单位反馈系统的开环传递函数为

$$G(s)=\frac{7(s+1)}{s(s+4)(s^2+2s+2)}$$

试分别求出当输入信号 $r(t)=1(t)$，t 和 t^2 时系统的稳态误差$[e(t)=r(t)-c(t)]$。

3-24 系统结构图如图 3-59 所示。已知 $r(t)=n_1(t)=n_2(t)=1(t)$，试分别计算 $r(t)$，$n_1(t)$和 $n_2(t)$作用时的稳态误差，并说明积分环节设置位置对减小输入和干扰作用下的稳态误差的影响。

3-25 系统结构图如图 3-60 所示，要使系统对 $r(t)$而言是Ⅱ型的，试确定参数 K_0 和 τ 的值。

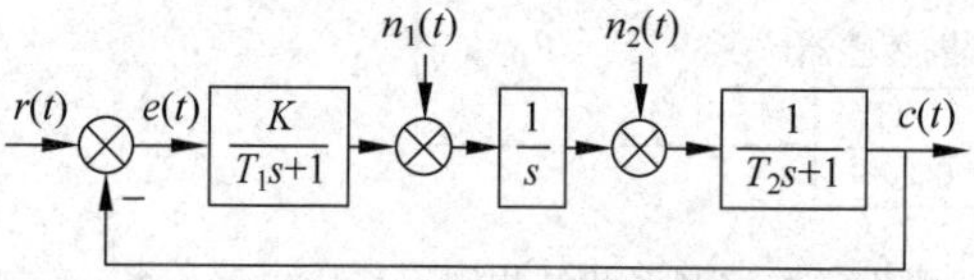

图 3-59 系统结构图

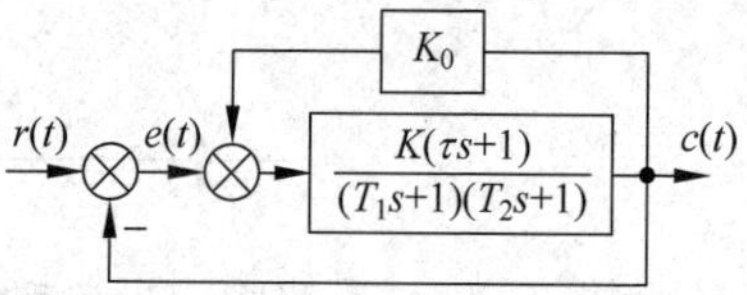

图 3-60 系统结构图

3-26 宇航员机动控制系统结构图如图 3-61 所示。其中，控制器可以用增益 K_2 来表示；宇航员及其装备的总转动惯量 $I=25\text{kg}\cdot\text{m}^2$。

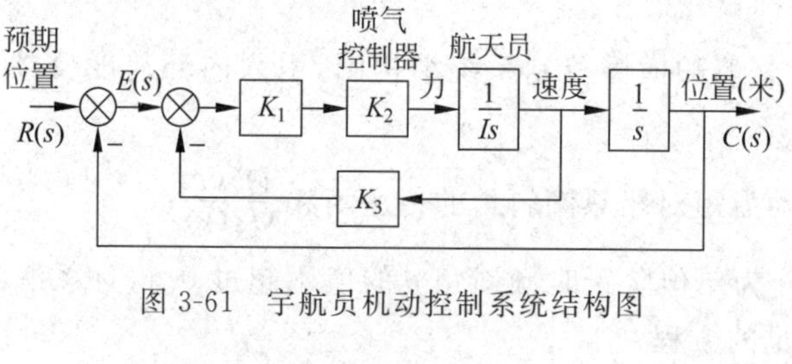

图 3-61 宇航员机动控制系统结构图

(1) 当输入为斜坡信号 $r(t)=t$ m 时，试确定 K_3 的取值，使系统稳态误差 $e_{ss}=1$cm；

(2) 采用(1)中的 K_3 值，试确定 K_1，K_2 的取值，使系统超调量 $\sigma\%$ 限制在 10% 以内。

3-27 大型天线伺服系统结构图如图 3-62 所示，其中 $\zeta=0.707$，$\omega_n=15$，$\tau=0.15$s。

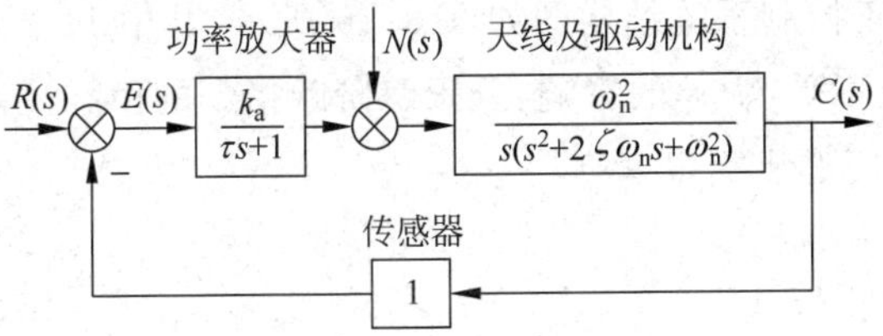

图 3-62 天线伺服系统结构图

(1) 当干扰 $n(t)=10\times1(t)$，输入 $r(t)=0$ 时，试确定能否调整 k_a 的值使系统的稳态误差小于 0.01°？

(2) 当系统开环工作($k_a=0$)，且输入 $r(t)=0$ 时，确定由干扰 $n(t)=10\times1(t)$ 引起的系统稳态误差。

3-28 单位反馈系统的开环传递函数为

$$G(s)=\frac{25}{s(s+5)}$$

(1) 求各静态误差系数和 $r(t)=1+2t+0.5t^2$ 时的稳态误差 e_{ss}；

(2) 问当输入作用 10s 时的动态误差是多少？

3-29 已知单位反馈系统的闭环传递函数为

$$\Phi(s)=\frac{5s+200}{0.01s^3+0.502s^2+6s+200}$$

输入 $r(t)=5+20t+10t^2$，求动态误差表达式。

3-30 控制系统结构图如图 3-63 所示。其中，K_1，$K_2>0$，$\beta\geqslant0$。试分析：

(1) β 值变化(增大)对系统稳定性的影响；

(2) β 值变化(增大)对动态性能($\sigma\%$，t_s)的影响；

(3) β 值变化(增大)对 $r(t)=at$ 作用下稳态误差的影响。

3-31 设复合控制系统结构图如图 3-64 所示。确定 K_c，使系统在 $r(t)=t$ 作用下无稳态误差。

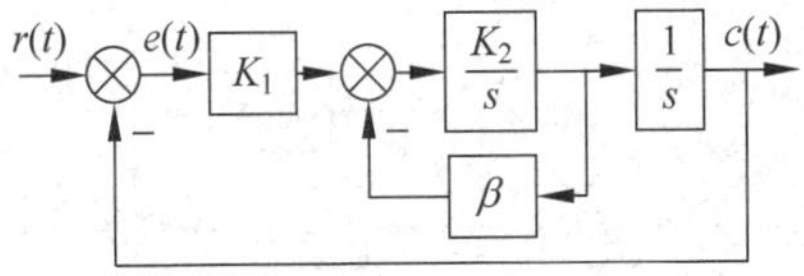

图 3-63 控制系统结构图

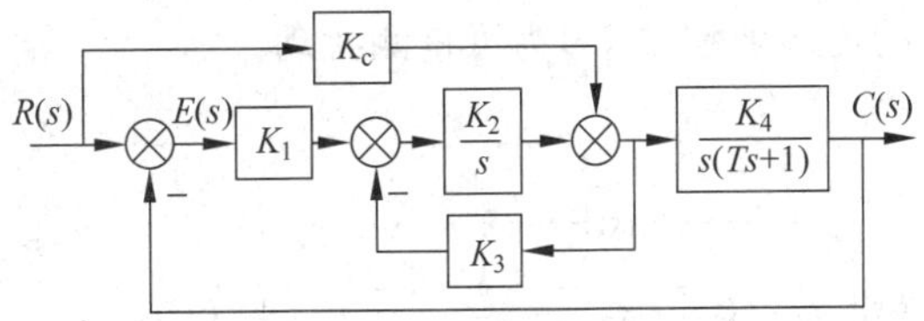

图 3-64 复合控制系统结构图

3-32 已知控制系统结构图如图 3-65 所示，试求：

(1) 按不加虚线所画的顺馈控制时，系统在干扰作用下的传递函数 $\Phi_n(s)$；

(2) 当干扰 $n(t)=\Delta\cdot 1(t)$ 时，系统的稳态输出；

(3) 若按加入虚线所画的顺馈控制时，系统在干扰作用下的传递函数，并求当 $n(t)=1(t)$ 时使输出 $c(t)$ 稳态值为最小的适合 K 值。

3-33 设复合校正控制系统结构图如图 3-66 所示，其中 $N(s)$ 为可量测扰动。若要求系统输出 $C(s)$ 完全不受 $N(s)$ 的影响，且跟踪阶跃指令的稳态误差为零，试确定前馈补偿装置 $G_{c1}(s)$ 和串联校正装置 $G_{c2}(s)$。

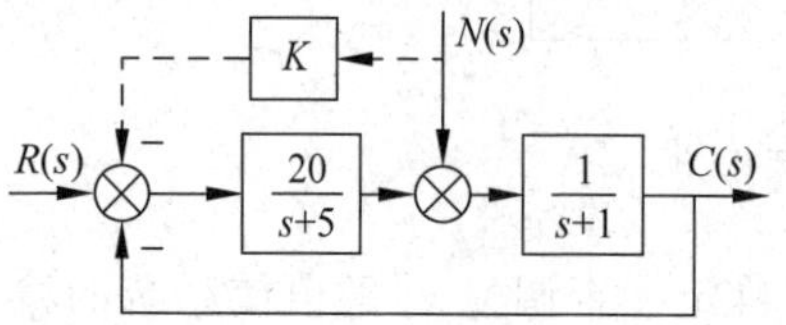

图 3-65 控制系统结构图

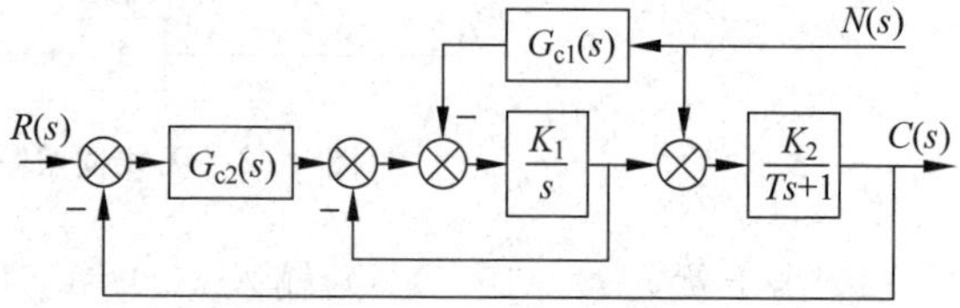

图 3-66 复合控制系统结构图

3-34 已知控制系统结构图如图 3-67(a)所示，其单位阶跃响应如图 3-67(b)所示，系统的稳态位置误差 $e_{ss}=0$。试确定 K，v 和 T 的值。

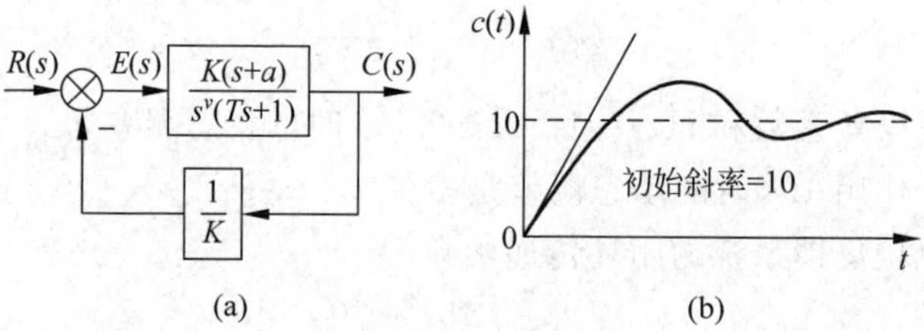

图 3-67 控制系统结构图及单位阶跃响应

3-35 复合控制系统结构图如图 3-68 所示，图中 K_1，K_2，T_1，T_2 均为大于零的常数。

(1) 确定当闭环系统稳定时，参数 K_1，K_2，T_1，T_2 应满足的条件；

(2) 当输入 $r(t)=V_0 t$ 时，选择校正装置 $G_c(s)$，使得系统无稳态误差。

3-36 设复合控制系统结构图如图 3-69 所示。图中 $G_{c1}(s)$ 为前馈补偿装置的传递函数，$G_{c2}(s)=K_t' s$ 为测速发电机及分压电位器的传递函数，$G_1(s)$ 和 $G_2(s)$ 为前向通路环节的传递函数，$N(s)$ 为可量测扰动。

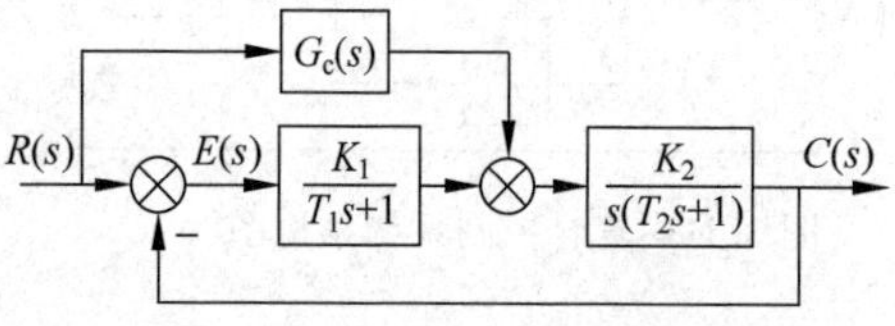

图 3-68 复合控制系统结构图

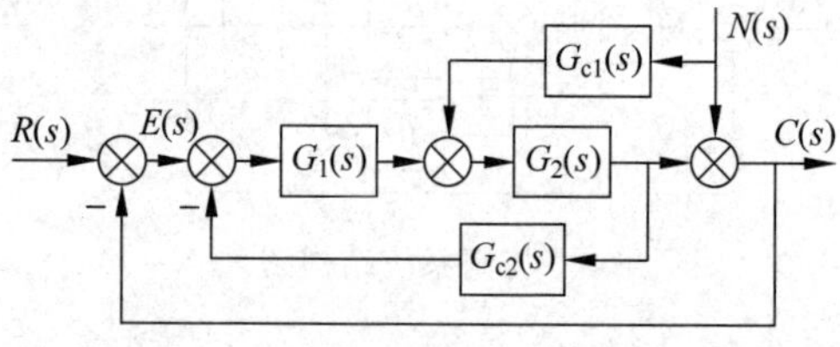

图 3-69 复合控制系统结构图

如果 $G_1(s)=K_1$，$G_2(s)=1/s^2$，试确定 $G_{c1}(s)$、$G_{c2}(s)$ 和 K_1，使系统输出量完全不受扰动的影响，且单位阶跃响应的超调量 $\sigma\%=25\%$，峰值时间 $t_p=2s$。

3-37 已知系统结构图如图 3-70 所示。

(1) 求引起闭环系统临界稳定的 K 值和对应的振荡频率 ω；

(2) 当 $r(t)=t^2$ 时，要使系统稳态误差 $e_{ss}\leqslant 0.5$，试确定满足要求的 K 值范围。

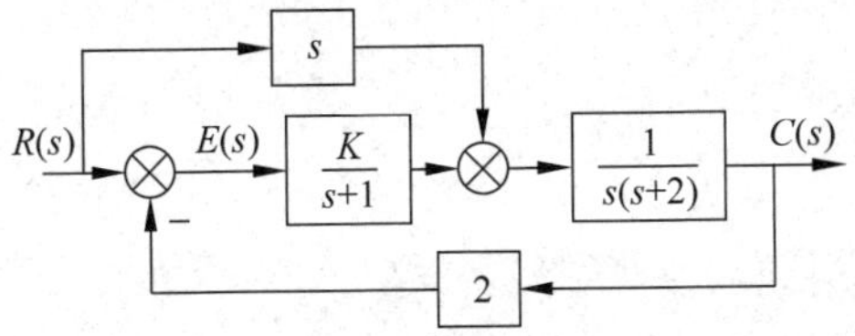

图 3-70 系统结构图

3-38 系统结构图如图 3-71 所示。已知系统单位阶跃响应的超调量 $\sigma\%=16.3\%$，峰值时间 $t_p=1s$。

(1) 求系统的开环传递函数 $G(s)$；

(2) 求系统的闭环传递函数 $\Phi(s)$；

(3) 根据已知的性能指标 $\sigma\%$，t_p 确定系统参数 K 及 τ；

(4) 计算等速输入 $r(t)=1.5t(°)/s$ 时系统的稳态误差。

3-39 系统结构图如图 3-72 所示。试问：

(1) 为确保系统稳定，如何取 K 值？

(2) 为使系统特征根全部位于 s 平面 $s=-1$ 的左侧，K 应取何值？

(3) 若 $r(t)=2t+2$ 时，要求系统稳态误差 $e_{ss}\leqslant 0.25$，K 应取何值？

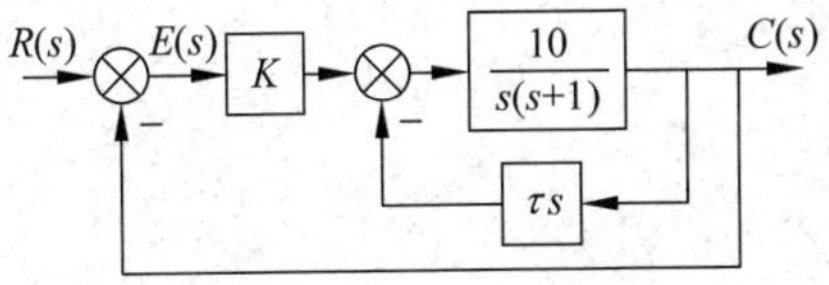

图 3-71 系统结构图

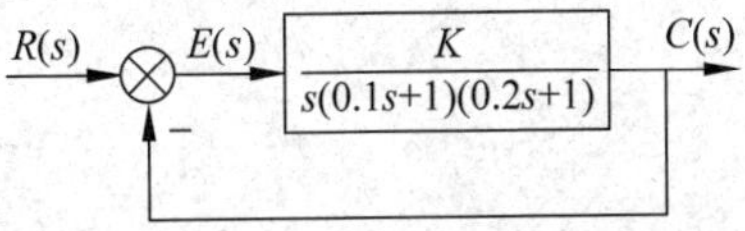

图 3-72 系统结构图

第4章 根轨迹法

在第3章介绍的时域分析法中已经看到，控制系统的性能取决于系统的闭环传递函数，因此，可以根据系统闭环传递函数的零、极点研究控制系统性能。但对于高阶系统，采用解析法求取系统的闭环特征根(闭环极点)通常是比较困难的，且当系统某一参数(如开环增益)发生变化时，又需要重新计算，这给系统分析带来很大的不便。1948年，伊万思根据反馈系统中开、闭环传递函数间的内在联系，提出了求解闭环特征根的比较简易的图解方法，这种方法称为根轨迹法。利用根轨迹不仅能够分析闭环系统的稳定性、动态性能以及参数变化对系统性能的影响，而且还可以根据对系统瞬态特性的要求调整参数，确定开环零、极点位置。根轨迹法直观形象，所以在控制工程中获得了广泛应用。

本章介绍根轨迹的概念，绘制根轨迹的法则，广义根轨迹的绘制以及应用根轨迹分析控制系统性能等方面的内容。

4.1 根轨迹法的基本概念

本节主要介绍根轨迹的基本概念，根轨迹与系统性能之间的关系，并从闭环零、极点与开环零、极点之间的关系推导出根轨迹方程，并由此给出根轨迹的相角条件和幅值条件。

4.1.1 根轨迹的基本概念

根轨迹是当开环系统某一参数(如根轨迹增益 K^*)从零变化到无穷大时，闭环特征方程的根在 s 平面上移动的轨迹。根轨迹增益 K^* 是首1形式开环传递函数对应的系数。

在介绍根轨迹的绘制方法之前，先用直接求根的方法来说明根轨迹的含义。

控制系统如图4-1所示。其开环传递函数为

$$G(s)=\frac{K}{s(0.5s+1)}=\frac{K^*}{s(s+2)}$$

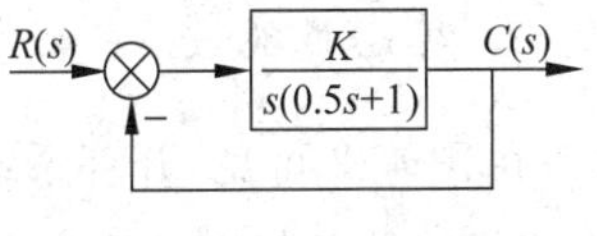

图4-1 控制系统结构图

根轨迹增益 $K^*=2K$。闭环传递函数为

$$\Phi(s)=\frac{C(s)}{R(s)}=\frac{K^*}{s^2+2s+K^*}$$

闭环特征方程为

$$s^2+2s+K^*=0$$

特征根为

$$\lambda_1=-1+\sqrt{1-K^*},\quad \lambda_2=-1-\sqrt{1-K^*}$$

当系统参数 K^*(或 K)从零变化到无穷大时，闭环极点的变化情况见表4-1。

利用计算结果在 s 平面上描点并用平滑曲线将其连接，便得到 K(或 K^*)从零变化到无穷大时闭环极点在 s 平面上移动的轨迹，即根轨迹，如图4-2所示。图中，根轨迹用粗实线表示，箭头表示 K(或 K^*)增大时两条根轨迹移动的方向。

根轨迹图直观地表示了参数 K(或 K^*)变化时，闭环极点变化的情况，全面地描述了参数 K 对闭环极点分布的影响。

表 4-1　K^*，K 从 0 变化到∞时图 4-1 所示系统的特征根

K^*	K	λ_1	λ_2
0	0	0	−2
0.5	0.25	−0.3	−1.7
1	0.5	−1	−1
2	1	−1+j	−1−j
5	2.5	−1+j2	−1−j2
⋮	⋮	⋮	⋮
∞	∞	−1+j∞	−1−j∞

4.1.2　根轨迹与系统性能

依据根轨迹图(见图 4-2)，就能分析系统性能随参数(如 K^*)变化的规律。

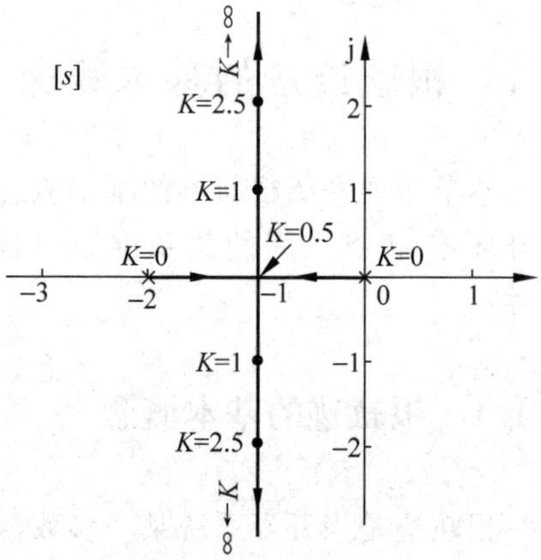

图 4-2　系统根轨迹图

1. 稳定性

开环增益从零变到无穷大时，图 4-2 所示的根轨迹全部落在左半 s 平面，因此，当 $K>0$ 时，图 4-1 所示系统是稳定的；如果系统根轨迹越过虚轴进入右半 s 平面，则在相应 K 值下系统是不稳定的；根轨迹与虚轴交点处的 K 值，就是临界开环增益。

2. 稳态性能

由图 4-2 可见，开环系统在坐标原点有一个极点，系统属于Ⅰ型系统，因而根轨迹上的 K 值就等于静态速度误差系数 K_v。

当 $r(t)=1(t)$ 时，$e_{ss}=0$；

当 $r(t)=t$ 时，$e_{ss}=1/K=2/K^*$。

3. 动态性能

由图 4-2 可见，当 $0<K<0.5$ 时，闭环特征根为实根，系统呈现过阻尼状态，阶跃响应为单调上升过程；

当 $K=0.5$ 时，闭环特征根为二重实根，系统呈现临界阻尼状态，阶跃响应仍为单调过程，但响应速度较 $0<K<0.5$ 时为快；

当 $K>0.5$ 时，闭环特征根为一对共轭复根，系统呈现欠阻尼状态，阶跃响应为振荡衰减过程，且随 K 增加，阻尼比减小，超调量增大，但 t_s 基本不变。

上述分析表明，根轨迹与系统性能之间有着密切的联系，利用根轨迹可以分析当系统参数（例如 K 或 K^*）增大时系统动态性能的变化趋势。用解析的方法逐点描画、绘制系统的根轨迹是很麻烦的。我们希望有简便的图解方法，可以根据已知的开环零、极点迅速地绘出闭环系统的根轨迹。为此，需要研究闭环零、极点与开环零、极点之间的关系。

4.1.3 闭环零、极点与开环零、极点之间的关系

控制系统的一般结构如图 4-3 所示，相应开环传递函数为 $G(s)H(s)$。假设

$$G(s)=\frac{K_G^*\prod_{i=1}^{f}(s-z_i)}{\prod_{i=1}^{g}(s-p_i)} \tag{4-1}$$

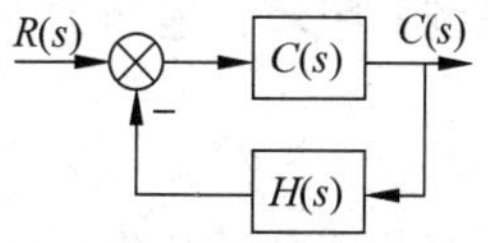

图 4-3 系统结构图

$$H(s)=\frac{K_H^*\prod_{j=f+1}^{m}(s-z_j)}{\prod_{j=g+1}^{n}(s-p_j)} \tag{4-2}$$

因此

$$G(s)H(s)=\frac{K^*\prod_{i=1}^{f}(s-z_i)\prod_{j=f+1}^{m}(s-z_j)}{\prod_{i=1}^{g}(s-p_i)\prod_{j=g+1}^{n}(s-p_j)} \tag{4-3}$$

式中，$K^*=K_G^*K_H^*$ 为系统根轨迹增益。对于 m 个零点、n 个极点的开环系统，其开环传递函数可表示为

$$G(s)H(s)=\frac{K^*\prod_{i=1}^{m}(s-z_i)}{\prod_{j=1}^{n}(s-p_j)} \tag{4-4}$$

式中，z_i 表示开环零点，p_j 表示开环极点。系统闭环传递函数为

$$\Phi(s)=\frac{G(s)}{1+G(s)H(s)}=\frac{K_G^*\prod_{i=1}^{f}(s-z_i)\prod_{j=g+1}^{n}(s-p_j)}{\prod_{j=1}^{n}(s-p_j)+K^*\prod_{i=1}^{m}(s-z_i)} \tag{4-5}$$

由式(4-5)可见：

（1）闭环零点由前向通路传递函数 $G(s)$ 的零点和反馈通路传递函数 $H(s)$ 的极点组成。对于单位反馈系统 $H(s)=1$，闭环零点就是开环零点。闭环零点不随 K^* 变化，不必专门讨论之。

（2）闭环极点与开环零点、开环极点以及根轨迹增益 K^* 均有关。闭环极点随 K^* 而变化，所以研究闭环极点随 K^* 的变化规律是必要的。

根轨迹法的任务在于，由已知的开环零、极点的分布及根轨迹增益，通过图解法找出闭环极点。一旦闭环极点确定后，再补上闭环零点，系统性能便可以确定。

4.1.4 根轨迹方程

闭环控制系统一般可用图 4-3 所示的结构图来描述。系统的开环传递函数

$$G(s)H(s)=\frac{K^*\prod_{i=1}^{m}(s-z_i)}{\prod_{j=1}^{n}(s-p_j)}$$

系统的闭环传递函数为

$$\Phi(s)=\frac{G(s)}{1+G(s)H(s)} \tag{4-6}$$

系统的闭环特征方程为

$$1+G(s)H(s)=0 \tag{4-7}$$

即

$$G(s)H(s)=\frac{K^*\prod_{i=1}^{m}(s-z_i)}{\prod_{j=1}^{n}(s-p_j)}=-1 \tag{4-8}$$

显然，在 s 平面上凡是满足式(4-8)的点，都是根轨迹上的点。式(4-8)称为根轨迹方程。式(4-8)可以用幅值条件和相角条件来表示。

幅值条件

$$|G(s)H(s)|=K^*\frac{\prod_{i=1}^{m}|(s-z_i)|}{\prod_{j=1}^{n}|(s-p_j)|}=1 \tag{4-9}$$

相角条件

$$\begin{aligned}\angle G(s)H(s)&=\sum_{i=1}^{m}\angle(s-z_i)-\sum_{j=1}^{n}\angle(s-p_j)\\&=\sum_{i=1}^{m}\varphi_i-\sum_{j=1}^{n}\theta_j=(2k+1)\pi\quad(k=0,\pm1,\pm2,\cdots)\end{aligned} \tag{4-10}$$

式中，$\sum\varphi_i$、$\sum\theta_j$ 分别代表所有开环零点、极点到根轨迹上某一点的向量相角之和。

比较式(4-9)和式(4-10)可以看出，幅值条件式(4-9)与根轨迹增益 K^* 有关，而相角条件式(4-10)却与 K^* 无关。所以，s 平面上的某个点，只要满足相角条件，则该点必在根轨迹上。至于该点所对应的 K^* 值，可由幅值条件得出。这意味着：在 s 平面上满足相角条件的点，必定也同时满足幅值条件。因此，相角条件是确定 s 平面上一点是否在根轨迹上的充分必要条件。

例 4-1 设开环传递函数为

$$G(s)H(s)=\frac{K^*(s-z_1)}{s(s-p_2)(s-p_3)}$$

其零、极点分布如图 4-4 所示，判断 s 平面上某点是否是根轨迹上的点。

解 在 s 平面上任取一点 s_1，画出所有开环零、极点到点 s_1 的向量，若在该点处相角条件

$$\sum_{i=1}^{m}\varphi_i-\sum_{j=1}^{n}\theta_j=\varphi_1-(\theta_1+\theta_2+\theta_3)=(2k+1)\pi$$

成立，则 s_1 为根轨迹上的一个点。该点对应的根轨迹增益 K^* 可根据幅值条件计算如下

$$K^*=\frac{\prod_{j=1}^{n}|(s_1-p_j)|}{\prod_{i=1}^{m}|(s_1-z_i)|}=\frac{BCD}{E}$$

式中 B,C,D 分别表示各开环极点到 s_1 点的向量幅值，E 表示开环零点到 s_1 点的向量幅值。

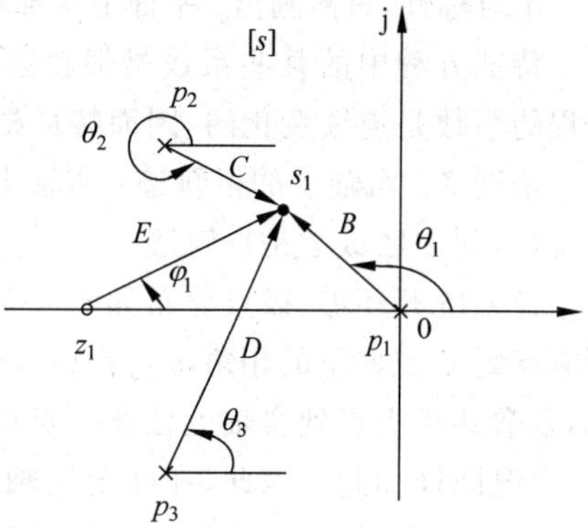

图 4-4 系统开环零极点分布图

应用相角条件，可以重复上述过程找到 s 平面上所有的闭环极点。但这种方法并不实用。实际绘制根轨迹是应用以根轨迹方程为基础建立起来的相应法则进行的。

4.2 绘制根轨迹的基本法则

本节讨论根轨迹增益 K^*（或开环增益 K）变化时绘制根轨迹的法则。熟练地掌握这些法则，可以帮助我们方便、快速地绘制系统的根轨迹，这对于分析和设计系统是非常有益的。

法则 1 根轨迹的起点和终点：根轨迹起始于开环极点，终止于开环零点；如果开环零点个数 m 少于开环极点个数 n，则有 $(n-m)$ 条根轨迹终止于无穷远处。

根轨迹的起点、终点分别是指根轨迹增益 $K^*=0$ 和 $K^*\to\infty$ 时的根轨迹点。将幅值条件式(4-9)改写为

$$K^*=\frac{\prod_{j=1}^{n}|(s-p_j)|}{\prod_{i=1}^{m}|(s-z_i)|}=\frac{s^{n-m}\prod_{j=1}^{n}\left|1-\frac{p_j}{s}\right|}{\prod_{i=1}^{m}\left|1-\frac{z_i}{s}\right|} \tag{4-11}$$

可见，当 $s=p_j$ 时，$K^*=0$；当 $s=z_i$ 时，$K^*\to\infty$；当 $|s|\to\infty$ 且 $n>m$ 时，$K^*\to\infty$。

法则 2 根轨迹的分支数，对称性和连续性：根轨迹的分支数与开环零点数 m、开环极点数 n 中的大者相等，根轨迹连续并且对称于实轴。

根轨迹是开环系统某一参数从零变到无穷时，闭环极点在 s 平面上的变化轨迹。因此，根轨迹的分支数必与闭环特征方程根的数目一致，即根轨迹分支数等于系统的阶数。

实际系统都存在惯性，反映在传递函数上必有 $n \geqslant m$。所以一般讲，根轨迹分支数就等于开环极点数。

实际系统的特征方程都是实系数方程，依代数定理其特征根必为实数或共轭复数。因此根轨迹必然对称于实轴。

由对称性，只需画出 s 平面上半部和实轴上的根轨迹，下半部的根轨迹即可对称画出。

特征方程中的某些系数是根轨迹增益 K^* 的函数，K^* 从零连续变到无穷大时，特征方程的系数是连续变化的，因而特征根的变化也必然是连续的，故根轨迹具有连续性。

法则 3 实轴上的根轨迹：实轴上的某一区域，若其右边开环实数零、极点个数之和为奇数，则该区域必是根轨迹。

设系统开环零、极点分布如图 4-5 所示。图中，s_0 是实轴上的点，$\varphi_i(i=1,2,3)$是各开环零点到 s_0 点向量的相角，$\theta_j(j=1,2,3,4)$是各开环极点到 s_0 点向量的相角。由图 4-5 可见，复数共轭极点到实轴上任意一点（包括 s_0 点）的向量之相角和为 2π。对复数共轭零点，情况同样如此。因此，在确定实轴上的根轨迹时，可以不考虑开环复数零、极点的影响。图 4-5 中，s_0 点左边的开环实数零、极点到 s_0 点的向量之相角均为零，而 s_0 点右边开环实数零、极点到 s_0 点的向量之相角均为 π，故只有落在 s_0 右方实轴上的开环实数零、极点，才有可能对 s_0 的相角条件造成影响，且这些开环零、极点提供的相角均为 π。如果令 $\sum \varphi_i$ 代表 s_0 点之右所有开环实数零点到 s_0 点的向量相角之和，$\sum \theta_j$ 代表 s_0 点之右所有开环实数极点到 s_0 点的向量相角之和，那么，s_0 点位于根轨迹上的充分必要条件是下列相角条件成立

$$\sum_{i=1}^{m_0} \varphi_i - \sum_{j=1}^{n_0} \theta_j = (2k+1)\pi \quad (k=0,\pm 1,\pm 2,\cdots)$$

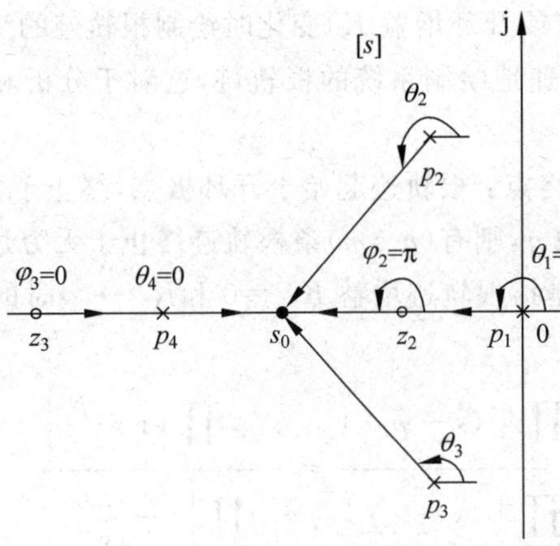

图 4-5 实轴上的根轨迹

由于 π 与 $-\pi$ 表示的方向相同，于是等效有

$$-\sum_{i=1}^{m_0} \varphi_i + \sum_{j=1}^{n_0} \theta_j = (2k+1)\pi \quad (k=0,\pm 1,\pm 2,\cdots)$$

式中，m_0、n_0 分别表示在 s_0 右侧实轴上的开环零点和极点个数。式中$(2k+1)$为奇数。于是本法则得证。

不难判断，在图 4-5 所示实轴上，区段$[p_1, z_1]$，$[p_4, z_2]$以及$(-\infty, z_3]$均为实轴上的根轨迹。

法则 4 根轨迹的渐近线：当系统开环极点个数 n 大于开环零点个数 m 时，有 $n-m$ 条根轨迹分支沿着与实轴夹角为 φ_a、交点为 σ_a 的一组渐近线趋向于无穷远处，且有

$$\begin{cases}\varphi_a = \dfrac{(2k+1)\pi}{n-m} \\ \sigma_a = \dfrac{\sum\limits_{j=1}^{n} p_j - \sum\limits_{i=1}^{m} z_i}{n-m}\end{cases} \quad (k = 0, \pm 1, \pm 2, \cdots, n-m-1) \tag{4-12}$$

证明 (1) 渐近线的倾角 φ_a：假设在无穷远处有闭环极点 s^*，则 s 平面上所有从开环零点 z_i 和极点 p_j 指向 s^* 的向量相角都相等，即$\angle(s^*-z_i)=\angle(s^*-p_j)=\varphi_a$，代入相角条件式(4-10)，得

$$\sum_{i=1}^{m}\angle(s^*-z_i) = \sum_{j=1}^{n}\angle(s^*-p_j) = m\varphi_a - n\varphi_a = (2k+1)\pi$$

所以渐近线的倾角为

$$\varphi_a = \frac{(2k+1)\pi}{n-m} \quad (k = 0, \pm 1, \pm 2, \cdots)$$

(2) 渐近线与实轴的交点 σ_a：假定在无穷远处有闭环极点 s^*，则 s 平面上所有开环零点 z_i 和极点 p_j 到 s^* 的向量长度都相等。可以认为，对于无穷远闭环极点 s^* 而言，所有开环零、极点都汇集在一起，其位置即 σ_a。当 $K^*\to\infty$ 和 $s^*\to\infty$ 时，可以认为 $z_i = p_j = \sigma_a$。由式(4-8)可得

$$\frac{\prod\limits_{j=1}^{n}(s-p_j)}{\prod\limits_{i=1}^{m}(s-z_i)} = (s-\sigma_a)^{n-m} = -K^* \tag{4-13}$$

上式右端展开式为

$$(s-\sigma_a)^{n-m} = s^{n-m} - \sigma_a(n-m)s^{n-m-1} + \cdots$$

而式(4-13)左端用长除法处理为

$$\frac{\prod\limits_{j=1}^{n}(s-p_j)}{\prod\limits_{i=1}^{m}(s-z_i)} = s^{n-m} - \left(\sum_{j=1}^{n} p_j - \sum_{i=1}^{m} z_i\right)s^{n-m-1} + \cdots$$

当 $s\to\infty$时，只保留前两项，并比较第二项系数可得

$$\sigma_a = \frac{\sum\limits_{j=1}^{n} p_j - \sum\limits_{i=1}^{m} z_i}{n-m}$$

本法则得证。

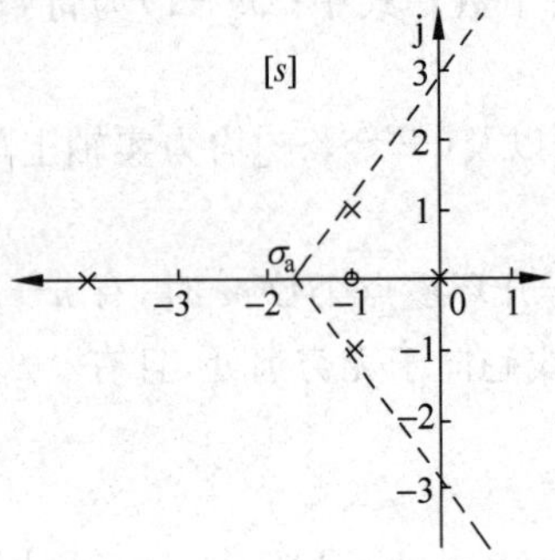

图 4-6 开环零极点及渐近线图

例 4-2 单位反馈系统开环传递函数为

$$G(s)=\frac{K^*(s+1)}{s(s+4)(s^2+2s+2)}$$

试根据已知的基本法则，绘制根轨迹的渐近线。

解 将开环零、极点标在 s 平面上，如图 4-6 所示。根据法则，系统有 4 条根轨迹分支，且有 $n-m=3$ 条根轨迹趋于无穷远处，其渐近线与实轴的交点及夹角分别为

$$\begin{cases}\sigma_a=\dfrac{-4-1+\mathrm{j}1-1-\mathrm{j}1+1}{4-1}=-\dfrac{5}{3}\\ \varphi_a=\dfrac{(2k+1)\pi}{4-1}=\pm\dfrac{\pi}{3},\pi\end{cases}$$

三条渐近线如图 4-6 所示。

法则 5 根轨迹的分离点：两条或两条以上根轨迹分支在 s 平面上相遇又分离的点，称为根轨迹的分离点，分离点的坐标 d 是方程

$$\sum_{j=1}^{n}\frac{1}{d-p_j}=\sum_{i=1}^{m}\frac{1}{d-z_i}\tag{4-14}$$

的解。

证明 由根轨迹方程式(4-8)，有

$$1+\frac{K^*M(s)}{N(s)}=1+\frac{K^*\prod_{i=1}^{m}(s-z_i)}{\prod_{j=1}^{n}(s-p_j)}=0$$

式中，$M(s)=\prod_{i=1}^{m}(s-z_i)$，$N(s)=\prod_{j=1}^{n}(s-p_j)$，所以闭环特征方程为

$$D(s)=N(s)+K^*M(s)=\prod_{j=1}^{n}(s-p_j)+K^*\prod_{i=1}^{m}(s-z_i)=0$$

或

$$\prod_{j=1}^{n}(s-p_j)=-K^*\prod_{i=1}^{m}(s-z_i)\tag{4-15}$$

根轨迹在 s 平面相遇，说明闭环特征方程有重根出现。设重根为 d，根据代数中重根条件，有

$$D'(s)=\frac{\mathrm{d}}{\mathrm{d}s}\left[\prod_{j=1}^{n}(s-p_j)+K^*\prod_{i=1}^{m}(s-z_i)\right]=0$$

或

$$\frac{\mathrm{d}}{\mathrm{d}s}\prod_{j=1}^{n}(s-p_j)=-K^*\frac{\mathrm{d}}{\mathrm{d}s}\prod_{i=1}^{m}(s-z_i)\tag{4-16}$$

将式(4-16)、式(4-15)等号两端对应相除，得

$$\frac{\dfrac{\mathrm{d}}{\mathrm{d}s}\prod_{j=1}^{n}(s-p_j)}{\prod_{j=1}^{n}(s-p_j)}=\frac{\dfrac{\mathrm{d}}{\mathrm{d}s}\prod_{i=1}^{m}(s-z_i)}{\prod_{i=1}^{m}(s-z_i)} \tag{4-17}$$

$$\frac{\mathrm{d}\ln\prod_{j=1}^{n}(s-p_j)}{\mathrm{d}s}=\frac{\mathrm{d}\ln\prod_{i=1}^{m}(s-z_i)}{\mathrm{d}s}$$

有
$$\sum_{j=1}^{n}\frac{\mathrm{d}\ln(s-p_j)}{\mathrm{d}s}=\sum_{i=1}^{m}\frac{\mathrm{d}\ln(s-z_i)}{\mathrm{d}s}$$

于是有
$$\sum_{j=1}^{n}\frac{1}{s-p_j}=\sum_{i=1}^{m}\frac{1}{s-z_i}$$

从上式解出的 s 中，经检验可得分离点 d。本法则得证。

另外，将式(4-17)交叉相乘可得

$$N'(s)M(s)-N(s)M'(s)=0 \tag{4-18}$$

由式(4-18)也可以求出分离点 d。

例 4-3 控制系统开环传递函数为

$$G(s)H(s)=\frac{K^*(s+2)}{s(s+1)(s+4)}$$

试概略绘制系统根轨迹。

解 将系统开环零、极点标于 s 平面，如图 4-7 所示。

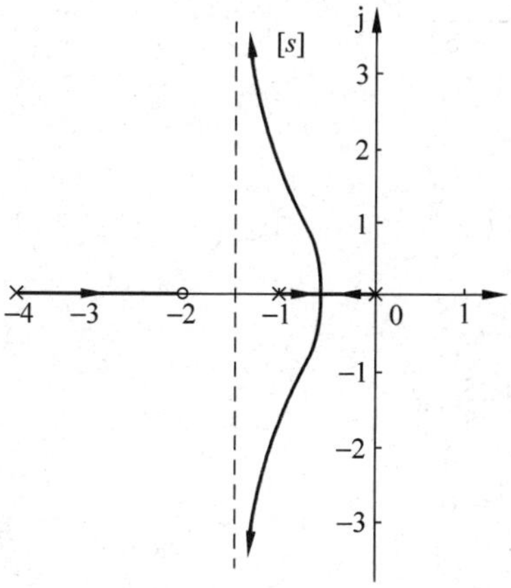

图 4-7 根轨迹图

```
% 图4-7的计算程序
  num=[1 2];
  den=conv([1 0],conv([1 1],[1 4]));
  rlocus(num,den);
```

根据法则，系统有 3 条根轨迹分支，且有 $n-m=2$ 条根轨迹趋于无穷远处。根轨迹绘制如下。

(1) 实轴上的根轨迹：根据法则 3，实轴上的根轨迹区段为

$$[-4,-2],\quad [-1,0]$$

(2) 渐近线：根据法则 4，根轨迹的渐近线与实轴交点和夹角分别为

$$\begin{cases}\sigma_a = \dfrac{-1-4+2}{3-1} = -\dfrac{3}{2} \\ \varphi_a = \dfrac{(2k+1)\pi}{3-1} = \pm\dfrac{\pi}{2}\end{cases}$$

(3) 分离点：根据法则 5 有

$$\frac{1}{d}+\frac{1}{d+1}+\frac{1}{d+4}=\frac{1}{d+2}$$

或由式(4-18)

$$\begin{aligned}&N'(s)M(s)-N(s)M'(s)\\&=(s^3+5s^2+4s)(s+2)'-(s^3+5s^2+4s)'(s+2)\\&=2s^3+11s^2+20s+8=0\end{aligned}$$

试根得 $d=-0.5495$。

根据上述讨论，可绘制出系统根轨迹如图 4-7 所示。

法则 6　根轨迹与虚轴的交点：若根轨迹与虚轴相交，则意味着闭环特征方程出现纯虚根。故可在闭环特征方程中令 $s=\mathrm{j}\omega$，然后分别令方程的实部和虚部均为零，从中求得交点的坐标值及其相应的 K^* 值。此外，根轨迹与虚轴相交表明系统在相应 K^* 值下处于临界稳定状态，故亦可用劳斯稳定判据去求出交点的坐标值及其相应的 K^* 值。此处的根轨迹增益称为临界根轨迹增益。

例 4-4　某单位反馈系统开环传递函数为

$$G(s)=\frac{K^*}{s(s+1)(s+5)}$$

试概略绘制系统根轨迹。

解　根轨迹绘制如下。

(1) 实轴上的根轨迹：　$(-\infty,-5]$，　$[-1,0]$

(2) 渐近线：

$$\begin{cases}\sigma_a=\dfrac{-1-5}{3}=-2\\ \varphi_a=\dfrac{(2k+1)\pi}{3}=\pm\dfrac{\pi}{3},\pi\end{cases}$$

(3) 分离点：由式(4-18)有 $\dfrac{\mathrm{d}[s(s+1)(s+5)]}{\mathrm{d}s}=0$

经整理得

$$3d^2+12d+5=0$$

解出　$d_1=-3.5\quad d_2=-0.47$

显然分离点位于实轴上$[-1,0]$间，故取 $d=-0.47$。

(4) 与虚轴交点：

方法 1　系统闭环特征方程为

$$D(s)=s^3+6s^2+5s+K^*=0$$

令 $s=\mathrm{j}\omega$，并令方程实部、虚部分别为零，有

$$\begin{cases}\mathrm{Re}[D(\mathrm{j}\omega)] = -6\omega^2 + K^* = 0\\ \mathrm{Im}[D(\mathrm{j}\omega)] = -\omega^3 + 5\omega = 0\end{cases}$$

解得

$$\begin{cases}\omega=0\\ K^*=0\end{cases}\qquad\begin{cases}\omega=\pm\sqrt{5}\\ K^*=30\end{cases}$$

显然第一组解是根轨迹的起点，故舍去。根轨迹与虚轴的交点为 $s=\pm\mathrm{j}\sqrt{5}$，对应的根轨迹增益 $K^*=30$。

方法 2 用劳斯稳定判据求根轨迹与虚轴的交点。列劳斯表为

s^3	1	5
s^2	6	K^*
s^1	$(30-K^*)/6$	0
s^0	K^*	

当 $K^*=30$ 时，s^1 行元素全为零，系统存在共轭虚根。共轭虚根可由 s^2 行的辅助方程求得

$$F(s) = 6s^2 + K^* \big|_{K^*=30} = 0$$

得 $s=\pm\mathrm{j}\sqrt{5}$ 为根轨迹与虚轴的交点。根据上述讨论，可绘制出系统根轨迹如图 4-8 所示。

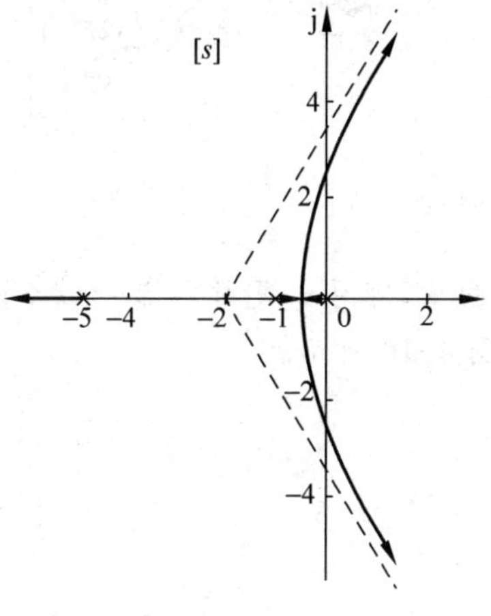


```
% 图4-8的计算程序
  num = [1];
  den=conv([1 0],conv([1 1],[1 5]));
  rlocus(num,den);
```

图 4-8 根轨迹图

法则 7 根轨迹的起始角和终止角：根轨迹离开开环极点处的切线与正实轴的夹角，称为起始角，以 θ_{p_i} 表示；根轨迹进入开环零点处的切线与正实轴的夹角，称为终止角，以 φ_{z_i} 表示。起始角、终止角可直接利用相角条件求出。

例 4-5 设系统开环传递函数为

$$G(s) = \frac{K^*(s+1.5)(s+2+\mathrm{j})(s+2-\mathrm{j})}{s(s+2.5)(s+0.5+\mathrm{j}1.5)(s+0.5-\mathrm{j}1.5)}$$

试概略绘制系统根轨迹。

解 将开环零、极点标于 s 平面上，绘制根轨迹步骤如下。

(1) 实轴上的根轨迹：

$$[-1.5,0],\quad(-\infty,-2.5]$$

(2) 起始角和终止角：先求起始角。设 s 是由 p_2 出发的根轨迹分支对应 $K^*=\varepsilon$ 时的一点，s 到 p_2 的距离无限小，则向量 $\overrightarrow{p_2 s}$ 的相角即为起始角。作各开环零、极点到 s 的向量。由于除 p_2 之外，其余开环零、极点指向 s 的向量与指向 p_2 的向量等价，所以它们指向 p_2 的向量等价于指向 s 的向量。根据开环零、极点坐标可以算出各向量的相角。由相角条件式(4-10)得

$$\sum_{i=1}^{m}\varphi_i-\sum_{j=1}^{n}\theta_j=(\varphi_1+\varphi_2+\varphi_3)-(\theta_{p_2}+\theta_1+\theta_2+\theta_4)=(2k+1)\pi$$

解得起始角 $\theta_{p_2}=79^\circ$(见图 4-9)。

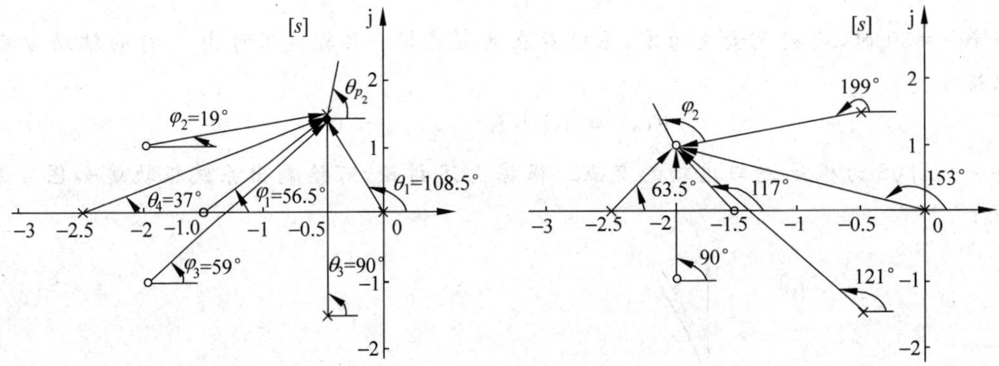

图 4-9　根轨迹的起始角和终止角

同理，作各开环零、极点到复数零点$(-2+j)$的向量，可算出复数零点$(-2+j)$处的终止角 $\varphi_2=145^\circ$(见图 4-9)。绘出系统的根轨迹如图 4-10 所示。

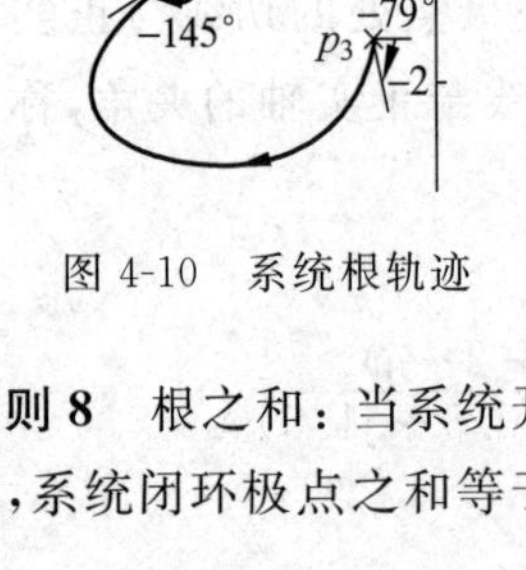

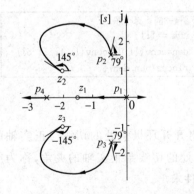

图 4-10　系统根轨迹

```
% 图4-10的计算程序
  zero = [-1.5 -2-i -2+i];
  pole = [0 -2.5 -0.5+i*1.5 -0.5-i*1.5];
  g = zpk(zero,pole,1);
  rlocus(g);
```

法则 8 根之和：当系统开环传递函数 $G(s)H(s)$ 的分子、分母阶次差$(n-m)$大于等于 2 时，系统闭环极点之和等于系统开环极点之和。

$$\sum_{i=1}^{n}\lambda_i = \sum_{i=1}^{n}p_i \quad n-m \geqslant 2$$

式中，$\lambda_1,\lambda_2,\cdots,\lambda_n$ 为系统的闭环极点(特征根)，$p_1,p_2,\cdots,p_n$ 为系统的开环极点。

证明 设系统开环传递函数为

$$G(s)H(s)=\frac{K^*(s-z_1)(s-z_2)\cdots(s-z_m)}{(s-p_1)(s-p_2)\cdots(s-p_n)}$$
$$=\frac{K^*s^m+b_{m-1}K^*s^{m-1}+\cdots+K^*b_0}{s^n+a_{n-1}s^{n-1}+a_{n-2}s^{n-2}+\cdots+a_0}$$

式中

$$a_{n-1}=\sum_{i=1}^{n}(-p_i) \tag{4-19}$$

设 $n-m=2$，即 $m=n-2$，系统闭环特征式为

$$\begin{aligned}D(s)&=(s^n+a_{n-1}s^{n-1}+a_{n-2}s^{n-2}+\cdots+a_0)+(K^*s^m+K^*b_{m-1}s^{m-1}+\cdots+K^*b_0)\\&=s^n+a_{n-1}s^{n-1}+(a_{n-2}+K^*)s^{n-2}+\cdots+(a_0+K^*b_0)\\&=(s-\lambda_1)(s-\lambda_2)\cdots(s-\lambda_n)\end{aligned}$$

另外，根据闭环系统 n 个闭环特征根 $\lambda_1,\lambda_2,\cdots,\lambda_n$ 可得系统闭环特征式为

$$D(s)=s^n+\sum_{i=1}^{n}(-\lambda_i)s^{n-1}+\cdots+\prod_{i=1}^{n}(-\lambda_i)$$

可见，当 $n-m\geqslant2$ 时，特征方程第二项系数与 K^* 无关。比较系数并考虑式(4-19)有

$$\sum_{i=1}^{n}(-\lambda_i)=\sum_{i=1}^{n}(-p_i)=a_{n-1} \tag{4-20}$$

式(4-20)表明，当 $n-m\geqslant2$ 时，随着 K^* 的增大，若一部分极点总体向右移动，则另一部分极点必然总体上向左移动，且左、右移动的距离增量之和为0。

利用根之和法则可以确定闭环极点的位置，判定分离点所在范围。

例 4-6 某单位反馈系统开环传递函数为

$$G(s)=\frac{K^*}{s(s+1)(s+2)}$$

试概略绘制系统根轨迹，并求临界根轨迹增益及该增益对应的三个闭环极点。

解 系统有3条根轨迹分支，且有 $n-m=3$ 条根轨迹趋于无穷远处。绘制根轨迹步骤如下。

(1) 实轴上的根轨迹：　$(-\infty,-2]$，　$[-1,0]$

(2) 渐近线：

$$\begin{cases}\sigma_a=\dfrac{-1-2}{3}=-1\\[2ex]\varphi_a=\dfrac{(2k+1)\pi}{3}=\pm\dfrac{\pi}{3},\pi\end{cases}$$

(3) 分离点：　$\dfrac{1}{d}+\dfrac{1}{d+1}+\dfrac{1}{d+2}=0$

经整理得　$3d^2+6d+2=0$

故 $$d_1=-1.577 \quad d_2=-0.423$$

显然分离点位于实轴上[−1,0]间，故取 $d=-0.423$。

由于满足 $n-m\geqslant 2$，闭环根之和为常数，当 K^* 增大时，若一支根轨迹向左移动，另两支根轨迹合起来应该向右移动，因此分离点 $|d|<0.5$ 是合理的。

(4) 与虚轴交点：系统闭环特征方程为

$$D(s)=s^3+3s^2+2s+K^*=0$$

令 $s=\mathrm{j}\omega$，则

$$\begin{aligned}D(\mathrm{j}\omega)&=(\mathrm{j}\omega)^3+3(\mathrm{j}\omega)^2+2(\mathrm{j}\omega)+K^*\\&=-\mathrm{j}\omega^3-3\omega^2+\mathrm{j}2\omega+K^*=0\end{aligned}$$

令实部、虚部分别为零，有

$$\begin{cases}K^*-3\omega^2=0\\2\omega-\omega^3=0\end{cases} \quad 解得 \quad \begin{cases}\omega=0\\K^*=0\end{cases} \quad \begin{cases}\omega=\pm\sqrt{2}\\K^*=6\end{cases}$$

显然第一组解是根轨迹的起点，故舍去。根轨迹与虚轴的交点为 $\lambda_{1,2}=\pm\mathrm{j}\sqrt{2}$，对应的根轨迹增益为 $K^*=6$，因为当 $0<K^*<6$ 时系统稳定，故 $K^*=6$ 为临界根轨迹增益，根轨迹与虚轴的交点为对应的两个闭环极点，第三个闭环极点可由根之和法则求得

$$0-1-2=\lambda_1+\lambda_2+\lambda_3=\lambda_1+\mathrm{j}\sqrt{2}-\mathrm{j}\sqrt{2}, \quad \lambda_3=-3$$

系统根轨迹如图 4-11 所示。

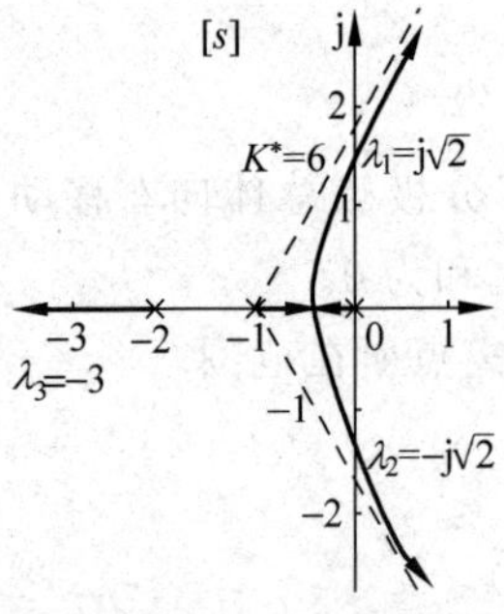

图 4-11 根轨迹图

```
% 图4-11的计算程序
  num=[1];
  den=conv([1 0],conv([1 1],[1 2]));
  rlocus(num,den);
```

根据以上绘制根轨迹的 8 条法则，不难绘出系统的根轨迹。具体绘制某一根轨迹时，这 8 条法则并不一定全部用到，要根据具体情况确定应选用的法则。为了便于查阅，将这些法则统一归纳在表 4-2 之中。

表 4-2 绘制根轨迹的基本法则

序号	内　容	法　则
1	根轨迹的起点和终点	根轨迹起始于开环极点，终止于开环零点
2	根轨迹的分支数，对称性和连续性	根轨迹的分支数与开环零点数 m 和开环极点数 n 中的大者相等，根轨迹是连续的，并且对称于实轴

续表

序号	内　容	法　则
3	实轴上的根轨迹	实轴上的某一区域，若其右端开环实数零、极点个数之和为奇数，则该区域必是180°根轨迹 * 实轴上的某一区域，若其右端开环实数零、极点个数之和为偶数，则该区域必是0°根轨迹
4	根轨迹的渐近线	渐近线与实轴的交点 $\sigma_a=\dfrac{\sum_{j=1}^{n}p_j-\sum_{i=1}^{m}z_i}{n-m}$ 渐近线与实轴夹角 $\begin{cases}\varphi_a=\dfrac{(2k+1)\pi}{n-m} & (180°根轨迹)\\ {}^{*}\varphi_a=\dfrac{2k\pi}{n-m} & (0°根轨迹)\end{cases}$ 其中，$k=0,\pm1,\pm2,\cdots$
5	根轨迹的分离点	分离点的坐标 d 是下列方程的解 $\sum_{j=1}^{n}\dfrac{1}{d-p_j}=\sum_{i=1}^{m}\dfrac{1}{d-z_i}$
6	根轨迹与虚轴的交点	根轨迹与虚轴交点坐标 ω 及其对应的 K^* 值可用劳斯稳定判据确定，也可令闭环特征方程中的 $s=\mathrm{j}\omega$，然后分别令其实部和虚部为零求得
7	根轨迹的起始角和终止角	$\sum_{i=1}^{m}\varphi_i-\sum_{j=1}^{n}\theta_j=(2k+1)\pi\quad(k=0,\pm1,\pm2,\cdots)$ * $\sum_{i=1}^{m}\varphi_i-\sum_{j=1}^{n}\theta_j=2k\pi\quad(k=0,\pm1,\pm2,\cdots)$
8	根之和	$\sum_{i=1}^{n}\lambda_i=\sum_{i=1}^{n}p_i\quad(n-m\geqslant2)$

注：表中，以“*”标明的法则是绘制0°根轨迹的法则（与绘制常规根轨迹的法则不同），其余法则不变。

4.3 广义根轨迹

前面介绍的仅是系统在负反馈条件下根轨迹增益 K^* 变化时的根轨迹绘制方法。在实际工程系统的分析、设计过程中，有时需要分析正反馈条件下或除系统的根轨迹增益 K^* 以外的其他参量（例如时间常数、测速机反馈系数等）变化对系统性能的影响。这种情形下绘制的根轨迹（包括参数根轨迹和0°根轨迹），称为广义根轨迹。

4.3.1 参数根轨迹

除根轨迹增益 K^*（或开环增益 K）以外的其他参量从零变化到无穷大时绘制的根轨

迹称为参数根轨迹。

绘制参数根轨迹的法则与绘制常规根轨迹的法则完全相同。只需要在绘制参数根轨迹之前，引入"等效开环传递函数"，将绘制参数根轨迹的问题化为绘制 K^* 变化时根轨迹的形式来处理。下面举例说明参数根轨迹的绘制方法。

例 4-7 单位反馈系统开环传递函数为

$$G(s)=\frac{\frac{1}{4}(s+a)}{s^2(s+1)}$$

试绘制 $a=0\to\infty$ 时的根轨迹。

解 系统的闭环特征方程为

$$D(s)=s^3+s^2+\frac{1}{4}s+\frac{1}{4}a=0$$

构造等效开环传递函数，把含有可变参数的项放在分子上，即

$$G^*(s)=\frac{\frac{1}{4}a}{s\left(s^2+s+\frac{1}{4}\right)}=\frac{\frac{1}{4}a}{s\left(s+\frac{1}{2}\right)^2}$$

由于等效开环传递函数对应的闭环特征方程与原系统闭环特征方程相同，所以称 $G^*(s)$ 为等效开环传递函数，而借助于 $G^*(s)$ 的形式，可以利用常规根轨迹的绘制方法绘制系统的根轨迹。但必须明确，等效开环传递函数 $G^*(s)$ 对应的闭环零点与原系统的闭环零点并不一致。在确定系统闭环零点，估算系统动态性能时，必须回到原系统开环传递函数进行分析。

等效开环传递函数有 3 个开环极点：$p_1=0,p_2=p_3=-1/2$；系统有 3 条根轨迹，均趋于无穷远处。

(1) 实轴上的根轨迹： $\left[-\frac{1}{2},0\right],\left(-\infty,-\frac{1}{2}\right]$

(2) 渐近线：
$$\begin{cases}\sigma_a=\dfrac{-\frac{1}{2}-\frac{1}{2}}{3}=-\dfrac{1}{3}\\[2ex]\varphi_a=\dfrac{(2k+1)\pi}{3}=\pm\dfrac{\pi}{3},\pi\end{cases}$$

(3) 分离点：
$$\frac{1}{d}+\frac{1}{d+\frac{1}{2}}+\frac{1}{d+\frac{1}{2}}=0$$

解得

$$d=-1/6$$

由模值条件得分离点处的 a 值

$$\frac{a_d}{4}=|d|\left|d+\frac{1}{2}\right|^2=\frac{1}{54}$$

$$a_d=\frac{2}{27}$$

(4) 与虚轴的交点：将 $s=\mathrm{j}\omega$ 带入闭环特征方程，得

$$D(\mathrm{j}\omega)=(\mathrm{j}\omega)^3+(\mathrm{j}\omega)^2+\frac{1}{4}(\mathrm{j}\omega)+\frac{a}{4}$$
$$=\left(-\omega^2+\frac{a}{4}\right)+\mathrm{j}\left(-\omega^3+\frac{1}{4}\omega\right)=0$$

则有

$$\begin{cases}\mathrm{Re}[D(\mathrm{j}\omega)]=-\omega^2+\dfrac{a}{4}=0\\ \mathrm{Im}[D(\mathrm{j}\omega)]=-\omega^3+\dfrac{1}{4}\omega=0\end{cases}$$

解得

$$\begin{cases}\omega=\pm\dfrac{1}{2}\\ a=1\end{cases}$$

系统根轨迹如图 4-12 所示。从根轨迹图中可以看出参数 a 变化对系统性能的影响：

(1) 当 $0<a\leqslant 2/27$ 时，闭环极点落在实轴上，系统阶跃响应为单调过程。

(2) 当 $2/27<a<1$ 时，离虚轴近的一对复数闭环极点逐渐向虚轴靠近，系统阶跃响应为振荡收敛过程。

(3) 当 $a>1$ 时，有闭环极点落在右半 s 平面，系统不稳定，阶跃响应振荡发散。

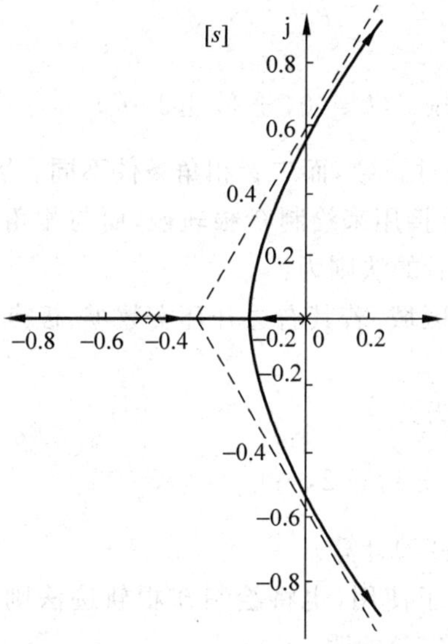

图 4-12　根轨迹图

```
% 图4-12的计算程序
  num=[1];
  den=conv([1 0],[1 1 1/4]);
  rlocus(num,den);
```

从原系统开环传递函数可见：$s=-a$ 是系统的一个闭环零点，其位置是变化的；计算系统性能必须考虑其影响。

4.3.2　零度根轨迹

在负反馈条件下，系统的根轨迹方程为 $G(s)H(s)=-1$，相角条件为 $\angle G(s)H(s)=$

$(2k+1)\pi, k=0, \pm 1, \pm 2, \cdots$，因此称相应的根轨迹为 180°根轨迹(或常规根轨迹)；当系统处于正反馈状态时，特征方程为 $D(s)=1-G(s)H(s)=0$，根轨迹方程为 $G(s)H(s)=1$，相角条件为 $\angle G(s)H(s)=2k\pi, k=0, \pm 1, \pm 2, \cdots$，相应绘制的根轨迹称为零度(或 0°)根轨迹。

0°根轨迹绘制法则与 180°根轨迹的绘制法则有所不同。若系统开环传递函数 $G(s)H(s)$ 表达式如式(4-5)，则 0°根轨迹方程为

$$\frac{K^* \prod_{i=1}^{m}(s-z_i)}{\prod_{j=1}^{n}(s-p_j)}=1 \tag{4-21}$$

幅值条件

$$|G(s)H(s)|=K^* \frac{\prod_{i=1}^{m}|(s-z_i)|}{\prod_{j=1}^{n}|(s-p_j)|}=1 \tag{4-22}$$

相角条件

$$\begin{aligned}\angle G(s)H(s) &= \sum_{i=1}^{m}\angle(s-z_i)-\sum_{j=1}^{n}\angle(s-p_j) \\ &= \sum_{i=1}^{m}\varphi_i-\sum_{j=1}^{n}\theta_j=2k\pi \quad (k=0, \pm 1, \pm 2, \cdots)\end{aligned} \tag{4-23}$$

0°根轨迹的幅值条件与 180°根轨迹的幅值条件一致，而二者相角条件不同。因此，绘制 180°根轨迹法则中与相角条件无关的法则可直接用来绘制 0°根轨迹，而与相角条件有关的法则 3、法则 4、法则 7 需要相应修改。修改后的法则为：

法则 3* 实轴上的根轨迹：实轴上的某一区域，若其右边开环实数零、极点个数之和为偶数，则该区域必是根轨迹。

法则 4* 根轨迹的渐近线与实轴夹角应改为

$$\varphi_a=\frac{2k\pi}{n-m} \quad (k=0, \pm 1, \pm 2, \cdots)$$

法则 7* 根轨迹的出射角和入射角用式(4-23)计算。

除上述三个法则外，其他法则不变。为了便于使用，也将绘制 0°根轨迹法则归纳于表 4-2 中，与 180°根轨迹不同的绘制法则以星号(*)标明。

例 4-8 设系统结构图如图 4-13 所示，其中

$$G(s)=\frac{K^*(s+2)}{(s+3)(s^2+2s+2)} \quad H(s)=1$$

试绘制根轨迹。

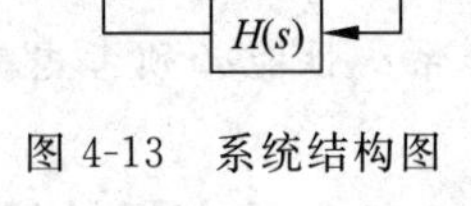

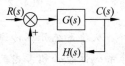

图 4-13 系统结构图

解 系统为正反馈，根轨迹方程为

$$G(s)H(s)=\frac{K^*(s+2)}{(s+3)(s^2+2s+2)}=1$$

应绘制 0°根轨迹。根轨迹绘制步骤如下。

(1) 实轴上的根轨迹： $(-\infty,-3],[-2,\infty)$

(2) 渐近线：
$$\begin{cases}\sigma_a=\dfrac{-3-1+j1-1-j1+2}{3-1}=-1\\[2ex]\varphi_a=\dfrac{2k\pi}{3-1}=0°,180°\end{cases}$$

(3) 分离点：
$$\frac{1}{d+3}+\frac{1}{d+1-j}+\frac{1}{d+1+j}=\frac{1}{d+2}$$

经整理得

$$(d+0.8)(d^2+4.7d+6.24)=0$$

显然分离点位于实轴上，故取 $d=-0.8$。

(4) 起始角：根据绘制零度根轨迹的法则7*，对应极点 $p_1=-1+j$，根轨迹的起始角为

$$\theta_{p_1}=0°+45°-(90°+26.6°)=-71.6°$$

根据对称性，根轨迹从极点 $p_2=-1-j$ 的起始角为 $\theta_{p_2}=71.6°$。系统根轨迹如图4-14所示。

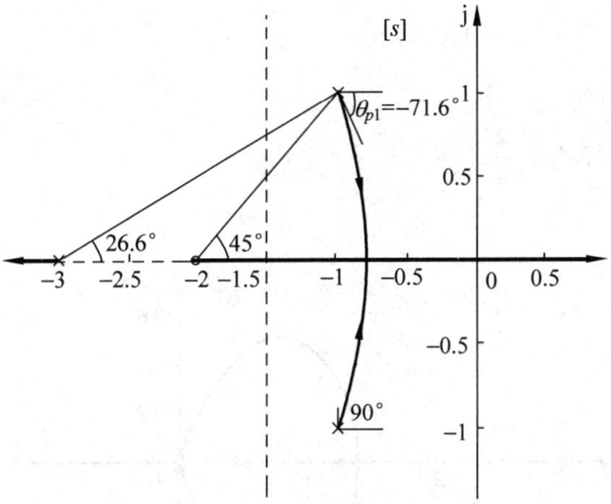

图4-14 根轨迹图

```
% 图4-14的计算程序
  num=[-1 -2];
  den=conv([1 3],[1 2 2]);
  rlocus(num,den);
```

系统根轨迹如图4-14所示。

(5) 临界开环增益：由图4-14可见，坐标原点对应的根轨迹增益为临界值，可由模值条件求得

$$K_c^*=\frac{|0-(-1+j)|\cdot|0-(-1-j)|\cdot|0-(-3)|}{|0-(-2)|}=3$$

由于 $K=K^*/3$，于是临界开环增益 $K_c=1$。因此，为了使该正反馈系统稳定，开环增益应小于1。

例4-9 已知某单位反馈系统的开环传递函数为

$$G(s)H(s)=\frac{K^*(s+1)(s+3)}{s^3}$$

试绘出当$-\infty<K^*<+\infty$时系统的根轨迹。

解 当$0\leqslant K^*<+\infty$时，根轨迹方程为

$$G(s)H(s)=\frac{K^*(s+1)(s+3)}{s^3}=-1$$

应该画180°根轨迹。系统的开环极点和零点分别为$p_1=p_2=p_3=0, z_1=-1, z_2=-3$，系统有3条根轨迹，其中1条趋于无穷远处。

(1) 实轴上的根轨迹 $(-\infty,-3],[-1,0]$

(2) 分离点： $$\frac{3}{d}=\frac{1}{d+1}+\frac{1}{d+3}$$

经整理得

$$d^2+8d+9=0,\quad d_1=-6.65, d_2=-1.35$$

显然$d_1=-6.65$。位于180°根轨迹上，故舍去d_2。

(3) 与虚轴的交点：闭环特征方程式为

$$D(s)=s^3+K^*s^2+4K^*s+3K^*=0$$

令
$$\begin{cases}\mathrm{Re}[D(\mathrm{j}\omega)]=-K^*\omega^2+3K^*=0\\ \mathrm{Im}[D(\mathrm{j}\omega)]=-\omega^3+4K^*\omega=0\end{cases}$$

解得
$$\begin{cases}\omega=\pm\sqrt{3}\\ K^*=\dfrac{3}{4}\end{cases}$$

系统根轨迹如图4-15(a)所示。

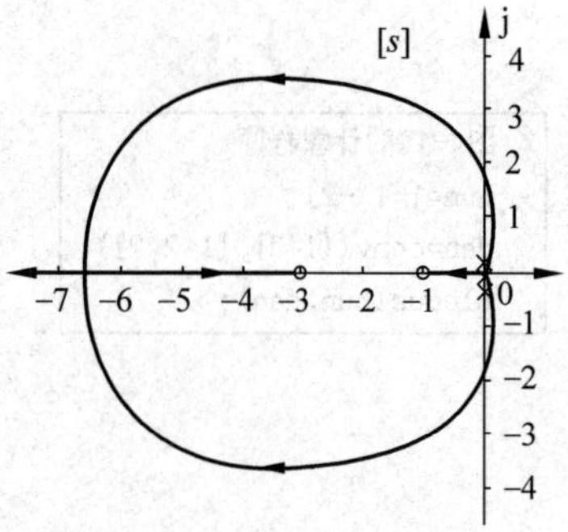

(a) 180°根轨迹

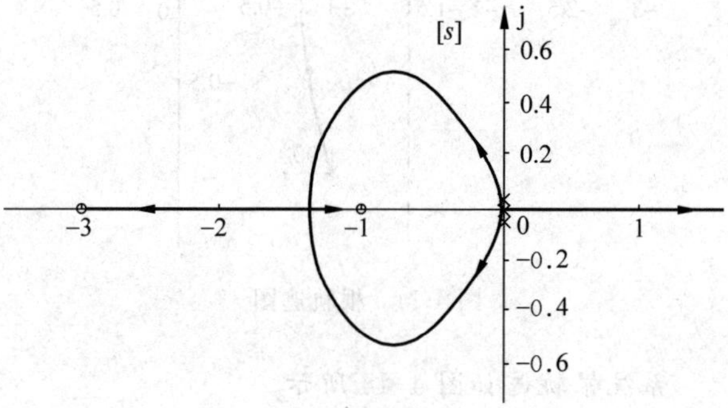

(b) 0°根轨迹

图4-15 例4-9系统的根轨迹

>>图4-15(a)的计算程序

```
zero=[-1 -3];
pole=[0 0 0];
g=zpk(zero,pole,1);rlocus(g);
```

>>图4-15(b)的计算程序

```
zero=[-1 -3];
pole=[0 0 0];
g=zpk(zero,pole,-1);rlocus(g);
```

当$-\infty<K^*\leqslant 0$时，相当于$(-K^*)=0\to\infty$变化，系统实质上处于正反馈状态。将根轨迹方程左端的开环传递函数写成标准(首相系数为正)形式，把K^*的负号提到右端，有

$$G(s)H(s)=\frac{(-K^*)(s+1)(s+3)}{s^3}=1$$

此时应该画0°根轨迹。

(1) 实轴上的根轨迹$[-3,-1]$　$[0,\infty)$；

(2) 分离点$d=-1.35$。

系统根轨迹如图4-15(b)所示，根轨迹上的箭头表示$K^*=0\to-\infty$变化时的方向。

4.4 利用根轨迹分析系统性能

利用根轨迹，可以定性分析当系统某一参数变化时系统动态性能的变化趋势，在给定该参数值时可以确定相应的闭环极点，再加上闭环零点，可得到相应零、极点形式的闭环传递函数。本节讨论如何利用根轨迹分析、估算系统性能，同时分析附加开环零、极点对根轨迹及系统性能的影响。

4.4.1 利用闭环主导极点估算系统的性能指标

如果高阶系统闭环极点满足具有闭环主导极点的分布规律，就可以忽略非主导极点及偶极子的影响，把高阶系统简化为阶数较低的系统，近似估算系统性能指标。

例4-10 已知单位反馈系统的开环传递函数为

$$G(s)=\frac{K}{s(s+1)(0.5s+1)}$$

试用根轨迹法确定系统在稳定欠阻尼状态下的开环增益K的范围，并计算阻尼比$\zeta=0.5$的K值以及相应的闭环极点，估算此时系统的动态性能指标和稳态速度误差。

解 将开环传递函数写成零、极点形式，得

$$G(s)=\frac{2K}{s(s+1)(s+2)}=\frac{K^*}{s(s+1)(s+2)}$$

式中，$K^*=2K$为根轨迹增益。

系统有三条根轨迹分支，均趋向于无穷远处。

(1) 实轴上的根轨迹区段为$(-\infty,-2]$，$[-1,0]$

(2) 渐近线：
$$\begin{cases}\sigma_a=\dfrac{-1-2}{3}=-1\\[2mm] \varphi_a=\dfrac{(2k+1)\pi}{3}=\pm\dfrac{\pi}{3},\pi\end{cases}$$

(3) 分离点：
$$\frac{1}{d}+\frac{1}{d+1}+\frac{1}{d+2}=0$$

整理得
$$3d^2+6d+2=0$$

解得 $d_1=-1.577 \quad d_2=-0.432$

显然分离点为 $d=-0.432$，由幅值条件可求得分离点处的 K^* 值

$$K_d^* = |d||d+1||d+2| = 0.4$$

(4) 与虚轴的交点：闭环特征方程式为

$$D(s) = s^3+3s^2+2s+K^* = 0$$

令
$$\begin{cases}\mathrm{Re}[D(\mathrm{j}\omega)]=-3\omega^2+K^*=0\\ \mathrm{Im}[D(\mathrm{j}\omega)]=-\omega^3+2\omega=0\end{cases}$$

解得
$$\begin{cases}\omega=\pm\sqrt{2}\\ K^*=6\end{cases}$$

系统根轨迹如图 4-16 所示。

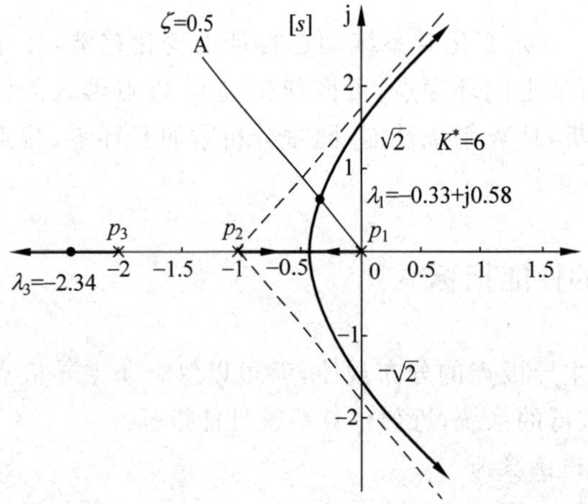


```
% 图4-16的计算程序
num=[1];
den=conv([1 0],conv([1 1],[1 2]));
rlocus(num,den);
```

图 4-16 三阶系统根轨迹图

从根轨迹图上可以看出稳定欠阻尼状态的根轨迹增益的范围为 $0.4<K^*<6$，相应开环增益范围为 $0.2<K<3$。

为了确定满足阻尼比 $\zeta=0.5$ 条件时系统的 3 个闭环极点，首先做出 $\zeta=0.5$ 的等阻尼线 OA，它与负实轴夹角为

$$\beta = \arccos\zeta = 60^\circ$$

如图 4-16 所示。等阻尼线 OA 与根轨迹的交点即为相应的闭环极点，可设相应两个复数闭环极点分别为

$$\lambda_1 = -\zeta\omega_n + \mathrm{j}\omega_n\sqrt{1-\zeta^2} = -0.5\omega_n + \mathrm{j}0.866\omega_n$$

$$\lambda_2 = -\zeta\omega_n - \mathrm{j}\omega_n\sqrt{1-\zeta^2} = -0.5\omega_n - \mathrm{j}0.866\omega_n$$

闭环特征方程为

$$\begin{aligned}D(s) &= (s-\lambda_1)(s-\lambda_2)(s-\lambda_3)\\ &= s^3+(\omega_n-\lambda_3)s^2+(\omega_n^2-\lambda_3\omega_n)s-\lambda_3\omega_n^2\\ &= s^3+3s^2+2s+K^* = 0\end{aligned}$$

比较系数有
$$\begin{cases}\omega_n-\lambda_3=3\\ \omega_n^2-\lambda_3\omega_n=2\\ -\lambda_3\omega_n^2=K^*\end{cases}$$

解得
$$\begin{cases}\omega_n=\dfrac{2}{3}\\ \lambda_3=-2.33\\ K^*=1.04\end{cases}$$

故 $\zeta=0.5$ 时的 K 值以及相应的闭环极点为

$$K=K^*/2=0.52$$

$$\lambda_1=-0.33+\mathrm{j}0.58,\quad \lambda_2=-0.33-\mathrm{j}0.58,\quad \lambda_3=-2.33$$

在所求得的3个闭环极点中，λ_3 至虚轴的距离与 λ_1（或 λ_2）至虚轴的距离之比为

$$\frac{2.34}{0.33}\approx 7(\text{倍})$$

可见，λ_1、λ_2 是系统的主导闭环极点。于是，可由 λ_1、λ_2 所构成的二阶系统来估算原三阶系统的动态性能指标。原系统闭环增益为1，因此相应的二阶系统闭环传递函数为

$$\Phi_2(s)=\frac{0.33^2+0.58^2}{(s+0.33-\mathrm{j}0.58)(s+0.33+\mathrm{j}0.58)}=\frac{0.667^2}{s^2+0.667s+0.667^2}$$

将 $\begin{cases}\omega_n=0.667\\ \zeta=0.5\end{cases}$ 代入公式得

$$\sigma\%=\mathrm{e}^{-\zeta\pi/\sqrt{1-\zeta^2}}=\mathrm{e}^{-0.5\times3.14/\sqrt{1-0.5^2}}=16.3\%$$

$$t_s=\frac{3.5}{\zeta\omega_n}=\frac{3.5}{0.5\times0.667}=10.5\mathrm{s}$$

原系统为Ⅰ型系统，系统的静态速度误差系数为

$$K_v=\lim_{s\to0}sG(s)=\lim_{s\to0}s\frac{K}{s(s+1)(0.5s+1)}=K=0.52$$

系统在单位斜坡信号作用下的稳态误差为

$$e_{ss}=\frac{1}{K_v}=\frac{1}{K}=1.9$$

例4-11 单位反馈系统的开环传递函数为

$$G(s)=\frac{K^*}{(s+1)^2(s+4)^2}$$

(1) 画出根轨迹；

(2) 能否通过选择 K^* 满足最大超调量 $\sigma\%\leqslant4.32\%$ 的要求？

(3) 能否通过选择 K^* 满足调节时间 $t_s\leqslant2\mathrm{s}$ 的要求？

(4) 能否通过选择 K^* 满足误差系数 $K_p\geqslant10$ 的要求？

解 开环传递函数为 $G(s)=\dfrac{K^*}{(s+1)^2(s+4)^2}$

(1) 绘制系统根轨迹

① 渐近线：
$$\begin{cases}\sigma_a=\dfrac{-1\times2-4\times2}{4}=-2.5\\ \varphi_a=\dfrac{(2k+1)\pi}{4}=\pm\dfrac{\pi}{4},\pm\dfrac{3\pi}{4}\end{cases}$$

② 起始角：对开环极点 $p_{1,2}=-1$

$$-(0+0+2\theta_1)=(2k+1)\pi,\quad \theta_1=\pm90^\circ$$

对开环极点 $p_{3,4}=-4$

$$-(2\times180^\circ+2\theta_3)=(2k+1)\pi,\quad \theta_3=\pm90^\circ$$

③ 与虚轴的交点：闭环特征方程为

$$D(s)=s^4+10s^3+33s^2+40s+16+K^*=0$$

令

$$\begin{cases}\mathrm{Re}[D(\mathrm{j}\omega)]=\omega^4-33\omega^2+16+K^*=0\\ \mathrm{Im}[D(\mathrm{j}\omega)]=-10\omega^3+40\omega=0\end{cases}$$

解得
$$\begin{cases}\omega=\pm2\\ K_c^*=100\end{cases}$$

系统根轨迹如图 4-17 所示。

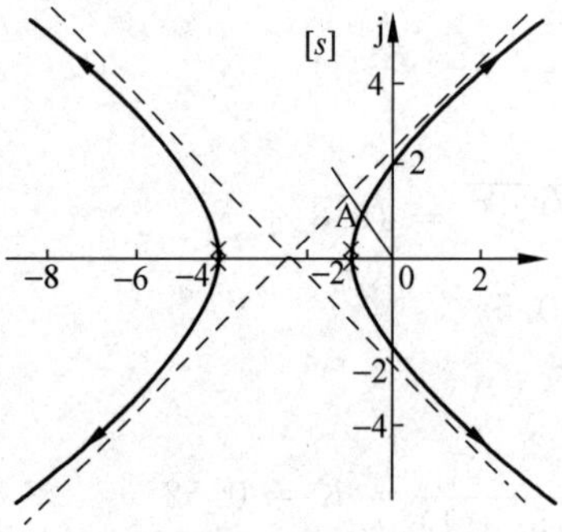


```
% 图4-17的计算程序
zero=[];pole=[-1 -1 -4 -4];
g=zpk(zero,pole,1);rlocus(g);
```

图 4-17 系统根轨迹图

(2) 由根轨迹可见，系统存在一对复数主导极点，系统性能可以由二阶系统性能指标公式近似估算。$\sigma\%=4.32\%$，对应画 $\beta=45^\circ$ 的等阻尼线与根轨迹交于 A 点。设位于 A 点的主导闭环极点为 $\lambda_{1,2}=-\sigma\pm\mathrm{j}\sigma$，则可设另外两个极点为 $\lambda_{3,4}=-\delta\pm\mathrm{j}\sigma$，由根之和条件：$-2\sigma-2\delta=2\times(-1)+2\times(-4)=-10$，可得：$\delta=-5+\sigma$。因此有

$$\begin{aligned}D(s)&=(s+\sigma+\mathrm{j}\sigma)(s+\sigma-\mathrm{j}\sigma)(s+5-\sigma+\mathrm{j}\sigma)(s+5-\sigma-\mathrm{j}\sigma)\\&=s^4+10s^3+(25+10\sigma)s^2+50\sigma s+(50-20\sigma+4\sigma^2)\sigma^2\\&=s^4+10s^3+33s^2+40s+16+K^*=0\end{aligned}$$

比较系数可得
$$\begin{cases}\sigma=0.8\\ K^*=7.8934\end{cases}$$

可见当取 $K^*\leqslant7.8934$ 时，有 $\sigma\%\leqslant4.32\%$。

(3) 要求 $t_s=\frac{3.5}{\zeta\omega_n}\leqslant 2s$，即 $\zeta\omega_n\geqslant 1.75$。这表明主导极点必须位于左半 s 平面，且距离虚轴大于 1.75。由根轨迹图知，在系统稳定的范围内，主导极点的实部绝对值均小于 1，故调节时间 $t_s\leqslant 2s$ 的要求不能满足。

(4) 由于 $K_p=\lim\limits_{s\to 0}G(s)=\frac{K^*}{16}$，临界稳定的根轨迹增益为 $K_c^*=100$。所以，使系统稳定的位置误差系数应满足

$$K_p<\frac{K_c^*}{16}=\frac{100}{16}=6.26$$

故不能选择 K^* 满足位置误差系数 $K_p\geqslant 10$ 的要求。

例 4-12 控制系统结构图如图 4-18(a)所示，试绘制系统根轨迹，并确定 $\zeta=0.5$ 时系统的开环增益 K 值及对应的闭环传递函数。

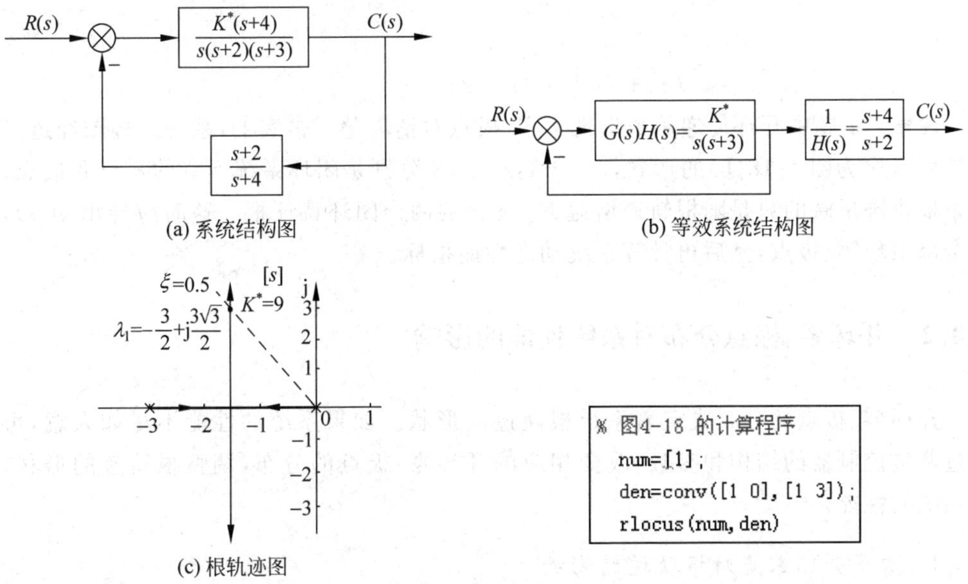

(a) 系统结构图　　(b) 等效系统结构图

(c) 根轨迹图

```
% 图4-18 的计算程序
num=[1];
den=conv([1 0],[1 3]);
rlocus(num,den)
```

图 4-18

解 开环传递函数为

$$G(s)H(s)=\frac{K^*(s+4)}{s(s+2)(s+3)}\cdot\frac{s+2}{s+4}=\frac{K^*}{s(s+3)}\quad\begin{cases}K=K^*/3\\ v=1\end{cases}$$

根据法则，系统有 2 条根轨迹分支，均趋于无穷远处。

实轴上的根轨迹

$$[-3,0]$$

分离点

$$\frac{1}{d}+\frac{1}{d+3}=0$$

解得

$$d = -3/2$$

系统根轨迹如图 4-18(c)所示。

当 $\zeta=0.5$ 时，$\beta=60°$。作 $\beta=60°$ 直线与根轨迹交点坐标为

$$\lambda_1 = -\frac{3}{2} + \mathrm{j}\frac{3}{2}\tan 60° = -\frac{3}{2} + \mathrm{j}\frac{3}{2}\sqrt{3}$$

$$K^* = \left|-\frac{3}{2} + \mathrm{j}\frac{3}{2}\sqrt{3}\right|\left|-\frac{3}{2} + \mathrm{j}\frac{3}{2}\sqrt{3} + 3\right| = 9$$

$$K = \frac{K^*}{3} = 3$$

闭环传递函数为

$$\Phi(s) = \frac{\dfrac{K^*(s+4)}{s(s+2)(s+3)}}{1+\dfrac{K^*}{s(s+3)}} = \frac{K^*(s+4)}{(s^2+3s+K^*)(s+2)}$$

$$= \frac{9(s+4)}{(s^2+3s+9)(s+2)}$$

注意：本题中开环传递函数出现了零、极点对消现象。事实上，系统结构图经过等效变换可以化为图 4-18(b)的形式，$z=-4$，$\lambda=-2$ 分别是闭环系统不变的零点和极点，而两条根轨迹反映的只是随根轨迹增益 K^* 变化的两个闭环特征根。这时应导出 $\Phi(s)$，找出全部闭环零、极点，然后再计算系统动态性能指标。

4.4.2 开环零、极点分布对系统性能的影响

开环零、极点的分布决定着系统根轨迹的形状。如果系统的性能不尽如人意，可以通过调整控制器的结构和参数，改变相应的开环零、极点的分布，调整根轨迹的形状，改善系统的性能。

1. 增加开环零点对根轨迹的影响

例 4-13 三个单位反馈系统的开环传递函数分别为

$$G_1(s) = \frac{K^*}{s(s+0.8)} \quad G_2(s) = \frac{K^*(s+2+\mathrm{j}4)(s+2-\mathrm{j}4)}{s(s+0.8)} \quad G_3(s) = \frac{K^*(s+4)}{s(s+0.8)}$$

试分别绘制三个系统的根轨迹。

解 三个系统的零、极点分布及根轨迹分别如图 4-19(a)、图 4-19(b)、图 4-19(c)所示，当开环增益 $K=4$ 时系统的单位阶跃响应曲线如图 4-19(d)所示。

从图 4-19 中可以看出，增加一个开环零点使系统的根轨迹向左偏移。提高了系统的稳定度，有利于改善系统的动态性能，而且，开环负实零点离虚轴越近，这种作用越显著；若增加的开环零点和某个极点重合或距离很近时，构成偶极子，则二者作用相互抵消。因此，可以通过加入开环零点的方法，抵消有损于系统性能的极点。

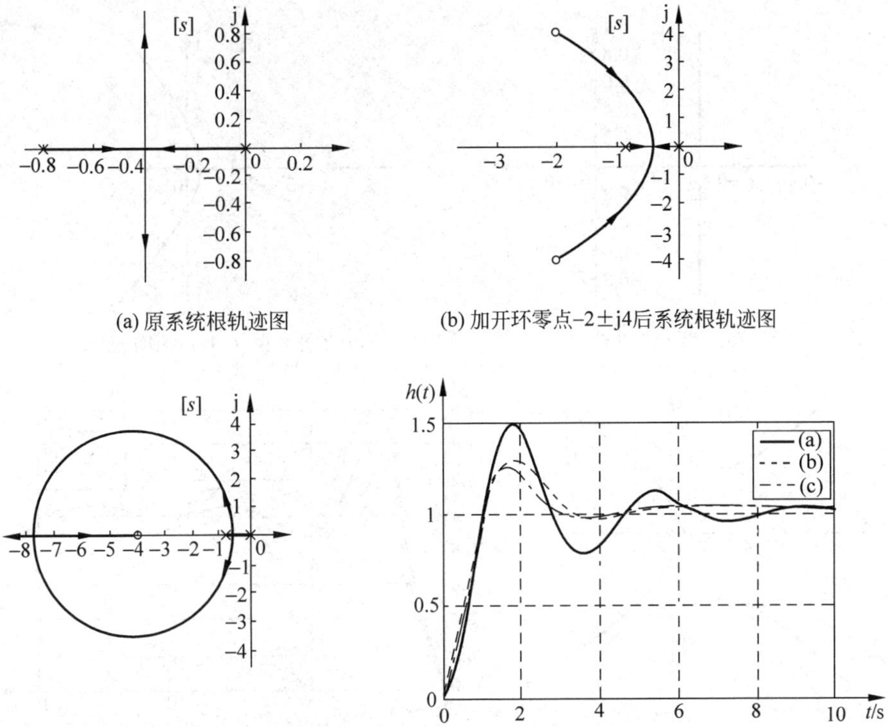

(a) 原系统根轨迹图　(b) 加开环零点$-2\pm j4$后系统根轨迹图

(c) 加开环零点-4后系统根轨迹图　(d) 系统单位阶跃响应曲线

图 4-19　增加开环零点后系统的根轨迹及其响应曲线

```
% 图4-19的计算程序
  den=[1 0.8 0];
  g=tf(1,den); rlocus(g);figure;
  g=tf([1 4 20],den); rlocus(g);figure;
  g=tf([1 4], den); rlocus(g);
```

2. 增加开环极点对根轨迹的影响

例 4-14　利用上述例 4-13 进行讨论。在原系统上分别增加一个实数开环极点-4和一对开环极点$-2\pm j4$，三个单位反馈系统的开环传递函数分别为

$$G_1(s)=\frac{K^*}{s(s+0.8)},$$

$$G_2(s)=\frac{K^*}{s(s+0.8)(s+2+j4)(s+2-j4)},$$

$$G_3(s)=\frac{K^*}{s(s+0.8)(s+4)},$$

试分别绘制三个系统的根轨迹。

解　三个系统的零、极点分布及根轨迹分别如图 4-20(a)、图 4-20(b)、图 4-20(c)所示，当开环增益$K=2$时系统的单位阶跃响应曲线如图 4-20(d)所示。

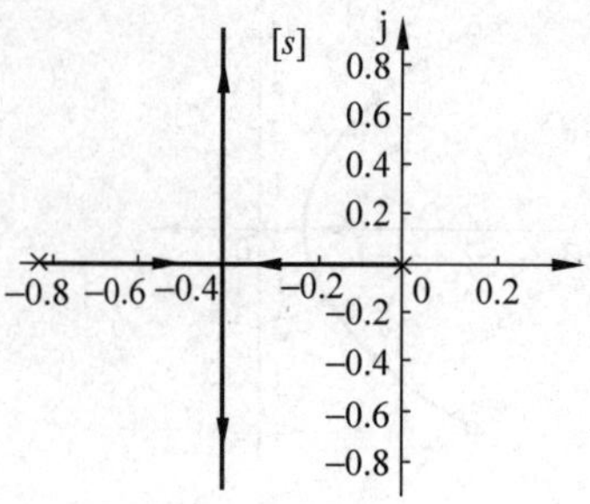

(a) 原系统根轨迹

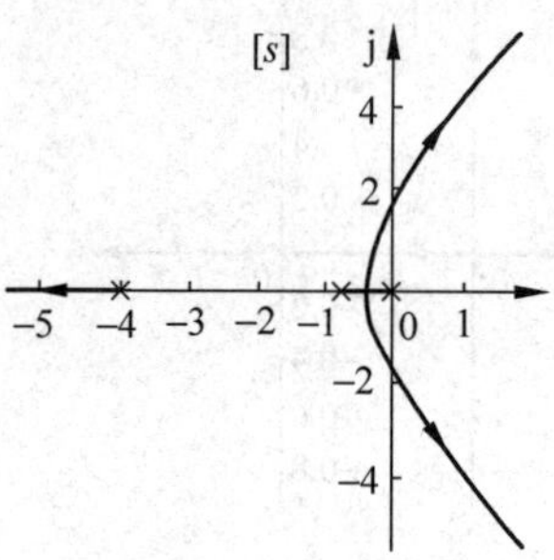

(b) 加开环极点−4后的根轨迹

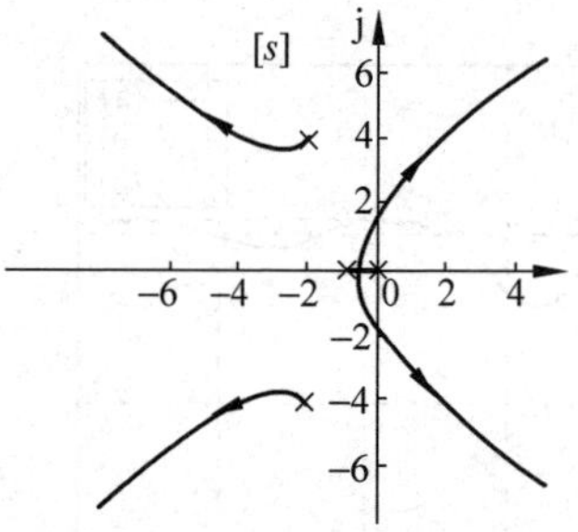

(c) 加开环极点−2±j4后的根轨迹

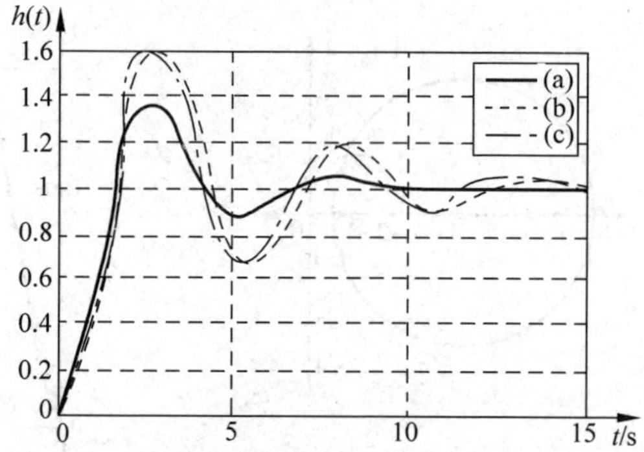

(d) 系统单位阶跃响应曲线

图 4-20　增加开环极点后系统的根轨迹及其响应曲线

```
% 图4-20的计算程序
den=[1 2 2 0];
g=tf(1,den);rlocus(g);grid on;figure;
g=tf([1 3],den);rlocus(g);grid on;figure;
g=tf([1 2],den);rlocus(g);grid on;
```

从图 4-20 中可以看出，增加一个开环极点使系统的根轨迹向右偏移。这样，降低了系统的稳定度，不利于改善系统的动态性能，而且，开环负实极点离虚轴越近，这种作用越显著。因此，合理选择校正装置参数，设置响应的开环零、极点位置，可以改善系统动态性能。

例 4-15　采用 PID 控制器的系统结构图如图 4-21 所示，设控制器参数 $K_P=1$，$K_D=0.25$，$K_I=1.5$。当取不同控制方式(P/PD/PI/PID)时，试绘制 $K^*=0\to\infty$ 时的系统根轨迹。

解　(1) P 控制：此时开环传递函数为

$$G_P(s)=\frac{K_PK^*}{s(s+2)}\quad\begin{cases}K=\dfrac{K_PK^*}{2}=\dfrac{K^*}{2}\\ v=1\end{cases}$$

根轨迹如图 4-22(a)所示。

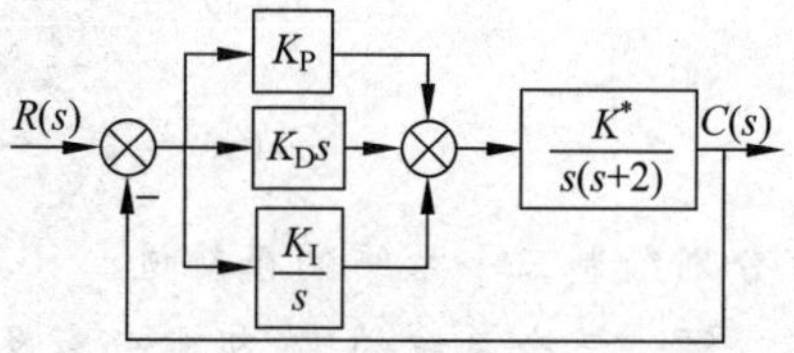

图 4-21　采用 PID 控制器的系统结构图

(2) PD 控制：此时开环传递函数为

$$G_{\mathrm{PD}}(s)=\frac{K^{*}(0.25s+1)}{s(s+2)}=\frac{\frac{K^{*}}{4}(s+4)}{s(s+2)}\quad\begin{cases}K=\dfrac{K^{*}}{2}\\ v=1\end{cases}$$

根轨迹如图 4-22(b)所示。可见，由于根轨迹向左偏移，系统的动态性能得以有效改善。

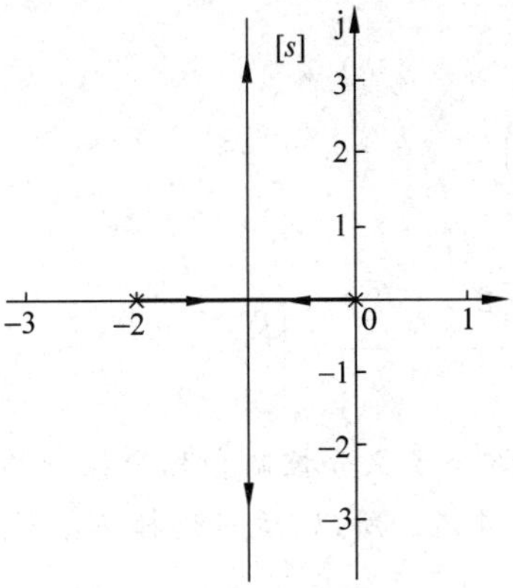

(a) P控制根轨迹图

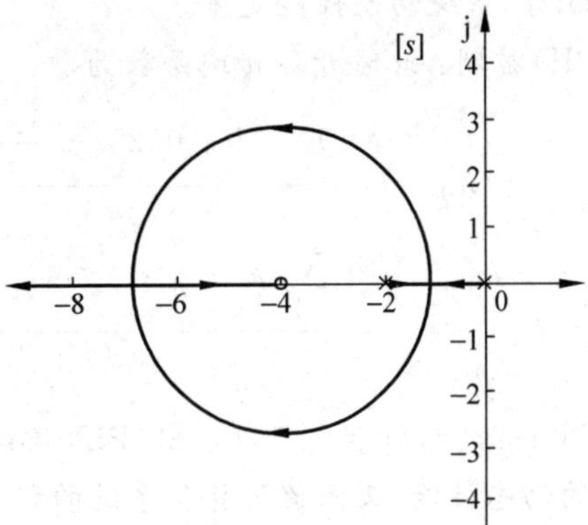

(b) PD控制根轨迹图

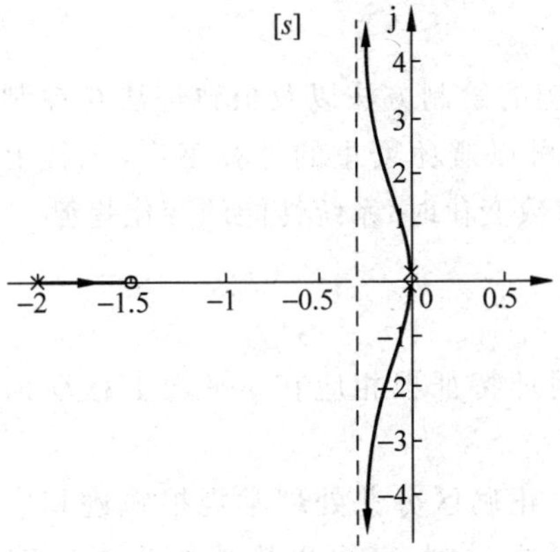

(c) PI控制根轨迹图

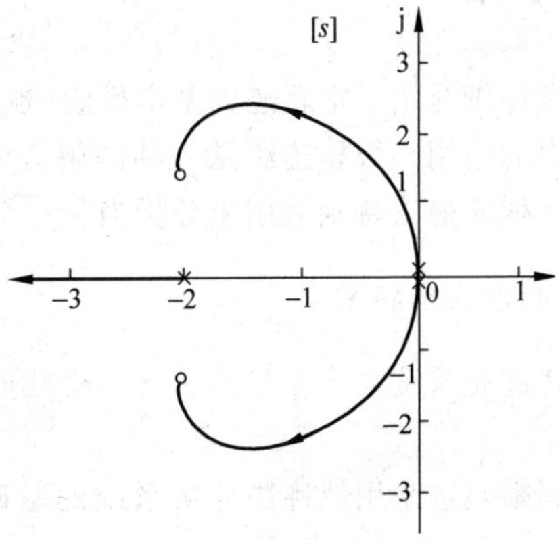

(d) PID控制根轨迹图

图 4-22　采用 P/PD/PI/PID 控制器时系统的根轨迹

```
% 图4-22的计算程序
  den=[1 2 0];
  g=tf(1,den); rlocus(g); figure;
  g=tf([1 4], den); rlocus(g); figure;
  g=tf([1 1.5],conv(den, [1 0])); rlocus(g); figure;
  g=tf([0.25 1 1.5],conv(den, [1 0 ])); rlocus(g);grid;
```

(3) PI 控制：此时开环传递函数为

$$G_{\mathrm{PI}}(s)=\frac{K^*\left(1+\frac{1.5}{s}\right)}{s(s+2)}=\frac{K^*(s+1.5)}{s^2(s+2)}\quad\begin{cases}K=\dfrac{3}{4}K^*\\v=2\end{cases}$$

系统由Ⅰ型变为Ⅱ型，稳态性能明显改善，但由相应的根轨迹图(图 4-22(c))可以看出，由于引入积分，系统动态性能变差。

(4) PID 控制：此时开环传递函数为

$$G_{\mathrm{PID}}(s)=\frac{K^*\left(1+0.25s+\frac{1.5}{s}\right)}{s(s+2)}$$

$$=\frac{\frac{K^*}{4}(s+2+\mathrm{j}\sqrt{2})(s+2-\mathrm{j}\sqrt{2})}{s^2(s+2)}\quad\begin{cases}K=\dfrac{3}{4}K^*\\v=2\end{cases}$$

根轨迹如图 4-22(d)所示。可以看出，PID 控制综合了微分控制和积分控制的优点，既能改善系统的动态性能，又保留了Ⅱ型系统的稳态性能。所以，适当选择 K_{P}、K_{D}和 K_{I}可以有效改善系统性能。

4.5 小结

本章详细介绍了根轨迹的基本概念、根轨迹的绘制方法以及根轨迹法在控制系统性能分析中的应用。根轨迹法是一种图解方法，可以避免繁重的计算工作，工程上使用比较方便。根轨迹法特别适用于分析当某一个参数变化时，系统性能的变化趋势。

1. 本章内容提要

根轨迹是系统某个参量从 $0\to\infty$变化时闭环特征根相应在 s 平面上移动描绘出的轨迹。

绘制根轨迹是用轨迹法分析系统的基础。正确区分并处理常规根轨迹和广义根轨迹问题，牢固掌握并熟练应用绘制根轨迹的基本法则，就可以快速绘出根轨迹的大致形状。

根轨迹法的基本思路是：在已知系统开环零、极点分布的情况下，依据绘制根轨迹的基本法则绘出系统的根轨迹；分析系统性能随参数的变化趋势；在根轨迹上确定出满足系统要求的闭环极点位置，标出闭环零点；再利用闭环主导极点的概念，对系统控制性能进行定性分析和定量估算。

在控制系统中适当设置一些开环零、极点，可以改变根轨迹的形状，从而达到改善系统性能的目的。一般情况下，增加开环零点可使根轨迹左移，有利于改善系统的相对稳定性和动态性能；单纯加入开环极点，则效果相反。

2. 知识脉络图

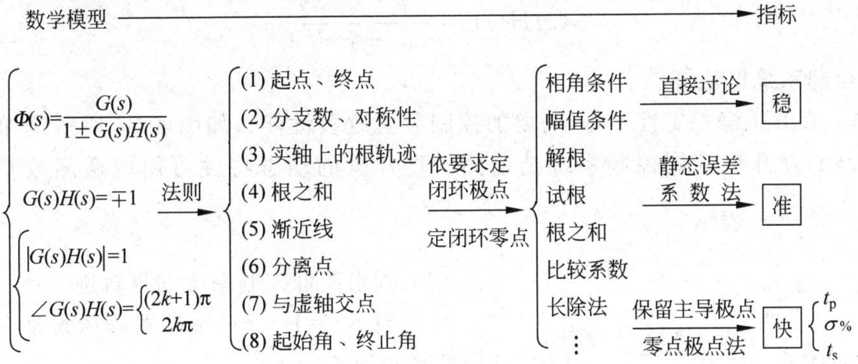

习题

4-1 系统的开环传递函数为

$$G(s)H(s)=\frac{K^*}{(s+1)(s+2)(s+4)}$$

试证明点 $s_1=-1+\mathrm{j}\sqrt{3}$ 在根轨迹上，并求出相应的根轨迹增益 K^* 和开环增益 K。

4-2 已知单位反馈系统的开环传递函数，试概略绘出系统根轨迹。

(1) $G(s)=\dfrac{K}{s(0.2s+1)(0.5s+1)}$；

(2) $G(s)=\dfrac{K^*(s+5)}{s(s+2)(s+3)}$；

(3) $G(s)=\dfrac{K(s+1)}{s(2s+1)}$。

4-3 已知单位反馈系统的开环传递函数，试概略绘出相应的根轨迹。

(1) $G(s)=\dfrac{K^*(s+2)}{(s+1+\mathrm{j}2)(s+1-\mathrm{j}2)}$；

(2) $G(s)=\dfrac{K^*(s+20)}{s(s+10+\mathrm{j}10)(s+10-\mathrm{j}10)}$；

(3) $G(s)H(s)=\dfrac{K^*}{s(s^2+8s+20)}$；

(4) $G(s)H(s)=\dfrac{K^*(s+2)}{s(s+3)(s^2+2s+2)}$。

4-4 设单位反馈系统的开环传递函数，要求：

(1) 确定 $G(s)=\dfrac{K^*(s+z)}{s^2(s+10)(s+20)}$ 产生纯虚根为 $\pm\mathrm{j}1$ 的 z 值和 K^* 值；

(2) 概略绘出 $G(s)=\dfrac{K^*}{s(s+1)(s+3.5)(s+3+\mathrm{j}2)(s+3-\mathrm{j}2)}$ 的闭环根轨迹图(要求

确定根轨迹的渐近线、分离点、与虚轴交点和起始角)。

4-5 已知控制系统的开环传递函数为

$$G(s)H(s)=\frac{K^*(s+2)}{(s^2+4s+9)^2}$$

试概略绘制系统根轨迹。

4-6 直升机静稳定性不好,需要加控制装置改善性能。如图 4-23 所示是加入镇定控制回路的直升机俯仰控制系统结构图。直升机的动态特性可用传递函数 $G_0(s)=\frac{10(s+0.5)}{(s+1)(s-0.4)^2}$表示。

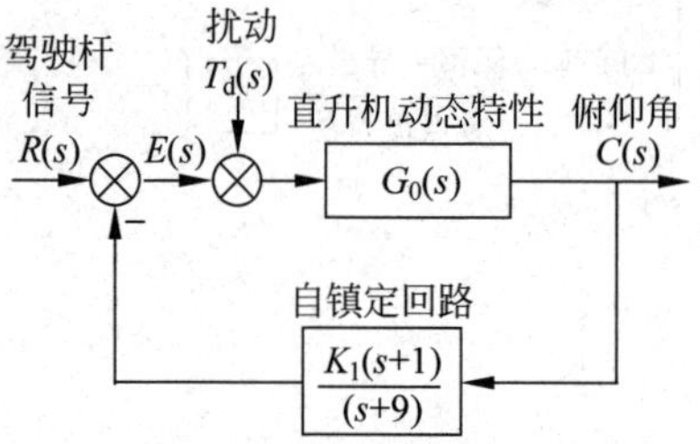

图 4-23 直升机俯仰控制系统结构图

(1) 画出俯仰控制系统的根轨迹。

(2) 当 $K_1=1.9$ 时,确定对阵风扰动 $T_d(s)=1/s$ 的稳态误差。

4-7 单位反馈系统的开环传递函数为

$$G(s)=\frac{K(2s+1)}{(s+1)^2\left(\frac{4}{7}s-1\right)}$$

试绘制系统根轨迹,并确定使系统稳定的 K 值范围。

4-8 单位反馈系统的开环传递函数为

$$G(s)=\frac{K^*(s^2-2s+5)}{(s+2)(s-0.5)}$$

试绘制系统的根轨迹,确定使系统稳定的 K 值范围。

4-9 试绘出下列多项式方程的根轨迹:

(1) $s^3+2s^2+3s+Ks+2K=0$;

(2) $s^3+3s^2+(K+2)s+10K=0$。

4-10 控制系统的结构如图 4-24 所示,试概略绘制其根轨迹。

4-11 设单位反馈系统的开环传递函数为

$$G(s)=\frac{K^*(1-s)}{s(s+2)}$$

试绘制系统根轨迹,并求出使系统产生重实根和纯虚根的 K^* 值。

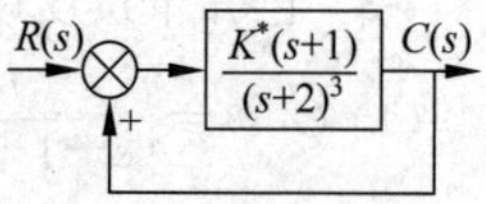

图 4-24 系统结构图

4-12 已知单位反馈系统的开环传递函数,试绘制参数 b 从零变化到无穷大时的根轨迹,并写出 $b=2$ 时的系统闭环传递函数。

(1) $G(s)=\frac{20}{(s+4)(s+b)}$;

(2) $G(s)=\frac{30(s+b)}{s(s+10)}$。

4-13 设一位置随动系统如图 4-25 所示。试

(1) 绘制以 τ 为参数的根轨迹;

(2) 求系统阻尼比 $\zeta=0.5$ 时的闭环传递函数。

4-14 已知系统结构图如图 4-26 所示，试绘制时间常数 T 变化时系统的根轨迹，并分析参数 T 的变化对系统动态性能的影响。

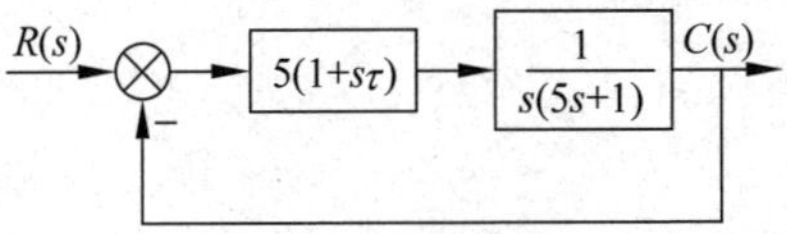

图 4-25 位置随动系统

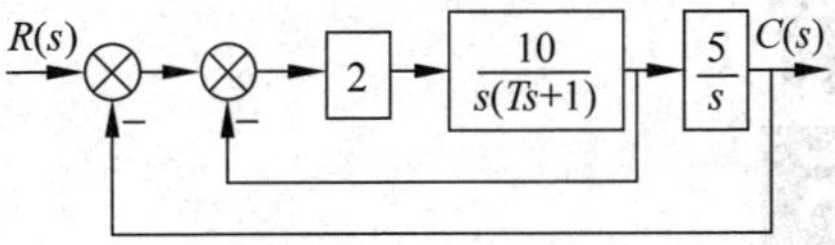

图 4-26 题 4-14 图

4-15 实系数特征方程

$$A(s)=s^3+5s^2+(6+a)s+a=0$$

要使其根全为实数，试确定参数 a 的范围。

4-16 某单位反馈系统结构图如图 4-27 所示。试分别绘出控制器传递函数$G_c(s)$为

(1) $G_{c1}(s)=K^*$

(2) $G_{c2}(s)=K^*(s+3)$

(3) $G_{c3}(s)=K^*(s+1)$

时系统的根轨迹，并讨论比例加微分控制器 $G_c(s)=K^*(s+z_c)$ 中，零点 $-z_c$ 的取值对系统稳定性的影响。

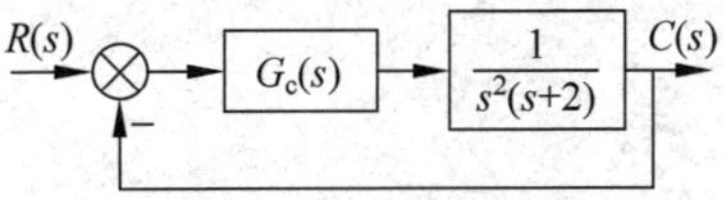

图 4-27 题 4-16 图

4-17 单位反馈系统开环传递函数

$$G(s)=\frac{K(1+0.1s)}{s(s+1)(0.25s+1)^2}$$

(1) 绘制 $-\infty<K<\infty$ 时的根轨迹；

(2) 用主导极点法求出系统处于临界阻尼时的开环增益，并写出对应的闭环传递函数。

第5章 线性系统的频域分析与校正

第3、4章分别介绍了时域分析法和复域分析法(根轨迹法),本章介绍频域分析法。频域分析法是基于频率特性或频率响应对系统进行分析和设计的一种图解方法,故又称为频率响应法,也称频率法。

频率法的优点是能比较方便地由频率特性来确定系统性能;当系统传递函数难以确定时,可以通过实验法确定频率特性;在一定条件下,还能推广应用于某些非线性系统。因此,频率法在工程中得到了广泛的应用,它也是经典控制理论中的重要内容。

本章将介绍频率响应、频率特性的概念、频率特性的绘制、以及由频率特性分析系统性能、设计控制系统的方法。

5.1 频率特性的基本概念

5.1.1 频率响应

线性控制系统在输入正弦信号时,其稳态输出随频率($\omega=0\rightarrow\infty$)变化的规律,称为该系统的频率响应。

系统传递函数可以表示为

$$G(s)=\frac{C(s)}{R(s)}=\frac{M(s)}{(s+p_1)(s+p_2)\cdots(s+p_n)} \tag{5-1}$$

式中,$M(s)$表示$G(s)$的分子多项式,$-p_1,-p_2,\cdots,-p_n$为系统极点。为讨论方便并且不失一般性,设所有极点都是互异的单极点。

当输入信号$r(t)=X\sin\omega t$时,有

$$R(s)=\frac{X\omega}{s^2+\omega^2} \tag{5-2}$$

输出信号的拉普拉斯变换为

$$\begin{aligned}C(s)&=\frac{M(\omega)}{(s+p_1)(s+p_2)\cdots(s+p_n)}\frac{X\omega}{(s+\mathrm{j}\omega)(s-\mathrm{j}\omega)}\\&=\frac{C_1}{s+p_1}+\frac{C_2}{s+p_2}+\cdots+\frac{C_n}{s+p_n}+\frac{C_a}{s+\mathrm{j}\omega}+\frac{C_{-a}}{s-\mathrm{j}\omega}\end{aligned} \tag{5-3}$$

式中,$C_1,C_2,\cdots,C_n,C_a,C_{-a}$均为待定系数。对式(5-3)求拉普拉斯反变换,可得输出为

$$c(t)=C_1\mathrm{e}^{-p_1t}+C_2\mathrm{e}^{-p_2t}+\cdots+C_n\mathrm{e}^{-p_nt}+C_a\mathrm{e}^{\mathrm{j}\omega t}+C_{-a}\mathrm{e}^{-\mathrm{j}\omega t} \tag{5-4}$$

假设系统稳定,当$t\rightarrow\infty$时,式(5-4)右端除了最后两项外,其余各项都将衰减至0。所以$c(t)$的稳态分量为

$$c_s(t)=\lim_{t\rightarrow\infty}c(t)=C_a\mathrm{e}^{\mathrm{j}\omega t}+C_{-a}\mathrm{e}^{-\mathrm{j}\omega t} \tag{5-5}$$

其中,系数C_a和C_{-a}可如下计算

$$C_a=G(s)\frac{X\omega}{(s+\mathrm{j}\omega)(s-\mathrm{j}\omega)}(s-\mathrm{j}\omega)\bigg|_{s=\mathrm{j}\omega}=\frac{X\cdot G(\mathrm{j}\omega)}{2\mathrm{j}} \tag{5-6a}$$

$$C_{-a}=G(s)\frac{X\omega}{(s+\mathrm{j}\omega)(s-\mathrm{j}\omega)}(s+\mathrm{j}\omega)\bigg|_{s=-\mathrm{j}\omega}=-\frac{X\cdot G(-\mathrm{j}\omega)}{2\mathrm{j}} \tag{5-6b}$$

$G(\mathrm{j}\omega)$是复函数，可写为

$$G(\mathrm{j}\omega)=|G(\mathrm{j}\omega)|\mathrm{e}^{\mathrm{j}\angle G(\mathrm{j}\omega)} \tag{5-7}$$

则有

$$\begin{aligned} c_{\mathrm{s}}(t) &= X\frac{|G(\mathrm{j}\omega)|}{2\mathrm{j}}[\mathrm{e}^{\mathrm{j}\omega t}\mathrm{e}^{\mathrm{j}\angle G(\mathrm{j}\omega)}-\mathrm{e}^{-\mathrm{j}\omega t}\mathrm{e}^{-\mathrm{j}\angle G(\mathrm{j}\omega)}] \\ &= X|G(\mathrm{j}\omega)|\sin[\omega t+\angle G(\mathrm{j}\omega)] \end{aligned} \tag{5-8}$$

式中，$|G(\mathrm{j}\omega)|$是$G(\mathrm{j}\omega)$的幅值，$\angle G(\mathrm{j}\omega)$是$G(\mathrm{j}\omega)$的相角。

式(5-8)表明线性系统（或元件）在输入正弦信号$r(t)=X\sin\omega t$时，其稳态输出$c_{\mathrm{s}}(t)$是与输入$r(t)$同频率的正弦信号。输出正弦信号与输入正弦信号的幅值之比为$G(\mathrm{j}\omega)$的幅值，输出正弦信号与输入正弦信号的相角之差是$G(\mathrm{j}\omega)$的相角，它们都是频率ω的函数。

5.1.2 频率特性

线性定常系统的频率特性定义为系统的稳态正弦响应与输入正弦信号的复数比。用$G(\mathrm{j}\omega)$表示，即

$$\begin{aligned} G(\mathrm{j}\omega) &= \frac{X|G(\mathrm{j}\omega)|\mathrm{e}^{\mathrm{j}\angle G(\mathrm{j}\omega)}}{X\mathrm{e}^{\mathrm{j}0}} \\ &= |G(\mathrm{j}\omega)|\mathrm{e}^{\mathrm{j}\angle G(\mathrm{j}\omega)} \\ &= A(\omega)\angle\varphi(\omega) \end{aligned} \tag{5-9}$$

式中，$A(\omega)$称为系统的幅频特性，$A(\omega)=|G(\mathrm{j}\omega)|$；$\varphi(\omega)$称为系统的相频特性，$\varphi(\omega)=\angle G(\mathrm{j}\omega)$。

频率特性描述了在不同频率下系统（或元件）传递正弦信号的能力。

由式(5-9)可以看出，若已知系统的传递函数$G(s)$，只要将复变量s用$\mathrm{j}\omega$代替，就可求得相应的频率特性$G(\mathrm{j}\omega)$。尽管频率特性是一种稳态响应，但系统动态过程的规律也全部寓于其中。因此，和微分方程、传递函数一样，频率特性也能表征系统的运动规律，它也是描述线性控制系统的数学模型形式之一。

例 5-1 RC电路如图 5-1 所示，求其频率特性。

解 列写电路电压平衡方程

$$u_{\mathrm{r}}(t)=R\cdot i(t)+u_{\mathrm{c}}(t)=RC\dot{u}_{\mathrm{c}}(t)+u_{\mathrm{c}}(t)$$

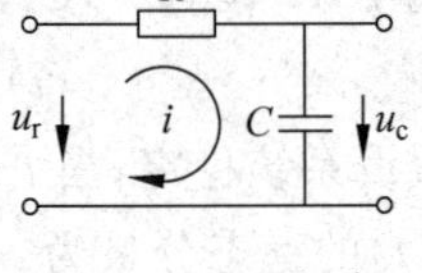

图 5-1 RC电路

对上式进行拉普拉斯变换，可以导出电路的传递函数为

$$G(s)=\frac{U_{\mathrm{c}}(s)}{U_{\mathrm{r}}(s)}=\frac{1}{RCs+1}=\frac{1}{Ts+1}$$

式中，$T=RC$为电路的时间常数。做变量代换$s=\mathrm{j}\omega$，得到电路的频率特性

$$G(\mathrm{j}\omega)=\frac{1}{1+\mathrm{j}T\omega}$$

在此，有关频率特性的推导是在系统稳定的条件下给出的。若系统不稳定，输出响应最终不可能达到稳态过程$c_{\mathrm{s}}(t)$。但从理论上讲，$c(t)$中的稳态分量$c_{\mathrm{s}}(t)$总是可以分解

出来的，所以频率特性的概念同样适合于不稳定系统。

除了用式(5-9)的指数型或幅角型形式描述以外，频率特性 $G(j\omega)$ 还可用实部和虚部形式来描述，即

$$G(j\omega) = P(\omega) + jQ(\omega) \tag{5-10}$$

式中，$P(\omega)$ 和 $Q(\omega)$ 分别称为系统(或元件)的实频特性和虚频特性。由图 5-2 的几何关系知，幅频、相频特性与实频、虚频特性之间的关系为

$$P(\omega) = A(\omega)\cos\varphi(\omega) \tag{5-11}$$

$$Q(\omega) = A(\omega)\sin\varphi(\omega) \tag{5-12}$$

$$A(\omega) = \sqrt{P^2(\omega) + Q^2(\omega)} \tag{5-13}$$

$$\varphi(\omega) = \arctan\frac{Q(\omega)}{P(\omega)} \tag{5-14}$$

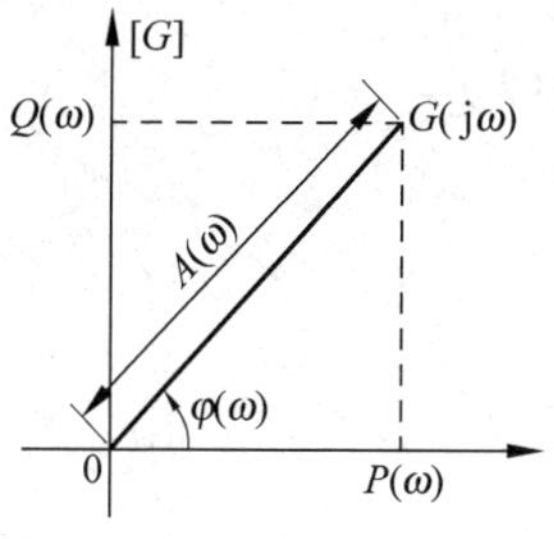

图 5-2　$G(j\omega)$ 在复平面上的表示

5.1.3　频率特性的图形表示方法

用频率法分析、设计控制系统时，常常不是从频率特性的函数表达式出发，而是将频率特性绘制成一些曲线，借助于这些曲线对系统进行图解分析。因此必须熟悉频率特性的各种图形表示方法和图解运算过程。表 5-1 中给出控制工程中常见的 4 种频率特性图示法，其中第 2、3 两种图示方法在实际中应用最为广泛。

表 5-1　常用频率特性曲线及其坐标

序号	名　　称	图形常用名	坐　标　系
1	幅频特性曲线 相频特性曲线	频率特性图	直角坐标
2	幅相频率特性曲线	极坐标图、奈奎斯特图	极坐标
3	对数幅频特性曲线 对数相频特性曲线	对数频率特性、伯德图	半对数坐标
4	对数幅相特性曲线	对数幅相图、尼柯尔斯图	对数幅相坐标

1. 频率特性曲线

频率特性曲线包括幅频特性曲线和相频特性曲线。幅频特性是频率特性幅值 $|G(j\omega)|$ 随 ω 的变化规律；相频特性描述频率特性相角 $\angle G(j\omega)$ 随 ω 的变化规律。图 5-1 中所示电路的频率特性如图 5-3 所示。

2. 幅相频率特性曲线

幅相频率特性曲线又称奈奎斯特(Nyquist)曲线(简称幅相特性或奈氏曲线)，在复

平面上以极坐标的形式表示。由式(5-9)可知,对于某个特定频率 ω_i 下的频率特性 $G(\mathrm{j}\omega_i)$,可以用复平面 G 上的向量表示,向量的长度为 $A(\omega_i)$,相角为 $\varphi(\omega_i)$。当 $\omega=0\to\infty$ 变化时,向量 $G(\mathrm{j}\omega)$ 的端点在复平面 G 上描绘出来的轨迹就是幅相频率特性曲线。通常把 ω 作为参变量标在曲线相应点的旁边,并用箭头表示 ω 增大时特性曲线的走向。

图 5-4 中的实线就是图 5-1 所示电路的幅相频率特性曲线。

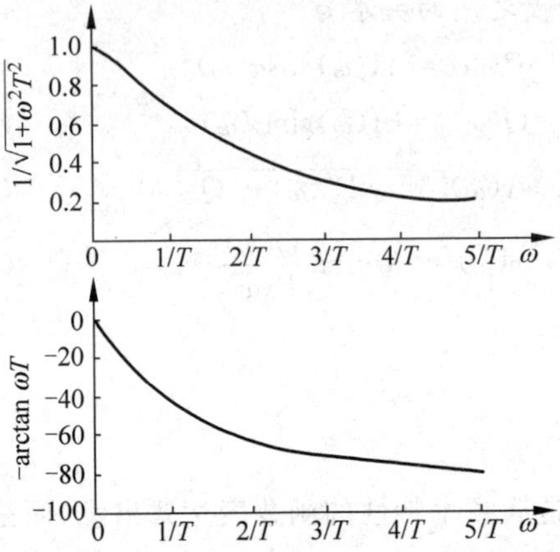

图 5-3　RC 电路的频率特性曲线

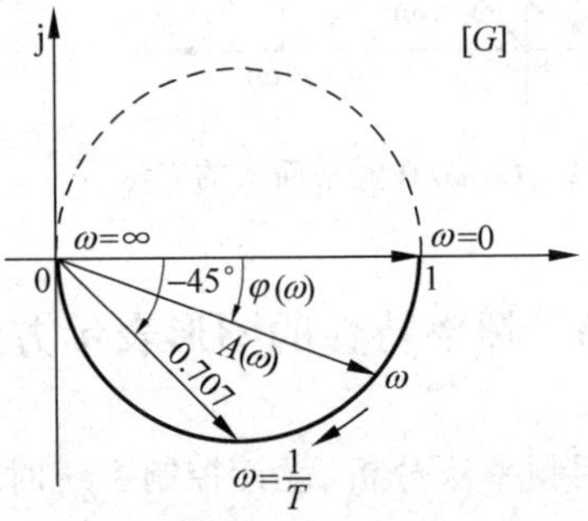

图 5-4　RC 电路的幅相频率特性

3. 对数频率特性曲线

对数频率特性曲线图又叫伯德(Bode)图。它由对数幅频特性和对数相频特性两条曲线所组成,是频率法中应用最广泛的一种表示方法。伯德图是在半对数坐标纸上绘制出来的,其横坐标采用对数刻度,纵坐标采用线性的均匀刻度。

在伯德图中,对数幅频特性是 $G(\mathrm{j}\omega)$ 的对数值 $20\lg|G(\mathrm{j}\omega)|$ 与频率 ω 的关系曲线;对数相频特性则是 $G(\mathrm{j}\omega)$ 的相角 $\varphi(\omega)$ 与频率 ω 的关系曲线。在绘制伯德图时,为了作图和读数方便,常将两条曲线画在一起,采用同一横坐标作为频率轴,横坐标虽采用对数刻度,但以 ω 的实际值标定,单位为 rad/s(弧度/秒)。

画对数频率特性曲线时,必须注意对数刻度的特点。尽管在频率 ω 轴上标明的数值是实际的 ω 值,但坐标上的距离却是按 ω 值的常用对数 $\lg\omega$ 来刻度的。坐标轴上任何两点 ω_1 和 ω_2(设 $\omega_2>\omega_1$)之间的距离为 $\lg\omega_2-\lg\omega_1$,而不是 $\omega_2-\omega_1$。横坐标上若两对频率间距离相同,则其比值相等。

频率 ω 每变化 10 倍称为一个十倍频程,又称"旬距",记作 dec。每个 dec 沿横坐标走过的间隔为一个单位长度,如图 5-5 所示。

对数幅频特性的纵坐标为 $L(\omega)=20\lg A(\omega)$,称为对数幅值,单位是 dB(分贝)。由于纵坐标 $L(\omega)$ 已作过对数转换,故纵坐标按分贝值是线性刻度的。$A(\omega)$ 的幅值每增大 10 倍,对数幅值 $L(\omega)$ 就增加 20dB。

对数相频特性的纵坐标为相角 $\varphi(\omega)$,单位是(°)度,采用线性刻度。

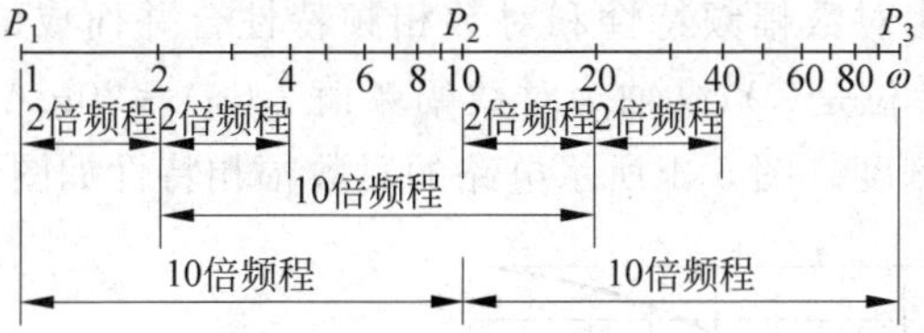

图 5-5　对数分度

图 5-1 所示电路的对数频率特性如图 5-6 所示。Bode 图的绘制方法将在 5.3 节介绍。

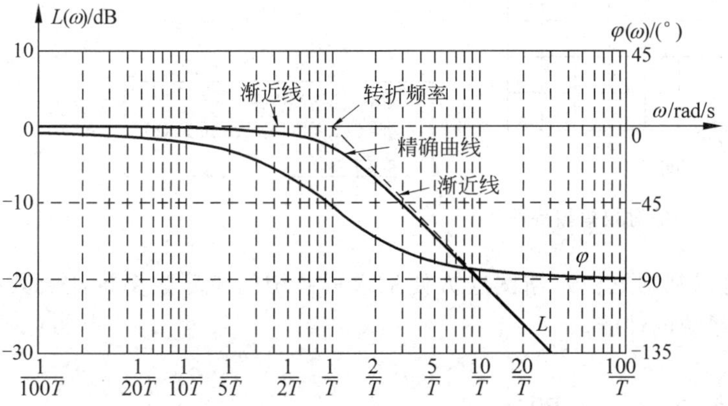


```
% 图5-6的绘图程序
g=tf([1],[1 1]);
bode(g); grid on;
```

图 5-6　$\dfrac{1}{j\omega T+1}$的对数频率特性

采用对数坐标图的优点较多，主要表现在下述几方面：

（1）由于横坐标采用对数刻度，相对展宽了低频段（低频段频率特性的形状对于控制系统性能的研究具有较重要的意义）相对压缩了高频段。因此，可以在较宽的频段范围中研究系统的频率特性。

（2）由于对数可将乘除运算变成加减运算。当绘制由多个环节串联而成的系统的对数幅频特性时，只要将各环节的对数幅频特性叠加起来即可，从而简化了作图的过程。

（3）在对数坐标图上，所有典型环节的对数幅频特性乃至系统的对数幅频特性均可用分段直线近似表示。这种近似具有相当的精确度。若对分段直线进行修正，即可得到精确的特性曲线。

（4）若将实验所得的频率特性数据整理并用分段直线画出对数频率特性，很容易写出实验对象的频率特性表达式或传递函数。

4. 对数幅相特性曲线

对数幅相特性曲线又称尼柯尔斯（Nichols）曲线。绘有这一特性曲线的图形称为对数幅相图或尼柯尔斯图。

对数幅相特性是由对数幅频特性和对数相频特性合并而成的曲线。对数幅相坐标的横轴为相角 $\varphi(\omega)$，单位是(°)，纵轴为对数幅频值 $L(\omega)=20\lg A(\omega)$，单位是 dB。横坐标和纵坐标均是线性刻度。图 5-1 所示电路的对数幅相特性如图 5-7 所示(取 $T=1$)。

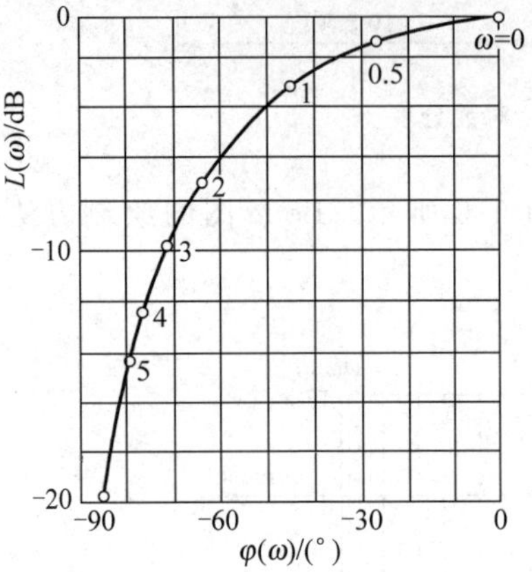


```
% 图5-7的绘制程序
  g=tf(1,[1 1]);nichols(g);
  grid on;
```

图 5-7　$1/(\mathrm{j}\omega+1)$的对数幅相特性

采用对数幅相特性可以利用尼柯尔斯图线方便地求得系统的闭环频率特性及其有关的特性参数，用以评估系统的性能。

5.2　幅相频率特性(Nyquist 图)

开环系统的幅相特性曲线是系统频域分析的依据，掌握典型环节的幅相特性是绘制开环系统幅相特性曲线的基础。

在典型环节或开环系统的传递函数中，令 $s=\mathrm{j}\omega$，即得到相应的频率特性。令 ω 由小到大取值，计算相应的幅值 $A(\omega)$和相角 $\varphi(\omega)$，在 G 平面描点画图，就可以得到典型环节或开环系统的幅相特性曲线。

5.2.1　典型环节的幅相特性曲线

1. 比例环节

比例环节的传递函数为

$$G(s)=K \tag{5-15}$$

其频率特性为

$$G(\mathrm{j}\omega)=K+\mathrm{j}0=K\mathrm{e}^{\mathrm{j}0}$$

$$\begin{cases}A(\omega)=|G(\mathrm{j}\omega)|=K\\ \varphi(\omega)=\angle G(\mathrm{j}\omega)=0^\circ\end{cases} \tag{5-16}$$

比例环节的幅相特性是 G 平面实轴上的一个点，如图 5-8 所示。它表明比例环节稳

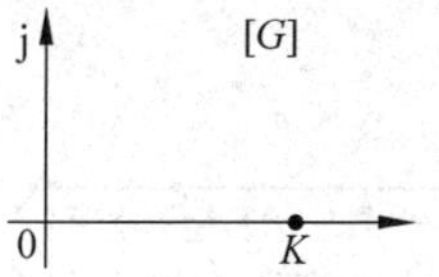

图 5-8 比例环节的幅相频率特性

态正弦响应的振幅是输入信号的 K 倍，且响应与输入同相角。

2. 微分环节

微分环节的传递函数为

$$G(s)=s \tag{5-17}$$

其频率特性为

$$G(\mathrm{j}\omega)=0+\mathrm{j}\omega=\omega \mathrm{e}^{\mathrm{j}90^\circ}$$

$$\begin{cases}A(\omega)=\omega \\ \varphi(\omega)=90^\circ\end{cases} \tag{5-18}$$

微分环节的幅值与 ω 成正比，相角恒为 90°。当 $\omega=0\to\infty$ 时，幅相特性从 G 平面的原点起始，一直沿虚轴趋于 $+\mathrm{j}\infty$ 处，如图 5-9 曲线①所示。

3. 积分环节

积分环节的传递函数为

$$G(s)=\frac{1}{s} \tag{5-19}$$

其频率特性为

$$G(\mathrm{j}\omega)=0+\frac{1}{\mathrm{j}\omega}=\frac{1}{\omega}\mathrm{e}^{-\mathrm{j}90^\circ}$$

$$\begin{cases}A(\omega)=\dfrac{1}{\omega} \\ \varphi(\omega)=-90^\circ\end{cases} \tag{5-20}$$

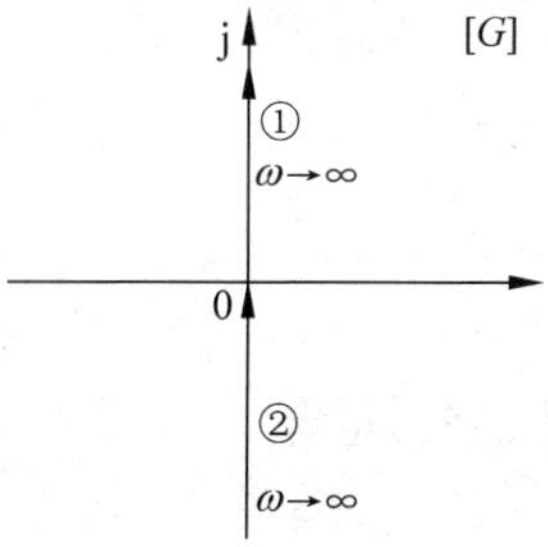

图 5-9 微、积分环节幅相特性曲线

积分环节的幅值与 ω 成反比，相角恒为 -90°。当 $\omega=0\to\infty$ 时，幅相特性从虚轴 $-\mathrm{j}\infty$ 处出发，沿负虚轴逐渐趋于坐标原点，如图 5-9 曲线②所示。

4. 惯性环节

惯性环节的传递函数为

$$G(s)=\frac{1}{Ts+1} \tag{5-21}$$

其频率特性为

$$G(\mathrm{j}\omega)=\frac{1}{1+\mathrm{j}T\omega}=\frac{1}{\sqrt{1+T^2\omega^2}}\mathrm{e}^{-\mathrm{j}\arctan T\omega}$$

$$\begin{cases}A(\omega)=\dfrac{1}{\sqrt{1+T^2\omega^2}} \\ \varphi(\omega)=-\arctan T\omega\end{cases} \tag{5-22}$$

当 $\omega=0$ 时，幅值 $A(\omega)=1$，相角 $\varphi(\omega)=0^\circ$；当 $\omega\to\infty$ 时，$A(\omega)=0$，$\varphi(\omega)=-90^\circ$。可以证明，惯性环节幅相特性曲线是一个以点 $(1/2,\mathrm{j}0)$ 为圆心、$1/2$ 为半径的半圆，如图 5-10 所示。证明如下：

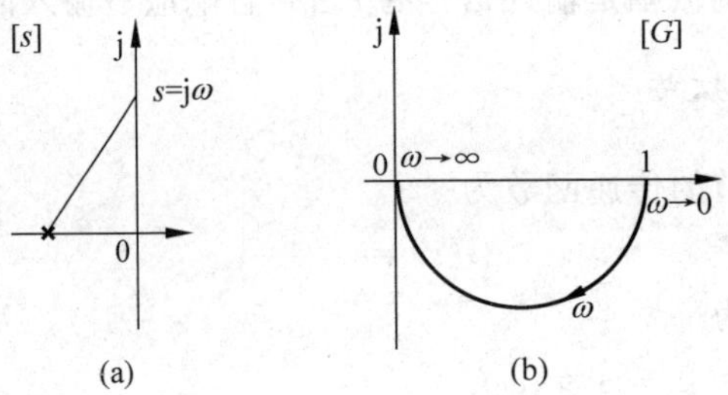


```
% 图5-10的绘制程序
  g=tf(1,[1 1]);
  nyquist(g);
  axis('square');
  grid on;
```

图 5-10　惯性环节的极点分布和幅相特性曲线

设

$$G(\mathrm{j}\omega)=\frac{1}{1+\mathrm{j}T\omega}=\frac{1-\mathrm{j}T\omega}{1+T^2\omega^2}=X+\mathrm{j}Y \tag{5-23}$$

其中

$$X=\frac{1}{1+T^2\omega^2} \tag{5-24}$$

$$Y=\frac{-T\omega}{1+T^2\omega^2}=-T\omega X \tag{5-25}$$

由式(5-25)可得

$$-T\omega=\frac{Y}{X} \tag{5-26}$$

将式(5-26)代入式(5-24)整理后可得

$$\left(X-\frac{1}{2}\right)^2+Y^2=\left(\frac{1}{2}\right)^2 \tag{5-27}$$

式(5-27)表明,惯性环节的幅相频率特性符合圆的方程,圆心在实轴上 1/2 处,半径为 1/2。从式(5-25)还可看出,X 为正值时,Y 只能取负值,这意味着曲线限于实轴的下方,只是半个圆。

例 5-2　已知某环节的幅相特性曲线如图 5-11 所示,当输入频率 $\omega=1$ 的正弦信号时,该环节稳态响应的相角滞后 30°,试确定环节的传递函数。

解　根据幅相特性曲线的形状,可以断定该环节传递函数形式为

$$G(\mathrm{j}\omega)=\frac{K}{Ts+1}$$

依题意有　　$A(0)=|G(\mathrm{j}0)|=K=10$

$$\varphi(1)=-\arctan T=-30^\circ$$

因此得

$$K=10,\quad T=\sqrt{3}/3$$

所以

$$G(s)=\frac{10}{\frac{\sqrt{3}}{3}s+1}$$

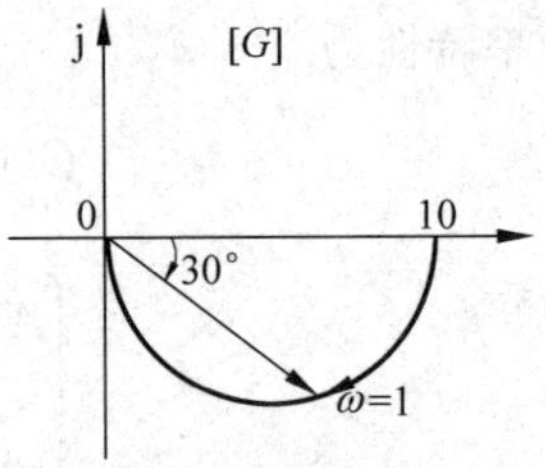

图 5-11　某环节幅相特性曲线

惯性环节是一种低通滤波器,低频信号容易通过,而高频信号通过后幅值衰减较大。

对于不稳定的惯性环节,其传递函数为

$$G(s)=\frac{1}{Ts-1} \tag{5-28}$$

其频率特性为

$$G(\mathrm{j}\omega)=\frac{1}{-1+\mathrm{j}T\omega}$$

$$\begin{cases}A(\omega)=\dfrac{1}{\sqrt{1+T^2\omega^2}}\\ \varphi(\omega)=-180^\circ+\arctan T\omega\end{cases} \tag{5-29}$$

当 $\omega=0$ 时,幅值 $A(\omega)=1$,相角 $\varphi(\omega)=-180^\circ$;当 $\omega\to\infty$时,$A(\omega)=0$,$\varphi(\omega)=-90^\circ$。

分析 s 平面复向量$\overrightarrow{s-p_1}$(由 $p_1=1/T$ 指向 $s=\mathrm{j}\omega$)随 ω 增加时其幅值和相角的变化规律,可以确定幅相特性曲线的变化趋势,如图 5-12 所示。

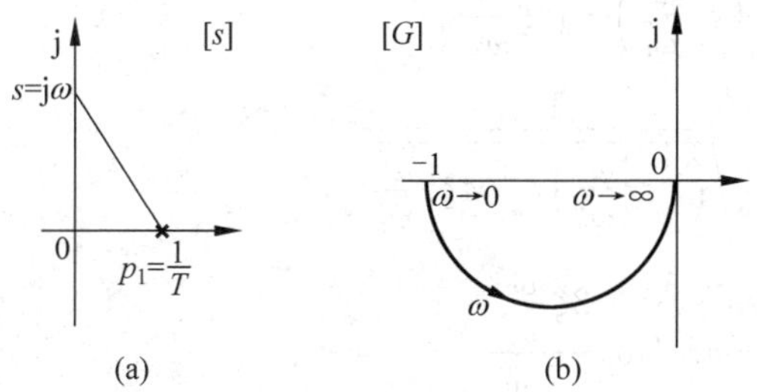


```
% 图5-12的绘制程序
  g=tf(1,[1 -1]);
  nyquist(g);
  axis('square');
  grid on;
```

图 5-12 不稳定惯性环节的极点分布和幅相特性

可见,与稳定惯性环节的幅相特性相比,不稳定惯性环节的幅值不变,但相角不同,相角变化的绝对值比相应的稳定惯性环节要大,故称其为“非最小相角环节”。

5. 一阶复合微分环节

一阶复合微分环节的传递函数为

$$G(s)=Ts+1 \tag{5-30}$$

其频率特性为

$$G(\mathrm{j}\omega)=1+\mathrm{j}T\omega=\sqrt{1+T^2\omega^2}\,\mathrm{e}^{\mathrm{j}\arctan T\omega}$$

$$\begin{cases}A(\omega)=\sqrt{1+T^2\omega^2}\\ \varphi(\omega)=\arctan T\omega\end{cases} \tag{5-31}$$

一阶复合微分环节幅相特性的实部为常数 1,虚部与 ω 成正比,如图 5-13 曲线①所示。

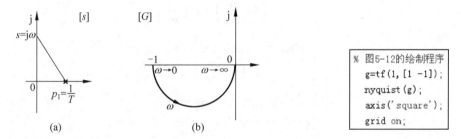

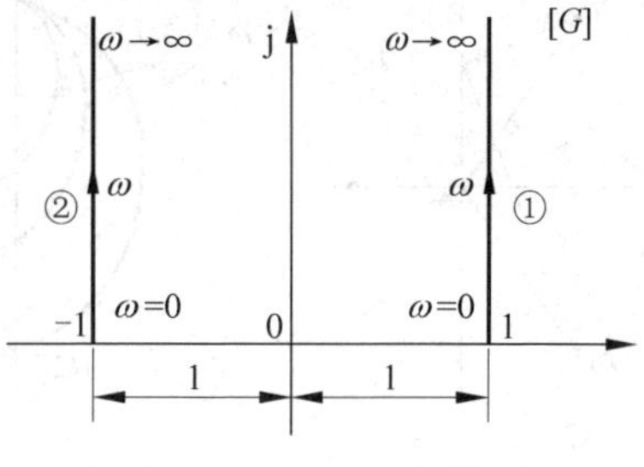

图 5-13 一阶微分环节的幅相频率特性

不稳定一阶复合微分环节的传递函数为

$$G(s)=Ts-1 \tag{5-32}$$

其频率特性为

$$G(\mathrm{j}\omega)=-1+\mathrm{j}T\omega$$

$$\begin{cases}A(\omega)=\sqrt{1+T^2\omega^2}\\ \varphi(\omega)=180^\circ-\arctan T\omega\end{cases} \tag{5-33}$$

其幅相特性的实部为-1,虚部与ω成正比,如图 5-13 曲线②所示。不稳定环节的频率特性都是非最小相角的。

6. 二阶振荡环节

二阶振荡环节的传递函数为

$$G(s)=\frac{1}{T^2s^2+2T\zeta s+1}=\frac{\omega_n^2}{s^2+2\zeta\omega_n+\omega_n^2}\quad 0<\zeta<1 \tag{5-34}$$

式中,$\omega_n=1/T$为环节的无阻尼自然频率;ζ为阻尼比,$0<\zeta<1$。相应的频率特性为

$$G(\mathrm{j}\omega)=\frac{1}{\left(1-\frac{\omega^2}{\omega_n^2}\right)+\mathrm{j}2\zeta\frac{\omega}{\omega_n}}$$

$$\begin{cases}A(\omega)=\dfrac{1}{\sqrt{\left(1-\dfrac{\omega^2}{\omega_n^2}\right)^2+4\zeta^2\dfrac{\omega^2}{\omega_n^2}}}\\ \varphi(\omega)=-\arctan\dfrac{2\zeta\dfrac{\omega}{\omega_n}}{1-\dfrac{\omega^2}{\omega_n^2}}\end{cases} \tag{5-35}$$

当$\omega=0$时,$G(\mathrm{j}0)=1\angle 0^\circ$

当$\omega=\omega_n$时,$G(\mathrm{j}\omega_n)=1/(2\zeta)\angle -90^\circ$

当$\omega=\infty$时,$G(\mathrm{j}\infty)=0\angle -180^\circ$

分析二阶振荡环节极点分布以及当$s=\mathrm{j}\omega=\mathrm{j}0\to\mathrm{j}\infty$变化时,向量$\overrightarrow{s-p_1}$,$\overrightarrow{s-p_2}$的模和相角的变化规律,可以绘出$G(\mathrm{j}\omega)$的幅相特性曲线。二阶振荡环节幅相特性的形状与$\zeta$值有关,当$\zeta$值分别取 0.4、0.6 和 0.8 时,幅相特性曲线如图 5-14 所示。

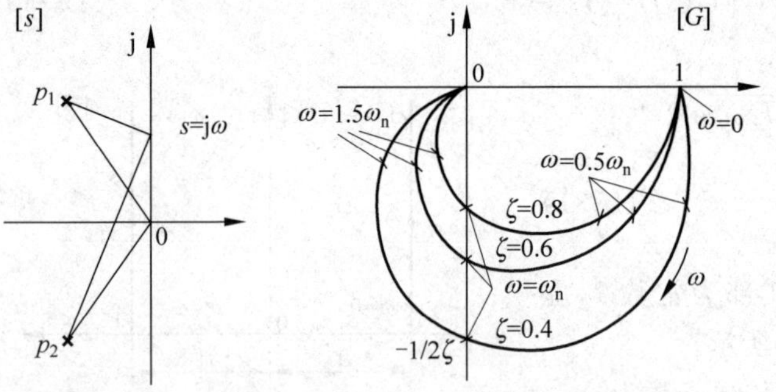

图 5-14　振荡环节极点分布和幅相特性

```
% 图5-14的绘制程序
  xi=[0.4 0.6 0.8];
  wn=10;
  for i=1:3
      num=wn*wn;
      den=[1 2*xi(i)*wn wn*wn];
      nyquist(num,den);
      axis('square');
      hold on;
  end
  grid on;
```

(1) 谐振频率 ω_r 和谐振峰值 M_r

由图 5-14 可看出，ζ 值较小时，随 $\omega=0\to\infty$ 变化，$G(\mathrm{j}\omega)$ 的幅值 $A(\omega)$ 先增加然后再逐渐衰减直至 0。$A(\omega)$ 达到极大值时对应的幅值称为谐振峰值，记为 M_r；对应的频率称为谐振频率，记为 ω_r。以下推导 M_r、ω_r 的计算公式。

求式(5-35)中 $A(\omega)$ 的极大值相当于求 $\left[1-\frac{\omega^2}{\omega_n^2}\right]^2+4\zeta^2\frac{\omega^2}{\omega_n^2}$ 的极小值，令

$$\frac{\mathrm{d}}{\mathrm{d}\omega}\left\{\left[1-\frac{\omega^2}{\omega_n^2}\right]^2+4\zeta^2\frac{\omega^2}{\omega_n^2}\right\}=0$$

推导可得

$$\omega_r=\omega_n\sqrt{1-2\zeta^2}\quad(0<\zeta<0.707) \tag{5-36}$$

将式(5-36)代入式(5-35)的 $A(\omega)$ 式中，可得

$$M_r=A(\omega_r)=\frac{1}{2\zeta\sqrt{1-\zeta^2}} \tag{5-37}$$

M_r 与 ζ 的关系如图 5-15 所示。当 $\zeta\leqslant0.707$ 时，对应的振荡环节存在 ω_r 和 M_r；当 ζ 减小时，ω_r 增加，趋向于 ω_n 值，M_r 则越来越大，趋向于 ∞；当 $\zeta=0$ 时，$M_r=\infty$，这对应无阻尼系统的共振现象。

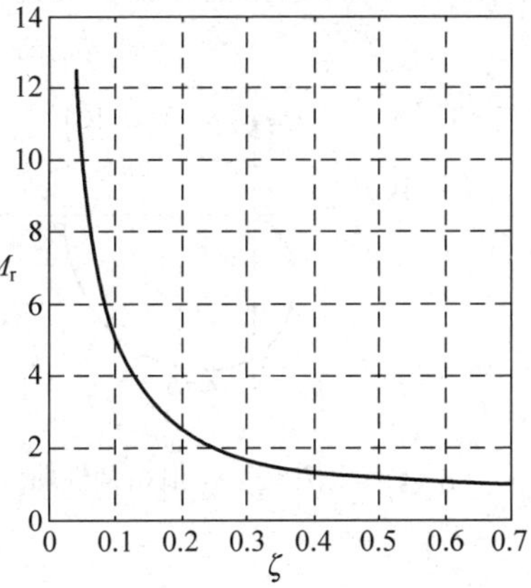


```
% 图5-15的绘制程序
  xi=0.04:0.01:0.707;
  for i=1:length(xi)
      Mr(i)=1/(2*xi(i)*sqrt(1-xi(i)*xi(i)));
  end
  plot(xi,Mr,'b-');grid on;
  xlabel('阻尼比');ylabel('Mr');
```

图 5-15　二阶系统 M_r 与 ζ 的关系

(2) 不稳定二阶振荡环节的幅相特性

不稳定二阶振荡环节的传递函数为

$$G(s)=\frac{\omega_n^2}{s^2-2\zeta\omega_n s+\omega_n^2} \tag{5-38}$$

其频率特性为

$$G(\mathrm{j}\omega)=\frac{1}{1-\frac{\omega^2}{\omega_n^2}-\mathrm{j}2\zeta\frac{\omega}{\omega_n}}$$

$$\begin{cases} A(\omega) & \text{（同稳定环节）} \\ \varphi(\omega) = -360^\circ + \arctan \dfrac{2\zeta \dfrac{\omega}{\omega_n}}{1-\dfrac{\omega^2}{\omega_n^2}} \end{cases} \tag{5-39}$$

不稳定二阶振荡环节是“非最小相角”环节，其相角从 -360° 连续变化到 -180°。不稳定振荡环节的极点分布与幅相曲线如图 5-16 所示。

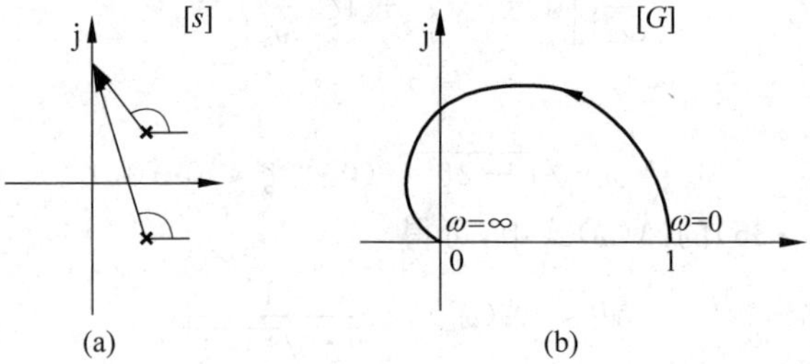

图 5-16　不稳定振荡环节的极点分布与幅相特性曲线图

（3）由幅相曲线确定 $G(s)$

例 5-3　由实验得到某环节的幅相特性曲线如图 5-17 所示，试确定环节的传递函数 $G(s)$，并确定其 ω_r、M_r。

解　根据幅相特性曲线的形状可以确定 $G(s)$ 的形式为

$$G(s) = \frac{K\omega_n^2}{s^2 + 2\zeta\omega_n s + \omega_n^2} \tag{5-40}$$

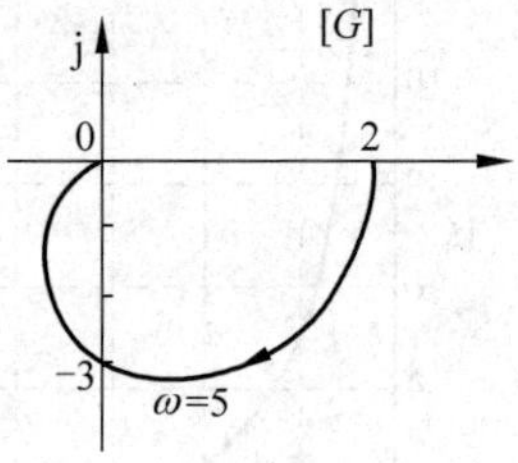

图 5-17　幅相特性曲线图

其频率特性为

$$\begin{cases} A(\omega) = \dfrac{K}{\sqrt{\left(1-\dfrac{\omega^2}{\omega_n^2}\right)^2 + 4\zeta^2 \dfrac{\omega^2}{\omega_n^2}}} \\ \varphi(\omega) = -\arctan \dfrac{2\zeta \dfrac{\omega}{\omega_n}}{1-\dfrac{\omega^2}{\omega_n^2}} \end{cases} \tag{5-41}$$

将图中条件 $A(0)=2$ 代入式(5-41)得　　$K=2$

将 $\varphi(5)=-90^\circ$ 代入式(5-41)得　　$\omega_n=5$

将 $A(\omega_n)=3$ 代入式(5-41)有　　$\dfrac{K}{2\zeta}=3$

故得

$$\zeta = \frac{K}{2\times 3} = \frac{2}{2\times 3} = \frac{1}{3}$$

$$G(s) = \frac{2\times 5^2}{s^2 + 2\times \dfrac{1}{3} \times 5s + 5^2} = \frac{50}{s^2 + 3.33s + 25}$$

由式(5-36)，得

$$\omega_r = \omega_n \sqrt{1-2\zeta^2} = 5\sqrt{1-2\times\left(\frac{1}{3}\right)^2} = \frac{5}{3}\sqrt{7}$$

由式(5-37)，得 $$M_r=\frac{1}{2\zeta\sqrt{1-\zeta^2}}=\frac{1}{2\times\frac{1}{3}\sqrt{1-\left(\frac{1}{3}\right)^2}}=\frac{9}{8}\sqrt{2}$$

7. 二阶复合微分环节

二阶复合微分环节的传递函数为

$$G(s)=T^2s^2+2\zeta Ts+1=\frac{s^2}{\omega_n^2}+2\zeta\frac{s}{\omega_n}+1 \tag{5-42}$$

频率特性为 $$G(j\omega)=\left(1-\frac{\omega^2}{\omega_n^2}\right)+j2\zeta\frac{\omega}{\omega_n}$$

$$\begin{cases}A(\omega)=\sqrt{\left(1-\frac{\omega^2}{\omega_n^2}\right)^2+4\zeta^2\frac{\omega^2}{\omega_n^2}}\\ \varphi(\omega)=\arctan\frac{2\zeta\frac{\omega}{\omega_n}}{1-\frac{\omega^2}{\omega_n^2}}\end{cases} \tag{5-43}$$

二阶复合微分环节的零点分布以及幅相特性曲线如图 5-18 所示。

不稳定二阶复合微分环节的频率特性为

$$G(j\omega)=1-\frac{\omega^2}{\omega_n^2}-j2\zeta\frac{\omega}{\omega_n} \tag{5-44}$$

$$\begin{cases}A(\omega)=\sqrt{\left(1-\frac{\omega^2}{\omega_n^2}\right)^2+4\zeta^2\frac{\omega^2}{\omega_n^2}}\\ \varphi(\omega)=360^\circ-\arctan\frac{2\zeta\frac{\omega}{\omega_n}}{1-\frac{\omega^2}{\omega_n^2}}\end{cases} \tag{5-45}$$

零点分布及幅相特性曲线如图 5-19 所示。

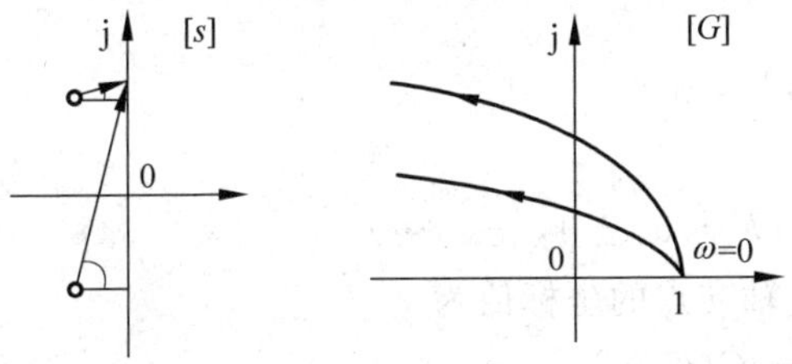

图 5-18 二阶复合微分环节的零点分布及幅相特性

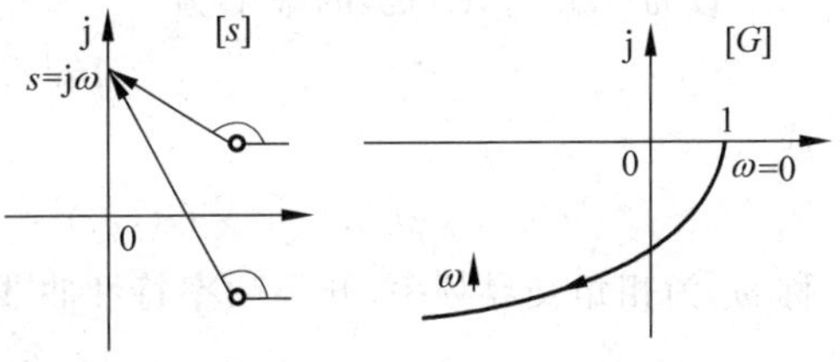

图 5-19 不稳定二阶复合微分环节的幅相特性

8. 延迟环节

延迟环节的传递函数为

$$G(s)=e^{-\tau s} \tag{5-46}$$

频率特性为 $$G(j\omega)=e^{-j\tau\omega}$$

$$\begin{cases} A(\omega) = 1 \\ \varphi(\omega) = -\tau\omega \end{cases} \tag{5-47}$$

其幅相特性曲线是圆心在原点的单位圆，如图 5-20 所示，ω 值越大，其相角滞后量越大。

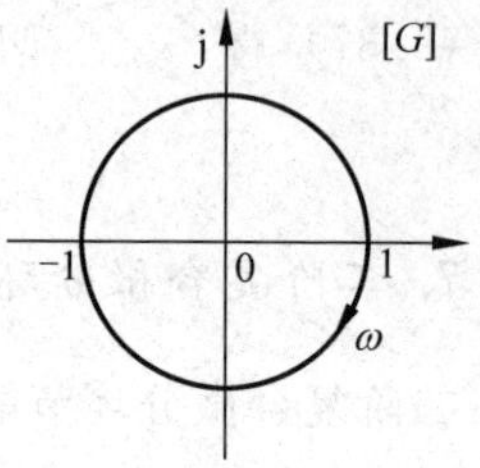

图 5-20　延迟环节幅相特性

5.2.2　开环系统幅相特性曲线的绘制

设开环传递函数 $G(s)$ 由 l 个典型环节串联组成，系统频率特性为

$$\begin{aligned} G(\mathrm{j}\omega) &= G_1(\mathrm{j}\omega)G_2(\mathrm{j}\omega)\cdots G_l(\mathrm{j}\omega) \\ &= A_1(\omega)\mathrm{e}^{\mathrm{j}\varphi_1(\omega)} \cdot A_2(\omega)\mathrm{e}^{\mathrm{j}\varphi_2(\omega)}\cdots A_l(\omega)\mathrm{e}^{\mathrm{j}\varphi_l(\omega)} \\ &= A(\omega)\mathrm{e}^{\mathrm{j}\varphi(\omega)} \end{aligned} \tag{5-48}$$

式中

$$\begin{cases} A(\omega) = A_1(\omega) \cdot A_2(\omega)\cdots A_l(\omega) \\ \varphi(\omega) = \varphi_1(\omega) + \varphi_2(\omega) + \cdots + \varphi_l(\omega) \end{cases} \tag{5-49}$$

$A_i(\omega)$、$\varphi_i(\omega)$（$i=1,2,\cdots,l$）分别表示各典型环节的幅频特性和相频特性。

式(5-48)表明，只要将组成开环传递函数的各典型环节的频率特性叠加起来，即可得出开环频率特性。在实际系统分析过程中，往往只需要知道幅相特性的大致图形即可，并不需要绘出准确曲线。可以将系统在 s 平面的开环零极点分布图画出来，令 $s=\mathrm{j}\omega$ 沿虚轴变化，当 $\omega=0\to\infty$ 时，分析各零极点指向 $s=\mathrm{j}\omega$ 的复向量的变化趋势，就可以推断各典型环节频率特性的变化规律，从而概略画出系统的开环幅相特性曲线。

概略绘制的开环幅相特性曲线应反映开环频率特性的三个要点：

(1) 开环幅相特性曲线的起点（$\omega=0$）和终点（$\omega\to\infty$）。

(2) 开环幅相特性曲线与实轴的交点。

设 $\omega=\omega_g$ 时，$G(\mathrm{j}\omega)$ 的虚部为

$$\mathrm{Im}[G(\mathrm{j}\omega_g)] = 0$$

或

$$\varphi(\omega_g) = \angle G(\mathrm{j}\omega_g) = k\pi \quad (k = 0, \pm 1, \pm 2, \cdots)$$

称 ω_g 为相角交界频率，开环频率特性曲线与实轴交点的坐标值为

$$\mathrm{Re}[G(\mathrm{j}\omega_g)] = G(\mathrm{j}\omega_g)$$

(3) 开环幅相特性曲线的变化范围（象限、单调性等）。

例 5-4　单位反馈系统的开环传递函数 $G(s)$ 为

$$G(s) = \frac{K}{s^v(T_1 s + 1)(T_2 s + 1)} = K\frac{1}{s^v} \cdot \frac{\frac{1}{T_1}}{s + \frac{1}{T_1}} \cdot \frac{\frac{1}{T_2}}{s + \frac{1}{T_2}}$$

试分别概略绘出当系统型别 $v=0,1,2,3$ 时的开环幅相特性。

解 讨论 $v=1$ 时的情形。在 s 平面中画出 $G(s)$ 的零极点分布图，如图 5-21(a)所示。系统开环频率特性为

$$G(j\omega)=\frac{K/T_1T_2}{(s-p_1)(s-p_2)(s-p_3)}=\frac{K/T_1T_2}{j\omega\left(j\omega+\dfrac{1}{T_1}\right)\left(j\omega+\dfrac{1}{T_2}\right)}$$

在 s 平面原点存在开环极点的情况下，为避免 $\omega=0$ 时 $G(j\omega)$ 相角不确定，取 $s=j\omega=j0^+$ 作为起点进行讨论。(0^+ 到 0 距离无限小，见图 5-21)。

$$\overrightarrow{s-p_1}=\overrightarrow{j0^++0}=A_1\angle\varphi_1=0\angle 90^\circ$$

$$\overrightarrow{s-p_2}=\overrightarrow{j0^++\frac{1}{T_1}}=A_2\angle\varphi_2=\frac{1}{T_1}\angle 0^\circ$$

$$\overrightarrow{s-p_3}=\overrightarrow{j0^++\frac{1}{T_2}}=A_3\angle\varphi_3=\frac{1}{T_2}\angle 0^\circ$$

故得
$$G(j0^+)=\frac{K}{\prod_{i=1}^{3}A_i}\angle-\sum_{i=1}^{3}\varphi_i=\infty\angle-90^\circ$$

当 ω 由 0^+ 逐渐增加时，$j\omega$，$j\omega+\dfrac{1}{T_1}$，$j\omega+\dfrac{1}{T_2}$ 三个矢量的幅值连续增加；除 $\varphi_1=90^\circ$ 外，φ_2，φ_3 均由 0 连续增加，分别趋向于 90°。

当 $s=j\omega\to j\infty$ 时

$$\overrightarrow{s-p_1}=\overrightarrow{j\infty-0}=A_1\angle\varphi_1=\infty\angle 90^\circ$$

$$\overrightarrow{s-p_2}=\overrightarrow{j\infty+\frac{1}{T_1}}=A_2\angle\varphi_2=\infty\angle 90^\circ$$

$$\overrightarrow{s-p_3}=\overrightarrow{j\infty+\frac{1}{T_2}}=A_3\angle\varphi_3=\infty\angle 90^\circ$$

故得
$$G(j\infty)=\frac{K}{\prod_{i=1}^{3}A_i}\angle-\sum_{i=1}^{3}\varphi_i=0\angle-270^\circ$$

由此可以概略绘出 $G(j\omega)$ 的幅相特性曲线如图 5-21(b)中曲线 G_1 所示。

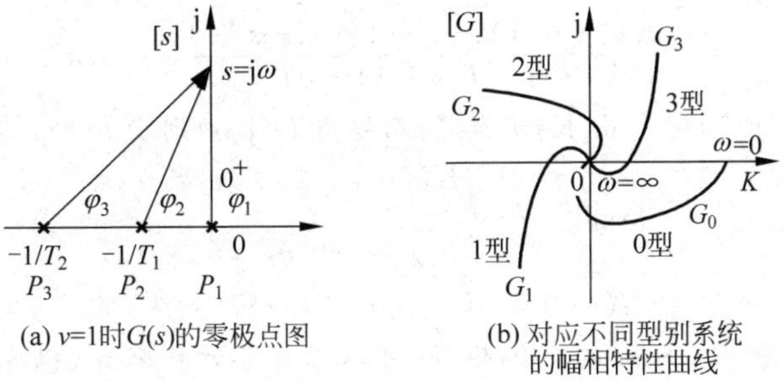

(a) v=1时$G(s)$的零极点图　(b) 对应不同型别系统的幅相特性曲线

图 5-21　$v=1$ 时 $G(s)$ 的零极点图及 $G(j\omega)$ 的幅相特性曲线

同理，讨论 $v=0,2,3$ 时的情况，可以列出表 5-2，相应概略绘出幅相特性曲线分别如图 5-21(b)中 G_0，G_2，G_3 所示。

表 5-2　例 5-4 结果列表

v	$G(\mathrm{j}\omega)$	$G(\mathrm{j}0^+)$	$G(\mathrm{j}\infty)$	零极点分布
0	$G_0(\mathrm{j}\omega)=\dfrac{K}{(\mathrm{j}T_1\omega+1)(\mathrm{j}T_2\omega+1)}$	$K\angle 0°$	$0\angle -180°$	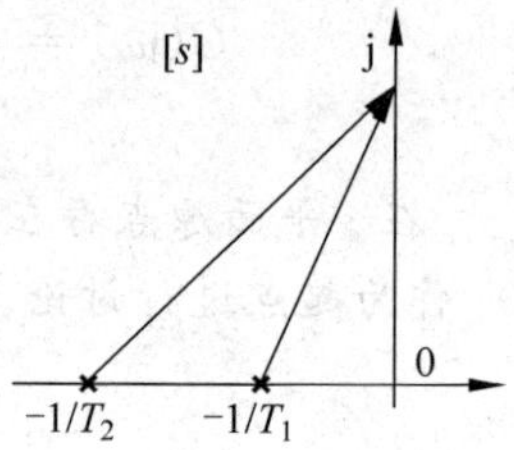
Ⅰ	$G_1(\mathrm{j}\omega)=\dfrac{K}{\mathrm{j}\omega(\mathrm{j}T_1\omega+1)(\mathrm{j}T_2\omega+1)}$	$\infty\angle -90°$	$0\angle -270°$	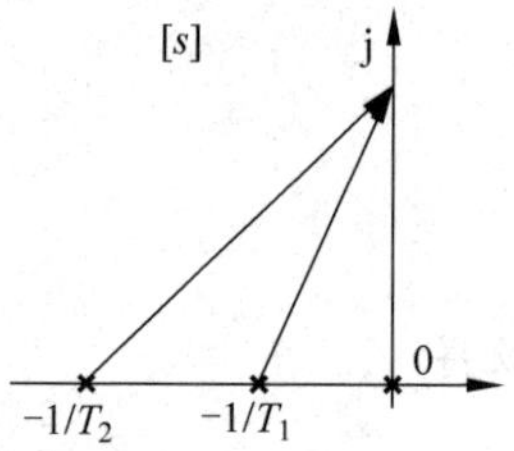
Ⅱ	$G_2(\mathrm{j}\omega)=\dfrac{K}{(\mathrm{j}\omega)^2(\mathrm{j}T_1\omega+1)(\mathrm{j}T_2\omega+1)}$	$\infty\angle -180°$	$0\angle -360°$	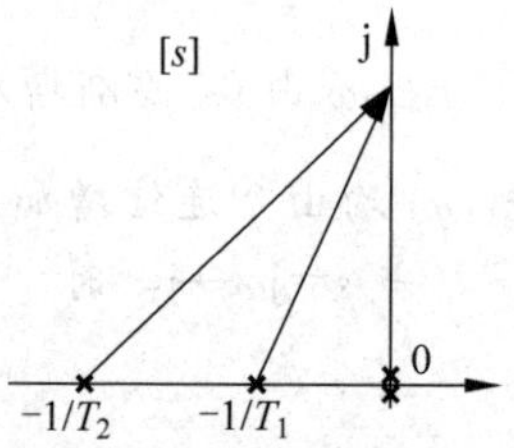
Ⅲ	$G_3(\mathrm{j}\omega)=\dfrac{K}{(\mathrm{j}\omega)^3(\mathrm{j}T_1\omega+1)(\mathrm{j}T_2\omega+1)}$	$\infty\angle -270°$	$0\angle -450°$	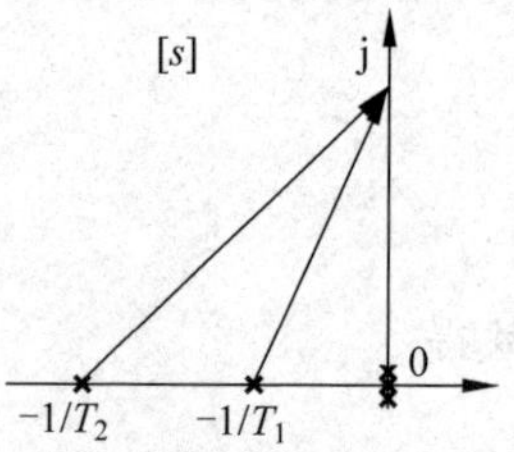

对于开环传递函数全部由最小相角环节构成的系统，开环传递函数一般可写为

$$G(s)=\frac{K(\tau_1 s+1)(\tau_2 s+1)\cdots(\tau_m s+1)}{s^v(T_1 s+1)(T_2 s+1)\cdots(T_{n-v}s+1)}\quad(n>m)$$

幅相曲线的起点 $G(\mathrm{j}0^+)$ 完全由 K,v 确定，而终点 $G(\mathrm{j}\infty)$ 则由 $n-m$ 来确定。

$$G(\mathrm{j}0^+)=\begin{cases}K\angle 0°, & v=0\\ \infty\angle -90°v, & v>0\end{cases}$$

$$G(\mathrm{j}\infty)=0\angle -90°(n-m)$$

而在 $\omega=0^+\to\infty$ 过程中 $G(\mathrm{j}\omega)$ 的变化趋势，可以根据各开环零点、极点指向 $s=\mathrm{j}\omega$ 的矢量之模、相角的变化规律概略绘出。

例 5-5　已知单位反馈系统的开环传递函数为

$$G_k(s)=\frac{k(1+2s)}{s^2(0.5s+1)(s+1)}$$

试概略绘出系统开环幅相特性曲线。

解 系统型别 $v=2$,零点-极点分布图如图 5-22(a)所示。显然

(1) 起点 $G_k(\mathrm{j}0^+)=\infty\angle-180°$

(2) 终点 $G_k(\mathrm{j}\infty)=0\angle-270°$

(3) 与坐标轴的交点

$$G_k(\mathrm{j}\omega)=\frac{k}{\omega^2(1+0.25\omega^2)(1+\omega^2)}[-(1+2.5\omega^2)-\mathrm{j}\omega(0.5-\omega^2)]$$

令虚部为 0,可解出当 $\omega_g^2=0.5$(即 $\omega_g=0.707$)时,幅相曲线与实轴有一交点,交点坐标为

$$R(\omega_g)=-2.67k$$

概略幅相特性曲线如图 5-22(b)所示。

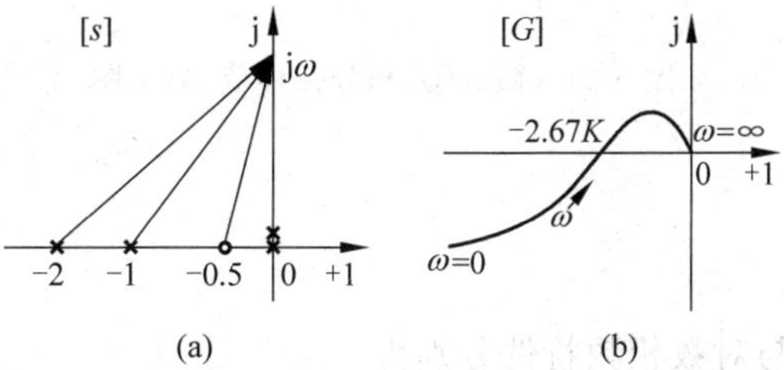


```
% 图5-22的计算程序
  num=[2 1];
  den=conv([1 0 0],...
      conv([0.5 1],[1 1]));
  nyquist(num,den,{0.15 10000});
```

图 5-22 极、零点分布图与幅相特性曲线

5.3 对数频率特性(Bode 图)

5.3.1 典型环节的 Bode 图

1. 比例环节

比例环节 $G(\mathrm{j}\omega)=K$ 的频率特性与频率无关,其对数幅频特性和对数相频特性分别为

$$\begin{cases}L(\omega)=20\lg K\\ \varphi(\omega)=0°\end{cases} \tag{5-50}$$

相应 Bode 图如图 5-23 所示。

2. 微分环节

微分环节 $G(\mathrm{j}\omega)=s$ 的对数幅频特性与对数相频特性分别为

$$\begin{cases}L(\omega)=20\lg\omega\\ \varphi(\omega)=90°\end{cases} \tag{5-51}$$

对数幅频曲线在 $\omega=1$ 处通过 0dB 线,斜率为 20dB/dec;对数相频特性为 $+90°$ 直线。特性曲线如图 5-24 中曲线①所示。

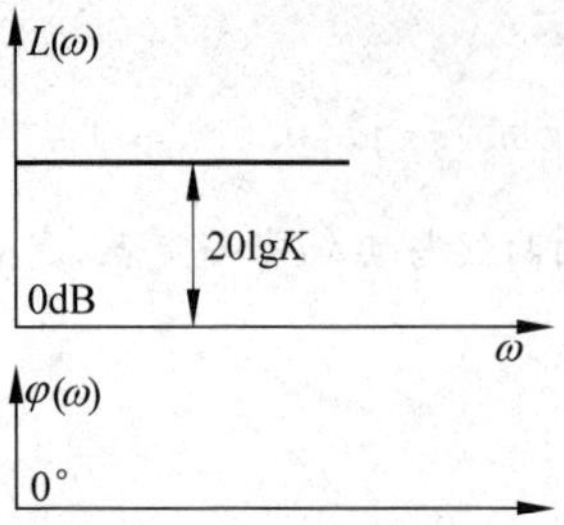

图 5-23　比例环节 Bode 图

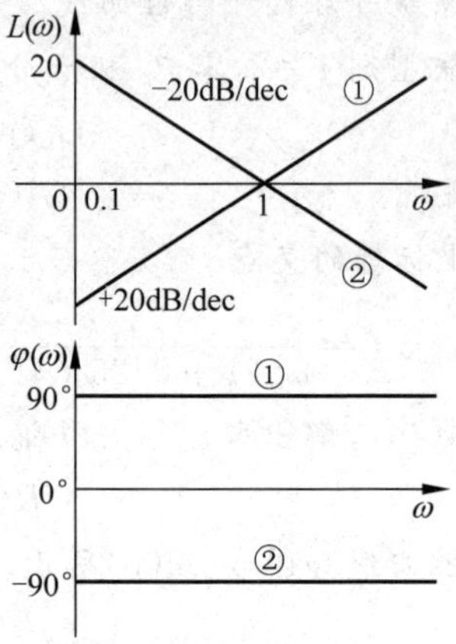

图 5-24　微分①、积分②环节 Bode 图

3. 积分环节

积分环节 $G(s)=\frac{1}{s}$ 的对数幅频特性与对数相频特性分别为

$$\begin{cases} L(\omega)=-20\lg\omega \\ \varphi(\omega)=-90^\circ \end{cases} \tag{5-52}$$

积分环节对数幅频曲线在 $\omega=1$ 处通过 0dB 线，斜率为 -20dB/dec；对数相频特性为 -90° 直线。特性曲线如图 5-24 中曲线②所示。

积分环节与微分环节成倒数关系，所以其 Bode 图关于频率轴对称。

4. 惯性环节

惯性环节 $G(s)=\frac{1}{Ts+1}$ 的对数幅频特性与对数相频特性表达式分别为

$$\begin{cases} L(\omega)=-20\lg\sqrt{1+(\omega T)^2} \\ \varphi(\omega)=-\arctan\omega T \end{cases} \tag{5-53}$$

当 $\omega\ll 1/T$ 时，略去式(5-53) $L(\omega)$ 表达式根号中的 $(\omega T)^2$ 项，有

$$L(\omega)\approx -20\lg 1=0\text{dB}$$

表明 $L(\omega)$ 的低频渐近线是 0dB 水平线。

当 $\omega\gg 1/T$ 时，略去式(5-53) $L(\omega)$ 根号中的 1 项，则有

$$L(\omega)\approx -20\lg(\omega T)$$

表明 $L(\omega)$ 高频部分的渐近线是斜率为 -20dB/dec 的直线，两条渐近线的交点频率 $1/T$ 称为转折频率。图 5-25 中曲线①绘出惯性环节对数幅频特性的渐近线与精确曲线，以及相应的对数相频曲线。由图可见，最大幅值误差发生在转折频率 $1/T$ 处，误差值为 -3dB，可用图 5-26 所示的误差曲线来进行修正。惯性环节的对数相频特性从 0° 变化到

$-90°$，并且关于点$(1/T,-45°)$对称。这一点读者可以自己证明。

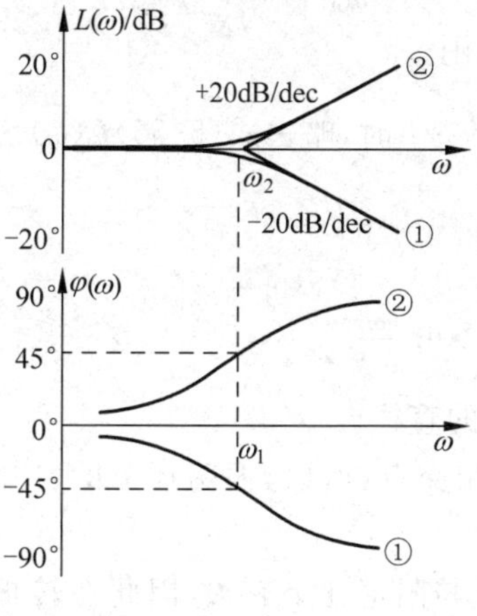

图 5-25 $(1+j\omega T)^{\mp 1}$的 Bode 图

```
% 图5-26的计算程序
  ww1=0.1:0.01:10;
  for i=1:length(ww1)
      Lw=(-20)*log10(sqrt(1+ww1(i)^2));
      if ww1(i)<=1 Lw1=0;
      else Lw1=(-20)*log10(ww1(i));
      end
      m(i)=Lw-Lw1;
  end
  semilogx(ww1,m,'b-');
  grid on;
  xlabel('\omega/\omega_1');
  ylabel('误差/dB');
```

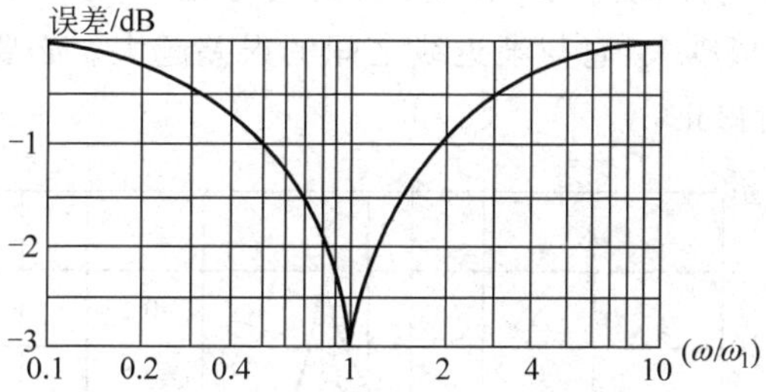

图 5-26 惯性环节对数幅频特性误差修正曲线

5. 一阶复合微分环节

一阶复合微分环节 $G(s)=sT+1$ 的对数幅频特性与对数相频特性表达式分别为

$$\begin{cases} L(\omega)=20\lg\sqrt{1+(\omega T)^2} \\ \varphi(\omega)=\arctan\omega T \end{cases} \tag{5-54}$$

一阶复合微分环节的 Bode 图如图 5-25 中曲线②所示，它与惯性环节的 Bode 图关于频率轴对称。

6. 二阶振荡环节

振荡环节 $G(s)=\dfrac{1}{\left(\dfrac{s}{\omega_n}\right)^2+2\zeta\dfrac{s}{\omega_n}+1}$的对数幅频特性和对数相频特性表达式分别为

$$\begin{cases} L(\omega)=-20\lg\sqrt{\left[1-\left(\dfrac{\omega}{\omega_n}\right)^2\right]^2+\left(2\zeta\dfrac{\omega}{\omega_n}\right)^2} \\ \varphi(\omega)=-\arctan\dfrac{2\zeta\omega/\omega_n}{1-(\omega/\omega_n)^2} \end{cases} \tag{5-55}$$

当$\frac{\omega}{\omega_n}\ll 1$时，略去式(5-55)$L(\omega)$表达式中的$\left(\frac{\omega}{\omega_n}\right)^2$和$2\zeta\frac{\omega}{\omega_n}$项，则有

$$L(\omega)\approx -20\lg 1 = 0\text{dB}$$

表明$L(\omega)$的低频段渐近线是一条0dB的水平线。当$\frac{\omega}{\omega_n}\gg 1$时，略去式(5-55)$L(\omega)$表达式中的1和$2\zeta\frac{\omega}{\omega_n}$项，则有

$$L(\omega)=-20\lg\left(\frac{\omega}{\omega_n}\right)^2=-40\lg\frac{\omega}{\omega_n}$$

表明$L(\omega)$的高频段渐近线是一条斜率为-40dB/dec的直线。

显然，当$\omega/\omega_n=1$，即$\omega=\omega_n$时，是两条渐近线的相交点，所以，振荡环节的自然频率ω_n就是其转折频率。

振荡环节的对数幅频特性不仅与ω/ω_n有关，而且与阻尼比ζ有关，因此在转折频率附近一般不能简单地用渐近线近似代替，否则可能引起较大的误差，图5-27给出当ζ取不同值时对数幅频特性的准确曲线和渐近线，由图可见，当$\zeta<0.707$时，曲线出现谐振峰值，ζ值越小，谐振峰值越大，它与渐近线之间的误差越大。必要时，可以用图5-28所示的误差修正曲线进行修正。

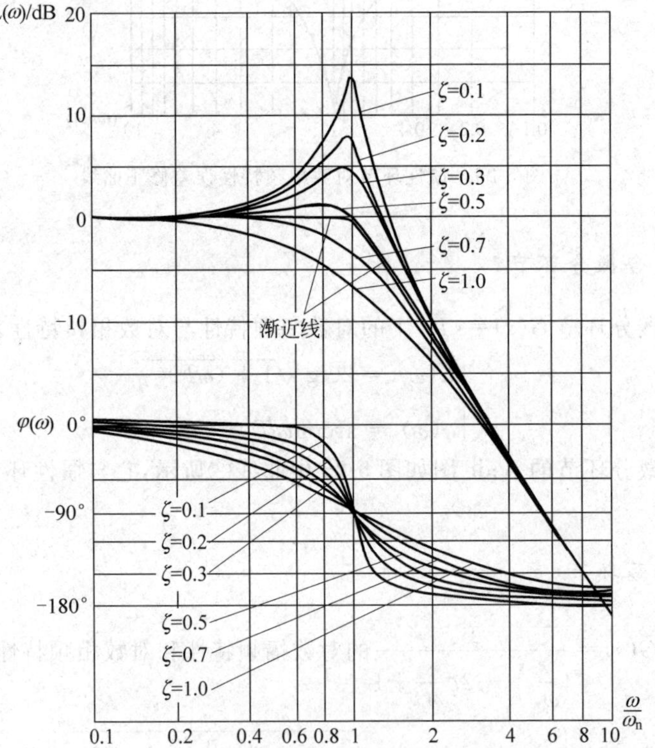

图5-27　振荡环节的Bode图

```
% 图5-27的绘制程序
  xi=[0.1 0.2 0.3 0.5 0.7 1.0];
  wn=1;
  for i=1:length(xi)
      num = wn*wn;
      den=[1 2*xi(i)*wn wn*wn];
      bode(num,den);hold on;
  end
  grid on;
```

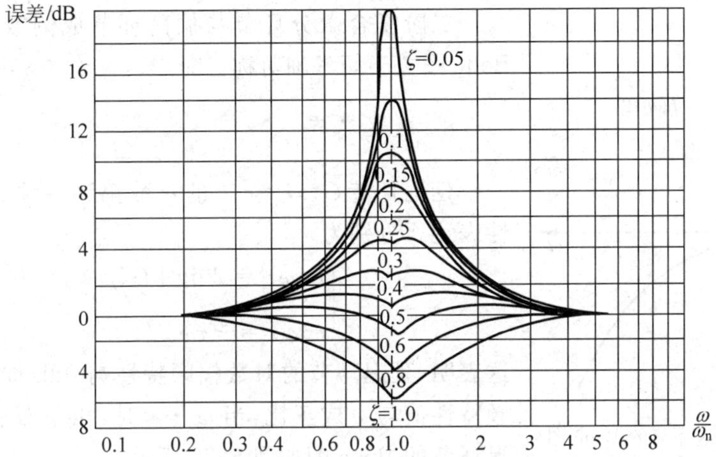

图 5-28　振荡环节的误差修正曲线

```
% 图5-28的绘制程序
  xi=[0.05 0.1 0.15 0.2 0.25 0.3 0.4 0.5 0.6 0.8 1.0];
  wn=0.1:0.01:10;
  for i=1:length(xi)
      for k=1:length(wn)
          Lw=-20*log10(sqrt((1-wn(k)^2)^2+(2*xi(i)*wn(k))^2));
          if wn(k)<=1 Lw1=0;
          else Lw1=-40*log10(wn(k));
          end
          m(k)=Lw-Lw1;
      end
      semilogx(wn,m,'b-');hold on;
  end
  grid on;
```

由式(5-55)可知，相角 $\varphi(\omega)$ 也是 ω/ω_n 和 ζ 的函数，当 $\omega=0$ 时，$\varphi(\omega)=0$；当 $\omega\to\infty$ 时，$\varphi(\omega)=-180°$；当 $\omega=\omega_n$ 时，不管 ζ 值的大小，$\varphi(\omega)$ 总是等于 $-90°$，而且相频特性曲线关于(ω_n，$-90°$)点对称，如图 5-27 所示。

7. 二阶复合微分环节

二阶复合微分环节 $G(s)=\left(\frac{s}{\omega_n}\right)^2+2\zeta\frac{s}{\omega_n}+1$ 的对数幅频特性和对数相频特性表达式分别为

$$\begin{cases} L(\omega)=20\lg\sqrt{\left[1-\left(\frac{\omega}{\omega_n}\right)^2\right]^2+\left(2\zeta\frac{\omega}{\omega_n}\right)^2} \\ \varphi(\omega)=\arctan\frac{2\zeta\omega/\omega_n}{1-(\omega/\omega_n)^2} \end{cases} \tag{5-56}$$

二阶复合微分环节与振荡环节成倒数关系，两者的 Bode 图关于频率轴对称。

8. 延迟环节

延迟环节 $G(s)=e^{-\tau s}$ 的对数幅频特性和对数相频特性表达式分别为

$$\begin{cases} L(\omega)=20\lg|G(j\omega)|=0 \\ \varphi(\omega)=-\tau\omega \end{cases} \tag{5-57}$$

这表明，延迟环节的对数幅频特性与 0dB 线重合，对数相频特性值与 ω 成正比，当 $\omega\to\infty$ 时，相角滞后量 $\to\infty$。延迟环节的 Bode 图如图 5-29 所示。

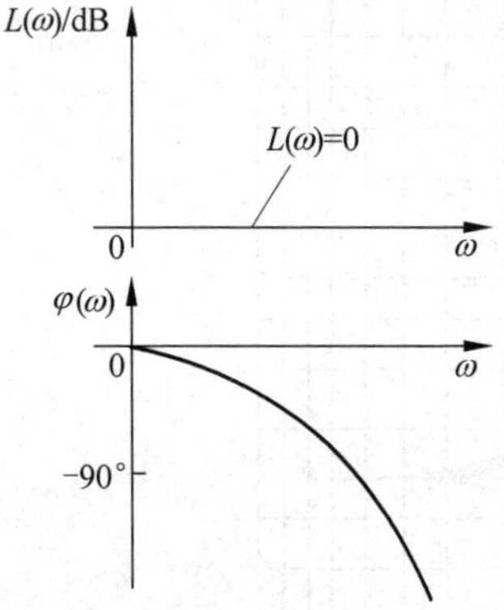

图 5-29　延迟环节的 Bode 图

5.3.2　开环系统 Bode 图的绘制

将开环传递函数 $G(s)$ 表示成式(5-48)形式的典型环节组合形式，有

$$\begin{cases} L(\omega)=20\lg A(\omega)=20\lg[A_1(\omega)A_2(\omega)\cdots A_l(\omega)] \\ \qquad =20\lg A_1(\omega)+20\lg A_2(\omega)+\cdots+20\lg A_l(\omega) \\ \qquad =L_1(\omega)+L_2(\omega)+\cdots+L_l(\omega) \\ \varphi(\omega)=\varphi_1(\omega)+\varphi_2(\omega)+\cdots+\varphi_l(\omega) \end{cases} \tag{5-58}$$

式中，$L_i(\omega)$ 和 $\varphi_i(\omega)$ 分别表示各典型环节的对数幅频特性和对数相频特性。

式(5-58)表明，只要能作出 $G(j\omega)$ 所包含的各典型环节的对数幅频和对数相频曲线，将它们进行代数相加，就可以求得开环系统的 Bode 图。实际上，在熟悉了对数幅频特性的性质后，可以采用更为简捷的办法直接画出开环系统的 Bode 图，具体步骤如下。

(1) 将开环传递函数写成尾 1 标准形式：

$$G(s)=\frac{K\prod_{i=1}^{p}\left(\frac{s}{z_i}+1\right)\prod_{h=1}^{(m-p)/2}\left[\left(\frac{s}{\omega_{zh}}\right)^2+2\zeta_{zh}\frac{s}{\omega_{zh}}+1\right]}{s^v\prod_{j=1}^{q}\left(\frac{s}{p_j}+1\right)\prod_{k=1}^{(n-q-v)/2}\left[\left(\frac{s}{\omega_{pk}}\right)^2+2\zeta_{pk}\frac{s}{\omega_{pk}}+1\right]}$$

确定系统开环增益 K 和型别 v，把各典型环节的转折频率由小到大依次标在频率轴上。

(2) 绘制开环对数幅频特性低频段的渐近线。由于低频段渐近线的频率特性为$K/(\mathrm{j}\omega)^v$,所以它就是过点(1,20lg$K$)、斜率为$-20v$dB/dec的直线。

(3) 在低频段渐近线的基础上,沿频率增大的方向每遇到一个转折频率就改变一次斜率,其规律是遇到惯性环节的转折频率,斜率变化-20dB/dec;遇到一阶复合微分环节的转折频率,斜率变化20dB/dec;遇到二阶复合微分环节的转折频率,斜率变化40dB/dec;遇到振荡环节的转折频率,斜率变化-40dB/dec;直到所有转折全部进行完毕。最右端转折频率之后的渐近线斜率应该是$-20(n-m)$dB/dec,其中,n,m分别为$G(s)$分母、分子的阶数。

(4) 如果需要,可按照各典型环节的误差曲线在相应转折频率附近进行修正,以得到较准确的对数幅频特性曲线。

(5) 绘制对数相频特性曲线。分别绘出各典型环节的对数相频特性曲线,再沿频率增大的方向逐点叠加,最后将相加点连接成光滑曲线。

下面举例说明开环对数频率特性的绘制过程。

例 5-6 已知开环传递函数

$$G(s)=\frac{64(s+2)}{s(s+0.5)(s^2+3.2s+64)}$$

试绘制开环系统的Bode图。

解 (1) 将$G(s)$化为尾1标准形式

$$G(s)=\frac{4\left(\dfrac{s}{2}+1\right)}{s\left(\dfrac{s}{0.5}+1\right)\left(\dfrac{s^2}{8^2}+0.4\times\dfrac{s}{8}+1\right)}$$

可看出,此开环传递函数由比例环节、积分环节、惯性环节、一阶微分环节和振荡环节共5个环节组成。顺序标出转折频率:

惯性环节转折频率　　　　　$\omega_1=1/T_1=0.5$;

一阶复合微分环节转折频率　$\omega_2=1/T_2=2$;

振荡环节转折频率　　　　　$\omega_3=1/T_3=8$。

开环增益$K=4$,系统型别$v=1$。

(2) 低频段渐近线由$\dfrac{K}{s}=\dfrac{4}{s}$决定,过点($\omega=1$,20lg4)作一条斜率为$-20$dB/dec的直线,此即低频段的渐近线(如图5-30中虚线所示)。

(3) 在$\omega_1=0.5$处,惯性环节将渐近线斜率由-20dB/dec变为-40dB/dec;

在$\omega_2=2$处,由于一阶复合微分环节的作用使渐近线斜率增加20dB/dec,即由-40dB/dec变为-20dB/dec;

在$\omega_3=8$处,振荡环节使渐近线斜率由-20dB/dec改变为$-20(n-m)=-60$dB/dec。由此绘制出渐近对数幅频特性曲线$L(\omega)$。

(4) 若有必要,可利用误差曲线对$L(\omega)$进行修正。

(5) 绘制对数相频特性曲线。比例环节相角恒为零,积分环节相角恒为$-90°$,惯性

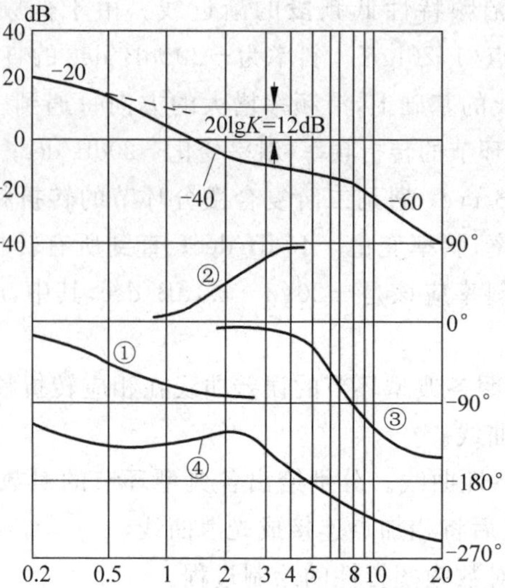

图 5-30 例 5-5 图

环节、一阶复合微分和振荡环节的对数相频特性分别如图 5-30 中曲线①、②、③所示。将上述典型环节对数相频特性进行叠加，得到系统开环对数相频特性 $\varphi(\omega)$ 如图 5-30 中曲线④所示。当然，也可以按 $\varphi(\omega)$ 表达式选点计算，再描点绘出 $\varphi(\omega)$ 曲线。

5.3.3 由对数幅频特性曲线确定开环传递函数

根据给定的对数幅频特性曲线确定相应的传递函数，是由传递函数绘制对数幅频特性曲线的反问题，这在系统频域分析和校正中经常遇到。下面举例说明怎样由 $L(\omega)$ 确定 $G(j\omega)$。

例 5-7 最小相角系统的开环对数幅频特性曲线如图 5-31 所示，试确定开环传递函数。

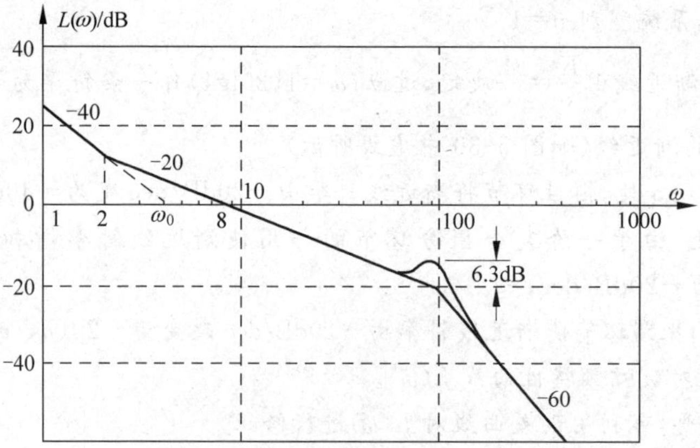

图 5-31 系统开环对数幅频特性曲线

解 根据 $L(\omega)$ 曲线，可以写出

$$G(j\omega)=\frac{K\left(\frac{s}{2}+1\right)}{s^2\left[\left(\frac{s}{100}\right)^2+2\zeta\frac{s}{100}+1\right]}$$

式中 K 和 ζ 待定。对于二阶振荡环节中的阻尼比 ζ，根据 $L(\omega)$ 有

$$20\lg M_r = 6.3\text{dB}$$

$$M_r=\frac{1}{2\zeta\sqrt{1-\zeta^2}}=10^{\frac{6.3}{20}}=2.0655$$

解出

$$\zeta=0.25$$

对于开环增益 K，有不同的解法。

解法 1：将 $L(\omega)$ 曲线第一个转折频率 $\omega=2$ 左边的线段延长至频率轴，与 0dB 线交点处的频率设为 ω_0，则 $K=\omega_0^2$。利用对数频率特性横坐标等距等比的特点，可以写出 $\frac{8}{\omega_0}=\frac{\omega_0}{2}$，所以有 $K=\omega_0^2=16$。

解法 2：设系统截止频率为 ω_c^*，则有

$$|G(j\omega_c^*)|=\frac{K\left|\frac{j\omega_c^*}{2}+1\right|}{\omega_c^{*2}\left|\left[1-\left(\frac{\omega_c^*}{100}\right)^2\right]+j2\zeta\frac{\omega_c^*}{100}\right|}=1$$

图 5.31 中给出渐近对数幅频特性曲线 $L(\omega)$ 与 0dB 线交点频率 $\omega_c=8\approx\omega_c^*$，注意 $\omega_c=8$ 与其他转折频率的大小关系，同时考虑绘制渐近对数幅频特性曲线时的近似条件，略去上式各环节取模运算中实部、虚部中较小者，有

$$|G(j\omega_c)|=\frac{K\times\frac{\omega_c}{2}}{\omega_c^2\times 1}=\left.\frac{K}{2\times\omega_c}\right|_{\omega_c=8}=\frac{K}{16}=1$$

可得 $K=16$。

最后给出

$$G(j\omega)=\frac{16\cdot\left(\frac{s}{2}+1\right)}{s^2\left[\left(\frac{s}{100}\right)^2+0.5\frac{s}{100}+1\right]}=\frac{80000(s+2)}{s^2(s^2+50s+10000)}$$

由开环对数幅频特性曲线确定传递函数时，如何根据具体情况求开环增益，往往有多种方法，需要灵活掌握。

5.3.4 最小相角系统和非最小相角系统

极点或零点在右半 s 平面的典型环节称为“非最小相角”环节。

如果系统开环传递函数中有在右半 s 平面的极点或零点，或者包含延迟环节 $e^{-\tau s}$，则称此系统为“非最小相角系统”，否则称为“最小相角系统”。在系统的开环频率特性中，

最小相角系统相角变化量的绝对值相对最小，而且其对数幅频特性与对数相频特性之间存在唯一的对应关系，可以相互确定，而非最小相角系统不具备这种性质。在系统分析中应当注意区分和正确处理非最小相角系统。

例 5-8 已知某系统的开环对数频率特性如图 5-32 所示，试确定其开环传递函数。

解 根据对数幅频特性曲线，可以写出开环传递函数的表达形式

$$G(s)=\frac{K\left(\dfrac{s}{\omega_2}\pm 1\right)}{s\left(\dfrac{s}{\omega_1}\pm 1\right)}$$

根据对数频率特性的坐标特点有$\dfrac{\omega_K}{\omega_c}=\dfrac{\omega_2}{\omega_1}$，可以确定开环增益

$$K=\omega_K=\frac{\omega_c\omega_2}{\omega_1}$$

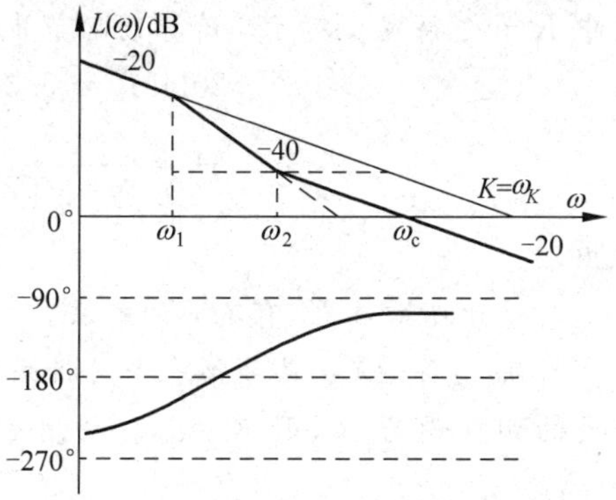

图 5-32 对数频率特性

根据相频特性的变化趋势（$-270°\rightarrow-90°$），可以判定该系统为非最小相角系统。$G(s)$中至少有一个在右半 s 平面的零点或极点。将系统可能的开环零点极点分布全部画出来，列在表 5-3 中。

表 5-3 例 5-8 用表

序	零极点分布	$G(j\omega)$	$G(j0)$	$G(j\infty)$
1	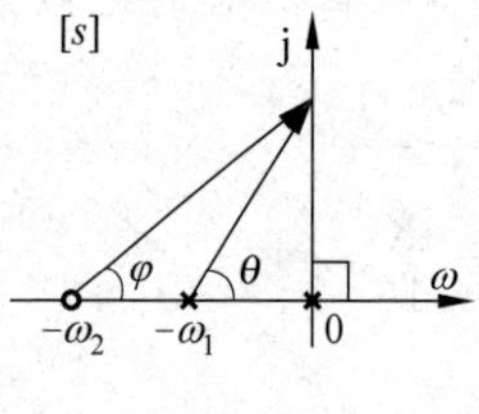	$\dfrac{K(s/\omega_2+1)}{s(s/\omega_1+1)}$	$\infty\angle-90°$	$0\angle-90°$
2	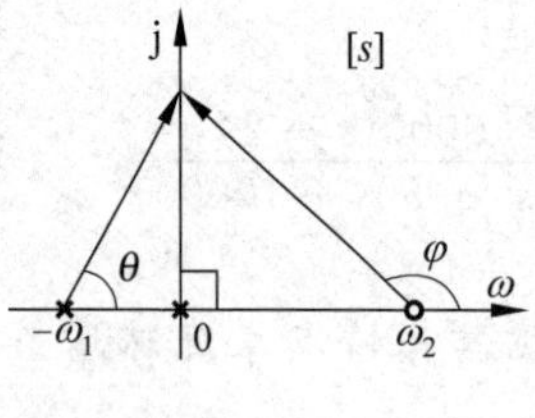	$\dfrac{K(s/\omega_2-1)}{s(s/\omega_1+1)}$	$\infty\angle+90°$	$0\angle-90°$
3	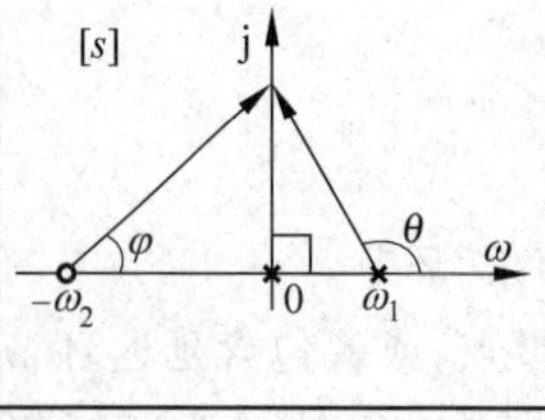	$\dfrac{K(s/\omega_2+1)}{s(s/\omega_1-1)}$	$\infty\angle-270°$	$0\angle-90°$

续表

序	零极点分布	$G(\mathrm{j}\omega)$	$G(\mathrm{j}0)$	$G(\mathrm{j}\infty)$
4	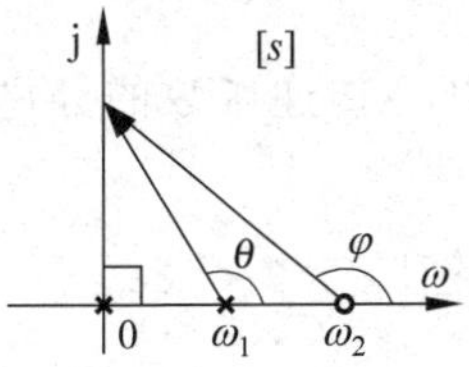	$\dfrac{K(s/\omega_2-1)}{s(s/\omega_1-1)}$	$\infty\angle-90^\circ$	$0\angle-90^\circ$

分析相角的变化趋势，可见，只有当惯性环节极点在右半 s 平面，一阶复合微分环节零点在左半 s 平面时，相角才符合从 -270° 到 -90° 的变化规律。因此可以确定系统的开环传递函数为

$$G(s)=\frac{\dfrac{\omega_c\omega_2}{\omega_1}\left(\dfrac{s}{\omega_2}+1\right)}{s\left(\dfrac{s}{\omega_1}-1\right)}$$

对于最小相角系统，根据对数幅频特性曲线就完全可以确定相应的对数相频特性和传递函数，反之亦然。由于对数幅频特性容易绘制，所以在分析最小相角系统时，通常只画其对数幅频特性曲线，对数相频特性一般不需要画。而对于非最小相角系统，必须将对数幅频、对数相频特性曲线同时绘制出来，才能完整表达其频率特性。

5.4 频域稳定判据

5.4.1 奈奎斯特稳定判据

闭环控制系统稳定的充要条件是闭环特征方程的根均具有负的实部，或者说，全部闭环极点都位于左半 s 平面。第 3 章中介绍的劳斯稳定判据，是根据闭环特征方程的系数来判断闭环系统的稳定性。这里要介绍的频域稳定判据则是利用系统的开环频率特性 $G(\mathrm{j}\omega)$ 来判断闭环系统的稳定性。

频域稳定判据是奈奎斯特于 1932 年提出的，它是频率分析法的重要内容。利用奈奎斯特稳定判据，不但可以判断系统是否稳定（绝对稳定性），也可以确定系统的稳定程度（相对稳定性），还可以用于分析系统的动态性能以及指出改善系统性能指标的途径。因此，奈奎斯特稳定判据是一种重要而实用的稳定性判据，工程上应用十分广泛。

1. 辅助函数

对于图 5-33 所示的控制系统结构图，其开环传递函数为

$$G(s)=G_0(s)H(s)=\frac{M(s)}{N(s)} \tag{5-59}$$

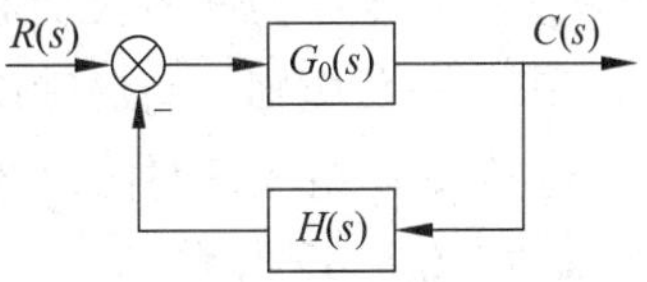

图 5-33　控制系统结构图

相应的闭环传递函数为

$$\Phi(s)=\frac{G_0(s)}{1+G(s)}=\frac{G_0(s)}{1+\dfrac{M(s)}{N(s)}}=\frac{N(s)G_0(s)}{N(s)+M(s)} \tag{5-60}$$

式中，$M(s)$为开环传递函数的分子多项式，m 阶；$N(s)$为开环传递函数的分母多项式，n 阶，$n\geqslant m$。令辅助函数

$$F(s)=1+G(s)=\frac{M(s)+N(s)}{N(s)} \tag{5-61}$$

可见，辅助函数是闭环特征多项式 $N(s)+M(s)$和开环特征多项式 $N(s)$之比。

实际系统传递函数 $G(s)$分母阶数 n 总是大于或等于分子阶数 m，因此辅助函数的分子分母同阶，即 $F(s)$的零点数与极点数相同。设 $z_1,z_2,\cdots,z_n$ 和 $p_1,p_2,\cdots,p_n$ 分别为其零、极点，则辅助函数 $F(s)$可表示为

$$F(s)=\frac{(s-z_1)(s-z_2)\cdots(s-z_n)}{(s-p_1)(s-p_2)\cdots(s-p_n)} \tag{5-62}$$

综上所述可知，辅助函数 $F(s)$具有以下特点：

(1) 辅助函数 $F(s)$的零点和极点分别是系统的闭环极点和开环极点，它们的个数相同，均为 n 个。

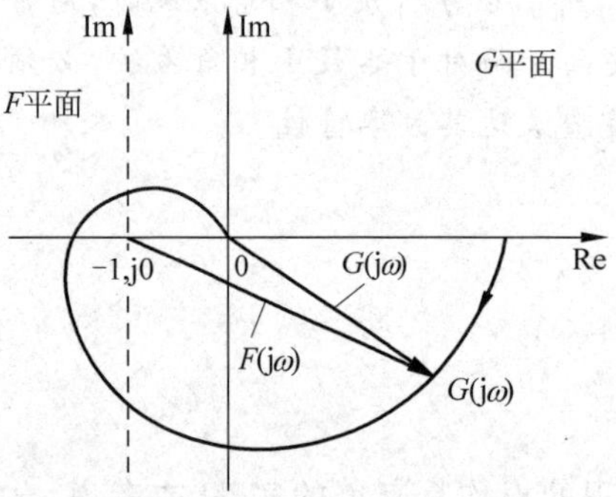

图 5-34　F 平面与 G 平面的关系图

(2) $F(s)$与开环传递函数 $G(s)$之间只差常量 1，F 平面上的坐标原点就是 G 平面上的 $(-1,j0)$点。同时，$F(j\omega)=1+G(j\omega)$表明，只要将开环幅相曲线 $G(j\omega)$向右平移一个单位，就可以得到辅助函数的幅相曲线 $F(j\omega)$，如图 5-34 所示。

2. 奈奎斯特稳定判据

从 $G(s)$表达式中容易看出在右半 s 平面中的开环极点数(设为 P)，如果能确定系统在右半 s 平面中所有闭环极点和开环极点的个数差，也就是辅助函数 $F(s)$位于右半 s 平面内的零点、极点的个数差(设为 R)，就能确定系统在右半 s 平面中闭环极点数(设为 Z)，有

$$Z=P+R \tag{5-63}$$

由此可判定闭环系统的稳定性。

为了确定 R，在 s 平面中设计奈奎斯特路径 Γ，Γ 由以下 3 段所组成：

① ——正虚轴 $s=j\omega$：频率 ω 由 0 变到∞；

② ——半径为无限大的右半圆 $s=re^{j\theta}$：$r\to\infty$，θ 由 $\pi/2$ 变化到$-\pi/2$；

③ ——负虚轴 $s=j\omega$：频率 ω 由$-\infty$变化到 0。

这样，3 段组成的封闭曲线 Γ(称为奈奎斯特路径，简称奈氏路径)就包含了整个右半 s 平面，如图 5-35 所示。

在 F 平面上通过函数关系 $F(j\omega)$绘制与 Γ 相对应的像 Γ'：当 s 沿虚轴变化时，由

式(5-61)则有

$$F(\mathrm{j}\omega)=1+G(\mathrm{j}\omega) \tag{5-64}$$

因此，Γ'将由下面几段组成：

① ——和正虚轴对应的是辅助函数的频率特性 $F(\mathrm{j}\omega)$，相当于把 $G(\mathrm{j}\omega)$ 右移一个单位；

② ——和半径为无穷大的右半圆相对应的辅助函数 $F(s)\to 1$。由于开环传递函数的分母阶数高于分子阶数，当 $s\to\infty$ 时，$G(s)\to 0$，故有 $F(s)=1+G(s)\to 1$；

③ ——和负虚轴相对应的是辅助函数频率特性 $F(\mathrm{j}\omega)$ 对称于实轴的镜像。

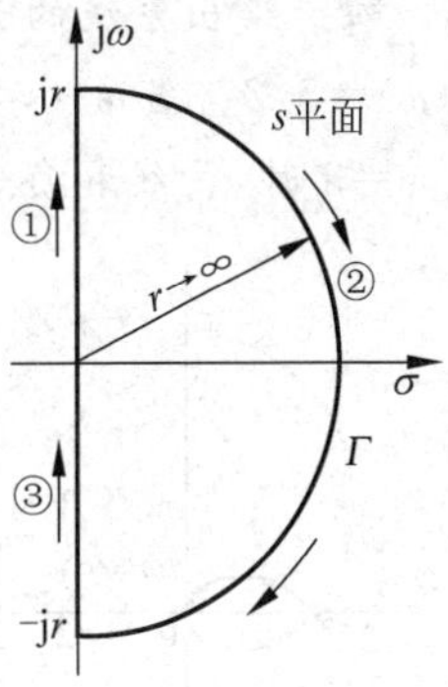

图 5-35 奈奎斯特路径

图 5-36 绘出了系统开环频率特性曲线 $G(\mathrm{j}\omega)$。将曲线右移一个单位，并取其镜像，则成为 F 平面上的封闭曲线 Γ'，如图 5-37 所示。图中用虚线表示镜像。

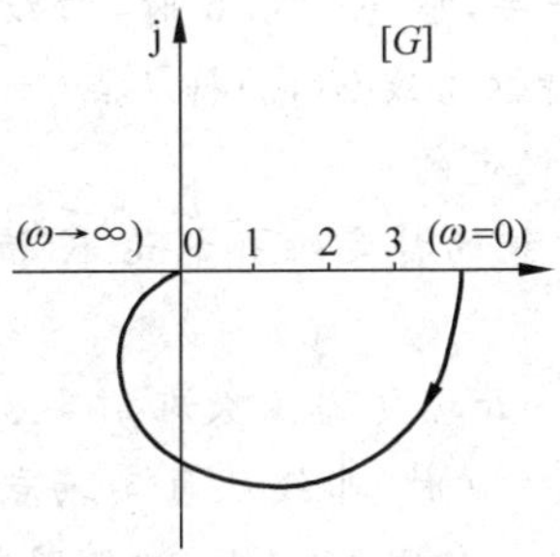

图 5-36 $G(\mathrm{j}\omega)$特性曲线

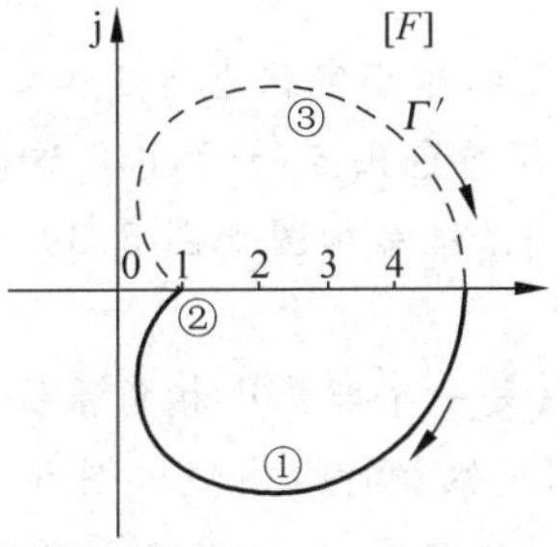

图 5-37 F 平面上的封闭曲线

由于奈氏路径 Γ 包含了整个右半 s 平面，闭环传递函数和开环传递函数在右半 s 平面上的极点全部被包围在其中。在右半 s 平面上闭环和开环极点的个数差 R，可以确定为 F 平面上 Γ' 曲线顺时针包围原点的圈数，也就是 G 平面上系统开环幅相特性曲线及其镜像顺时针包围$(-1,\mathrm{j}0)$点的圈数。实际系统分析过程中，一般只需绘制开环幅相特性曲线，而不必绘制其镜像曲线，考虑到角度定义的方向性，有

$$R=-2N \tag{5-65}$$

将式(5-65)代入式(5-63)，可得奈奎斯特判据(简称奈氏判据)

$$Z=P-2N \tag{5-66}$$

式中，Z 是右半 s 平面中闭环极点的个数，P 是右半 s 平面中开环极点的个数，N 是开环幅相曲线 $G(\mathrm{j}\omega)$(不包括其镜像)包围 G 平面$(-1,\mathrm{j}0)$点的圈数(逆时针为正)。显然，只有当 $Z=P-2N=0$ 时，闭环系统才是稳定的。

例 5-9 设系统开环传递函数为

$$G(s)=\frac{52}{(s+2)(s^2+2s+5)}$$

试用奈氏判据判定闭环系统的稳定性。

解 绘出系统的开环幅相特性曲线如图 5-38 所示。当 $\omega=0$ 时，曲线起点在实轴上 $P(\omega)=5.2$。当 $\omega\to\infty$ 时，终点在原点。当 $\omega=2.5$ 时曲线和负虚轴相交，交点为 $-j5.06$。当 $\omega=3$ 时，曲线和负实轴相交，交点为 -2.0，见图 5-38 中实线部分。

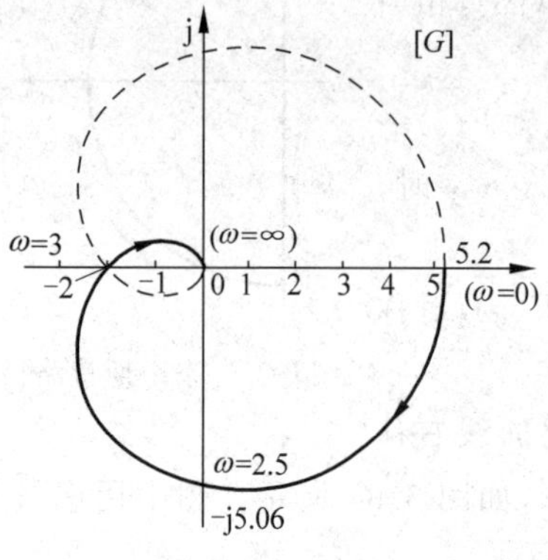

图 5-38 幅相特性曲线及其镜像

在右半 s 平面上，系统的开环极点数为 0。开环频率特性 $G(j\omega)$ 随着 ω 从 0 变化到 $+\infty$ 时，顺时针方向围绕点 $(-1,j0)$ 点一圈，即 $N=-1$。用式(5-66)可求得闭环系统在右半 s 平面的极点数为

$$Z = P - 2N = 0 - 2\times(-1) = 2$$

所以闭环系统不稳定。

利用奈氏判据还可以讨论开环增益 K 对闭环系统稳定性的影响。当 K 值变化时，幅频特性成比例变化，而相频特性不受影响。因此，就图 5-38 而论，当频率 $\omega=3$ 时，曲线与负实轴正好相交在 $(-2,j0)$ 点，若 K 缩小一半，取 $K=2.6$ 时，曲线恰好通过点 $(-1,j0)$，这是临界稳定状态；当 $K<2.6$ 时，幅相特性曲线 $G(j\omega)$ 将从点 $(-1,j0)$ 的右方穿过负实轴，不再包围点 $(-1,j0)$，这时闭环系统是稳定的。

例 5-10 系统结构图如图 5-39 所示，试判断系统的稳定性并讨论 K 值对系统稳定性的影响。

解 系统是一个非最小相角系统，开环不稳定。开环传递函数在右半 s 平面上有一个极点，$P=1$。幅相特性曲线如图 5-40 所示。当 $\omega=0$ 时，曲线从负实轴点 $(-K,j0)$ 出发；当 $\omega\to\infty$ 时，曲线以 $-90°$ 趋于坐标原点；幅相特性包围点 $(-1,j0)$ 的圈数 N 与 K 值有关。图 5-40 绘出了 $K>1$ 和 $K<1$ 的两条曲线，可见：

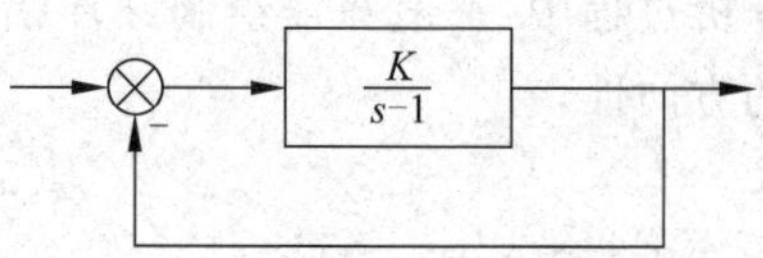

图 5-39 例 5-10 系统结构图

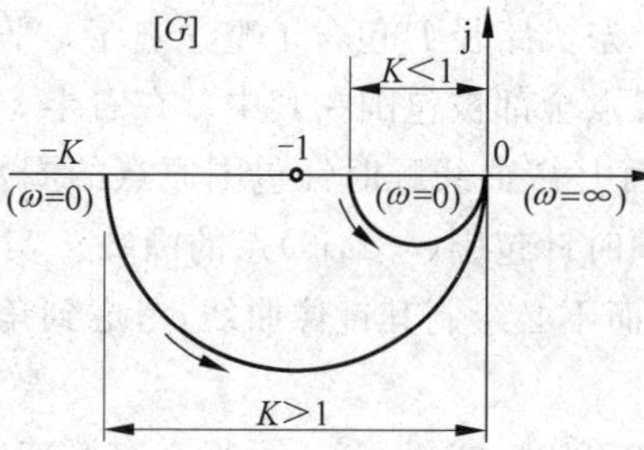

图 5-40 $K>1$ 和 $K<1$ 时的幅相特性曲线

当 $K>1$ 时，曲线逆时针包围了点 $(-1,j0)$ 1/2 圈，即 $N=1/2$，此时 $Z=P-2N=1-2\times(1/2)=0$，故闭环系统稳定；当 $K<1$ 时，曲线不包围点 $(-1,j0)$，即 $N=0$，此时 $Z=P-2N=1-2\times0=1$，有一个闭环极点在右半 s 平面，故系统不稳定。

5.4.2 奈奎斯特稳定判据的应用

如果开环传递函数 $G(s)$ 在虚轴上有极点，则不能直接应用图 5-35 所示的奈氏路径，

因为幅角定理要求奈氏轨线不能经过 $F(s)$ 的奇点，为了在这种情况下应用奈氏判据，可以对奈氏路径略作修改。使其沿着半径为无穷小($r\to 0$)的右半圆绕过虚轴上的极点。例如当开环传递函数中有纯积分环节时，s 平面原点有极点，相应的奈氏路径可以修改为如图 5-41 所示。图中的小半圆绕过了位于坐标原点的极点，使奈氏路径避开了极点，又包围了整个右半 s 平面，前述的奈氏判据结论仍然适用，只是在画幅相特性曲线时，s 取值需要先从 j0 绕半径无限小的圆弧逆时针转 90°到 $\mathrm{j}0^+$，然后再沿虚轴到 j∞。这样需要补充 $s=\mathrm{j}0\to\mathrm{j}0^+$ 小圆弧所对应的 $G(\mathrm{j}\omega)$ 特性曲线。

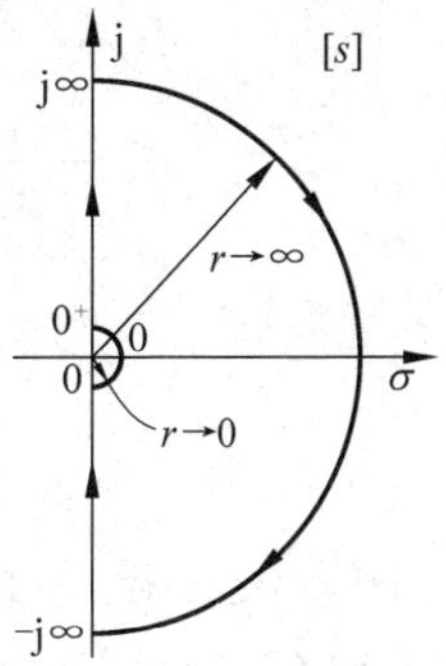

图 5-41 s 平面原点有开环极点时的奈氏路径

设系统开环传递函数为

$$G(s)=\frac{K\prod_{i=1}^{m}(\tau_i s+1)}{s^v\prod_{j=1}^{n-v}(T_j s+1)}$$

式中，v 为系统型别。当沿着无穷小半圆逆时针方向移动时，有 $s=\lim\limits_{r\to 0}re^{\mathrm{j}v\theta}$，映射到 G 平面的曲线可以按下式求得

$$G(s)\Big|_{s=\lim\limits_{r\to 0}re^{\mathrm{j}\theta}}=\left.\frac{K\prod_{i=1}^{m}(\tau_i s+1)}{s^v\prod_{j=1}^{n-v}(T_j s+1)}\right|_{s=\lim\limits_{r\to 0}re^{\mathrm{j}\theta}}=\lim_{r\to 0}\frac{K}{r^v}\mathrm{e}^{-\mathrm{j}v\theta}=\infty\mathrm{e}^{-\mathrm{j}v\theta}\tag{5-67}$$

由上述分析可见，当 s 沿小半圆从 $\omega=0$ 变化到 $\omega=0^+$ 时，θ 角沿逆时针方向从 0 变化到 $\pi/2$，这时 G 平面上的映射曲线将从 $\angle G(\mathrm{j}0)$ 位置沿半径无穷大的圆弧按顺时针方向转过 $-v\pi/2$ 角度。在确定 $G(\mathrm{j}\omega)$ 绕点 $(-1,\mathrm{j}0)$ 圈数 N 的值时，要考虑大圆弧的影响。

例 5-11 已知开环传递函数为

$$G(s)=\frac{K}{s(Ts+1)}$$

式中，$K>0$、$T>0$，绘制奈氏图并判别系统的稳定性。

解 该系统 $G(s)$ 在坐标原点处有一个极点，为 Ⅰ 型系统。取奈氏路径如图 5-41 所示。当 s 沿小半圆移动从 $\omega=0$ 变化到 $\omega=0^+$ 时，在 G 平面上映射曲线为半径 $R\to\infty$ 的 $\pi/2$ 圆弧。幅相特性曲线(包括大圆弧)如图 5-42 所示。此系统开环传递函数在右半 s 平面无极点，$P=0$；$G(s)$ 的奈氏曲线又不包围点 $(-1,\mathrm{j}0)$，$N=0$；因此 $Z=P-2N=0$，闭环系统是稳定的。

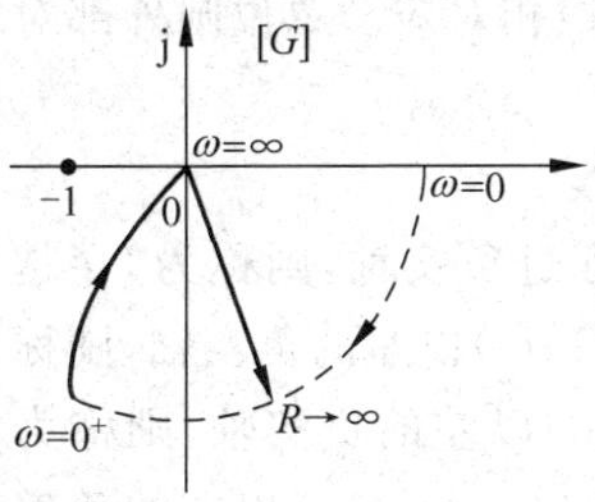

图 5-42 例 5-11 的奈氏图

例 5-12 已知系统开环传递函数为

$$G(s)H(s)=\frac{K(s+3)}{s(s-1)}$$

试绘制奈氏图，并分析闭环系统的稳定性。

解 由于 $G(s)H(s)$ 在右半 s 平面有一极点，故 $P=1$。当 $0<K<1$ 时，其奈氏图如图 5-43(a)所示，图中可见，当 ω

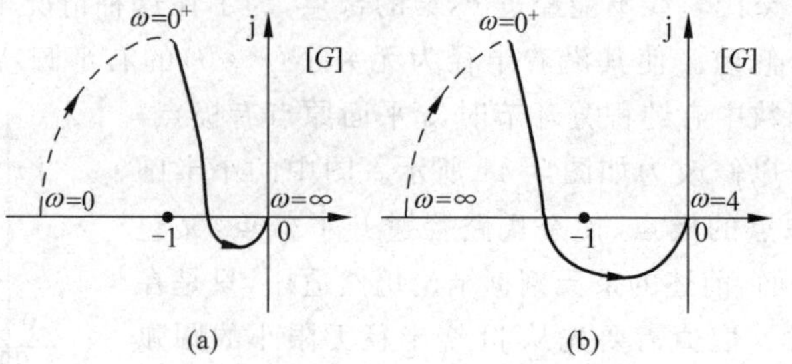

图 5-43　例 5-12 的奈氏图

从 0 到 $+\infty$ 变化时，奈氏曲线顺时针包围点$(-1,\mathrm{j}0)$ $-1/2$ 圈，即 $N=-1/2$，$Z=P-2N=1+2(1/2)=2$，因此闭环系统不稳定。当 $K>1$ 时，其奈氏图如图 5-43(b)所示，当 ω 从 0 到 $+\infty$ 变化时，奈氏曲线逆时针包围点$(-1,\mathrm{j}0)$ $+1/2$ 圈，$N=+1/2$，$Z=P-2N=1-2(1/2)=0$，此时闭环系统是稳定的。

5.4.3　对数稳定判据

实际上，系统的频域分析设计通常是在 Bode 图上进行的。将奈奎斯特稳定判据引申到 Bode 图上，以 Bode 图的形式表现出来，就成为对数稳定判据。在 Bode 图上运用奈奎斯特判据的关键在于如何确定 $G(\mathrm{j}\omega)$ 包围点$(-1,\mathrm{j}0)$的圈数 N。

系统开环频率特性的奈氏图与 Bode 图存在一定的对应关系，如图 5-44 所示。

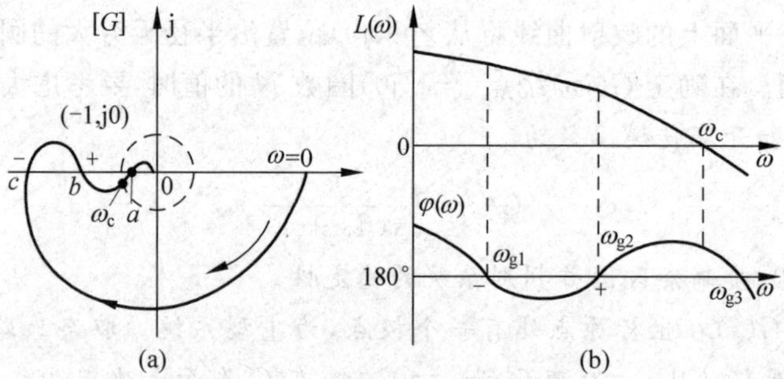

图 5-44　奈氏图与 Bode 图的对应关系

(1) 奈氏图上 $|G(\mathrm{j}\omega)|=1$ 的单位圆与 Bode 图上的 0dB 线相对应。单位圆外部对应于 $L(\omega)>0$，单位圆内部对应于 $L(\omega)<0$。

(2) 奈氏图上的负实轴对应于 Bode 图上 $\varphi(\omega)=-180°$线。

在奈氏图中，如果开环幅相特性曲线在点$(-1,\mathrm{j}0)$以左穿过负实轴，则称为"穿越"。若沿 ω 增加方向，曲线按相角增加方向(自上而下)穿过点$(-1,\mathrm{j}0)$以左的负实轴，则称为正穿越；反之曲线按相角减小方向(自下而上)穿过点$(-1,\mathrm{j}0)$以左的负实轴，则称为负穿越，如图 5-44(a)所示。如果沿 ω 增加方向，幅相特性曲线自$(-1,\mathrm{j}0)$点以左的负实轴上某点开始向下(上)离开，或从负实轴上(下)方趋近到点$(-1,\mathrm{j}0)$以左的负实轴上某点，则称为半次正(负)穿越。

在 Bode 图上，对应在 $L(\omega)>0$ 的频段范围内沿 ω 增加方向，对数相频特性曲线按相角增加方向(自下而上)穿过 $-180°$ 线称为正穿越；反之，曲线按相角减小方向(自上而下)穿过 $-180°$ 线为负穿越。同理，在 $L(\omega)>0$ 的频段范围内，对数相频曲线沿 ω 增加方向自 $-180°$ 线开始向上(下)离开，或从下(上)方趋近到 $-180°$ 线，则称为半次正(负)穿越，如图 5.45(b)所示。

在奈氏图上，正穿越一次，对应于幅相特性曲线逆时针包围$(-1,j0)$点一圈，而负穿越一次，对应于顺时针包围点$(-1,j0)$一圈，因此幅相特性曲线包围点$(-1,j0)$的次数等于正、负穿越次数之差，即

$$N = N_+ - N_- \tag{5-68}$$

式中，N_+ 是正穿越次数，N_- 是负穿越次数。在 Bode 图上可以应用此方法方便地确定 N。

例 5-13 单位反馈系统的开环传递函数为

$$G(s) = \frac{K^*\left(s+\frac{1}{2}\right)}{s^2(s+1)(s+2)}$$

当 $K^*=0.8$ 时，判断闭环系统的稳定性。

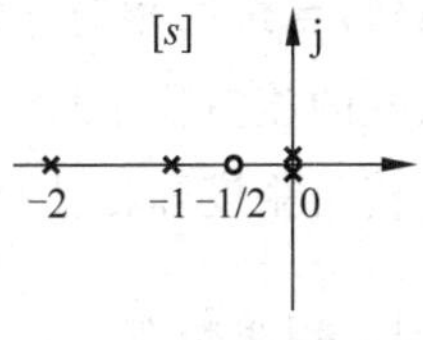

图 5-45 开环零极点图

解 系统开环零点、极点分布图如图 5-45 所示。首先计算 $G(j\omega)$ 曲线与实轴交点坐标。

$$G(j\omega) = \frac{0.8\left(\frac{1}{2}+j\omega\right)}{-\omega^2(1+j\omega)(2+j\omega)} = \frac{-0.8\left[1+\frac{5}{2}\omega^2+j\omega\left(\frac{1}{2}-\omega^2\right)\right]}{\omega^2\left[4+5\omega^2+\omega^4\right]}$$

令 $\mathrm{Im}G(j\omega)=0$，解出 $\omega=1/\sqrt{2}$。计算相应实部的值 $\mathrm{Re}G(j\omega)=-0.5333$。由此可画出开环幅相特性和开环对数频率特性分别如图 5-46(a)、图 5-46(b)所示。系统是Ⅱ型的，相应在$G(j\omega)$、$\varphi(\omega)$上补上 180°大圆弧(如图 5-46(a)、图 5-46(b)中虚线所示)。应用对数稳定判据，在 $L(\omega)>0$ 的频段范围$(0\sim\omega_c)$内，$\varphi(j\omega)$在 $\omega=0^+$ 处有负、正穿越各 1/2 次，所以

$$N = N_+ - N_- = 1/2 - 1/2 = 0$$

$$Z = P - 2N = 0 - 2\times 0 = 0$$

可知闭环系统是稳定的。

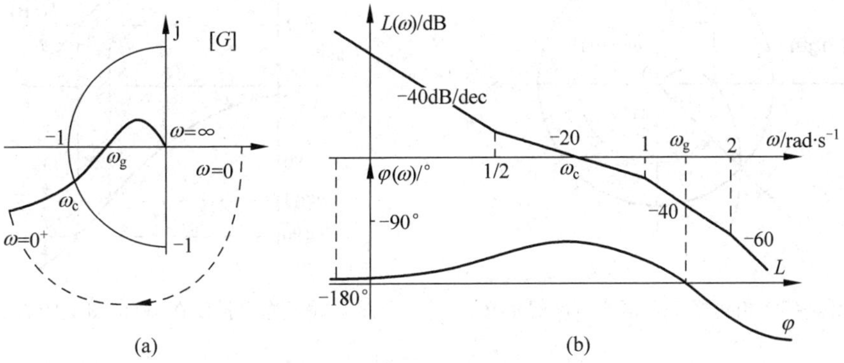

图 5-46 开环幅相特性和对数频率特性图

5.5 稳定裕度

5.5.1 稳定裕度的定义

控制系统稳定与否是绝对稳定性的概念。而对一个稳定的系统而言，还有一个稳定的程度，即相对稳定性的概念。相对稳定性与系统的动态性能指标有着密切的关系。在设计一个控制系统时，不仅要求它必须是绝对稳定的，而且还应保证系统具有一定的稳定程度。只有这样，才能不致因系统参数的小范围漂移而导致系统性能变差甚至不稳定。

对于一个最小相角系统而言，$G(\mathrm{j}\omega)$曲线越靠近点$(-1,\mathrm{j}0)$，系统阶跃响应的振荡就越强烈，系统的相对稳定性就越差。因此，可用$G(\mathrm{j}\omega)$曲线对点$(-1,\mathrm{j}0)$的接近程度来表示系统的相对稳定性。通常，这种接近程度是以相角裕度和幅值裕度来表示的。

相角裕度和幅值裕度是系统开环频率指标，它们与闭环系统的动态性能密切相关。

1. 相角裕度

相角裕度是指开环幅相频率特性$G(\mathrm{j}\omega)$的幅值$A(\omega)=|G(\mathrm{j}\omega)|=1$时的向量与负实轴的夹角，常用希腊字母$\gamma$表示。

在G平面上画出以原点为圆心的单位圆，见图5-47。$G(\mathrm{j}\omega)$曲线与单位圆相交，交点处的频率ω_c称为截止频率，此时有$A(\omega_c)=1$。按相角裕度的定义

$$\gamma = 180^\circ + \varphi(\omega_c) \tag{5-69}$$

由于$L(\omega_c)=20\lg A(\omega_c)=20\lg 1=0$，故在伯德图中，相角裕度表现为$L(\omega)=0\mathrm{dB}$处的相角$\varphi(\omega_c)$与$-180^\circ$水平线之间的角度差，如图5-48所示。上述两图中的γ均为正值。

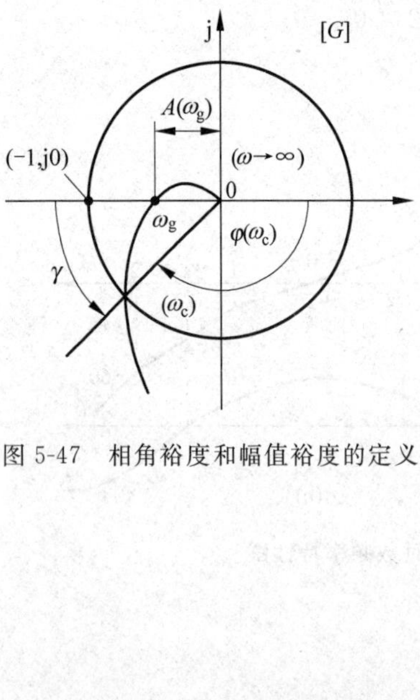

图 5-47　相角裕度和幅值裕度的定义

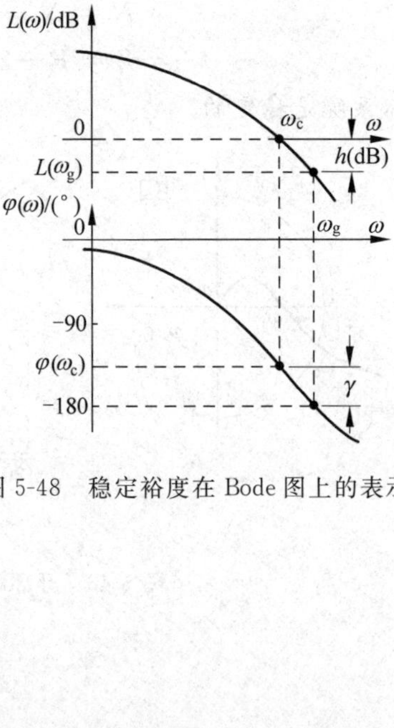

图 5-48　稳定裕度在 Bode 图上的表示

2. 幅值裕度

$G(j\omega)$曲线与负实轴交点处的频率 ω_g 称为相角交界频率，此时幅相特性曲线的幅值为 $A(\omega_g)$，如图 5-47 所示。幅值裕度是 $G(j\omega)$与负实轴交点至虚轴距离的倒数，即 $1/A(\omega_g)$，常用 h 表示，即

$$h = \frac{1}{A(\omega_g)} \tag{5-70}$$

在对数坐标图上

$$20\lg h = -20\lg|A(\omega_g)| = -L(\omega_g) \tag{5-71}$$

即 h 的分贝值等于 $L(\omega_g)$与 0dB 之间的距离(0dB 下为正)。

相角裕度的物理意义在于：稳定系统在截止频率 ω_c 处若相角再滞后一个 γ 角度，则系统处于临界稳定状态；若相角滞后大于 γ，则系统将变成不稳定的。

幅值裕度的物理意义在于：稳定系统的开环增益再增大 h 倍，则 $\omega=\omega_g$ 处的幅值 $A(\omega_g)$等于 1，曲线正好通过点$(-1,j0)$，系统处于临界稳定状态；若开环增益增大 h 倍以上，则系统将变成不稳定的。

对于最小相角系统，要使系统稳定，要求相角裕度 $\gamma>0$，幅值裕度 $h>0$dB。为保证系统具有一定的相对稳定性，稳定裕度不能太小。在工程设计中，要求 $\gamma>30°$(一般选 $\gamma=40°\sim60°$)，$h>6$dB(一般选 10～20dB)。

5.5.2 稳定裕度的计算

根据式(5-69)，要计算相角裕度 γ，首先要知道截止频率 ω_c。求 ω_c 较方便的方法是先由 $G(s)$绘制 $L(\omega)$曲线，由 $L(\omega)$与 0dB 线的交点确定 ω_c。而求幅值裕度 h，则要先知道相角交界频率 ω_g。对于阶数不太高的系统，直接解三角方程$\angle G(j\omega_g)=-180°$是求 ω_g 较方便的方法。通常是将 $G(j\omega)$写成虚部和实部，令虚部为零而解得 ω_g。

例 5-14 某单位反馈系统的开环传递函数为

$$G(s) = \frac{K_0}{s(s+1)(s+5)}$$

试求 $K_0=10$ 时系统的相角裕度和幅值裕度。

解
$$G(s)=\frac{K_0/5}{s(s+1)\left(\frac{1}{5}s+1\right)} \quad \begin{cases} K=K_0/5 \\ v=1 \end{cases}$$

绘制开环增益 $K=K_0/5=2$ 时的 $L(\omega)$曲线如图 5-49 所示。

当 $K=2$ 时

$$A(\omega_c) = \frac{2}{\omega_c\sqrt{\omega_c^2+1^2}\sqrt{\left(\frac{\omega_c}{5}\right)^2+1^2}} = 1 \approx \frac{2}{\omega_c\sqrt{\omega_c^2}\sqrt{1^2}} = \frac{2}{\omega_c^2} \quad (0<\omega_c<2)$$

所以
$$\omega_c=\sqrt{2}$$

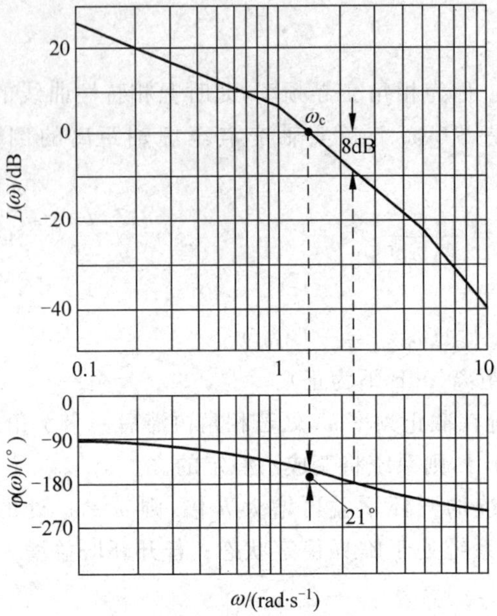


```
% 图5-49的绘制程序
  k=2;zero=[];
  pole=[0 -1 -5];
  g=zpk(zero,pole,k*5);
  bode(g);
  grid on;
```

图 5-49　$K=2$ 时的 $L(\omega)$ 曲线

$$\gamma_1 = 180^\circ + \angle G(j\omega_c) = 180^\circ - 90^\circ - \arctan\omega_c - \arctan\frac{\omega_c}{5}$$

$$= 90^\circ - 54.7^\circ - 15.8^\circ = 19.5^\circ$$

又由　$$180^\circ + \angle G(j\omega_g) = 180^\circ - 90^\circ - \arctan\omega_g - \arctan(\omega_g/5) = 0$$

有　$$\arctan\omega_g + \arctan(\omega_g/5) = 90^\circ$$

等式两边取正切　$$\left[\frac{\omega_g + \dfrac{\omega_g}{5}}{1 - \dfrac{\omega_g^2}{5}}\right] = \tan 90^\circ \to \infty$$

得 $1-\omega_g^2/5=0$，即 $\omega_g=\sqrt{5}=2.236$。

所以　$$h_1 = \frac{1}{|A(\omega_g)|} = \frac{\omega_g\sqrt{\omega_g^2+1}\sqrt{\left(\dfrac{\omega_g}{5}\right)^2+1}}{2} = 3 = 9.5\text{dB}$$

在实际工程设计中，必须先确定系统的稳定性。对于不稳定的系统，没有必要计算稳定裕度。在稳定的前提下，只要绘出 $L(\omega)$ 曲线，可以直接在图上读 ω_c，不需太多计算。

5.6　利用开环对数幅频特性分析系统的性能

在频域中对系统进行分析、设计时，通常是以频域指标为依据的，但是频域指标不如时域指标直观、准确，因此，需进一步探讨频域指标与时域指标之间的关系。考虑到对数频率特性在控制工程中应用的广泛性，本节以伯德图为基本形式，首先讨论开环对数幅

频特性 $L(\omega)$的形状与性能指标之间的关系，然后根据频域指标与时域指标间的关系估算出系统的时域响应性能。

实际系统的开环对数幅频特性 $L(\omega)$一般都符合如图 5-50 所示的特征：左端(频率较低的部分)高；右端(频率较高的部分)低。将 $L(\omega)$人为地分为三个频段：低频段、中频段和高频段。低频段主要指第一个转折频率以左的频段；中频段是指截止频率 ω_c 附近的频段；高频段指频率远大于 ω_c 的频段。这三个频段包含了闭环系统性能不同方面的信息，需要分别进行讨论。

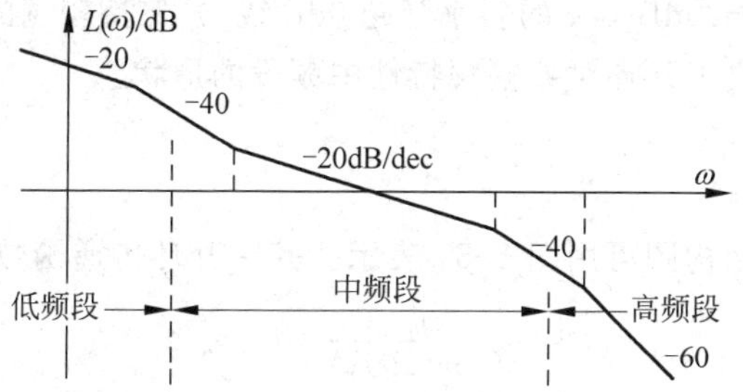

图 5-50 对数频率特性三频段的划分

需要指出，开环对数频率特性三频段的划分是相对的，各频段之间没有严格的界限。一般控制系统的频段范围在 0.01～100rad/s 之间。这里所述的“高频段”与无线电学科里的“超高频”、“甚高频”不是一个概念。

5.6.1 $L(\omega)$低频渐近线与系统稳态误差的关系

低频段通常是指 $L(\omega)$的渐近线在第一个转折频率左边的频段，这一频段的特性完全由积分环节和开环增益决定。设低频段对应的传递函数

$$G_d(s)=\frac{K}{s^v}$$

则低频段对数幅频特性

$$20\lg|G_d(j\omega)|=20\lg\frac{K}{\omega^v}$$

将低频段对数幅频特性曲线延长交于 0dB 线，交点频率 $\omega_0=K^{\frac{1}{v}}$。可以看出，低频段斜率越小(负数的绝对值越大)，位置越高，对应积分环节数目越多，开环增益越大。在闭环系统稳定的条件下，其稳态误差越小，稳态精度越高。因此，根据 $L(\omega)$低频段可以确定系统型别 v 和开环增益 K，利用第 3 章中介绍的静态误差系数法可以求出系统在给定输入下的稳态误差。

5.6.2 $L(\omega)$中频段特性与系统动态性能的关系

中频段是指 $L(\omega)$在截止频率 ω_c 附近的频段，这段特性集中反映了闭环系统动态响

应的平稳性和快速性。

一般来说，$\varphi(\omega)$的大小与对应频率下$L(\omega)$的斜率有密切关系，$L(\omega)$斜率越负，则$\varphi(\omega)$越小(负数的绝对值越大)。在ω_c处，$L(\omega)$曲线的斜率对相角裕度γ的影响最大，越远离ω_c处的$L(\omega)$斜率对γ的影响就越小。定性来讲，如果$L(\omega)$曲线的中频段斜率为-20dB/dec，并且占据较宽的频率范围，则相角裕度γ就较大(接近90°)，系统的超调量就很小。反之，如果中频段是-40dB/dec的斜率，且占据较宽的频率范围，则相角裕度γ就很小(接近0°)，系统的平稳性和快速性会变得很差。因此，为保证系统具有满意的动态性能，希望$L(\omega)$以-20dB/dec的斜率穿越0dB线，并保持较宽的中频段范围。闭环系统的动态性能主要取决于开环对数幅频特性中频段的形状。

1. 二阶系统

典型二阶系统的结构图可用图5-51表示。其中开环传递函数为

$$G(s)=\frac{\omega_n^2}{s(s+2\zeta\omega_n)}\quad(0<\zeta<1)$$

相应的闭环传递函数为

$$\Phi(s)=\frac{\omega_n^2}{s^2+2\zeta\omega_n s+\omega_n^2}$$

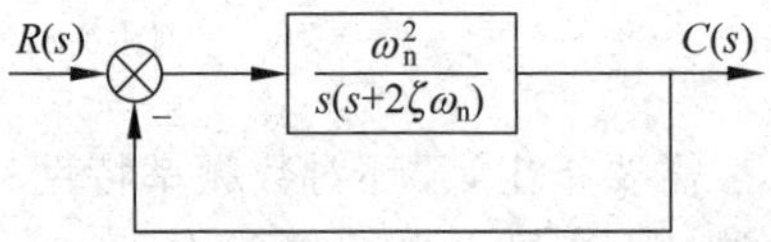

图5-51 典型二阶系统结构图

(1) γ和$\sigma\%$的关系

系统开环频率特性为

$$G(j\omega)=\frac{\omega_n^2}{j\omega(j\omega+2\zeta\omega_n)}\tag{5-72}$$

开环幅频和相频特性分别为

$$A(\omega)=\frac{\omega_n^2}{\omega\sqrt{\omega^2+(2\zeta\omega_n)^2}}$$

$$\varphi(\omega)=-90^\circ-\arctan\frac{\omega}{2\zeta\omega_n}$$

在$\omega=\omega_c$处，$A(\omega)=1$，即

$$A(\omega_c)=\frac{\omega_n^2}{\omega_c\sqrt{\omega_c^2+(2\zeta\omega_n)^2}}=1$$

亦即

$$\omega_c^4+4\zeta^2\omega_n^2\omega_c^2-\omega_n^4=0$$

解之，得

$$\omega_c=\sqrt{\sqrt{4\zeta^4+1}-2\zeta^2}\,\omega_n\tag{5-73}$$

当$\omega=\omega_c$时，有

$$\varphi(\omega_c)=-90^\circ-\arctan\frac{\omega_c}{2\zeta\omega_n}$$

由此可得系统的相角裕度为

$$\gamma = 180^\circ + \varphi(\omega_c) = 90^\circ - \arctan\frac{\omega_c}{2\zeta\omega_n} = \arctan\frac{2\zeta\omega_n}{\omega_c} \tag{5-74}$$

将式(5-73)代入式(5-74)得

$$\gamma = \arctan\frac{2\zeta}{\sqrt{\sqrt{4\zeta^4+1}-2\zeta^2}} \tag{5-75}$$

根据式(5-75),可以画出 γ 和 ζ 的函数关系曲线如图 5-52 所示。

另一方面,典型二阶系统超调量

$$\sigma\% = e^{-\pi\zeta/\sqrt{1-\zeta^2}} \times 100\% \tag{5-76}$$

为便于比较,将式(5-76)的函数关系也一并绘于图 5-52 中。

从图 5-52 所示曲线可以看出:γ 越小(即 ζ 越小),$\sigma\%$就越大;反之,γ 越大,$\sigma\%$就越小。通常希望 $30^\circ \leqslant \gamma \leqslant 60^\circ$。

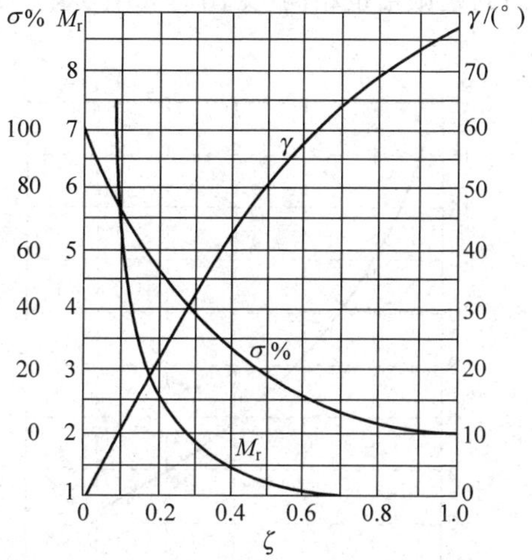

图 5-52　二阶系统 $\sigma\%$、M_r、γ 与 ζ 的关系曲线

```
% 图5-52的绘制程序
  xi=0:0.001:1;MMr=[];kks=[];
  for i=1:length(xi)
      gamma(i)=atan(2*xi(i)/sqrt(sqrt(4*xi(i)^4+1)-2*xi(i)^2))*180/pi;
      sigma(i)=exp(-pi*xi(i)/sqrt(1-xi(i)^2))*100/2+10;
      if xi(i)<0.707
          Mr(i)=1/(2*xi(i)*sqrt(1-xi(i)^2));
      else Mr(i)=1;
      end
      if Mr(i)<=7.5
          MMr=[MMr Mr(i)*10-10];
          kks=[kks xi(i)];
      end
  end
  plot(xi,gamma,'b-',xi,sigma,'r-',kks,MMr,'g-');grid on
```

(2) γ、ω_c 与 t_s 的关系

由时域分析法可知，典型二阶系统调节时间(取 $\Delta=0.05$ 时)为

$$t_s=\frac{3.5}{\zeta\omega_n}\quad(0.3<\zeta<0.8) \tag{5-77}$$

将式(5-77)与式(5-73)相乘，得

$$t_s\omega_c=\frac{3.5}{\zeta}\sqrt{\sqrt{4\zeta^4+1}-2\zeta^2} \tag{5-78}$$

再由式(5-75)和式(5-78)可得

$$t_s\omega_c=\frac{7}{\tan\gamma} \tag{5-79}$$

将式(5-79)的函数关系绘成曲线，如图 5-53 所示。可见，调节时间 t_s 与相角裕度 γ 和截止频率 ω_c 都有关。当 γ 确定时，t_s 与 ω_c 成反比。换言之，如果两个典型二阶系统的相角裕度 γ 相同，那么它们的超调量也相同(见图 5-52)，这样，ω_c 较大的系统，其调节时间 t_s 必然较短(见图 5-53)。

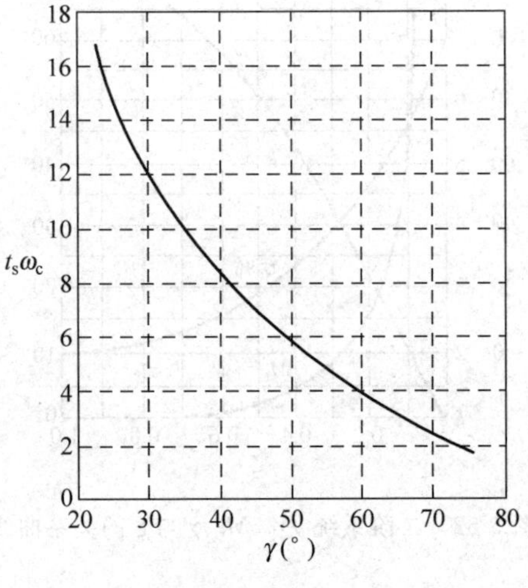

图 5-53　二阶系统 $t_s\omega_c$ 与 γ 的关系曲线

```
% 图5-53的绘图程序
  xi=0.2:0.01:1;
  for i=1:length(xi)
      gamma(i)=atan(2*xi(i)/sqrt(sqrt(4*xi(i)^4+1)-2*xi(i)^2));
      TsWc(i)=7/tan(gamma(i));
  end
  plot(gamma*180/pi,TsWc,'b-');grid on;
```

例 5-15　二阶系统结构图如图 5-54 所示。试分析系统开环频域指标与时域指标的关系。

解　系统的开环传递函数为

$$G(s)=\frac{K_1K_2\alpha}{T_is(T_as+1)}=\frac{K}{s(T_as+1)}$$

式中，$K=K_1K_2\alpha/T_i$，转折频率为 $\omega_2=1/T_a$。若取

$$\omega_c=\frac{1}{2T_a}=\frac{\omega_2}{2} \tag{5-80}$$

则开环对数幅频特性如图 5-55 所示。系统的相角裕度为

$$\gamma=180^\circ+\varphi(\omega_c)=180^\circ-90^\circ-\arctan\omega_cT_a$$
$$=90^\circ-\arctan\frac{1}{2T_a}\cdot T=63.4^\circ$$

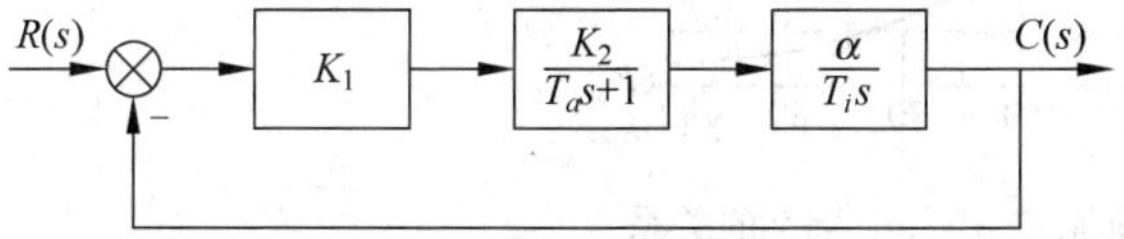

图 5-54 系统的结构图

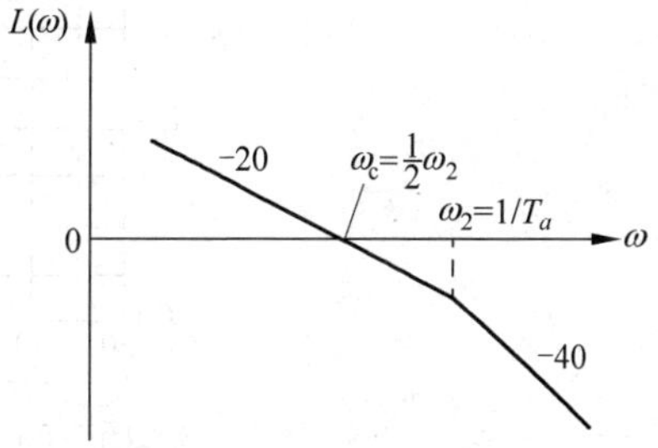

图 5-55 系统的对数幅频特性

根据所求得的 γ 值，查图 5-52 可得 $\zeta=0.707$，$\sigma\%=4.3\%$。由图 5-53 查得 $t_s\omega_c=3.5$。再由式(5-80)得

$$t_s=\frac{3.5}{\omega_c}=\frac{7}{\omega_2}=7T_a$$

若增加开环增益，则图 5-55 中所示的 $L(\omega)$ 向上平移，ω_c 右移。当 ω_c 移至更靠近 ω_2 时，相角裕度变得较小，超调量自然变大。例如，若选 $\omega_c=\omega_2=1/T_a$ 时，则相角裕度 $\gamma=45^\circ$，从上述曲线查得 $\zeta=0.42$，$\sigma\%=23\%$。若 K 值进一步加大，则 ω_c 将落在 -40dB/dec 斜率的频段上，相角裕度将变得更小，超调量就更大。

2. 高阶系统

对于一般三阶或三阶以上的高阶系统，要准确推导出开环频域特征量(γ 和 ω_c)与时域指标($\sigma\%$和 t_s)之间的关系是很困难的，即使导出这样的关系式，使用起来也不方便，实用意义不大。在控制工程分析与设计中，通常采用下面从工程实践中总结出来的近似公式，由 ω_c、γ 估算系统的动态性能指标，即有

$$\sigma\%=\left[0.16+0.4\left(\frac{1}{\sin\gamma}-1\right)\right]\times100\%\quad(35^\circ\leqslant\gamma\leqslant90^\circ) \tag{5-81}$$

$$t_s=\frac{\pi}{\omega_c}\left[2+1.5\left(\frac{1}{\sin\gamma}-1\right)+2.5\left(\frac{1}{\sin\gamma}-1\right)^2\right]\quad(35^\circ\leqslant\gamma\leqslant90^\circ) \tag{5-82}$$

图 5-56 所示的两条曲线是根据上述两式绘成的，以供查用。图中曲线表明，当 ω_c 一定时，随着 γ 值的增加，高阶系统的超调量 $\sigma\%$和调节时间 t_s 都会降低。

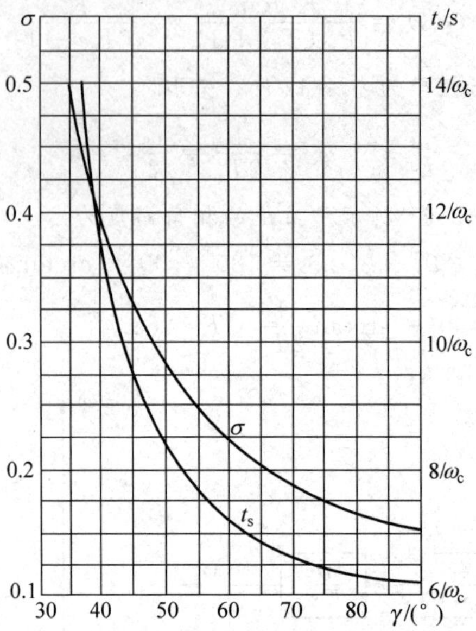

图 5-56　高阶系统 $\sigma\%$、t_s 与 γ 的关系

```
% 图5-56的绘制程序
  gamma=30:0.01:90;Ts=[];Sigma=[];Gamma1=[];Gamma2=[];
  for i=1:length(gamma);
      temp=1/sin(gamma(i)*pi/180)-1;
      sigma=0.16+0.4*temp;
      ts=pi*(2+1.5*temp+2.5*temp^2)*0.5/9-6*0.5/9+0.1;
      if ts<=0.5
          Gamma1=[Gamma1 gamma(i)];
          Ts=[Ts ts];
      end
      if sigma<=0.5
          Gamma2=[Gamma2 gamma(i)];
          Sigma=[Sigma sigma];
      end
  end
  plot(Gamma2,Sigma,'b-',Gamma1,Ts,'r-');
  axis([30 90 0.1 0.55]);grid on;
```

5.6.3　$L(\omega)$高频段与系统抗高频干扰能力的关系

$L(\omega)$的高频段特性是由小时间常数的环节构成的，其转折频率均远离截止频率 ω_c，所以对系统的动态性能影响不大。但是，从系统抗干扰的角度出发，研究高频段的特性是具有实际意义的，现说明如下。

对于单位反馈系统，开环频率特性 $G(\mathrm{j}\omega)$和闭环频率特性 $\Phi(\mathrm{j}\omega)$的关系为

$$\Phi(\mathrm{j}\omega)=\frac{G(\mathrm{j}\omega)}{1+G(\mathrm{j}\omega)}$$

在高频段，一般有 $20\lg|G(\mathrm{j}\omega)|\ll 0$，即$|G(\mathrm{j}\omega)|\ll 1$。故由上式可得

$$|\Phi(\mathrm{j}\omega)|=\frac{|G(\mathrm{j}\omega)|}{|1+G(\mathrm{j}\omega)|}\approx|G(\mathrm{j}\omega)|$$

即在高频段，闭环幅频特性近似等于开环幅频特性。

因此，$L(\omega)$特性高频段的幅值，直接反映出系统对输入端高频信号的抑制能力，高频段的分贝值越低，说明系统对高频信号的衰减作用越大，即系统的抗高频干扰能力越强。

综上所述，希望的开环对数幅频特性应具有如下特点：

(1) 如果要求具有一阶或二阶无差度(即系统在阶跃或斜坡作用下无稳态误差)，则 $L(\omega)$特性的低频段应具有-20dB/dec 或-40dB/dec 的斜率。为保证系统的稳态精度，低频段应有较高的分贝值。

(2) $L(\omega)$特性应以-20dB/dec 的斜率穿过零分贝线，且具有一定的中频段宽度。这样，系统就有足够的稳定裕度，保证闭环系统具有较好的平稳性。

(3) $L(\omega)$特性应具有较高的截止频率 ω_c，以提高闭环系统的快速性。

(4) $L(\omega)$特性的高频段应尽可能低，以增强系统的抗高频干扰能力。

三频段理论并没有提供校正系统的具体方法，但它为如何设计一个具有满意性能的闭环系统指出了原则和方向。

5.7 闭环频率特性曲线的绘制

反馈控制系统的性能，除了用其开环频率特性来估算外，也可以根据闭环频率特性来分析。确定闭环频率特性有不同方法，下面仅讨论通过系统的开环频率特性来求闭环频率特性的图解法。

5.7.1 用向量法求闭环频率特性

对于单位反馈系统，如果以幅值和相角形式表示开环频率特性

$$G(\mathrm{j}\omega)=A(\omega)\mathrm{e}^{\mathrm{j}\varphi(\omega)}$$

则闭环频率特性可以表示为

$$\Phi(\mathrm{j}\omega)=\frac{G(\mathrm{j}\omega)}{1+G(\mathrm{j}\omega)}=M(\omega)\mathrm{e}^{\mathrm{j}\alpha(\omega)}$$

其中，闭环频率特性的幅值和相角可以分别表示为

$$M(\omega)=\left|\frac{G(\mathrm{j}\omega)}{1+G(\mathrm{j}\omega)}\right|=\left[\left(1+\frac{1}{A^2(\omega)}+\frac{2\cos\varphi(\omega)}{A(\omega)}\right)^{\frac{1}{2}}\right]^{-1} \tag{5-83}$$

$$\alpha(\omega) = \angle \frac{G(\mathrm{j}\omega)}{1+G(\mathrm{j}\omega)} = \arctan \frac{\sin\varphi(\omega)}{\cos\varphi(\omega)+A(\omega)} \tag{5-84}$$

在 G 平面上，系统开环频率特性可用向量表示，如图 5-57 所示。当频率 $\omega=\omega_1$ 时，向量$\overrightarrow{OA}$表示 $G(\mathrm{j}\omega_1)$。向量$\overrightarrow{PA}$表示 $1+G(\mathrm{j}\omega_1)$。因此，闭环频率特性 $\Phi(\mathrm{j}\omega_1)$可由两个向量之比而求得

$$\Phi(\mathrm{j}\omega_1) = \frac{\overrightarrow{OA}}{\overrightarrow{PA}}$$

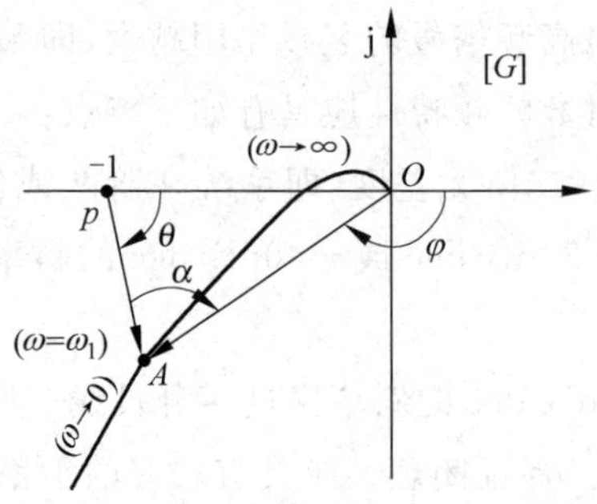

图 5-57　开环频率特性与闭环频率特性的向量关系

即有

$$M(\omega_1) = \frac{|\overrightarrow{OA}|}{|\overrightarrow{PA}|}$$

$$\alpha(\omega_1) = \angle\overrightarrow{OA} - \angle\overrightarrow{PA} = \varphi - \theta$$

可见，只要给出系统的开环幅相特性 $G(\mathrm{j}\omega)$，就可在 $\omega=0\sim\infty$的范围内采用图解计算法逐点求出系统的闭环频率特性。用这种方法求闭环频率特性，几何意义清晰，容易理解，但过程比较麻烦。

5.7.2　尼柯尔斯图线

用开环频率特性求系统的闭环频率特性时，需要准确绘制出系统的开环幅相特性曲线 $G(\mathrm{j}\omega)$，这样做一般比较麻烦，因此希望通过开环对数频率特性来求闭环频率特性。为查对方便和互相换算，将式(5-83)和式(5-84)的关系在对数幅相平面上绘制成标准图线，这就是尼柯尔斯图线，如图 5-58 所示。

尼柯尔斯图线由两簇曲线所组成。一簇是对应于闭环频率特性的幅值为定值($20\lg M$)时的曲线；另一簇则是对应于闭环频率特性的相角为定值(α)时的曲线。尼柯尔斯图线是在对数幅相坐标中绘出的，其横坐标是开环频率特性的相角 $\varphi(\omega)$，单位是(°)；纵坐标是开环对数频率特性的幅值 $L(\omega)$，单位是 dB。尼柯尔斯图线左右对称于$-180°$线。每隔 360°，等幅值图线和等相角图线重复一次。

考虑到工程上常常要对 $L(\omega)=0$ 以及 $\varphi(\omega)=-180°$附近的频率特性进行研究，

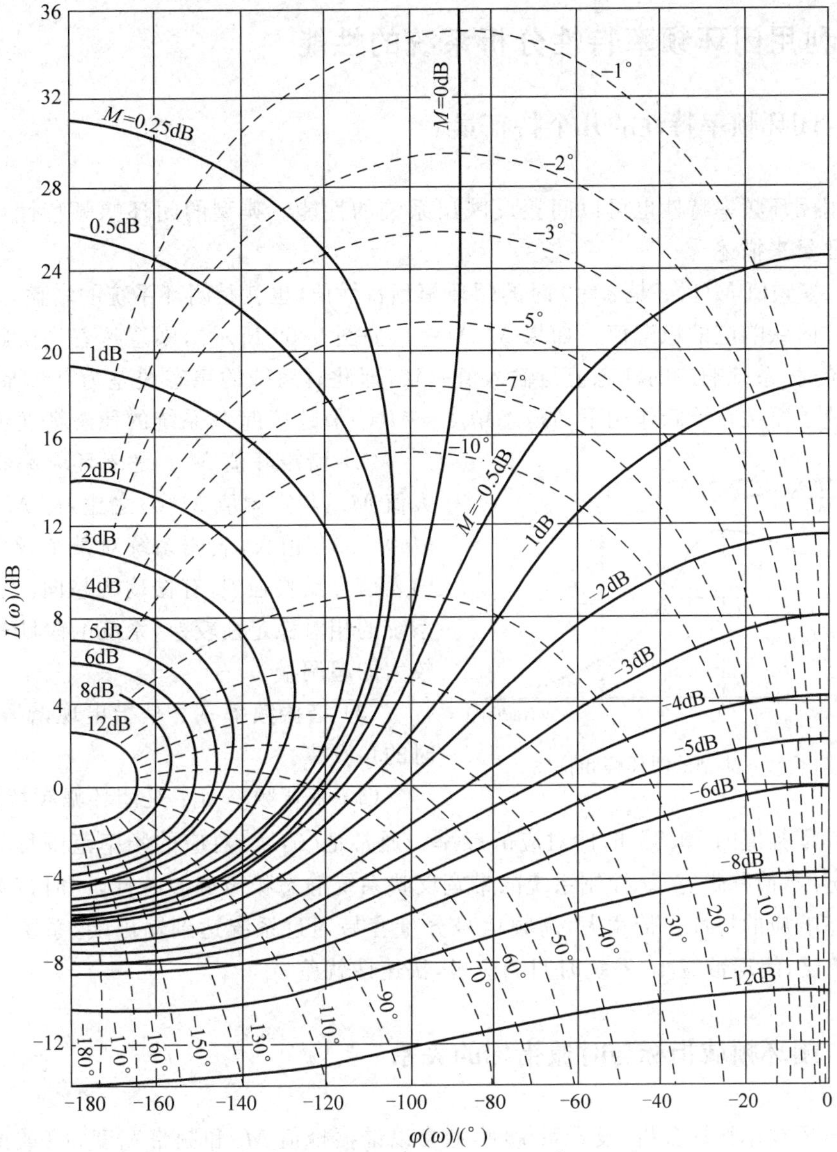

图 5-58　尼柯尔斯图线

图 5-58 绘出了相角在$-180°\sim0°$之间的尼柯尔斯图线。为了使用方便，等幅值曲线上的对应值用分贝表示，而等相角曲线的对应值仍用度表示。

使用尼柯尔斯图线求闭环频率特性时，需首先绘制系统的开环对数幅相特性曲线。然后，将所得的开环对数幅相特性曲线以相同的比例尺覆盖在尼柯尔斯图线上，从对数幅相特性曲线与尼柯尔斯图线上的等幅值曲线、等相角曲线的交点，可读得各个频率下闭环频率特性的对数幅值和相角值。

5.8 利用闭环频率特性分析系统的性能

5.8.1 闭环频率特性的几个特征量

利用闭环频率特性也可以间接反映出系统的性能。典型的闭环幅频特性可用以下几个特征量来描述。

(1) 零频值 $M(0)$：是 $\omega=0$ 时的闭环幅频特性值，也就是闭环系统的增益，或者说是系统单位阶跃响应的稳态值。如果 $M(0)=1$（如图 5-59 所示），则意味着当阶跃函数作用于系统时，系统响应的稳态值与输入值一致，即此时系统的稳态误差为 0。所以 $M(0)$ 直接反映了系统在阶跃作用下的稳态精度。$M(0)$ 值越接近 1，系统的稳态精度越高。

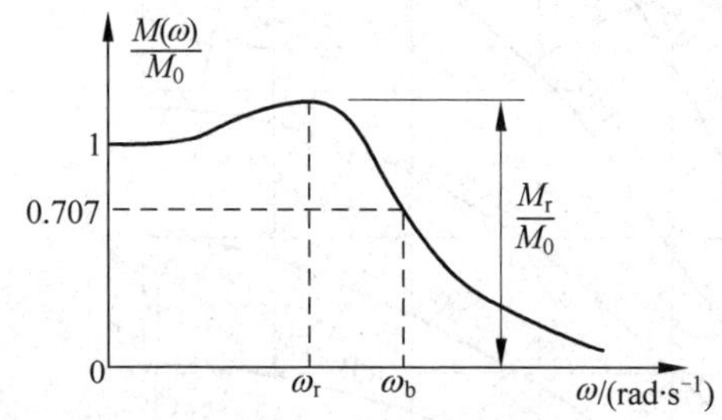

图 5-59 典型的闭环幅频特性

(2) 谐振峰值 M_r：是闭环频率特性的最大值 M_{max} 与零频值 $M(0)$ 之比，即 $M_r=M_{max}/M(0)$。M_r 值大，表明系统对某个频率的正弦输入信号反映强烈，有振荡的趋向。这意味着系统的相对稳定性较差，系统的阶跃响应会有较大的超调量。

(3) 谐振频率 ω_r：是指出现谐振峰值 M_r 时的角频率。

(4) 带宽频率 ω_b：是闭环幅频特性 $M(\omega)$ 降低到其零频值的 70.7%时所对应的频率。通常把 $[0,\omega_b]$ 对应的频率范围称为通频带或频带宽度（简称带宽）。控制系统的带宽反映系统静态噪声滤波特性，同时带宽也用于衡量瞬态响应的特性。带宽大，高频信号分量容易通过系统达到输出端，系统上升时间就短；相反，闭环带宽小，系统时间响应慢，快速性就差。

5.8.2 闭环频域指标与时域指标的关系

用闭环频率特性分析、设计系统时，通常以谐振峰值 M_r 和频带宽度 ω_b（或谐振频率 ω_r）这些特征量作为依据，这就是闭环频域指标。M_r，ω_b 与时域指标 $\sigma\%$，t_s 之间亦存在密切关系，这种关系在二阶系统中是准确的，在高阶系统中则是近似的。

1. 二阶系统

典型二阶系统的闭环传递函数为

$$\Phi(s)=\frac{\omega_n^2}{s^2+2\zeta\omega_n s+\omega_n^2} \tag{5-85}$$

(1) M_r 与 $\sigma\%$ 的关系

由二阶振荡环节幅相特性的讨论可知，典型二阶系统的谐振频率 ω_r 和谐振峰值

M_r 为

$$\omega_r = \omega_n \sqrt{1-2\zeta^2} \quad (0 \leqslant \zeta \leqslant 0.707) \tag{5-86}$$

$$M_r = \frac{1}{2\zeta\sqrt{1-\zeta^2}} \quad (0 \leqslant \zeta \leqslant 0.707) \tag{5-87}$$

将式(5-87)所描述的 M_r 与 ζ 的函数关系一并绘于图 5-52 中，得 $M_r=f(\zeta)$。曲线表明，M_r 越小，系统的阻尼性能越好。若 M_r 值较高，则系统的动态过程超调量大，收敛慢，平稳性和快速性都较差。从图 5-52 还可看出，$M_r=1.2\sim1.5$ 时，对应的 $\sigma\%=20\%\sim30\%$，这时的动态过程有适度的振荡，平稳性及快速性均较好。控制工程中常以 $M_r=1.3$ 作为系统设计的依据。若 M_r 过大（如 $M_r>2$），则闭环系统阶跃响应的超调量会大于 40%。

(2) M_r，ω_b 与 t_s 的关系

根据通频带的定义，在带宽频率 ω_b 处，典型二阶系统闭环频率特性的幅值为

$$M(\omega_b) = \frac{\omega_n^2}{\sqrt{(\omega_n^2-\omega_b^2)^2+(2\zeta\omega_n\omega_b)^2}} = 0.707$$

由此解出带宽 ω_b 与 ω_n，ζ 的关系为

$$\omega_b = \omega_n \sqrt{1-2\zeta^2+\sqrt{2-4\zeta^2+4\zeta^4}} \tag{5-88}$$

从时域分析可知系统的调节时间如式(5-70)所示。现将式(5-70)、式(5-79)相乘，得

$$\omega_b t_s = \frac{3.5}{\zeta}\sqrt{1-2\zeta^2+\sqrt{2-4\zeta^2+4\zeta^4}} \tag{5-89}$$

将式(5-89)与式(5-87)联系起来，可求得 $\omega_b t_s$ 与 M_r 的函数关系，并绘成曲线如图 5-60 所示。

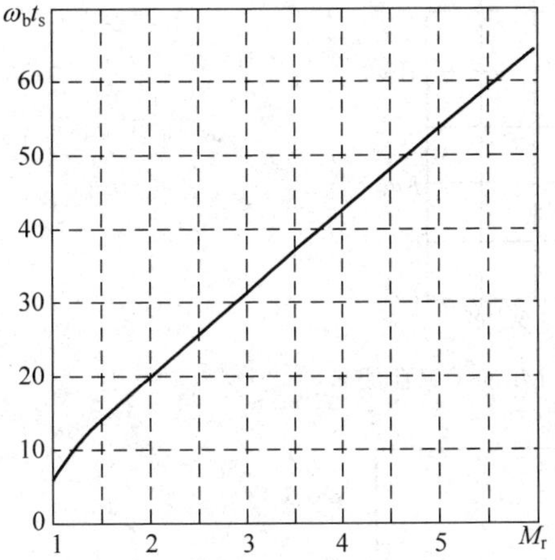

图 5-60　二阶系统 $\omega_b t_s$ 与 M_r 的关系曲线

```
% 图5-60的绘图程序
  xi=0:0.001:0.707;Mr=[];Xi=[];
  for i=1:length(xi)
      mr=1/(2*xi(i)*sqrt(1-xi(i)^2));
      if mr>=1&mr<=6
          Xi=[Xi xi(i)];
          Mr=[Mr mr];
      end
  end
  for i=1:length(Xi)
      WbTs(i)=3.5*sqrt(1-2*Xi(i)^2+...
          sqrt(2-4*Xi(i)^2+4*Xi(i)^4))/Xi(i);
  end
  plot(Mr,WbTs,'b-');
  grid on;
  xlabel('Mr');ylabel('WbTs');
```

由图可见，对于给定的谐振峰值 M_r，调节时间 t_s 与带宽 ω_b 成反比，频带宽度越宽，则调节时间越短。

2. 高阶系统

对于高阶系统，时域指标与闭环频率特性的特征量之间没有确切关系。但是，若高阶系统存在一对共轭复数主导极点时，则可用二阶系统所建立的关系来近似表示。至于一般的高阶系统，常用下面两个经验公式估算系统的动态指标

$$\sigma\% = [0.16 + 0.4(M_r - 1)] \times 100\% \quad (1 \leqslant M_r \leqslant 1.8) \tag{5-90}$$

$$t_s = \frac{\pi}{\omega_c}[2 + 1.5(M_r - 1) + 2.5(M_r - 1)^2]$$

$$= \frac{1.6\pi}{\omega_b}[2 + 1.5(M_r - 1) + 2.5(M_r - 1)^2] \quad (1 \leqslant M_r \leqslant 1.8) \tag{5-91}$$

实际上，高阶系统特征量谐振峰值 M_r、带宽频率 ω_b 与开环频率特性中的相角裕度 γ（γ 不太大时）、截止频率 ω_c 之间存在如下近似关系

$$\begin{cases} \omega_b = 1.6\omega_c \\ M_r \approx \dfrac{1}{\sin\gamma} \end{cases} \tag{5-92}$$

所以，式(5-90)、式(5-91)与式(5-81)、式(5-82)本质上是一致的。

式(5-90)、式(5-91)的函数关系如图5-61所示。由图可以看出，高阶系统的超调量 $\sigma\%$ 随 M_r 的增大而增大。系统的调节时间 t_s 亦随着 M_r 的增大而增大，但随着 ω_c 的增大而减小。

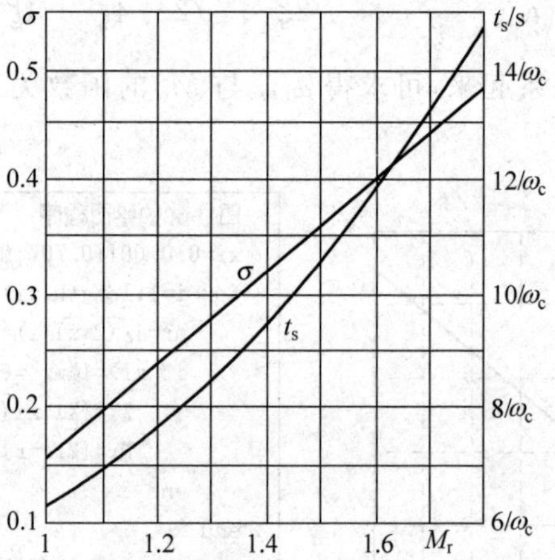

图5-61 高阶系统 $\sigma\%$、t_s 与 M_r 的关系曲线

```
% 图5-61的绘制程序
  wc=1;Mr=1:0.001:1.8;
  for i=1:length(Mr)
      sigma(i)=0.16+0.4*(Mr(i)-1);
      ts(i)=pi*(2+1.5*(Mr(i)-1)+2.5*(Mr(i)-1)^2)/wc;
  end
  plot(Mr,sigma,'b-',Mr,ts*0.45/9-6*0.45/9+0.1,'r-');grid on;
  axis([1 1.8 0.1 0.55]);
```

例 5-16 设单位反馈系统的开环频率特性为

$$G(j\omega)=\frac{1}{j\omega(j\omega+1)(0.5j\omega+1)}$$

(1) 绘制开环对数频率特性曲线，求系统的 ω_c、γ，并由此估算 $\sigma\%$、t_s。

(2) 试用尼柯尔斯图求系统的 M_r、ω_r、ω_b，估算 $\sigma\%$、t_s。

(3) 绘制系统的闭环对数频率特性曲线。

解 (1) 绘制开环对数频率特性曲线如图 5-62 所示。令 $|G(j\omega)|=1$，可解(或由图读)出 $\omega_c=0.751$，$\gamma=180°+\varphi(\omega_c)=33°$。

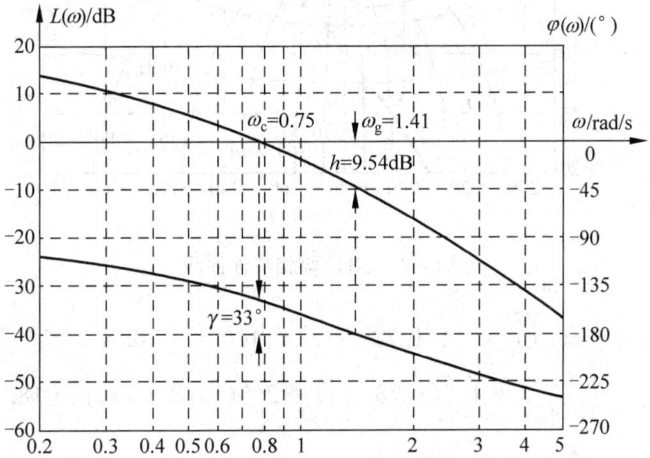

图 5-62 开环对数频率特性

```
% 图5-62, 5-64的绘制程序
      num=[0 0 0 1];
      den=conv(conv([1 0],[1 1]),[0.5 1]);
      bode(num,den,{0.2 5}); grid on;figure;
      bode(num,num+den,{0.2 5}); grid on;
```

查图 5-56 可得

$$\begin{cases}\sigma\%\approx 50\%\\ t_s\approx\dfrac{15}{\omega_c}=\dfrac{15}{0.751}=20\end{cases}$$

(2) 在开环对数频率特性曲线上取点标在尼柯尔斯图上，如图 5-63 所示。读出相应的闭环频率特征参数。与 $G(j\omega)$ 相切的等 M 线读数为 5，因此有

$$\begin{cases}M_r=5\text{dB}=1.78\\ \omega_r=0.824\end{cases}$$

$G(j\omega)$ 在 $\omega=1.26$ 处与 -3dB 等 M 线相交，因此有

$$\omega_b=1.26$$

由式(5-90)、式(5-91)，得

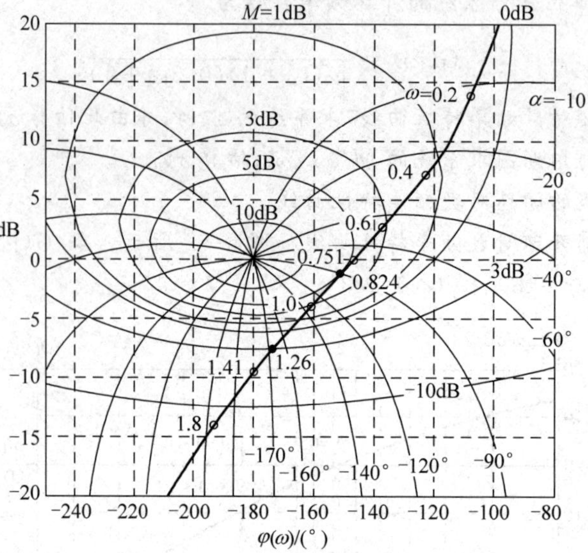

图 5-63　对数幅相特性曲线

$$\sigma\% = [0.16 + 0.4(1.78 - 1)] \times 100 = 47.2\%$$

$$t_s = \frac{1.6\pi}{1.26}[2 + 1.5(1.78 - 1) + 2.5(1.78 - 1)^2] = 18.7$$

由式(5-92)，得

$$\omega_b = 1.6\omega_c = 1.6 \times 0.751 = 1.2$$

$$M_r \approx \frac{1}{\sin\gamma} = \frac{1}{\sin 33^\circ} = 1.836$$

可见估算结果与实际值 $\omega_b = 1.26$、$M_r = 1.78$ 是比较接近的。

(3) 将对数幅相曲线上各点对应的闭环 M 值、α 值描在半对数坐标纸上，可以得到相应的闭环对数频率特性曲线，如图 5-64 所示。

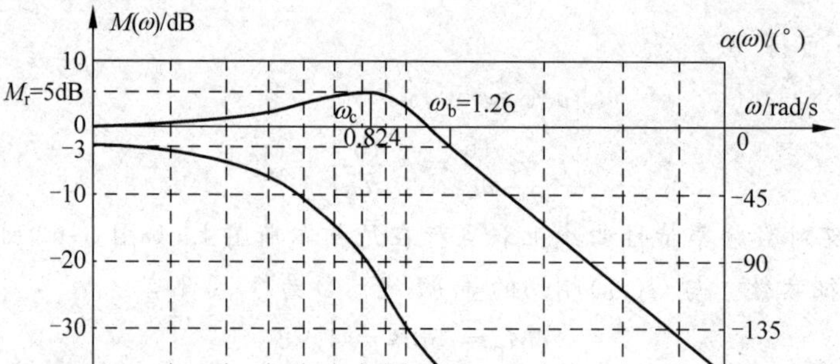

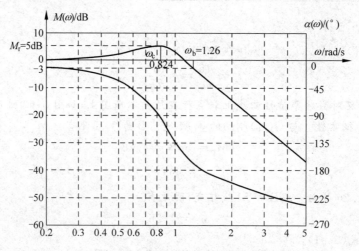

图 5-64　闭环对数频率特性曲线

5.9 频率法串联校正

在第3章已经讲述了反馈校正和复合校正方法，本节介绍基于频域方法的串联校正方法。

将校正装置放在前向通道中，使之与系统被控对象等固有部分相串联，这种校正方式称为串联校正，如图5-65所示。图中$G_c(s)$是校正装置的传递函数。

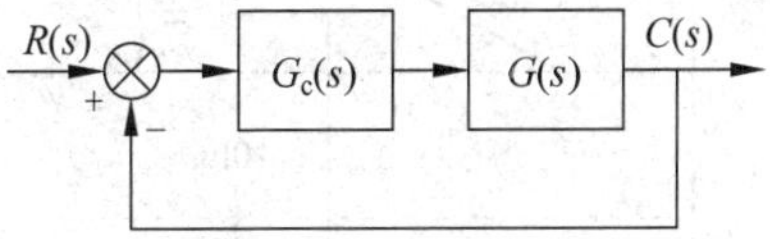

图5-65 系统串联校正方式

串联校正根据所用校正装置的频率特性不同，分为串联超前、串联滞后和串联滞后-超前校正三种方式。频率法串联校正的实质是利用校正装置改变系统的开环对数频率特性，使之符合三频段的要求，从而达到改善系统性能的目的。

5.9.1 相角超前校正

1. 超前网络特性

图5-66是R-C超前网络的电路图，如果输入信号源的内阻为零，负载阻抗为无穷大，则其传递函数可写为

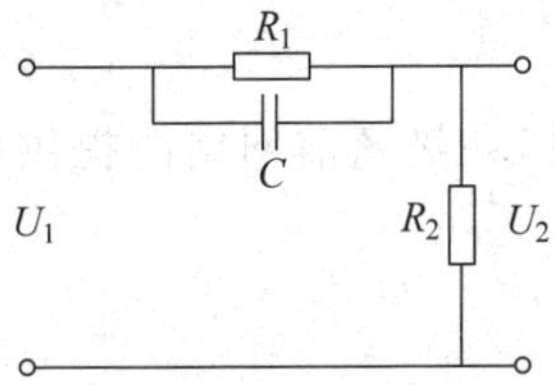

图5-66 超前校正网络

$$G_{c0}(s)=\frac{1}{a}\cdot\frac{aTs+1}{Ts+1}$$

式中，$a=\dfrac{R_1+R_2}{R_2}>1$，$T=\dfrac{R_1R_2}{R_1+R_2}C$。

可见，若将无源超前网络接入系统，系统的开环增益会降到原来的$1/a$。为补偿超前网络造成的增益衰减，需要另外串联一个放大器或将原放大器的放大倍数提高a倍。增益补偿后的网络传递函数为

$$G_c(s)=aG_{c0}(s)=\frac{aTs+1}{Ts+1}\tag{5-93}$$

画出超前网络$G_c(s)$的对数频率特性曲线，如图5-67(a)所示。可见，该校正装置的相角总是超前的，故称为相角超前网络。

超前网络$G_c(s)$的相频特性为

$$\varphi_c(\omega)=\arctan aT\omega-\arctan T\omega=\arctan\frac{(a-1)T\omega}{1+a(T\omega)^2}\tag{5-94}$$

将式(5-94)对ω求导并令其为零，可求出最大超前角频率

$$\omega_m=\frac{1}{T\sqrt{a}}\tag{5-95}$$

显然，ω_m位于$L_c(\omega)$两转折频率$1/aT$和$1/T$的几何中心。将ω_m代入式(5-94)，可求出

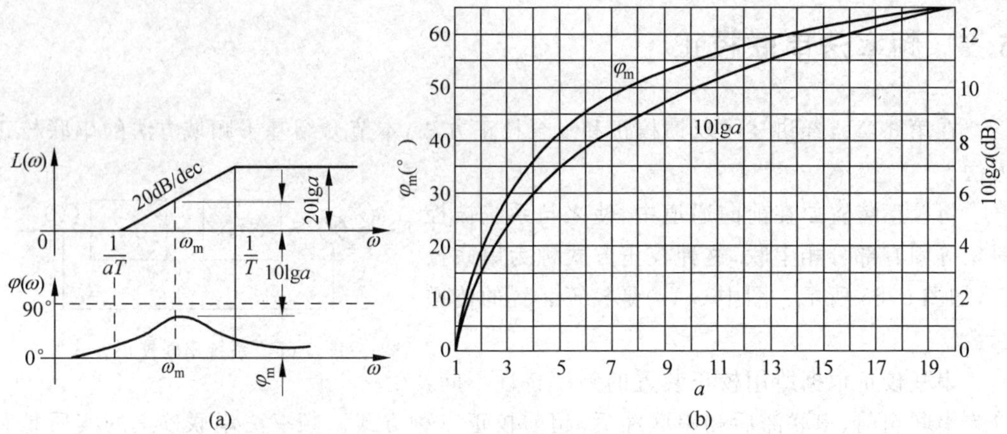

图 5-67　无源超前网络特性

最大超前角

$$\varphi_{\mathrm{m}}=\arctan\frac{a-1}{2\sqrt{a}}=\arcsin\frac{a-1}{a+1} \tag{5-96}$$

式(5-96)表明最大超前角 φ_{m} 仅与 a 有关。a 值选得越大，获得的 φ_{m} 越大，但同时高频段也抬得越高。为使系统具有较高的信噪比，实际选用的 a 值一般不超过 20。此外，由图 5-67(a)可以看出 ω_{m} 处的对数幅频值

```
% 图5-67的绘图程序
    a=1:0.01:20;
    for i=1:length(a)
        phim(i)=asin((a(i)-1)/...
            (a(i)+1))*180/pi;
        L(i)=10*log10(a(i));
    end
    plot(a,phim,'b-',a,L*5,'r-');
    axis([1 20 0 70]);grid on;
```

$$L_{\mathrm{c}}(\omega_{\mathrm{m}})=20\lg|aG_{\mathrm{c}}(\mathrm{j}\omega_{\mathrm{m}})|=10\lg a \tag{5-97}$$

φ_{m} 和 $10\lg a$ 随 a 变化的关系曲线如图 5-67(b)所示。可见，一级超前网络能提供的最大超前角不超过 60°。

由式(5-96)可推出

$$a=\frac{1+\sin\varphi_{\mathrm{m}}}{1-\sin\varphi_{\mathrm{m}}} \tag{5-98}$$

利用式(5-98)可以根据所需的 φ_{m} 确定满足条件的 a。

超前校正装置对控制系统会产生两方面的有利影响：一是相角超前，即适当选择校正装置参数，使最大超前角频率 ω_{m} 置于校正后系统的截至频率 ω_{c} 处，就可以有效增加系统的相角裕度，提高系统的相对稳定性。二是幅值增加，即将校正装置的对数幅频特性叠加到原系统开环对数幅频特性上，会使系统的截至频率 ω_{c} 右移(增大)，有利于提高系统响应的快速性。

附录 B 中给出了常用无源和有源校正网络的电路图传递函数及对数幅频特性曲线，供设计者选用。

2. 相角超前校正

超前网络的特性是相角超前，幅值增加。串联超前校正的实质是将超前网络的最大

超前角补在校正后系统开环频率特性的截止频率处，提高校正后系统的相角裕度和截止频率，从而改善系统的动态性能。

假设未校正系统的开环传递函数为 $G_0(s)$，系统给定的稳态误差、截止频率、相角裕度和幅值裕度指标分别为 e_{ss}^*、ω_c^*、γ^* 和 h^*。设计超前校正装置的一般步骤可归纳如下：

① 根据给定的稳态误差 e_{ss}^* 要求，确定系统的开环增益 K。

② 根据已确定的开环增益 K，绘出未校正系统的对数幅频特性曲线，并求出截止频率 ω_{c0} 和相角裕度 γ_0。当 $\omega_{c0}<\omega_c^*$，$\gamma_0<\gamma^*$ 时，首先考虑用超前校正。

③ 根据给定的相角裕度 γ^*，计算校正装置所应提供的最大相角超前量 φ_m，即

$$\varphi_m=\gamma-\gamma_0+(5^\circ\sim 15^\circ) \tag{5-99}$$

式中，预加的 5°～15°是为了补偿因校正后截止频率增大导致的、校正前系统相角裕度的损失量。若未校正系统的对数幅频特性在截止频率处的斜率为－40dB/dec 并不再向下转折时，可以取 5°～8°；若该频段斜率从－40dB/dec 继续转折为－60dB/dec，甚至更小时，则补偿角应适当取大些。注意，如果 $\varphi_m>60^\circ$，则用一级超前校正不能达到要求的 γ^* 指标。

④ 根据所确定的最大超前相角 φ_m，按式(5-89)求出相应的 a 值，即

$$a=\frac{1+\sin\varphi_m}{1-\sin\varphi_m}$$

⑤ 选定校正后系统的截止频率

在 $-10\lg a$ 处作水平线，与 $L_0(\omega)$ 相交于 A′点，交点频率设为 $\omega_{A'}$。取校正后系统的截止频率为

$$\omega_c=\max\{\omega_{A'},\omega_c^*\} \tag{5-100}$$

⑥ 确定校正装置的传递函数

在选好的 ω_c 处作垂直线，与 $L_0(\omega)$ 交于 A 点；确定 A 点关于 0dB 线的镜像点 B，过点 B 作＋20dB/dec 直线，与 0dB 线交于 C 点，对应频率为 ω_C；在 CB 延长线上定 D 点，使 $\frac{\omega_D}{\omega_c}=\frac{\omega_c}{\omega_C}$，在 D 点将曲线改平，则对应超前校正装置的传递函数为

$$G_c(s)=\frac{\frac{s}{\omega_C}+1}{\frac{s}{\omega_D}+1} \tag{5-101}$$

⑦ 验算

写出校正后系统的开环传递函数

$$G(s)=G_c(s)G_0(s)$$

验算是否满足设计条件

$$\omega_c\geqslant\omega_c^*,\quad \gamma\geqslant\gamma^*,\quad h\geqslant h^*$$

若不满足则返回③，适当增加相角补偿量，重新设计直到满足要求。当调整相角补偿量不能达到设计指标时，应改变校正方案，可尝试使用滞后-超前校正。

以下举例说明超前校正的具体过程。

例 5-17 设单位反馈系统的开环传递函数为

$$G_0(s)=\frac{K}{s(s+1)}$$

试设计校正装置 $G_c(s)$，使校正后系统满足如下指标：

(1) 当 $r=t$ 时，稳态误差 $e_{ss}^*\leqslant 0.1$；

(2) 开环系统截止频率 $\omega_c^*\geqslant 6\text{rad/s}$；

(3) 相角裕度 $r^*\geqslant 60°$；

(4) 幅值裕度 $h^*\geqslant 10\text{dB}$。

解 ① 根据稳态精度要求 $e_{ss}^*=1/K\leqslant 0.1$，可得 $K\geqslant 10$，取 $K=10$。

② 绘制未校正系统的对数幅频特性曲线如图 5-68 中 $L_0(\omega)$所示。可确定未校正系统的截止频率和相角裕度

$$\omega_{c0}=3.16<\omega_c^*=6$$

$$\gamma_0=180°-90°-\arctan 3.16=17.5°<\gamma^*=60°$$

可采用超前校正。

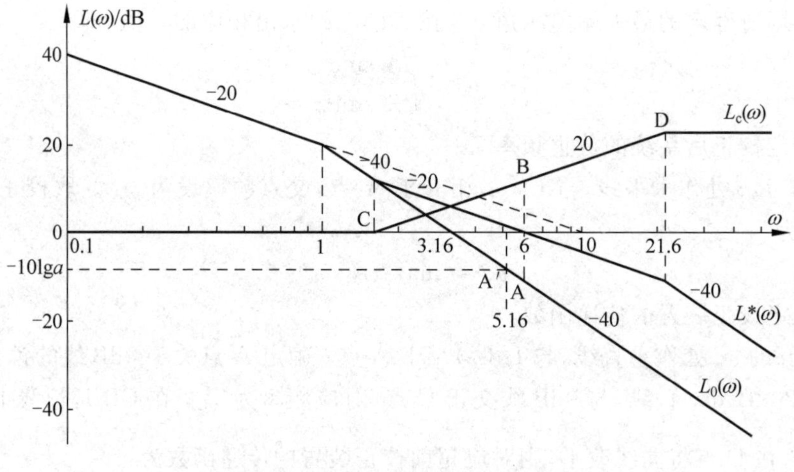

图 5-68 频率法超前校正过程

③ 所需要提供的相角最大超前量为

$$\varphi_m=\gamma^*-\gamma_0+5°=60°-17.5°+5°=47.5°$$

④ 超前网络参数 $a=\dfrac{1+\sin\varphi_m}{1-\sin\varphi_m}=7$，$10\lg a=8.5\text{dB}$

⑤ 在$-10\lg a$ 处作水平线，与 $L_0(\omega)$相交于 A′点；设交点频率为 $\omega_{A'}$，由 $40\lg(\omega_{A'}/\omega_{c0})=8.5$ 可得 $\omega_{A'}=\omega_{c0}10^{\frac{-8.5}{40}}=5.16<\omega_c^*=6$，所以选截止频率为

$$\omega_c=\max\{\omega_{A'},\omega_c^*\}=\omega_c^*=6$$

这样可以同时兼顾 ω_c^* 和 γ^* 两项指标，避免不必要的重复设计。

⑥ 在 $\omega_c=6$ 处作垂直线，与 $L_0(\omega)$交于 A 点，确定其关于 0dB 线的镜像点 B，如图 5-68 所示；过点 B 作$+20\text{dB/dec}$ 直线，与 0dB 线交于 C 点，对应频率为 ω_C；在 CB 延长线上

定D点，使$\frac{\omega_D}{\omega_c}=\frac{\omega_c}{\omega_C}$，则C点频率

$$\omega_C=\frac{\omega_{c0}^2}{\omega_c}=\frac{3.16^2}{6}=1.667$$

D点频率

$$\omega_D=\frac{\omega_c^2}{\omega_C}=\frac{6^2}{1.667}=21.6$$

初步确定校正装置传递函数为

$$G_c(s)=\frac{\frac{s}{\omega_C}+1}{\frac{s}{\omega_D}+1}=\frac{\frac{s}{1.667}+1}{\frac{s}{21.6}+1}$$

⑦ 验算指标。校正后系统的开环传递函数为

$$G^*(s)=G_c(s)G_0(s)=\frac{10\left(\frac{s}{1.667}+1\right)}{s(s+1)\left(\frac{s}{21.6}+1\right)}$$

校正后系统的截止频率为

$$\omega_c=\omega_c^*=6\text{rad/s}$$

相角裕度为

$$\begin{aligned}\gamma^*&=180°+\angle G^*(j\omega_c)=180°+\arctan\frac{6}{1.667}-90°-\arctan 6-\arctan\frac{6}{21.6}\\&=180°+74.5°-90°-80.5°-15.5°=68.47°>60°\end{aligned}$$

幅值裕度：$h^*\to\infty>10\text{dB}$

满足设计要求。

图5-68中绘出了校正装置以及校正前后系统的开环对数幅频特性。可见校正前$L_0(\omega)$曲线以-40dB/dec斜率穿过0dB线，相角裕度不足，校正后$L^*(\omega)$曲线则以-20dB/dec斜率穿过0dB线，并且在$\omega_c=6$附近保持了较宽的频段，相角裕度有了明显的增加。

超前校正利用了超前网络相角超前、幅值增加的特性，校正后可以使系统的截止频率ω_c、相角裕度γ均有所改善，从而有效改善系统的动态性能。然而，超前校正同时使$L^*(\omega)$的高频段抬高，相应使校正后系统抗高频干扰的能力有所下降，这是不利的一面。

5.9.2 相角滞后校正

1. 滞后网络特性

无源滞后网络的电路图如图5-69(a)所示，如果输入信号源的内阻为零，负载阻抗为无穷大，则其传递函数为

$$G_c(s)=\frac{1+bTs}{1+Ts}\tag{5-102}$$

其中，$b=\dfrac{R_2}{R_1+R_2}<1$；$T=(R_1+R_2)C$。

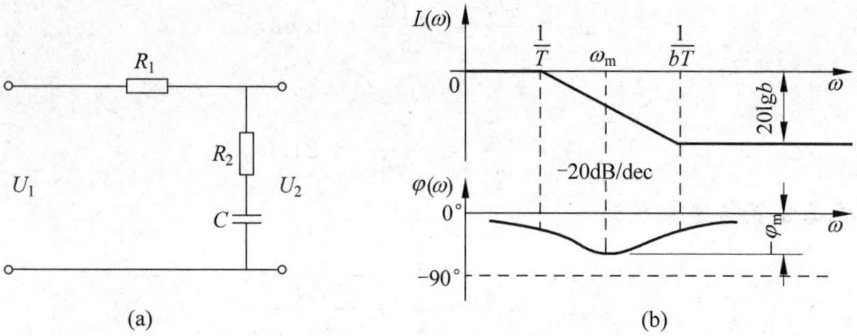

图 5-69　无源滞后网路及其特性

滞后网络的对数频率特性如图 5-69(b)所示。由图可见，滞后校正装置是一种低通滤波器，由于其 $\varphi_c(\omega)$ 总是滞后的，故称相角滞后校正装置。

与超前校正装置类似，滞后校正装置的最大滞后角发生在 $1/T$ 和 $1/(bT)$ 的几何中心 $\omega_m=1/(T\sqrt{b})$ 处，计算最大滞后角 φ_m 的公式是

$$\varphi_m = \arcsin\frac{1-b}{1+b} \tag{5-103}$$

图 5-69(b)还表明，滞后网络对低频有用信号不产生衰减，而对高频信号有削弱作用，b 值越小，这种作用越强。

采用滞后校正装置进行串联校正时，主要是利用其高频幅值衰减特性，力求避免最大滞后角发生在校正后系统的截止频率 ω_c 附近。因此，选择滞后校正装置参数时，通常使校正装置的第二个转折频率 $1/(bT)$ 远小于 ω_c，一般取

$$\frac{1}{bT}=\frac{\omega_c}{10} \tag{5-104}$$

此时，滞后网络在 ω_c 处产生的相角滞后量按下式确定

$$\varphi_c(\omega_c) = \arctan bT\omega_c - \arctan T\omega_c$$

由两角和的三角函数公式，得

$$\tan\varphi_c(\omega_c) = \frac{bT\omega_c - T\omega_c}{1+bT^2(\omega_c)^2}$$

代入式(5-104)及 $b<1$ 的关系，上式可化简为

$$\varphi_c(\omega_c) \approx \arctan[0.1(b-1)] \tag{5-105}$$

$\varphi_c(\omega_c)$和 $20\lg b$ 随 b 变化的关系曲线如图 5-70 所示。由图 5-70 可见，只要使滞后网络的第二个转折频率离开校正后截止频率 ω_c 有 10 倍频($b=0.1$)，则滞后网络对校正后系统相角裕度造成的影响不会超过$-6°$。

滞后校正装置本身对系统的相角没有贡献，但利用其幅值衰减特性，可以挖掘原系统自身的相角储备量，提高系统的稳定裕度；同时由于压低了高频段，相应提高了校正后系统的抗高频干扰能力。

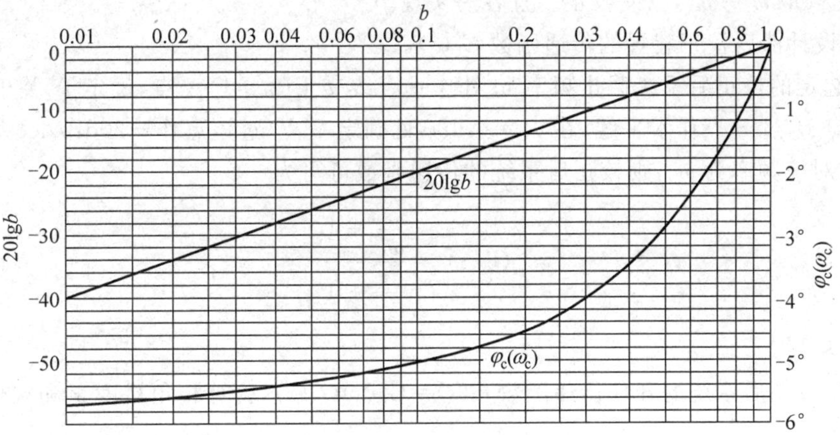

图 5-70 滞后网络关系曲线($1/(bT)=0.1\omega_c''$)

```
% 图5-70的绘制程序
    b=0.01:0.0001:1.0;
    for i=1:length(b)
        Lgb(i)=20*log10(b(i));
        phiw(i)=atan(0.1*(b(i)-1))*180/pi;
    end
    semilogx(b,phiw*10,'b-',b,Lgb,'r-');
    grid on;
```

2. 相角滞后校正

滞后校正的实质是利用滞后网络幅值衰减特性，将系统的中频段压低，使校正后系统的截止频率减小，挖掘系统自身的相角储备来满足校正后系统的相角裕度要求。

设计滞后校正装置的一般步骤可以归纳如下：

假设未校正系统的开环传递函数为 $G_0(\omega)$。系统设计指标为 e_{ss}^*，ω_c^*，γ^*，h^*。

① 根据给定的稳态误差或静态误差系数要求，确定开环增益 K。

② 根据确定的 K 值绘制未校正系统的对数幅频特性曲线 $L_0(\omega)$，确定其截止频率 ω_{c0} 和相角裕度 γ_0。

③ 判别是否适合采用滞后校正。

若 $\begin{cases}\omega_{c0}>\omega_c^* \\ \gamma_0<\gamma^*\end{cases}$，并且在 ω_c^* 处满足

$$\gamma_0(\omega_c^*) = 180^\circ + \angle G_0(j\omega_c^*) \geqslant \gamma^* + 6^\circ \tag{5-106}$$

则可以采用滞后校正。否则用滞后校正不能达到设计要求，建议试用“滞后-超前”校正。

④ 确定校正后系统的截止频率 ω_c。

确定满足条件 $\gamma_0(\omega_{c1})=\gamma^*+6^\circ$ 的频率 ω_{c1}。根据情况选择 ω_c，使 ω_c 满足 $\omega_c^*\leqslant\omega_c\leqslant$

ω_{c1}。(建议取 $\omega_c=\omega_{c1}$,以使校正装置容易实现。)

⑤ 设计滞后校正装置的传递函数 $G_c(s)$。

在选定的校正后系统截止频率 ω_c 处作垂直线交 $L(\omega_c)$ 于 A 点,确定 A 关于 0dB 线的镜像点 B,过 B 点作水平线,在 $\omega_C=0.1\omega_c$ 处确定 C 点,过该点作 −20dB/dec 线交 0dB 于点 D,对应频率为 ω_D,则校正后系统的传递函数可写为

$$G_c(s)=\frac{\dfrac{s}{\omega_C}+1}{\dfrac{s}{\omega_D}+1} \tag{5-107}$$

⑥ 验算。

写出校正后系统的开环传递函数 $G(s)=G_c(s)G_0(s)$,验算相角裕度 γ 和幅值裕度 h 是否满足

$$\begin{cases}\gamma=180^\circ+\angle G(\omega_c)\geqslant\gamma^*\\ h\geqslant h^*\end{cases} \tag{5-108}$$

否则返回④重新进行设计。

以下举例说明滞后校正的具体过程。

例 5-18 设单位反馈系统的开环传递函数为

$$G_0(s)=\frac{K}{s(0.1s+1)(0.2s+1)}$$

试设计校正装置 $G_c(s)$,使校正后系统满足如下指标:

① 速度误差系数 $K_V^*=30$;

② 开环系统截止频率 $\omega_c^*\geqslant 2.3\text{rad/s}$;

③ 相角裕度 $\gamma^*\geqslant 40^\circ$;

④ 幅值裕度 $h^*\geqslant 10\text{dB}$。

解 ① 由设计要求取 $K=K_V^*=30$。

② 作出未校正系统的开环对数幅频特性曲线 $L_0(\omega)$,如图 5-71 所示。设未校正系统的截止频率为 ω_{c0},则应有

$$|G(\omega_{c0})|\approx\frac{30}{\omega_{c0}\dfrac{\omega_{c0}}{10}\dfrac{\omega_{c0}}{5}}\approx 1$$

可解出未校正系统的截止频率

$$\omega_{c0}=11.45>\omega_c^*=2.3$$

未校正系统的相角裕度

$$\begin{aligned}\gamma_0&=180^\circ+\angle G_0(\mathrm{j}\omega_{c0})\\&=90^\circ-\arctan 0.1\omega_{c0}-\arctan 0.2\omega_{c0}\\&=90^\circ-48.9^\circ-66.4^\circ\\&=-25.28^\circ\ll\gamma^*\\&=40^\circ\end{aligned}$$

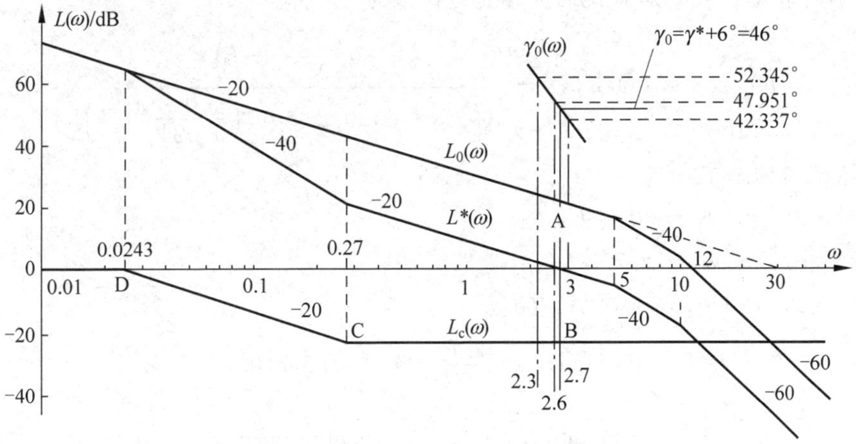

图 5-71 频率法滞后校正过程

③ 显然，用一级超前校正达不到 γ^* 的要求。在 ω_c^* 处，系统自身的相角储备量

$$\gamma_0(\omega_c^*) = 180° + \angle G_0(j\omega_c^*) = 52.345° > \gamma^* + 6° = 46°$$

所以可采用滞后校正。

④ 为了不用画出准确的对数相频曲线 $\varphi_0(\omega)$ 而找出满足条件

$$\gamma_0(\omega_{c1}) = \gamma^* + 6° = 46°$$

的频率 ω_{c1}，采用试探法。在 $\omega=3$ 处

$$\gamma_0(3) = 180° + \angle G_0(j3) = 42.337°$$

在 $\omega=2.6$ 处

$$\gamma_0(2.6) = 180° + \angle G_0(j2.6) = 47.951°$$

利用已得到的 3 组试探值，画出 $\gamma_0(\omega)$ 在 ω_c 附近较准确的局部（比例放大）图，如图 5-71 中 $\gamma_0(\omega)$ 所示。在 $\gamma_0(\omega)=\gamma^*+6°=46°$ 处反查出对应的频率 $\omega_{c1}=2.7$，则可确定校正后系统截止频率的取值范围

$$2.3 = \omega_c^* \leqslant \omega_c \leqslant \omega_{c1} = 2.7$$

⑤ 取 $\omega_c=2.7$，在 ω_c 处作垂直线交 $L_0(\omega)$ 于 A 点，确定 A 关于 0dB 线的镜像点 B；过 B 点作水平线，在 $\omega_C=0.1\omega_c$ 处确定 C 点；过点 C 作 −20dB/dec 线交 0dB 于点 D，对应频率为 ω_D，则 C 点频率

$$\omega_C = 0.1\omega_c = 0.1 \times 2.7 = 0.27$$

D 点频率

$$\frac{30}{2.7} = \frac{\omega_C}{\omega_D} \quad \Rightarrow \quad \omega_D = \frac{0.27 \times 2.7}{30} = 0.0243$$

所以校正装置传递函数为

$$G_c(s) = \frac{\dfrac{s}{\omega_C}+1}{\dfrac{s}{\omega_D}+1} = \frac{\dfrac{s}{0.27}+1}{\dfrac{s}{0.0243}+1}$$

⑥ 验算指标。校正后系统的开环传递函数为

$$G(s)=G_c(s)G_0(s)=\frac{30\left(\frac{s}{0.27}+1\right)}{s(0.1s+1)(0.2s+1)\left(\frac{s}{0.0243}+1\right)}$$

校正后系统指标如下

$$K=30=K_V^*$$
$$\omega_c=2.7>\omega_c^*=2.3$$
$$\begin{aligned}\gamma^*&=180°+\angle G(\mathrm{j}\omega_c)\\&=180°+\arctan\frac{2.7}{0.27}-90°-\arctan(0.1\times2.7)\\&\quad-\arctan(0.2\times2.7)-\arctan\frac{2.7}{0.0243}\\&=41.3°>40°\end{aligned}$$

求出相角交界频率 $\omega_g=6.8$，校正后系统的幅值裕度

$$h=-20\lg|G^*(\omega_g)|=10.5\mathrm{dB}>h^*$$

设计指标全部满足。

图 5-71 中画出了校正装置以及校正前后系统的对数幅频特性曲线。校正前 $L_0(\omega)$ 以 -60dB/dec 的斜率穿过 0dB 线，系统不稳定；校正后 $L^*(\omega)$ 则以 -20dB/dec 的斜率穿过 0dB 线，γ 明显增加，系统相对稳定性得到显著改善；然而校正后 ω_c 比校正前 ω_{c0} 降低。所以，滞后校正以牺牲截止频率换取了相角裕度的提高。另外，由于滞后网络幅值衰减，使校正后系统 $L^*(\omega)$ 曲线高频段降低，抗高频干扰能力提高。

滞后校正有另外一种用法，就是在保持原系统中频段形状不变的前提下，适当抬高低频段，这样可以基本保持原系统的动态性能，同时改善系统的稳态性能。

5.9.3 滞后-超前校正

1. 滞后-超前校正网络特性

滞后-超前网络的电路图如图 5-72(a)所示，其传递函数

$$G_c(s)=\frac{(R_1C_1s+1)(R_2C_2s+1)}{R_1R_2C_1C_2s^2+(R_1C_1+R_1C_2+R_2C_2)s+1}\tag{5-109}$$

若使

$$aT_1=R_1C_1,\quad bT_2=R_2C_2,\quad ab=1,$$
$$R_1C_1+R_1C_2+R_2C_2=T_1+T_2,\quad T_1<T_2$$

则有 $T_1T_2=R_1R_2C_1C_2$。滞后-超前校正装置的传递函数表示为

$$G_c(s)=\left(\frac{bT_2s+1}{T_2s+1}\right)\left(\frac{aT_1s+1}{T_1s+1}\right)\tag{5-110}$$

当 $a>1,b<1$ 时，上式右端第一项起滞后校正装置的作用，第二项起超前校正装置的作

用。滞后-超前网络的对数频率特性如图 5-72(b)所示。可以看出,在超前部分的几何中点频率 $\omega_m=\dfrac{1}{\sqrt{a}T_1}$ 处,校正装置的相角是超前的,幅值是衰减的。若将 ω_m 设置在校正后系统的截止频率处,则既可以利用校正装置的最大超前角,又可以挖掘原系统的一部分相角储备量。

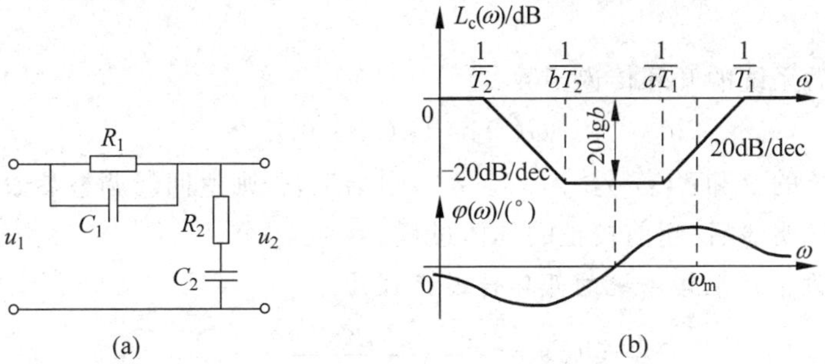

图 5-72　无源滞后-超前网络及其特性

2. 串联滞后-超前校正

滞后-超前校正的实质是综合利用超前网络的相角超前特性和滞后网络幅值衰减特性来改善系统的性能。假设未校正系统的开环传递函数为 $G_0(\omega)$。给定系统指标为 e_{ss}^*,ω_c^*,γ^*,h^*。可以按照以下步骤设计滞后-超前校正装置。

① 根据系统的稳态误差 e_{ss}^* 要求确定系统开环增益 K。

② 计算未校正系统的频率指标,决定应采用的校正方式。

由 K 绘制未校正系统的开环对数幅频特性 $L_0(\omega)$,确定校正前系统的 ω_{c_0} 和 γ_0。当 $\gamma_0<\gamma^*$,用超前校正所需要的最大超前角 $\varphi_m>60°$;而用滞后校正在 ω_c^* 处系统又没有足够的相角储备量,即

$$\gamma_0(\omega_c^*)=180°+\angle G_0(\omega_0^*)<\gamma^*+6°$$

因而分别用超前、滞后校正均不能达到目的时,可以考虑用滞后-超前校正。

③ 校正设计。

选择校正后系统的截止频率 $\omega_c=\omega_c^*$,计算 ω_c 处系统需要的最大超前角

$$\varphi_m(\omega_c)=\gamma^*-\gamma_0(\omega_c)+6° \tag{5-111}$$

其中,6°是为了补偿校正网络滞后部分造成的相角损失而预置的。计算超前部分参数

$$a=\frac{1+\sin\varphi_m}{1-\sin\varphi_m}$$

在 ω_c 处作一垂线,与 $L_0(\omega)$ 交于点 A,确定 A 关于 0dB 线的镜像点 B。

以点 B 为中心作斜率为 +20dB/dec 线,分别与过 $\omega=\sqrt{a}\omega_c$ 和 $\omega=\omega_c/\sqrt{a}$ 的两条垂直线交于点 C 和点 D(对应频率 $\omega_C=\sqrt{a}\omega_c$,$\omega_D=\omega_c/\sqrt{a}$)。

从点 C 向右作水平线,从点 D 向左作水平线。

在过点 D 的水平线上确定 $\omega_E=0.1\omega_c$ 的点 E；过点 E 作斜率为 -20dB/dec 的直线交 0dB 线于点 F，相应频率为 ω_F，则滞后-超前校正装置的传递函数为

$$G_c(s)=\frac{\dfrac{s}{\omega_E}+1}{\dfrac{s}{\omega_F}+1}\,\frac{\dfrac{s}{\omega_D}+1}{\dfrac{s}{\omega_C}+1} \tag{5-112}$$

④ 验算。

写出校正后系统的开环传递函数

$$G(s)=G_c(s)G_0(s)$$

计算校正后系统的 γ 和 h，若 $\gamma\geqslant\gamma^*$，$h\geqslant h^*$，则结束，否则返回③调整参数重新设计。

下面举例说明滞后-超前校正的具体过程。

例 5-19 设单位反馈系统的开环传递函数为

$$G(s)=\frac{K}{s\left(\dfrac{s}{10}+1\right)\left(\dfrac{s}{60}+1\right)}$$

试设计校正装置 $G_c(s)$，使校正后系统满足如下指标：

(1) 当 $r(t)=t$ 时，稳态误差 $e_{ss}^*\leqslant 1/126$；

(2) 开环系统截止频率 $\omega_c^*\geqslant 20$rad/s；

(3) 相角裕度 $\gamma^*\geqslant 35°$。

解 ① 由稳态误差要求，得：$K\geqslant 126$，取 $K=126$；

② 绘制未校正系统的开环对数幅频曲线如图 5-73 中 $L_0(\omega)$ 所示。确定截止频率和相角裕度

$$\omega_{c0}=\sqrt{10\times 126}=35.5$$

$$\gamma_0=90°-\arctan\frac{35.5}{10}-\arctan\frac{35.5}{60}=90°-74.3°-30.6°=-14.9°$$

原系统不稳定；原开环系统在 $\omega_c^*=20$ 处相角储备量 $\gamma_c(\omega_c^*)=8.13°$。该系统单独用超前或滞后校正都难以达到目标，所以确定采用滞后-超前校正。

③ 选择校正后系统的截止频率 $\omega_c=\omega_c^*=20$，超前部分应提供的最大超前角为

$$\varphi_m=\gamma^*-\gamma_c(\omega_c^*)+6°=35°-8.13°+6°=32.87°$$

则
$$a=\frac{1+\sin\varphi_m}{1-\sin\varphi_m}=3.4,\quad \sqrt{a}=\sqrt{3.4}=1.85$$

在 $\omega_c=20$ 处作垂线，与 $L_0(\omega)$ 交于点 A，确定点 A 关于 0dB 线的镜像点 B；以点 B 为中心作斜率为 $+20$dB/dec 的直线，分别与过 $\omega=\sqrt{a}\,\omega_c=37$，$\omega=\omega_c/\sqrt{a}=10.81$ 两条垂直线交于点 C 和点 D，则 C 点频率

$$\omega_C=\sqrt{a}\,\omega_c^*=1.85\times 20=37\text{rad/s}$$

D 点频率

$$\omega_D=\frac{\omega_c^{*2}}{\omega_C}=\frac{400}{37}=10.81$$

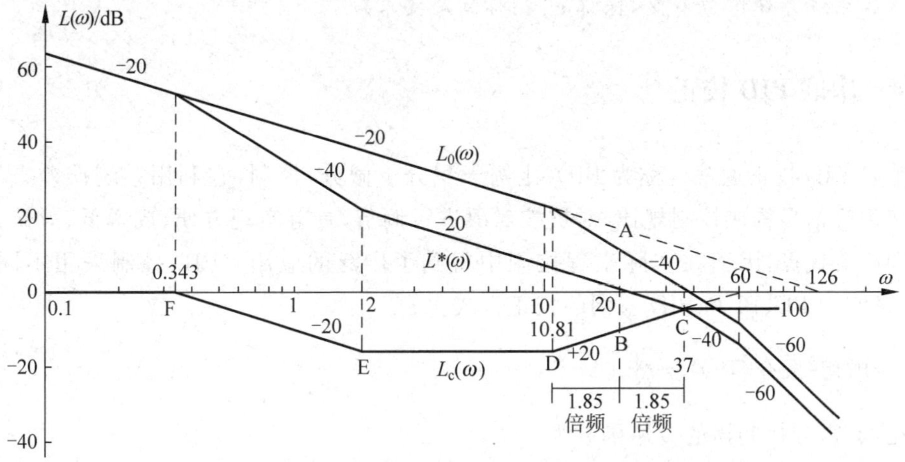

图 5-73 串联滞后-超前校正过程

从点 C 向右作水平射线，从点 D 向左作水平射线，在过点 D 的水平线上确定 $\omega_E=0.1\omega_c$ 的点 E；过点 E 作斜率为 -20dB/dec 的直线交 0dB 线于点 F，相应频率为 ω_F，则 E 点频率

$$\omega_E = 0.1\omega_c^* = 0.1 \times 20 = 2$$

DC 延长线与 0dB 线交点处的频率

$$\omega_0 = \frac{\omega_{c0}^2}{\omega_c} = \frac{35.5^2}{20} = 63$$

F 点频率

$$\omega_F = \frac{\omega_D\omega_E}{\omega_0} = \frac{10.81 \times 2}{63} = 0.343$$

可写出校正装置传递函数 $G_c(s)=\dfrac{\dfrac{s}{\omega_E}+1}{\dfrac{s}{\omega_F}+1}\dfrac{\dfrac{s}{\omega_D}+1}{\dfrac{s}{\omega_C}+1}=\dfrac{\left(\dfrac{s}{2}+1\right)\left(\dfrac{s}{10.81}+1\right)}{\left(\dfrac{s}{0.343}+1\right)\left(\dfrac{s}{37}+1\right)}$

④ 验算。校正后系统开环传递函数为

$$G(s) = G_c(s)G_0(s) = \frac{126\left(\dfrac{s}{2}+1\right)\left(\dfrac{s}{10.81}+1\right)}{s\left(\dfrac{s}{10}+1\right)\left(\dfrac{s}{60}+1\right)\left(\dfrac{s}{0.343}+1\right)\left(\dfrac{s}{37}+1\right)}$$

校正后系统的截止频率、相角裕度分别为

$$\omega_c = 20 = \omega_c^*$$

$$\gamma = 180° + \angle G(j\omega_c) = 36.6° > 35° = \gamma^*$$

设计要求全部满足。

图 5-73 中绘出了所设计的校正装置和校正前后系统的开环对数幅频特性，可以看出滞后-超前校正是以 $\omega_c=\omega_c^*$ 为基点，在利用原系统的相角储备的基础上，用超前网络的超前角补偿不足部分，使校正后系统的相角裕度满足指标要求；滞后部分的作用在于

使校正后系统开环增益不变，保证 e_{ss}^{*} 指标满足要求。

5.9.4 串联PID校正

串联PID校正通常也称为PID(比例＋积分＋微分)控制，它利用系统误差、误差的微分和积分信号构成控制规律，对被控对象进行调节，具有实现方便、成本低、效果好、适用范围广等优点，因而在实际工程控制中得到了广泛的应用。PID控制采用不同的组合，可以实现PD、PI和PID不同的校正方式。

1. 比例-微分(PD)控制

比例-微分控制器的传递函数为

$$G_c(s)=K_P+K_Ds=K_P(1+T_Ds) \tag{5-113}$$

式中，$T_D=K_D/K_P$。$G_c(s)$的Bode图见表5-4。显然，PD校正是相角超前校正。由于微分控制反映误差信号的变化趋势，具有“预测”能力。因此，它能在误差信号变化之前给出校正信号，防止系统出现过大的偏离和振荡，因而可以有效地改善系统的动态性能。另外，比例微分校正抬高了高频段，使得系统抗高频干扰能力下降。

2. 比例-积分(PI)控制

比例-积分控制器的传递函数为

$$G_c(s)=K_P+\frac{K_I}{s}=K_P\left(1+\frac{1}{T_Is}\right) \tag{5-114}$$

式中，$T_I=K_P/K_I$。$G_c(s)$的Bode图见表5-4。PI控制引入了积分环节，使系统型别增加一级，因而可以有效改善系统的稳态精度。同时，PI控制器是相角滞后环节，它会损失相角裕度，降低系统的相对稳定度。另外，PI控制器是低通滤波器，能提高系统抗高频干扰的能力。

3. 比例-积分-微分(PID)控制

PID控制器的传递函数为

$$G_c(s)=K_P+\frac{K_I}{s}+K_Ds=K_P\left(1+\frac{1}{T_Is}+T_Ds\right)=K_I\,\frac{\left(\frac{1}{\omega_1}s+1\right)\left(\frac{1}{\omega_2}s+1\right)}{s} \tag{5-115}$$

其中，$\omega_1\omega_2=K_I/K_D$，$\omega_1+\omega_2=K_P/K_D$。当 K_P，K_I，K_D 均大于0且 $K_P^2-4K_IK_D>0$ 时，ω_1、ω_2 均为正实数。$G_c(j\omega)$对应的Bode图如表5-4所示。从Bode图可以看出，PID控制有滞后-超前校正的功效，在低频段起积分作用，可以改善系统的稳态性能；在中高频段则起微分作用，可以改善系统的动态性能。

表 5-4 PID 控制器特性

控制器	传递函数 $G_c(s)$	Bode 图
PD 控制器	$G_c(s)=K_P+K_Ds$ $=K_P(1+T_Ds)$	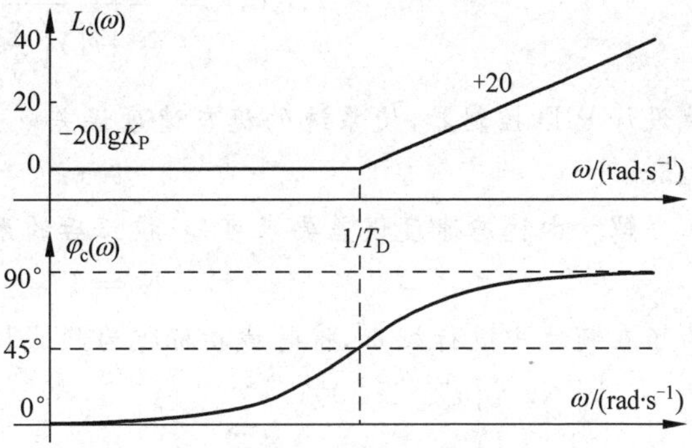
PI 控制器	$G_c(s)=K_P+\frac{K_I}{s}$ $=K_P\left(1+\frac{1}{T_Is}\right)$	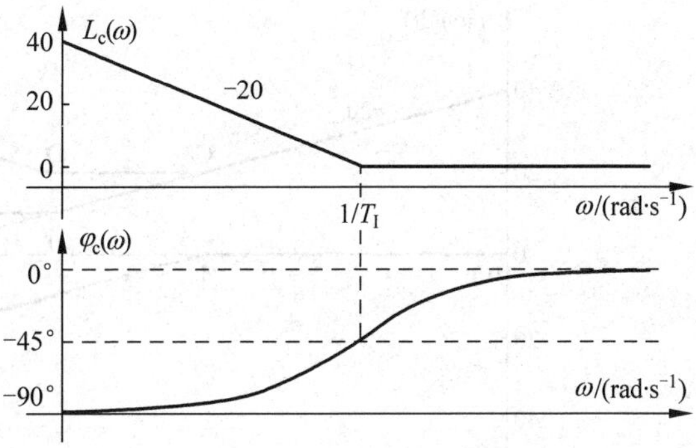
PID 控制器	$G_c(s)=K_P+\frac{K_I}{s}+K_Ds$ $=K_P\left(1+T_Ds+\frac{1}{T_Is}\right)$ $=K_I\cdot\frac{\left(\frac{s}{\omega_1}+1\right)\left(\frac{s}{\omega_2}+1\right)}{s}$	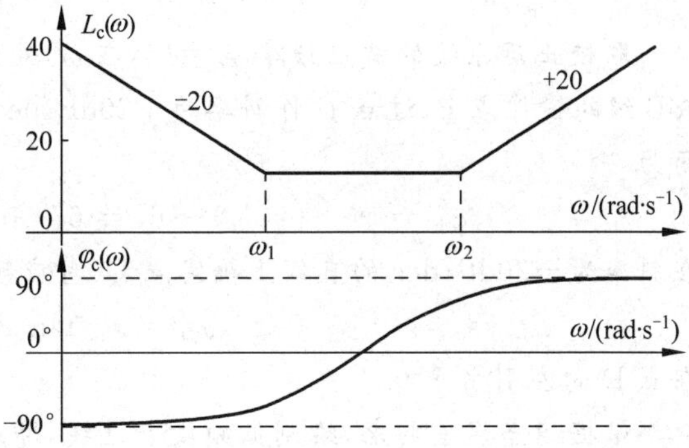

PD、PI 和 PID 校正分别可以看成是超前、滞后和滞后-超前校正的特殊情况，所以 PID 控制器的设计完全可以利用频率校正方法来进行。

例 5-20 某单位反馈系统的开环传递函数为

$$G_0(s)=\frac{K}{(s+1)\left(\frac{s}{5}+1\right)\left(\frac{s}{30}+1\right)}$$

试设计 PID 控制器，使系统的稳态速度误差 $e_{ssv}\leqslant 0.1$，超调量 $\sigma\%\leqslant 20\%$，调节时间 $t_s\leqslant 0.5s$。

解 由稳态速度误差要求可知，校正后的系统必须是Ⅰ型的，并且开环增益应该是

$$K=1/e_{ssv}=10$$

为了在频域中进行校正，将时域指标化为频域指标。查图 5-56 有

$$\begin{cases}\sigma\%\leqslant 20\% \\ t_s\leqslant 0.5s\end{cases}\Rightarrow\begin{cases}\gamma^*\geqslant 67^\circ \\ \omega_c^*=6.8/t_s=6.8/0.5=13.6\text{rad/s}\end{cases}$$

为校正方便起见，将 $K=10$ 放在校正装置中考虑，绘制未校正系统开环增益为 1 时的对数幅频特性 $L_0(\omega)$，如图 5-74 所示。

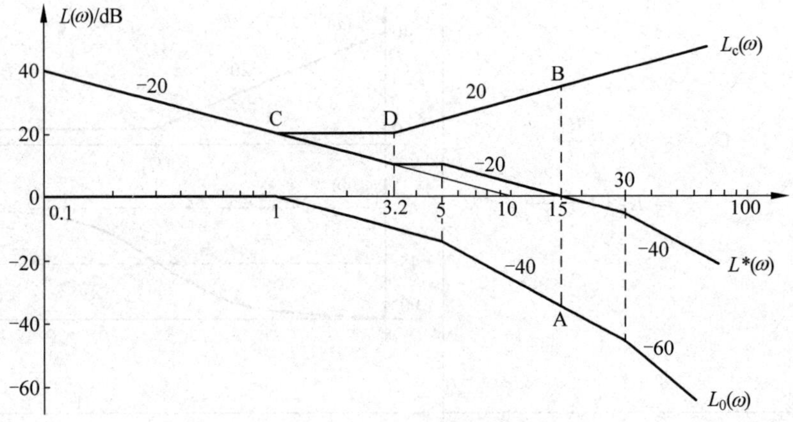

图 5-74 PID 串联校正

取校正后系统的截止频率 $\omega_c=15$，在 ω_c 处作垂线与 $L_0(\omega)$ 交于点 A，找到点 A 关于 0dB 线的镜像点 B，过点 B 作斜率为 +20dB/dec 的直线。微分(超前)部分应提供的超前角为

$$\varphi_m=\gamma^*-\gamma(\omega_c)+6^\circ=67^\circ+4.3^\circ+6^\circ=77.3^\circ\approx 78^\circ$$

在斜率为 +20dB/dec 的直线上确定点 D(对应频率 ω_D)，使 $\arctan(\omega_c/\omega_D)=78^\circ$，得

$$\omega_D=\omega_c/\tan 78^\circ=3.2$$

在点 D 向左引水平线。

根据稳态误差要求，绘制低频段渐近线，即过点($\omega=1$，20lg10)，斜率为 −20dB/dec。低频段渐近线与经点 D 的水平线相交于点 C(对应频率 $\omega_C=1$)。因此可以写出 PID 控制器的传递函数

$$G_c(s) = \frac{10(s+1)\left(\frac{s}{3.2}+1\right)}{s} = \frac{10(0.3125s^2+1.3125s+1)}{s}$$

以下进行验算。校正后系统的开环传递函数为

$$G(s) = G_c(s)G_0(s) = \frac{10\left(\frac{s}{3.2}+1\right)}{s\left(\frac{s}{5}+1\right)\left(\frac{s}{30}+1\right)}$$

校正后系统的截止频率 $\omega_c=15>13.6=\omega_c^*$，校正后系统的相角裕度

$$\begin{aligned}\gamma &= 180^\circ + \angle G(j\omega_c) \\ &= 180^\circ + \arctan\frac{15}{3.2} - 90^\circ - \arctan\frac{15}{5} - \arctan\frac{15}{30} = 69.8^\circ > 67^\circ = \gamma^*\end{aligned}$$

查图 5-56 将设计好的频域指标转换成时域指标，有

$$\begin{cases}\gamma = 69.8^\circ \\ \omega_c = 15\text{rad/s}\end{cases} \Rightarrow \begin{cases}\sigma\% = 19\% < 20\% \\ t_s = 6.7/\omega_c = 6.7/15 = 0.45 < 0.5\text{s}\end{cases}$$

系统指标完全满足。

在实际工程中，PID 校正装置的选择及参数的确定还可以通过系统实验来确定。

应当注意，以上所述的各种频率校正方法原则上仅适用于单位反馈的最小相角系统。因为只有这样才能仅根据开环对数幅频特性来确定闭环系统的传递函数。对于非单位反馈系统，可以在原系统输入信号口附加 $H(s)$ 环节，将系统化为单位反馈系统（如图 5-75 所示）来设计。

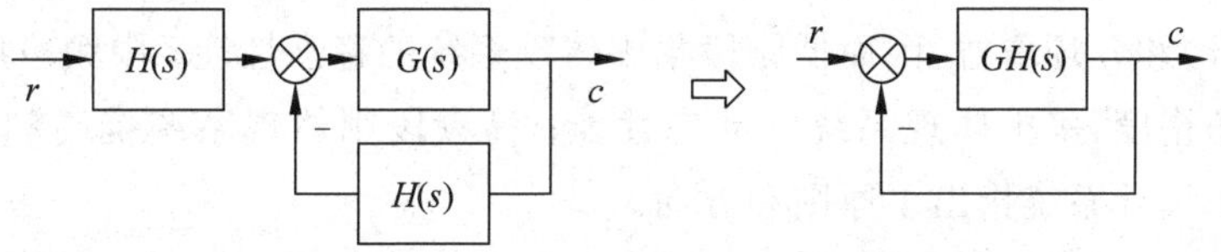

图 5-75　将非单位反馈系统转化为单位反馈系统

对非最小相角系统，则应将 $L(\omega)$、$\varphi(\omega)$ 同时画出来，综合考虑进行校正。

应当指出，串联频率校正方法是一种折中方法。因而对系统性能的改善是有条件的，不能保证经频域校正后任何系统都能满足指标要求。当用频域校正达不到要求时，可以采用综合方法（如与前馈校正、反馈校正相结合）或采用现代控制理论设计方法。

应当指出，校正设计的结果是非唯一的，达到给定性能指标，所采用的校正方式和校正装置的具体形式可以不止一种，具有较大的灵活性。因此设计过程中，往往要运用基本概念，在估算的基础上，经过若干次试凑来达到设计目的，这其中实践经验往往起着重要的作用。另外，在设计过程中借助于仿真手段会带来许多方便。

不同的控制系统对性能指标要求也不同，如恒值控制系统对稳定性和稳态精度要求严格，而随动系统则对快速性期望较高。在制定指标时，一方面要做到有所侧重，一方面还要切合实际，只要能够达到系统正常工作的要求即可，不应追求不切实际的高指标。

5.10 小结

1. 本章内容提要

频率特性是线性定常系统在正弦信号作用下，稳态输出与输入的复数之比对频率的函数关系。频率特性是传递函数的一种特殊形式，将系统（或环节）传递函数中的复数 s 换成纯虚数 $j\omega$，即可得出系统（或环节）的频率特性。

频率特性图形因其采用的坐标不同而分为幅相特性（Nyquist 图）、对数频率特性（Bode 图）和对数幅相特性（Nichols 图）等形式。各种形式之间是互通的，每种形式有其特定的适用场合。开环幅相特性在分析闭环系统的稳定性时比较直观，理论分析时经常采用；Bode 图在分析系统参数变化对系统性能的影响以及运用频率法校正时很方便，实际工程应用十分广泛；由开环频率特性获取闭环频率特征量时，用对数幅相特性最直接。绘制开环频率特性（主要指幅相特性和对数频率特性）是进行频域法分析、校正的基础，必须熟练掌握绘制方法，熟悉不同特性曲线间的对应关系。

奈奎斯特稳定判据是频率法的重要理论基础。利用奈氏稳定判据，除了可判断闭环系统的稳定性外，还可引出相角裕度和幅值裕度的概念，对于多数工程系统而言，可以用相角裕度和幅值裕度描述系统的相对稳定性。

对于单位反馈的最小相角系统，根据开环对数幅频特性 $L(\omega)$ 可以确定闭环系统的性能。可将 $L(\omega)$ 划分为低、中、高三个频段，$L(\omega)$ 低频段的渐近线斜率和高度分别反映系统的型别（v）和开环增益，因而低频段集中体现系统的稳态性能；中频段反映系统的截止频率和相角裕度，集中体现系统的动态性能；高频段则体现系统抗高频干扰的能力。三频段理论为设计系统指出了原则和方向。

开环频率特性指标（ω_c，γ 和 h）或闭环频率特性的某些特征量（ω_b，ω_r 和 M_r）与系统时域指标 $\sigma\%$，t_s 密切相关，这种关系对于二阶系统是准确的，而对于高阶系统则是近似的，然而在工程设计中完全可以满足精度要求。利用这些关系可以估算闭环系统的时域指标。

频率法串联校正有超前校正、滞后校正和滞后-超前校正三种形式。串联校正装置既可用 RC 无源网络来实现，又可用运算放大器组成的有源网络来实现。

超前校正利用超前网络的相角超前特性，将其最大超前角补在校正后系统的截止频率处，同时提高相角裕度和截止频率，从而改善系统的动态性能。滞后校正利用滞后网络的幅值衰减特性，通过压低未校正系统的截止频率，挖掘系统自身的相角储备，提高校正后系统的相角裕度，以牺牲快速性来改善相对稳定性。滞后-超前校正则综合利用超前、滞后网络的长处，具有较大的灵活性。PD、PI 和 PID 校正则可视为超前、滞后和滞后-超前校正的特例。

串联频率校正方法原则上只适用于单位反馈的最小相角系统。

2. 知识脉络图

分析

模型 → 指标

- 频率特性定义：
  - $G(\mathrm{j}\omega)=G(s)|_{s=\mathrm{j}\omega}=\dfrac{|c_r(t)|}{|r(t)|}[\angle c_r(t)-\angle r(t)]$
- 典型环节频率特性：$G_i(\mathrm{j}\omega)$
- 系统开环频率特性：$G(\mathrm{j}\omega)$
  - Nyquist稳定判据、对数稳定判据：$Z=P-2N$，$N=N^+-N^-$ → 稳
  - 三频段理论：
    - 低频段：K，v ⇒ $e_{ss}=\dfrac{A}{K}$ → 准
    - 中频段：稳定裕度 $\omega_c\to\gamma$，$\omega_g\to h$
      - 一阶：$t_s=3T=\dfrac{3}{\omega_c}$
      - 二阶：γ，ω_c ⇒ $\sigma\%$，$t_s=7/\omega_c\tan\gamma$
      - 高阶：γ，ω_c ⇒ $\sigma\%$，t_s
      - → 快
    - 高频段 → 抗高频干扰能力
- Nichols图线 ↓
- 系统闭环频率特性：$\Phi(\mathrm{j}\omega)$
  - 零频值 M_0：$e_{ss}\sim 1-M_0$ → 准
  - 谐振频率 ω_r、谐振峰值 M_r、带宽频率 ω_b：
    - 一阶：$t_s=3T=\dfrac{3}{\omega_b}$
    - 二阶：$\omega_r=\omega_n\sqrt{1-2\zeta^2}$，$M_r=1/(2\zeta\sqrt{1-\zeta^2})$ ⇒ ζ，ω_n ⇒ $\sigma\%$，t_s
    - 高阶：ω_r，M_r ⇒ $\sigma\%$，t_s
    - → 快

校正

指标 → 模型

$\sigma\%$，t_s ⇒ γ^*，ω_c^*，h^*；$e_{ss}^*\to K\to L_0\to \gamma_0$，$\omega_{c0}$

- $\gamma_0<\gamma^*$，$\omega_{c0}<\omega_c^*$ —超前校正→ $\varphi_m=\gamma^*-\gamma_0+(5^\circ\sim10^\circ)$，$a=\dfrac{1+\sin\varphi_m}{1-\sin\varphi_m}$，$10\lg a$

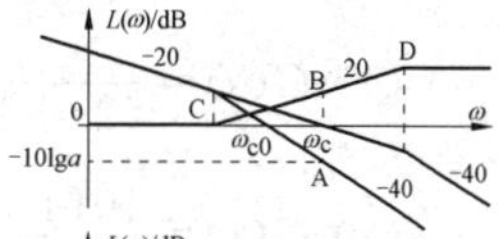

- $\omega_{c0}>\omega_c^*$，$\gamma_0<\gamma^*$，$\gamma_0(\omega_c^*)>\gamma^*+6^\circ$ —滞后校正→ $\gamma_0(\omega_c)=\gamma^*+6^\circ$

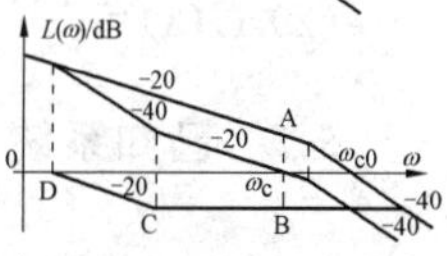

- 超前 φ_m 达不到，滞后 $\gamma_0(\omega_c^*)$ 不足 —滞后超前→ $\omega_c=\omega_c^*$，$\varphi_m=\gamma^*-\gamma_0(\omega_c^*)+6^\circ$，$a=\dfrac{1+\sin\varphi_m}{1-\sin\varphi_m}$，$\sqrt{a}$

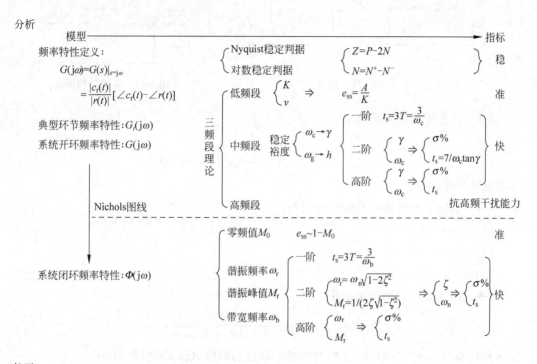

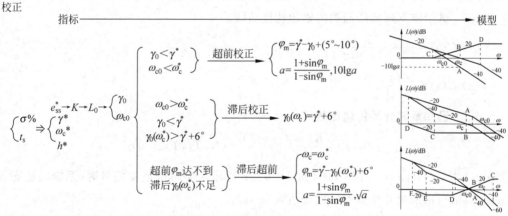

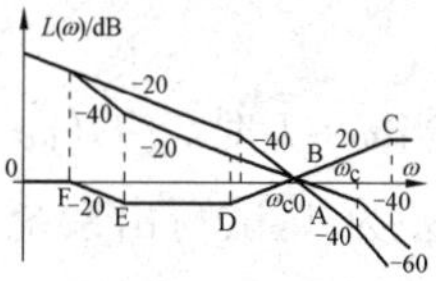

习题

5-1 试求图 5-76(a)、图 5-76(b)所示网络的频率特性。

5-2 某系统结构图如图 5-77 所示，试根据频率特性的物理意义，求下列输入信号作用时，系统的稳态输出 $c_s(t)$ 和稳态误差 $e_s(t)$。

(1) $r(t)=\sin 2t$

(2) $r(t)=\sin(t+30^\circ)-2\cos(2t-45^\circ)$

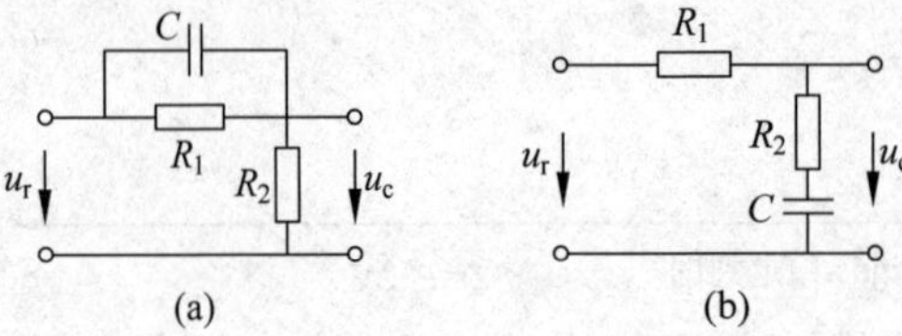

图 5-76 R-C 网络

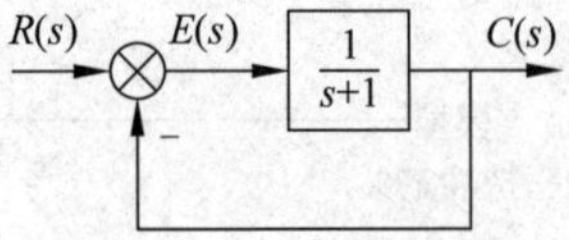

图 5-77 系统结构图

5-3 若系统单位阶跃响应

$$h(t)=1-1.8e^{-4t}+0.8e^{-9t}\quad t\geqslant 0$$

试求系统频率特性。

5-4 绘制下列传递函数的幅相曲线。

(1) $G(s)=K/s$

(2) $G(s)=K/s^2$

(3) $G(s)=K/s^3$

5-5 已知系统开环传递函数

$$G(s)H(s)=\frac{10}{s(2s+1)(s^2+0.5s+1)}$$

试分别计算当 $\omega=0.5$ 和 $\omega=2$ 时开环频率特性的幅值 $A(\omega)$和相角 $\varphi(\omega)$。

5-6 试绘制下列传递函数的幅相特性曲线。

(1) $G(s)=\frac{5}{(2s+1)(8s+1)}$

(2) $G(s)=\frac{10(1+s)}{s^2}$

5-7 已知系统开环传递函数

$$G(s)=\frac{K(-T_2s+1)}{s(T_1s+1)}\quad (K,T_1,T_2>0)$$

当 $\omega=1$ 时，$\angle G(j\omega)=-180°$，$|G(j\omega)|=0.5$；当输入为单位速度信号时，系统的稳态误差为 1，试写出系统开环频率特性表达式 $G(j\omega)$。

5-8 已知系统开环传递函数

$$G(s)=\frac{10}{s(s+1)(s^2+1)}$$

试概略绘制系统开环幅相曲线。

5-9 绘制下列传递函数的渐近对数幅频特性曲线。

(1) $G(s)=\frac{2}{(2s+1)(8s+1)}$

(2) $G(s)=\frac{200}{s^2(s+1)(10s+1)}$

(3) $G(s)=\dfrac{40(s+0.5)}{s(s+0.2)(s^2+s+1)}$

(4) $G(s)=\dfrac{20(3s+1)}{s^2(6s+1)(s^2+4s+25)(10s+1)}$

(5) $G(s)=\dfrac{8(s+0.1)}{s(s^2+s+1)(s^2+4s+25)}$

5-10 若传递函数

$$G(s)=\frac{K}{s^v}G_0(s)$$

式中，$G_0(s)$为$G(s)$中，除比例和积分两种环节外的部分，试证

$$\omega_1=K^{\frac{1}{v}}$$

式中，ω_1为近似对数幅频特性曲线最左端直线（或其延长线）与零分贝线交点的频率，如图5-78所示。

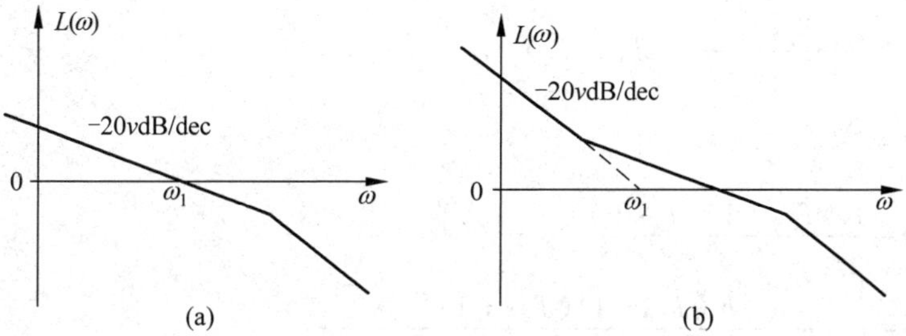

图5-78　题5-10图

5-11 最小相角系统传递函数的近似对数幅频特性曲线分别如图5-79所示。试分别写出它们对应的传递函数。

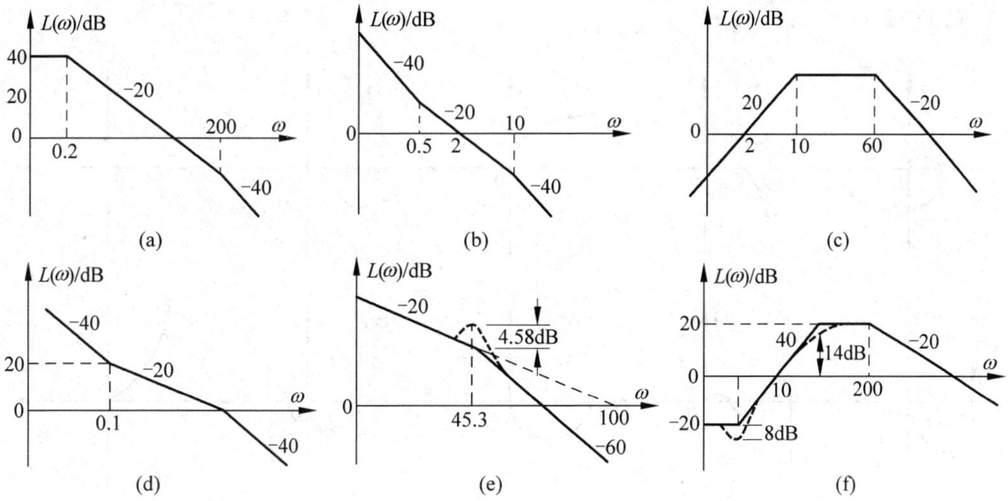

图5-79　题5-11图

5-12 已知 $G_1(s)$、$G_2(s)$和 $G_3(s)$均为最小相角传递函数，其近似对数幅频特性曲线如图 5-80 所示。试概略绘制传递函数

$$G_4(s)=\frac{G_1(s)G_2(s)}{1+G_2(s)G_3(s)}$$

的对数幅频、对数相频和幅相特性曲线。

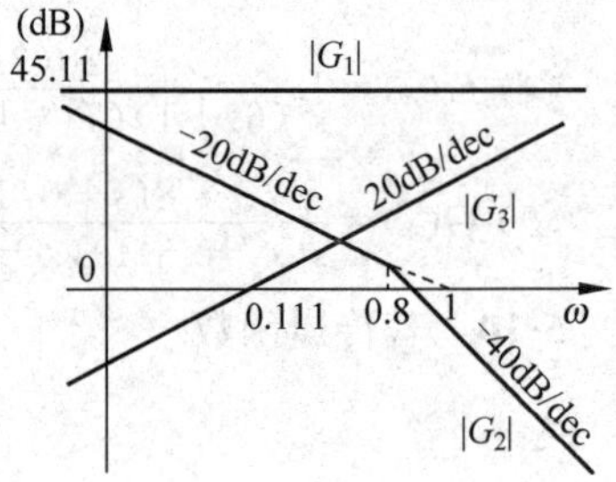

图 5-80 题 5-12 图

5-13 试根据奈氏判据，判断图 5-81(1)～图 5-81(10)所示曲线对应闭环系统的稳定性。已知曲线(1)～(10)对应的开环传递函数分别为(按自左至右顺序)。

(1) $G(s)=\dfrac{K}{(T_1s+1)(T_2s+1)(T_3s+1)}$

(2) $G(s)=\dfrac{K}{s(T_1s+1)(T_2s+1)}$

(3) $G(s)=\dfrac{K}{s^2(Ts+1)}$

(4) $G(s)=\dfrac{K(T_1s+1)}{s^2(T_2s+1)}\quad(T_1>T_2)$

(5) $G(s)=\dfrac{K}{s^3}$

(6) $G(s)=\dfrac{K(T_1s+1)(T_2s+1)}{s^3}$

(7) $G(s)=\dfrac{K(T_5s+1)(T_6s+1)}{s(T_1s+1)(T_2s+1)(T_3s+1)(T_4s+1)}$

(8) $G(s)=\dfrac{K}{T_1s-1}\quad(K>1)$

(9) $G(s)=\dfrac{K}{T_1s-1}\quad(K<1)$

(10) $G(s)=\dfrac{K}{s(Ts-1)}$

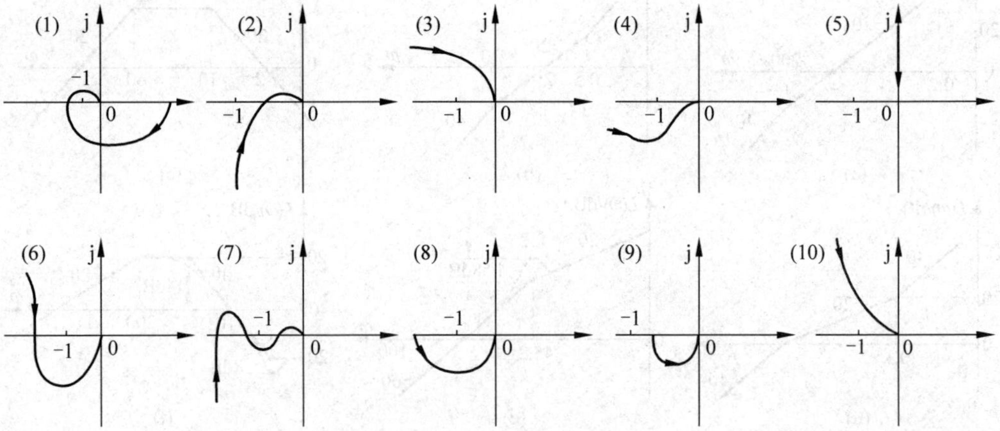

图 5-81 系统开环幅相特性曲线

5-14 设开环幅相特性曲线如图 5-82 所示，其中，P 为开环传递函数在右半 s 平面的极点数，v 为积分环节个数，试判别闭环系统的稳定性。

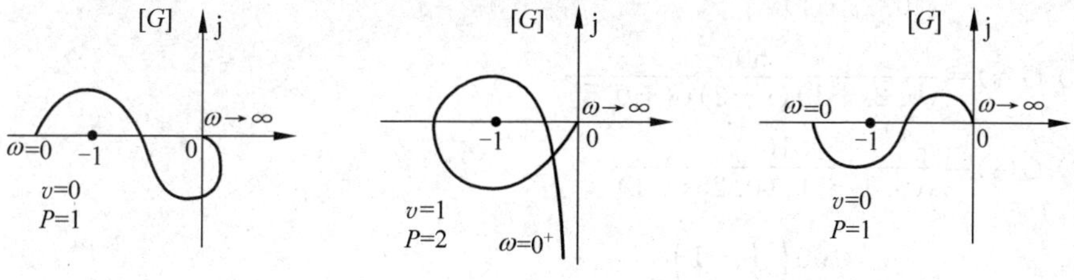

(a) (b) (c)

图 5-82 题 5-14 图

5-15 已知系统开环传递函数，试根据奈氏判据，确定其闭环稳定的条件。

$$G(s)=\frac{K}{s(Ts+1)(s+1)},\quad (K,T>0)$$

(1) 当 $T=2$ 时，K 值的范围；

(2) 当 $K=10$ 时，T 值的范围；

(3) K,T 值的范围。

5-16 已知系统开环传递函数

$$G(s)=\frac{10(s^2-2s+5)}{(s+2)(s-0.5)}$$

试概略绘制幅相特性曲线，并根据奈氏判据判定闭环系统的稳定性。

5-17 某系统的结构图和开环幅相特性曲线如图 5-83(a)、图 5-83(b)所示。图中

$$G(s)=\frac{1}{s(1+s)^2},\quad H(s)=\frac{s^3}{(s+1)^2}$$

试判断闭环系统稳定性，并决定闭环特征方程正实部根个数。

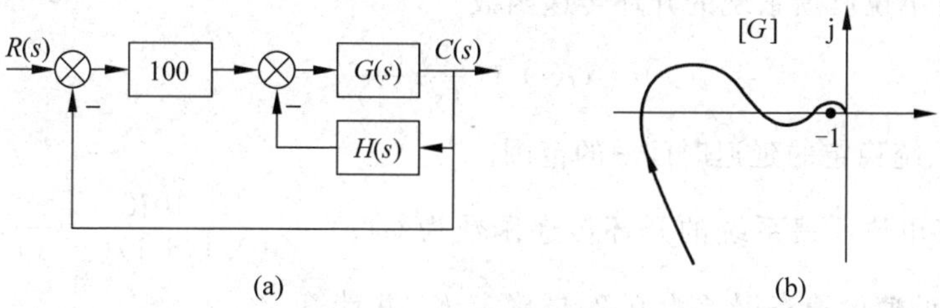

(a) (b)

图 5-83 题 5-17 图

5-18 已知系统开环传递函数

$$G(s)=\frac{10}{s(0.2s^2+0.8s-1)}$$

试根据奈氏判据确定闭环系统的稳定性。

5-19 已知单位反馈系统的开环传递函数，试判断闭环系统的稳定性。

$$G(s)=\frac{10}{s(s+1)\left(\frac{s^2}{4}+1\right)}$$

5-20 已知反馈系统,其开环传递函数如下

(1) $G(s)=\dfrac{100}{s(0.2s+1)}$

(2) $G(s)=\dfrac{50}{(0.2s+1)(s+2)(s+0.5)}$

(3) $G(s)=\dfrac{10}{s(0.1s+1)(0.25s+1)}$

(4) $G(s)=\dfrac{100\left(\dfrac{s}{2}+1\right)}{s(s+1)\left(\dfrac{s}{10}+1\right)\left(\dfrac{s}{20}+1\right)}$

试用奈氏判据或对数稳定判据判断闭环系统的稳定性,并确定系统的相角裕度和幅值裕度。

5-21 设单位反馈控制系统的开环传递函数

$$G(s)=\frac{as+1}{s^2}$$

试确定相角裕度为45°时的 a 值。

5-22 在已知系统中

$$G(s)=\frac{10}{s(s-1)},\quad H(s)=1+K_h s$$

试确定闭环系统临界稳定时的 K_h。

5-23 若单位反馈系统的开环传递函数

$$G(s)=\frac{K\mathrm{e}^{-0.8s}}{s+1}$$

试确定使系统稳定的 K 的临界值。

5-24 设单位反馈系统的开环传递函数

$$G(s)=\frac{5s^2\mathrm{e}^{-\tau s}}{(s+1)^4}$$

试确定闭环系统稳定的延迟时间 τ 的范围。

5-25 某单位反馈系统的开环传递函数为 $G(s)=\dfrac{10K_1}{s(0.1s+1)(s+1)}$,当 $r(t)=10t$ 时,要求系统的速度稳态误差为0.2,试确定 K_1 并计算系统此时具有的相角裕度和幅值裕度,说明系统能否达到精度要求。

5-26 某单位反馈的最小相角系统,其开环对数幅频特性如图5-84所示。要求

(1) 写出系统开环传递函数;

(2) 利用相角裕度判断系统的稳定性;

(3) 将其对数幅频特性向右平移十倍频程,试讨论对系统性能的影响。

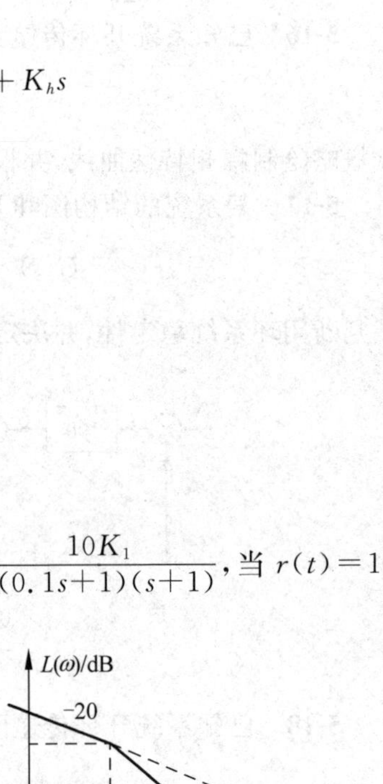

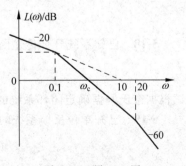

图5-84 题5-26图

5-27 某单位反馈的最小相角系统，其开环对数幅频特性曲线如图 5-85 所示。

(1) 写出系统的开环传递函数 $G(s)$。

(2) 计算系统的截止频率 ω_c 和相角裕度 γ。

(3) 当输入信号 $r(t)=1+t/2$ 时，计算系统的稳态误差。

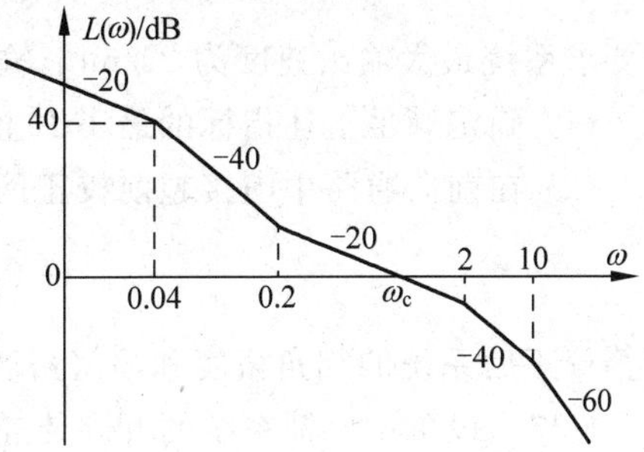

图 5-85 开环对数幅频特性

5-28 对于典型二阶系统，已知参数 $\omega_n=3$，$\zeta=0.7$，试确定截止频率 ω_c 和相角裕度 γ。

5-29 对于典型二阶系统，已知 $\sigma\%=15\%$，$t_s=3\text{s}$，试计算截止频率 ω_c 和相角裕度 γ。

5-30 某单位反馈系统，其开环传递函数

$$G(s)=\frac{16.7s}{(0.8s+1)(0.25s+1)(0.0625s+1)}$$

试应用尼柯尔斯图线，绘制闭环系统对数幅频特性和相频特性曲线。

5-31 某控制系统结构图如图 5-86 所示，图中

$$G_1(s)=\frac{10(1+s)}{1+8s},\quad G_2(s)=\frac{4.8}{s\left(1+\frac{s}{20}\right)}$$

试按以下数据估算系统时域指标 $\sigma\%$ 和 t_s。

(1) γ 和 ω_c；

(2) M_r 和 ω_c；

(3) 闭环幅频特性曲线形状。

5-32 已知控制系统结构图如图 5-87 所示。当输入 $r(t)=2\sin t$ 时，系统的稳态输出 $c_s(t)=4\sin(t-45^\circ)$。试确定系统的参数 ζ,ω_n。

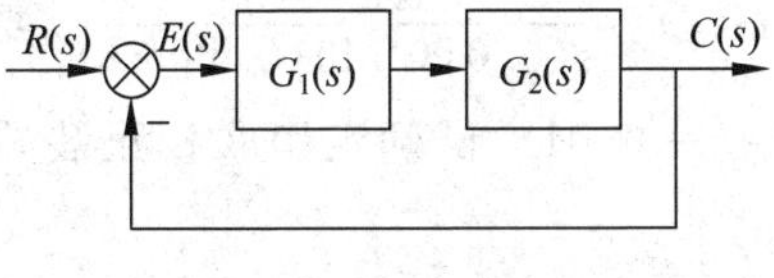

图 5-86 题 5-31 图

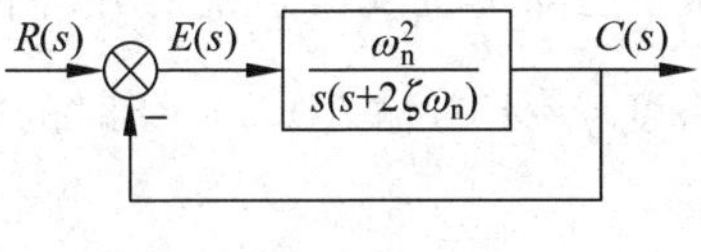

图 5-87 题 5-32 图

5-33 设单位反馈系统的开环传递函数 $G(s)=\dfrac{K}{s(s+0.2)}$，试求使系统闭环幅频特性谐振峰值 $M_r=1.5$ 的截止频率 ω_c、K 值和系统的稳定裕度。

5-34 对于高阶系统，要求时域指标 $\sigma\%=18\%$，$t_s=0.05\text{s}$，试将其转换成开环频域指标 (ω_c,γ)。

5-35 单位反馈系统的闭环对数幅频特性曲线如图 5-88 所示。若要求系统具有 30° 的相角裕度，试计算开环增益应增大的倍数。

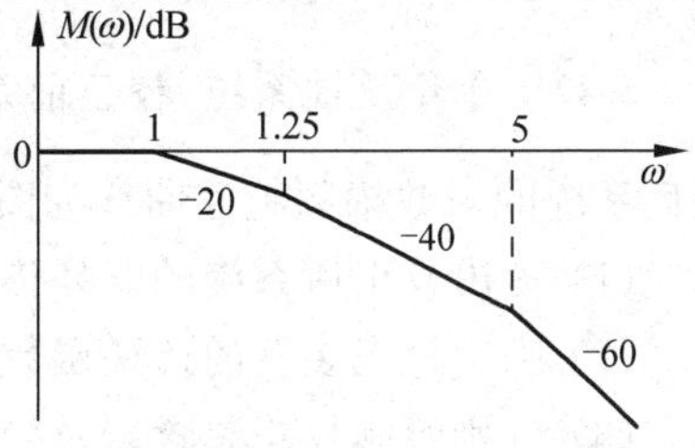

图 5-88 题 5-35 图

5-36 设有单位反馈的火炮指挥仪伺服系统，其开环传递函数为

$$G(s)=\frac{K}{s(0.2s+1)(0.5s+1)}$$

若要求系统最大输出速度为 2r/min，输出位置的容许误差小于 2°，试

(1) 确定满足上述指标的最小 K 值，计算该 K 值下系统的相角裕度和幅值裕度；

(2) 在前向通路中串接超前校正网络

$$G_c(s)=\frac{0.4s+1}{0.08s+1}$$

计算校正后系统的相角裕度和幅值裕度，说明超前校正对系统动态性能的影响。

5-37 设单位反馈系统的开环传递函数

$$G(s)=\frac{K}{s(s+1)}$$

试设计一串联超前校正装置，使系统满足如下指标

(1) 在单位斜坡输入下的稳态误差 $e_{ss}<1/15$；

(2) 截止频率 $\omega_c\geqslant 7.5\text{rad/s}$；

(3) 相角裕度 $\gamma\geqslant 45°$。

5-38 设单位反馈系统的开环传递函数

$$G(s)=\frac{K}{s(s+1)(0.25s+1)}$$

要求校正后系统的静态速度误差系数 $K_v\geqslant 5\text{rad/s}$，相角裕度 $\gamma\geqslant 45°$。试设计串联滞后校正装置。

5-39 已知单位反馈系统的开环传递函数 $G(s)=\dfrac{0.5}{s(s+1)(0.1s+1)}$。给定指标为开环增益 $K=10$，超调量 $\sigma\%\leqslant 25\%$，调节时间 $t_s\leqslant 16.5\text{s}$，试设计串联滞后校正装置。

5-40 已知单位反馈系统的开环传递函数 $G(s)=\dfrac{K\mathrm{e}^{-0.005s}}{s(0.01s+1)(0.1s+1)}$，要求系统的相角裕度 $\gamma=45°$，输入 $r(t)=t$ 时的稳态误差 $e_{ss}=0.01$。试确定串联校正装置的传递函数。

5-41 设单位反馈系统的开环传递函数

$$G(s)=\frac{K}{s(s+1)(0.25s+1)}$$

要求校正后系统的静态速度误差系数 $K_v\geqslant 5\text{rad/s}$，截止频率 $\omega_c\geqslant 2\text{rad/s}$，相角裕度 $\gamma\geqslant 45°$，试设计串联校正装置。

5-42 单位反馈系统，校正前系统的开环传递函数 $G_0(s)=\dfrac{2}{s(0.5s+1)}$，采用串联校正后系统的对数幅频特性曲线如图 5-89 所示。

(1) 写出校正后系统的开环传递函数 $G(s)$；

(2) 确定校正装置的传递函数，说明所用的校正方式（超前/滞后/滞后-超前）；

(3) 分别绘制校正装置以及校正前系统的对数幅频特性曲线；

(4) 利用三频段理论说明采用如上校正装置后对系统性能的影响。

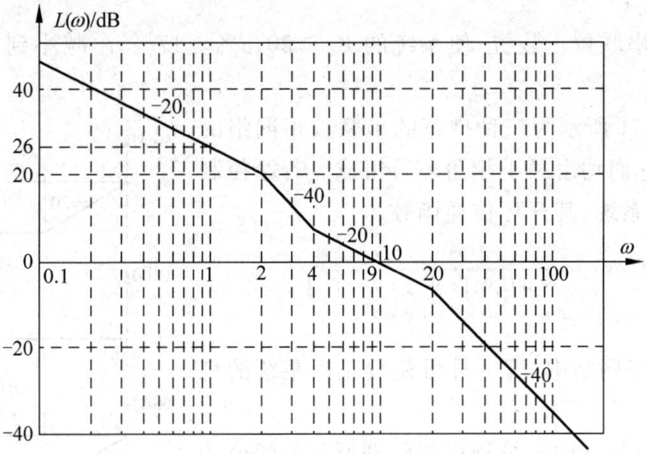

图 5-89　题 5-42 图

5-43　已知一单位反馈控制系统，其被控对象 $G_0(s)$ 和串联校正装置 $G_c(s)$ 的对数幅频特性曲线分别如图 5-90(a)、图 5-90(b)和图 5-90(c)中 L_0 和 L_c 所示。要求

(1) 写出校正后各系统的开环传递函数；

(2) 分析各 $G_c(s)$ 对系统的作用，并比较其优缺点。

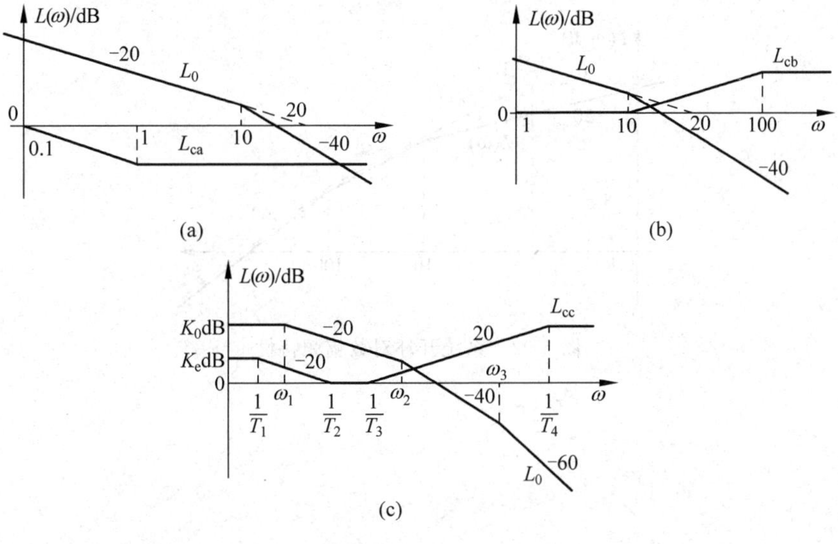

图 5-90　题 5-43 图

5-44　设单位反馈系统的开环传递函数

$$G(s)=\frac{K}{s(s+3)(s+9)}$$

(1) 如果要求系统在单位阶跃输入作用下的超调量 $\sigma\%=20\%$，试确定 K 值；

(2) 根据所求得的 K 值，求出系统在单位阶跃输入作用下的调节时间 t_s，以及静态

速度误差系数 K_v；

(3) 设计一串联校正装置，使系统的 $K_v \geqslant 20$，$\sigma\% \leqslant 17\%$，t_s 减小到校正前系统调节时间的一半以内。

5-45 图 5-91 所示为三种推荐的串联校正网络的对数幅频特性，它们均由最小相角环节组成。若原控制系统为单位反馈系统，其开环传递函数

$$G(s)=\frac{400}{s^2(0.01s+1)}$$

试问：

(1) 这些校正网络中，哪一种可使校正后系统的稳定程度最好？

(2) 为了将 12Hz 的正弦噪声削弱到原信号幅值的 1/10 左右，确定应当采用哪种校正网络？

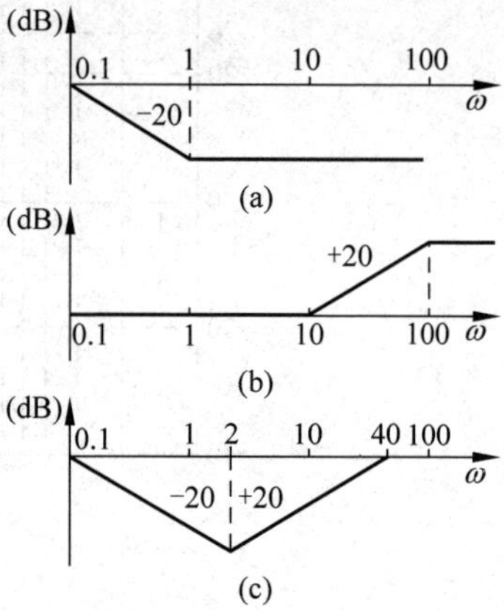

图 5-91 校正网络对数幅频特性

5-46 某系统的开环对数幅频特性曲线如图 5-92 所示，其中虚线表示校正前的，实线表示校正后的要求：

(1) 确定所用的是何种串联校正方式，写出校正装置的传递函数 $G_c(s)$；

(2) 确定使校正后系统稳定的开环增益范围；

(3) 当开环增益 $K=1$ 时，求校正后系统的相角裕度 γ 和幅值裕度 h。

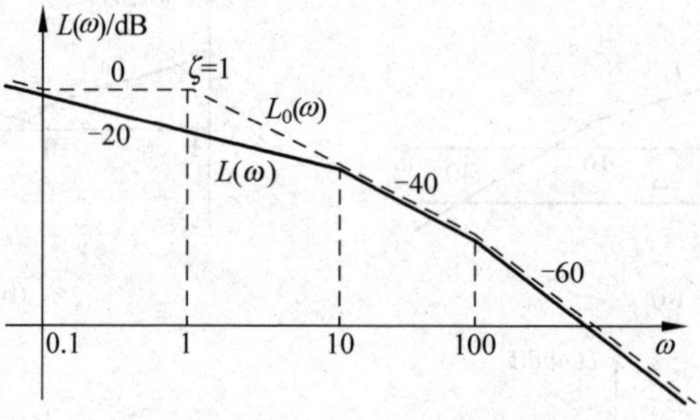

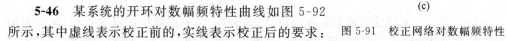

图 5-92 系统开环对数幅频特性

第6章 线性离散系统的分析与校正

前面5章主要讨论了线性定常连续系统的分析与校正，本章将介绍线性离散控制系统的分析与校正。首先给出信号采样和保持的数学描述，介绍分析离散系统的数学工具——z变换理论，之后讲述描述离散系统的数学模型——差分方程和脉冲传递函数，在此基础上讨论线性离散系统的分析及校正方法。

6.1 离散系统

离散控制系统是指在控制系统的一处或数处信号为脉冲序列或数码的系统。

如果在系统中使用了采样开关，将连续信号转变为脉冲序列去控制系统，则称此系统为采样控制系统。

如果在系统中采用了数字计算机或数字控制器，其信号是以数码形式传递的，则称此系统为数字控制系统。

通常把采样控制系统和数字控制系统统称为离散控制系统。

离散系统与连续系统相比，既有本质上的不同，又有分析研究方面的相似性。利用z变换法研究离散系统，可以把连续系统中的许多概念和方法推广应用于离散系统。

目前，离散系统的最广泛应用形式是以数字计算机，特别是以微型计算机为控制器的数字控制系统。也就是说，数字控制系统是一种以数字计算机为控制器去控制具有连续工作状态的被控对象的闭环控制系统。因此，数字控制系统包括工作于离散状态下的数字计算机和工作于连续状态下的被控对象两大部分。

图6-1给出了数字控制系统的原理框图。图中，计算机作为校正装置被引进系统，它只能接受时间上离散、数值上被量化的数码信号。而系统的被控量$c(t)$、给定量$r(t)$一般在时间上是连续的模拟信号。因此要将这样的信号送入计算机运算，就必须先把偏差量$e(t)$用采样开关在时间上离散化，再由模数转换器(A/D)将其在每个离散点上进行量化，转换成数码信号，这两项工作一般都由A/D来完成，然后进入计算机进行数字运算，输出的仍然是时间上离散、数值上量化的数码信号。数码信号不能直接作用于被控对象，因为在两个离散点之间是没有信号的，必须在离散点之间补上输出信号值。一般

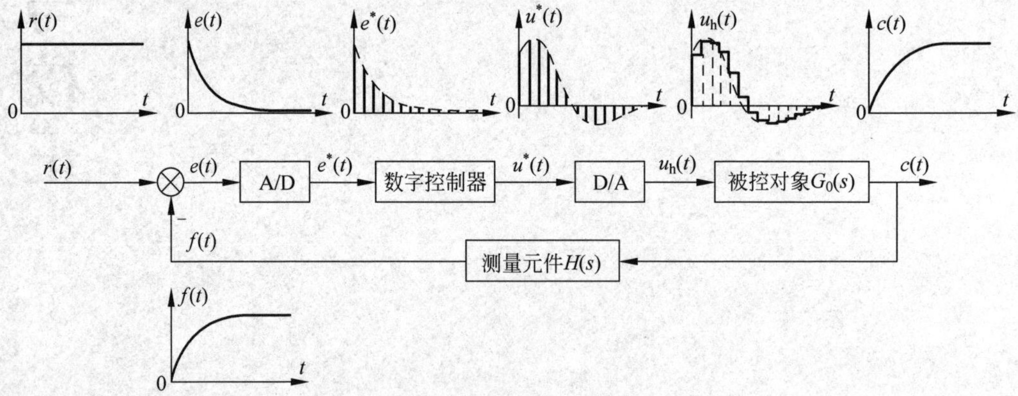

图6-1 计算机控制系统原理框图

可采用保持器的办法。最简单的保持器是零阶保持器，它将前一个采样点的值一直保持到后一个采样点出现之前，因此其输出是阶梯状的连续信号（如图 6-1 中信号$u_h(t)$），作用到被控对象上。数模转换和信号保持都是由数模转换器(D/A)完成的。

由此可见，图中的 A/D 和 D/A 起着模拟量和数字量之间转换的作用。当数字计算机字长足够长，转换精度足够高时，可忽略量化误差影响，近似认为转换有唯一的对应关系，此时，A/D 相当于仅是一个采样开关，D/A 相当于一个保持器，又将计算机的计算规律近似用传递函数 $G_c(s)$ 加一个采样开关来等效描述，这样就可将图 6-1 简化为图 6-2 所示的结构图，从而可以用后面介绍的方法对离散系统进行分析和校正。

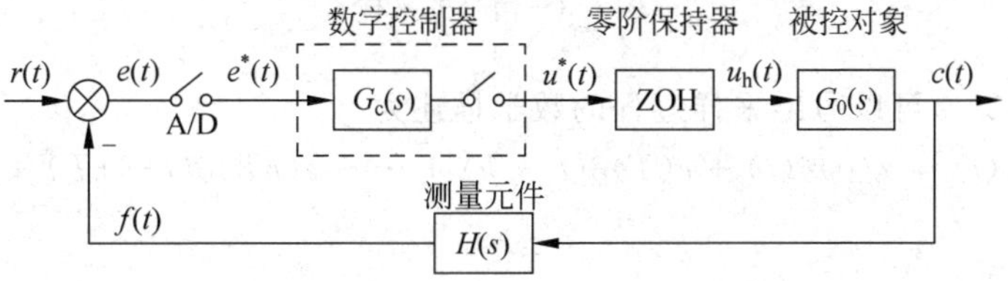

图 6-2　计算机控制系统结构图

数字计算机运算速度快，精度高，逻辑功能强，通用性好，价格低，在自动控制领域中被广泛采用。数字控制系统较之相应的连续系统具有以下优点：

(1) 由数字计算机构成的数字控制器，控制律由软件实现，因此，与模拟控制装置相比，控制规律修改调整方便，控制灵活。

(2) 数字信号的传递可以有效地抑制噪声，从而提高了系统的抗干扰能力。

(3) 可用一台计算机分时控制若干个系统，提高设备的利用率，经济性好。同时也为生产的网络化、智能化控制和管理奠定基础。

6.2　信号采样与保持

采样器与保持器是离散系统的两个基本环节，为了定量研究离散系统，必须用数学方法对信号的采样过程和保持过程加以描述。

6.2.1　信号采样

在采样过程中，把连续信号转换成脉冲或数码序列的过程，称作采样过程。实现采样的装置，叫做采样开关或采样器。如果采样开关以周期 T 时间闭合，并且闭合的时间为 τ，这样就把一个连续函数 $e(t)$ 变成了一个断续的脉冲序列 $e^*(t)$，如图 6-3(b)所示。

在实际中，采样开关闭合持续时间很短，即 $\tau \ll T$，因此在分析时可以近似认为 $\tau \approx 0$，同时假设计算机字长足够长，忽略量化误差的影响，这样，当采样器输入为连续信号 $e(t)$ 时，输出采样信号就是一串理想脉冲，采样瞬时 $e^*(t)$ 的脉冲等于相应瞬时 $e(t)$ 的值，如图 6-3(c)所示。

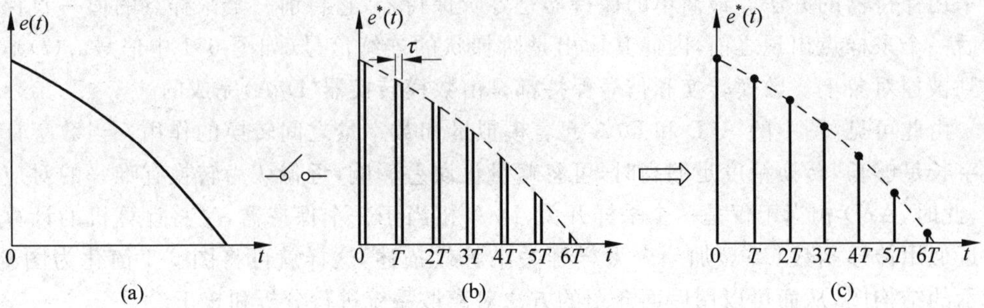

图 6-3　信号的采样

根据图 6-3(c)可以写出采样过程的数学描述为

$$e^*(t)=e(0)\delta(t)+e(T)\delta(t-T)+\cdots+e(nT)\delta(t-nT)+\cdots \tag{6-1}$$

或

$$e^*(t)=\sum_{n=-\infty}^{\infty}e(nT)\delta(t-nT)=e(t)\sum_{n=-\infty}^{\infty}\delta(t-nT) \tag{6-2}$$

其中，n 是采样拍数。由式(6-2)可以看出，采样器相当于一个幅值调制器，理想采样序列 $e^*(t)$可看成由理想单位脉冲序列 $\delta_T(t)=\sum\limits_{n=-\infty}^{\infty}\delta(t-nT)$对连续信号调制而形成的，如图 6-4 所示。其中，$\delta_T(t)$是载波，只决定采样周期，而 $e(t)$为被调制信号，其采样时刻的值 $e(nT)$决定调制后输出的幅值。

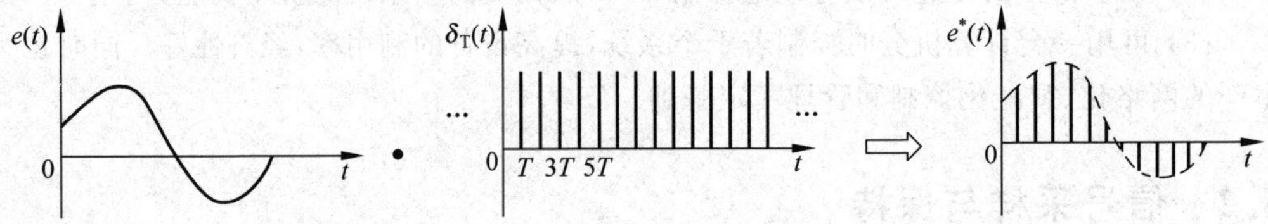

图 6-4　信号的采样

6.2.2　采样定理

一般采样控制系统加到被控对象上的信号都是连续信号，那么如何将离散信号不失真地恢复到原来的形状，便涉及采样频率如何选择的问题。采样定理指出了由离散信号完全恢复相应连续信号的必要条件。

由于理想单位脉冲序列 $\delta_T(t)$是周期函数，可以展开为复数形式的傅里叶级数

$$\delta_T(t)=\sum_{n=-\infty}^{\infty}c_n e^{jn\omega_s t} \tag{6-3}$$

式中，$\omega_s=2\pi/T$ 为采样角频率，T 为采样周期，c_n 是傅里叶级数系数，它由下式确定

$$c_n=\frac{1}{T}\int_{-T/2}^{+T/2}\delta_T(t)e^{-jn\omega_s t}\,dt \tag{6-4}$$

在$[-T/2,T/2]$区间中，$\delta_T(t)$仅在$t=0$时有值，且$e^{-jn\omega_s t}|_{t=0}=1$，所以

$$c_n = \frac{1}{T}\int_{0_-}^{0_+}\delta(t)\mathrm{d}t = \frac{1}{T} \tag{6-5}$$

将式(6-5)代入式(6-3)，得

$$\delta_T(t) = \frac{1}{T}\sum_{n=-\infty}^{+\infty} e^{jn\omega_s t} \tag{6-6}$$

再把式(6-6)代入式(6-2)，有

$$e^*(t) = e(t)\frac{1}{T}\sum_{n=-\infty}^{\infty} e^{jn\omega_s t} = \frac{1}{T}\sum_{n=-\infty}^{\infty} e(nT)e^{jn\omega_s t} \tag{6-7}$$

上式两边取拉普拉斯变换，由拉普拉斯变换的复数位移定理，得到

$$E^*(s) = \frac{1}{T}\sum_{n=-\infty}^{\infty} E(s+jn\omega_s) \tag{6-8}$$

令$s=j\omega$，得到采样信号$e^*(t)$的傅里叶变换

$$E^*(j\omega) = \frac{1}{T}\sum_{n=-\infty}^{\infty} E[j(\omega+n\omega_s)] \tag{6-9}$$

式中，$E(j\omega)$为相应连续信号$e(t)$的傅里叶变换，$|E(j\omega)|$为$e(t)$的频谱。一般来说，连续信号的频带宽度是有限的，其频谱如图6-5(a)所示，其中包含的最高频率为ω_h。

式(6-9)表明，采样信号$e^*(t)$具有以采样频率为周期的无限频谱，除主频谱外，还包含无限多个附加的高频频谱分量(如图6-5(b)所示)，只不过在幅值上变化了$1/T$倍。为了准确复现被采样的连续信号，必须使采样后的离散信号的主频谱和高频频谱彼此不混叠，这样就可以用一个理想的低通滤波器(其幅频特性如图6-5(b)中虚线所示)滤掉全部附加的高频频谱分量，保留主频谱。

如果连续信号$e(t)$频谱中所含的最高频率为ω_h，则$e^*(t)$频谱不混叠的条件为

$$\omega_s \geqslant 2\omega_h \quad 或 \quad T \leqslant \frac{\pi}{\omega_h} \tag{6-10}$$

这就是香农(Shannon)采样定理。采样定理说明，当采样频率大于或等于信号所含最高频率的两倍时，才有可能通过理想滤波器，把原信号完整地恢复出来。否则会发生频率混叠(如图6-5(c)所示)，此时即使使用理想滤波器，也无法将主频谱分离出来，因而不可能准确复现原有的连续信号。

6.2.3 采样周期的选择

采样周期T是离散控制系统设计中的一个重要因素。采样定理只给出了不产生频率混叠时采样周期T的最大值(或采样角频率ω_s的最小值)，显然，T选得越小，即采样角频率ω_s选得越高，获得的控制过程的信息便越多，控制效果也会越好。但是，如果T选得过短，将增加不必要的计算负担，难以实现较复杂的控制律。反之，T选得过长，会给控制过程带来较大的误差，影响系统的动态性能，甚至导致系统不稳定。因此，采样周期T要依据实际情况综合考虑，合理选择。

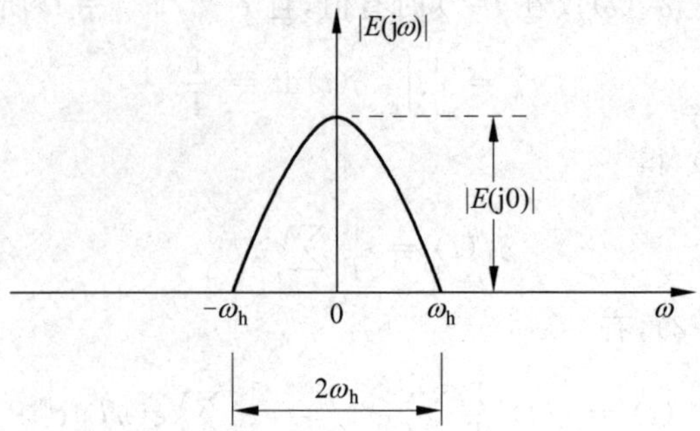

(a) 连续信号$e(t)$的频谱

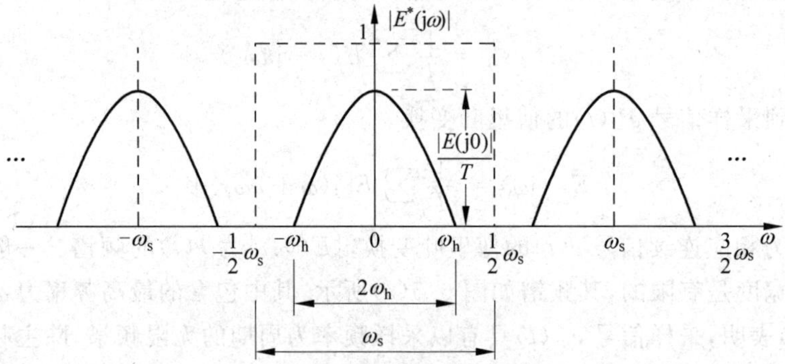

(b)$\omega_s>2\omega_h$时离散信号的频谱

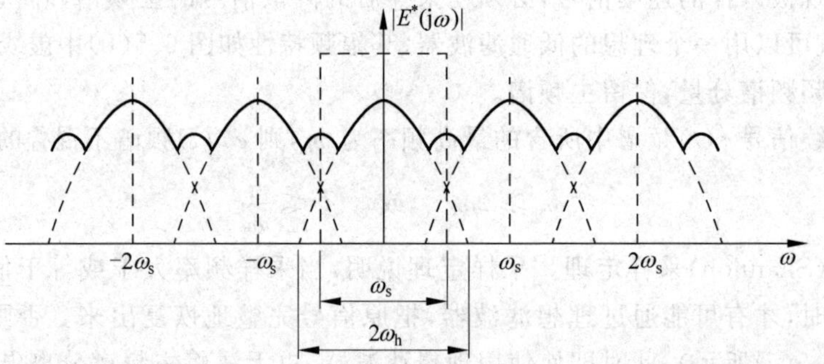

(c)$\omega_s<2\omega_h$时离散信号的频谱

图 6-5　信号的频谱

从频域性能指标来看,控制系统的闭环频率响应通常具有低通滤波特性。当随动系统输入信号的频率高于其闭环幅频特性的带宽频率 ω_b 时,信号通过系统将会被显著衰减,因此可以近似认为通过系统的控制信号最高频率分量为 ω_b。一般随动系统的开环截止频率 ω_c 与闭环系统的带宽频率 ω_b 比较接近,有 $\omega_c\approx\omega_b$。因此可以认为,一般随动系统控制信号的最高频率分量为 ω_c,超过 ω_c 的频率分量通过系统时将被大幅度衰减掉。根据工程实践经验,随动系统的采样角频率可选为

$$\omega_s\approx 10\omega_c$$

因为 $T=2\pi/\omega_s$,所以采样周期可选为

$$T = \frac{\pi}{5} \times \frac{1}{\omega_c}$$

从时域性能指标来看，采样周期 T 可根据阶跃响应的调节时间 t_s，按下列经验公式

$$T = \frac{1}{40} t_s$$

选取。

6.2.4 零阶保持器

为了控制被控对象，需要将数字计算器输出的离散信号恢复成连续信号。保持器就是将离散信号转换成连续信号的装置。根据采样定理，当 $\omega_s \geqslant 2\omega_h$ 时，离散信号的频谱不会产生混叠，此时用一个幅频特性如图 6-5(b)中虚线框所示的理想滤波器，就可以将离散信号的主频分量完整地提取出来，从而可以不失真地复现原连续信号。但是，上述的理想滤波器实际上是不可实现的。因此，必须寻找在特性上接近理想滤波器，而物理上又可以实现的滤波器。

零阶保持器实现简单，是工程上最常用的一种保持器。步进电机、数控系统中的寄存器等都是零阶保持器的实例。

零阶保持器的作用是把某采样时刻 nT 的采样值 $e(nT)$ 一直保持到下一采样时刻 $(n+1)T$，从而使采样信号 $e^*(t)$ 变成阶梯信号 $e_h(t)$，如图 6-6 所示。因为 $e_h(t)$ 在每个采样周期内的值保持常数，其导数为零，故称之为零阶保持器。

给零阶保持器输入一个理想单位脉冲 $\delta(t)$，则其单位脉冲响应函数 $g_h(t)$ 是幅值为 1，持续时间为 T 的矩形脉冲(如图 6-7 所示)，它可分解为两个单位阶跃函数的和

$$g_h(t) = 1(t) - 1(t-T) \tag{6-11}$$

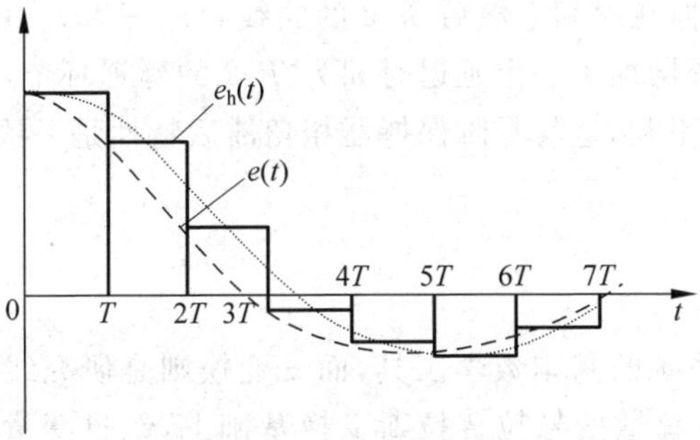

图 6-6 零阶保持器的输出特性

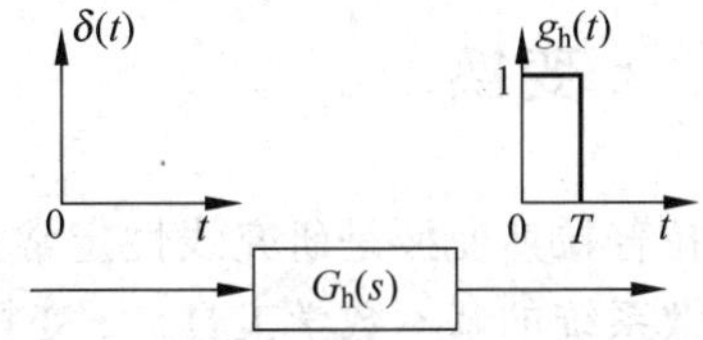

图 6-7 零阶保持器的脉冲响应

对脉冲响应函数 $g_h(t)$ 取拉普拉斯变换，可得零阶保持器的传递函数

$$G_h(s) = \frac{1}{s} - \frac{e^{-Ts}}{s} = \frac{1 - e^{-Ts}}{s} \tag{6-12}$$

在式(6-12)中，令 $s = j\omega$，便得到零阶保持器的频率特性

$$G_h(j\omega) = \frac{1 - e^{-j\omega T}}{j\omega} = \frac{2e^{-j\omega T/2}(e^{j\omega T/2} - e^{-j\omega T/2})}{2j\omega} = T\,\frac{\sin(\omega T/2)}{\omega T/2} e^{-j\omega T/2} \tag{6-13}$$

若以采样角频率 $\omega_s = 2\pi/T$ 来表示，则式(6-13)可表示为

$$G_h(j\omega) = \frac{2\pi}{\omega_s}\frac{\sin\pi(\omega/\omega_s)}{\pi(\omega/\omega_s)}e^{-j\pi(\omega/\omega_s)} \tag{6-14}$$

根据式(6-14)，可画出零阶保持器的幅频特性 $|G_h(j\omega)|$ 和相频特性 $\angle G_h(j\omega)$ 如图 6-8 所示。由图可见，零阶保持器具有如下特点：

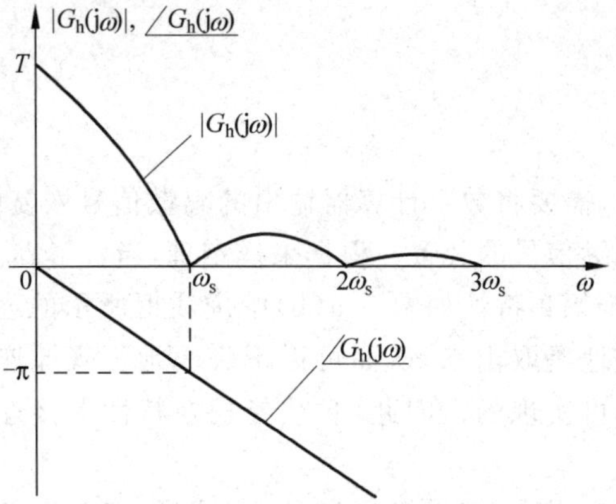

图 6-8　零阶保持器的频率特性

零阶保持器幅频特性的幅值随频率的增大而衰减，具有明显的低通滤波特性，但与理想滤波器幅频特性相比，在 $\omega = \omega_s/2$ 时，其幅值只有初值的 63.7%。另外，零阶保持器除了允许主频分量通过外，还允许一部分高频分量通过。同时，从相频特性可以看出，零阶保持器会产生相角滞后，所以，经过恢复以后所得到的连续信号 $e_h(t)$ 与原有信号 $e(t)$ 是有区别的。

如果把零阶保持器输出的阶梯信号 $e_h(t)$ 的中点光滑地连接起来，如图 6-6 中点划线所示，可以得到与连续信号 $e(t)$ 形状一致但在时间上滞后 $T/2$ 的曲线 $e(t-T/2)$。所以，粗略地讲，引入零阶保持器，相当于给系统增加了一个延迟时间为 $T/2$ 的延迟环节，会使系统总的相角滞后增大，对系统的稳定性不利，这与零阶保持器相角滞后特性是一致的。

6.3　z 变换

拉普拉斯变换是研究线性定常连续系统的基本数学工具，而 z 变换则是研究线性定常离散系统的基本数学工具。z 变换是在离散信号拉普拉斯变换基础上，经过变量代换引申出来的一种变换方法。

6.3.1　z 变换定义

对式(6-2)进行拉普拉斯变换，有

$$E^*(s) = \mathcal{L}[e^*(t)] = \sum_{n=0}^{\infty} e(nT)\,\mathcal{L}[\delta(t-nT)] = \sum_{n=0}^{\infty} e(nT)e^{-nTs} \tag{6-15}$$

上式中的 e^{-Ts} 是 s 的超越函数，直接运算不方便，为此引入变量

$$z = e^{Ts} \tag{6-16}$$

式中 T 为采样周期。将式(6-16)代入式(6-15)，就得到以 z 为自变量的函数，定义其为采样信号 $e^*(t)$ 的 z 变换

$$E(z) = E^*(s)\big|_{s=\frac{1}{T}\ln z} = \sum_{n=0}^{\infty} e(nT)z^{-n} \tag{6-17}$$

z 变换定义式(6-17)有明确的物理意义：即变量 z^{-n} 的系数代表连续时间函数 $e(t)$ 在采样时刻 nT 上的采样值。有时也将 $E(z)$ 记为

$$E(z) = \mathcal{Z}[e^*(t)] = \mathcal{Z}[e(t)] = \mathcal{Z}[E(s)] \tag{6-18}$$

都表示对离散信号 $e^*(t)$ 的 z 变换。

6.3.2 z 变换方法

常用的 z 变换方法有级数求和法、部分分式法和留数法。

1. 级数求和法

根据 z 变换的定义，将连续信号 $e(t)$ 按周期 T 进行采样，将采样点处的值代入式(6-17)，可得 $E(z)$ 的级数展开式

$$E(z) = e(0) + e(T)z^{-1} + e(2T)z^{-2} + \cdots + e(nT)z^{-n} + \cdots$$

这种级数展开式是开放式的，若不能写成闭合形式，实际应用就不太方便。

例 6-1 对连续时间函数

$$e(t) = \begin{cases} a^t, & t \geqslant 0 \\ 0, & t < 0 \end{cases}$$

按周期 $T=1$ 进行采样，可得

$$e(n) = \begin{cases} a^n, & n \geqslant 0 \\ 0, & n < 0 \end{cases}$$

试求 $E(z)$。

解 按式(6-17) z 变换的定义

$$E(z) = \sum_{n=0}^{\infty} e(nT)z^{-n} = \sum_{n=0}^{\infty}(az^{-1})^n = 1 + az^{-1} + (az^{-1})^2 + (az^{-1})^3 + \cdots$$

若 $|z| > |a|$，则无穷级数是收敛的，利用等比级数求和公式，可得其闭合形式为

$$E(z) = \mathcal{Z}[a^n] = \frac{1}{1-az^{-1}} = \frac{z}{z-a} \quad |z| > |a|$$

2. 部分分式法(查表法)

已知连续信号 $e(t)$ 的拉普拉斯变换 $E(s)$，将 $E(s)$ 展开成部分分式之和，即

$$E(s) = E_1(s) + E_2(s) + \cdots + E_n(s)$$

且每一个部分分式 $E_i(s)(i=1,2,\cdots,n)$ 都是 z 变换表中所对应的标准函数，其 z 变换即可查表得出

$$E(z)=E_1(z)+E_2(z)+\cdots+E_n(z)$$

例 6-2 已知连续函数的拉普拉斯变换为

$$E(s)=\frac{s+2}{s^2(s+1)}$$

试求相应的 z 变换 $E(z)$。

解 将 $E(s)$ 展成部分分式

$$E(s)=\frac{2}{s^2}-\frac{1}{s}+\frac{1}{s+1}$$

对上式逐项查 z 变换表，可得

$$\begin{aligned}E(z)&=\frac{2Tz}{(z-1)^2}-\frac{z}{z-1}+\frac{z}{z-\mathrm{e}^{-T}}\\&=\frac{(2T+\mathrm{e}^{-T}-1)z^2+[1-\mathrm{e}^{-T}(2T+1)]z}{(z-1)^2(z-\mathrm{e}^{-T})}\end{aligned}$$

常用函数的 z 变换表见附录 A 中的表 A-2。由该表可见，这些函数的 z 变换都是 z 的有理分式。

3. 留数法（反演积分法）

若已知连续信号 $e(t)$ 的拉普拉斯变换 $E(s)$ 和它的全部极点 s_i，$(i=1,2,\cdots,l)$，可用下列留数计算公式求 $e(t)$ 的采样序列 $e^*(t)$ 的 z 变换 $E^*(z)$

$$E(z)=\sum_{i=1}^{l}\left[\mathrm{Res}E(s)\,\frac{z}{z-\mathrm{e}^{Ts}}\right]_{s\to s_i}\tag{6-19}$$

若 s_i 为单极点时

$$\mathrm{Res}\left[E(s)\,\frac{z}{z-\mathrm{e}^{Ts}}\right]_{s\to s_i}=\lim_{s\to s_i}\left[(s-s_i)E(s)\,\frac{z}{z-\mathrm{e}^{Ts}}\right]\tag{6-20}$$

若 s_i 为 m 重极点时

$$\mathrm{Res}\left[E(s)\,\frac{z}{z-\mathrm{e}^{Ts}}\right]_{s\to s_i}=\frac{1}{(m-1)!}\lim_{s\to s_i}\frac{\mathrm{d}^{m-1}}{\mathrm{d}s^{m-1}}\left[(s-s_i)^m E(s)\,\frac{z}{z-\mathrm{e}^{Ts}}\right]\tag{6-21}$$

例 6-3 已知 $E(s)=\dfrac{s(2s+3)}{(s+1)^2(s+2)}$，试求相应的 z 变换 $E(z)$。

解 $E(s)$ 的极点为 $s_{1,2}=-1$（二重极点），$s_3=-2$，则

$$\begin{aligned}E(z)&=\frac{1}{(2-1)!}\lim_{s\to -1}\frac{\mathrm{d}^{2-1}}{\mathrm{d}s^{2-1}}\left[(s+1)^2\,\frac{s(2s+3)}{(s+1)^2(s+2)}\,\frac{z}{z-\mathrm{e}^{Ts}}\right]\\&\quad+\lim_{s\to -2}\left[(s+2)\,\frac{s(2s+3)}{(s+1)^2(s+2)}\,\frac{z}{z-\mathrm{e}^{Ts}}\right]\\&=\frac{-Tz\mathrm{e}^{-T}}{z(z-\mathrm{e}^{-T})^2}+\frac{2}{z-\mathrm{e}^{-2T}}\end{aligned}$$

6.3.3 z 变换基本定理

应用 z 变换的基本定理，可以使 z 变换的应用变得简单方便，下面介绍常用的 z 变换定理。

1. 线性定理

若 $E_1(z)=\mathcal{Z}[e_1(t)]$，$E_2(z)=\mathcal{Z}[e_2(t)]$，$a$，$b$ 为常数，则

$$\mathcal{Z}[ae_1(t)\pm be_2(t)]=aE_1(z)\pm bE_2(z) \tag{6-22}$$

证明 由 z 变换定义

$$\begin{aligned}\mathcal{Z}[ae_1(t)\pm be_2(t)]&=\sum_{n=0}^{\infty}[ae_1(nT)\pm be_2(nT)]z^{-n}\\&=a\sum_{n=0}^{\infty}e_1(nT)z^{-n}\pm b\sum_{n=0}^{\infty}e_2(nT)z^{-n}\\&=aE_1(z)\pm bE_2(z)\end{aligned}$$

式(6-22)表明，z 变换是一种线性变换，其变换过程满足齐次性与均匀性。

2. 实数位移定理

实数位移是指整个采样序列 $e(nT)$ 在时间轴上左右平移若干采样周期，其中向左平移 $e(nT+kT)$ 为超前，向右平移 $e(nT-kT)$ 为滞后。实数位移定理表示如下：

如果函数 $e(t)$ 是可 z 变换的，其 z 变换为 $E(z)$，则有滞后定理

$$\mathcal{Z}[e(t-kT)]=z^{-k}E(z) \tag{6-23}$$

以及超前定理

$$\mathcal{Z}[e(t+kT)]=z^{k}\left[E(z)-\sum_{n=0}^{k-1}e(nT)z^{-n}\right] \tag{6-24}$$

式中，k 为正整数。

证明式(6-23)。由 z 变换定义

$$\mathcal{Z}[e(t-kT)]=\sum_{n=0}^{\infty}e(nT-kT)z^{-n}=z^{-k}\sum_{n=0}^{\infty}e[(n-k)T]z^{-(n-k)}$$

令 $m=n-k$，则有

$$\mathcal{Z}[e(t-kT)]=z^{-k}\sum_{m=-k}^{\infty}e(mT)z^{-m}$$

由于 z 变换的单边性，当 $m<0$ 时，有 $e(mT)=0$，所以上式可写为

$$\mathcal{Z}[e(t-kT)]=z^{-k}\sum_{m=0}^{\infty}e(mT)z^{-m}$$

再令 $m=n$，式(6-23)得证。

证明式(6-24)。由 z 变换定义

$$\mathcal{Z}[e(t+kT)]=\sum_{n=0}^{\infty}e(nT+kT)z^{-n}=z^k\sum_{n=0}^{\infty}e(nT+kT)z^{-(n+k)}$$

令 $m=n+k$,则有

$$\mathcal{Z}[e(t+kT)]=z^k\sum_{m=k}^{\infty}e(mT)z^{-m}=z^k\sum_{m=0}^{\infty}e(mT)z^{-m}-z^k\sum_{m=0}^{k-1}e(mT)z^{-m}$$

再令 $m=n$,可以得到

$$\begin{aligned}\mathcal{Z}[e(t+kT)]&=z^k\sum_{n=0}^{\infty}e(nT)z^{-n}-z^k\sum_{n=0}^{k-1}e(nT)z^{-n}\\&=z^k\left[E(z)-\sum_{n=0}^{k-1}e(nT)z^{-n}\right]\end{aligned}$$

式(6-24)得证。

由实数位移定理可见,算子 z 有明确的物理意义：z^{-k} 代表时域中的延迟算子,它将采样信号滞后 k 个采样周期。

实数位移定理的作用相当于拉普拉斯变换中的微分或积分定理。应用实数位移定理,可将描述离散系统的差分方程转换为 z 域的代数方程。

例 6-4 试用实数位移定理计算滞后函数 $(t-5T)^3$ 的 z 变换。

解 由式(6-23)

$$\begin{aligned}\mathcal{Z}[(t-5T)^3]&=z^{-5}\,\mathcal{Z}[t^3]=z^{-5}3!\,\mathcal{Z}\left[\frac{t^3}{3!}\right]\\&=6z^{-5}\,\frac{T^3(z^2+4z+1)}{6\,(z-1)^4}=\frac{T^3(z^2+4z+1)z^{-5}}{(z-1)^4}\end{aligned}$$

3. 复数位移定理

如果函数 $e(t)$ 是可 z 变换的,其 z 变换为 $E(z)$,则有

$$\mathcal{Z}[a^{\mp bt}e(t)]=E(za^{\pm bT})\tag{6-25}$$

证明 由 z 变换定义

$$\mathcal{Z}[a^{\mp bt}e(t)]=\sum_{n=0}^{\infty}a^{\mp bnT}e(nT)z^{-n}=\sum_{n=0}^{\infty}e(nT)\,(za^{\pm bT})^{-n}$$

令 $z_1=za^{\pm bT}$,代入上式,则有

$$\mathcal{Z}[a^{\mp bt}e(t)]=\sum_{n=0}^{\infty}e(nT)\,(z_1)^{-n}=E(z_1)=E(za^{\pm bT})$$

式(6-25)得证。

例 6-5 试用复数位移定理计算函数 $t^2\mathrm{e}^{at}$ 的 z 变换。

解 令 $e(t)=t^2$,查表可得

$$E(z)=\mathcal{Z}[t^2]=2\,\mathcal{Z}\left[\frac{t^2}{2}\right]=\frac{T^2z(z+1)}{(z-1)^3}$$

根据复数位移定理式(6-25),有

$$\mathcal{Z}[t^2\mathrm{e}^{at}]=\mathscr{E}(z\mathrm{e}^{-aT})=\frac{T^2z\mathrm{e}^{-aT}(z\mathrm{e}^{-aT}+1)}{(z\mathrm{e}^{-aT}-1)^3}=\frac{T^2z\mathrm{e}^{aT}(z+\mathrm{e}^{aT})}{(z-\mathrm{e}^{aT})^3}$$

4. 初值定理

设 $e(t)$ 的 z 变换为 $E(z)$，并存在极限 $\lim\limits_{z\to\infty}E(z)$，则

$$\lim_{t\to 0}e^*(t) = \lim_{z\to\infty}E(z) \tag{6-26}$$

证明 根据 z 变换定义，有

$$E(z) = \sum_{n=0}^{\infty}e(nT)z^{-n} = e(0) + e(T)z^{-1} + e(2T)z^{-2} + \cdots$$

所以

$$\lim_{z\to\infty}E(z) = e(0) = \lim_{t\to 0}e^*(t)$$

5. 终值定理

如果信号 $e(t)$ 的 z 变换为 $E(z)$，信号序列 $e(nT)$ 为有限值（$n=0,1,2,\cdots$），且极限 $\lim\limits_{n\to\infty}e(nT)$ 存在，则信号序列的终值

$$\lim_{n\to\infty}e(nT) = \lim_{z\to 1}(z-1)E(z) \tag{6-27}$$

证明 根据 z 变换线性定理，有

$$\mathcal{Z}[e(t+T)] - \mathcal{Z}[e(t)] = \sum_{n=0}^{\infty}\{e[(n+1)T] - e(nT)\}z^{-n}$$

由实数位移定理

$$\mathcal{Z}[e(t+T)] = zE(z) - ze(0)$$

于是

$$(z-1)E(z) - ze(0) = \sum_{n=0}^{\infty}\{e[(n+1)T] - e(nT)\}z^{-n}$$

上式两边取 $z\to 1$ 时的极限，得

$$\lim_{z\to 1}(z-1)E(z) - e(0) = \lim_{z\to 1}\sum_{n=0}^{\infty}\{e[(n+1)T] - e(nT)\}z^{-n}$$

$$= \sum_{n=0}^{\infty}\{e[(n+1)T] - e(nT)\}$$

当取 $n=N$ 为有限项时，上式右端可写为

$$\sum_{n=0}^{\infty}\{e[(n+1)T] - e(nT)\} = e[(N+1)T] - e(0)$$

令 $N\to\infty$，上式为

$$\sum_{n=0}^{\infty}\{e[(n+1)T] - e(nT)\} = \lim_{N\to\infty}\{e[(N+1)T] - e(0)\}$$

$$= \lim_{n\to\infty}e(nT) - e(0)$$

所以

$$\lim_{n\to\infty}e(nT) = \lim_{z\to 1}(z-1)E(z)$$

得证。在离散系统分析中，常采用终值定理求取系统输出序列的稳态值或系统的稳态误差。

例 6-6 设 z 变换函数为

$$E(z)=\frac{z^3}{(z-1)(z^2-z+0.5)}$$

试求 $e(nT)$ 的初值和终值。

解 分别由初值定理式(6-26)和终值定理式(6-27)可得

$$e(0)=\lim_{z\to\infty}E(z)=\lim_{z\to\infty}\frac{z^3}{(z-1)(z^2-z+0.5)}=1$$

$$e(\infty)=\lim_{z\to 1}(z-1)E(z)=\lim_{z\to 1}\frac{z^3}{(z^2-z+0.5)}=2$$

应当注意，z 变换只反映信号在采样点上的信息，而不能描述采样点间信号的状态。因此 z 变换与采样序列对应，而不对应唯一的连续信号。不论怎样的连续信号，只要采样序列一样，其 z 变换就一样。

6.3.4 z 反变换

已知 z 变换表达式 $E(z)$，求相应离散序列 $e(nT)$ 的过程，称为 z 反变换，记为

$$e^*(t)=\mathcal{Z}^{-1}[E(z)] \tag{6-28}$$

当 $n<0$ 时，$e(nT)=0$，信号序列 $e(nT)$ 是单边的，对单边序列常用的 z 反变换法有三种，幂级数法、部分分式法和留数法。

1. 幂级数法(长除法)

z 变换函数的无穷项级数形式具有鲜明的物理意义。变量 z^{-n} 的系数代表连续时间函数在 nT 时刻上的采样值。若 $E(z)$ 是一个有理分式，则可以直接通过长除法，得到一个无穷项幂级数的展开式。根据 z^{-n} 的系数便可以得出时间序列 $e(nT)$ 的值。

例 6-7 设 $E(z)$ 为

$$E(z)=\frac{10z}{(z-1)(z-2)}$$

试用长除法求 $e(nT)$ 或 $e^*(t)$。

解 $$E(z)=\frac{10z}{(z-1)(z-2)}=\frac{10z}{z^2-3z+2}$$

应用长除法，用分母去除分子，即

$$\begin{array}{rl}
 & 10z^{-1}+30z^{-2}+70z^{-3}+150z^{-4}+\cdots \\
z^2-3z+2 \big) & 10z \\
 & -)\ \underline{10z-30z^0+20z^{-1}} \\
 & 30z^0-20z^{-1} \\
 & -)\ \underline{30z^0-90z^{-1}+60z^{-2}} \\
 & 70z^{-1}-60z^{-2} \\
 & -)\ \underline{70z^{-1}-210z^{-2}+140z^{-3}} \\
 & 150z^{-2}-140z^{-3}
\end{array}$$

$E(z)$可写成

$$E(z) = 0z^0 + 10z^{-1} + 30z^{-2} + 70z^{-3} + 150z^{-4} + \cdots$$

所以 $e^*(t) = 10\delta(t-T) + 30\delta(t-2T) + 70\delta(t-3T) + 150\delta(t-4T) + \cdots$

长除法以序列的形式给出 $e(0), e(T), e(2T), e(3T), \cdots$ 的数值，但不容易得出 $e(nT)$ 的封闭表达形式。

2. 部分分式法(查表法)

部分分式法又称查表法，根据已知的 $E(z)$，通过查 z 变换表找出相应的 $e^*(t)$，或者 $e(nT)$。考虑到 z 变换表中，所有 z 变换函数 $E(z)$ 在其分子上都有因子 z，所以，通常先将 $E(z)/z$ 展成部分分式之和，然后将等式左边分母中的 z 乘到等式右边各分式中，再逐项查表反变换。

例 6-8 设 $E(z)$ 为

$$E(z) = \frac{10z}{(z-1)(z-2)}$$

试用部分分式法求 $e(nT)$。

解 首先将 $\frac{E(z)}{z}$ 展开成部分分式，即

$$\frac{E(z)}{z} = \frac{10}{(z-1)(z-2)} = \frac{-10}{z-1} + \frac{10}{z-2}$$

把部分分式中的每一项乘上因子 z 后，得

$$E(z) = \frac{-10z}{z-1} + \frac{10z}{z-2}$$

查 z 变换表得

$$\mathcal{Z}^{-1}\left[\frac{z}{z-1}\right] = 1, \quad \mathcal{Z}^{-1}\left[\frac{z}{z-2}\right] = 2^n$$

最后可得

$$e(nT) = 10(2^n - 1)$$

$$e^*(t) = \sum_{n=0}^{\infty} e(nT)\delta(t-nT) = \sum_{n=0}^{\infty} 10(2^n - 1)\delta(t-nT) \quad n = 0,1,2,\cdots$$

3. 留数法(反演积分法)

在实际问题中遇到的 z 变换函数 $E(z)$，除了有理分式外，也可能是超越函数，无法应用幂级数法或部分分式法求 z 反变换，此时采用留数法则比较方便。$E(z)$ 的幂级数展开形式为

$$E(z) = \sum_{n=0}^{\infty} e(nT) z^{-n} \tag{6-29}$$

设函数 $E(z)z^{n-1}$ 除有限个极点 $z_1, z_2, \cdots, z_k$ 外，在 z 域上是解析的，则有反演积分公式

$$e(nT) = \frac{1}{2\pi \mathrm{j}} \oint_{\Gamma} E(z) z^{n-1} \mathrm{d}z = \sum_{i=1}^{k} \mathrm{Res}\left[E(z) z^{n-1}\right]_{z \to z_i} \tag{6-30}$$

式中，$\mathrm{Res}\left[E(z)z^{n-1}\right]_{z\to z_i}$表示函数$E(z)z^{n-1}$在极点$z_i$处的留数。留数计算方法如下：若$z_i(i=1,2,\cdots,l)$为单极点，则

$$\mathrm{Res}\left[E(z)z^{n-1}\right]_{z\to z_i}=\lim_{z\to z_i}\left[(z-z_i)E(z)z^{n-1}\right] \tag{6-31}$$

若z_i为m重极点，则

$$\mathrm{Res}\left[E(z)z^{n-1}\right]_{z\to z_i}=\frac{1}{(m-1)!}\left\{\frac{\mathrm{d}^{m-1}}{\mathrm{d}z^{m-1}}\left[(z-z_i)^m E(z)z^{n-1}\right]\right\}_{z=z_i}$$

例 6-9 设$E(z)$为

$$E(z)=\frac{10z}{(z-1)(z-2)}$$

试用留数法求$e(nT)$。

解 根据式(6-30)，有

$$\begin{aligned}e(nT)&=\sum\mathrm{Res}\left[\frac{10z}{(z-1)(z-2)}z^{n-1}\right]_{z\to z_i}\\&=\left[\frac{10z^n}{(z-1)(z-2)}\cdot(z-1)\right]_{z=1}+\left[\frac{10z^n}{(z-1)(z-2)}\cdot(z-2)\right]_{z=2}\\&=-10+10\times 2^n=10(-1+2^n)\quad(n=0,1,2,\cdots)\end{aligned}$$

例 6-10 设z变换函数

$$E(z)=\frac{z^3}{(z-1)(z-5)^2}$$

试用留数法求其z反变换。

解 因为函数

$$E(z)z^{n-1}=\frac{z^{n+2}}{(z-1)(z-5)^2}$$

有$z_1=1$是单极点，$z_2=5$是2重极点，极点处留数

$$\mathrm{Res}\left[E(z)z^{n-1}\right]_{z\to z_1}=\lim_{z\to 1}\left[(z-1)E(z)z^{n-1}\right]=\lim_{z\to 1}(z-1)\frac{z^{n+2}}{(z-1)(z-5)^2}=\frac{1}{16}$$

$$\begin{aligned}\mathrm{Res}\left[E(z)z^{n-1}\right]_{z\to z_2}&=\frac{1}{(m-1)!}\left\{\frac{\mathrm{d}^{m-1}}{\mathrm{d}z^{m-1}}(z-5)^2E(z)z^{n-1}\right\}_{z\to 5}\\&=\frac{1}{(2-1)!}\left\{\frac{\mathrm{d}^{2-1}}{\mathrm{d}z^{2-1}}\left[(z-5)^2\frac{z^{n+2}}{(z-1)(z-5)^2}\right]\right\}_{z\to 5}\\&=\frac{(4n+3)5^{n+1}}{16}\end{aligned}$$

所以

$$e(nT)=\sum_{i=1}^{2}\mathrm{Res}\left[E(z)z^{n-1}\right]_{z\to z_i}=\frac{1}{16}+\frac{(4n+3)5^{n+1}}{16}=\frac{(4n+3)5^{n+1}+1}{16}$$

相应的采样函数

$$\begin{aligned}e^*(t)&=\sum_{n=0}^{\infty}e(nT)\delta(t-nT)=\sum_{n=0}^{\infty}\frac{(4n+3)5^{n+1}+1}{16}\delta(t-nT)\\&=\delta(t)+11\delta(t-1)+86\delta(t-2)+\cdots\end{aligned}$$

6.3.5 z变换的局限性

z变换法是研究线性定常离散系统的一种有效工具，但是z变换法也有其本身的局限性，使用时应注意其适用的范围。

(1) 输出z变换函数$C(z)$只确定了时间函数$c(t)$在采样瞬时的值，而不能反映$c(t)$在采样点间的信息。

(2) 用z变换法分析离散系统时，若在采样开关和系统连续部分传递函数$G(s)$之间有零阶保持器，则$G(s)$极点数至少应比其零点数多一个；若没有零阶保持器，则$G(s)$极点数至少应比其零点数多两个，即$G(s)$的脉冲响应在$t=0$时必须没有跳跃，或者满足

$$\lim_{s\to\infty} sG(s) = 0$$

否则，用z变换法得到的系统采样输出$c^*(t)$与实际连续输出$c(t)$之间会有较大差别。

6.4 离散系统的数学模型

为了研究离散系统的性能，需要建立离散系统的数学模型。本节主要介绍线性定常离散系统的差分方程及其解法，脉冲传递函数的定义，以及求开、闭环脉冲传递函数的方法。

6.4.1 差分方程及其解法

1. 差分的概念

设连续函数为$e(t)$，其采样函数为$e(kT)$，简记为$e(k)$，则一阶前向差分定义为

$$\Delta e(k) = e(k+1) - e(k) \tag{6-32}$$

二阶前向差分定义为

$$\begin{aligned}\Delta^2 e(k) &= \Delta[\Delta e(k)] = \Delta[e(k+1) - e(k)] \\ &= \Delta e(k+1) - \Delta e(k) = e(k+2) - 2e(k+1) + e(k)\end{aligned} \tag{6-33}$$

n阶前向差分定义为

$$\Delta^n e(k) = \Delta^{n-1} e(k+1) - \Delta^{n-1} e(k) \tag{6-34}$$

同理，一阶后向差分定义为

$$\nabla e(k) = e(k) - e(k-1) \tag{6-35}$$

二阶后向差分定义为

$$\begin{aligned}\nabla^2 e(k) &= \nabla[\nabla e(k)] = \nabla[e(k) - e(k-1)] \\ &= \nabla e(k) - \nabla e(k-1) = e(k) - 2e(k-1) + e(k-2)\end{aligned} \tag{6-36}$$

n阶后向差分定义为

$$\nabla^n e(k) = \nabla^{n-1} e(k) - \nabla^{n-1} e(k-1) \tag{6-37}$$

2. 离散系统的差分方程

对连续系统而言，系统的数学模型可以用微分方程来表示，即

$$\sum_{i=0}^{n} a_i^* \frac{\mathrm{d}^i c(t)}{\mathrm{d}t^i} = \sum_{j=0}^{m} b_j^* \frac{\mathrm{d}^j r(t)}{\mathrm{d}t^j} \tag{6-38}$$

式中，$r(t)$，$c(t)$分别表示系统的输入和输出。如果把离散序列 $r(k)$、$c(k)$看成连续系统中 $r(t)$，$c(t)$的采样结果，那么式(6-38)可以化为离散系统的差分方程。

设系统采样周期为 T，当 T 足够小时，函数 $r(t)$在 $t=kT$ 处的一阶导数近似为

$$\dot{r}(kT) \approx \frac{r(kT) - r[(k-1)T]}{T}$$

可简写为

$$\dot{r}(k) \approx \frac{r(k) - r(k-1)}{T} = \frac{\nabla r(k)}{T} \tag{6-39}$$

同理，可以写出二阶导数

$$\ddot{r}(k) \approx \frac{r(k) - 2r(k-1) + r(k-2)}{T^2} = \frac{\nabla^2 r(k)}{T^2} \tag{6-40}$$

如此，可以一直写出 n 阶导数。

同样方法，输出 $c(t)$的各阶导数也能写出。所以，离散系统的输入、输出特性可用后向差分方程表示，其一般表达式为

$$\sum_{i=0}^{n} a_i c(k-i) = \sum_{j=0}^{m} b_j r(k-j) \tag{6-41}$$

也可以用前向差分方程表示，其一般表达式为

$$\sum_{i=0}^{n} a_i c(k+i) = \sum_{j=0}^{m} b_j r(k+j) \tag{6-42}$$

前向差分方程和后向差分方程并无本质区别，前向差分方程多用于描述非零初始条件的离散系统，后向差分方程多用于描述零初条件的离散系统，若不考虑初始条件，就系统输入、输出关系而言，两者完全等价。

差分方程是离散系统的时域数学模型，相当于连续系统的微分方程。

3. 差分方程求解

差分方程的求解通常采用迭代法或 z 变换法。

(1) 迭代法

迭代法是一种递推方法，适合于计算机递推运算求解。若已知差分方程式(6-41)或式(6-42)，并且给定输入序列以及输出序列的初始值，就可以利用递推关系，逐步迭代计算出输出序列。

例 6-11 已知二阶连续系统的微分方程为

$$\ddot{c}(t) - 4\dot{c}(t) + 3c(t) = r(t) = 1(t)$$
$$c(t) = 0 \quad t \leqslant 0$$

现将其离散化，采样周期 $T=1$，求相应的前向差分方程并解之。

解 取$\dfrac{\Delta c(k)}{T}=\Delta c(k)\approx\dot{c}(kT)$，$\dfrac{\Delta^2 c(k)}{T^2}=\Delta^2 c(k)\approx\ddot{c}(kT)$代入原微分方程，得

$$\begin{aligned}&\Delta^2 c(k)-4\Delta c(k)+3c(k)\\&=c(k+2)-6c(k+1)+8c(k)=r(k)=1(k)\end{aligned}$$

即
$$c(k+2)=6c(k+1)-8c(k)+1(k)$$

根据上式确定的递推关系以及初始条件 $c(k)=0(k\leqslant 0)$，可以迭代求解如下

$$\begin{aligned}k&=-1\colon c(1)=6c(0)-8c(-1)+1(-1)=0\\k&=0\colon c(2)=6c(1)-8c(0)+1(0)=1\\k&=1\colon c(3)=6c(2)-8c(1)+1(1)=7\\k&=2\colon c(4)=6c(3)-8c(2)+1(2)=35\\&\quad\vdots\qquad\vdots\end{aligned}$$

(2) z 变换法

设差分方程如式(6-42)所示，对差分方程两端取 z 变换，并利用 z 变换的实数位移定理，得到以 z 为变量的代数方程，然后对代数方程的解 $C(z)$ 取 z 反变换，可求得输出序列 $c(k)$。

例 6-12 试用 z 变换法解下列二阶线性齐次差分方程

$$c(k+2)-2c(k+1)+c(k)=0$$

设初始条件 $c(0)=0,c(1)=1$。

解 对差分方程的每一项进行 z 变换，根据实数位移定理，有

$$\begin{aligned}&\mathcal{Z}[c(k+2)]=z^2C(z)-z^2c(0)-zc(1)=z^2C(z)-z\\&\mathcal{Z}[-2c(k+1)]=-2zC(z)+2zc(0)=-2zC(z)\\&\mathcal{Z}[c(k)]=C(z)\end{aligned}$$

于是，差分方程变换为关于 z 的代数方程

$$(z^2-2z+1)C(z)=z$$

解出

$$C(z)=\frac{z}{z^2-2z+1}=\frac{z}{(z-1)^2}$$

查 z 变换表，求出 z 反变换

$$c^*(t)=\sum_{n=0}^{\infty}nT\delta(t-nT)$$

6.4.2 脉冲传递函数

脉冲传递函数是离散系统的复域数学模型，相当于连续系统的传递函数。

1. 脉冲传递函数的定义

图 6-9 所示为典型开环线性离散系统结构图，图中 $G(s)$ 是系统连续部分的传递函

数，连续部分的输入是采样周期为 T 的脉冲序列 $r^*(t)$，其输出为经过虚设开关后的脉冲序列 $c^*(t)$，则线性定常离散系统的脉冲传递函数定义为：在零初始条件下，系统输出序列 z 变换与输入序列 z 变换之比，记作

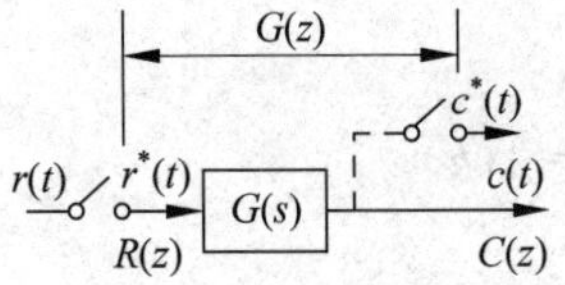

图 6-9　开环采样系统结构图

$$G(z)=\frac{\mathcal{Z}[c^*(t)]}{\mathcal{Z}[r^*(z)]}=\frac{C(z)}{R(z)} \tag{6-43}$$

这里零初始条件的含义是，当 $t<0$ 时，输入脉冲序列值 $r(-T),r(-2T),\cdots$ 以及输出脉冲序列值 $c(-T),c(-2T),\cdots$ 均为零。

式(6-43)表明，如果已知 $R(z)$ 和 $G(z)$，则在零初始条件下，线性定常离散系统的输出采样信号为

$$c^*(t)=\mathcal{Z}^{-1}[C(z)]=\mathcal{Z}^{-1}[G(z)R(z)]$$

应当明确，虚设的采样开关假定是与输入采样开关同步工作的，但它实际上不存在，只是表明脉冲传递函数所能描述的只是输出连续函数 $c(t)$ 在采样时刻的离散值 $c^*(t)$。如果系统的实际输出 $c(t)$ 比较平滑，且采样频率较高，则可用 $c^*(t)$ 近似描述 $c(t)$。

2. 脉冲传递函数的性质

与连续系统传递函数的性质相对应，离散系统脉冲传递函数具有下列性质：

① 脉冲传递函数是复变量 z 的复函数(一般是 z 的有理分式)；

② 脉冲传递函数只与系统自身的结构和参数有关；

③ 系统的脉冲传递函数与系统的差分方程有直接联系，z^{-1} 相当于一拍延迟因子；

④ 系统的脉冲传递函数是系统的单位脉冲响应序列的 z 变换。

3. 由传递函数求脉冲传递函数

传递函数 $G(s)$ 的拉普拉斯反变换是系统单位脉冲响应函数 $k(t)$，将 $k(t)$ 离散化得到脉冲响应序列 $k(nT)$，将 $k(nT)$ 进行 z 变换可得到 $G(z)$，这一变换过程可表示如下

$$G(s)\Rightarrow \mathcal{L}^{-1}[G(s)]=k(t)\Rightarrow \text{离散化 } k^*(t)=\sum_{n=0}^{\infty}k(nT)\delta(t-nT)\Rightarrow \mathcal{Z}[k^*(t)]=G(z)$$

上述变换过程表明，只要将 $G(s)$ 表示成 z 变换表中的标准形式，直接查表就可得 $G(z)$。

由于利用 z 变换表可以直接从 $G(s)$ 得到 $G(z)$，而不必逐步推导，所以常把上述过程表示为 $G(z)=\mathcal{Z}[G(s)]$，并称之为 $G(s)$ 的 z 变换，这一表示应理解为根据上述过程求出 $G(s)$ 所对应的 $G(z)$，而不能理解为 $G(z)$ 是对 $G(s)$ 直接进行 $z=\mathrm{e}^{Ts}$ 代换的结果。

例 6-13　离散系统结构图如图 6-9 所示，采样周期 $T=1$，其中

$$G(s)=\frac{1}{s(s+1)}$$

(1) 求系统的脉冲传递函数；

(2) 写出系统的差分方程；

(3) 画出系统的零极点分布图。

解　(1) 系统的脉冲传递函数为

$$G(z)=\mathcal{Z}\left[\frac{1}{s(s+1)}\right]=\mathcal{Z}\left[\frac{1}{s}-\frac{1}{s+1}\right]=\frac{(1-e^{-T})z}{(z-1)(z-e^{-T})}\bigg|_{T=1}$$

$$=\frac{0.632z}{z^2-1.368z+0.368}=\frac{0.632z^{-1}}{1-1.368z^{-1}+0.368z^{-2}}$$

(2) 根据 $G(z)=\dfrac{C(z)}{R(z)}=\dfrac{0.632z}{1-1.368z^{-1}+0.368z^{-2}}$ 有

$$(1-1.368z^{-1}+0.368z^{-2})C(z)=0.632z^{-1}R(z)$$

等号两端求 z 反变换可得系统差分方程

$$c(k)-1.368c(k-1)+0.368c(k-2)=0.632r(k-1)$$

(3) 系统零点 $z=0$，极点 $p_1=e^{-1}$，$p_2=1$。系统零极点图如图 6-10 所示。

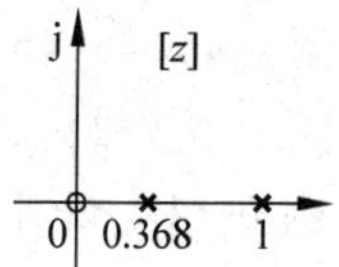

图 6-10 零、极点图

6.4.3 开环系统脉冲传递函数

当开环离散系统由几个环节串联组成时，由于采样开关的数目和位置不同，求出的开环脉冲传递函数也会不同。

1. 串联环节之间无采样开关时

设开环离散系统如图 6-11 所示，在两个串联连续环节 $G_1(s)$ 和 $G_2(s)$ 之间没有采样开关隔开。此时系统的传递函数为

$$G(s)=G_1(s)G_2(s)$$

将它当作整体一起进行 z 变换，由脉冲传递函数定义

$$G(z)=\frac{C(z)}{R(z)}=\mathcal{Z}[G_1(s)G_2(s)]=G_1G_2(z) \tag{6-44}$$

式(6-44)表明，没有采样开关隔开的两个线性连续环节串联时的脉冲传递函数，等于这两个环节传递函数乘积后的 z 变换。这一结论可以推广到 n 个环节相串联时的情形。

2. 串联环节之间有采样开关时

设开环离散系统如图 6-12 所示，在两个串联连续环节之间有采样开关。

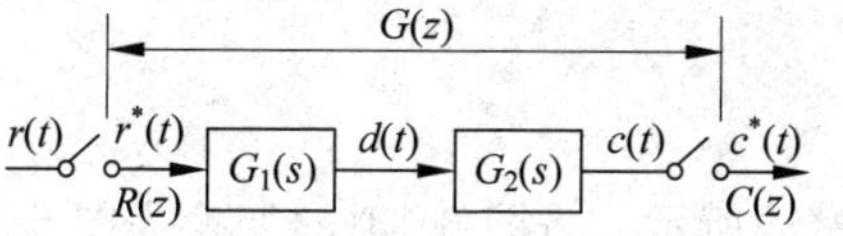

图 6-11 环节间无采样开关的串联离散系统

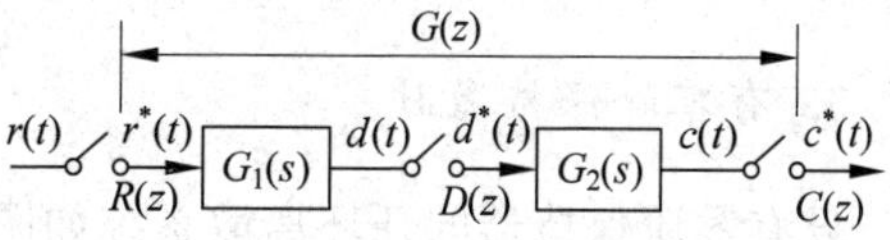

图 6-12 环节间有采样开关的开环离散系统

根据脉冲传递函数定义，有

$$D(z)=G_1(z)R(z),\quad C(z)=G_2(z)D(z)$$

其中，$G_1(z)$ 和 $G_2(z)$ 分别为 $G_1(s)$ 和 $G_2(s)$ 的脉冲传递函数。于是有

$$C(z)=G_2(z)G_1(z)R(z)$$

因此,开环系统脉冲传递函数

$$G(z)=\frac{C(z)}{R(z)}=G_1(z)G_2(z) \tag{6-45}$$

式(6-45)表明,由采样开关隔开的两个线性连续环节串联时的脉冲传递函数,等于这两个环节各自的脉冲传递函数之积。这一结论,可以推广到 n 个环节串联时的情形。

显然,式(6-45)与式(6-44)不等,即

$$G_1(z)G_2(z)\neq G_1G_2(z) \tag{6-46}$$

例 6-14 设开环离散系统分别如图 6-11、图 6-12 所示,其中 $G_1(s)=1/s$,$G_2(s)=a/(s+a)$,输入信号 $r(t)=1(t)$,试求两个系统的脉冲传递函数 $G(z)$和输出的 z 变换 $C(z)$。

解 查 z 变换表,输入 $r(t)=1(t)$ 的 z 变换为

$$R(z)=\frac{z}{z-1}$$

对如图 6-11 系统

$$G_1(s)G_2(s)=\frac{a}{s(s+a)}$$

$$G(z)=G_1G_2(z)=\mathcal{Z}\left[\frac{a}{s(s+a)}\right]=\frac{z(1-\mathrm{e}^{-aT})}{(z-1)(z-\mathrm{e}^{-aT})}$$

$$C(z)=G(z)R(z)=\frac{z^2(1-\mathrm{e}^{-aT})}{(z-1)^2(z-\mathrm{e}^{-aT})}$$

对如图 6-12 系统

$$G_1(z)=\mathcal{Z}\left[\frac{1}{s}\right]=\frac{z}{z-1}$$

$$G_2(z)=\mathcal{Z}\left[\frac{a}{s+a}\right]=\frac{az}{z-\mathrm{e}^{-aT}}$$

因此

$$G(z)=G_1(z)G_2(z)=\frac{az^2}{(z-1)(z-\mathrm{e}^{-aT})}$$

$$C(z)=G(z)R(z)=\frac{az^3}{(z-1)^2(z-\mathrm{e}^{-aT})}$$

显然,在串联环节之间有、无同步采样开关隔离时,其总的脉冲传递函数和输出 z 变换是不相同的。但是,不同之处仅表现在其开环零点不同,极点仍然一样。

3. 有零阶保持器时

设有零阶保持器的开环离散系统如图 6-13(a)所示。将图 6-13(a)变换为图 6-13(b)所示的等效开环系统,则有

$$C(z)=\mathcal{Z}[1-\mathrm{e}^{-Ts}]\cdot\mathcal{Z}\left[\frac{G_p(s)}{s}\right]R(z)=(1-z^{-1})\,\mathcal{Z}\left[\frac{G_p(s)}{s}\right]R(z)$$

于是,有零阶保持器时,开环系统脉冲传递函数

$$G(z)=\frac{C(z)}{R(z)}=(1-z^{-1})\,\mathcal{Z}\left[\frac{G_p(s)}{s}\right] \tag{6-47}$$

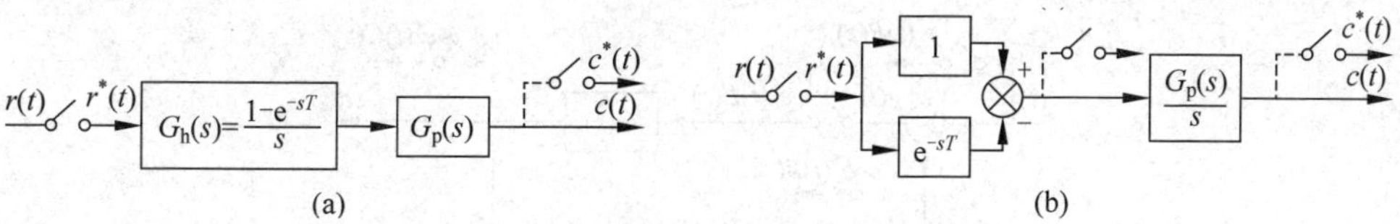

图 6-13　有零阶保持器的开环离散系统

例 6-15　设离散系统如图 6-13(a)所示，已知 $G_{\mathrm{p}}(s)=\dfrac{a}{s(s+a)}$，试求系统的脉冲传递函数 $G(z)$。

解　因为

$$\frac{G_{\mathrm{p}}(s)}{s}=\frac{a}{s^2(s+a)}=\frac{1}{s^2}-\frac{1}{a}\left(\frac{1}{s}-\frac{1}{s+a}\right)$$

查 z 变换表可得

$$\mathcal{Z}\left[\frac{G_{\mathrm{p}}(s)}{s}\right]=\frac{Tz}{(z-1)^2}-\frac{1}{a}\left(\frac{z}{z-1}-\frac{z}{z-\mathrm{e}^{-aT}}\right)$$

$$=\frac{\frac{1}{a}z[(\mathrm{e}^{-aT}+aT-1)z+(1-aT\mathrm{e}^{-aT}-\mathrm{e}^{-aT})]}{(z-1)^2(z-\mathrm{e}^{-aT})}$$

因此，有零阶保持器的开环系统脉冲传递函数

$$G(z)=(1-z^{-1})\,\mathcal{Z}\left[\frac{G_{\mathrm{p}}(s)}{s}\right]=\frac{\frac{1}{a}[(\mathrm{e}^{-aT}+aT-1)z+(1-aT\mathrm{e}^{-aT}-\mathrm{e}^{-aT})]}{(z-1)(z-\mathrm{e}^{-aT})}$$

把上述结果与例 6-14 所得结果做一比较，可以看出，零阶保持器不改变开环脉冲传递函数的阶数，也不影响开环脉冲传递函数的极点，只影响开环零点。

6.4.4　闭环系统脉冲传递函数

由于采样器在闭环系统中可以有多种配置方式，因此闭环离散系统结构图形式并不唯一。图 6-14 是一种比较常见的误差采样离散系统结构图。图中，虚线所示的采样开关是为了便于分析而设的，所有采样开关都同步工作，采样周期为 T。

根据脉冲传递函数的定义及开环脉冲传递函数的求法，由图 6-14 可以写出

$$C(z)=G(z)E(z)$$

$$E(z)=R(z)-B(z)$$

$$=R(z)-GH(z)E(z)$$

$$[1+GH(z)]E(z)=R(z)$$

$$E(z)=\frac{1}{1+GH(z)}R(z)$$

$$C(z)=\frac{G(z)}{1+GH(z)}R(z)$$

离散系统闭环脉冲传递函数为

$$\Phi(z)=\frac{C(z)}{R(z)}=\frac{G(z)}{1+GH(z)}\tag{6-48}$$

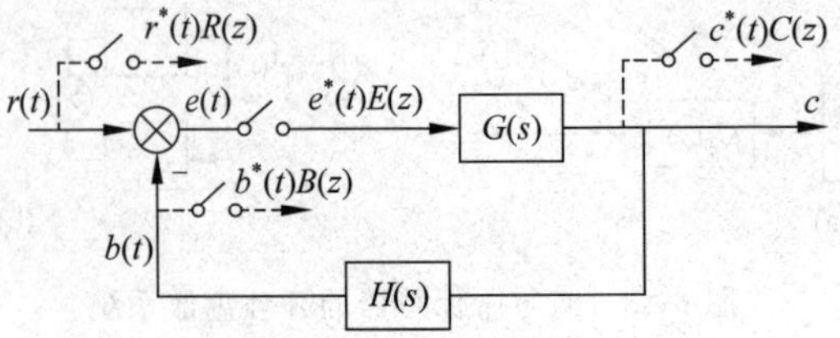

图 6-14　闭环离散系统结构图

同理可以求出闭环离散系统的误差脉冲传递函数

$$\Phi_e(z)=\frac{E(z)}{R(z)}=\frac{1}{1+GH(z)} \tag{6-49}$$

式(6-48)和式(6-49)是研究闭环离散系统时经常用到的两个闭环脉冲传递函数。与连续系统相类似,令 $\Phi(z)$或 $\Phi_e(z)$的分母多项式为零,便可得到闭环离散系统的特征方程

$$D(z)=1+GH(z)=0 \tag{6-50}$$

式中,$GH(z)$为离散系统的开环脉冲传递函数。

需要指出,离散系统闭环脉冲传递函数不能直接从 $\Phi(s)$和 $\Phi_e(s)$求 z 变换得来,即

$$\Phi(z)\neq \mathcal{Z}[\Phi(s)],\quad \Phi_e(z)\neq \mathcal{Z}[\Phi_e(s)]$$

这是由于采样器在闭环系统中的配置形式不唯一所至。

用与上面类似的方法,还可以推导出采样器为不同配置形式的闭环系统的脉冲传递函数。但是,如果在误差信号 $e(t)$处没有采样开关,则等效的输入采样信号 $r^*(t)$便不存在,此时不能求出闭环离散系统的脉冲传递函数,而只能求出输出的 z 变换表达式 $C(z)$。

例 6-16　设闭环离散系统结构图如图 6-15 所示,试求闭环脉冲传递函数。

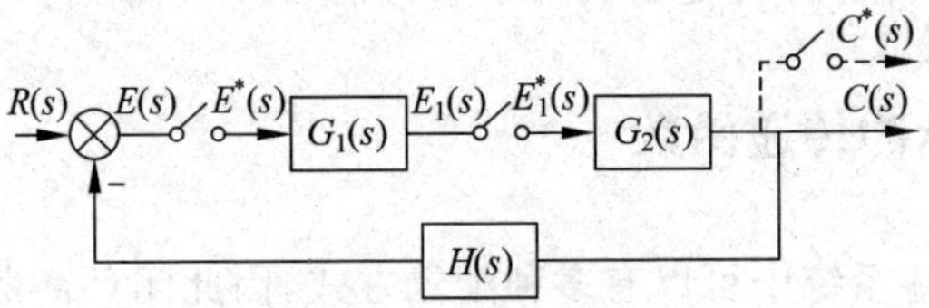

图 6-15　例 6-16 图

解　由图 6-15 可写出

$$C(z)=G_2(z)E_1(z)$$
$$=G_2(z)G_1(z)E(z)$$
$$E(z)=R(z)-G_2H(z)E_1(z)=R(z)-G_2H(z)G_1(z)E(z)$$
$$[1+G_1(z)G_2H(z)]E(z)=R(z)$$
$$E_2(z)=\frac{1}{1+G_1(z)G_2H(z)}R(z)$$
$$C(z)=\frac{G_1(z)G_2(z)}{1+G_1(z)G_2H(z)}R(z)$$

$$\Phi(z)=\frac{C(z)}{R(z)}=\frac{G_1(z)G_2(z)}{1+G_1(z)G_2H(z)}$$

例 6-17 设闭环离散系统结构图如图 6-16 所示，试求输出的 z 变换表达式。

解 由图 6-16 有

$$C(z) = GR(z) - GH(z)C(z)$$

$$[1 + GH(z)]C(z) = GR(z)$$

$$C(z) = \frac{GR(z)}{1 + GH(z)}$$

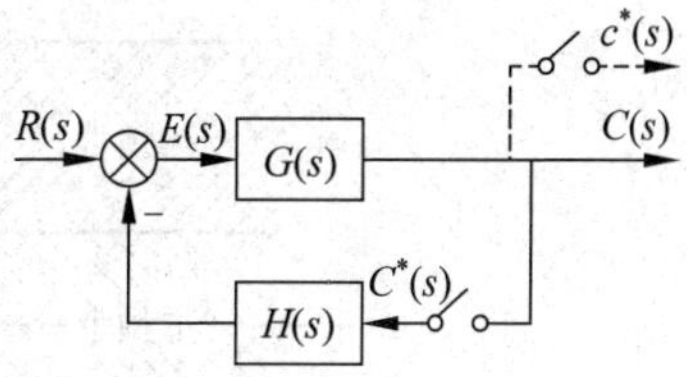

图 6-16 例 6-17 图

此题中由于误差信号 $e(t)$ 处无采样开关，从上式解不出 $C(z)/R(z)$，因此求不出闭环脉冲传递函数，但可以求出 $C(z)$ 表达式，进而可以确定闭环系统的采样输出信号 $c^*(t)$。

6.5 稳定性分析

与线性连续系统分析相类似，稳定性分析是线性定常离散系统分析的重要内容。本节主要讨论如何在 z 域和 w 域中分析离散系统的稳定性。

由第 3 章可知，连续系统稳定的充要条件是其全部闭环极点均位于左半 s 平面，s 平面的虚轴就是系统稳定的边界。对于离散系统，通过 z 变换后，离散系统的特征方程转变为 z 的代数方程，简化了离散系统的分析。z 变换只是以 z 代替了 e^{Ts}，在稳定性分析中，可以把 s 平面上的稳定范围映射到 z 平面上来，在 z 平面上分析离散系统的稳定性。

6.5.1 s 域到 z 域的映射

设 s 域中的任意点可表示为 $s=\sigma+j\omega$，映射到 z 域成为

$$z = e^{(\sigma+j\omega)T} = e^{\sigma T}e^{j\omega T} \tag{6-51}$$

$$|z| = e^{\sigma T}, \quad \angle z = \omega T \tag{6-52}$$

当 $\sigma=0$ 时，$|z|=1$，表示 s 平面的虚轴映射到 z 平面上是一个单位圆周。

当 $\sigma>0$ 时，$|z|>1$，表示右半 s 平面映射到 z 平面上是单位圆以外的区域。

当 $\sigma<0$ 时，$|z|<1$，表示左半 s 平面映射到 z 平面上是单位圆内部的区域，如图 6-17 所示。

再观察 ω 由 $-\infty$ 到 $+\infty$ 变化时，相角 $\angle z$ 的变化情况。当 s 平面上的点沿虚轴从 $-\omega_s/2$ 移到 $\omega_s/2$ 时（其中 $\omega_s=2\pi/T$ 为采样角频率），z 平面上的相应点沿单位圆从 $-\pi$ 逆时针变化到 π，正好转了一圈；而当 s 平面上的点在虚轴上从 $\omega_s/2$ 移到 $3\omega_s/2$ 时，z 平面上的相应点又将沿单位圆逆时针转过一圈。以此类推，如图 6-17 所示。由此可见，可以把 s 平面划分为无穷多条平行于实轴的周期带，其中，从 $-\omega_s/2$ 到 $\omega_s/2$ 的周期带称为主频带，其余的周期带称为次频带。

6.5.2 稳定的充分必要条件

离散系统稳定性的概念与连续系统相同。如果一个线性定常离散系统的脉冲响应

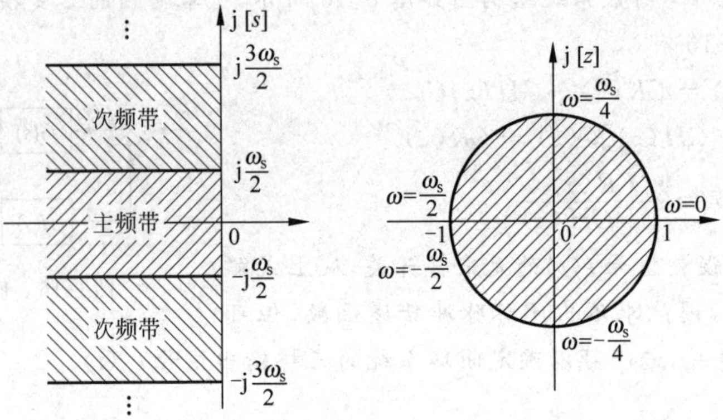

图 6-17　s 平面到 z 平面的映射

序列趋于 0，则系统是稳定的，否则系统不稳定。

假设离散控制系统输出 $c^*(t)$ 的 z 变换可以写为

$$C(z)=\frac{M(z)}{D(z)}R(z)$$

式中，$M(z)$ 和 $D(z)$ 分别表示系统闭环脉冲传递函数 $\Phi(z)$ 的分子和分母多项式，并且 $D(z)$ 的阶数高于 $M(z)$ 的阶数。在单位脉冲作用下，系统输出

$$C(z)=\Phi(z)=\frac{M(z)}{D(z)}=\sum_{i=1}^{n}\frac{c_i z}{z-p_i} \tag{6-53}$$

式中，$p_i(i=1,2,3,\cdots,n)$ 为 $\Phi(z)$ 的极点。对式(6-53)求 z 反变换，得

$$c(kT)=\sum_{i=1}^{n}c_i p_i^k \tag{6-54}$$

若要系统稳定，即要使 $\lim\limits_{k\to\infty}c(kT)=0$，必须有 $|p_i|<1(i=1,2,3,\cdots,n)$，这表明离散系统的全部极点必须严格位于 z 平面的单位圆内。

此外，只要离散系统的全部极点均位于 z 平面的单位圆之内，即 $|p_i|<1, i=1,2,\cdots,n$，则一定有

$$\lim_{k\to\infty}c(kT)=\lim_{k\to\infty}\sum_{i=1}^{n}c_i p_i^k\to 0$$

说明系统稳定。

综上所述，线性定常离散系统稳定的充分必要条件是，系统闭环脉冲传递函数的全部极点均位于 z 平面的单位圆内，或者系统所有特征根的模均小于 1。这与从 s 域到 z 域映射的讨论结果是一致的。

应当指出，上述结论是在闭环特征方程无重根的情况下推导出来的，但对有重根的情况也是正确的。

例 6-18　设离散系统如图 6-14 所示，其中 $G(s)=1/[s(s+1)]$，$H(s)=1$，采样周期 $T=1\text{s}$。试分析系统的稳定性。

解　系统开环脉冲传递函数

$$G(z)=\mathcal{Z}\left[\frac{1}{s(s+1)}\right]=\mathcal{Z}\left[\frac{1}{s}-\frac{1}{s+1}\right]=\frac{z}{z-1}-\frac{z}{z-e^{-T}}=\frac{(1-e^{-T})z}{(z-1)(z-e^{-T})}$$

系统闭环特征方程为

$$D(z)=z^2-2e^{-T}z+e^{-T}=z^2-0.736z+0.368=0$$

解出特征方程的根

$$z_1=0.37+j0.48,\quad z_2=0.37-j0.48$$

因为$|z_1|=|z_2|=\sqrt{0.37^2+0.48^2}=0.606<1$,所以该离散系统稳定。

应当指出,当例 6-18 中无采样器时,对应的二阶连续系统总是稳定的,引入采样器后,采样点之间的信息会丢失,系统的相对稳定性变差。当采样周期增加时,二阶离散系统有可能变得不稳定。

当系统阶数较高时,直接求解系统特征方程的根很不方便,希望寻找间接的稳定判据,这对于研究离散系统结构、参数、采样周期等对系统稳定性的影响,也是必要的。

6.5.3 稳定性判据

连续系统中的劳斯稳定判据,实质上是用来判断系统特征方程的根是否都在左半 s 平面。而在离散系统中需要判断系统特征方程的根是否都在 z 平面的单位圆内。因此在 z 域中不能直接利用劳斯判据,必须引入 w 变换,使 z 平面单位圆内的区域,映射成 w 平面上的左半平面。

1. w 变换与 w 域中的劳斯判据

如果令

$$z=\frac{w+1}{w-1}\tag{6-55}$$

则有

$$w=\frac{z+1}{z-1}\tag{6-56}$$

w 变换是一种可逆的双向变换。令复变量

$$z=x+jy,\quad w=u+jv\tag{6-57}$$

代入式(6-56)得

$$u+jv=\frac{(x^2+y^2)-1}{(x-1)^2+y^2}-j\frac{2y}{(x-1)^2+y^2}\tag{6-58}$$

由式(6-58)可知,当$|z|=x^2+y^2>1$时,$u>0$,表明 z 平面单位圆外的区域映射到 w 平面虚轴的右侧;当$|z|=x^2+y^2=1$时,$u=0$,表明 z 平面单位圆映射为 w 平面的虚轴;当$|z|=x^2+y^2<1$时,$u<0$,表明 z 平面单位圆内的区域映射为 w 平面虚轴的左侧,如图 6-18 所示。

判断一个离散系统是否稳定,可先将离散系统的 z 特征方程 $D(z)$变换为 w 特征方程 $D(w)$,然后像线性连续系统那样,用劳斯判据判断离散系统的稳定性。将这种方法称

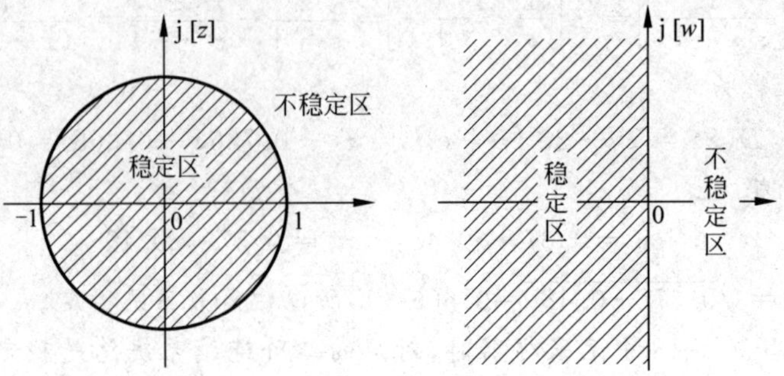

图 6-18　z 平面与 w 平面的对应关系

为 w 域中的劳斯稳定判据。

例 6-19　闭环离散系统如图 6-19 所示，其中采样周期 $T=0.1\text{s}$，试确定使系统稳定的 K 值范围。

解　求开环脉冲传递函数

$$G(z)=\mathcal{Z}\left[\frac{K}{s(0.1s+1)}\right]=\frac{0.632Kz}{z^2-1.368z+0.368}$$

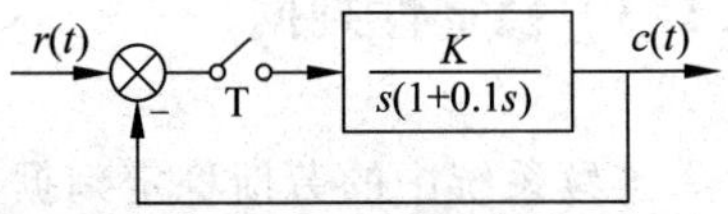

图 6-19　闭环离散系统结构图

闭环特征方程为

$$1+G(z)=z^2+(0.632K-1.368)z+0.368=0$$

令 $z=(w+1)/(w-1)$，得

$$\left(\frac{w+1}{w-1}\right)^2+(0.632K-1.368)\left(\frac{w+1}{w-1}\right)+0.368=0$$

化简后，得 w 域特征方程

$$0.632Kw^2+1.264w+(2.736-0.632K)=0$$

列劳斯表

$$\begin{array}{lll} w^2 & 0.632K & 2.736-0.632K \\ w^1 & 1.264 & 0 \\ w^0 & 2.736-0.632K & \end{array}$$

从劳斯表第一列系数可以看出，为使系统稳定，必须满足

$$0<K<\frac{2.736}{0.632}=4.33$$

2. 朱利(Jury)判据

朱利判据是直接在 z 域内应用的稳定判据，它直接根据离散系统闭环特征方程 $D(z)=0$ 的系数，判断闭环极点是否全部位于 z 平面的单位圆内，从而判断系统是否稳定。

设线性定常离散系统的闭环特征方程为

$$D(z)=a_0+a_1z+a_2z^2+\cdots+a_nz^n=0$$

式中，$a_n>0$。排出朱利表如表 6-1 所示，其中第一行是特征方程的系数，偶数行的元素是奇数行元素的反顺序排列。

表 6-1 朱利表

行数	z^0	z^1	z^2	z^3	…	z^{n-k}	…	z^{n-2}	z^{n-1}	z^n
1	a_0	a_1	a_2	a_3	…	a_{n-k}	…	a_{n-2}	a_{n-1}	a_n
2	a_n	a_{n-1}	a_{n-2}	a_{n-3}	…	a_k	…	a_2	a_1	a_0
3	b_0	b_1	b_2	b_3	…	b_{n-k}	…	b_{n-2}	b_{n-1}	
4	b_{n-1}	b_{n-2}	b_{n-3}	b_{n-4}	…	b_{k-1}	…	b_1	b_0	
5	c_0	c_1	c_2	c_3	…	c_{n-k}	…	c_{n-2}		
6	c_{n-2}	c_{n-3}	c_{n-4}	c_{n-5}	…	c_{k-2}	…	c_0		
⋮	⋮	⋮	⋮	⋮	⋮					
$2n-5$	p_0	p_1	p_2	p_3						
$2n-4$	p_3	p_2	p_1	p_0						
$2n-3$	q_0	q_1	q_2							
$2n-2$	q_2	q_1	q_0							

表 6-1 所示阵列中的元素定义如下

$$b_k = \begin{vmatrix} a_0 & a_{n-k} \\ a_n & a_k \end{vmatrix} \quad (k = 0,1,\cdots,n-1)$$

$$c_k = \begin{vmatrix} b_0 & b_{n-k-1} \\ b_{n-1} & b_k \end{vmatrix} \quad (k = 0,1,\cdots,n-2)$$

……

$$q_0 = \begin{vmatrix} p_0 & p_3 \\ p_3 & p_0 \end{vmatrix}, \quad q_1 = \begin{vmatrix} p_0 & p_2 \\ p_3 & p_1 \end{vmatrix}, \quad q_2 = \begin{vmatrix} p_0 & p_1 \\ p_3 & p_2 \end{vmatrix}$$

则线性定常离散系统稳定的充要条件为

$$D(1) > 0, \quad D(-1)\begin{cases} > 0, & n\text{ 为偶数} \\ < 0, & n\text{ 为奇数} \end{cases}$$

且以下 $n-1$ 个约束条件成立

$$|a_0| < |a_n|, \quad |b_0| > |b_{n-1}|, \quad |c_0| > |c_{n-2}|, \quad \cdots, \quad |q_0| > |q_2|$$

当以上所有条件均满足时，系统稳定，否则不稳定。

例 6-20 已知离散系统闭环特征方程为

$$D(z) = z^4 + 0.2z^3 + z^2 + 0.36z + 0.8 = 0$$

试用朱利判据判断系统的稳定性。

解 根据给定的 $D(z)$ 知 $a_0 = 0.8, a_1 = 0.36, a_2 = 1, a_3 = 0.2, a_4 = 1$。首先，检验条件

$$D(1) = 3.36 > 0, \quad D(-1) = 2.24 > 0$$

其次，列朱利表，计算朱利表中的元素 b_k 和 c_k

$$b_0=\begin{vmatrix}a_0 & a_4\\ a_4 & a_0\end{vmatrix}=-0.36,\quad b_1=\begin{vmatrix}a_0 & a_3\\ a_4 & a_1\end{vmatrix}=0.088$$

$$b_2=\begin{vmatrix}a_0 & a_2\\ a_4 & a_2\end{vmatrix}=-0.2,\quad b_3=\begin{vmatrix}a_0 & a_1\\ a_4 & a_3\end{vmatrix}=-0.2$$

$$c_0=\begin{vmatrix}b_0 & b_3\\ b_3 & b_0\end{vmatrix}=0.0896,\quad c_1=\begin{vmatrix}b_0 & b_2\\ b_3 & b_1\end{vmatrix}=-0.07168,\quad c_2=\begin{vmatrix}b_0 & b_1\\ b_3 & b_2\end{vmatrix}=0.0896$$

列出朱利表如下。

行　数	z^0	z^1	z^2	z^3	z^4
1	0.8	0.36	1	0.2	1
2	1	0.2	1	0.36	0.8
3	−0.36	0.088	−0.2	−0.2	
4	−0.2	−0.2	0.088	−0.36	
5	0.0896	−0.07168	0.0896		
6	0.0896	−0.07168	0.0896		

检验其他约束条件　　$|a_0|=0.8<a_4=1$，　$|b_0|=0.36>|b_3|=0.2$

$|c_0|=0.0896=|c_2|$，　不满足$|c_0|>|c_2|$的条件

由朱利稳定判据可判定，该离散系统不稳定。

对于离散系统而言，采样周期 T 和开环增益都对系统稳定性有影响。当采样周期一定时，加大开环增益会使离散系统的稳定性变差，甚至使系统变得不稳定；当开环增益一定时，采样周期越长，丢失的信息越多，对离散系统的稳定性及动态性能均不利。

6.6　稳态误差计算

连续系统中计算稳态误差的一般方法和静态误差系数法，在一定的条件下可以推广到离散系统中。与连续系统不同的是，离散系统的稳态误差只对采样点而言。

6.6.1　一般方法(利用终值定理)

设单位反馈离散系统如图 6-20 所示，系统误差脉冲传递函数为

$$\Phi_e(z)=\frac{E(z)}{R(z)}=\frac{1}{1+G(z)}$$

$$E(z)=\Phi_e(z)R(z)=\frac{1}{1+G(z)}R(z)$$

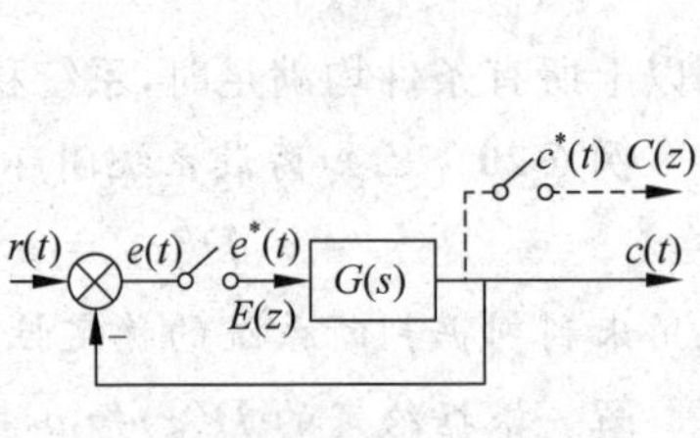

图 6-20　离散系统结构图

如果系统稳定，则可用 z 变换的终值定理求出采样瞬时的稳态误差

$$e(\infty) = \lim_{t\to\infty} e^*(t) = \lim_{z\to 1}(z-1)E(z) = \lim_{z\to 1}\frac{(z-1)R(z)}{1+G(z)} \tag{6-59}$$

式(6-59)表明,线性定常离散系统的稳态误差,与系统本身的结构和参数有关,与输入序列的形式及幅值有关,而且与采样周期的选取也有关。

例 6-21 设离散系统如图 6-20 所示,其中,$G(s)=1/s(s+1)$,采样周期 $T=1\text{s}$,输入连续信号 $r(t)$ 分别为 $1(t)$ 和 t,试求离散系统的稳态误差。

解 系统开环脉冲传递函数

$$G(z) = \mathcal{Z}[G(s)] = \frac{z(1-\mathrm{e}^{-1})}{(z-1)(z-\mathrm{e}^{-1})}$$

系统的误差脉冲传递函数

$$\Phi_e(z) = \frac{1}{1+G(z)} = \frac{(z-1)(z-0.368)}{z^2-0.736z+0.368}$$

闭环极点 $z_{1,2}=0.368\pm \mathrm{j}0.482$ 全部位于 z 平面的单位圆内,可以应用终值定理求稳态误差。

当 $r(t)=1(t)$,相应 $r(nT)=1(nT)$ 时,$R(z)=z/(z-1)$,由式(6-59)求得

$$e(\infty) = \lim_{z\to 1}\frac{z(z-1)(z-0.368)}{z^2-0.736z+0.368} = 0$$

当 $r(t)=t$,相应 $r(nT)=nT$ 时,$R(z)=Tz/(z-1)^2$,于是由式(6-59)求得

$$e(\infty) = \lim_{z\to 1}\frac{Tz(z-0.368)}{z^2-0.736z+0.368} = T = 1$$

6.6.2 静态误差系数法

由 z 变换算子 $z=e^{Ts}$ 关系式可知,如果开环传递函数 $G(s)$ 有 v 个 $s=0$ 的极点,即 v 个积分环节,则与 $G(s)$ 相应的 $G(z)$ 必有 v 个 $z=1$ 的极点。在连续系统中,把开环传递函数 $G(s)$ 具有 $s=0$ 的极点数作为划分系统型别的标准,在离散系统中,对应把开环脉冲传递函数 $G(z)$ 具有 $z=1$ 的极点数,作为划分离散系统型别的标准,类似把 $G(z)$ 中 $v=0,1,2$ 的闭环系统,称为 0 型、1 型和 2 型离散系统等。

下面在系统稳定的条件下讨论图 6-20 所示形式的不同型别的离散系统在三种典型输入信号作用下的稳态误差,并建立离散系统静态误差系数的概念。

1. 阶跃输入时的稳态误差

当系统输入为阶跃函数 $r(t)=A\cdot 1(t)$ 时,其 z 变换函数

$$R(z) = \frac{Az}{z-1}$$

由式(6-59)知,系统稳态误差为

$$e(\infty) = \lim_{z\to 1}\frac{A}{1+G(z)} = \frac{A}{1+\lim\limits_{z\to 1}G(z)} = \frac{A}{1+K_{\mathrm{p}}} \tag{6-60}$$

式中

$$K_p = \lim_{z \to 1} G(z) \tag{6-61}$$

称为离散系统的静态位置误差系数。

2. 斜坡输入时的稳态误差

当系统输入为斜坡函数 $r(t)=At$ 时，其 z 变换函数

$$R(z) = \frac{ATz}{(z-1)^2}$$

系统稳态误差为

$$e(\infty) = \lim_{z \to 1} \frac{AT}{(z-1)[1+G(z)]} = \frac{AT}{\lim\limits_{z \to 1}(z-1)G(z)} = \frac{AT}{K_v} \tag{6-62}$$

式中

$$K_v = \lim_{z \to 1}(z-1)G(z) \tag{6-63}$$

称为静态速度误差系数。

3. 加速度输入时的稳态误差

当系统输入为加速度函数 $r(t)=At^2/2$ 时，其 z 变换函数

$$R(z) = \frac{AT^2 z(z+1)}{2(z-1)^3}$$

系统稳态误差

$$e(\infty) = \lim_{z \to 1} \frac{AT^2(z+1)}{2(z-1)^2[1+G(z)]} = \frac{AT^2}{\lim\limits_{z \to 1}(z-1)^2 G(z)} = \frac{AT^2}{K_a} \tag{6-64}$$

式中

$$K_a = \lim_{z \to 1}(z-1)^2 G(z) \tag{6-65}$$

称为静态加速度误差系数。

归纳上述讨论结果，可以得出典型输入下不同型别离散系统的稳态误差计算规律，见表 6-2。

表 6-2　离散系统的稳态误差

系统型别	$K_p=\lim\limits_{z\to1}G(z)$	$K_v=\lim\limits_{z\to1}(z-1)G(z)$	$K_a=\lim\limits_{z\to1}(z-1)^2G(z)$	位置误差 $r(t)=A\times1(t)$	速度误差 $r(t)=At$	加速度误差 $r(t)=At^2/2$
0 型	K_p	0	0	$A/(1+K_p)$	∞	∞
1 型	∞	K_v	0	0	AT/K_v	∞
2 型	∞	∞	K_a	0	0	AT^2/K_a

可见，与连续系统相比较，离散系统的稳态误差不仅与系统的结构、参数有关，而且与采样周期 T 有关。

例 6-22　已知离散系统结构图如图 6-21 所示，采样周期为 T。

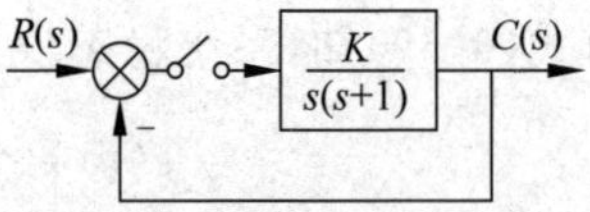

图 6-21　离散系统结构图

(1) 要使系统稳定,K 和 T 应满足什么条件?

(2) 当 $T=1, r(t)=t$ 时,求系统的最小稳态误差值。

解 (1) 系统开环脉冲传递函数为

$$G(z)=\mathcal{Z}\left[\frac{K}{s(s+1)}\right]=K\cdot\mathcal{Z}\left[\frac{1}{s}-\frac{1}{s+1}\right]$$

$$=K\left(\frac{z}{z-1}-\frac{z}{z-\mathrm{e}^{-T}}\right)=\frac{K(1-\mathrm{e}^{-T})z}{(z-1)(z-\mathrm{e}^{-T})}$$

系统特征方程为

$$D(z)=(z-1)(z-\mathrm{e}^{-T})+K(1-\mathrm{e}^{-T})z$$

$$=z^2+[(1-\mathrm{e}^{-T})K-1-\mathrm{e}^{-T}]z+\mathrm{e}^{-T}=0$$

利用朱利稳定判据

$$\begin{cases}D(1)=K(1-\mathrm{e}^{-T})>0\\ D(-1)=2(z+\mathrm{e}^{-T})-K(1-\mathrm{e}^{-T})>0\end{cases}$$

行　　数	z_0	z_1	z_2
1	e^{-T}	$(1-\mathrm{e}^{-T})K-1-\mathrm{e}^{-T}$	1
2	1	$(1-\mathrm{e}^{-T})K-1-\mathrm{e}^{-T}$	e^{-T}

得到　　$1>\mathrm{e}^{-T}$

联立上述条件,有　　$0<K<\dfrac{2(1+\mathrm{e}^{-T})}{1-\mathrm{e}^{-T}},\quad T>0$

可以绘出使系统稳定的参数范围,如图 6-22 中阴影部分所示。

(2) 系统静态速度误差系数为

$$K_\mathrm{v}=\lim_{z\to1}(z-1)G(z)=\lim_{z\to1}\frac{K(1-\mathrm{e}^{-T})z}{z-\mathrm{e}^{-T}}=K$$

$$e_{\mathrm{ss}}^*=\frac{AT}{K_\mathrm{v}}=\frac{T}{K}$$

当 $T=1$ 时,使系统稳定的 K 值范围是

$$0<K<\left.\frac{2(1+\mathrm{e}^{-T})}{1-\mathrm{e}^{-T}}\right|_{T=1}=4.328$$

所以有 $e_{\mathrm{ssv}}^*=\dfrac{1}{K}>0.231$

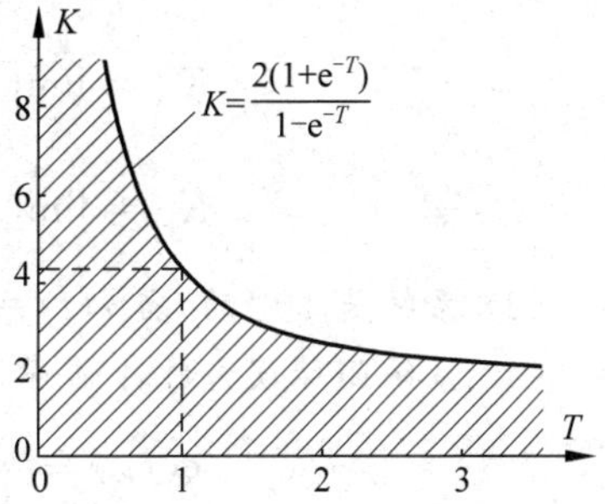

图 6-22　使系统稳定的参数范围

即在稳定范围内,系统可能达到的最小速度误差 $e_{\mathrm{ssv}}^*=0.231$,此时开环增益 $K=4.328$。

6.6.3 动态误差系数法

对于一个稳定的线性离散系统,利用终值定理或静态误差系数法,只能求出当时间 $t\to\infty$ 时系统的稳态误差终值,而不能提供误差随时间变化的规律。通过动态误差系数

法，可以获得稳态误差随时间变化的信息。

设系统闭环误差脉冲传递函数为 $\Phi_e(z)$，根据 z 变换的定义，将 $z=\mathrm{e}^{Ts}$ 代入 $\Phi_e(z)$，得到以 s 为变量形式的闭环误差脉冲传递函数

$$\Phi_e^*(s)=\Phi_e^*(z)\big|_{z=\mathrm{e}^{Ts}} \tag{6-66}$$

将 $\Phi_e^*(s)$ 展开成泰勒级数形式，有

$$\Phi_e^*(s)=c_0+c_1s+c_2s^2+\cdots+c_ms^m+\cdots \tag{6-67}$$

$$c_m=\frac{1}{m!}\frac{\mathrm{d}^m\Phi_e^*(s)}{\mathrm{d}s^m}\bigg|_{s=0}\quad(m=0,1,2,\cdots) \tag{6-68}$$

定义 $c_m(m=0,1,2,\cdots)$ 为动态误差系数，则过渡过程结束后，系统在采样时刻的稳态误差为

$$e_{ss}(kT)=c_0r(kT)+c_1\dot{r}(kT)+c_2\ddot{r}(kT)+\cdots+c_mr^{(m)}(kT)+\cdots\quad(kT>t_s) \tag{6-69}$$

这与连续系统用动态误差系数法计算系统稳态误差的方法相似。

例 6-23 单位负反馈离散系统的开环脉冲传递函数为

$$G(z)=\frac{\mathrm{e}^{-T}z+(1-2\mathrm{e}^{-T})}{(z-1)(z-\mathrm{e}^{-T})}$$

采样周期 $T=1\mathrm{s}$，系统输入信号 $r(t)=t^2/2$。

(1) 求系统的静态误差系数 K_p、K_v 和 K_a；

(2) 用静态误差系数法求稳态误差终值 $e^*(\infty)$；

(3) 用动态误差系数法求 $t=20\mathrm{s}$ 时的稳态误差。

解 (1) $$G(z)=\frac{\mathrm{e}^{-T}z+1-2\mathrm{e}^{-T}}{(z-1)(z-\mathrm{e}^{-T})}\bigg|_{T=1}=\frac{0.368z+0.264}{z^2-1.368z+0.368}$$

$$K_p=\lim_{z\to1}\frac{0.368z+0.264}{z^2-1.368z+0.368}\to\infty$$

$$K_v=\lim_{z\to1}(z-1)\frac{0.368z+0.264}{z^2-1.368z+0.368}=1$$

$$K_a=\lim_{z\to1}(z-1)^2\frac{0.368z+0.264}{z^2-1.368z+0.368}=0$$

(2) 系统是 1 型的，当 $r(t)=t^2/2$ 时，稳态误差终值 $e^*(\infty)=1/K_a\to\infty$。

(3) 系统闭环误差脉冲传递函数

$$\Phi_e(z)=\frac{1}{1+G(z)}=\frac{z^2-1.368z+0.368}{z^2-z+0.632}$$

因为 $t>0$ 时，$\dot{r}(t)=t$，$\ddot{r}(t)=1$，$\dddot{r}(t)=0$，所以动态误差系数只需求出 c_0，c_1 和 c_2。

$$\Phi_e^*(s)=\Phi_e(z)\big|_{z=\mathrm{e}^{Ts}}=\frac{\mathrm{e}^{2s}-1.368\mathrm{e}^s+0.368}{\mathrm{e}^{2s}-\mathrm{e}^s+0.632}$$

$$c_0=\Phi_e^*(0)=0$$

$$c_1=\frac{\mathrm{d}}{\mathrm{d}s}\Phi_e^*(s)\big|_{s=0}=1$$

$$c_2=\frac{1}{2}\frac{\mathrm{d}^2}{\mathrm{d}s^2}\Phi_e^*(s)\big|_{s=0}=\frac{1}{2}$$

系统稳态误差在采样时刻的值为

$$e_{ss}(kT)=c_0r(kT)+c_1\dot{r}(kT)+c_2\ddot{r}(kT)=kT+0.5$$

可见，系统稳态误差是随时间线性增长的。当 $t=20T=20\text{s}$ 时，$e_{ss}(20)=20.5$。

动态误差系数法对单位反馈和非单位反馈系统均适用，还可以计算由扰动信号引起的稳态误差。

6.7 动态性能分析

计算离散系统的动态性能，通常先求取离散系统的阶跃响应序列，再按动态性能指标定义来确定指标值。本节主要介绍离散系统闭环极点分布与其瞬态响应的关系以及动态性能的分析、计算方法。

6.7.1 闭环极点分布与瞬态响应

在连续系统中，闭环极点在 s 平面上的位置与系统的瞬态响应有着密切的关系。闭环极点决定了系统瞬态响应中的模态。同样，在线性离散系统中，闭环脉冲传递函数的极点在 z 平面上的位置，对系统的动态响应具有重要的影响。明确它们之间的关系，对离散系统的分析和综合是有益的。

设系统的闭环脉冲传递函数

$$\Phi(z)=\frac{M(z)}{D(z)}=\frac{b_mz^m+b_{m-1}z^{m-1}+\cdots+b_0}{a_nz^n+a_{n-1}z^{n-1}+\cdots+a_0}=\frac{b_m}{a_n}\frac{\prod_{l=1}^{m}(z-z_l)}{\prod_{i=1}^{n}(z-p_i)}\quad n\geqslant m$$

式中，$z_l(l=1,2,\cdots,m)$ 表示 $\Phi(z)$ 的零点，$p_i(i=1,2,\cdots,n)$ 表示 $\Phi(z)$ 的极点。不失一般性，且为了便于讨论，假定 $\Phi(z)$ 无重极点。

当 $r(t)=1(t)$ 时，离散系统输出的 z 变换

$$C(z)=\Phi(z)R(z)=\frac{M(z)}{D(z)}\frac{z}{z-1}$$

将 $C(z)/z$ 展成部分分式

$$\frac{C(z)}{z}=\frac{M(1)}{D(1)}\cdot\frac{1}{z-1}+\sum_{i=1}^{n}\frac{C_i}{z-p_i}\tag{6-70}$$

式中

$$C_i=\frac{M(p_i)}{(p_i-1)D'(p_i)}\quad D'(p_i)=\left.\frac{\mathrm{d}D(z)}{\mathrm{d}z}\right|_{z=p_i}$$

于是

$$C(z)=\frac{M(1)}{D(1)}\cdot\frac{z}{z-1}+\sum_{i=1}^{n}\frac{C_iz}{z-p_i}\tag{6-71}$$

对式(6-71)进行 z 反变换，得

$$c(kT) = \frac{M(1)}{D(1)} + \sum_{i=1}^{n} C_i p_i^k \tag{6-72}$$

其中，$M(1)/D(1)$是$c^*(t)$的稳态分量，而瞬态响应中各分量的形式则是由闭环极点p_i在z平面的位置决定的。下面分几种情况来讨论。

1. 实数极点

当p_i位于实轴上时，对应的瞬态分量为

$$c_i(kT) = C_i p_i^k \tag{6-73}$$

① 若$0<p_i<1$，极点位于单位圆内的正实轴上，p_i^k总是正值，并随k增大而减小。故瞬态响应序列单调收敛，p_i越接近原点，其值越小，收敛越快。

② 若$p_i=1$，极点即单位圆与正实轴的交点，相应的瞬态响应是等幅值序列。

③ 若$p_i>1$，极点位于单位圆外正实轴上，对应的瞬态响应序列为单调发散序列。

④ 若$-1<p_i<0$，极点位于单位圆内负实轴上，由于p_i是负值，所以对应的瞬态响应为正负交替的衰减脉冲序列。

⑤ 若$p_i=-1$，极点即单位圆与负实轴的交点，对应的瞬态响应为交替变号的等幅脉冲序列，振荡的角频率为π/T。

⑥ 若$p_i<-1$，极点位于单位圆外的负实轴上，对应的瞬态响应为交替变号的发散脉冲序列，振荡的角频率为π/T。

闭环实数极点分布与相应的瞬态响应形式如图6-23所示。

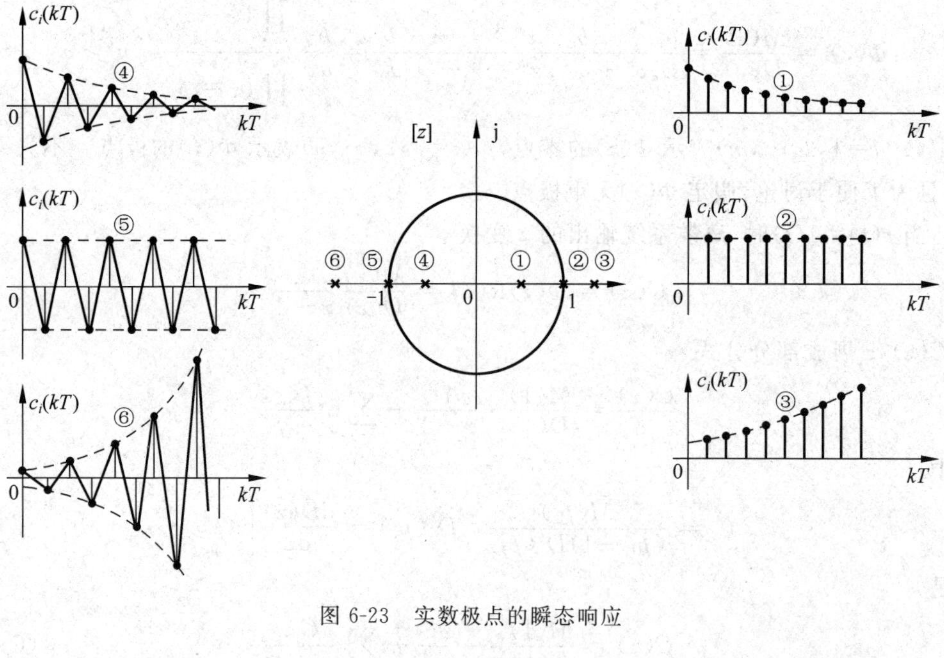

图6-23 实数极点的瞬态响应

2. 共轭复数极点

由于闭环脉冲传递函数共轭复数极点 p_i, p_{i+1} 是成对出现的，即 $p_{i,i+1}=|p_i|e^{\pm j\theta_i}$，它们所对应的系数 C_i, C_{i+1} 也必定是共轭的，即 $C_i, C_{i+1}=|C_i|e^{\pm j\varphi_i}$。由式(6-72)，$p_i, p_{i+1}$ 对应的瞬态响应分量为

$$\begin{aligned} c_{i,i+1}(kT) &= \mathcal{Z}^{-1}\left[\frac{C_i z}{z-p_i}+\frac{C_{i+1}z}{z-p_{i+1}}\right]=C_i p_i^k + C_{i+1}p_{i+1}^k \\ &= |C_i|e^{j\varphi_i}\cdot|p_i|^k e^{jk\theta_i}+|C_i|e^{-j\varphi_i}\cdot|p_i|^k e^{-jk\theta_i} \\ &= |C_i||p_i|^k\left[e^{j(k\theta_i+\varphi_i)}+e^{-j(k\theta_i+\varphi_i)}\right] \\ &= 2|C_i||p_i|^k\cos(k\theta_i+\varphi_i) \end{aligned} \tag{6-74}$$

由此可见，共轭复数极点对应的瞬态响应是余弦振荡序列。

① 若 $|p_i|<1$，复数极点位于单位圆内，相应的瞬态响应序列衰减振荡，振荡角频率为 θ_i/T。共轭复数极点越接近原点，瞬态响应衰减越快。

② 若 $|p_i|=1$，复数极点位于 z 平面上的单位圆上，对应的瞬态响应为等幅振荡脉冲序列。

③ 若 $|p_i|>1$，复数极点位于单位圆外，相应的瞬态响应序列发散振荡。

闭环共轭复数极点分布与相应瞬态响应形式的关系如图 6-24 所示。

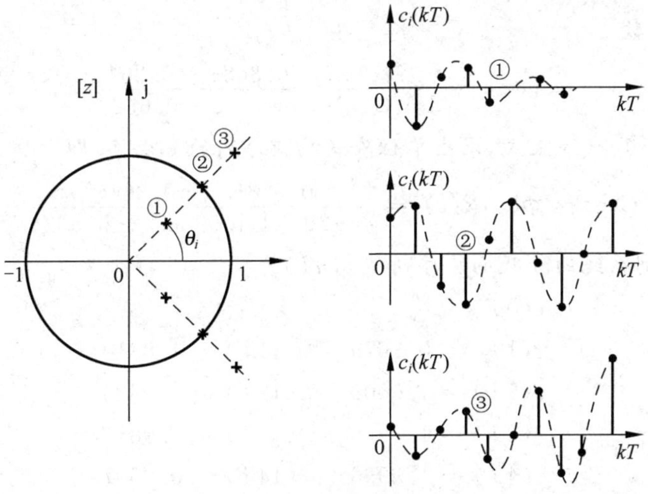

图 6-24 复数极点对应的瞬态响应

综上所述，离散系统的动态特性与闭环极点的分布密切相关。当闭环极点位于 z 平面的左半单位圆内的实轴上时，由于输出衰减脉冲交替变号，故动态过程质量很差；当闭环复极点位于左半单位圆内时，由于输出是衰减的高频脉冲，故系统动态过程性能欠佳。因此，在设计离散系统时，应把闭环极点配置在 z 平面的右半单位圆内，且尽量靠近原点。

6.7.2 动态性能分析

设离散系统的闭环脉冲传递函数 $\Phi(z)=C(z)/R(z)$，则系统单位阶跃响应的 z 变换

$$C(z)=\frac{z}{(z-1)}\Phi(z)$$

通过 z 反变换，可以求出输出信号的脉冲序列 $c^*(t)$。根据单位阶跃响应序列 $c^*(t)$，可以确定离散系统的动态性能。

例 6-24 设有零阶保持器的离散系统如图 6-25 所示，其中 $r(t)=1(t)$，采样周期 $T=1\text{s}$，$K=1$。试分析系统的动态性能。

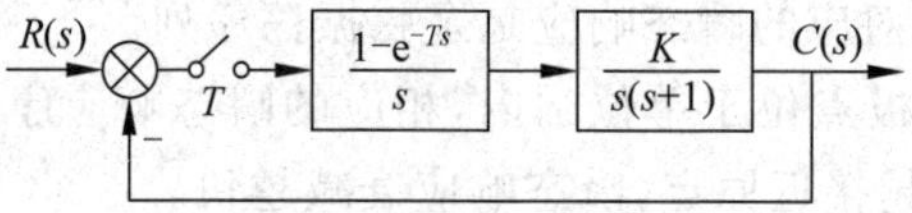

图 6-25 闭环离散系统结构图

解 先求开环脉冲传递函数 $G(z)$

$$G(z)=\mathcal{Z}\left[\frac{1-e^{-sT}}{s^2(s+1)}\right]=(1-z^{-1})\,\mathcal{Z}\left[\frac{1}{s^2(s+1)}\right]=\frac{0.368z+0.264}{(z-1)(z-0.368)}$$

闭环脉冲传递函数

$$\Phi(z)=\frac{G(z)}{1+G(z)}=\frac{0.368z+0.264}{z^2-z+0.632}$$

将 $R(z)=z/(z-1)$ 代入上式，求出单位阶跃响应序列的 z 变换，即

$$C(z)=\Phi(z)R(z)=\frac{0.368z^{-1}+0.264z^{-2}}{1-2z^{-1}+1.632z^{-2}-0.632z^{-3}}$$

用长除法，可得到系统的阶跃响应序列值 $c(nT)$ 为

$$c(0T)=0$$

$$c(1T)=0.3679 \qquad c(11T)=1.0810$$
$$c(2T)=1.0000 \qquad c(12T)=1.0323$$
$$c(3T)=1.3996 \qquad c(13T)=0.9811$$
$$c(4T)=1.3996 \qquad c(14T)=0.9607$$
$$c(5T)=1.1470 \qquad c(15T)=0.9726$$
$$c(6T)=0.8944 \qquad c(16T)=0.9975$$
$$c(7T)=0.8015 \qquad c(17T)=1.0148$$
$$c(8T)=0.8682 \qquad c(18T)=1.0164$$
$$c(9T)=0.9937 \qquad c(19T)=1.0070$$
$$c(10T)=1.0770 \qquad c(20T)=0.9967$$

绘出离散系统的单位阶跃响应序列 $c^*(t)$，如图 6-26 中“o”所示，由响应序列值可以确定离散系统的近似性能指标：超调量 $\sigma\%=40\%$，峰值时间 $t_p=4\text{s}$，调节时间 $t_s=12\text{s}$。

应当指出，离散系统的时域性能指标只能按采样点上的值来计算，所以是近似的。

图 6-26 中同时绘出了相应无零阶保持器时离散系统的单位阶跃响应序列（图中“+”所示），和连续系统的单位阶跃响应（图中实线所示）。可以看出，在相同条件下，由于采样损失了信息，与连续系统相比，离散系统的动态性能会有所降低。由于零阶保持器相当于延时半拍的延迟环节，所以相对于无零阶保持器的离散系统，理论上其相角裕度会降低，稳定程度和动态性能会变差。但在实际系统中，用脉冲序列直接驱动被控对象是不合适的，一般都要经过零阶保持器，用连续的模拟量控制被控对象。

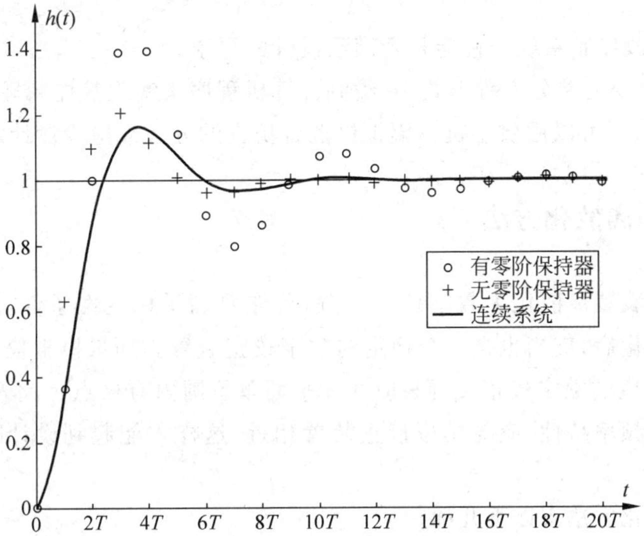

图 6-26　系统单位阶跃响应

```
% 图6-26的计算程序
  num=[1];den=[1 1 0];T=1;
  [numz,denz]=c2dm(num,den,T,'zoh');g=feedback(tf(numz,denz,T),1,-1);
  y=dstep(g.num,g.den,25);t=0:length(y)-1;
  plot(t,y,'bo');hold on;

  [numz,denz]=c2dm(num,den,T,'imp');g=feedback(tf(numz,denz,T),1,-1);
  y=dstep(g.num,g.den,25);t=0:length(y)-1;
  plot(t,y,'r+');hold on;
  t=0:0.001:25;g=feedback(tf(num,den),1,-1);
  y=step(g,t);plot(t,y,'k-');
  xlabel('t');ylabel('h(t)');grid on;
  legend('有零阶保持器','无零阶保持器','连续系统');
```

6.8　离散系统的模拟化校正

离散系统的模拟化校正方法是一种有条件的近似方法，当采样频率相对于系统的工作频率足够高时，保持器引起的附加相角滞后不大，这时系统中的数字部分可以用连续环节来近似。整个系统可先按照连续系统的校正方法来设计，连续校正装置确定后，再用合适的离散化方法将其离散化为数字校正装置，用数字计算机来实现。虽然这种方法是近似的，但连续系统的校正方法已为工程技术人员所熟悉，并且积累了十分丰富的经验，所以在实际中被广泛运用。模拟化校正方法的步骤如下。

(1) 将零阶保持器对系统的影响折算到被控对象中，根据性能指标要求，用连续系统的理论设计校正装置的传递函数 $D(s)$。

(2) 选择合适的离散化方法，由 $D(s)$求出离散形式的数字校正装置脉冲传递函数 $D(z)$。

(3) 检查离散控制系统的性能是否满足设计的要求。

(4) 将 $D(z)$变为差分方程形式，并编制计算机程序来实现其控制规律。

如果有条件，还可以用数字机—模拟机混合仿真的方法来检验设计的正确性。

6.8.1 常用的离散化方法

将模拟校正装置离散化为数字校正装置，首先要满足稳定性条件，即一个稳定的模拟校正装置离散化后，应当也是一个稳定的数字校正装置。如果模拟校正装置只在左半 s 平面有极点，对应的数字校正装置只应在 z 平面单位圆内有极点。此外，数字校正装置在关键频段内的频率特性，应与模拟校正装置相近，这样才能起到设计时预期的综合校正作用。

常见的离散化方法有以下几种。

1. 一阶差分近似法

一阶差分近似法的基本思想是将变量的导数用差分来近似，即

$$\frac{\mathrm{d}e}{\mathrm{d}t} = \frac{e(k) - e(k-1)}{T}$$

由上式确定的 s 域和 z 域间的关系为 $s = \dfrac{1 - z^{-1}}{T}$

于是有

$$D(z) = D(s)\mid_{s=\frac{1-z^{-1}}{T}} \tag{6-75}$$

2. 阶跃响应不变法

这种方法是将模拟校正装置传递函数 $D(s)$前端串联一个虚拟的零阶保持器，然后再进行 z 变换，得到相应的离散化形式 $D(z)$，即

$$D(z) = \mathcal{Z}\left[\frac{1 - \mathrm{e}^{-Ts}}{s}D(s)\right] \tag{6-76}$$

阶跃响应不变法可保证数字校正装置 $D(z)$的阶跃响应序列等于模拟校正装置 $D(s)$的阶跃响应采样值。

3. 根匹配法

无论是连续系统还是数字系统，其特性都是由其零、极点和增益所决定。根匹配法的基本思想如下：

(1) 平面上一个 $s=-a$ 的零、极点映射为 z 平面上一个 $z=e^{-a}$ 的零、极点，即

$$(s+a)\rightarrow(1-e^{-aT}z^{-1})$$

$$(s+a\pm jb)\rightarrow(1-2e^{-aT}z^{-1}\cos bT+e^{-2aT}z^{-2})$$

(2) 数字装置的增益由其他特性(如终值相等)确定。

(3) 当 $D(s)$的极点数 n 大于零点数 m 时，可认为在 s 平面无穷远处还存在 $n-m$ 个零点。这样，在 z 平面上需配上 $n-m$ 个相应的零点。如果认为 s 平面上的零点在 $-\infty$，则 z 平面上相应的零点为 $z=e^{-\infty T}=0$。

4. 双线性变换法

由 z 变换的定义有 $z=e^{Ts}$ 或 $s=\frac{1}{T}\ln z$，而它的级数展开式为

$$\ln z=2\left[\frac{z-1}{z+1}+\frac{1}{3}\left(\frac{z-1}{z+1}\right)^3+\frac{1}{5}\left(\frac{z-1}{z+1}\right)^5+\cdots\right]$$

取其一次近似，即 $\ln z=2\,\frac{z-1}{z+1}$，于是有

$$s=\frac{2}{T}\frac{z-1}{z+1}=\frac{2}{T}\frac{1-z^{-1}}{1+z^{-1}} \tag{6-77}$$

所以，双线性变换的离散化公式为

$$D(z)=D(s)\big|_{s=\frac{2}{T}\frac{z-1}{z+1}} \tag{6-78}$$

例 6-25 已知 $D(s)=\frac{a}{s+a}$，试分别用上述四种方法对其进行离散化。

解 (1) 一阶差分近似法

$$D_1(z)=\frac{a}{s+a}\bigg|_{s=\frac{1-z^{-1}}{T}}=\frac{aT}{1+aT-z^{-1}}=\frac{aTz}{(1+aT)z-1}$$

(2) 阶跃响应不变法

$$D_2(z)=\mathcal{Z}\left[\frac{1-e^{-Ts}}{s}\frac{a}{s+a}\right]=\frac{1-e^{-aT}}{z-e^{-aT}}$$

(3) 根匹配法

$$D_3(z)=K\frac{z}{z-e^{-aT}}$$

式中，K 可以根据数字校正装置与模拟校正装置增益相等的条件来确定，即

$$\lim_{s\to 0}\frac{a}{s+a}=\lim_{z\to 1}K\frac{z}{z-e^{-aT}}$$

$$K=\lim_{s\to 0}\frac{a}{s+a}\Big/\lim_{z\to 1}\frac{z}{z-e^{-aT}}=1-e^{-aT}$$

可得
$$D_3(z)=\frac{(1-e^{-aT})z}{z-e^{-aT}}$$

(4) 双线性变换法

$$D_4(z)=\left.\frac{a}{s+a}\right|_{s=\frac{2}{T}\frac{z-1}{z+1}}=\frac{aT(z+1)}{(aT+2)z+aT-2}$$

由上述各种离散化方法得到的数字控制器 $D(z)$,可以由计算机实现其控制规律。如果系统要求的截止频率为 ω_c,则采样角频率 ω_s 应选择为 $\omega_s>\omega_c$。

当采样角频率 ω_s 比较高,即采样周期 T 比较小时,这几种离散化方法的效果相差不多。当采样周期 T 逐渐变大时,效果会相应变差。在这些离散化方法中,相对而言,双线性变换法的效果比较好,应用也比较广泛。

应当指出,由于采样必然带来信息损失,所以不论采用哪一种离散化方法,得出数字校正装置的特性都不可能与原连续校正装置的特性完全一样。

6.8.2 模拟化校正举例

下面通过一个具体例子说明模拟化校正装置的设计方法。

例 6-26 计算机控制系统的结构图如图 6-27 所示,采样周期 $T=0.01\text{s}$。要求系统开环增益 $K\geqslant30$,截止频率 $\omega_c^*\geqslant15\text{rad/s}$,相角裕度 $\gamma^*\geqslant45°$。试用模拟化方法设计数字控制器 $D(z)$。

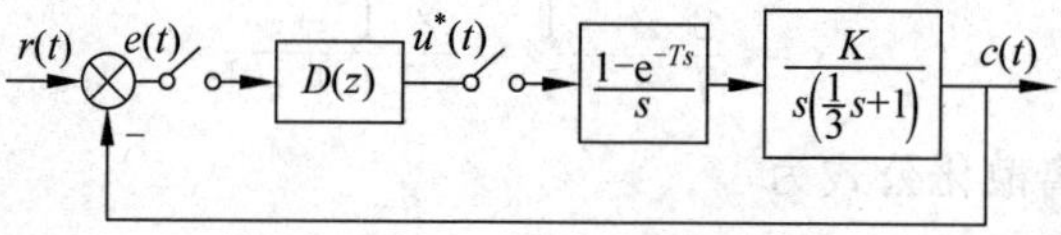

图 6-27 数字控制系统结构图

解 零阶保持器会带来相角滞后,它对系统的影响应折算到未校正系统的开环传递函数中。零阶保持器的传递函数为 $H_0(s)=\frac{1-e^{-Ts}}{s}$,将其中的 $e^{-Ts}=e^{-\frac{T}{2}s}/e^{\frac{T}{2}s}$ 展开成幂级数

$$e^{-Ts}=\frac{e^{-\frac{T}{2}s}}{e^{\frac{T}{2}s}}=\frac{1-\frac{Ts}{2}+\frac{(Ts)^2}{8}-\frac{(Ts)^3}{48}+\cdots}{1+\frac{Ts}{2}+\frac{(Ts)^2}{8}+\frac{(Ts)^3}{48}+\cdots}$$

取其一次近似有
$$e^{-Ts}\approx\frac{1-\frac{Ts}{2}}{1+\frac{Ts}{2}}$$

将其代入 $H_0(s)$ 中,有

$$H_0(s)=\frac{1-e^{-Ts}}{s}\approx\frac{T}{\frac{T}{2}s+1}$$

考虑到经采样后离散信号的频谱与原连续信号频谱在幅值上相差 $1/T$ 倍，所以零阶保持器对系统的影响可近似为一个惯性环节，即 $H_0(s)\approx\dfrac{1}{\frac{T}{2}s+1}$

取采样周期 $T=0.01\text{s}$，相应采样角频率为 $\omega_s=\dfrac{2\pi}{T}=628\gg 10\omega_c^*=150$，则 $H_0(s)\approx\dfrac{1}{0.005s+1}$。如果取开环增益 $K=30$，并考虑了零阶保持器的影响之后，未校正系统的开环传递函数为

$$G(s)=\frac{30}{s\left(\frac{1}{3}s+1\right)(0.005s+1)}$$

画出其对数幅频特性 $L_0(\omega)$ 如图 6-28 所示。由图可知，未校正系统截止频率为

$$\omega_{c0}=\sqrt{3\times 30}=9.5<15\text{rad/s}$$

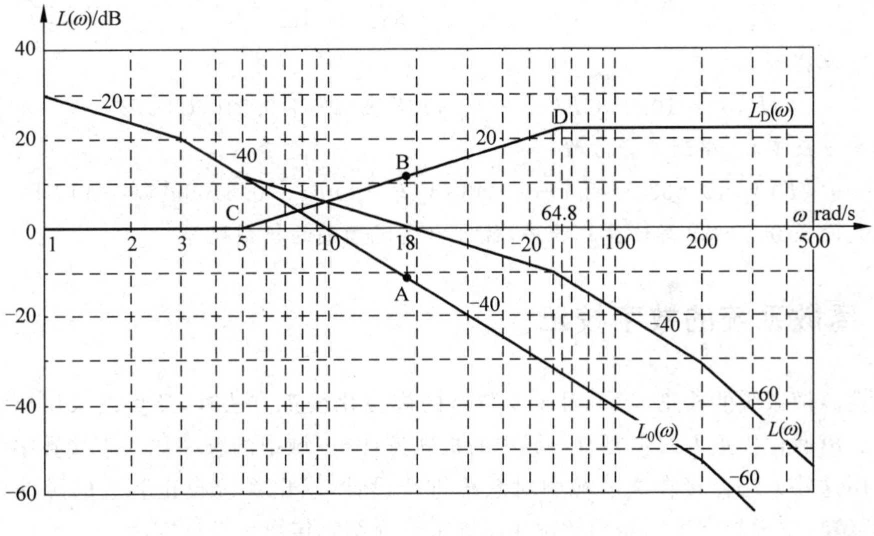

图 6-28 系统开环对数幅频特性

未校正系统的相角裕度为

$$\gamma_0=180°-90°-\arctan\frac{9.5}{3}-\arctan(0.005\times 9.5)=14.8°<\gamma^*=45°$$

未校正系统的截止频率 ω_{c0} 和相角裕度 γ_0 两项指标都达不到，采用超前校正。选择校正后系统的截止频率 $\omega_c=18>15$，在 $\omega_c=18$ 处做垂直线，交 $L_0(\omega)$ 于 A 点，在其镜像点 B 做斜率为 $+20\text{dB/dec}$ 的直线交 0dB 线于 C 点，C 点对应频率为 $\omega_C=\dfrac{\omega_{c0}^2}{\omega_c}=\dfrac{9.5^2}{18}=5$。在 CB 延长线上定 D 点，使 D 点频率满足 $\dfrac{\omega_D}{18}=\dfrac{18}{\omega_C}$，所以 $\omega_D=\dfrac{\omega_c^2}{\omega_C}=\dfrac{18^2}{5}=64.8$。可以得出超前校正装置的传递函数

$$D(s)=\frac{\frac{s}{\omega_C}+1}{\frac{s}{\omega_D}+1}=\frac{\frac{s}{5}+1}{\frac{s}{64.8}+1}$$

校正后系统的开环传递函数为

$$G(s)=D(s)G_0(s)=\frac{30\left(\frac{s}{5}+1\right)}{s\left(\frac{s}{3}+1\right)(0.005s+1)\left(\frac{s}{64.8}+1\right)}$$

校正后系统的截止频率 $\omega_c=18\text{rad/s}$,相角裕度为

$$\gamma=180^\circ+\arctan\frac{18}{5}-90^\circ-\arctan\frac{18}{3}-\arctan(0.005\times18)-\arctan\frac{18}{64.8}=63.3^\circ>45^\circ$$

校正后系统满足性能指标的要求。

用双线性变换法将 $D(s)$ 离散化为数字控制器 $D(z)$,注意到采样周期 $T=0.01$,有

$$D(z)=\frac{U(z)}{E(z)}=D(s)\Big|_{s=\frac{2}{T}\frac{z-1}{z+1}}=\frac{64.8}{5}\frac{s+5}{s+64.8}\Bigg|_{s=\frac{2}{T}\frac{z-1}{z+1}}=\frac{10.0332-9.5438z^{-1}}{1-0.5106z^{-1}}$$

由上式可以得到

$$U(z)=10.0332E(z)-9.5438E(z)z^{-1}+0.5106U(z)z^{-1}$$

对其进行 z 反变换,得到差分方程

$$u(kT)=10.0332e(kT)-9.5438e[(k-1)T]+0.5106u[(k-1)T]$$

按照上式的差分方程编写计算机程序,就可以实现预期的控制规律。

6.9 离散系统的数字校正

线性离散系统的校正,除了用6.8节讲的模拟化校正方法外,还可以采用离散化校正方法。离散化校正方法主要有 z 域中的根轨迹法、w 域中的频率法和直接数字设计方法。应用这些方法直接在离散域中对系统进行设计,求出系统校正装置的脉冲传递函数,然后编程实现数字控制器的控制律。本节只介绍直接数字设计方法。

6.9.1 数字控制器的脉冲传递函数

设离散系统如图6-29所示。图中,$D(z)$ 为数字控制器(数字校正装置)的脉冲传递函数,$G(s)$ 为保持器和被控对象的传递函数。

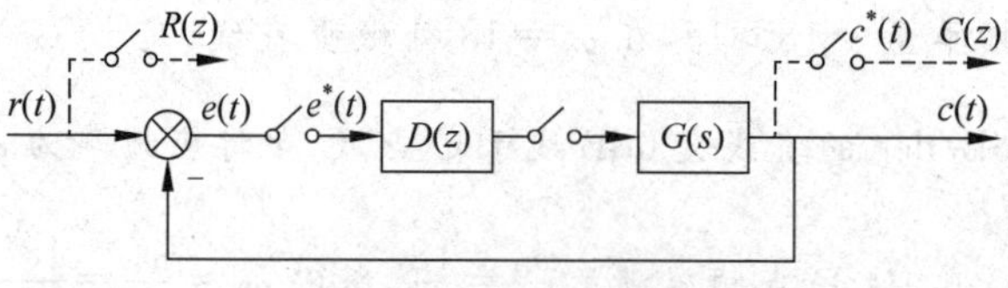

图6-29 具有数字控制器的离散系统

设$G(s)$的z变换为$G(z)$，由图可以求出系统的闭环脉冲传递函数

$$\Phi(z)=\frac{C(z)}{R(z)}=\frac{D(z)G(z)}{1+D(z)G(z)} \tag{6-79}$$

以及误差脉冲传递函数

$$\Phi_e(z)=\frac{E(z)}{R(z)}=\frac{1}{1+D(z)G(z)} \tag{6-80}$$

显然有

$$\Phi_e(z)=1-\Phi(z) \tag{6-81}$$

由式(6-79)和式(6-80)可以分别求出数字控制器的脉冲传递函数为

$$D(z)=\frac{\Phi(z)}{G(z)[1-\Phi(z)]} \tag{6-82}$$

或者

$$D(z)=\frac{1-\Phi_e(z)}{G(z)\Phi_e(z)}=\frac{\Phi(z)}{G(z)\Phi_e(z)} \tag{6-83}$$

下面根据对离散系统性能指标的要求，确定闭环脉冲传递函数$\Phi(z)$或误差脉冲传递函数$\Phi_e(z)$，然后利用式(6-82)或式(6-83)确定数字控制器的脉冲传递函数$D(z)$。

6.9.2 最少拍系统设计

在采样过程中，称一个采样周期为一拍。所谓最少拍系统，是指在典型输入作用下，能以有限拍结束响应过程，且之后在采样时刻上无稳态误差的离散系统。

最少拍系统的设计原则是：设被控对象$G(z)$无延迟且在z平面单位圆上及单位圆外无零极点[(1,j0)除外]，要求选择闭环脉冲传递函数$\Phi(z)$，使系统在典型输入作用下，经最少采样周期后能使输出序列在各采样时刻的稳态误差为零，达到完全跟踪的目的，进一步由式(6-82)或式(6-83)确定数字控制器的脉冲传递函数$D(z)$。

最少拍系统是针对典型输入信号设计的。常见的典型输入有单位阶跃函数、单位速度函数和单位加速度函数，其z变换分别为

$$Z=[1(t)]\frac{z}{z-1}=\frac{1}{1-z^{-1}},\quad Z[t]=\frac{Tz}{(z-1)^2}=\frac{Tz^{-1}}{(1-z^{-1})^2},$$

$$Z\left[\frac{t^2}{2}\right]=\frac{T^2z(z+1)}{2(z-1)^3}=\frac{T^2z^{-1}(1+z^{-1})}{2(1-z^{-1})^3}$$

因此，典型输入可表示为一般形式，即

$$R(z)=\frac{A(z)}{(1-z^{-1})^m} \tag{6-84}$$

式中，$A(z)$是不含$(1-z^{-1})$因子的z^{-1}多项式。例如：$r(t)=1(t)$时，$m=1, A(t)=1$；$r(t)=t$时，$m=2, A(t)=Tz^{-1}$；$r(t)=\frac{t^2}{2}$时，$m=3, A(t)=\frac{T^2z^{-1}(1+z^{-1})}{2}$。

根据最少拍系统的设计原则，首先求误差信号$e(t)$的z变换为

$$E(z)=\Phi_e(z)R(z)=\frac{\Phi_e(z)A(z)}{(1-z^{-1})^m} \tag{6-85}$$

根据 z 变换终值定理，离散系统的稳态误差为

$$e(\infty) = \lim_{z\to 1}(1-z^{-1})E(z) = \lim_{z\to 1}(1-z^{-1})\ \frac{A(z)}{(1-z^{-1})^m}\Phi_e(z)$$

此式表明，使 $e(\infty)$ 为零的条件是 $\Phi_e(z)$ 中包含有 $(1-z^{-1})^m$ 的因子，即

$$\Phi_e(z) = (1-z^{-1})^m F(z)$$

式中，$F(z)$ 为不含 $(1-z^{-1})$ 因子的多项式。为了使求出的 $D(z)$ 简单，阶数最低，可取 $F(z)=1$，即

$$\Phi_e(z) = (1-z^{-1})^m \tag{6-86}$$

由式(6-81) 可知

$$\Phi(z) = 1-\Phi_e(z) = 1-(1-z^{-1})^m = \frac{z^m-(z-1)^m}{z^m}$$

即 $\Phi(z)$ 的全部极点均位于 z 平面的原点。

由 z 变换定义，可知

$$E(z) = \sum_{n=0}^{\infty} e(nT)z^{-n} = e(0)+e(T)z^{-1}+e(2T)z^{-2}+\cdots$$

按照最小拍系统设计原则，最小拍系统应该自某个时刻 n 开始，在 $k\geqslant n$ 时，有 $e(kT)=e[(k+1)T]=e[(k+2)T]=\cdots=0$，此时系统的动态过程在 $t=kT$ 时结束，其调节时间 $t_s=kT$。

下面分别讨论最少拍系统在不同典型输入作用下，数字控制器脉冲传递函数 $D(z)$ 的确定方法。

1. 单位阶跃输入时

由于当 $r(t)=1(t)$ 时，有

$$\mathcal{Z}[1(t)] = \frac{z}{z-1} = \frac{1}{1-z^{-1}}$$

由式(6-84)可知 $m=1$，$A(z)=1$，故由式(6-81)及式(6-86)可得

$$\Phi_e(z) = (1-z^{-1}),\quad \Phi(z) = z^{-1}$$

于是，根据式(6-83)求出

$$D(z) = \frac{z^{-1}}{(1-z^{-1})G(z)}$$

由式(6-85)知

$$E(z) = \frac{A(z)}{(1-z^{-1})^m}\Phi_e(z) = 1$$

表明 $e(0)=1$，$e(T)=e(2T)=\cdots=0$。可见，最少拍系统经过一拍便可完全跟踪输入 $r(t)=1(t)$，如图 6-30 所示。这样的离散系统称为一拍系统，系统调节时间 $t_s=T$。

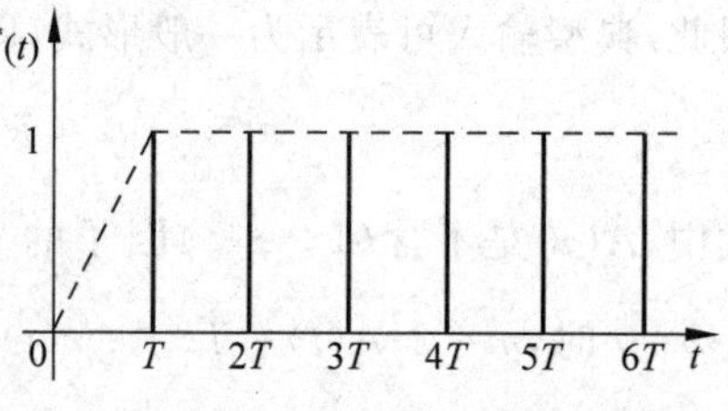

图 6-30　最少拍系统的单位阶跃响应序列

2. 单位斜坡输入时

当 $r(t)=t$ 时,有

$$R(z)=\mathcal{Z}[t]=\frac{Tz}{(z-1)^2}=\frac{Tz^{-1}}{(1-z^{-1})^2}$$

由式(6-84)可知 $m=2,A(z)=Tz^{-1}$,故

$$\Phi_e(z)=(1-z^{-1})^2,\quad \Phi(z)=1-\Phi_e(z)=2z^{-1}-z^{-2}$$

于是

$$D(z)=\frac{\Phi(z)}{G(z)\Phi_e(z)}=\frac{z^{-1}(2-z^{-1})}{(1-z^{-1})^2G(z)}$$

且有

$$E(z)=\frac{A(z)}{(1-z^{-1})^m}\Phi_e(z)=Tz^{-1}$$

即有 $e(0)=0,e(T)=T,e(2T)=e(3T)=\cdots=0$。可见,最少拍系统经过两拍便可完全跟踪输入 $r(t)=t$,单位斜坡响应为

$$C(z)=\Phi(z)R(z)=(2z^{-1}-z^{-2})\frac{Tz^{-1}}{(1-z^{-1})^2}=2Tz^{-2}+3Tz^{-3}+\cdots+nTz^{-n}+\cdots$$

基于 z 变换定义,得到最少拍系统在单位斜坡作用下的输出序列 $c(nT)$ 为

$$c(0)=0,c(T)=0,c(2T)=2T,c(3T)=3T,\cdots,c(nT)=nT,\cdots$$

响应过程如图 6-31 所示。系统调节时间 $t_s=2T$。

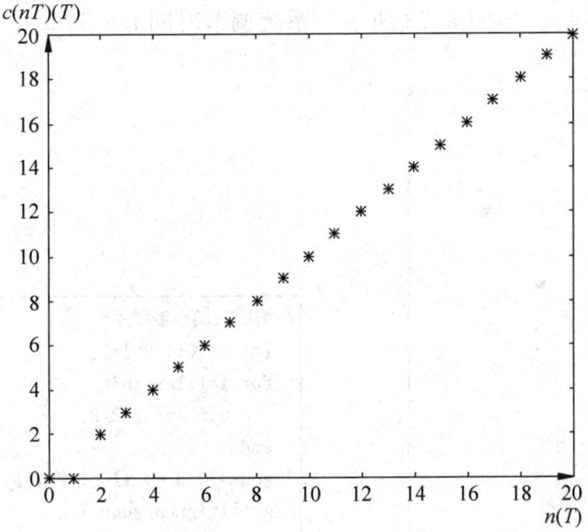


```
% 图6-31的绘制程序
T=1;t=0:20;u=t;
gnum=[0 2 -1];gden=[1];
g=filt(gnum,gden,T);
y=dlsim(g.num,g.den,u);
plot(t,y,'b*');
grid on;
```

图 6-31 最少拍系统的单位斜坡响应

3. 单位加速度输入时

由于当 $r(t)=t^2/2$ 时,有

$$R(z)=\mathcal{Z}\left[\frac{1}{2}t^2\right]=\frac{T^2z(z+1)}{2(z-1)^3}=\frac{\frac{1}{2}T^2z^{-1}(1+z^{-1})}{(1-z^{-1})^3}$$

由式(6-84)可知，$m=3$，$A(z)=\frac{1}{2}T^2z^{-1}(1+z^{-1})$，故

$$\Phi_e(z)=(1-z^{-1})^3$$

$$\Phi(z)=1-\Phi_e(z)=3z^{-1}-3z^{-2}+z^{-3}$$

由式(6-83)，数字控制器脉冲传递函数

$$D(z)=\frac{z^{-1}(3-3z^{-1}+z^{-2})}{(1-z^{-1})^3G(z)}$$

误差脉冲序列及输出脉冲序列的 z 变换分别为

$$E(z)=A(z)=\frac{1}{2}T^2z^{-1}+\frac{1}{2}T^2z^{-2}$$

$$\begin{aligned}C(z)&=\Phi(z)R(z)\\&=\frac{3}{2}T^2z^{-2}+\frac{9}{2}T^2z^{-3}+\cdots+\frac{n^2}{2}T^2z^{-n}+\cdots\end{aligned}$$

于是有

$$e(0)=0,\quad e(T)=\frac{1}{2}T^2,\quad e(2T)=\frac{1}{2}T^2,\quad e(3T)=e(4T)=\cdots=0$$

$$c(0)=c(T)=0,\quad c(2T)=1.5T^2,\quad c(3T)=4.5T^2,\cdots$$

可见，最少拍系统经过三拍便可完全跟踪输入 $r(t)=t^2/2$。根据 $c(nT)$ 的数值，可以绘出最少拍系统的单位加速度响应序列，如图 6-32 所示。系统调节时间 $t_s=3T$。

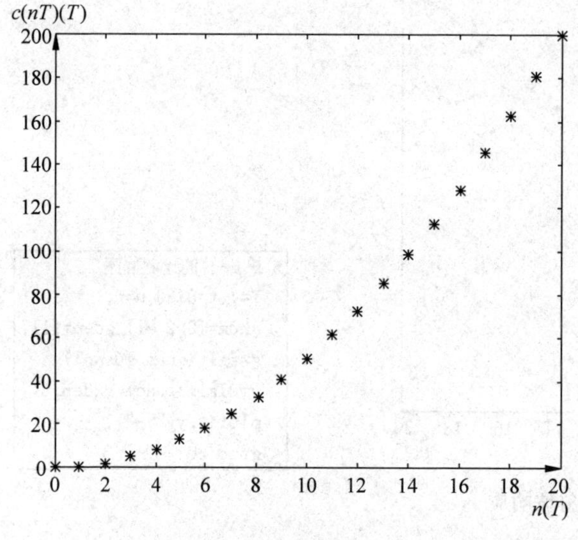


```
% 图6-32的绘制程序
  T=1;t=[0:1:20]*T;
  for i=1:length(t)
      u(i)=t(i)^2/2;
  end
  gnum=[0 3 -3 1];gden=[1];
  g=filt(gnum,gden,T);
  y=dlsim(g.num,g.den,u);
  plot(t,y,'b*');grid on;
```

图 6-32　最少拍系统的单位加速度响应

各种典型输入作用下最少拍系统的设计结果列于表 6-3 中。

表 6-3 最少拍系统的设计结果

典型输入		闭环脉冲传递函数		数字控制器脉冲传递函数	调节时间
$r(t)$	$R(z)$	$\Phi_e(z)$	$\Phi(z)$	$D(z)$	t_s
$1(t)$	$\frac{1}{1-z^{-1}}$	$1-z^{-1}$	z^{-1}	$\frac{z^{-1}}{(1-z^{-1})G(z)}$	T
t	$\frac{Tz^{-1}}{(1-z^{-1})^2}$	$(1-z^{-1})^2$	$2z^{-1}-z^{-2}$	$\frac{z^{-1}(2-z^{-1})}{(1-z^{-1})^2G(z)}$	$2T$
$\frac{1}{2}t^2$	$\frac{T^2z^{-1}(1+z^{-1})}{2(1-z^{-1})^3}$	$(1-z^{-1})^3$	$3z^{-1}-3z^{-2}+z^{3}$	$\frac{z^{-1}(3-3z^{-1}+z^{-2})}{(1-z^{-1})^3G(z)}$	$3T$

例 6-27 设单位反馈线性定常离散系统的连续部分和零阶保持器的传递函数分别为

$$G_p(s)=\frac{10}{s(s+1)}$$

$$G_h(s)=\frac{1-e^{-Ts}}{s}$$

其中,采样周期 $T=1$s。若要求系统在单位斜坡输入时实现最少拍控制,试求数字控制器脉冲传递函数 $D(z)$。

解 系统开环传递函数

$$G(s)=G_p(s)G_h(s)=\frac{10(1-e^{-Ts})}{s^2(s+1)}$$

$$\mathcal{Z}\left[\frac{1}{s^2(s+1)}\right]=\frac{Tz}{(z-1)^2}-\frac{(1-e^{T})z}{(z-1)(z-e^{-T})}$$

$$G(z)=10(1-z^{-1})\left[\frac{Tz}{(z-1)^2}-\frac{(1-e^{-T})z}{(z-1)(z-e^{-T})}\right]=\frac{3.68z^{-1}(1+0.717z^{-1})}{(1-z^{-1})(1-0.368z^{-1})}$$

根据 $r(t)=t$,由表 6-3 查出最少拍系统应具有的闭环脉冲传递函数和误差脉冲传递函数为

$$\Phi(z)=2z^{-1}(1-0.5z^{-1})$$

$$\Phi_e(z)=(1-z^{-1})^2$$

由式(6-83)可见,$\Phi_e(z)$的零点 $z=1$ 可以抵消 $G(z)$在单位圆上的极点 $z=1$;$\Phi(z)$ 的 z^{-1}可以抵消 $G(z)$的传递函数延迟 z^{-1},故按式(6-83)算出的 $D(z)$,可以确保系统在 $r(t)=t$ 作用下成为最少拍系统。

根据给定的 $G(z)$和查出的 $\Phi(z)$及 $\Phi_e(z)$,可得

$$D(z)=\frac{0.543(1-0.368z^{-1})(1-0.5z^{-1})}{(1-z^{-1})(1+0.717z^{-1})}$$

6.10 小结

本章在建立离散系统数学模型的基础上,讨论离散系统的分析和校正问题。分析离散系统所用的数学工具是 z 变换,但离散系统分析校正的思路和方法与连续系统中的思路和方法是相通的。

1. 本章内容提要

信号的采样器和保持器是离散控制系统的基本环节。在理想情况下,可以把采样器视为理想开关来描述,而信号保持通常采用零阶保持器。采样定理是设计离散系统的重要原则。

z 变换是分析离散控制系统的数学工具,其作用相当于连续系统理论中的拉普拉斯变换。利用 z 变换法原则上只能研究系统在采样点上的行为。

差分方程是离散系统的时域数学模型,相当于连续系统中的微分方程;脉冲传递函数是离散控制系统的复域数学模型,相当于连续系统中的传递函数。脉冲传递函数仅描述离散信号到离散信号之间的传递关系,它与采样开关在离散系统中所设置的位置有关。有些情况下可能求不出系统的脉冲传递函数,只能得出输出信号的 z 变换表达式。

线性离散系统稳定的充分必要条件是:系统全部闭环极点都严格位于 z 平面的单位圆内。判定离散系统的稳定性,可以利用 z 域中的朱利判据,也可以利用 w 域中的劳斯判据。

线性离散系统的稳态误差计算可以运用一般方法(终值定理)和静态误差系数法。离散系统的动态性能要根据离散系统的阶跃响应序列来分析,这与线性连续系统中所应用的方法原理上是相通的,只是离散系统的稳态误差和动态性能定义在采样点上。此外应当注意,离散系统的稳定性、稳态误差和动态性能都与采样周期的选择有关。

线性离散系统的模拟化校正是设计离散系统控制器的常用方法。在采样周期足够小的条件下,将零阶保持器的影响折算到被控对象中,利用连续系统的理论设计校正环节 $D(s)$,将其离散化后再用计算机实现。

最少拍系统设计是离散系统数字校正方法之一,所设计的系统可以在有限拍内结束响应过程,且在采样点上无稳态误差。但应明确,这种特性仅针对所设计的典型输入而言,其他典型输入信号下的响应并不一定理想。

2. 知识脉络图

- 数学基础(z 变换与 z 反变换)
- 数学模型
  - 差分方程
  - 脉冲传递函数
    - 开环 $G(z)$(环节间是否有采样开关,是否有零阶保持器)
    - 闭环 $\Phi(z)$
      - 推导方法
      - 梅逊公式法(注意应用条件)
- 系统分析
  - 稳定性
    - 稳定的充要条件
    - 稳定判据
      - z 域:朱利稳定判据
      - w 域:劳斯稳定判据
  - 稳态误差计算
    - 一般方法(终值定理)
    - 静态误差系数法 $G(z)$ $\begin{cases} v \\ K_P, K_v, K_a \end{cases} \rightarrow e(\infty)$
  - 动态性能计算
    - 闭环极点位置——瞬态响应形式
    - $C(z)=\Phi(z)R(z)\rightarrow c(nT)\rightarrow \sigma\%, t_s$
- 系统校正
  - 模拟化校正　用连续域方法设计 $D(s)\rightarrow$ 离散化为 $D(z)\rightarrow$ 实现
  - 数字化校正(最少拍系统设计)$D(z)=\dfrac{\Phi(z)}{G(z)\Phi_e(z)}$

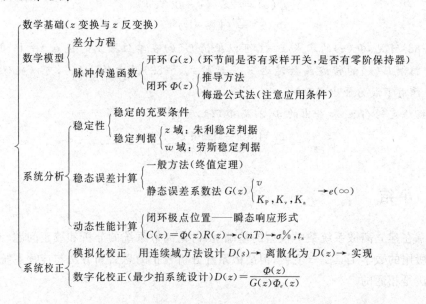

习题

6-1 试求下列函数的 z 变换：

(1) $e(t)=a^{\frac{t}{T}}$

(2) $e(t)=t^2\mathrm{e}^{-3t}$

(3) $E(s)=\dfrac{s+1}{s^2}$

(4) $E(s)=\dfrac{s+3}{s(s+1)(s+2)}$

6-2 试分别用幂级数法、部分分式法和留数法求下列函数的 z 反变换。

(1) $E(z)=\dfrac{10z}{(z-1)(z-2)}$

(2) $E(z)=\dfrac{-3+z^{-1}}{1-2z^{-1}+z^{-2}}$

6-3 试确定下列函数的初值和终值。

(1) $E(z)=\dfrac{Tz^{-1}}{(1-z^{-1})^2}$

(2) $E(z)=\dfrac{0.792z^2}{(z-1)(z^2-0.416z+0.208)}$

6-4 已知差分方程为

$$c(k)-4c(k+1)+c(k+2)=0$$

初始条件为 $c(0)=0, c(1)=1$。试用迭代法求输出序列 $c(k), k=0,1,2,3,4$。

6-5 试用 z 变换法求解下列差分方程：

(1) $c(k+2)-6c(k+1)+8c(k)=r(k)$

$$r(k)=1(k),\quad c(k)=0\quad (k\leqslant 0)$$

(2) $c(k+2)+2c(k+1)+c(k)=r(k)$

$$c(0)=c(1)=0\quad r(n)=n,\quad (n=0,1,2,\cdots)$$

(3) $c(k+3)+6c(k+2)+11c(k+1)+6c(k)=0$

$$c(0)=c(1)=1,\quad c(2)=0$$

6-6 试由以下差分方程确定脉冲传递函数。

$$c(n+2)-(1+\mathrm{e}^{-0.5T})c(n+1)+\mathrm{e}^{-0.5T}c(n)$$
$$=(1-\mathrm{e}^{-0.5T})r(n+1)$$

6-7 设开环离散系统分别如图 6-33(a)、图 6-33(b)、图 6-33(c)所示，试求各开环脉冲传递函数$G(z)$。

6-8 试求图 6-34 所示各闭环离散系统的脉冲传递函数 $\Phi(z)$或输出 z 变换 $C(z)$。

6-9 试判断下列系统的稳定性：

(1) 已知离散系统的特征方程为

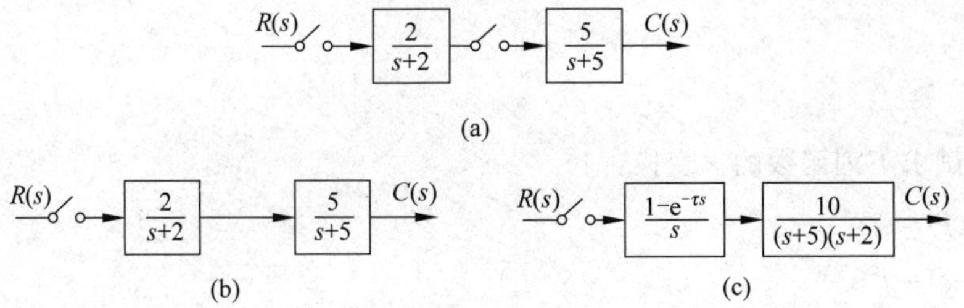

图 6-33　题 6-7 图

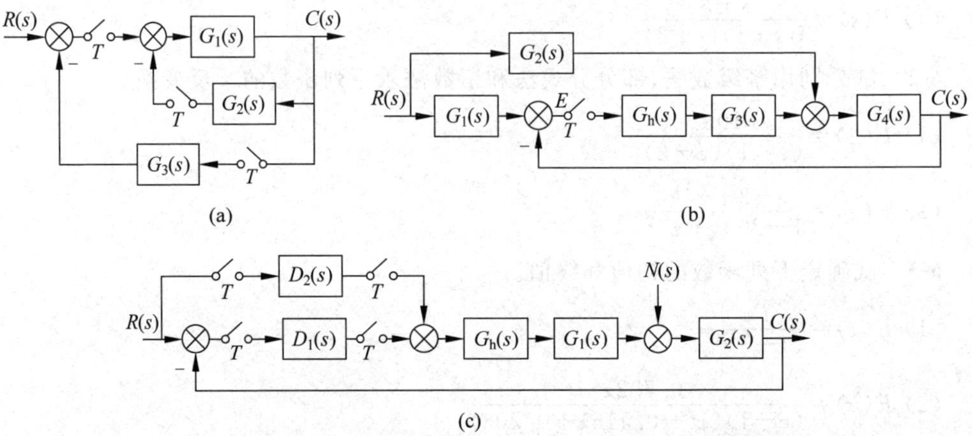

图 6-34　题 6-8 图

$$D(z) = (z+1)(z+0.5)(z+2) = 0$$

(2) 已知闭环离散系统的特征方程为

$$D(z) = z^4 + 0.2z^3 + z^2 + 0.36z + 0.8 = 0$$

(注：要求用朱利判据)

(3) 已知误差采样的单位反馈离散系统，采样周期 $T=1\text{s}$，开环传递函数

$$G(s) = \frac{22.57}{s^2(s+1)}$$

6-10　离散系统结构图如图 6-35 所示，采样周期 $T=0.07\text{s}$。

(1) 求闭环脉冲传递函数；

(2) 判断系统稳定性；

(3) 计算单位阶跃响应前 5 拍的值和终值。

6-11　设离散系统如图 6-36 所示，采样周期 $T=1\text{s}$，其中 $G_h(s)$ 为零阶保持器，而

$$G(s) = \frac{K}{s(0.2s+1)}$$

要求：

(1) 当 $K=5$ 时，分别在 w 域和 z 域中分析系统的稳定性；

(2) 确定使系统稳定的 K 值范围。

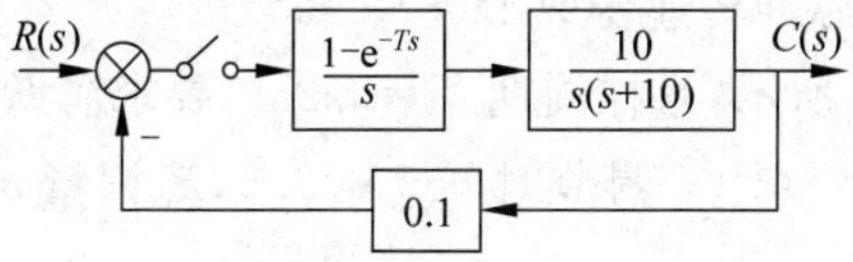

图 6-35 题 6-10 图

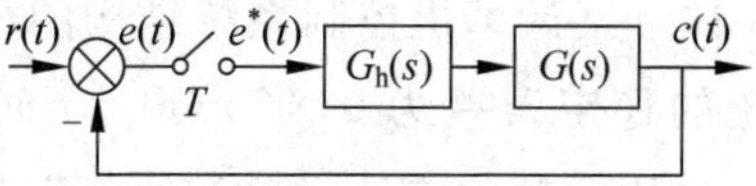

图 6-36 题 6-11 图

6-12 如图 6-37 所示离散系统，其中，ZOH 为零阶保持器，周期 $T=1\text{s}$，且

$$e_2(k)=e_2(k-1)+e_1(k)$$

试确定系统稳定时的 K 值范围。

6-13 已知离散系统结构图如图 6-38 所示，分别计算 $T=1\text{s}$ 及 $T=0.5\text{s}$ 时系统临界稳定的 K 值，并讨论采样周期 T 对稳定性的影响。

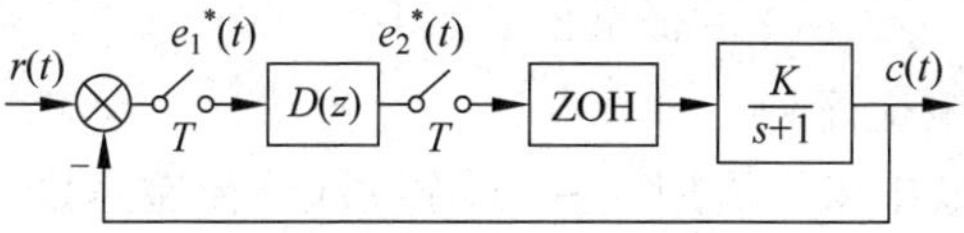

图 6-37 题 6-12 图

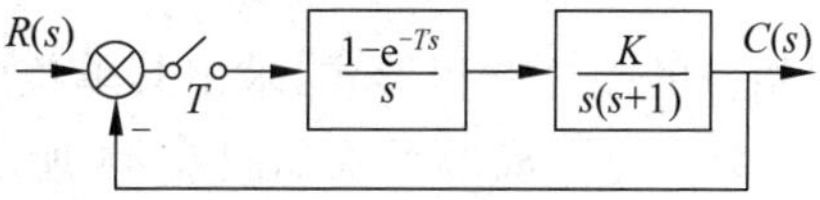

图 6-38 题 6-13 图

6-14 如图 6-39 所示的采样控制系统，要求在 $r(t)=t$ 作用下的稳态误差 $e_{ss}=0.25T$，试确定放大系数 K 及系统稳定时 T 的取值范围。

6-15 设离散系统如图 6-40 所示，其中，采样周期 $T=0.2\text{s}$，$K=10$，$r(t)=1+t+t^2/2$，试用终值定理计算系统的稳态误差 $e^*(\infty)$。

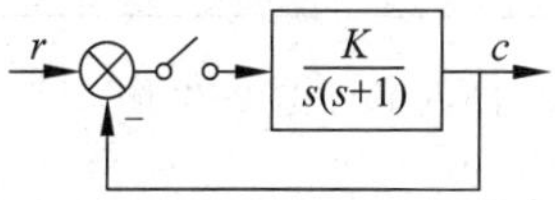

图 6-39 题 6-14 图

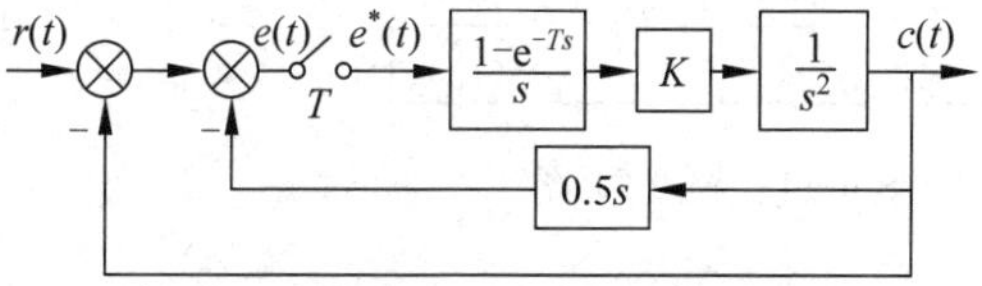

图 6-40 题 6-15 图

6-16 设离散系统如图 6-41 所示，其中 $T=0.1\text{s}$，$K=1$，试求静态误差系数 K_p、K_v、K_a，并求系统在 $r(t)=t$ 作用下的稳态误差 $e^*(\infty)$。

6-17 已知离散系统如图 6-42 所示，其中，ZOH 为零阶保持器，$T=0.25\text{s}$。

(1) $r(t)=2+t$ 时，欲使稳态误差小于 0.1，试求 K 值；

(2) 求系统的单位阶跃响应序列。

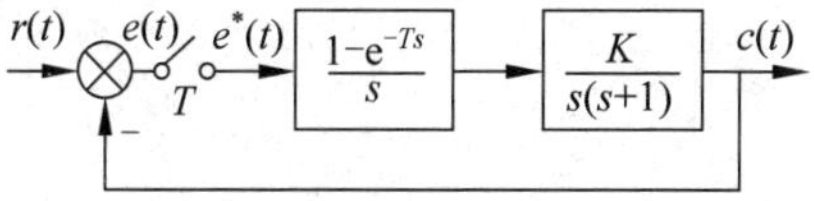

图 6-41 题 6-16 图

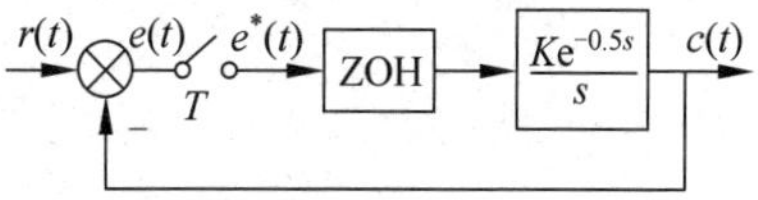

图 6-42 题 6-17 图

6-18 已知校正装置的传递函数为

$$D(s)=\frac{\tau s+1}{T_1 s+1}$$

试分别用不同的离散化方法确定数字控制器的脉冲传递函数 $D(z)$。

6-19 某计算机控制系统结构图如图 6-43 所示，采样周期 $T=0.2\text{s}$。要求阶跃输入时系统的稳定误差为 0，当 $r(t)=t$ 时，$e^*(\infty)=0.1$；调节时间 $t_s<3.5$，超调量 $\sigma\%<22\%$。试用模拟化方法设计数字控制器 $D(z)$。

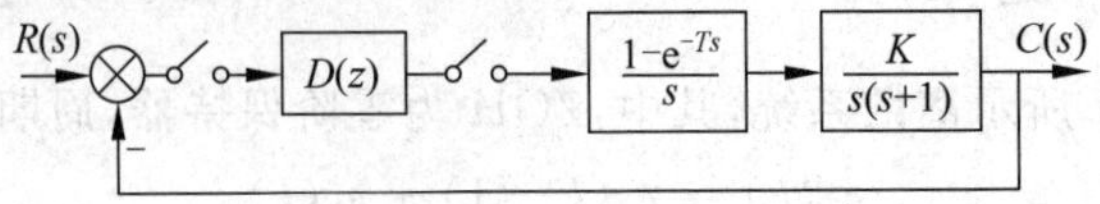

图 6-43 题 6-19 图

6-20 数字控制器的脉冲传递函数为

$$D(z)=\frac{U(z)}{E(z)}=\frac{0.383(1-0.368z^{-1})(1-0.587z^{-1})}{(1-z^{-1})(1+0.592z^{-1})}$$

写出相应的差分方程形式，求出其单位脉冲响应序列。

6-21 已知离散系统如图 6-44 所示。其中采样周期 $T=1\text{s}$，连续部分传递函数

$$G_0(s)=\frac{1}{s(s+1)}$$

试求当 $r(t)=1(t)$ 时，系统无稳态误差，且过渡过程在最少拍内结束的数字控制器 $D(z)$。

6-22 设离散系统如图 6-45 所示，其中，采样周期 $T=1\text{s}$。试求当 $r(t)=R_0 1(t)+R_1 t$ 时，系统无稳态误差，且过渡过程在最少拍内结束的 $D(z)$。

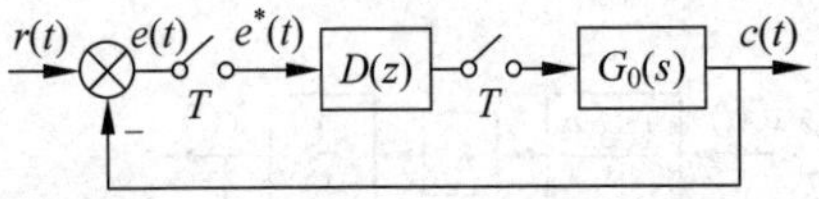

图 6-44 题 6-21 图

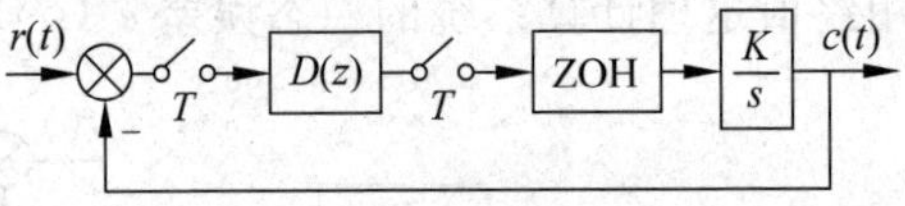

图 6-45 题 6-22 图

6-23 已知离散系统如图 6-46 所示，其中，采样周期 $T=1\text{s}$，要求设计一个数字控制器 $D(z)$，使系统在斜坡输入下，调节时间为最短，并且在采样时刻没有稳态误差。

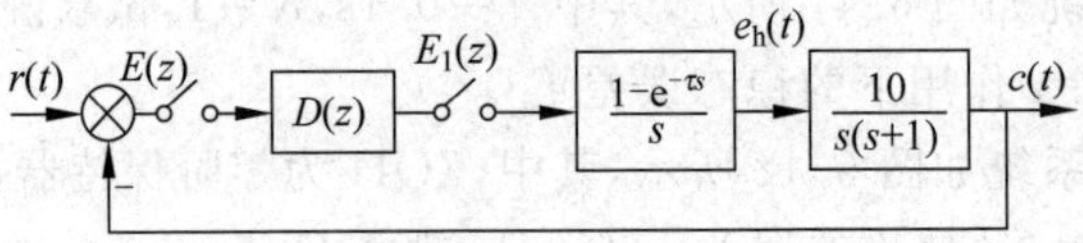

图 6-46 题 6-23 图

第7章 非线性控制系统分析

在构成控制系统的环节中，如果有一个或一个以上的环节具有非线性特性，则此控制系统就属于非线性控制系统。本章涉及的非线性环节是指输入、输出间的静特性不满足线性关系的环节。由于非线性问题概括了除线性问题以外的所有数学关系，包含的范围非常广泛，因此，对于非线性控制系统，目前还没有统一、通用的分析设计方法。本章主要介绍工程上常用的相平面分析法和描述函数法。

7.1 非线性控制系统概述

7.1.1 非线性现象的普遍性

组成实际控制系统的元部件总存在一定程度的非线性。例如，晶体管放大器有一个线性工作范围，超出这个范围，放大器就会出现饱和现象；电动机输出轴上总是存在摩擦力矩和负载力矩，只有在输入超过启动电压后，电动机才会转动，存在不灵敏区；而当输入达到饱和电压时，由于电机磁性材料的非线性，输出转矩会出现饱和，因而限制了电机的最大转速；各种传动机构由于机械加工和装配上的缺陷，在传动过程中总存在着间隙；开关或继电器会导致信号的跳变等。

实际控制系统中，非线性因素广泛存在，线性系统模型只是在一定条件下忽略了非线性因素影响或进行了线性化处理后的理想模型。当系统中包含有本质非线性元件，或者输入的信号过强，使某些元件超出了其线性工作范围时，再用线性分析方法来研究这些系统的性能，得出的结果往往与实际情况相差很远，甚至得出错误的结论。

由于非线性系统不满足叠加原理，前 6 章介绍的线性系统分析设计方法原则上不再适用，因此必须寻求研究非线性控制系统的方法。

7.1.2 控制系统中的典型非线性特性

实际控制系统中的非线性特性种类很多。下面列举几种常见的典型非线性特性。

1. 饱和特性

只能在一定的输入范围内保持输出和输入之间的线性关系，当输入超出该范围时，其输出限定为一个常值，这种特性称为饱和特性，如图 7-1 所示。图中，x、y 分别为非线性元件的输入、输出信号，其数学表达式为

$$y(t)=\begin{cases}K\cdot x(t) & (|x(t)|\leqslant a)\\ K\cdot a\cdot \operatorname{sgn}x(t) & (|x(t)|>a)\end{cases} \tag{7-1}$$

式中，a 为线性区宽度；K 为线性区的斜率。

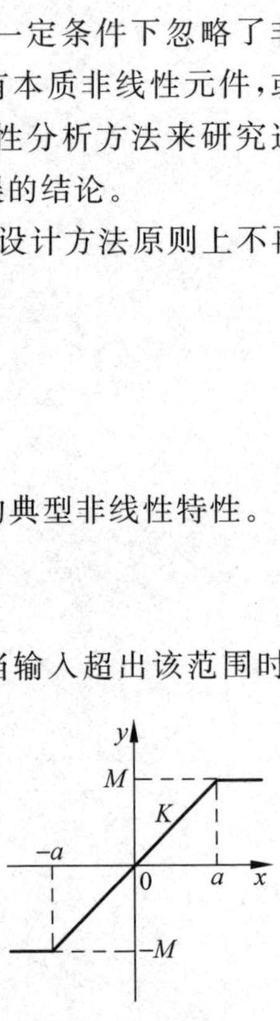

图 7-1 饱和特性

许多元部件的运动范围由于受到能源、功率等条件的限制，都具有饱和特性。有时，工程上还人为引入饱和特性用以限制

过载。

2. 死区(不灵敏区)特性

一般的测量元件、执行机构都存在不灵敏区。例如某些检测元件对于小于某值的输入量不敏感；某些执行机构在输入信号比较小时不会动作，只有在输入信号大到一定程度以后才会有输出。这种只有当输入量超过一定值后才有输出的特性称为死区特性，如图 7-2 所示，其数学表达式为

$$y(t)=\begin{cases}0 & (|x(t)|\leqslant\Delta)\\ K[x(t)-\Delta\cdot\operatorname{sgn}x(t)] & (|x(t)|>\Delta)\end{cases}\tag{7-2}$$

式中，Δ 为死区宽度；K 为线性输出的斜率。

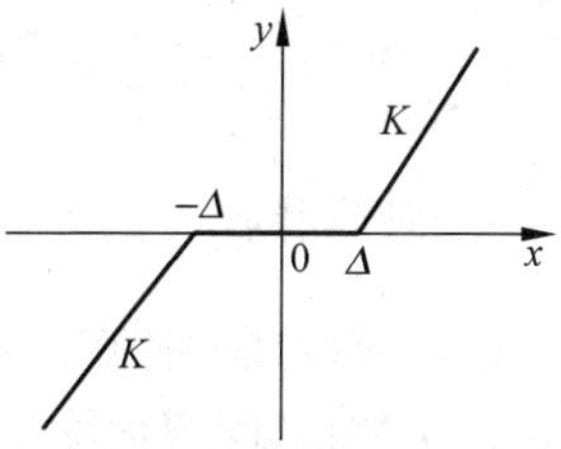

图 7-2　死区非线性特性

3. 继电特性

由于继电器吸合及释放状态下磁路的磁阻不同，吸合与释放电压是不相同的。因此，继电器的特性有一个滞环，输入输出关系不完全是单值的，这种特性称为具有滞环的三位置继电特性。典型继电特性如图 7-3 所示，其数学表达式为

$$y(t)=\begin{cases}0 & (-mh<x(t)<h,\dot{x}(t)>0)\\ 0 & (-h<x(t)<mh,\dot{x}(t)<0)\\ M\operatorname{sgn}x(t) & (|x(t)|\geqslant h)\\ M & (x(t)\geqslant mh,\dot{x}(t)<0)\\ -M & (x(t)\leqslant -mh,\dot{x}(t)>0)\end{cases}\tag{7-3}$$

式中，h 为继电器吸合电压；mh 为继电器释放电压；M 为饱和输出。

当 $m=-1$ 时，典型继电特性退化成为纯滞环的两位置继电特性，如图 7-4 所示。当 $m=1$ 时，则成为具有三位置的死区继电特性，如图 7-5 所示。当 $h=0$ 时，成为理想继电特性，如图 7-6 所示。

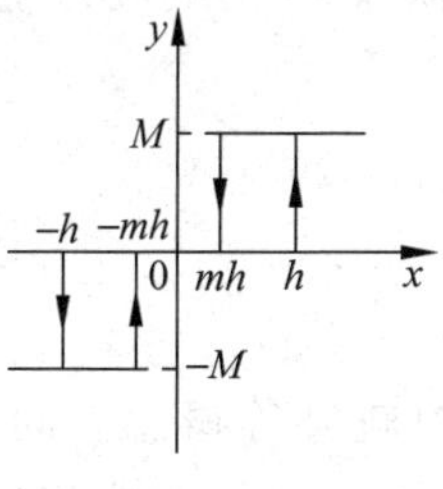

图 7-3　具有滞环的三位置继电特性

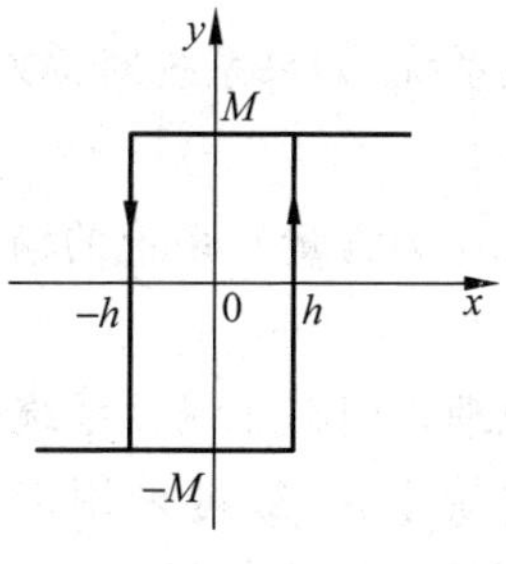

图 7-4　具有纯滞环的两位置继电特性

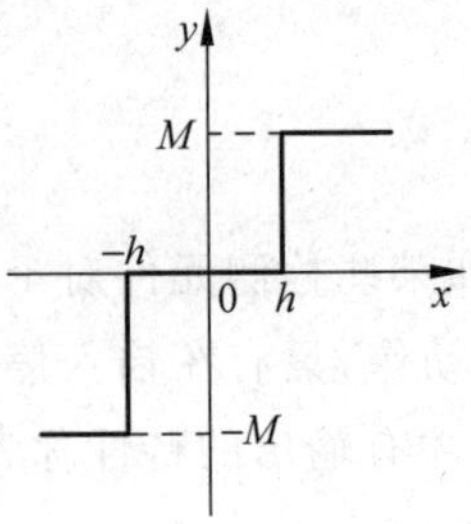

图 7-5　具有三位置的死区继电特性

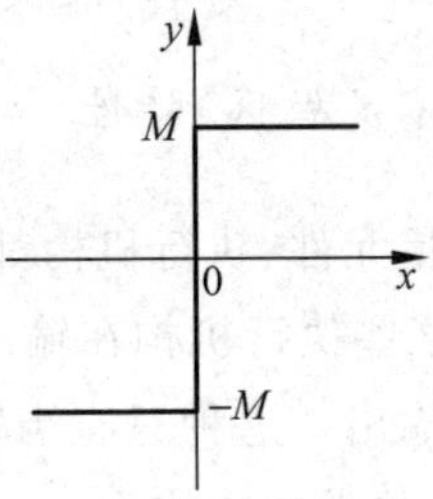

图 7-6　理想继电特性

4. 间隙特性

间隙非线性的特点是：当输入量改变方向时，输出量保持不变，一直到输入量的变化超出一定数值(间隙消除)后，输出量才跟着变化。各种传动机构中，由于加工精度和运动部件的动作需要，总会有间隙存在。齿轮传动中的间隙就是典型的例子。间隙特性如图 7-7 所示，其数学表达式为

$$\begin{cases} y(t) = K[x(t) - b\operatorname{sgn}x(t)] & \left(\left|\dfrac{y(t)}{K} - x(t)\right| > b\right) \\ \dot{y}(t) = 0 & \left(\left|\dfrac{y(t)}{K} - x(t)\right| < b\right) \end{cases} \tag{7-4}$$

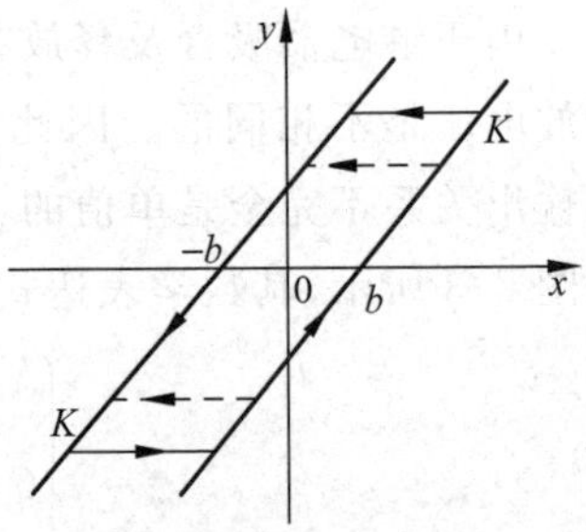

图 7-7　间隙非线性特性

式中，$2b$ 为间隙宽度；K 为间隙特性斜率。

7.1.3　非线性控制系统的特点

非线性系统具有许多特殊的运动形式，与线性系统有着本质的区别，主要表现在以下几个方面。

1. 不满足叠加原理

对于线性系统，如果系统对输入 x_1 的响应为 y_1，对输入 x_2 的响应为 y_2，则在信号

$$x = a_1x_1 + a_2x_2$$

的作用下(a_1、a_2 为常量)，系统的输出为

$$y = a_1y_1 + a_2y_2$$

这便是叠加原理。但在非线性系统中，这种关系不成立。

在线性系统中，一般可采用传递函数、频率特性、根轨迹等概念。同时，由于线性系统的运动特征与输入的幅值、系统的初始状态无关，故通常是在典型输入函数和零初始条件下进行研究。然而，在非线性系统中，由于叠加原理不成立，不能应用上述方法。

线性系统各串联环节的位置可以相互交换；但在非线性系统中，非线性环节之间、非线性环节与线性环节之间的位置一般不能交换，否则会导致错误的结论。

2. 稳定性

线性系统的稳定性仅取决于系统自身的结构参数，与外作用的大小、形式以及初始条件无关。线性系统若稳定，则无论受到多大的扰动，扰动消失后一定会回到唯一的平衡点(原点)。

非线性系统的稳定性除了与系统自身的结构参数有关外，还与外作用以及初始条件有关。非线性系统的平衡点可能不止一个，所以非线性系统的稳定性只能针对确定的平衡点来讨论。一个非线性系统在某些平衡点可能是稳定的，在另外一些平衡点却可能是不稳定的；在小扰动时可能稳定，大扰动时却可能不稳定。

3. 正弦响应

线性系统在正弦信号作用下，系统的稳态输出一定是与输入同频率的正弦信号，仅在幅值和相角上与输入不同。输入信号振幅的变化，仅使输出响应的振幅成比例变化，利用这一特性，可以引入频率特性的概念来描述系统的动态特性。

非线性系统的正弦响应比较复杂。在某一正弦信号作用下，其稳态输出的波形不仅与系统自身的结构参数有关，还与输入信号的幅值大小密切相关，而且输出信号中常含有输入信号所没有的频率分量。因此，频域分析法不再适合于非线性系统。

4. 自持振荡

描述线性系统的微分方程可能有一个周期运动解，但这一周期运动实际上不能稳定地持续下去。例如，二阶零阻尼系统的自由运动解是 $y(t)=A\sin(\omega t+\varphi)$。这里 ω 取决于系统的结构、参数，振幅 A 和相角 φ 取决于初始状态。一旦系统受到扰动，A 和 φ 的值都会改变，因此，这种周期运动是不稳定的。非线性系统，即使在没有输入作用的情况下，也有可能产生一定频率和振幅的周期运动，并且当受到扰动作用后，运动仍能保持原来的频率和振幅不变。亦即这种周期运动具有稳定性。非线性系统出现的这种稳定的周期运动称为自持振荡，简称自振。自振是非线性系统特有的运动现象，是非线性控制理论研究的重要问题之一。

7.1.4 非线性控制系统的分析方法

由于非线性系统的复杂性和特殊性，使得非线性问题的求解非常困难，到目前为止，还没有形成用于研究非线性系统的通用方法。虽然有一些针对特定非线性问题的系统分析方法，但适用范围都有限。这其中，相平面分析法和描述函数法是在工程上广泛应用的方法。

相平面分析法是一种用图解法求解二阶非线性常微分方程的方法。相平面上的轨迹曲线描述了系统状态的变化过程，因此可以在相平面图上分析平衡状态的稳定性和系统的时间响应特性。

描述函数法又称为谐波线性化法，它是一种工程近似方法。描述函数法可以用于研究一类非线性控制系统的稳定性和自振问题，给出自振过程的基本特性（如振幅、频率）与系统参数（如放大系数、时间常数等）的关系，为系统的初步设计提供一个思考方向。

用计算机直接求解非线性微分方程，以数值解形式进行仿真研究，是分析、设计复杂非线性系统的有效方法。随着计算机技术的发展，计算机仿真已成为研究非线性系统的重要手段。

7.2 相平面法

相平面法是 Poincare. H 于 1885 年首先提出来的，它是求解一、二阶线性或非线性系统的一种图解法，可以用来分析系统的稳定性、平衡位置、时间响应、稳态精度以及初始条件和参数对系统运动的影响。

7.2.1 相平面的基本概念

1. 相平面、相轨迹

设一个二阶系统可以用微分方程

$$\ddot{x}+f(x,\dot{x})=0 \tag{7-5}$$

来描述。其中 $f(x,\dot{x})$ 是 x 和 $\dot{x}$ 的线性或非线性函数。在非全零初始条件 $(x_0,\dot{x}_0)$ 或输入作用下，系统的运动可以用解析解 $x(t)$ 和 $\dot{x}(t)$ 描述。

取 x 和 $\dot{x}$ 构成坐标平面，称为相平面，则系统的每一个状态均对应于该平面上的一点。当 t 变化时，这一点在 x-$\dot{x}$ 平面上描绘出的轨迹，表征系统状态的演变过程，该轨迹就叫做相轨迹（如图 7-8(a)所示）。

2. 相平面图

相平面和相轨迹曲线簇构成相平面图。相平面图清楚地表示了系统在各种初始条件或输入作用下的运动过程，可以用来对系统进行分析和研究。

7.2.2 相轨迹的性质

1. 相轨迹的斜率

相轨迹在相平面上任意一点 $(x,\dot{x})$ 处的斜率为

$$\frac{\mathrm{d}\dot{x}}{\mathrm{d}x}=\frac{\mathrm{d}\dot{x}/\mathrm{d}t}{\mathrm{d}x/\mathrm{d}t}=\frac{-f(x,\dot{x})}{\dot{x}} \tag{7-6}$$

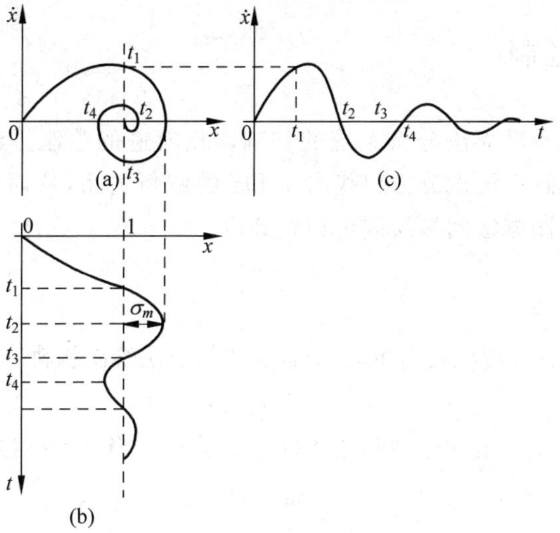

图 7-8　相轨迹

只要在点$(x,\dot{x})$处不同时满足$\dot{x}=0$和$f(x,\dot{x})=0$，则相轨迹的斜率就是一个确定的值。这样，通过该点的相轨迹不可能多于一条，相轨迹不会在该点相交。这些点是相平面上的普通点。

2. 相轨迹的奇点

在相平面上同时满足$\dot{x}=0$和$f(x,\dot{x})=0$的点处，相轨迹的斜率

$$\frac{\mathrm{d}\dot{x}}{\mathrm{d}x}=\frac{-f(x,\dot{x})}{\dot{x}}=\frac{0}{0}$$

即相轨迹的斜率不确定，通过该点的相轨迹有一条以上。这些点是相轨迹的交点，称为奇点。显然，奇点只分布在相平面的x轴上。由于在奇点处$\ddot{x}=\dot{x}=0$，故奇点也称为平衡点。

3. 相轨迹的运动方向

相平面的上半平面中，$\dot{x}>0$，相迹点沿相轨迹向x轴正方向移动，所以上半部分相轨迹箭头向右；同理，下半相平面$\dot{x}<0$，相轨迹箭头向左。总之，相迹点在相轨迹上总是按顺时针方向运动。

4. 相轨迹通过x轴的方向

相轨迹总是以垂直方向穿过x轴。因为在x轴上的所有点均满足$\dot{x}=0$，因而除去其中$f(x,\dot{x})=0$的奇点外，在其他点上的斜率$\mathrm{d}\dot{x}/\mathrm{d}x\to\infty$，这表示相轨迹与相平面的$x$轴是正交的。

7.2.3 相轨迹的绘制

绘制相轨迹是用相平面法分析系统的基础。相轨迹的绘制方法有解析法和图解法两种。解析法通过求解系统微分方程找出 x 和 $\dot{x}$ 的解析关系，从而在相平面上绘制相轨迹。图解法则通过作图方法间接绘制出相轨迹。

1. 解析法

当描述系统的微分方程比较简单时，适合于用解析法绘制相轨迹。例如，研究以方程

$$\ddot{x} + 2\zeta\omega_n\dot{x} + \omega_n^2 x = 0 \tag{7-7}$$

描述的二阶线性系统在一组非全零初始条件下的运动。当 $\zeta=0$ 时式(7-7)变为

$$\ddot{x} + \omega_n^2 x = 0$$

考虑到

$$\ddot{x} = \frac{d\dot{x}}{dt} = \frac{d\dot{x}}{dx}\frac{dx}{dt} = \dot{x} \cdot \frac{d\dot{x}}{dx} = -\omega_n^2 x$$

用分离变量法进行积分有

$$\dot{x}d\dot{x} = -\omega_n^2 x dx$$

$$\int_{\dot{x}_0}^{\dot{x}} \dot{x} d\dot{x} = -\omega_n^2 \int_{x_0}^{x} x dx \tag{7-8}$$

$$x^2 + \frac{\dot{x}^2}{\omega_n^2} = A^2$$

式中，$A=\sqrt{x_0^2+\frac{\dot{x}_0^2}{\omega_n^2}}$ 是由初始条件 $(x_0, \dot{x}_0)$ 决定的常数。式(7-8)表示相平面上以原点为中心的椭圆。当初始条件不同时，相轨迹是以 $(x_0, \dot{x}_0)$ 为起始点的椭圆族。系统的相平面图如图 7-9 所示，表明系统的响应是等幅周期运动。图中箭头表示时间 t 增大的方向。

图 7-9 零阻尼二阶系统的相平面图

2. 图解法

绘制相轨迹的图解法有多种，其中等倾斜线法简单实用，在实际中被广泛采用。

等倾斜线法是一种通过图解方法求相轨迹的方法。由式(7-6)可求得相平面上某点处的相轨迹斜率

$$\frac{d\dot{x}}{dx} = \frac{-f(x, \dot{x})}{\dot{x}}$$

若取斜率为常数 α，则上式可改写成

$$\alpha = \frac{-f(x, \dot{x})}{\dot{x}} \tag{7-9}$$

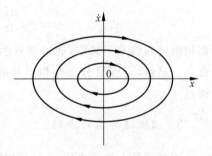

式(7-9)称为等倾斜线方程。很明显,在相平面中,经过等倾斜线上各点的相轨迹斜率都等于α。给定不同的α值,可在相平面上绘出相应的等倾斜线。在各等倾斜线上做出斜率为α的短线段,就可以得到相轨迹切线的方向场。沿方向场画连续曲线就可以绘制出相平面图。以下举例说明。

例 7-1 设系统微分方程为$\ddot{x}+\dot{x}+x=0$,用等倾斜线法绘制系统的相平面图。

解 由系统微分方程有

$$\ddot{x}=-(x+\dot{x})$$

$$\dot{x}\frac{\mathrm{d}\dot{x}}{\mathrm{d}x}=-(x+\dot{x})$$

设$\alpha=\frac{\mathrm{d}\dot{x}}{\mathrm{d}x}$为定值,可得等倾线方程为

$$\dot{x}=\frac{-x}{1+\alpha} \tag{7-10}$$

式(7-10)是直线方程。等倾斜线的斜率为$-1/(1+\alpha)$。给定不同的α,便可以得出对应的等倾斜线斜率。表 7-1 列出了不同α值下等倾斜线的斜率以及等倾斜线与x轴的夹角β。

表 7-1 不同α值下等倾斜线的斜率及β

α	−6.68	−3.75	−2.73	−2.19	−1.84	−1.58	−1.36	−1.18	−1.00
$\frac{-1}{1+\alpha}$	0.18	0.36	0.58	0.84	1.19	1.73	2.75	5.67	∞
β	10°	20°	30°	40°	50°	60°	70°	80°	90°
α	−0.82	−0.64	−0.42	−0.16	0.19	0.73	1.75	4.68	∞
$\frac{-1}{1+\alpha}$	−5.76	−2.75	−1.73	−1.19	−0.84	−0.58	−0.36	−0.18	0.00
β	100°	110°	120°	130°	140°	150°	160°	170°	180°

图 7-10 绘出了α取不同值时的等倾斜线,并在其上画出了代表相轨迹切线方向的短线段。根据这些短线段表示的方向场,很容易绘制出从某一点起始的特定的相轨迹。例如从图 7-10 中的 A 点出发,顺着短线段的方向可以逐渐过渡到 B 点、C 点…等,从而绘出一条相应的相轨迹。由此可以得到系统的相平面图,如图 7-10 所示。

7.2.4 由相轨迹求时间解

相轨迹能清楚地反映系统的运动特性。而由相轨迹确定系统的响应时间、周期运动的周期以及过渡过程时间时,会涉及由相轨迹求时间信息的问题。这里介绍增量法。

设系统相轨迹如图 7-11(a)所示。在t_A时刻系统状态位于$A(x_A,\dot{x}_A)$,经过一段时间Δt_{AB}后,系统状态移动到新的位置$B(x_B,\dot{x}_B)$。如果时间间隔比较小,两点间的位移量不大,则可用下式计算该时间段的平均速度$\dot{x}_{AB}$

$$\dot{x}_{AB}=\frac{\Delta x}{\Delta t}=\frac{x_B-x_A}{\Delta t_{AB}}$$

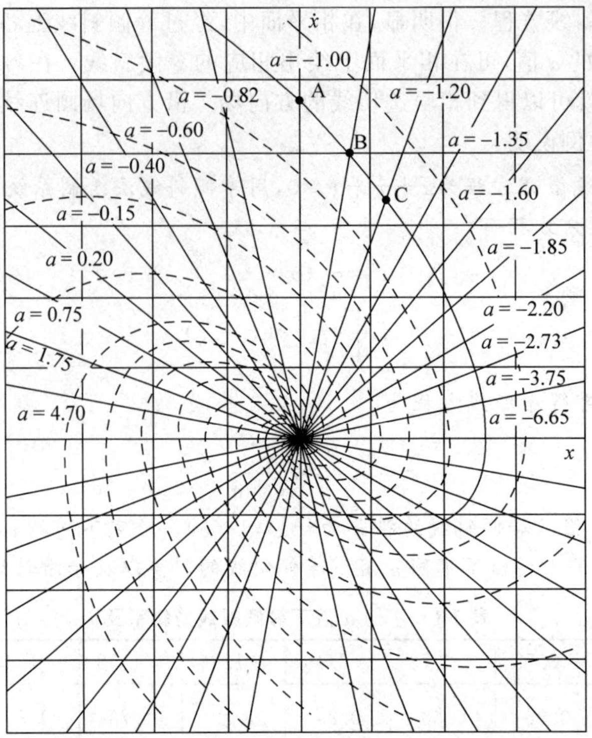

图 7-10　确定相轨迹切线方向的方向场及相平面上的一条相轨迹

又由
$$\dot{x}_{AB}=\frac{\dot{x}_A+\dot{x}_B}{2}$$

可求出 A 点到 B 点所需的时间

$$\Delta t_{AB}=\frac{2(x_B-x_A)}{\dot{x}_A+\dot{x}_B} \tag{7-11}$$

同理可求出 B、C 两点之间所需的时间 $\Delta t_{BC}\cdots$。利用这些时间信息以及对应的 $x(t)$，就可绘制出相应的 $x(t)$ 曲线，如图 7-11(b)所示。

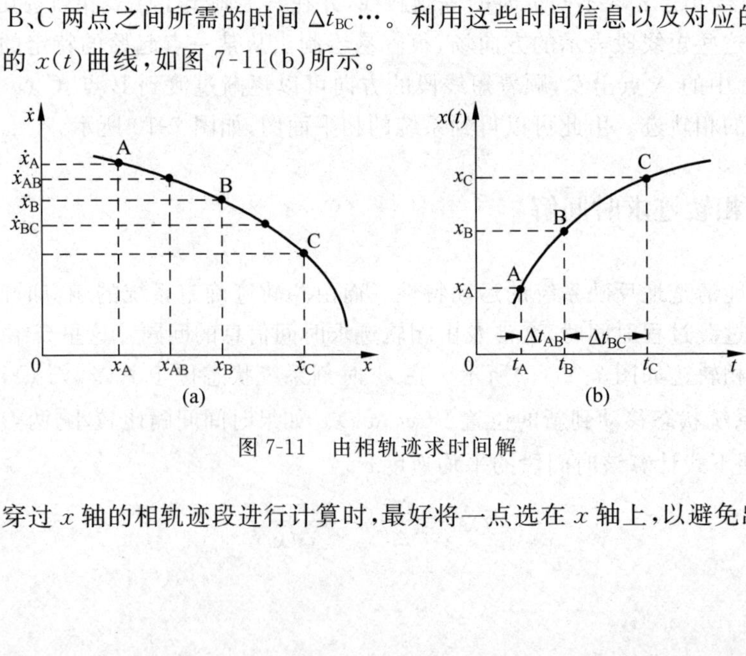

图 7-11　由相轨迹求时间解

注意在穿过 x 轴的相轨迹段进行计算时，最好将一点选在 x 轴上，以避免出现 $\dot{x}_{AB}=0$。

7.2.5 二阶线性系统的相轨迹

许多本质性非线性系统常常可以进行分段线性化处理，而许多非本质性非线性系统也可以在平衡点附近做增量线性化处理。因此，可以从二阶线性系统的相轨迹入手进行研究，为非线性系统的相平面分析提供手段。

由式(7-7)描述的二阶线性系统自由运动的微分方程

$$\ddot{x}+2\zeta\omega_n\dot{x}+\omega_n^2x=0$$

可得

$$\frac{\mathrm{d}\dot{x}}{\mathrm{d}x}=-\frac{\omega_n^2x+2\zeta\omega_n\dot{x}}{\dot{x}} \tag{7-12}$$

根据式(7-12)利用等倾斜线法，或者从式(7-12)解出系统的相轨迹方程$\dot{x}=f_1(x)$，就可以绘制出相应的相平面图。将不同情形下的二阶线性系统相平面图归纳整理，列在表7-2中。

表 7-2 二阶线性系统的相轨迹

序号	系统方程：方程	系统方程：参数	极点分布	相轨迹	奇点	相轨迹方程
1		$\zeta\geqslant1$	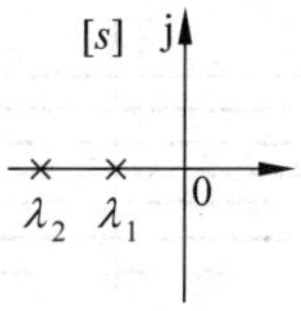	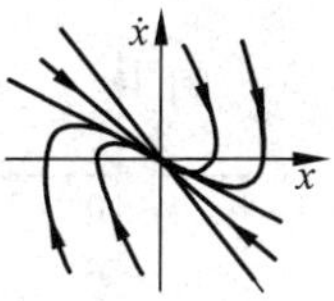	(0,0)稳定节点	抛物线(收敛)特殊相轨迹：$\begin{cases}\dot{x}=\lambda_1x\\\dot{x}=\lambda_2x\end{cases}$
2		$0<\zeta<1$	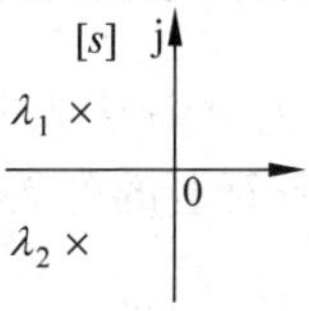	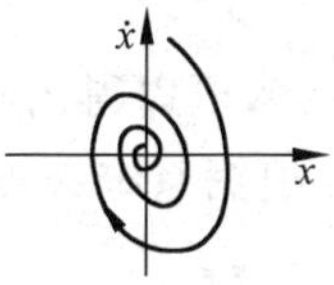	(0,0)稳定焦点	对数螺线(收敛)
3	$\ddot{x}+2\zeta\omega_n\dot{x}+\omega_n^2x=0$	$\zeta=0$	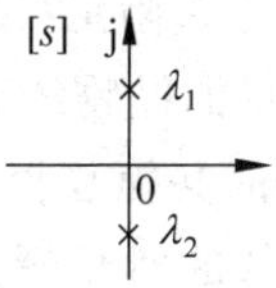	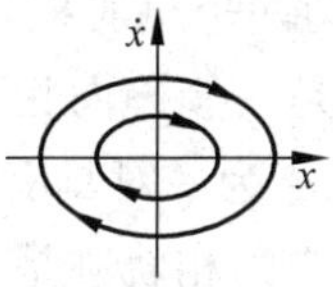	(0,0)中心点	椭圆
4		$-1<\zeta<0$	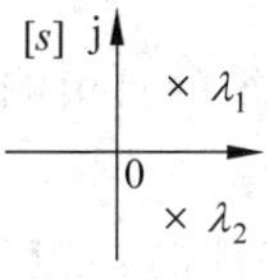	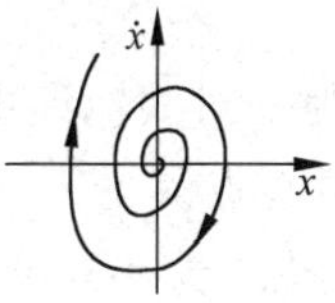	(0,0)不稳定焦点	对数螺线(发散)
5		$\zeta<-1$	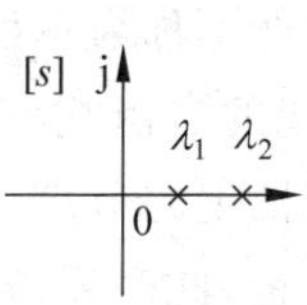	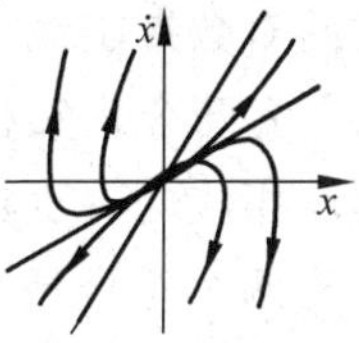	(0,0)不稳定节点	抛物线(发散)特殊相轨迹：$\begin{cases}\dot{x}=\lambda_1x\\\dot{x}=\lambda_2x\end{cases}$

续表

序号	系统方程		极点分布	相轨迹	奇点	相轨迹方程
	方程	参数				
6	$\ddot{x}+a\dot{x}-bx=0$	$\begin{cases}a\ 任意\\ b>0\end{cases}$	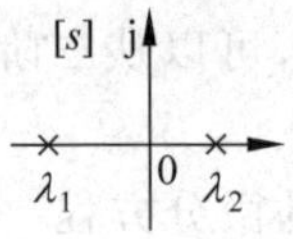	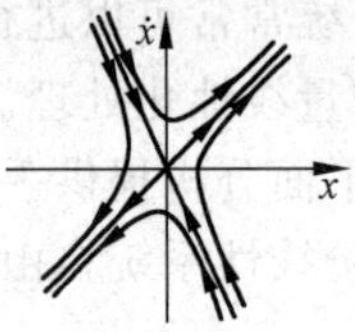	(0,0) 鞍点	双曲线 特殊相轨迹：$\begin{cases}\dot{x}=\lambda_1 x\\ \dot{x}=\lambda_2 x\end{cases}$
7		$\begin{cases}a>0\\ b=0\end{cases}$	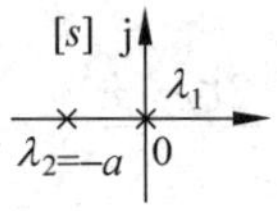	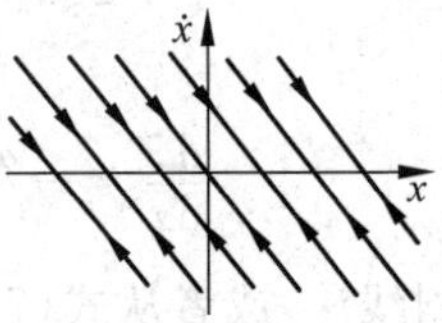	x 轴	$\begin{cases}\dot{x}=0\\ \dot{x}=-ax+C\end{cases}$
8		$\begin{cases}a<0\\ b=0\end{cases}$	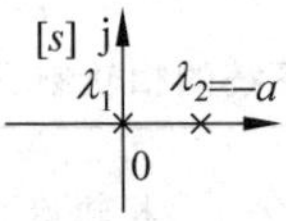	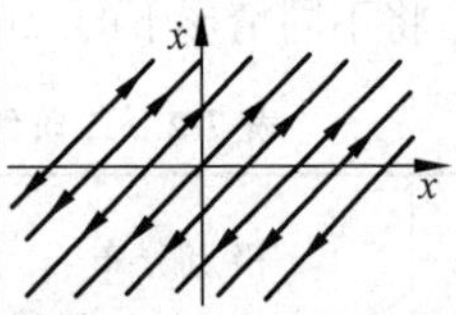	x 轴	$\begin{cases}\dot{x}=0\\ \dot{x}=-ax+C\end{cases}$
9		$\begin{cases}a=0\\ b=0\end{cases}$	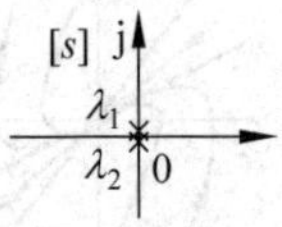	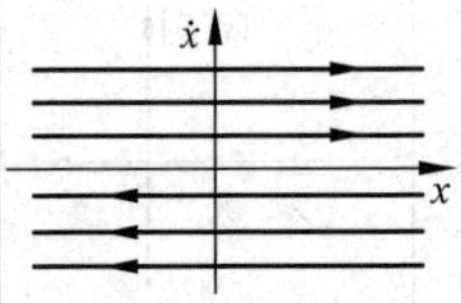	x 轴	$\dot{x}=C$

在式(7-7)中令$\ddot{x}=\dot{x}=0$，可以得出唯一解 $x_e=0$，这表明线性二阶系统的奇点(或平衡点)就是相平面的原点。根据系统极点在复平面上的位置分布，以及相轨迹的形状，将奇点分为不同的类型。

① 当 $\zeta\geqslant1$ 时，λ_1,λ_2 为两个负实根，系统处于过阻尼(或临界阻尼)状态，自由响应按指数衰减。对应的相轨迹是一簇趋向相平面原点的抛物线，相应奇点称为稳定的节点。

② 当 $0<\zeta<1$ 时，λ_1,λ_2 为一对具有负实部的共轭复根，系统处于欠阻尼状态。自由响应为衰减振荡过程。对应的相轨迹是一簇收敛的对数螺旋线，相应的奇点称为稳定的焦点。

③ 当 $\zeta=0$ 时，λ_1,λ_2 为一对共轭纯虚根，系统的自由响应是简谐运动，相轨迹是一簇同心椭圆，称这种奇点为中心点。

④ 当 $-1<\zeta<0$ 时，λ_1,λ_2 为一对具有正实部的共轭复根，系统的自由响应振荡发散。对应的相轨迹是发散的对数螺旋线。相应奇点称为不稳定的焦点。

⑤ 当 $\zeta<-1$ 时，λ_1,λ_2 为两个正实根，系统的自由响应为非周期发散状态。对应的相轨迹是发散的抛物线簇。相应的奇点称为不稳定的节点。

⑥ 若系统极点 λ_1,λ_2 为两个符号相反的实根，此时系统的自由响应呈现非周期发散状态。对应的相轨迹是一簇双曲线，相应奇点称为鞍点，是不稳定的平衡点。

当系统至少有一个为零的极点时，很容易解出相轨迹方程(见表 7-2 中序号 7、8、9)，由此绘制相平面图，可以分析系统的运动特性。

7.2.6 非线性系统的相平面分析

1. 非本质非线性系统的相平面分析

如果描述非线性系统的微分方程式(7-5)中，函数 $f(x,\dot{x})$ 是解析的，则可在平衡点处将其进行小偏差线性化近似，然后按线性二阶系统分析奇点类型，确定系统在该奇点附近的稳定性。也可以绘制系统的相平面图，全面研究系统的动态特性。

例 7-2 试确定下列二阶非线性系统的平衡点及其类型

$$\ddot{x}-(1-x^2)\dot{x}+x-x^2=0$$

解 令 $\ddot{x}=\dot{x}=0$，有 $x-x^2=x(x-1)=0$。系统的平衡点为

$$x_{e1}=0,\quad x_{e2}=1$$

分别在各平衡点处对系统进行线性化处理，分析其性质。

在 $x_{e1}=0$ 处，令 $x=\Delta x+x_{e1}=\Delta x$ 代入原方程，略去高次项，得出 x_{e1} 处的线性化方程

$$\Delta\ddot{x}-\Delta\dot{x}+\Delta x=0$$

相应的特征方程为 $s^2-s+1=0$，特征根为

$$\lambda_{1,2}=\frac{1}{2}\pm \mathrm{j}\frac{\sqrt{3}}{2}$$

平衡点 $x_{e1}=0$ 为不稳定的焦点。

同理，令 $x=\Delta x+x_{e2}=\Delta x+1$，代入原方程，略去高次项，得出 x_{e2} 处的线性化方程

$$\Delta\ddot{x}-\Delta x=0$$

相应的特征方程为 $s^2-1=0$，特征根为

$$\lambda_1=-1,\quad \lambda_2=+1$$

平衡点 $x_{e2}=1$ 为鞍点。

2. 本质非线性系统的相平面分析

许多非线性控制系统所含有的非线性特性是分段线性的，或者可以用分段线性特性来近似。用相平面法分析这类系统时，一般采用“分区-衔接”的方法。首先，根据非线性特性的线性分段情况，用几条分界线(开关线)把相平面分成几个线性区域，在各线性区域内，分别用线性微分方程来描述。其次，分别绘出各线性区域的相平面图。最后，将相邻区间的相轨迹衔接成连续的曲线，即可获得系统的相平面图。

例 7-3 试确定下列方程的奇点及其类型，绘出奇点附近相轨迹的大致图形。

(1) $\ddot{x}+x+\mathrm{sgn}\,\dot{x}=0$

(2) $\ddot{x}+|x|=0$

解 (1) 系统方程可写为

$$\begin{cases}\ddot{x}+x+1=0, & (\dot{x}>0,\text{即 I 区})\\ \ddot{x}+x=0, & (\dot{x}=0,\text{即 }x\text{ 轴})\\ \ddot{x}+x-1=0, & (\dot{x}<0,\text{即 II 区})\end{cases}$$

系统的奇点

$$\text{I 区}:x_{e\mathrm{I}}=-1$$
$$\text{II 区}:x_{e\mathrm{II}}=1$$

系统特征方程为 $s^2+1=0$,特征根 $s_{1,2}=\pm\mathrm{j}$,奇点为中心点。绘出系统的相平面图如图 7-12 所示。x 轴是两部分相轨迹的分界线,称之为"开关线"。上、下两半平面的相轨迹分别是以各自奇点 $x_{e\mathrm{I}}$ 和 $x_{e\mathrm{II}}$ 为中心的圆,两部分相轨迹相互连接成为相轨迹图。由图可见,系统的自由响应运动最终会收敛到区间$(-1,1)$。奇点在$-1\sim1$之间连成一条线,称之为奇线。

(2) 系统方程可写为

$$\begin{cases}\ddot{x}+x=0 & (x\geqslant 0,\text{I 区})\\ \ddot{x}-x=0 & (x\leqslant 0,\text{II 区})\end{cases}$$

特征方程、特征根和奇点为

$$\text{I 区}:s^2+1=0,s_{1,2}=\pm\mathrm{j},\quad \text{奇点 }x_{e\mathrm{I}}=0(\text{中心点})$$
$$\text{II 区}:s^2-1=0,s_{1,2}=\pm1,\quad \text{奇点 }x_{e\mathrm{II}}=0(\text{鞍点})$$

绘出系统的相平面图如图 7-13 所示。$\dot{x}$ 轴是开关线,左半平面相轨迹由鞍点决定,右半平面相轨迹由中心点确定。由图可见,系统的自由响应总是会向 x 轴负方向发散,系统不稳定。

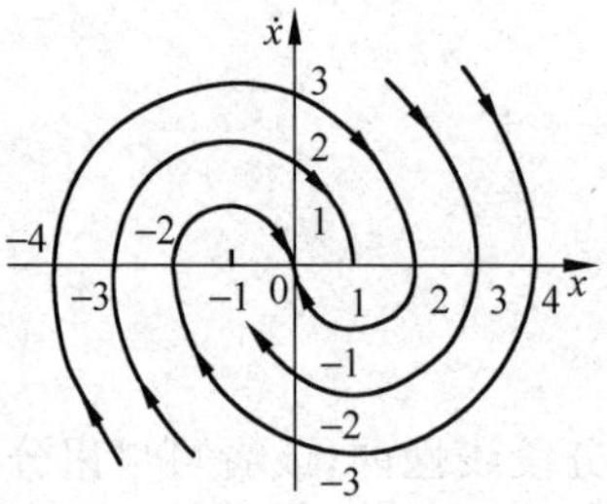

图 7-12 例 7-3(1)相平面图

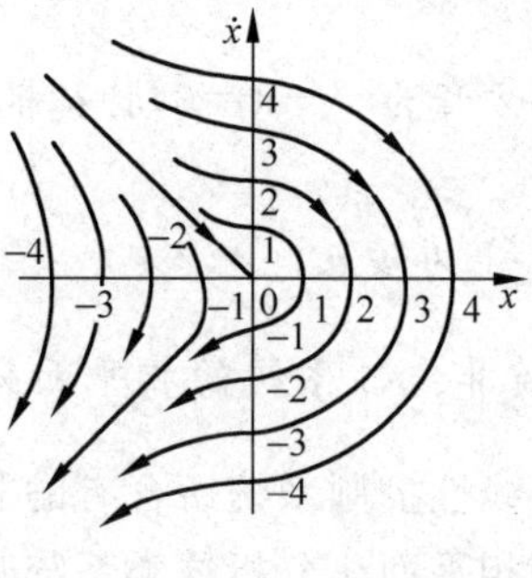

图 7-13 例 7-3(2)相平面图

3. 非线性控制系统的相平面分析

对于用结构图形式表示的非线性控制系统,首先要根据线性环节、非线性环节以及比较点分别列写回路上各个变量之间的数学关系式;然后经过代换消去中间变量,导出以相变量描述的系统方程;最后用本质非线性系统的相平面分析方法进行处理。

例 7-4 系统结构图如图 7-14 所示。试用等倾斜线法做出系统的 x-$\dot{x}$ 相平面图。系统参数为 $K=T=M=h=1$。

解 对线性环节有

$$\frac{K}{s(Ts+1)}=\frac{C(s)}{U(s)}$$

$$(Ts^2+s)C(s)=KU(s)$$

$$T\ddot{c}+\dot{c}=Ku$$

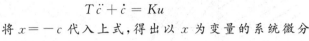

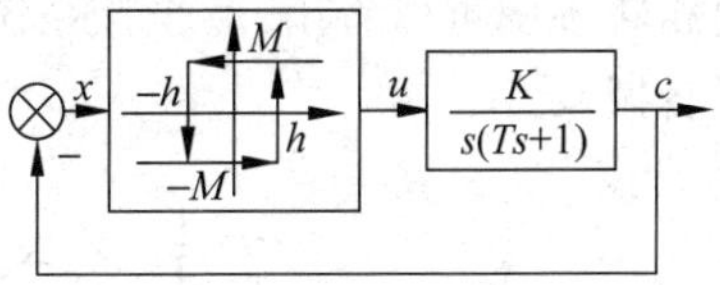

图 7-14 非线性系统结构图

将 $x=-c$ 代入上式，得出以 x 为变量的系统微分方程

$$T\ddot{x}+\dot{x}=-Ku$$

对非线性环节，有

$$u=\begin{cases}M & \begin{cases}x>h\\ x>-h,\dot{x}<0\end{cases} \quad \text{Ⅰ 区}\\ -M & \begin{cases}x<-h,\\ x<h,\dot{x}>0\end{cases} \quad \text{Ⅱ 区}\end{cases}$$

代入微分方程，有

$$\text{Ⅰ 区}\quad T\ddot{x}+\dot{x}=-KM\quad\begin{cases}x>h\\ x>-h,\dot{x}<0\end{cases}$$

$$\text{Ⅱ 区}\quad T\ddot{x}+\dot{x}=KM\quad\begin{cases}x<-h\\ x<h,\dot{x}>0\end{cases}$$

开关线将相平面分为两个区域，各区域的等倾斜线方程可推导如下

$$\text{Ⅰ 区}\quad T\ddot{x}+\dot{x}=T\frac{\mathrm{d}\dot{x}}{\mathrm{d}x}\dot{x}+\dot{x}=\left(T\frac{\mathrm{d}\dot{x}}{\mathrm{d}x}+1\right)\dot{x}=-KM$$

令 $\alpha=\frac{\mathrm{d}\dot{x}}{\mathrm{d}x}$，得

$$\dot{x}=\frac{-KM}{T\alpha+1}\quad\text{（水平线）}$$

同理可得Ⅱ区的等倾斜线方程

$$\dot{x}=\frac{KM}{T\alpha+1}$$

计算列表（取 $K=T=M=h=1$），见表 7-3。

表 7-3 例 7-4 计算表

α	$-\frac{1}{2}$	0	1	∞	-3	-2	$-\frac{3}{2}$
Ⅰ区 $\frac{-1}{\alpha+1}$	-2	-1	$-\frac{1}{2}$	0	$\frac{1}{2}$	1	2
Ⅱ区 $\frac{1}{\alpha+1}$	2	1	$\frac{1}{2}$	0	$-\frac{1}{2}$	-1	-2

采用等倾斜线法绘制出系统相平面图如图 7-15 所示。由图可见，系统运动最终趋向于一条封闭的相轨迹，称之为“极限环”，它对应系统的一种稳定的周期运动，即自振。由相轨迹图可以看出，对于该系统而言，不论初始条件怎样，系统自由响应的最终形式总是自振。

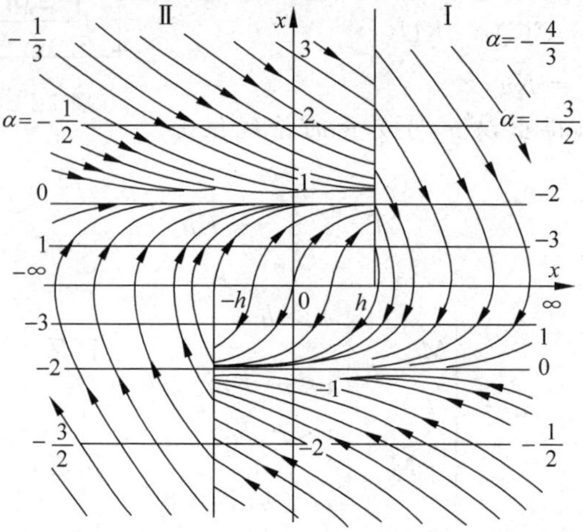

图 7-15　例 7-4 相平面图

极限环是非线性系统在相平面上的一条封闭的特殊相轨迹，它将相轨迹分成环内、环外两部分。极限环分为三种类型：稳定的、不稳定的和半稳定的。非线性系统的自振在相平面上对应一个稳定的极限环。

(1) 稳定的极限环

如果极限环内部和外部的相轨迹都逐渐向它逼近，则这样的极限环称为稳定的极限环，对应系统的自振运动，如图 7-16 所示。

(2) 不稳定的极限环

如果极限环内部和外部的相轨迹都逐渐远离它而去，这样的极限环称为不稳定的极限环，如图 7-17 所示。

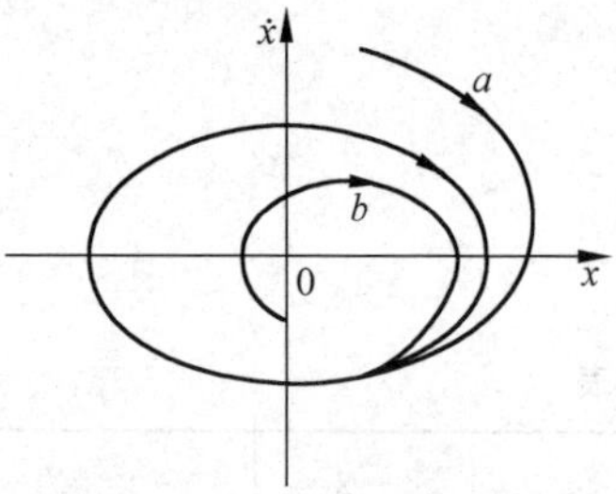

图 7-16　稳定极限环

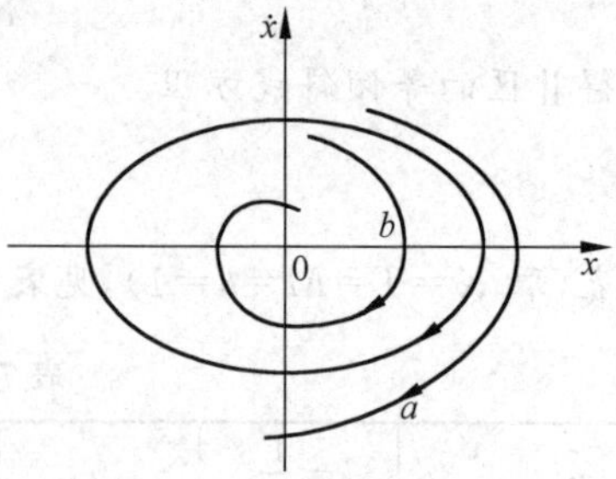

图 7-17　不稳定极限环

(3) 半稳定的极限环

如果极限环内部的相轨迹逐渐向它逼近，而外部的相轨迹逐渐远离于它(如图 7-18(a)所示)；或者反之,内部的相轨迹逐渐远离于它,而外部的相轨迹逐渐向它逼近(如图7-18(b)所示),这样的极限环称为半稳定极限环。具有这种极限环的系统不会产生自振,系统的运动或者趋于发散(见图7-18(a)),或者趋于收敛(见图7-18(b))。

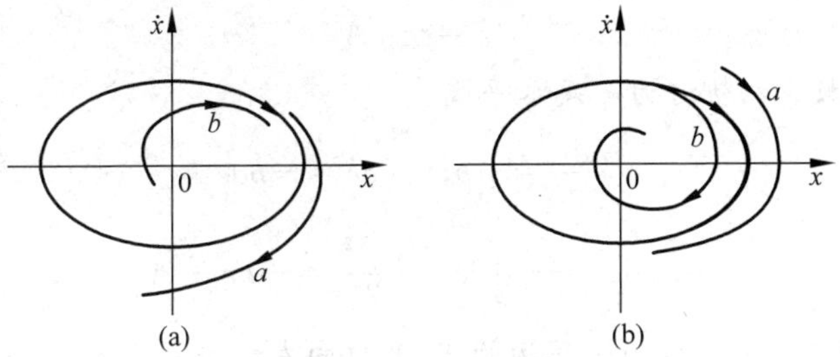

图7-18 半稳定极限环

非线性控制系统可能没有极限环,也可能有一个或多个极限环。

二阶零阻尼线性系统的相轨迹虽然是封闭的椭圆,但它不是极限环。

例7-5 已知非性系统结构图及非线性环节特性如图7-19所示。系统原来处于静止状态,$0<\beta<1$,$r(t)=-R1(t)$,$R>a$。分别绘出没有局部反馈和有局部反馈时系统相平面的大致图形。

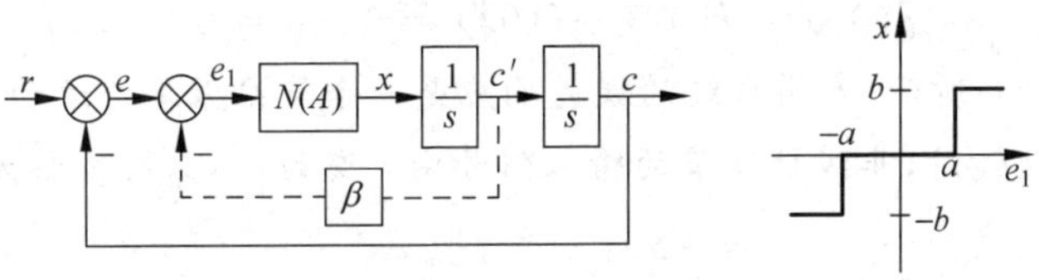

图7-19 非线性系统结构图及非线性环节特性

解 (1) 没有局部反馈时,$e_1=e$,由系统结构图可知$\dfrac{C(s)}{X(s)}=\dfrac{1}{s^2}$。系统运动方程为

$$\ddot{c}=x=\begin{cases}0, & (|e|<a)\\ b, & (e>a)\\ -b, & (e<-a)\end{cases}$$

因为

$$e=r-c,\quad r(t)=-R\times 1(t),\quad \dot{r}=\ddot{r}=0,\quad \ddot{e}=\ddot{r}-\ddot{c}=-\ddot{c}$$

以$\ddot{e}=-\ddot{c}$代入上式可得

$$\ddot{e}=\begin{cases}0, & (|e|<a,\text{Ⅰ 区})\\ -b, & (e>a,\text{Ⅱ 区})\\ b, & (e<-a,\text{Ⅲ 区})\end{cases}$$

因为$\ddot{e}=\dot{e}\dfrac{\mathrm{d}\dot{e}}{\mathrm{d}e}$,所以

Ⅰ区 $$\dot{e}\frac{d\dot{e}}{de}=0,\quad \dot{e}d\dot{e}=0$$

$$\int\dot{e}d\dot{e}=0,\quad \frac{(\dot{e})^2}{2}=c_1,\quad (\dot{e})^2=2c_1=A$$

得 $$\dot{e}=\pm\sqrt{A}$$

式中 A 为任意常数。相轨迹为一簇水平线。

Ⅱ区 $$\dot{e}\frac{d\dot{e}}{de}=-b,\quad \dot{e}d\dot{e}=-bde$$

$$\int\dot{e}d\dot{e}=-b\int de\quad \frac{(\dot{e})^2}{2}=-be+A$$

式中,A 为任意常数。相轨迹为一簇抛物线,开口向左。

Ⅲ区 $$\dot{e}\frac{d\dot{e}}{de}=b,\quad \dot{e}d\dot{e}=bde$$

$$\int\dot{e}d\dot{e}=\int bde,\quad \frac{(\dot{e})^2}{2}=be+A$$

式中,A 为任意常数。相轨迹为一簇抛物线,开口向右。

开关线方程 $e=a$,$e=-a$。它是 e-$\dot{e}$ 平面上两条垂直线。初始位置

$$e(0_+)=r(0_+)-c(0_+)=-R-0=-R$$

$$\dot{e}(0_+)=\dot{r}(0_+)-\dot{c}(0_+)=0-0=0$$

相轨迹如图 7-20(a)所示,表明系统的误差响应是一个等幅振荡的运动过程。

(2) 有局部反馈时,非线性环节的输入信号由 e 变为 e_1,系统方程为

$$\ddot{e}=-x$$

$$\ddot{e}=\begin{cases}0 & |e_1|<a \quad Ⅰ区\\ -b & e_1>a \quad Ⅱ区\\ b & e_1<-a \quad Ⅲ区\end{cases}$$

系统方程没有变,方程所表示的图形也没有变,只是分区的条件变了,开关线方程是 $e_1=a$,$e_1=-a$。要绘制 e-$\dot{e}$ 平面上的相轨迹,开关线方程必须消去中间变量 e_1,用 e 和 $\dot{e}$ 来表示。由系统结构图可知

$$e_1=e-\beta\dot{c}=e+\beta\dot{e}$$

令 $e_1=a$,即 $$e+\beta\dot{e}=a\quad \dot{e}=-\frac{1}{\beta}e+\frac{\alpha}{\beta}$$

令 $e_1=-a$,有

$$e+\beta\dot{e}=-a\quad \dot{e}=-\frac{1}{\beta}e-\frac{\alpha}{\beta}$$

开关线方程为两条斜率为 $-\frac{1}{\beta}$、在纵轴上截距分别为 $\frac{\alpha}{\beta}$ 和 $-\frac{\alpha}{\beta}$ 的斜线。当 $\dot{e}=0$ 时,e 分别等于 a 和 $-a$,如图 7-20(b)所示。

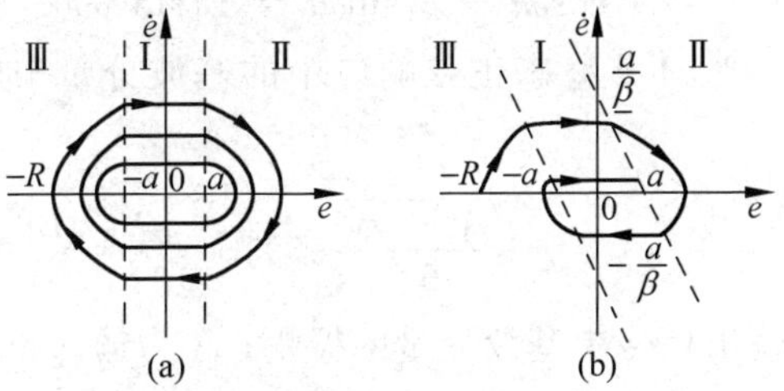

图 7-20　例 7-5 相轨迹图

相轨迹起始点的位置仍为

$$\dot{e} = 0 \quad e = -R$$

相轨迹如图 7-20(b)所示。可见,加入测速反馈时,系统振荡消除,系统响应最终会收敛。

7.3　描述函数法

描述函数法是 P. J. Daniel 在 1940 年首先提出的,描述函数法主要用来分析在没有输入信号作用时,一类非线性系统的稳定性和自振问题。这种方法不受系统阶次的限制,但有一定的近似性。另外,描述函数法只能用于研究系统的频率响应特性,不能给出时间响应的确切信息。

7.3.1　描述函数的基本概念

设非线性环节的输入-输出特性为

$$y = f(x)$$

在正弦信号 $x = A\sin\omega t$ 作用下,其输出 $y(t)$一般都是非正弦周期信号。把 $y(t)$展开为傅里叶级数

$$y(t) = A_0 + \sum_{n=1}^{\infty}(A_n\cos n\omega t + B_n\sin n\omega t) = A_0 + \sum_{n=1}^{\infty} Y_n\sin(n\omega t + \varphi_n)$$

式中

$$A_n = \frac{1}{\pi}\int_0^{2\pi} y(t)\cos n\omega t\,\mathrm{d}(\omega t) \tag{7-13a}$$

$$B_n = \frac{1}{\pi}\int_0^{2\pi} y(t)\sin n\omega t\,\mathrm{d}(\omega t) \tag{7-13b}$$

$$Y_n = \sqrt{A_n^2 + B_n^2} \tag{7-13c}$$

$$\varphi_n = \arctan\frac{A_n}{B_n} \tag{7-13d}$$

若非线性特性是中心对称的,则 $y(t)$具有奇次对称性,此时 $A_0 = 0$,输出 $y(t)$中的基波分量为

$$y_1(t) = A_1\cos\omega t + B_1\sin\omega t = Y_1\sin(\omega t + \varphi_1) \tag{7-14}$$

描述函数定义为非线性环节稳态正弦响应中的基波分量与输入正弦信号的复数比（幅值比，相角差），即

$$N(A) = \frac{Y_1}{A}\mathrm{e}^{\mathrm{j}\varphi_1} = \frac{\sqrt{A_1^2 + B_1^2}}{A}\mathrm{e}^{\mathrm{j}\arctan(A_1/B_1)} = \frac{B_1}{A} + \mathrm{j}\frac{A_1}{A} \tag{7-15}$$

式中，Y_1 为非线性环节输出信号中基波分量的振幅；A 为输入正弦信号的振幅。φ_1 为非线性环节输出信号中基波分量与输入正弦信号的相角差。

很明显，非线性特性的描述函数是线性系统频率特性概念的推广。利用描述函数的概念，在一定条件下可以借用线性系统频域分析方法来分析非线性系统的稳定性和自振运动。

描述函数的定义中，只考虑了非线性环节输出中的基波分量来描述其特性，而忽略了高次谐波的影响，这种方法称为谐波线性化。

应当注意，谐波线性化本质上不同于小扰动线性化，线性环节的频率特性与输入正弦信号的幅值无关，而描述函数则是输入正弦信号振幅的函数。因此，描述函数只是形式上借用了线性系统频率响应的概念，而本质上保留了非线性的基本特征。

7.3.2 典型非线性特性的描述函数

1. 饱和特性的描述函数

图 7-21 表示饱和特性及其在正弦信号 $x(t)=A\sin\omega t$ 作用下的输出波形。输出 $y(t)$ 的数学表达式为

$$y(t) = \begin{cases} KA\sin\omega t & 0 \leqslant \omega t \leqslant \psi_1 \\ Ka & \psi_1 \leqslant \omega t \leqslant \dfrac{\pi}{2} \end{cases}$$

式中，K 为线性部分的斜率；a 为线性区宽度，$\psi_1=\arcsin\dfrac{a}{A}$。

由于饱和特性是单值奇对称的，$y(t)$是奇函数，所以 $A_1=0$，$\psi_1=0$。因 $y(t)$具有半波和 1/4 波对称的性质，故 B_1 可按下式计算

$$\begin{aligned} B_1 &= \frac{1}{\pi}\int_0^{2\pi} y(t)\sin\omega t\,\mathrm{d}(\omega t) \\ &= \frac{4}{\pi}\int_0^{\psi_1} KA\sin^2\omega t\,\mathrm{d}(\omega t) + \frac{4}{\pi}\int_{\psi_1}^{\frac{\pi}{2}} Ka\sin\omega t\,\mathrm{d}(\omega t) \\ &= \frac{2KA}{\pi}\left[\arcsin\frac{a}{A} + \frac{a}{A}\sqrt{1-\left(\frac{a}{A}\right)^2}\right] \end{aligned}$$

由式(7-15)可得饱和特性的描述函数为

$$N(A) = \frac{B_1}{A} = \frac{2K}{\pi}\left[\arcsin\frac{a}{A} + \frac{a}{A}\sqrt{1-\left(\frac{a}{A}\right)^2}\right] \quad (A \geqslant a) \tag{7-16}$$

由式(7-16)可见，饱和特性的描述函数是一个与输入信号幅值 A 有关的实函数。

2. 死区特性的描述函数

图 7-22 表示死区特性及其在正弦信号 $x(t)=A\sin\omega t$ 作用下的输出波形。输出 $y(t)$ 的数学表达式为

$$y(t)=\begin{cases}0 & (0\leqslant\omega t\leqslant\psi)\\ K(A\sin\omega t-\psi) & (\psi\leqslant\omega t\leqslant\pi-\psi)\\ 0 & (\pi-\psi\leqslant\omega t\leqslant\pi)\end{cases}$$

式中，Δ 为死区宽度，K 为线性部分的斜率，$\psi=\arcsin\dfrac{\Delta}{A}$。死区特性是单值奇对称的，$y(t)$ 是奇函数，所以 $A_0=A_1=0$。

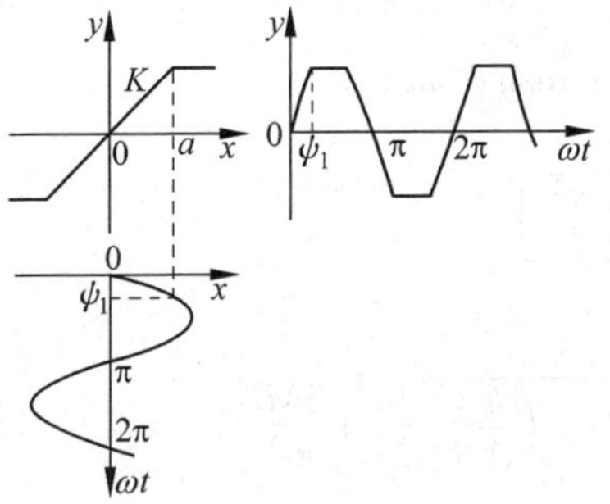

图 7-21 饱和特性及其输入-输出波形

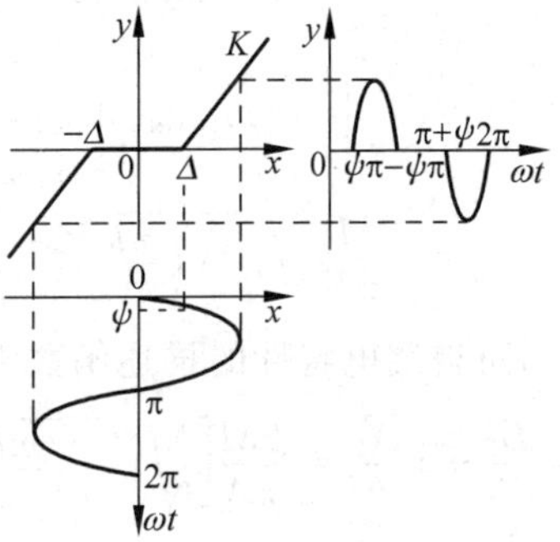

图 7-22 死区特性及输入-输出波形

$$B_1=\frac{1}{\pi}\int_0^{2\pi}y(t)\sin\omega t\,\mathrm{d}(\omega t)=\frac{4}{\pi}\int_0^{\frac{\pi}{2}}y(t)\sin\omega t\,\mathrm{d}(\omega t)$$

$$=\frac{4}{\pi}\int_{\psi}^{\frac{\pi}{2}}K(A\sin\omega t-\psi)\sin\omega t\,\mathrm{d}(\omega t)$$

$$=\frac{2KA}{\pi}\left[\frac{\pi}{2}-\arcsin\left(\frac{\Delta}{A}\right)-\left(\frac{\Delta}{A}\right)\sqrt{1-\left(\frac{\Delta}{A}\right)^2}\,\right]$$

由式(7-15)可得死区特性的描述函数为

$$N(A)=\frac{B_1}{A}=\frac{2K}{\pi}\left[\frac{\pi}{2}-\arcsin\left(\frac{\Delta}{A}\right)-\left(\frac{\Delta}{A}\right)\sqrt{1-\left(\frac{\Delta}{A}\right)^2}\,\right]\quad(A\geqslant\Delta)\tag{7-17}$$

可见，死区特性的描述函数也是输入信号幅值 A 的实函数。

3. 继电特性的描述函数

图 7-23 表示具有滞环和死区的继电特性及其在正弦信号 $x(t)=A\sin\omega t$ 作用下的输出波形。输出 $y(t)$ 的数学表达式为

$$y(t)=\begin{cases}0 & (0\leqslant \omega t\leqslant \psi_1)\\ M & (\psi_1\leqslant \omega t\leqslant \psi_2)\\ 0 & (\psi_2\leqslant \omega t\leqslant \pi)\end{cases}$$

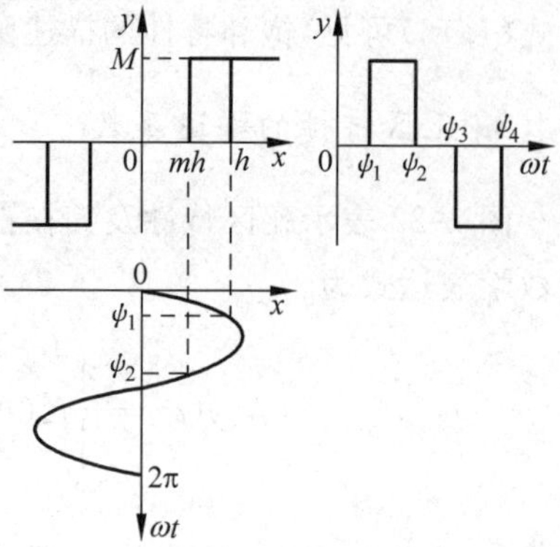

图 7-23　继电特性及其输入-输出波形

式中，M 为继电元件的输出值；$\psi_1=\arcsin\dfrac{h}{A}$；$\psi_2=\pi-\arcsin\dfrac{mh}{A}$。由于继电特性是非单值函数，在正弦信号作用下的输出波形既非奇函数也非偶函数，故须分别求 A_1 和 B_1。A_1 和 B_1 的计算式分别为

$$A_1=\frac{1}{\pi}\int_0^{2\pi}y(t)\cos\omega t\,\mathrm{d}(\omega t)$$

$$=\frac{2}{\pi}\int_{\psi_1}^{\psi_2}M\cos\omega t\,\mathrm{d}(\omega t)=\frac{2Mh}{\pi A}(m-1)$$

$$B_1=\frac{1}{\pi}\int_0^{2\pi}y(t)\sin\omega t\,\mathrm{d}(\omega t)=\frac{2}{\pi}\int_{\psi_1}^{\psi_2}M\sin\omega t\,\mathrm{d}(\omega t)$$

$$=\frac{2M}{\pi}\left[\sqrt{1-\left(\frac{mh}{A}\right)^2}+\sqrt{1-\left(\frac{h}{A}\right)^2}\right]$$

由式(7-15)可得继电特性的描述函数为

$$N(A)=\frac{B_1}{A}+\mathrm{j}\,\frac{A_1}{A}=\frac{2M}{\pi A}\left[\sqrt{1-\left(\frac{mh}{A}\right)^2}+\sqrt{1-\left(\frac{h}{A}\right)^2}\right]+\mathrm{j}\,\frac{2Mh}{\pi A^2}(m-1)\quad (A\geqslant h)\tag{7-18}$$

在式(7-18)中，令 $h=0$，就得到理想继电特性的描述函数

$$N(A)=\frac{4M}{\pi A}\tag{7-19}$$

在式(7-18)中，令 $m=1$，就得到三位置理想继电特性的描述函数

$$N(A)=\frac{4M}{\pi A}\sqrt{1-\left(\frac{h}{A}\right)^2}\quad (A\geqslant h)\tag{7-20}$$

在式(7-18)中，令 $m=-1$，就得到具有滞环的两位置继电特性的描述函数

$$N(A)=\frac{4M}{\pi A}\sqrt{1-\left(\frac{h}{A}\right)^2}-\mathrm{j}\,\frac{4Mh}{\pi A^2}\quad (A\geqslant h)\tag{7-21}$$

4. 典型非线性环节的串、并联等效

描述函数法适用于形式上只有一个非线性环节的控制系统，当有多个非线性环节串联或并联的情况时，需要等效成一个非线性特性来处理。

(1) 串联等效。非线性环节串联时，环节之间的位置不能相互交换，也不能采用将各环节描述函数相乘的方法。应该按信号流动的顺序，依次分析前面环节对后面环节的影响，推导出整个串联通路的输入输出关系。

例 7-6　两典型非线性环节串联后的结构图如图 7-24 所示，试求其描述函数。

解 依图 7-24,死区特性、饱和特性的数学表达式分别为

$$y=\begin{cases}K_1(x-\Delta) & (x>\Delta)\\ 0 & (|x|\leqslant\Delta)\\ K_1(x+\Delta) & (x<-\Delta)\end{cases},\quad z=\begin{cases}K_2a & (y>a)\\ K_2y & (|y|\leqslant a)\\ -K_2a & (y<-a)\end{cases}$$

对应饱和点有

$$y=a=K_1(x-\Delta)\ \Rightarrow\ x=\frac{a}{K_1}+\Delta$$

将上两式联立消去中间变量 y,可得

$$z=\begin{cases}K(b-\Delta) & (x>b)\\ K(x-\Delta) & (\Delta<x\leqslant b)\\ 0 & (|x|\leqslant\Delta)\\ K(x+\Delta) & (-b\leqslant x<-\Delta)\\ -K(b-\Delta) & (x<-b)\end{cases}$$

式中,$K=K_1K_2$,$b=\Delta+a/K_1$。显然,串联后的结果是一个死区-饱和特性,其输入输出特性如图 7-25 所示。相应的描述函数

$$N(A)=\frac{2K}{\pi}\left[\arcsin\frac{b}{A}-\arcsin\frac{\Delta}{A}+\frac{b}{A}\sqrt{1-\left(\frac{b}{A}\right)^2}-\frac{\Delta}{A}\sqrt{1-\left(\frac{\Delta}{A}\right)^2}\right]\quad (A\geqslant b)$$

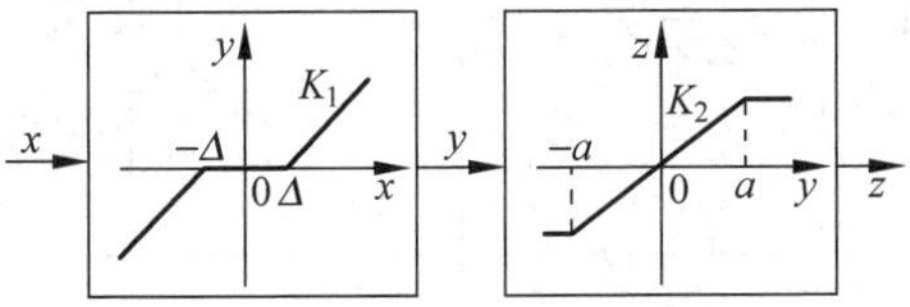

图 7-24 非线性环节串联

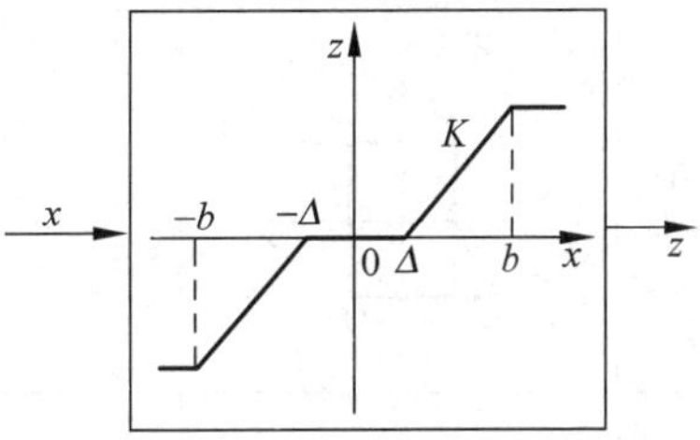

图 7-25 非线性环节串联等效

(2) 并联等效。根据描述函数的定义可以证明:非线性环节并联时,总的描述函数等于各非线性环节描述函数的代数和。

将常见非线性特性的描述函数列于表 7-4 中。由表可以看出,非线性特性的描述函数有以下特性:单值非线性特性的描述函数是实函数;非单值非线性特性的描述函数是复函数。

表 7-4 常见非线性特性的描述函数及其负倒描述函数曲线

类 型	非线性特性	描述函数 $N(A)$	负倒描述函数曲线 $-1/N(A)$
饱和特性	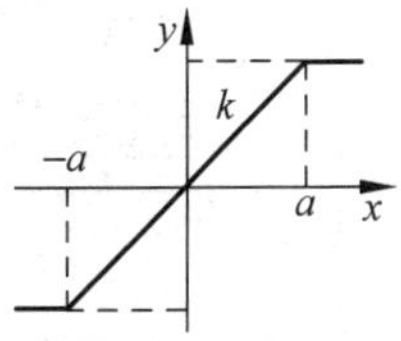	$\frac{2k}{\pi}\left[\arcsin\frac{a}{A}+\frac{a}{A}\sqrt{1-\left(\frac{a}{A}\right)^2}\right]$ $(A\geqslant a)$	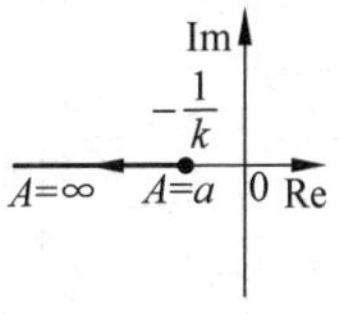

续表

类　型	非线性特性	描述函数 $N(A)$	负倒描述函数曲线 $-1/N(A)$
死区特性	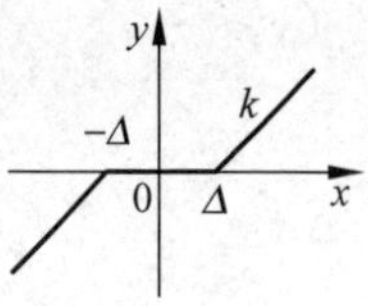	$\frac{2k}{\pi}\left[\frac{\pi}{2}-\arcsin\frac{\Delta}{A}-\frac{\Delta}{A}\sqrt{1-\left(\frac{\Delta}{A}\right)^2}\right]$ $(A\geqslant\Delta)$	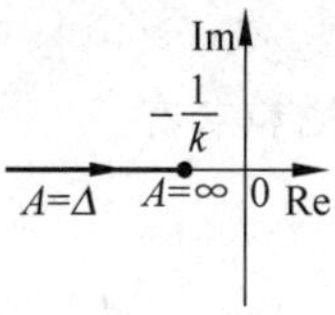
理想继电特性	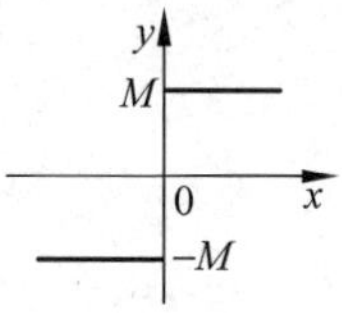	$\frac{4M}{\pi A}$	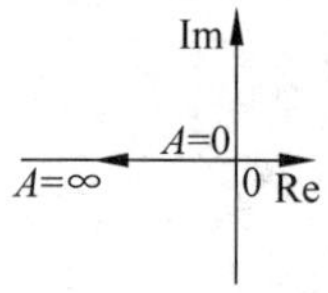
死区继电特性	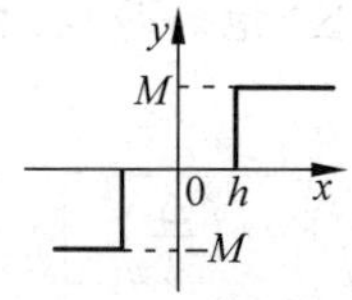	$\frac{4M}{\pi A}\sqrt{1-\left(\frac{h}{A}\right)^2}$ $(A\geqslant h)$	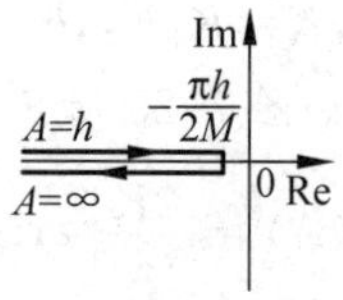
滞环继电特性	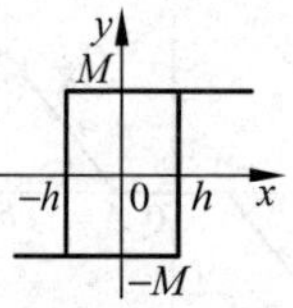	$\frac{4M}{\pi A}\sqrt{1-\left(\frac{h}{A}\right)^2}-\mathrm{j}\frac{4Mh}{\pi A^2}$ $(A\geqslant h)$	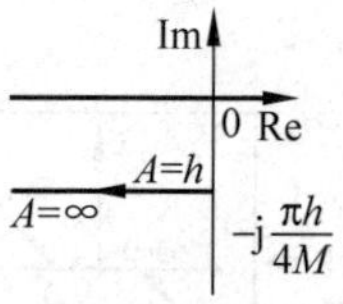
死区加滞环继电特性	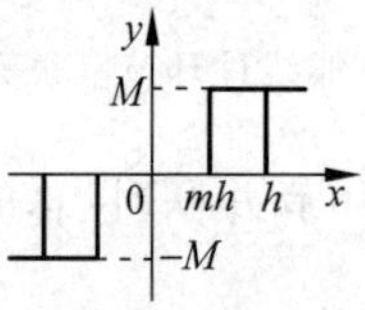	$\frac{2M}{\pi A}\left[\sqrt{1-\frac{(mh)^2}{A}}+\sqrt{1-\left(\frac{h}{A}\right)^2}\right]$ $+\mathrm{j}\frac{2Mh}{\pi A^2}(m-1)$ $(A\geqslant h)$	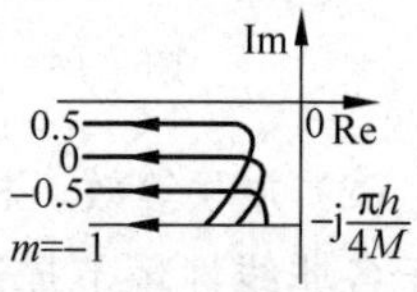
间隙特性	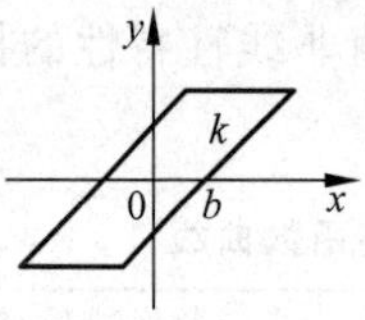	$\frac{k}{\pi}\left[\frac{\pi}{2}+\arcsin\left(1-\frac{2b}{A}\right)+2\left(1-\frac{2b}{A}\right)\sqrt{\frac{b}{A}\left(1-\frac{b}{A}\right)}\right]+$ $\mathrm{j}\frac{4kb}{\pi A}\left(\frac{b}{A}-1\right)$ $(A\geqslant b)$	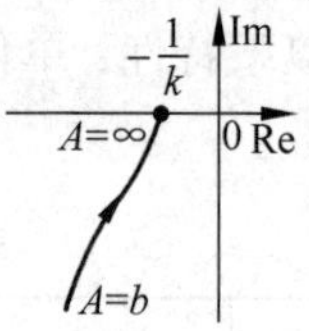
死区加饱和特性	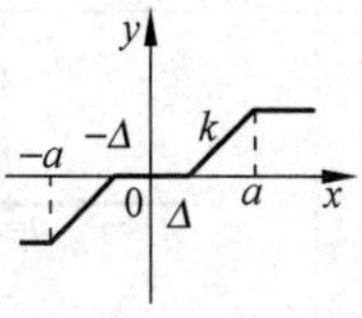	$\frac{2k}{\pi}\left[\arcsin\frac{a}{A}-\arcsin\frac{\Delta}{A}+\frac{a}{A}\sqrt{1-\left(\frac{a}{A}\right)^2}-\frac{\Delta}{A}\sqrt{1-\left(\frac{\Delta}{A}\right)^2}\right]$ $(A\geqslant a)$	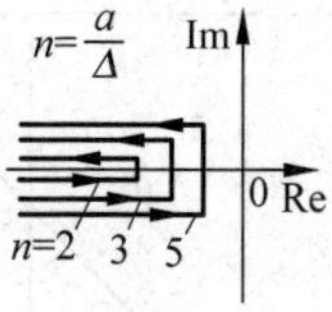

7.3.3 用描述函数法分析非线性系统

1. 运用描述函数法的基本假设

应用描述函数法分析非线性系统时,要求系统满足以下条件:

(1) 非线性系统的结构图可以简化成只有一个非线性环节 $N(A)$ 和一个线性部分 $G(s)$ 相串联的典型形式,如图 7-26 所示。

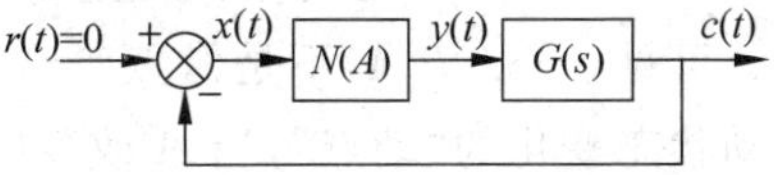

图 7-26 非线性系统典型结构图

(2) 非线性环节的输入、输出特性是奇对称的,即 $y(-x)=-y(x)$,保证非线性特性在正弦信号作用下的输出不包含常值分量,而且 $y(t)$ 中基波分量幅值占优。

(3) 线性部分具有较好的低通滤波性能。这样,当非线性环节输入正弦信号时,输出中的高次谐波分量将被大大削弱,因此闭环通道内近似只有基波信号流通。线性部分的阶次越高,低通滤波性能越好,用描述函数法所得结果的准确性也越高。

以上条件满足时,可以将非线性环节近似当作线性环节来处理,用其描述函数当作其"频率特性",借用线性系统频域法中的奈氏判据分析非线性系统的稳定性。

2. 非线性系统的稳定性分析

设非线性系统满足上述三个条件,其结构图如图 7-26 所示。图中 $G(s)$ 的极点均在左半 s 平面,则闭环系统的"频率特性"为

$$\Phi(\mathrm{j}\omega)=\frac{C(\mathrm{j}\omega)}{R(\mathrm{j}\omega)}=\frac{N(A)G(\mathrm{j}\omega)}{1+N(A)G(\mathrm{j}\omega)}$$

闭环系统的特征方程为

$$1+N(A)G(\mathrm{j}\omega)=0$$

或

$$G(\mathrm{j}\omega)=-\frac{1}{N(A)} \tag{7-22}$$

式中,$-1/N(A)$ 叫做非线性特性的负倒描述函数。这里,我们将它理解为广义$(-1,\mathrm{j}0)$点。由奈氏判据 $Z=P-2N$ 可知,当 $G(s)$ 在右半 s 平面没有极点时,$P=0$,要使系统稳定,要求 $Z=0$,意味着 $G(\mathrm{j}\omega)$ 曲线不能包围 $-1/N(A)$ 曲线,否则系统不稳定。由此可以得出判定非线性系统稳定性的推广奈氏判据;其内容如下:

若 $G(\mathrm{j}\omega)$ 曲线不包围 $-1/N(A)$ 曲线,则非线性系统稳定;若 $G(\mathrm{j}\omega)$ 曲线包围 $-1/N(A)$ 曲线,则非线性系统不稳定;若 $G(\mathrm{j}\omega)$ 曲线与 $-1/N(A)$ 有交点,则在交点处必然满足式(7-22),对应非线性系统的等幅周期运动;如果这种等幅运动能够稳定地持续下去,便是系统的自振。

3. $-1/N(A)$ 曲线的绘制及其特点

以理想继电特性为例。理想继电特性的描述函数为

$$N(A)=\frac{4M}{\pi A}$$

负倒描述函数为

$$-\frac{1}{N(A)}=\frac{-\pi A}{4M}$$

当 $A=0\to\infty$ 变化时，$-1/N(A)$ 在复平面中对应描出从原点沿负实轴趋于 $-\infty$ 的直线，如图 7-27 所示，称之为负倒描述函数曲线。

可见，$-1/N(A)$ 不是像点 $(-1,\mathrm{j}0)$ 那样是在负实轴上的固定点，而是随非线性系统运动状态变化的"动点"，当 A 改变时，该点沿负倒描述函数曲线移动。

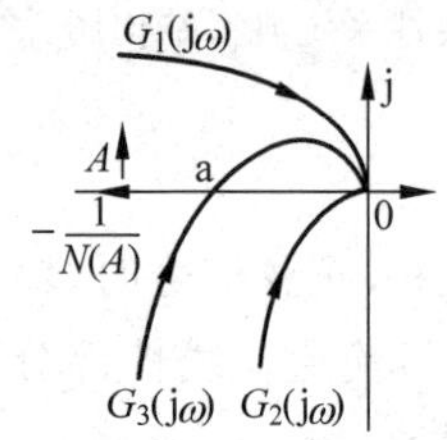

图 7-27 非线性系统稳定性分析

依据非线性特性的描述函数 $N(A)$，写出 $-1/N(A)$ 表达式，令 A 从小到大取值，并在复平面上描点，就可以绘出对应的负倒描述函数曲线。表 7-4 中给出了常见非线性特性对应的负倒描述函数曲线，供分析时查用。

在图 7-27 中，若 $G(s)$ 是 2 型三阶系统，幅相特性曲线如图 7-27 中 $G_1(\mathrm{j}\omega)$ 所示。这时 $G_1(\mathrm{j}\omega)$ 将 $-1/N(A)$ 曲线完全包围，非线性系统不稳定；若 $G(s)$ 是二阶系统，其幅相特性曲线如 $G_2(\mathrm{j}\omega)$ 所示，$G_2(\mathrm{j}\omega)$ 没有包围 $-1/N(A)$ 曲线，此时非线性系统稳定；若 $G(s)$ 的幅相曲线如 $G_3(\mathrm{j}\omega)$ 所示，与 $-1/N(A)$ 有交点 a，对应系统存在周期运动，如果周期运动能稳定地持续下去，便是自振。

4. 自振分析

(1) 自振的确定(定性分析)。自振是在没有外部激励条件下，系统内部自身产生的稳定的周期运动，即当系统受到轻微扰动作用时偏离原来的周期运动状态，在扰动消失后，系统运动能重新回到原来的等幅振荡过程。

当 $G(\mathrm{j}\omega)$ 曲线与 $-1/N(A)$ 曲线有交点时，在交点处必然满足条件

$$G(\mathrm{j}\omega)=-\frac{1}{N(A)}$$

即

$$G(\mathrm{j}\omega)N(A)=-1 \tag{7-23}$$

或

$$\begin{cases}|N(A)||G(\mathrm{j}\omega)|=1\\ \angle N(A)+\angle G(\mathrm{j}\omega)=-\pi\end{cases} \tag{7-24}$$

参照图 7-26，可以看出式(7-23)的意义。它表明，在无外作用的情况下，正弦信号 $x(t)$ 经过非线性环节和线性环节后，输出信号 $c(t)$ 幅值不变，相角正好相差了 180°，经反馈口反相后，恰好与输入信号相吻合，系统输出满足自身输入的需求，因此系统可能产生不衰减的振荡。所以，式(7-23)是系统自振的必要条件。

设非线性系统的 $G(\mathrm{j}\omega)$ 曲线与 $-1/N(A)$ 曲线有两个交点 M_1 和 M_2，如图 7-28 所示，这说明系统中可能产生两个不同振幅和频率的周期运动，这两个周期运动是否都能够维持下去，需要具体分析。

假设系统原来工作在点 M_1，如果受到外界干扰，使非线性特性的输入振幅 A 增大，

则工作点将由点 M_1 移至点 B，由于点 B 不被 $G(j\omega)$ 曲线包围，系统呈现稳定的趋势，振荡衰减，振幅 A 自行减小，工作点将回到点 M_1。反之，如果系统受到干扰使振幅 A 减小，则工作点将由点 M_1 移至点 C，点 C 被 $G(j\omega)$ 曲线包围，系统不稳定，振荡加剧，振幅 A 会增大，工作点将从点 C 回到点 M_1。这说明点 M_1 表示的周期运动受到扰动后能够维持，所以点 M_1 是自振点。

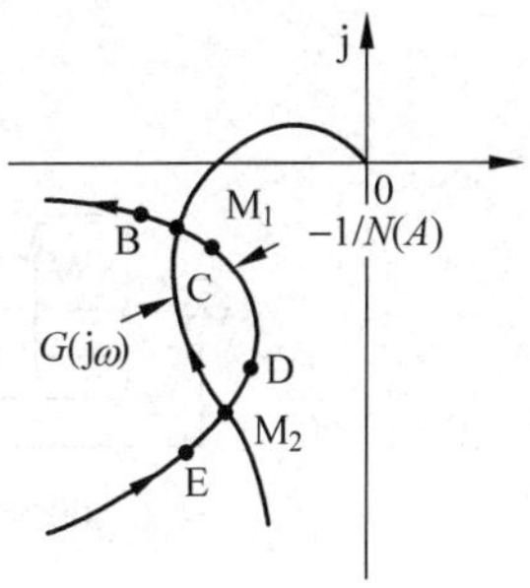

图 7-28 自振分析

又假设系统原来工作在点 M_2，如果受到干扰后使输入振幅 A 增大，则工作点将由点 M_2 移至点 D，由于点 D 被 $G(j\omega)$ 曲线包围，系统振荡加剧，工作点进一步离开点 M_2 向点 M_1 移动。反之，如果系统受到干扰使振幅 A 减小，则工作点将由点 M_2 移至点 E，点 E 不被 $G(j\omega)$ 曲线包围，振幅 A 将继续减小，直至振荡消失，因此点 M_2 对应的周期运动是不稳定的。系统在工作时扰动总是不可避免的，因此不稳定的周期运动实际上不可能出现。

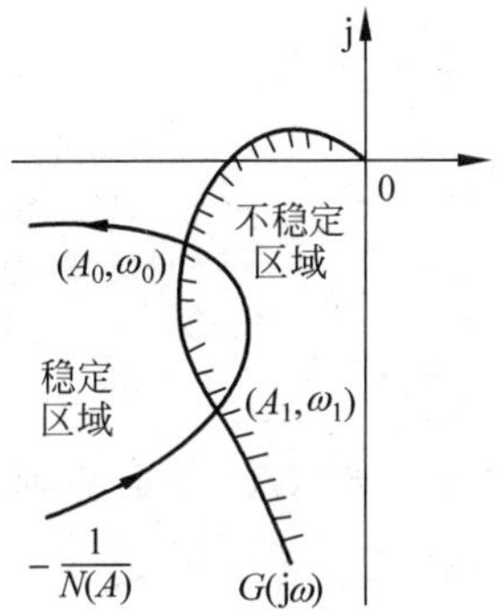

图 7-29 自振分析

综上所述，非线性系统周期运动的稳定性可以这样来判断：在复平面上，将(最小相角的)线性部分 $G(j\omega)$ 曲线所包围的区域看成是不稳定区域，而不被 $G(j\omega)$ 曲线包围的区域是稳定区域，如图 7-29 所示。当交点处的 $-1/N(A)$ 曲线沿着振幅 A 增加的方向由不稳定区进入稳定区时，则该交点是自振点。反之，当交点处的 $-1/N(A)$ 曲线沿着振幅 A 增加的方向由稳定区进入不稳定区时，该点不是自振点。所对应的周期运动实际上不能持续下去。这时，该点的幅值 A_1 确定了一个边界，当 $x(t)$ 起始振幅小于 A_1 时，系统过程收敛；反之，系统运动过程趋于发散或趋向于另一个幅值更大的自振运动。

(2) 自振参数的计算(定量计算)。如果存在自振点，必然对应系统的自振运动，自振的幅值和频率分别由 $-1/N(A)$ 曲线和 $G(j\omega)$ 曲线在自振点处的 A 和 ω 决定，利用自振的必要条件式(7-23)可以求出 A 和 ω。

例 7-7 如图 7-30(a)所示非线性系统，$M=1$，$K=10$，试分析系统的稳定性，如果系统存在自振，确定自振参数。

解 理想继电特性描述函数为

$$N(A)=\frac{4M}{\pi A}=\frac{4}{\pi A}$$

将 $G(j\omega)$ 曲线与 $-1/N(A)$ 曲线同时绘制在复平面上，如图 7-30(b)所示。可以判定，系统自由响应的最终形式一定是自振。

依据自振条件

$$N(A)G(j\omega)=-1$$

可得

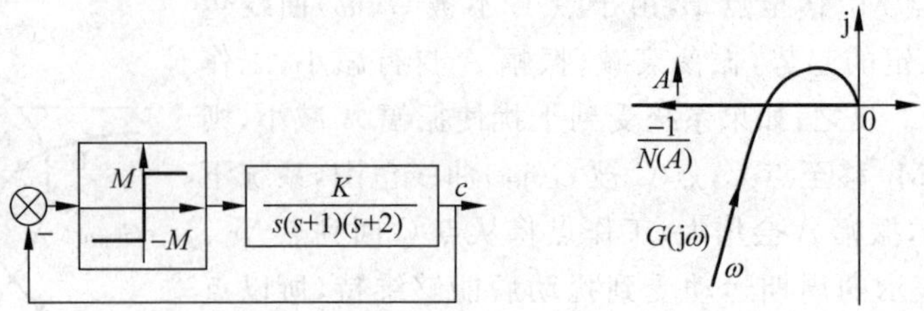

(a) 非线性系统结构图　　(b) $\frac{-1}{N(A)}$和$G(j\omega)$曲线图

图 7-30　例 7-7 图

$$\frac{4}{\pi A}\frac{10}{j\omega(1+j\omega)(2+j\omega)}=-1$$

$$\frac{40}{\pi A}=-j\omega(1+j\omega)(2+j\omega)=3\omega^2-j\omega(2-\omega^2)$$

比较实部和虚部有

$$\frac{40}{\pi A}=3\omega^2,\quad \omega(2-\omega^2)=0$$

解得

$$A=\frac{40}{6\pi}=2.122,\ \omega=\sqrt{2}$$

所以，系统自振振幅$A=2.122$，自振频率$\omega=\sqrt{2}$。

例 7-8　如图 7-31(a)所示非线性系统，$M=1$。要使系统产生$\omega=1,A=4$的周期信号，试确定参数K,τ的值。

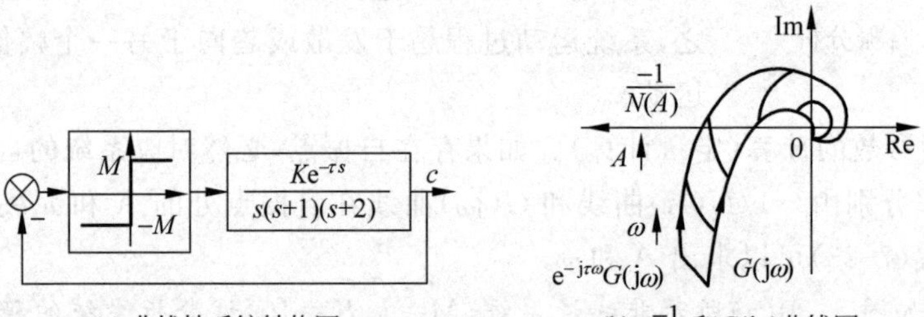

(a) 非线性系统结构图　　(b) $\frac{-1}{N(A)}$和$G(j\omega)$曲线图

图 7-31　例 7-8 题图

分析　绘出$-1/N(A)$曲线和$G(j\omega)$曲线如图 7-31(b)所示，当K改变时，只影响系统自振振幅A，而不改变自振频率ω；而当$\tau\neq0$时，会使自振频率降低，幅值增加。因此可以调节K,τ实现要求的自振运动。

解　由自振条件

$$N(A)G(j\omega)e^{-j\tau\omega}=-1$$

可得

$$\frac{4M}{\pi A}\frac{K\mathrm{e}^{-\mathrm{j}\omega\tau}}{\mathrm{j}\omega(1+\mathrm{j}\omega)(2+\mathrm{j}\omega)}=-1$$

$$\frac{4MK\mathrm{e}^{-\mathrm{j}\omega\tau}}{\pi A}=3\omega^2-\mathrm{j}\omega(2-\omega^2)=\omega\sqrt{4+5\omega^2+\omega^4}\angle\left(-\arctan\frac{2-\omega^2}{3\omega}\right)$$

代入 $M=1, A=4, \omega=1$ 并比较模和相角，得

$$\begin{cases}\dfrac{K}{\pi}=\sqrt{10}\\ \tau=\arctan\dfrac{1}{3}\end{cases}$$

解出 $K=\sqrt{10}\pi=9.93, \tau=\arctan(1/3)=0.322$。即当参数 $K=9.93, \tau=0.322$ 时，系统可以产生振幅 $A=4$，频率 $\omega=1$ 的自振运动。

例 7-9 已知非线性系统结构图如图 7-32(a)所示(图中 $M=h=1$)。

(1) 当 $G_1(s)=\dfrac{1}{s(s+1)}, G_2(s)=\dfrac{2}{s}, G_3(s)=1$ 时，试分析系统是否会产生自振，若产生自振，求自振的幅值和频率；

(2) 当(1)中的 $G_3(s)=s$ 时，试分析对系统的影响。

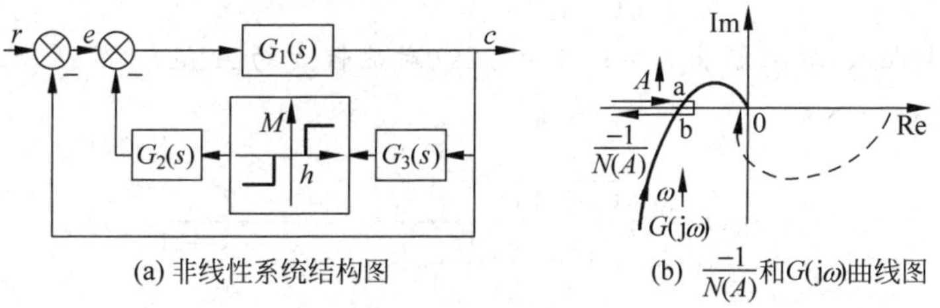

(a) 非线性系统结构图 (b) $\frac{-1}{N(A)}$ 和 $G(\mathrm{j}\omega)$ 曲线图

图 7-32 例 7-9 图

解 首先将结构图简化成非线性部分 $N(A)$ 和等效线性部分 $G(s)$ 相串联的结构形式，如图 7-33 所示。

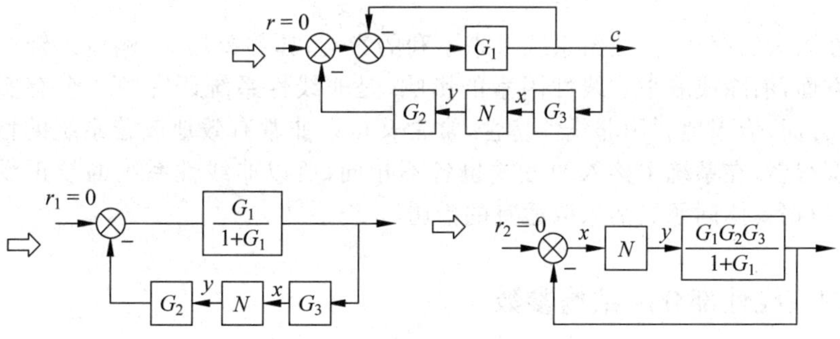

图 7-33 结构图化简过程图

所以，等效线性部分的传递函数为

$$G(s)=\frac{G_1(s)G_2(s)G_3(s)}{1+G_1(s)}=\frac{\dfrac{1}{s(s+1)}\times\dfrac{2}{s}\times 1}{1+\dfrac{1}{s(s+1)}}=\frac{2}{s(s^2+s+1)}$$

非线性部分的描述函数为

$$N(A)=\frac{4M}{\pi A}\sqrt{1-\left(\frac{h}{A}\right)^2}$$

绘出 $-1/N(A)$ 和 $G(\mathrm{j}\omega)$ 曲线如图 7-32(b)所示。可见 $-1/N(A)$ 曲线在 a 点穿入 $G(\mathrm{j}\omega)$ 曲线后，又在 b 点(与 a 点位置相同，但对应较大的 A 值)穿出 $G(\mathrm{j}\omega)$ 曲线，系统存在自振点 b。由自振条件可得

$$-N(A)=\frac{1}{G(\mathrm{j}\omega)}$$

$$\frac{-4M}{\pi A}\sqrt{1-\left(\frac{h}{A}\right)^2}=\frac{\mathrm{j}\omega(1-\omega^2+\mathrm{j}\omega)}{2}=\frac{-\omega^2}{2}+\mathrm{j}\,\frac{\omega(1-\omega^2)}{2}$$

比较实部、虚部，得

$$\begin{cases}\dfrac{4M}{\pi A}\sqrt{1-\left(\dfrac{h}{A}\right)^2}=\dfrac{\omega^2}{2}\\ 1-\omega^2=0\end{cases}$$

将 $M=1$，$h=1$ 代入，联立解出 $\omega=1$，$A=2.29$(对应较大的 A 值)。

(2) 当 $G_3(s)=s$ 时

$$G(s)=\frac{\dfrac{1}{s(s+1)}\times\dfrac{2}{s}\times s}{1+\dfrac{1}{s(s+1)}}=\frac{2}{s^2+s+1}$$

$G(\mathrm{j}\omega)$ 如图 7-32(b)中虚线所示，此时 $G(\mathrm{j}\omega)$ 不包围 $-1/N(A)$ 曲线，系统稳定。可见，适当改变系统的结构和参数可以避免自振。

7.4 改善非线性系统性能的措施

非线性因素的存在，往往给系统带来不利的影响，如静差增大、响应迟钝或发生自振等等。一方面，消除或减小非线性因素的影响，是非线性系统研究中一个有实际意义的课题，另一方面，恰当地利用非线性特性，常常又可以非常有效地改善系统的性能。非线性特性类型很多，在系统中接入的方式也各不相同，所以非线性系统的校正没有通用的方法，需要根据具体问题灵活采取适宜的措施。

7.4.1 调整线性部分的结构参数

1. 改变参数

如在例 7-9 中，减小线性部分增益，$G(\mathrm{j}\omega)$ 曲线会收缩，当 $G(\mathrm{j}\omega)$ 曲线与 $-1/N(A)$ 曲

线不再相交时，自振消失。由于 $G(j\omega)$ 曲线不再包围 $-1/N(A)$ 曲线，闭环系统能够稳定工作。

2. 利用反馈校正方法

如图 7-34(a)所示系统，为了消除系统自身固有的自振，可在线性部分加入局部反馈，如图中虚线所示。适当选取反馈系数，可以改变线性环节幅相特性曲线的形状，使校正后的 $G_1(j\omega)$ 曲线不再与负倒描述函数曲线相交，如图 7-34(b)所示，故自振不复存在。从而保证了系统的稳定性。

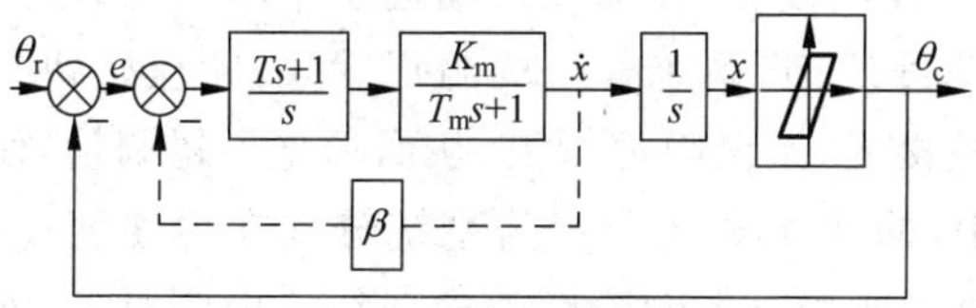

(a) 非线性系统结构图

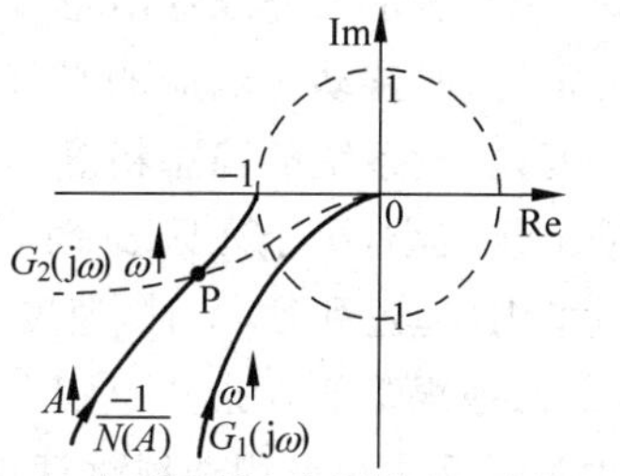

(b) 幅相曲线和负倒描述函数曲线

图 7-34　引入反馈消除自振

加入局部反馈后，系统由原来的 2 型变为 1 型，将带来稳态速度误差，这是不利的一面。

7.4.2　改变非线性特性

系统部件中固有的非线性特性，一般是不易改变的，要消除或减小其对系统的影响，可以引入新的非线性特性。举一个例子说明。设 N_1 为饱和特性，若选择 N_2 为死区特性，并使死区范围 Δ 等于饱和特性的线性段范围，且保持二者线性段斜率相同，则并联后总的输入、输出特性为线性特性，如图 7-35 所示。

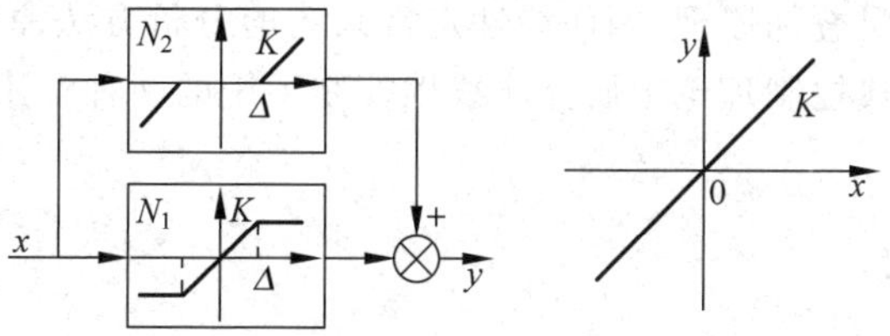

图 7-35　死区特性和饱和特性并联

由描述函数也可以证明

$$N_1(X) = \frac{2K}{\pi}\left[\arcsin\frac{\Delta}{A} + \frac{\Delta}{A}\sqrt{1-\left(\frac{\Delta}{A}\right)^2}\right]$$

$$N_2(X)=\frac{2K}{\pi}\left[\frac{\pi}{2}-\arcsin\frac{\Delta}{A}-\frac{\Delta}{A}\sqrt{1-\left(\frac{\Delta}{A}\right)^2}\right]$$

故

$$N_1(A)+N_2(A)=K$$

7.4.3 非线性特性的利用

非线性特性可以给系统的控制性能带来许多不利的影响，但是如果运用得当，有可能获得线性系统所无法实现的理想效果。

图 7-36 所示为非线性阻尼控制系统结构图。在线性控制中，常用速度反馈来增加系统的阻尼，改善动态响应的平稳性。但是这种校正在减小超调的同时，往往降低了响应的速度，影响系统的稳态精度。采用非线性校正，在速度反馈通道中串入死区特性，则系统输出量较小，小于死区 ε_0 时，没有速度反馈，系统处于弱阻尼状态，响应较快。而当输出量增大，超过死区 ε_0 时，速度反馈被接入，系统阻尼增大，从而抑止了超调量，使输出快速、平稳地跟踪输入指令。图 7-37 中，曲线 1,2,3 所示为系统分别在无速度反馈、采用线性速度反馈和采用非线性速度反馈三种情况下的阶跃响应曲线。由图可见，非线性速度反馈时，系统的动态过程(曲线 3)既快又稳，系统具有良好的动态性能。

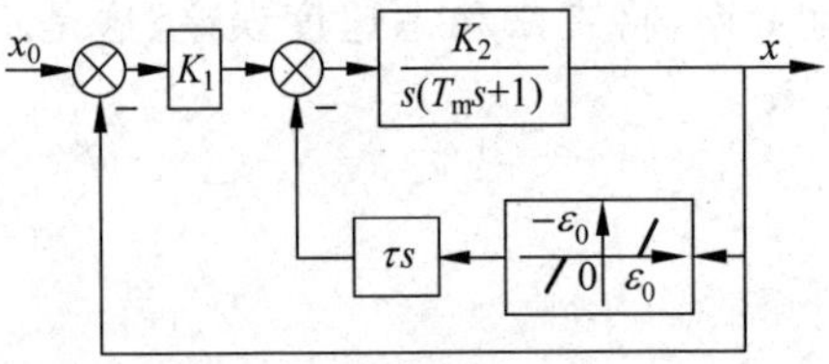

图 7-36 非线性阻尼控制

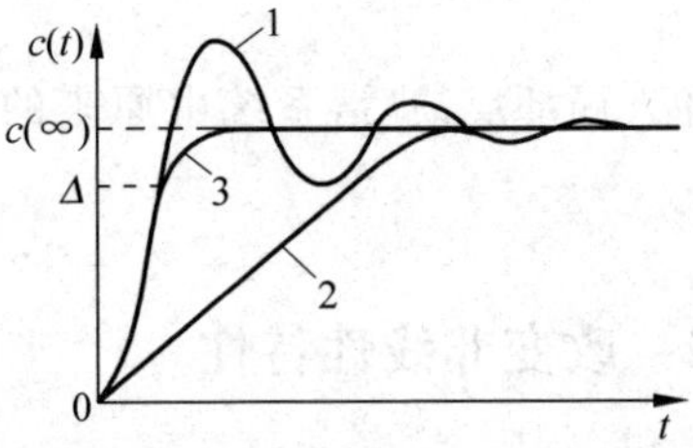

图 7-37 非线性阻尼下的阶跃响应

7.5 小结

非线性系统不满足叠加原理，因而线性定常系统的分析方法原则上不适用于非线性系统。本章介绍了经典控制理论中研究非线性控制系统的两种常用方法：相平面法和描述函数法。

1. 本章内容提要

相平面分析法是研究二阶非线性系统的一种图解方法。画出相平面图，可以清楚地反映系统在不同初始条件下的自由运动规律。利用相平面法还可以研究系统的阶跃响应和斜坡响应。

描述函数法主要用于分析一类非线性系统的稳定性和自振。利用该方法时，要把系统的结构图变换为图 7-26 所示的典型形式；非线性特性应该具有奇对称性；系统的线性部分要有良好的低通滤波特性。

描述函数法是一种工程近似方法，其结果的准确度在很大程度上取决于高次谐波成分被衰减的程度，这取决于非线性环节在正弦信号作用下输出高次谐波分量所占的比例以及线性部分的低通滤波性能。描述函数法不受系统阶数的限制，高阶系统的分析准确度比低阶系统高。另外，在曲线 $G(j\omega)$ 与 $-1/N(A)$ 垂直相交或近似垂直相交的情况下，求出的自振参数准确度高；若两曲线相切或近似相切，则结果的准确度较差。

2. 知识脉络图

- 相平面法：结构图 —(变量代换)→ 系统微分方程
  - 奇点分析
    - 奇点的计算
    - 奇点的稳定性
    - 奇点邻域的相轨迹
  - 系统分析 —(绘制相轨迹：解析法、等倾斜线法、线性二阶奇点类型)→
    - 动态特性
    - 性能分析
- 描述函数法： —(结构图（化为典型形式）)→
  - 定性分析：$-1/N(A)$、$G(j\omega)$
    - 无交点：分析稳定性
    - 有交点：确定自振点
  - 自振参数计算：$N(A)\cdot G(j\omega)=-1\rightarrow \begin{cases}A\\ \omega\end{cases}$

习题

7-1 设一阶非线性系统的微分方程为

$$\dot{x}=-x+x^3$$

试确定系统有几个平衡状态，分析平衡状态的稳定性，并绘出系统的相轨迹。

7-2 已知非线性系统的微分方程为

(1) $\ddot{x}+(3\dot{x}-0.5)\dot{x}+x+x^2=0$；

(2) $\ddot{x}+x\dot{x}+x=0$；

(3) $\ddot{x}+\sin x=0$。

试求系统的奇点，并概略绘制奇点附近的相轨迹图。

7-3 已知二阶线性系统 $\ddot{x}+a\dot{x}+bx=0$ 有两个实特征根 s_1 和 s_2，试证明直线 $\dot{x}=s_1x$ 和 $\dot{x}=s_2x$ 是系统相轨迹场中的两根相轨迹。

7-4 试确定下列方程的奇点及其类型，并用等倾斜线法绘制相平面图。

(1) $\ddot{x}+\dot{x}+|x|=0$；

(2) $\begin{cases}\dot{x}_1=x_1+x_2\\ \dot{x}_2=2x_1+x_2\end{cases}$

7-5 非线性系统的结构图如图 7-38 所示。系统开始是静止的，输入信号 $r(t)=4\times1(t)$，试写出开关线方程，确定奇点的位置和类型，画出该系统的相平面图，并分析系统的运动特点。

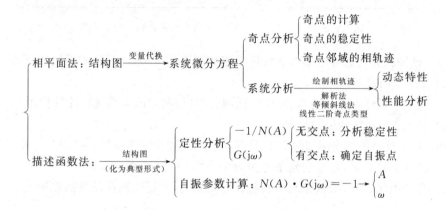

7-6 某控制系统采用非线性反馈改善系统性能，系统结构图如图 7-39 所示。试绘制系统单位阶跃响应的相轨迹图。

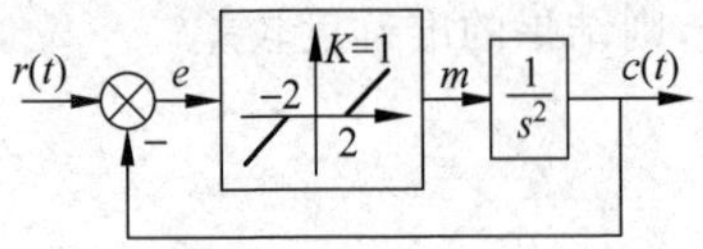

图 7-38 题 7-5 图

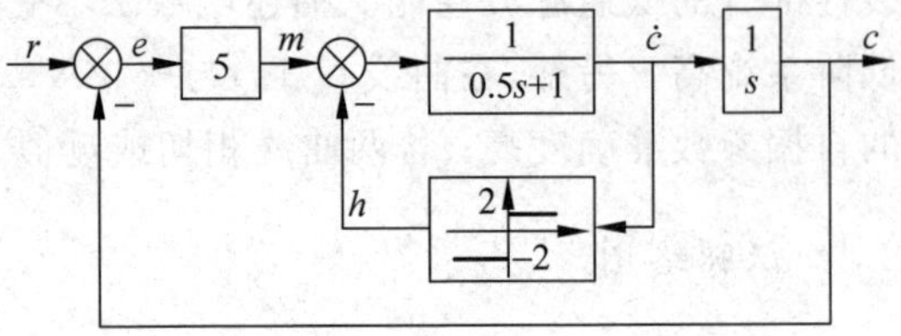

图 7-39 题 7-6 图

7-7 已知具有理想继电器的非线性系统如图 7-40 所示。试用相平面法分析：

(1) $T_d=0$ 时系统的运动；

(2) $T_d=0.5$ 时系统的运动，并说明比例-微分控制对改善系统性能的作用；

(3) $T_d=2$ 时系统的运动特点。

7-8 非线性系统结构图如图 7-41 所示，其中，非线性特性参数 $a=0.5$，$K=8$。要求：

(1) 当开关打开时，绘制初始条件为 $e(0)=2$，$\dot{e}(0)=0$ 的相轨迹；

(2) 当开关闭合时，绘制相同初始条件的相轨迹，并说明测速反馈的作用。

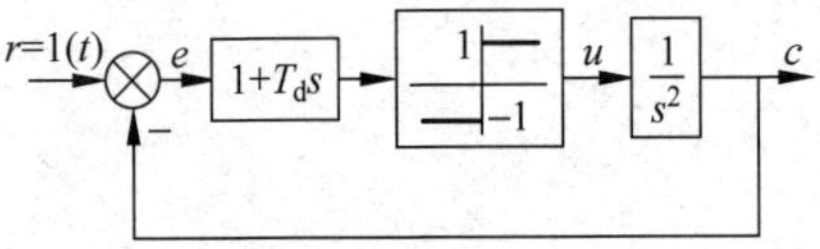

图 7-40 题 7-7 图

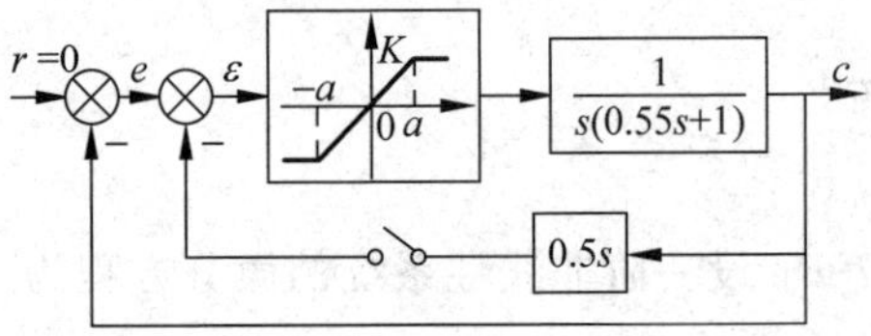

图 7-41 题 7-8 图

7-9 试推导非线性特性 $y=x^3$ 的描述函数。

7-10 三个非线性系统的非线性环节一样，线性部分分别为

(1) $G(s)=\dfrac{1}{s(0.1s+1)}$

(2) $G(s)=\dfrac{2}{s(s+1)}$

(3) $G(s)=\dfrac{2(1.5s+1)}{s(s+1)(0.1s+1)}$

试问用描述函数法分析时，哪个系统分析的准确度高？

7-11 将图 7-42 所示非线性系统简化成环节串联的典型结构图形式，并写出线性部分的传递函数。

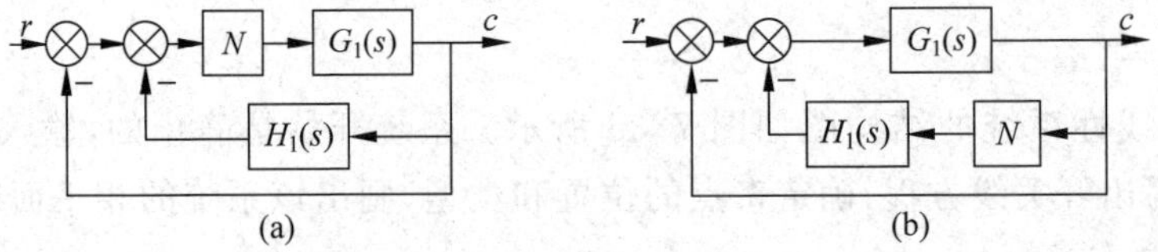

图 7-42 题 7-11 图

7-12 判断图 7-43 中所示各系统是否稳定；$-1/N(A)$与$G(\mathrm{j}\omega)$两曲线的交点是否为自振点。

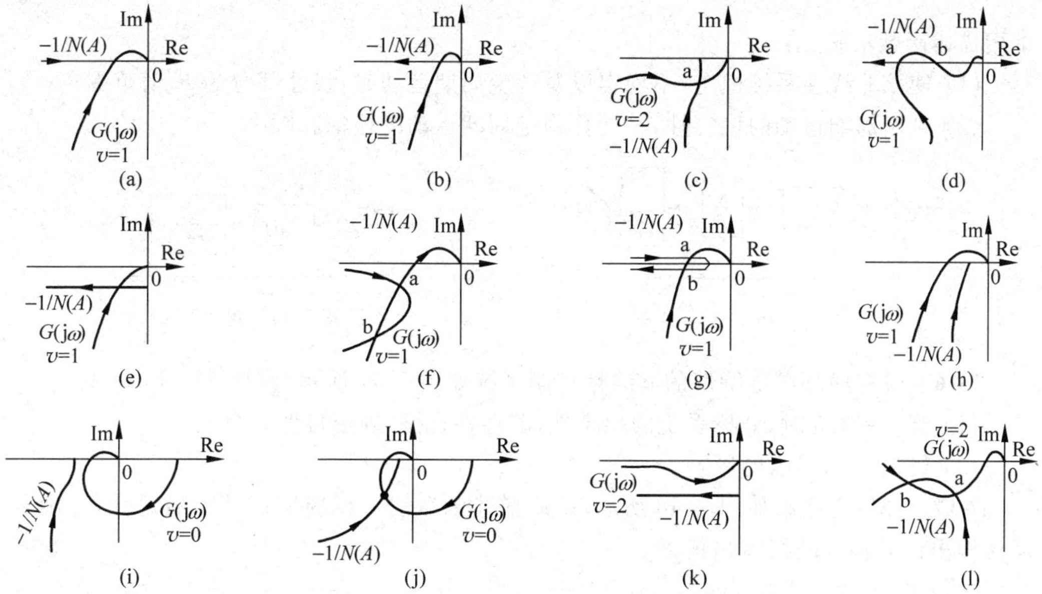

图 7-43 自振分析

7-13 非线性控制系统的结构图如图 7-44(a)所示，其中线性部分的幅相特性曲线如图 7-44(b)所示，非线性特性示于图 7-44(c)～图 7-44(g)。试应用描述函数法分析含图 7-44(c)～图 7-44(g)所示典型非线性特性的系统稳定性。

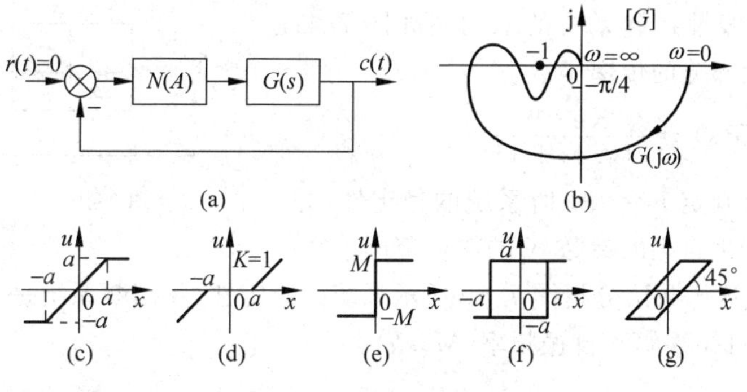

图 7-44 稳定性分析

7-14 某非线性控制系统的结构图如图 7-45 所示，其中$G_c(s)$为线性校正环节的传递函数。若取$G_c(s)=\dfrac{a\tau s+1}{\tau s+1}$，试分析：

(1) $0<a<1$

(2) $a>1$

时系统的稳定性。

7-15 已知非线性系统的结构图如图 7-46 所示。图中非线性环节的描述函数为

$$N(A)=\frac{A+6}{A+2}\quad (A>0)$$

试用描述函数法确定：

(1) 使该非线性系统稳定、不稳定以及产生周期运动时，线性部分的 K 值范围；

(2) 判断周期运动的稳定性，并计算稳定周期运动的振幅和频率。

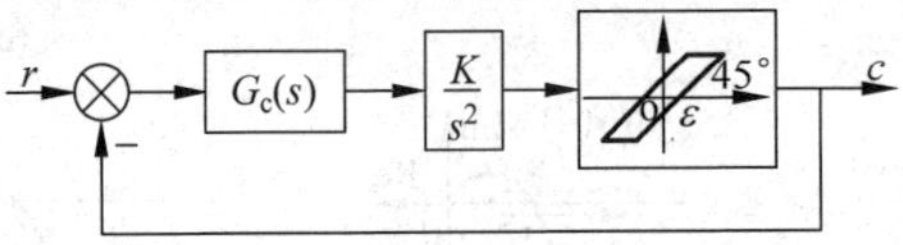

图 7-45　题 7-14 图

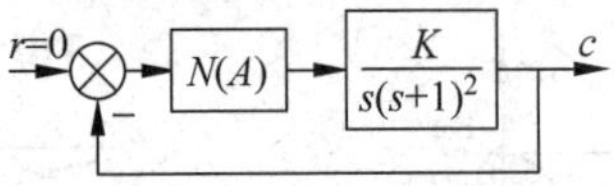

图 7-46　题 7-15 图

7-16 具有滞环继电特性的非线性控制系统如图 7-47 所示，其中 $M=1,h=1$。

(1) 当 $T=0.5$ 时，分析系统的稳定性，若存在自振，确定自振参数；

(2) 讨论 T 对自振的影响。

7-17 非线性系统如图 7-48 所示，试用描述函数法分析周期运动的稳定性，并确定系统输出信号振荡的振幅和频率。

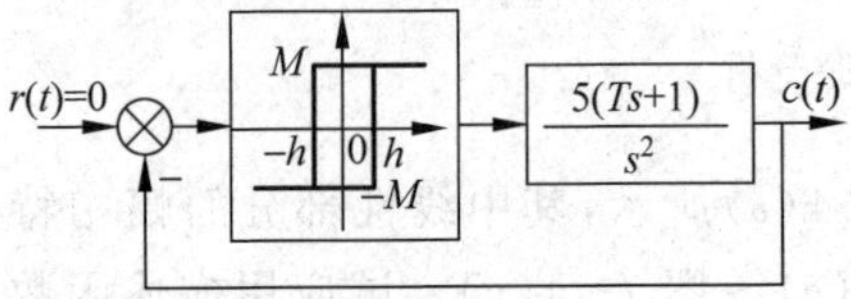

图 7-47　题 7-16 图

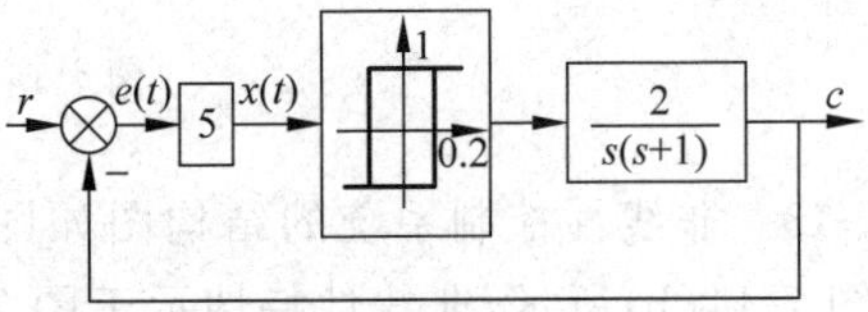

图 7-48　题 7-17 图

7-18 某非线性控制系统的结构图如图 7-49 所示，其中，线性部分的传递函数

$$G(s)=\frac{K\mathrm{e}^{-0.1s}}{s(0.1s+1)}$$

试用描述函数法判定 $K=0.1$ 时系统的稳定性，并确定不使系统产生自振的参数 K 的取值范围。

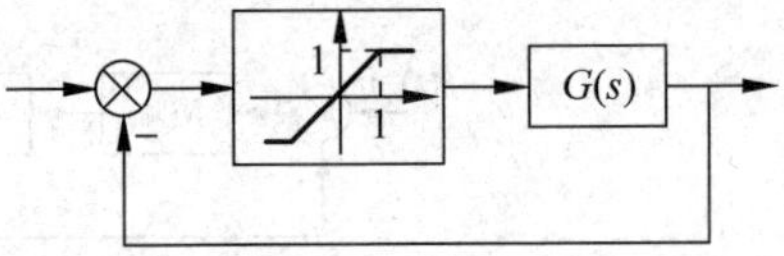

图 7-49　题 7-18 图

7-19 用描述函数法分析图 7-50 所示系统的稳定性，并判断系统是否存在自振。若存在自振，求出自振振幅和自振频率($M>h$)。

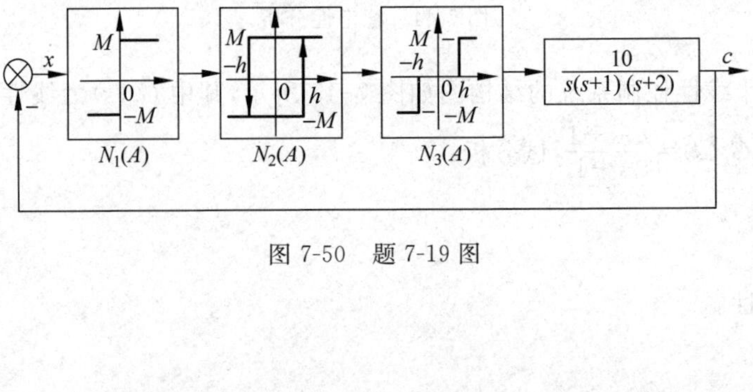

图 7-50　题 7-19 图

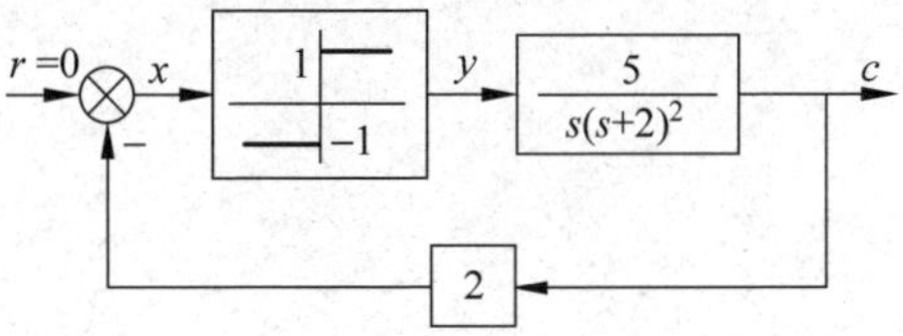

图 7-51　题 7-20 图

7-20　试用描述函数法说明图 7-51 所示系统必然存在自振,并确定输出信号 c 的自振振幅和频率,分别画出信号 c、x、y 的稳态波形。

7-21　试用描述函数法和相平面法分别研究图 7-52 所示系统的周期运动,从而说明应用描述函数法所作的基本假定的意义。

7-22　试分别用描述函数法和相平面法分析图 7-53 所示非线性系统的稳定性及自振。

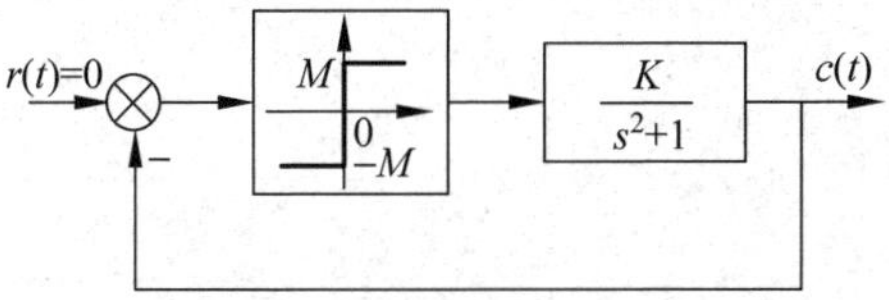

图 7-52　题 7-21 图

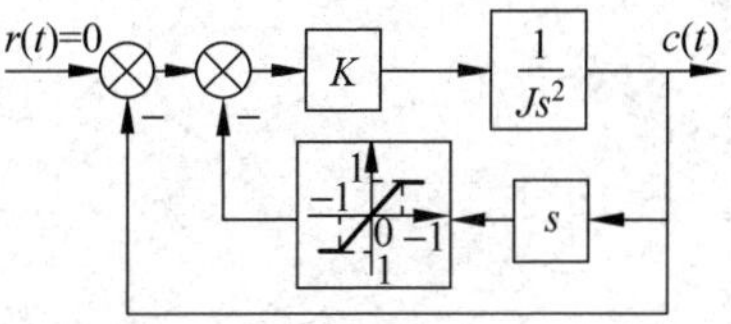

图 7-53　题 7-22 图

第8章 控制系统的状态空间分析与综合

第1章～第7章涉及的内容属于经典控制理论的范畴，系统的数学模型是线性定常微分方程和传递函数，主要的分析与综合方法是时域法、根轨迹法和频域法。经典控制理论通常用于单输入-单输出线性定常系统，其缺点是只能反映输入、输出间的外部特性，难以揭示系统内部的结构和运行状态，不能有效处理多输入-多输出系统、非线性系统、时变系统等复杂系统的控制问题。

随着科学技术的发展，对控制系统速度、精度、适应能力的要求越来越高，经典控制理论已不能满足要求。1960年前后，在航天技术和计算机技术的推动下，现代控制理论开始发展，一个重要的标志就是美国学者卡尔曼引入了状态空间的概念。它是以系统内部状态为基础进行分析与综合的控制理论，其中有两个重要的内容。

(1) 最优控制：在给定的限制条件和评价函数下，寻求使系统性能指标最优的控制规律。

(2) 最优估计与滤波：在有随机干扰的情况下，根据测量数据对系统的状态进行最优估计。

本章讨论控制系统的状态空间分析与综合，它是现代控制理论的基础。

8.1 控制系统的状态空间描述

8.1.1 系统数学描述的两种基本形式

典型控制系统如图8-1所示，由被控对象、传感器、执行器和控制器组成。被控过程(见图8-2)具有若干输入端和输出端。系统的数学描述通常有两种基本形式：一种是基于输入、输出模型的外部描述，它将系统看成"黑箱"，只是反映输入与输出间的关系，而不去表征系统的内部结构和内部变量，如高阶微分方程或传递函数；另一种是基于状态空间模型的内部描述，状态空间模型反映了系统的内部结构与内部变量，由状态方程和输出方程两个方程组成。状态方程反映系统内部变量 $\boldsymbol{x}$ 和输入变量 $\boldsymbol{u}$ 间的动态关系，具有一阶微分方程组或一阶差分方程组的形式；输出方程则表征系统输出向量 $\boldsymbol{y}$ 与内部变量及输入变量间的关系，具有代数方程的形式。外部描述虽能反映系统的外部特性，却不能反映系统内部的结构与运行过程，内部结构不同的两个系统也可能具有相同的外部特性。因此外部描述通常是不完整的，而内部描述则能全面、完整地反映出系统的动力学特征。这些差异将在后续的章节中逐步展现。

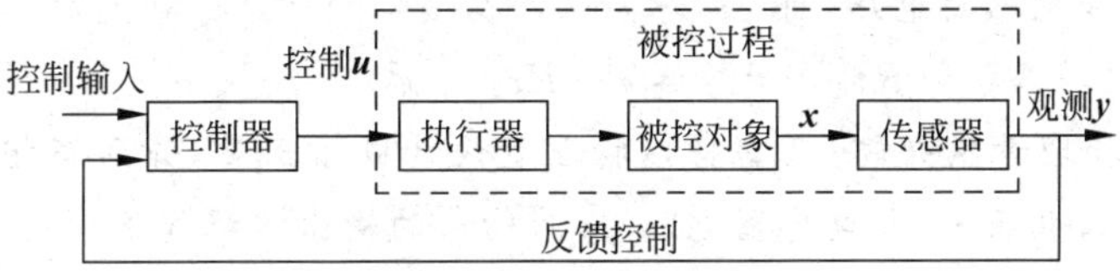

图8-1 典型控制系统方框图

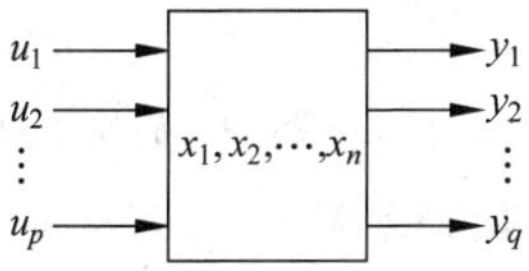

图8-2 被控过程

下面先通过一个简单二阶电路的实例来说明状态空间分析的基本方法和特点。

例 8-1 如图 8-3 所示的 R-L-C 串联电路。

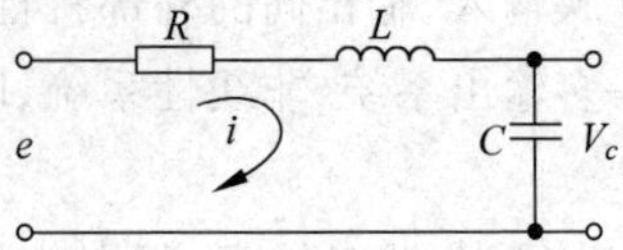

图 8-3 R-L-C 串联电路

根据回路电压定律 $Ri+L\dfrac{\mathrm{d}i}{\mathrm{d}t}+V_c=e$

电路输出量为 $y=V_c=\dfrac{1}{C}\int i\mathrm{d}t$

整理后,得到输入-输出模型

$$LC\frac{\mathrm{d}^2v_c}{\mathrm{d}t^2}+RC\frac{\mathrm{d}v_c}{\mathrm{d}t}+v_c=e$$

和状态空间模型

$$\begin{cases}\dot{x}_1=-\dfrac{R}{L}x_1-\dfrac{1}{L}x_2+\dfrac{1}{L}e\\ \dot{x}_2=\dfrac{1}{C}x_1\\ y=x_2\end{cases}$$

式中,电感器电流 $x_1=i$ 和电容器电压 $x_2=\dfrac{1}{C}\int i\mathrm{d}t$ 称为状态变量。在上述表达式中,等号右边不含任何导数项的一阶微分方程组称为状态方程;等号左边为输出量的代数方程(组)称为输出方程。

将状态空间模型写成向量-矩阵形式,有

$$\begin{cases}\begin{bmatrix}\dot{x}_1\\ \dot{x}_2\end{bmatrix}=\begin{bmatrix}-\dfrac{R}{L} & -\dfrac{1}{L}\\ \dfrac{1}{C} & 0\end{bmatrix}\begin{bmatrix}x_1\\ x_2\end{bmatrix}+\begin{bmatrix}\dfrac{1}{L}\\ 0\end{bmatrix}e\\ y=\begin{bmatrix}0 & 1\end{bmatrix}\begin{bmatrix}x_1\\ x_2\end{bmatrix}\end{cases}$$

在知道输入激励电压 $e(t)$、电容器初始电压 $V_c(0)$ 和电感器初始电流 $i(0)$ 的情况下,可以通过求解输入-输出模型或状态空间模型得到输出电压。

从这个例子可以看出,与输入-输出模型相比,状态空间描述的优点在于:

(1) 状态变量(电容器电压和电感器电流)选自电路核心元器件的关键参数,是该电路系统的内部变量。

(2) 一旦状态方程解出,系统中任何一变量均可以用代数方法求得。例如对于电路中的电容器电荷、电阻器电压和电感器电压,有

$$q=Cx_2,\quad V_R=Rx_1,\quad V_L=e-Rx_1-x_2$$

(3) 分析时,如果对某个物理量感兴趣,只需将该物理量设计成输出量,并列写相应的输出方程即可,例如以电容器电压 y_1 和电感器电压 y_2 为输出的输出方程如下:

$$\begin{cases}y_1=x_1\\ y_2=-Rx_1-x_2+e\end{cases}$$

(4) 系统输入量、输出量可以有多个，所以状态空间模型描述多输入-多输出系统十分方便。

(5) 以状态方程和输出方程为核心的状态空间模型较好地反映了系统的内部结构。

在后续的章节中将会看到，状态空间模型有一套求解析表达式的理论和一套求数值解的理论。解析表达式求解过程相对简单和容易；如果系统和输入函数过于复杂，求不出解析表达式，还可以确保用数值方法求得各个状态变量和输出量的数值解。

8.1.2 状态空间描述常用的基本概念

1. 输入和输出

由外部施加到系统上的激励称为输入，若输入是按需要人为施加的，又称为控制；系统的被控量或从外部测量到的系统信息称为输出，若输出是由传感器测量得到的，又称为观测。

2. 状态、状态变量和状态向量

能完整描述和唯一确定系统时域行为或运行过程的一组独立(数目最小)的变量称为系统的状态，其中的各个变量称为状态变量。当状态表示成以各状态变量为分量组成的向量时，称为状态向量。系统的状态 $\boldsymbol{x}(t)$ 由 $t=t_0$ 时的初始状态 $\boldsymbol{x}(t_0)$ 及 $t\geqslant t_0$ 的输入 $\boldsymbol{u}(t)$ 唯一确定。

对 n 阶微分方程描述的系统，当 n 个初始条件 $x(t_0),\dot{x}(t_0),\cdots,x^{(n-1)}(t_0)$ 及 $t\geqslant t_0$ 的输入 $u(t)$ 给定时，可唯一确定方程的解，故 $x,\dot{x},\cdots,x^{(n-1)}$ 这 n 个独立变量可选作状态变量。状态变量以组的形式出现，它对于确定系统的时域行为既是必要的，也是充分的。对于 n 阶系统，其任何一组状态变量中所含独立变量的个数应该为 n。当变量个数小于 n 时，便不能完全确定系统的状态；而当变量个数大于 n 时，则存在多余的变量，这些多余的变量就不是独立变量。判断变量是否独立的基本方法是看它们之间以及它们与输入量之间是否存在代数约束。如果存在代数约束，则这些变量就不是独立的。

状态变量的选取并不唯一。一个系统的状态变量通常有多种不同的选取方法，但应尽量选取能测量的物理量或独立储能元件的储能变量作为状态变量，以便实现系统设计。在机械系统中，常选取位移和速度作为变量；在 *R-L-C* 网络中，常选电感器电流和电容器电压作为状态变量；在由传递函数绘制的方块图中，常取积分器的输出作为状态变量。

3. 状态空间

以状态向量的 n 个分量作为坐标轴所组成的 n 维空间称为状态空间。

4. 状态轨迹

系统在某个时刻的状态，可以看做是状态空间的一个点。随着时间的推移，系统状态不断变化，便在状态空间中描绘出一条轨迹，该轨迹称为状态轨迹。

5. 状态方程

描述系统状态变量与输入变量之间关系的一阶向量微分方程或差分方程称为系统的状态方程，它不含输入的微积分项。状态方程表征了系统由输入所引起的状态变化，一般情况下，状态方程既是非线性的，又是时变的，它可以表示为

$$\dot{\boldsymbol{x}}(t) = \boldsymbol{f}[\boldsymbol{x}(t),\boldsymbol{u}(t),t] \tag{8-1}$$

6. 输出方程

描述系统输出变量与系统状态变量和输入变量之间函数关系的代数方程称为输出方程，当输出由传感器得到时，又称为观测方程。输出方程的一般形式为

$$\boldsymbol{y}(t) = \boldsymbol{g}[\boldsymbol{x}(t),\boldsymbol{u}(t),t] \tag{8-2}$$

输出方程表征了系统状态和输入的变化所引起的系统输出变化。

7. 动态方程

状态方程与输出方程的组合称为动态方程，又称为状态空间表达式，其一般形式为

$$\left.\begin{aligned}\dot{\boldsymbol{x}}(t) &= \boldsymbol{f}[\boldsymbol{x}(t),\boldsymbol{u}(t),t]\\ \boldsymbol{y}(t) &= \boldsymbol{g}[\boldsymbol{x}(t),\boldsymbol{u}(t),t]\end{aligned}\right\} \tag{8-3a}$$

或离散形式

$$\left.\begin{aligned}\boldsymbol{x}(t_{k+1}) &= \boldsymbol{f}[\boldsymbol{x}(t_k),\boldsymbol{u}(t_k),t_k]\\ \boldsymbol{y}(t_k) &= \boldsymbol{g}[\boldsymbol{x}(t_k),\boldsymbol{u}(t_k),t_k]\end{aligned}\right\} \tag{8-3b}$$

8. 线性系统

线性系统的状态方程是一阶向量线性微分方程或差分方程，输出方程是向量代数方程。线性连续时间系统动态方程的一般形式为

$$\left.\begin{aligned}\dot{\boldsymbol{x}}(t) &= \boldsymbol{A}(t)\boldsymbol{x}(t) + \boldsymbol{B}(t)\boldsymbol{u}(t)\\ \boldsymbol{y}(t) &= \boldsymbol{C}(t)\boldsymbol{x}(t) + \boldsymbol{D}(t)\boldsymbol{u}(t)\end{aligned}\right\} \tag{8-4}$$

设状态 $\boldsymbol{x}$、输入 $\boldsymbol{u}$、输出 $\boldsymbol{y}$ 的维数分别为 n,p,q，称 $n\times n$ 矩阵 $\boldsymbol{A}(t)$ 为系统矩阵或状态矩阵，称 $n\times p$ 矩阵 $\boldsymbol{B}(t)$ 为控制矩阵或输入矩阵，称 $q\times n$ 矩阵 $\boldsymbol{C}(t)$ 为输出矩阵或观测矩阵，称 $q\times p$ 矩阵 $\boldsymbol{D}(t)$ 为前馈矩阵或输入输出矩阵。

9. 线性定常系统

线性定常系统即线性系统的 $\boldsymbol{A},\boldsymbol{B},\boldsymbol{C},\boldsymbol{D}$ 中的各元素全部是常数。即

$$\left.\begin{aligned}\dot{\boldsymbol{x}}(t) &= \boldsymbol{A}\boldsymbol{x}(t) + \boldsymbol{B}\boldsymbol{u}(t)\\ \boldsymbol{y}(t) &= \boldsymbol{C}\boldsymbol{x}(t) + \boldsymbol{D}\boldsymbol{u}(t)\end{aligned}\right\} \tag{8-5a}$$

对应的离散形式为

$$
\boldsymbol{x}(k+1)=\boldsymbol{G}\boldsymbol{x}(k)+\boldsymbol{H}\boldsymbol{u}(k)
$$
$$
\boldsymbol{y}(k)=\boldsymbol{C}\boldsymbol{x}(k)+\boldsymbol{D}\boldsymbol{u}(k) \tag{8-5b}
$$

$$
\boldsymbol{x}=\begin{bmatrix}x_1\\x_2\\\vdots\\x_n\end{bmatrix}\quad \boldsymbol{u}=\begin{bmatrix}u_1\\u_2\\\vdots\\u_p\end{bmatrix}\quad \boldsymbol{y}=\begin{bmatrix}y_1\\y_2\\\vdots\\y_q\end{bmatrix}
$$

$$
\boldsymbol{A}=\begin{bmatrix}a_{11}&a_{12}&\cdots&a_{1n}\\a_{21}&a_{22}&\cdots&a_{2n}\\\vdots&\vdots&\ddots&\vdots\\a_{n1}&a_{n2}&\cdots&a_{nn}\end{bmatrix}\quad \boldsymbol{B}=\begin{bmatrix}b_{11}&b_{12}&\cdots&b_{1p}\\b_{21}&b_{22}&\cdots&b_{2p}\\\vdots&\vdots&\ddots&\vdots\\b_{n1}&b_{n2}&\cdots&b_{np}\end{bmatrix}
$$

$$
\boldsymbol{C}=\begin{bmatrix}c_{11}&c_{12}&\cdots&c_{1n}\\c_{21}&c_{22}&\cdots&c_{2n}\\\vdots&\vdots&\ddots&\vdots\\c_{q1}&c_{q2}&\cdots&c_{qn}\end{bmatrix}\quad \boldsymbol{D}=\begin{bmatrix}d_{11}&d_{12}&\cdots&d_{1p}\\d_{21}&d_{22}&\cdots&d_{2p}\\\vdots&\vdots&\ddots&\vdots\\d_{q1}&d_{q2}&\cdots&d_{qp}\end{bmatrix}
$$

为书写方便，常把系统式(8-5a)和系统式(8-5b)分别简记为 S($\boldsymbol{A},\boldsymbol{B},\boldsymbol{C},\boldsymbol{D}$)和 S($\boldsymbol{G},\boldsymbol{H},\boldsymbol{C},\boldsymbol{D}$)。

10. 线性系统的结构图

线性系统的动态方程常用结构图表示。图 8-4 为连续系统的结构图；图 8-5 为离散系统的结构图。图中，$\boldsymbol{I}$ 为($n\times n$)单位矩阵，s 是拉普拉斯算子，z 为单位延时算子。

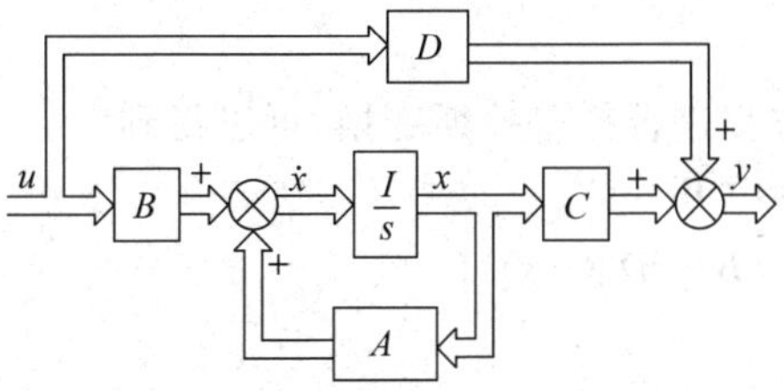

图 8-4 线性连续时间系统结构图

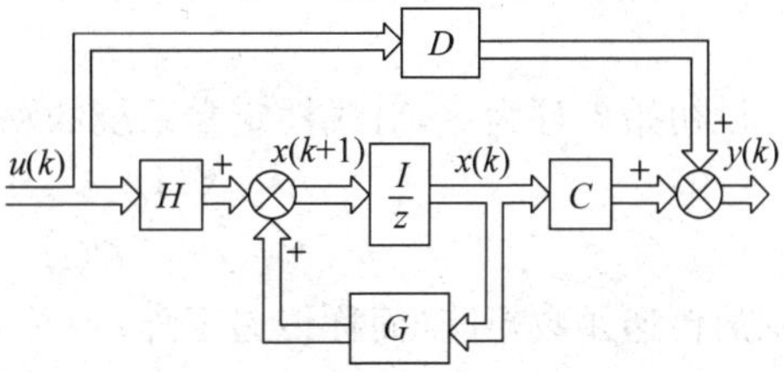

图 8-5 线性离散时间系统结构图

由于状态变量的选取不是唯一的，因此状态方程、输出方程、动态方程都不是唯一的。但是，用独立变量所描述的系统状态向量的维数应该是唯一的，与状态变量的选取方法无关。

动态方程对于系统的描述是充分的和完整的，即系统中的任何一个变量均可用状态方程和输出方程来描述。状态方程着眼于系统动态演变过程的描述，反映状态变量间的微积分约束；而输出方程则反映系统中变量之间的静态关系，着眼于建立系统中输出变量与状态变量间的代数约束，这也是非独立变量不能作为状态变量的原因之一。动态方程描述的主要优点是，便于采用向量、矩阵记号简化数学描述；便于在计算机上求解；便于考虑初始条件；便于了解系统内部状态的变化特征；便于应用现代设计方法实现最优控制和最优估计；适用于时变、非线性、连续、离散、随机、多变量等各类控制系统。

例 8-2 试确定图 8-6(a)、图 8-6(b)所示电路的独立状态变量。图中 u、i 分别是输入电压和输入电流，y 为输出电压，$x_j(j=1,2,3)$，为电容器电压或电感器电流。

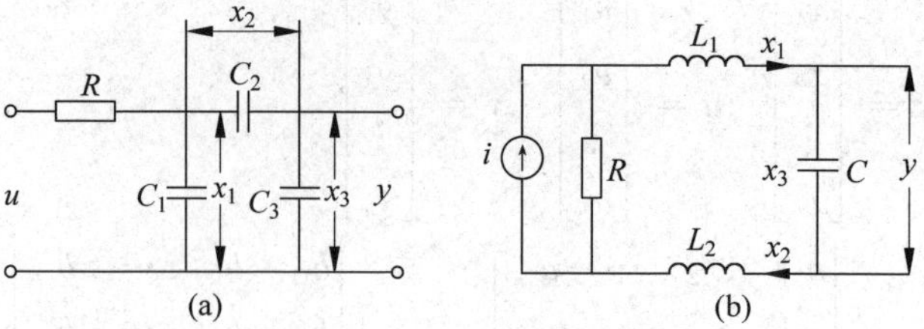

图 8-6 电路的独立变量

解 并非所有电路中的电容器电压和电感器电流都是独立变量。对图 8-6(a)所示电路，不失一般性，假定电容器初始电压值均为 0，有

$$x_2=\frac{c_3}{c_2+c_3}x_1 \quad x_3=\frac{c_2}{c_2+c_3}x_1$$

因此，三个变量中只有一个变量是独立的，状态变量只能选其中一个，即用其中的任意一个变量作为状态变量便可以确定该电路的行为。实际上，三个串并联的电容可以等效为一个电容。

对图 8-6(b)所示电路，$x_1=x_2$，因此两者相关，电路只有两个变量是独立的，即(x_1 和 x_3)或(x_2 和 x_3)，可以任用其中一组变量如(x_2，x_3)作为状态变量。

8.1.3 系统的传递函数矩阵

设初始条件为零，对线性定常系统的动态方程进行拉普拉斯变换，可以得到

$$\begin{aligned}\boldsymbol{X}(s)&=(s\boldsymbol{I}-\boldsymbol{A})^{-1}\boldsymbol{B}\boldsymbol{U}(s)\\ \boldsymbol{Y}(s)&=[\boldsymbol{C}(s\boldsymbol{I}-\boldsymbol{A})^{-1}\boldsymbol{B}+\boldsymbol{D}]\boldsymbol{U}(s)\end{aligned} \tag{8-6}$$

系统的传递函数矩阵(简称传递矩阵)定义为

$$\boldsymbol{G}(s)=\boldsymbol{C}(s\boldsymbol{I}-\boldsymbol{A})^{-1}\boldsymbol{B}+\boldsymbol{D} \tag{8-7}$$

例 8-3 已知系统动态方程为

$$\begin{bmatrix}\dot{x}_1\\ \dot{x}_2\end{bmatrix}=\begin{bmatrix}0 & 1\\ 0 & -2\end{bmatrix}\begin{bmatrix}x_1\\ x_2\end{bmatrix}+\begin{bmatrix}1 & 0\\ 0 & 1\end{bmatrix}\begin{bmatrix}u_1\\ u_2\end{bmatrix}$$

$$\begin{bmatrix}y_1\\ y_2\end{bmatrix}=\begin{bmatrix}1 & 0\\ 0 & 1\end{bmatrix}\begin{bmatrix}x_1\\ x_2\end{bmatrix}$$

试求系统的传递函数矩阵。

解 已知 $\boldsymbol{A}=\begin{bmatrix}0 & 1\\ 0 & -2\end{bmatrix}$，$\boldsymbol{B}=\begin{bmatrix}1 & 0\\ 0 & 1\end{bmatrix}$，$\boldsymbol{C}=\begin{bmatrix}1 & 0\\ 0 & 1\end{bmatrix}$，$\boldsymbol{D}=0$

故 $(s\boldsymbol{I}-\boldsymbol{A})^{-1}=\begin{bmatrix}s & -1\\ 0 & s+2\end{bmatrix}^{-1}=\begin{bmatrix}\dfrac{1}{s} & \dfrac{1}{s(s+2)}\\ 0 & \dfrac{1}{s+2}\end{bmatrix}$

$$G(s)=C(sI-A)^{-1}B=\begin{bmatrix}1&0\\0&1\end{bmatrix}\begin{bmatrix}\frac{1}{s}&\frac{1}{s(s+2)}\\0&\frac{1}{s+2}\end{bmatrix}\begin{bmatrix}1&0\\0&1\end{bmatrix}=\begin{bmatrix}\frac{1}{s}&\frac{1}{s(s+2)}\\0&\frac{1}{s+2}\end{bmatrix}$$

8.1.4 线性定常系统动态方程的建立

1. 根据系统物理模型建立动态方程

例 8-1(续) 试列写如图 8-3 所示的 R-L-C 电路方程，选择几组状态变量并建立相应的动态方程，并就所选状态变量间的关系进行讨论。

解 有明确物理意义的常用变量主要有：电流、电阻器电压、电容器的电压与电荷、电感器的电压与磁通。

根据回路电压定律 $$Ri+L\frac{\mathrm{d}i}{\mathrm{d}t}+\frac{1}{C}\int i\mathrm{d}t=e$$

电路输出量为 $$y=V_c=\frac{1}{C}\int i\mathrm{d}t$$

(1) 设状态变量为电感器电流和电容器电压，即 $x_1=i,x_2=\frac{1}{C}\int i\mathrm{d}t$

根据例 8-1 给出的结果，动态方程的向量-矩阵形式为

$$\begin{cases}\begin{bmatrix}\dot{x}_1\\\dot{x}_2\end{bmatrix}=\begin{bmatrix}-\frac{R}{L}&-\frac{1}{L}\\\frac{1}{C}&0\end{bmatrix}\begin{bmatrix}x_1\\x_2\end{bmatrix}+\begin{bmatrix}\frac{1}{L}\\0\end{bmatrix}e\\y=\begin{bmatrix}0&1\end{bmatrix}\begin{bmatrix}x_1\\x_2\end{bmatrix}\end{cases}$$

简记为 $$\begin{cases}\dot{\boldsymbol{x}}=\boldsymbol{A}\boldsymbol{x}+\boldsymbol{b}e\\y=\boldsymbol{c}\boldsymbol{x}\end{cases}$$

式中

$$\dot{\boldsymbol{x}}=\begin{bmatrix}\dot{x}_1\\\dot{x}_2\end{bmatrix},\quad \boldsymbol{x}=\begin{bmatrix}x_1\\x_2\end{bmatrix},\quad \boldsymbol{A}=\begin{bmatrix}-\frac{R}{L}&-\frac{1}{L}\\\frac{1}{C}&0\end{bmatrix},\quad \boldsymbol{b}=\begin{bmatrix}\frac{1}{L}\\0\end{bmatrix},\quad \boldsymbol{c}=\begin{bmatrix}0&1\end{bmatrix}$$

(2) 设状态变量为电容器电流和电荷，即 $x_1=i,x_2=\int i\mathrm{d}t$，则有动态方程

$$\begin{bmatrix}\dot{x}_1\\\dot{x}_2\end{bmatrix}=\begin{bmatrix}-\frac{R}{L}&-\frac{1}{LC}\\1&0\end{bmatrix}\begin{bmatrix}x_1\\x_2\end{bmatrix}+\begin{bmatrix}\frac{1}{L}\\0\end{bmatrix}e,\quad y=\begin{bmatrix}0&\frac{1}{C}\end{bmatrix}\begin{bmatrix}x_1\\x_2\end{bmatrix}$$

(3) 设状态变量 $x_1=\frac{1}{C}\int i\mathrm{d}t+Ri$，$x_2=\frac{1}{C}\int i\mathrm{d}t$，可以推出

$$\dot{x}_1=\dot{x}_2+R\frac{\mathrm{d}i}{\mathrm{d}t}=\frac{1}{RC}(x_1-x_2)+\frac{R}{L}(-x_1+e)$$

$$\dot{x}_2=\frac{1}{C}i=\frac{1}{RC}(x_1-x_2)$$

$$y=x_2$$

动态方程的向量-矩阵形式为

$$\begin{bmatrix}\dot{x}_1\\ \dot{x}_2\end{bmatrix}=\begin{bmatrix}\frac{1}{RC}-\frac{R}{L} & -\frac{1}{RC}\\ \frac{1}{RC} & -\frac{1}{RC}\end{bmatrix}\begin{bmatrix}x_1\\ x_2\end{bmatrix}+\begin{bmatrix}\frac{R}{L}\\ 0\end{bmatrix}e$$

$$y=[0\quad 1]\begin{bmatrix}x_1\\ x_2\end{bmatrix}$$

可见，对同一系统，状态变量的选择具有多样性，导致状态方程、输出方程和动态方程也都不是唯一的。

例 8-4 由质量块、弹簧、阻尼器组成的双输入-三输出机械位移系统如图 8-7 所示，具有力 F 和阻尼器气缸速度 V 两种外作用，输出量为质量块的位移、速度和加速度。试列写该系统的动态方程。m,k,f 分别为质量、弹簧刚度、阻尼系数；x 为质量块位移。

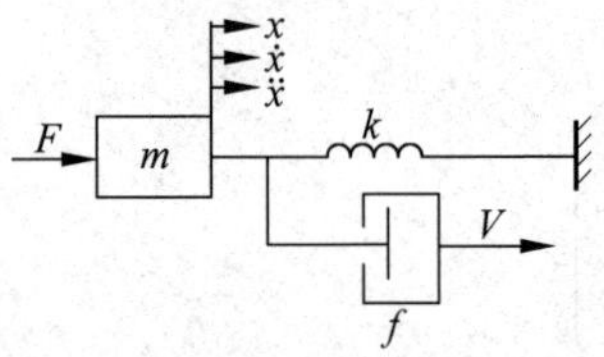

图 8-7 双输入-三输出机械位移系统

解 根据牛顿力学可知，系统所受外力 F 与惯性力 $m\ddot{x}$、阻尼力 $f(\dot{x}-V)$ 和弹簧恢复力 kx 构成平衡关系，系统微分方程为

$$m\ddot{x}+f(\dot{x}-V)+kx=F$$

这是一个二阶系统。若已知质量块的初始位移和初始速度，系统在输入作用下的解便可唯一确定，故选择质量块的位移和速度作为状态变量。设 $x_1=x$，$x_2=\dot{x}$，由题意知系统有三个输出量，设

$$y_1=x=x_1\quad y_2=\dot{x}=x_2\quad y_3=\ddot{x}$$

于是由系统微分方程可以导出系统状态方程为

$$\dot{x}_1=x_2$$

$$\dot{x}_2=\ddot{x}=\frac{1}{m}[-f(x_2-V)-kx_1+F]$$

其向量-矩阵形式为

$$\begin{bmatrix}\dot{x}_1\\ \dot{x}_2\end{bmatrix}=\begin{bmatrix}0 & 1\\ -\frac{k}{m} & -\frac{f}{m}\end{bmatrix}\begin{bmatrix}x_1\\ x_2\end{bmatrix}+\begin{bmatrix}0 & 0\\ \frac{1}{m} & \frac{f}{m}\end{bmatrix}\begin{bmatrix}F\\ V\end{bmatrix}$$

$$\begin{bmatrix}y_1\\ y_2\\ y_3\end{bmatrix}=\begin{bmatrix}1 & 0\\ 0 & 1\\ -\frac{k}{m} & -\frac{f}{m}\end{bmatrix}\begin{bmatrix}x_1\\ x_2\end{bmatrix}+\begin{bmatrix}0 & 0\\ 0 & 0\\ \frac{1}{m} & \frac{f}{m}\end{bmatrix}\begin{bmatrix}F\\ V\end{bmatrix}$$

例 8-5 对于图 8-8 所示的机械系统，若不考虑重力对系统的作用，试列写该系统以拉力 F 为输入，以质量块 m_1 和 m_2 的位移 y_1 和 y_2 为输出的动态方程。

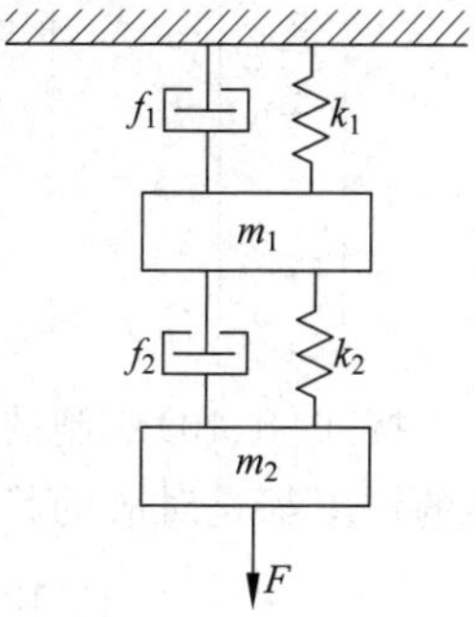

图 8-8 双质量块机械系统

解 根据牛顿定律，系统微分方程为

$$m_1\ddot{y}_1 = k_2(y_2 - y_1) + f_2(\dot{y}_2 - \dot{y}_1) - k_1 y_1 - f_1\dot{y}_1$$

$$m_2\ddot{y}_2 = F - k_2(y_2 - y_1) - f_2(\dot{y}_2 - \dot{y}_1)$$

式中，k_1，k_2 为弹簧刚度，f_1，f_2 为阻尼系数。

该系统有 4 个独立的储能元件，即弹簧 k_1，k_2 和质量块 m_1，m_2，故选择 4 个相互独立的变量作为系统的状态变量，现选择 $x_1 = y_1$，$x_2 = y_2$，$x_3 = \dot{y}_1$，$x_4 = \dot{y}_2$，经过整理，可得到系统的动态方程，即

$$\begin{bmatrix}\dot{x}_1\\ \dot{x}_2\\ \dot{x}_3\\ \dot{x}_4\end{bmatrix} = \begin{bmatrix}0 & 0 & 1 & 0\\ 0 & 0 & 0 & 1\\ -\dfrac{k_1+k_2}{m_1} & \dfrac{k_2}{m_1} & -\dfrac{f_1+f_2}{m_1} & \dfrac{f_2}{m_1}\\ \dfrac{k_2}{m_2} & -\dfrac{k_2}{m_2} & \dfrac{f_2}{m_2} & -\dfrac{f_2}{m_2}\end{bmatrix}\begin{bmatrix}x_1\\ x_2\\ x_3\\ x_4\end{bmatrix} + \begin{bmatrix}0\\ 0\\ 0\\ \dfrac{1}{m_2}\end{bmatrix}F$$

$$\begin{bmatrix}y_1\\ y_2\end{bmatrix} = \begin{bmatrix}1 & 0 & 0 & 0\\ 0 & 1 & 0 & 0\end{bmatrix}\begin{bmatrix}x_1\\ x_2\\ x_3\\ x_4\end{bmatrix}$$

2. 由高阶微分方程建立动态方程

(1) 微分方程不含输入量的导数项

$$y^{(n)} + a_{n-1}y^{(n-1)} + a_{n-2}y^{(n-2)} + \cdots + a_1\dot{y} + a_0 y = \beta_0 u \tag{8-8}$$

选 n 个状态变量为 $x_1 = y$，$x_2 = \dot{y}$，$\cdots$，$x_n = y^{(n-1)}$，有

$$\left.\begin{aligned} \dot{x}_1 &= x_2\\ \dot{x}_2 &= x_3\\ &\vdots\\ \dot{x}_{n-1} &= x_n\\ \dot{x}_n &= -a_0x_1 - a_1x_2 - \cdots - a_{n-1}x_n + \beta_0 u\\ y &= x_1 \end{aligned}\right\} \tag{8-9}$$

得到动态方程

$$\left.\begin{aligned} \dot{\boldsymbol{x}} &= \boldsymbol{A}\boldsymbol{x} + \boldsymbol{b}u\\ y &= \boldsymbol{c}\boldsymbol{x} \end{aligned}\right\} \tag{8-10}$$

式中

$$
\boldsymbol{x}=\begin{bmatrix}x_1\\x_2\\\vdots\\x_{n-1}\\x_n\end{bmatrix},\boldsymbol{A}=\begin{bmatrix}0&1&0&\cdots&0\\0&0&1&\cdots&0\\\vdots&\vdots&\vdots&\ddots&\vdots\\0&0&0&\cdots&1\\-a_0&-a_1&-a_2&\cdots&-a_{n-1}\end{bmatrix},\boldsymbol{b}=\begin{bmatrix}0\\0\\\vdots\\0\\\beta_0\end{bmatrix},\boldsymbol{c}=\begin{bmatrix}1&0&\cdots&0\end{bmatrix}
$$

按式(8-10)绘制的结构图称为状态变量图，如图 8-9 所示。其主要特点是每个积分器的输出都是对应的状态变量。

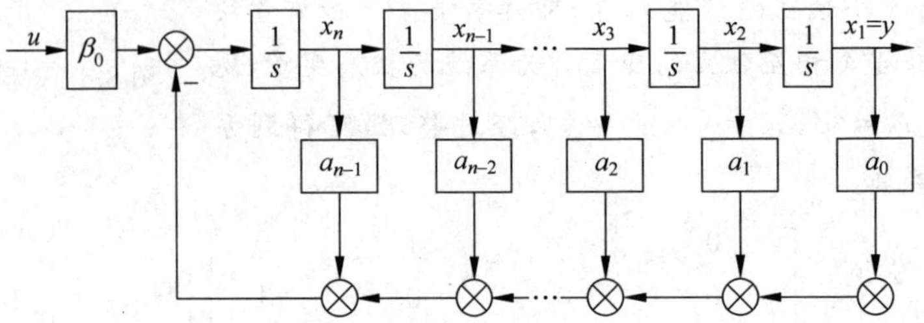

图 8-9　系统的状态变量图

(2) 微分方程输入量中含有导数项

$$
y^{(n)}+a_{n-1}y^{(n-1)}+\cdots+a_1\dot{y}+a_0y=b_nu^{(n)}+b_{n-1}u^{(n-1)}+\cdots+b_1\dot{u}+b_0u \tag{8-11}
$$

一般输入导数项的次数小于或等于系统的阶数 n。为了避免在状态方程中出现输入导数项，可按如下规则选择一组状态变量

$$
\left.\begin{aligned}x_1&=y-h_0u\\x_i&=\dot{x}_{i-1}-h_{i-1}u\quad(i=2,3,\cdots,n)\end{aligned}\right\}\tag{8-12}
$$

其展开式为

$$
\left.\begin{aligned}x_1&=y-h_0u\\x_2&=\dot{x}_1-h_1u=\dot{y}-h_0\dot{u}-h_1u\\x_3&=\dot{x}_2-h_2u=\ddot{y}-h_0\ddot{u}-h_1\dot{u}-h_2u\\&\vdots\\x_n&=\dot{x}_{n-1}-h_{n-1}u=y^{(n-1)}-h_0u^{(n-1)}-h_1u^{(n-2)}-\cdots-h_{n-1}u\end{aligned}\right\}\tag{8-13}
$$

式中，$h_0,h_1,\cdots,h_{n-1}$是 n 个待定常数。由式(8-13)的第一个方程可得输出方程

$$
y=x_1+h_0u
$$

并由余下的方程得到$(n-1)$个状态分量方程

$$
\left.\begin{aligned}\dot{x}_1&=x_2+h_1u\\\dot{x}_2&=x_3+h_2u\\&\vdots\\\dot{x}_{n-1}&=x_n+h_{n-1}u\end{aligned}\right\}
$$

对式(8-13)中的最后一个方程求导数并考虑式(8-11)，有

$$\dot{x}_n = y^{(n)} - h_0 u^{(n)} - h_1 u^{(n-1)} - \cdots - h_{n-1}\dot{u}$$
$$= (-a_{n-1} y^{(n-1)} - \cdots - a_1 \dot{y} - a_0 y + b_n u^{(n)} + \cdots + b_0 u)$$
$$- h_0 u^{(n)} - h_1 u^{(n-1)} - \cdots - h_{n-1}\dot{u}$$

由式(8-13)，将 $y^{(n-1)}, \cdots, \dot{y}, y$ 均以 x_i 及 u 的各阶导数表示，经整理可得

$$\dot{x}_n = -a_0 x_1 - \cdots - a_{n-1} x_n + (b_n - h_0) u^{(n)} + (b_{n-1} - h_1 - a_{n-1} h_0) u^{(n-1)} + \cdots$$
$$+ (b_1 - h_{n-1} - a_{n-1} h_{n-2} - \cdots - a_1 h_0)\dot{u} + (b_0 - a_{n-1} h_{n-1} - \cdots - a_1 h_1 - a_0 h_0) u$$

令上式中 u 的各阶导数的系数为零，可确定各 h 的值，即

$$h_0 = b_n$$
$$h_1 = b_{n-1} - a_{n-1} h_0$$
$$\vdots$$
$$h_{n-1} = b_1 - a_{n-1} h_{n-2} - \cdots - a_1 h_0$$

记 $$h_n = b_0 - a_{n-1} h_{n-1} - \cdots - a_1 h_1 - a_0 h_0$$

故 $$\dot{x}_n = -a_0 x_1 - \cdots - a_{n-1} x_n + h_n u$$

则系统的动态方程为

$$\left.\begin{aligned} \dot{\boldsymbol{x}} &= \boldsymbol{A}\boldsymbol{x} + \boldsymbol{b}u \\ y &= \boldsymbol{c}\boldsymbol{x} + du \end{aligned}\right\} \tag{8-14}$$

式中

$$\boldsymbol{A} = \begin{bmatrix} 0 & 1 & 0 & \cdots & 0 \\ 0 & 0 & 1 & \cdots & 0 \\ \vdots & \vdots & \vdots & \ddots & \vdots \\ 0 & 0 & 0 & \cdots & 1 \\ -a_0 & -a_1 & -a_2 & \cdots & -a_{n-1} \end{bmatrix}, \boldsymbol{b} = \begin{bmatrix} h_1 \\ h_2 \\ \vdots \\ h_{n-1} \\ h_n \end{bmatrix}, \boldsymbol{c} = [1 \quad 0 \quad 0 \quad \cdots \quad 0], d = h_0$$

若输入量中仅含 m 次导数，且 $m<n$，可将高于 m 次导数项的系数置零，仍可应用上述公式。

3. 由系统传递函数建立动态方程

高阶微分方程式(8-11)对应的单输入-单输出系统传递函数

$$G(s) = \frac{Y(s)}{U(s)} = \frac{b_n s^n + b_{n-1} s^{n-1} + \cdots + b_1 s + b_0}{s^n + a_{n-1} s^{n-1} + \cdots + a_1 s + a_0} \tag{8-15}$$

应用综合除法，有

$$G(s) = b_n + \frac{\beta_{n-1} s^{n-1} + \cdots + \beta_1 s + \beta_0}{s^n + a_{n-1} s^{n-1} + \cdots + a_1 s + a_0} \stackrel{\text{def}}{=} b_n + \frac{N(s)}{D(s)} \tag{8-16}$$

式中，b_n 是联系输入、输出的前馈系数，当 $G(s)$ 的分母多项式的阶数大于分子多项式的阶数时，$b_n = 0$。$\dfrac{N(s)}{D(s)}$ 是严格有理真分式，其分子各次项的系数分别为

$$\left.\begin{aligned}\beta_0 &= b_0 - a_0 b_n \\ \beta_1 &= b_1 - a_1 b_n \\ &\vdots \\ \beta_{n-1} &= b_{n-1} - a_{n-1} b_n\end{aligned}\right\} \tag{8-17}$$

下面介绍由 $\dfrac{N(s)}{D(s)}$导出几种标准型动态方程的方法。

(1) $\dfrac{N(s)}{D(s)}$串联分解。如图 8-10 所示，取中间变量 z，将$\dfrac{N(s)}{D(s)}$串联分解为两部分，有

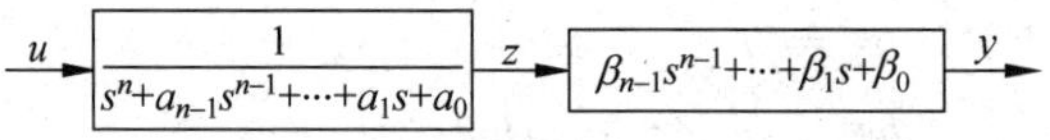

图 8-10　$N(s)/D(s)$串联分解

$$z^{(n)} + a_{n-1} z^{(n-1)} + \cdots + a_1 \dot{z} + a_0 z = u$$
$$y = \beta_{n-1} z^{(n-1)} + \cdots + \beta_1 \dot{z} + \beta_0 z$$

选取状态变量　　$x_1 = z,\quad x_2 = \dot{z},\quad \cdots,\quad x_n = z^{(n-1)}$

则状态方程为$\begin{cases}\dot{x}_1 = x_2 \\ \dot{x}_2 = x_3 \\ \quad\vdots \\ \dot{x}_n = -a_0 z - a_1 \dot{z} - \cdots - a_{n-1} z^{(n-1)} + u = -a_0 x_1 - a_1 x_2 - \cdots - a_{n-1} x_n + u\end{cases}$

输出方程为　　$y = \beta_0 x_1 + \beta_1 x_2 + \cdots + \beta_{n-1} x_n$

其向量-矩阵形式为

$$\begin{cases}\dot{\boldsymbol{x}} = \boldsymbol{A}_c \boldsymbol{x} + \boldsymbol{b}_c u \\ y = \boldsymbol{c}_c \boldsymbol{x}\end{cases} \tag{8-18}$$

式中，$\boldsymbol{A}_c = \begin{bmatrix} 0 & 1 & 0 & \cdots & 0 \\ 0 & 0 & 1 & \cdots & 0 \\ \vdots & \vdots & \vdots & \ddots & \vdots \\ 0 & 0 & 0 & \cdots & 1 \\ -a_0 & -a_1 & -a_2 & \cdots & -a_{n-1}\end{bmatrix}$，$\boldsymbol{b}_c = \begin{bmatrix} 0 \\ 0 \\ \vdots \\ 0 \\ 1\end{bmatrix}$，$\boldsymbol{c}_c = [\beta_0 \quad \beta_1 \quad \cdots \quad \beta_{n-1}]$

$\boldsymbol{A}_c$ 和 $\boldsymbol{b}_c$ 具有以上形式时，$\boldsymbol{A}_c$ 矩阵称为友矩阵，相应的动态方程称为可控标准型。

当 $G(s) = b_n + \dfrac{N(s)}{D(s)}$时，$\boldsymbol{A}_c$，$\boldsymbol{b}_c$，$\boldsymbol{c}_c$ 均不变，仅输出方程变为 $y = \boldsymbol{c}_c \boldsymbol{x} + b_n u$。

若选取 $\boldsymbol{A}_o = \boldsymbol{A}_c^{\mathrm{T}}$，$\boldsymbol{c}_o = \boldsymbol{b}_c^{\mathrm{T}}$，$\boldsymbol{b}_o = \boldsymbol{c}_c^{\mathrm{T}}$，则可以构造出新的状态方程。

$$\begin{cases}\dot{\boldsymbol{x}} = \boldsymbol{A}_o \boldsymbol{x} + b_o u \\ y = \boldsymbol{c}_o \boldsymbol{x}\end{cases}$$

式中

$$
\boldsymbol{A}_o=\begin{bmatrix}0&0&\cdots&0&-a_0\\1&0&\cdots&0&-a_1\\0&1&\cdots&0&-a_2\\\vdots&\vdots&\ddots&\vdots&\vdots\\0&0&\cdots&1&-a_{n-1}\end{bmatrix}\quad \boldsymbol{b}_o=\begin{bmatrix}\beta_0\\\beta_1\\\vdots\\\beta_{n-1}\end{bmatrix}\quad \boldsymbol{c}_o=[0\quad\cdots\quad 0\quad 1]
$$

请注意 $\boldsymbol{A}_o$,$\boldsymbol{c}_o$ 的形状特征,其所对应的动态方程称为可观测标准型。

关于可控和可观测的概念,在 8.4 节还要进行详细的论述。可控标准型与可观测标准型之间存在以下对偶关系:

$$
\boldsymbol{A}_c=\boldsymbol{A}_o^{\mathrm{T}}\quad \boldsymbol{b}_c=\boldsymbol{c}_o^{\mathrm{T}}\quad \boldsymbol{c}_c=\boldsymbol{b}_o^{\mathrm{T}} \tag{8-19}
$$

式中,下标 c 表示可控标准型;o 表示可观测标准型;上标 T 为转置符号。请读者从传递函数矩阵式(8-7)出发自行证明:可控标准型和可观测标准型是同一传递函数的不同实现。可控标准型和可观测标准型的状态变量图分别如图 8-11 和图 8-12 所示。

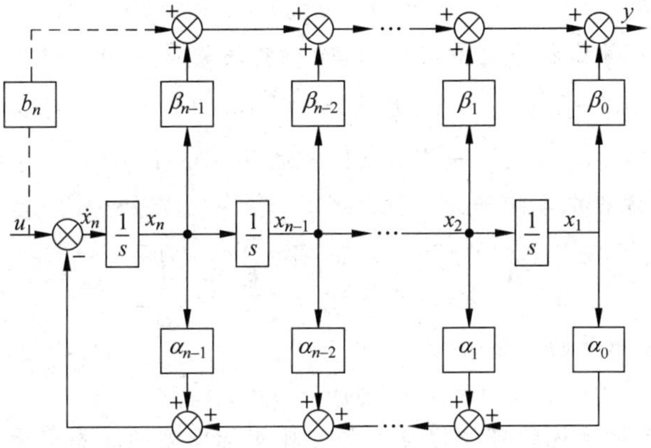

图 8-11 可控标准型状态变量图

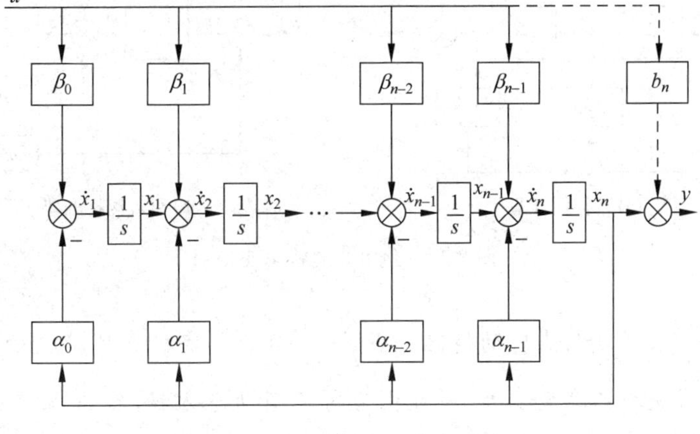

图 8-12 可观测标准型状态变量图

例 8-6 设二阶系统微分方程为$\ddot{y}+2\zeta\omega\dot{y}+\omega^2 y=T\dot{u}+u$，试列写可控标准型、可观测标准型动态方程，并分别确定状态变量与输入、输出量的关系。

解 系统的传递函数为

$$G(s)=\frac{Y(s)}{U(s)}=\frac{Ts+1}{s^2+2\zeta\omega s+\omega^2}$$

于是，可控标准型动态方程的各矩阵为

$$\boldsymbol{x}_c=\begin{bmatrix}x_{c1}\\x_{c2}\end{bmatrix}\quad \boldsymbol{A}_c=\begin{bmatrix}0 & 1\\-\omega^2 & -2\zeta\omega\end{bmatrix}\quad \boldsymbol{b}_c=\begin{bmatrix}0\\1\end{bmatrix}\quad \boldsymbol{c}_c=\begin{bmatrix}1 & T\end{bmatrix}$$

由$G(s)$串联分解并引入中间变量z，有

$$\begin{cases}\ddot{z}+2\zeta\omega\dot{z}+\omega^2 z=u\\ y=T\dot{z}+z\end{cases}$$

对y求导并考虑上述关系式，则有

$$\dot{y}=T\ddot{z}+\dot{z}=(1-2\zeta\omega T)\dot{z}-\omega^2 Tz+Tu$$

令$x_{c1}=z,x_{c2}=\dot{z}$，可导出状态变量与输入、输出量的关系

$$x_{c1}=[-T\dot{y}+(1-2\zeta\omega T)y+T^2u]/(1-2\zeta\omega T+\omega^2T^2)$$

$$x_{c2}=(\dot{y}+\omega^2Ty-Tu)/(1-2\zeta\omega T+\omega^2T^2)$$

可观测标准型动态方程中各矩阵为

$$\boldsymbol{x}_o=\begin{bmatrix}x_{o1}\\x_{o2}\end{bmatrix}\quad \boldsymbol{A}_o=\begin{bmatrix}0 & -\omega^2\\1 & -2\zeta\omega\end{bmatrix}\quad \boldsymbol{b}_o=\begin{bmatrix}1\\T\end{bmatrix}\quad \boldsymbol{c}_o=\begin{bmatrix}0 & 1\end{bmatrix}$$

状态变量与输入、输出量的关系为

$$x_{o1}=\dot{y}+2\zeta\omega y-Tu\quad x_{o2}=y$$

图 8-13 分别给出了该系统的可控标准型与可观测标准型的状态变量图。

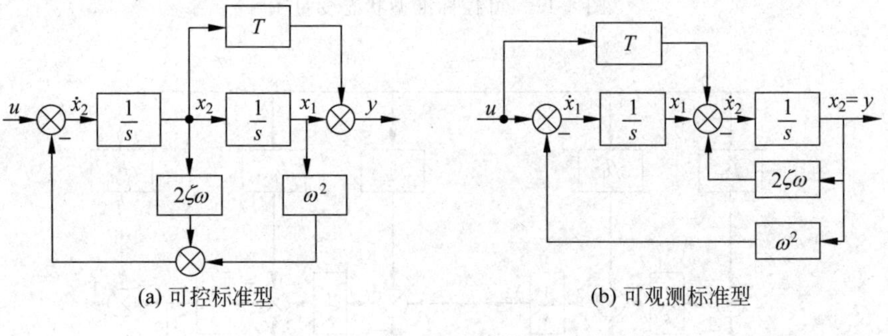

图 8-13 例 8-6 的状态变量图

(2) $\frac{N(s)}{D(s)}$只含单实极点时的情况。当$\frac{N(s)}{D(s)}$只含单实极点时，动态方程除了可化为可控标准型或可观测标准型以外，还可化为对角型动态方程，其A矩阵是一个对角阵。设$D(s)$可分解为

$$D(s)=(s-\lambda_1)(s-\lambda_2)\cdots(s-\lambda_n)$$

式中，$\lambda_1,\lambda_2,\cdots,\lambda_n$ 为系统的极点，则传递函数可展成部分分式之和，即

$$\frac{Y(s)}{U(s)}=\frac{N(s)}{D(s)}=\sum_{i=1}^{n}\frac{c_i}{s-\lambda_i}$$

而 $c_i=\left[\frac{N(s)}{D(s)}(s-\lambda_i)\right]\bigg|_{s=\lambda_i}$，为 $\frac{N(s)}{D(s)}$ 在极点 λ_i 处的留数，且有 $Y(s)=\sum_{i=1}^{n}\frac{c_i}{s-\lambda_i}u(s)$。

若令状态变量

$$X_i(s)=\frac{1}{s-\lambda_i}U(s)\quad(i=1,2,\cdots,n)$$

其反变换结果为

$$\begin{cases}\dot{x}_i(t)=\lambda_i x_i(t)+u(t)\\ y(t)=\sum_{i=1}^{n}c_i x_i(t)\end{cases}$$

展开得

$$\begin{cases}\dot{x}_1=\lambda_1 x_1+u\\ \dot{x}_2=\lambda_2 x_2+u\\ \vdots\\ \dot{x}_n=\lambda_n x_n+u\\ y=c_1x_1+c_2x_2+\cdots+c_nx_n\end{cases}$$

其向量-矩阵形式为

$$\begin{bmatrix}\dot{x}_1\\ \dot{x}_2\\ \vdots\\ \dot{x}_n\end{bmatrix}=\begin{bmatrix}\lambda_1 & & & 0\\ & \lambda_2 & & \\ & & \ddots & \\ 0 & & & \lambda_n\end{bmatrix}\begin{bmatrix}x_1\\ x_3\\ \vdots\\ x_n\end{bmatrix}+\begin{bmatrix}1\\ 1\\ \vdots\\ 1\end{bmatrix}u\qquad y=\begin{bmatrix}c_1 & c_2 & \cdots & c_n\end{bmatrix}\begin{bmatrix}x_1\\ x_2\\ \vdots\\ x_n\end{bmatrix}\tag{8-20}$$

其状态变量如图 8-14(a)所示。若令状态变量满足 $X_i(s)=\frac{c_i}{s-\lambda_i}U(s)$

则

$$Y(s)=\sum_{i=1}^{n}X_i(s)$$

进行反变换并展开有

$$\begin{cases}\dot{x}_1=\lambda_1 x_1+c_1u\\ \dot{x}_2=\lambda_2 x_2+c_2u\\ \vdots\\ \dot{x}_n=\lambda_n x_n+c_nu\\ y=x_1+x_2+\cdots+x_n\end{cases}$$

其向量-矩阵形式为

$$\begin{bmatrix}\dot{x}_1\\ \dot{x}_2\\ \vdots\\ \dot{x}_n\end{bmatrix}=\begin{bmatrix}\lambda_1 & & & 0\\ & \lambda_2 & & \\ & & \ddots & \\ 0 & & & \lambda_n\end{bmatrix}\begin{bmatrix}x_1\\ x_2\\ \vdots\\ x_n\end{bmatrix}+\begin{bmatrix}c_1\\ c_2\\ \vdots\\ c_n\end{bmatrix}u \quad y=[1\quad 1\quad \cdots\quad 1]\begin{bmatrix}x_1\\ x_2\\ \vdots\\ x_n\end{bmatrix} \tag{8-21}$$

其状态变量图如图 8-14(b)所示。显然,式(8-20)与式(8-21)存在对偶关系。可以看出,对角型的实现不是唯一的,输入矩阵全"1"型和输出矩阵全"1"型只是其中的两种典型形式。

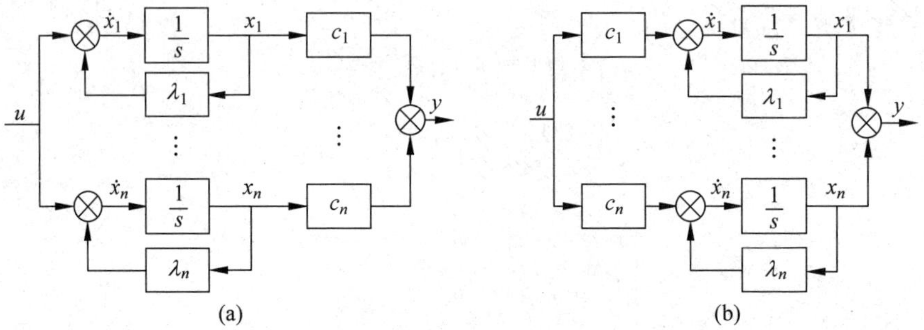

图 8-14　对角型动态方程状态变量图

(3) $\frac{N(s)}{D(s)}$含重实极点时的情况。当传递函数除含单实极点之外还含有重实极点时,不仅可化为可控标准型或可观测标准型,还可化为约当标准型动态方程,其 A 矩阵是一个含约当块的矩阵。设 $D(s)$可分解为

$$D(s)=(s-\lambda_1)^3(s-\lambda_4)\cdots(s-\lambda_n)$$

式中,λ_1 为三重实极点,$\lambda_4,\cdots,\lambda_n$ 为单实极点,则传递函数可展成为下列部分分式之和,即

$$\frac{Y(s)}{U(s)}=\frac{N(s)}{D(s)}=\frac{c_{11}}{(s-\lambda_1)^3}+\frac{c_{12}}{(s-\lambda_1)^2}+\frac{c_{13}}{s-\lambda_1}+\sum_{i=4}^{n}\frac{c_i}{s-\lambda_i}$$

其状态变量的选取方法与之含单实极点时相同,可分别得出向量-矩阵形式的动态方程为

$$\begin{bmatrix}\dot{x}_{11}\\ \dot{x}_{12}\\ \dot{x}_{13}\\ \dot{x}_4\\ \vdots\\ \dot{x}_n\end{bmatrix}=\begin{bmatrix}\lambda_1 & 1 & & & & \\ & \lambda_1 & 1 & & 0 & \\ & & \lambda_1 & & & \\ & & & \lambda_4 & & \\ & 0 & & & \ddots & \\ & & & & & \lambda_n\end{bmatrix}\begin{bmatrix}x_{11}\\ x_{12}\\ x_{13}\\ x_4\\ \vdots\\ x_n\end{bmatrix}+\begin{bmatrix}0\\ 0\\ 1\\ 1\\ \vdots\\ 1\end{bmatrix}u \tag{8-22}$$

$$y=[c_{11}\quad c_{12}\quad c_{13}\quad c_4\quad \cdots\quad c_n]\boldsymbol{x}$$

或

$$\begin{bmatrix}\dot{x}_{11}\\ \dot{x}_{12}\\ \dot{x}_{13}\\ \dot{x}_4\\ \vdots\\ \dot{x}_n\end{bmatrix}=\begin{bmatrix}\lambda_1 & & & & & \\ 1 & \lambda_1 & & & 0 & \\ & 1 & \lambda_1 & & & \\ & & & \lambda_4 & & \\ & 0 & & & \ddots & \\ & & & & & \lambda_n\end{bmatrix}\begin{bmatrix}x_{11}\\ x_{12}\\ x_{13}\\ x_4\\ \vdots\\ x_n\end{bmatrix}+\begin{bmatrix}c_{11}\\ c_{12}\\ c_{13}\\ c_4\\ \vdots\\ c_n\end{bmatrix}u \tag{8-23}$$

$$y=[0\quad 0\quad 1\quad 1\quad \cdots\quad 1]\boldsymbol{x}$$

其对应的状态变量图如图 8-15(a)、图 8-15(b)所示。式(8-22)与式(8-23)也存在对偶关系。

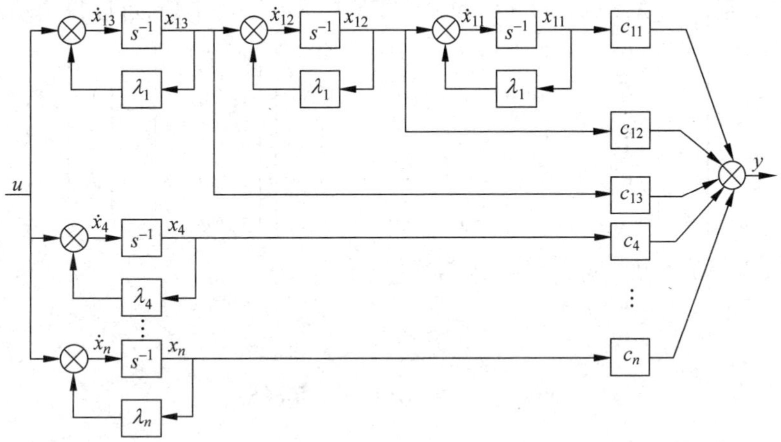

(a)

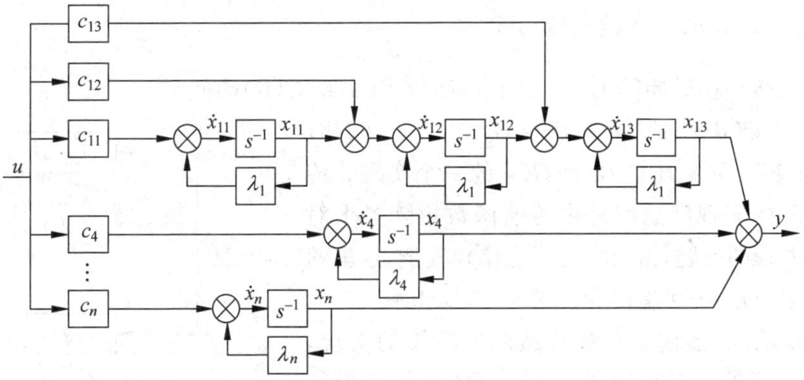

(b)

图 8-15　约当型动态方程状态变量图

4. 由差分方程和脉冲传递函数建立动态方程

离散系统的特点是系统中的各个变量只在离散的采样点上有定义,线性离散系统的动态方程可以利用系统的差分方程建立,也可以将线性动态方程离散化得到。在经典控制理论中,离散系统通常用差分方程或脉冲传递函数来描述。单输入-单输出线性定常

离散系统差分方程的一般形式为

$$
\begin{aligned}
&y(k+n)+a_{n-1}y(k+n-1)+\cdots+a_1y(k+1)+a_0y(k)\\
&=b_nu(k+n)+b_{n-1}u(k+n-1)+\cdots+b_1u(k+1)+b_0u(k)
\end{aligned}
\tag{8-24}
$$

两端取 z 变换，并整理得脉冲传递函数

$$
\begin{aligned}
G(z)=\frac{Y(z)}{U(z)}&=\frac{b_nz^n+b_{n-1}z^{n-1}+\cdots+b_1z+b_0}{z^n+a_{n-1}z^{n-1}+\cdots+a_1z+a_0}\\
&=b_n+\frac{\beta_{n-1}z^{n-1}+\cdots+\beta_1z+\beta_0}{z^n+a_{n-1}z^{n-1}+\cdots+a_1z+a_0}
\end{aligned}
\tag{8-25}
$$

式(8-25)与式(8-16)在形式上相同，故连续系统动态方程的建立方法可用于离散系统。利用 z 变换关系 $\mathcal{Z}^{-1}[X_i(z)]=x_i(k)$ 和 $\mathcal{Z}^{-1}[zX_i(z)]=x_i(k+1)$，可以得到动态方程为

$$
\left.\begin{aligned}
&\begin{bmatrix}x_1(k+1)\\x_2(k+1)\\\vdots\\x_{n-1}(k+1)\\x_n(k+1)\end{bmatrix}=\begin{bmatrix}0&1&0&\cdots&0\\0&0&1&\cdots&0\\\vdots&\vdots&\vdots&\ddots&\vdots\\0&0&0&\cdots&1\\-a_0&-a_1&-a_2&\cdots&-a_{n-1}\end{bmatrix}\begin{bmatrix}x_1(k)\\x_2(k)\\\vdots\\x_{n-1}(k)\\x_n(k)\end{bmatrix}+\begin{bmatrix}0\\0\\\vdots\\0\\1\end{bmatrix}u(k)\\
&y(k)=[\beta_0\quad\beta_1\quad\cdots\quad\beta_{n-1}]\boldsymbol{x}(k)+b_nu(k)
\end{aligned}\right\}
\tag{8-26}
$$

简记

$$
\left.\begin{aligned}
\boldsymbol{x}(k+1)&=\boldsymbol{G}\boldsymbol{x}(k)+\boldsymbol{h}u(k)\\
y(k)&=\boldsymbol{c}\boldsymbol{x}(k)+du(k)
\end{aligned}\right\}
\tag{8-27}
$$

5. 由传递函数矩阵建动态方程

给定一传递函数矩阵 $\boldsymbol{G}(s)$，若有一系统 $\mathrm{S}(\boldsymbol{A},\boldsymbol{B},\boldsymbol{C},\boldsymbol{D})$ 能使

$$
\boldsymbol{C}(s\boldsymbol{I}-\boldsymbol{A})^{-1}\boldsymbol{B}+\boldsymbol{D}=\boldsymbol{G}(s)\tag{8-28}
$$

成立，则称系统 $\mathrm{S}(\boldsymbol{A},\boldsymbol{B},\boldsymbol{C},\boldsymbol{D})$ 是 $\boldsymbol{G}(s)$ 的一个实现。传递函数矩阵的实现问题就是由传递函数矩阵寻求对应的动态方程的问题，由于实现问题比较复杂，这里的讨论仅限于单输入-多输出和多输入-单输出系统。

(1) 单输入-多输出系统传递函数矩阵的实现。设单输入 q 维输出系统如图 8-16 所示，系统可看作由 q 个独立子系统组成，其传递函数矩阵

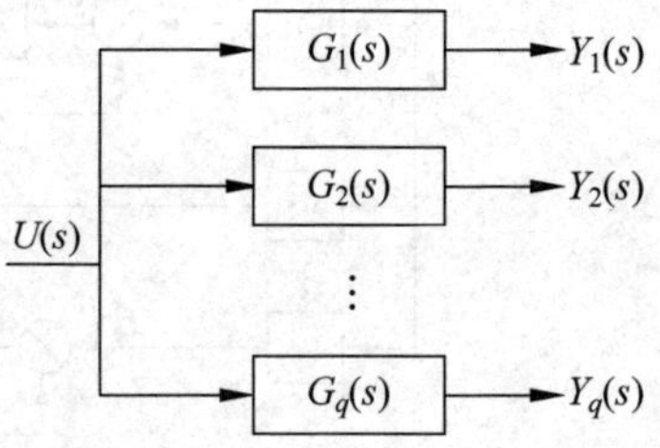

图 8-16 单输入-多输出系统结构图

$$
\boldsymbol{G}(s)=\begin{bmatrix}G_1(s)\\G_2(s)\\\vdots\\G_q(s)\end{bmatrix}=\begin{bmatrix}d_1+\hat{G}_1(s)\\d_2+\hat{G}_2(s)\\\vdots\\d_q+\hat{G}_q(s)\end{bmatrix}=\begin{bmatrix}d_1\\d_2\\\vdots\\d_q\end{bmatrix}+\begin{bmatrix}\hat{G}_1(s)\\\hat{G}_2(s)\\\vdots\\\hat{G}_q(s)\end{bmatrix}=\boldsymbol{d}+\hat{\boldsymbol{G}}(s)\tag{8-29}
$$

式中，$\boldsymbol{d}$ 为常数向量；$\hat{G}_i(s)$，$i=1,2,\cdots,q$，为不可约分的严格有理真分式(即分母阶数大于分子阶数)函数。通常 $\hat{G}_1(s),\hat{G}_2(s),\cdots,\hat{G}_q(s)$ 的特性并不相同，具有不同的分母，设最小公分母为

$$D(s)=s^n+a_{n-1}s^{n-1}+\cdots+a_1s+a_0 \tag{8-30}$$

则 $\hat{\boldsymbol{G}}(s)$ 的一般形式为

$$\hat{\boldsymbol{G}}(s)=\frac{1}{D(s)}\begin{bmatrix}\beta_{1,n-1}s^{n-1}+\cdots+\beta_{11}s+\beta_{10}\\ \beta_{2,n-1}s^{n-1}+\cdots+\beta_{21}s+\beta_{20}\\ \vdots\\ \beta_{q,n-1}s^{n-1}+\cdots+\beta_{q1}s+\beta_{q0}\end{bmatrix} \tag{8-31}$$

引入中间变量 z 对 $\hat{\boldsymbol{G}}(s)$ 作串联分解，即

$$Z(s)=U(s)/D(s)$$

并且设 $x_1=z,x_2=\dot{z},\cdots,x_n=z^{(n-1)}$，便可得到可控标准型实现的状态方程，即

$$\dot{\boldsymbol{x}}=\begin{bmatrix}0&1&0&\cdots&0\\0&0&1&\cdots&0\\\vdots&\vdots&\vdots&\ddots&\vdots\\0&0&0&\cdots&1\\-a_0&-a_1&-a_2&\cdots&-a_{n-1}\end{bmatrix}\begin{bmatrix}x_1\\x_2\\\vdots\\x_{n-1}\\x_n\end{bmatrix}+\begin{bmatrix}0\\0\\\vdots\\0\\1\end{bmatrix}u=\boldsymbol{Ax}+\boldsymbol{b}u \tag{8-32}$$

每个子系统的输出方程均表示为 z 及其各阶导数的线性组合，即

$$\begin{aligned}y_1&=\beta_{10}x_1+\beta_{11}x_2+\cdots+\beta_{1,n-1}x_n+d_1u\\y_2&=\beta_{20}x_1+\beta_{21}x_2+\cdots+\beta_{2,n-1}x_n+d_2u\\&\vdots\\y_q&=\beta_{q0}x_1+\beta_{q1}x_2+\cdots+\beta_{q,n-1}x_n+d_qu\end{aligned}$$

其向量-矩阵形式为

$$\boldsymbol{y}=\begin{bmatrix}y_1\\y_2\\\vdots\\y_q\end{bmatrix}=\begin{bmatrix}\beta_{10}&\beta_{11}&\cdots&\beta_{1,n-1}\\\beta_{20}&\beta_{21}&\cdots&\beta_{2,n-1}\\\vdots&\vdots&\ddots&\vdots\\\beta_{q0}&\beta_{q1}&\cdots&\beta_{q,n-1}\end{bmatrix}\begin{bmatrix}x_1\\x_2\\\vdots\\x_q\end{bmatrix}+\begin{bmatrix}d_1\\d_2\\\vdots\\d_q\end{bmatrix}u=\boldsymbol{Cx}+\boldsymbol{d}u \tag{8-33}$$

由于单输入-多输出系统的输入矩阵为 q 维列向量，输出矩阵为 $q\times n$ 矩阵，故不存在其对偶形式，即不存在可观测标准型实现。

(2) 多输入-单输出系统传递矩阵的实现。设 p 维输入-单输出系统的结构图如图 8-17 所示，系统由 p 个独立子系统组成，系统输出由子系统输出合成为

$$\begin{aligned}Y(s)&=G(s)U(s)=G_1(s)U_1(s)+G_2(s)U_2(s)+\cdots+G_p(s)U_p(s)\\&=[G_1(s)\quad G_2(s)\quad\cdots\quad G_p(s)]\begin{bmatrix}U_1(s)\\U_2(s)\\\vdots\\U_p(s)\end{bmatrix}\end{aligned} \tag{8-34}$$

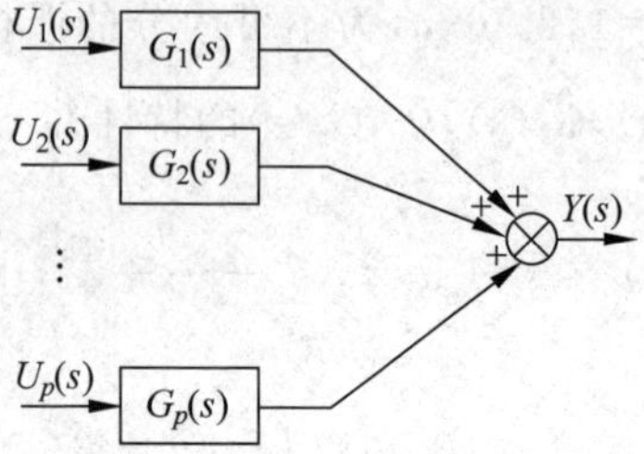

图 8-17　多输入-单输出系统结构图

式中

$$\begin{aligned}\boldsymbol{G}(s)&=[G_1(s)\quad G_2(s)\quad \cdots\quad G_p(s)]\\&=[d_1+\hat{G}_1(s)\quad d_2+\hat{G}_2(s)\quad \cdots\quad d_p+\hat{G}_p(s)]\\&=[d_1\quad d_2\quad \cdots\quad d_p]+[\hat{G}_1(s)\quad \hat{G}_2(s)\quad \cdots\quad \hat{G}_p(s)]\\&=\boldsymbol{d}+\hat{\boldsymbol{G}}(s)\end{aligned}$$

同理，设$\hat{G}_1(s),\hat{G}_2(s),\cdots,\hat{G}_q(s)$的最小公分母为$D(s)$，则

$$\boldsymbol{G}(s)=[d_1\ \cdots\ d_p]+\frac{1}{D(s)}[\beta_{1,n-1}s^{n-1}+\cdots+\beta_{11}s+\beta_{10}\ \cdots\ \beta_{p,n-1}s^{n-1}+\cdots+\beta_{p1}s+\beta_{p0}]$$

若将 **A** 矩阵写成友矩阵的转置形式，便可得到可观测标准型实现的动态方程，即

$$\left.\begin{aligned}\dot{\boldsymbol{x}}&=\begin{bmatrix}0&0&\cdots&0&-a_0\\1&0&\cdots&0&-a_1\\0&1&\cdots&0&-a_2\\\vdots&\vdots&\ddots&\vdots&\vdots\\0&0&\cdots&1&-a_{n-1}\end{bmatrix}\begin{bmatrix}x_1\\x_2\\x_3\\\vdots\\x_n\end{bmatrix}+\begin{bmatrix}\beta_{10}&\beta_{20}&\cdots&\beta_{p0}\\\beta_{11}&\beta_{21}&\cdots&\beta_{p1}\\\beta_{12}&\beta_{22}&\cdots&\beta_{p2}\\\vdots&\vdots&\ddots&\vdots\\\beta_{1,n-1}&\beta_{2,n-1}&\cdots&\beta_{p,n-1}\end{bmatrix}\begin{bmatrix}u_1\\u_2\\u_3\\\vdots\\u_p\end{bmatrix}=\boldsymbol{Ax}+\boldsymbol{Bu}\\y&=[0\quad\cdots\quad 0\quad 1]\boldsymbol{x}+[d_1\quad d_2\quad\cdots\quad d_p]\boldsymbol{u}=\boldsymbol{cx}+\boldsymbol{du}\end{aligned}\right\}\tag{8-35}$$

由于多输入-单输出系统的输入矩阵为$n\times p$矩阵，输出矩阵为一p维行向量，故不存在其对偶形式，即不存在可控标准型实现。

例 8-7　已知单输入-多输出系统的传递函数矩阵

$$\boldsymbol{G}(s)=\begin{bmatrix}\dfrac{s+3}{(s+1)(s+2)}\\\dfrac{s+4}{s+1}\end{bmatrix}$$

求其传递矩阵的可控标准型实现及对角型实现。

解　由于系统是单输入-多输出的，故输入矩阵只有一列，输出矩阵有两行。将$\boldsymbol{G}(s)$化为严格有理真分式，即

$$G(s)=\begin{bmatrix}\dfrac{s+3}{(s+1)(s+2)}\\ 1+\dfrac{3}{s+1}\end{bmatrix}=\begin{bmatrix}0\\1\end{bmatrix}+\begin{bmatrix}\dfrac{s+3}{(s+1)(s+2)}\\ \dfrac{3}{s+1}\end{bmatrix}=d+\hat{G}(s)$$

$\hat{G}(s)$中各元素的最小公分母$D(s)$为$D(s)=(s+1)(s+2)$，故

$$G(s)=\begin{bmatrix}0\\1\end{bmatrix}+\frac{1}{(s+1)(s+2)}\begin{bmatrix}s+3\\3(s+2)\end{bmatrix}=\begin{bmatrix}0\\1\end{bmatrix}+\frac{1}{s^2+3s+2}\begin{bmatrix}s+3\\3s+6\end{bmatrix}$$

可控标准型动态方程为

$$\dot{x}=Ax+bu=\begin{bmatrix}0&1\\-2&-3\end{bmatrix}\begin{bmatrix}x_1\\x_2\end{bmatrix}+\begin{bmatrix}0\\1\end{bmatrix}u$$

$$y=Cx+du=\begin{bmatrix}3&1\\6&3\end{bmatrix}\begin{bmatrix}x_1\\x_2\end{bmatrix}+\begin{bmatrix}0\\1\end{bmatrix}u$$

由$D(s)$可确定系统极点为$-1,-2$，它们构成对角型状态矩阵的元素。鉴于输入矩阵只有一列，这里不能选取极点的留数来构成输入矩阵，而只能取元素全为1的输入矩阵。于是，对角型实现的状态方程为

$$\dot{x}=Ax+bu=\begin{bmatrix}-1&0\\0&-2\end{bmatrix}\begin{bmatrix}x_1\\x_2\end{bmatrix}+\begin{bmatrix}1\\1\end{bmatrix}u$$

其输出矩阵由极点对应的留数组成，$\hat{G}(s)$在$-1,-2$处的留数分别为

$$c_1=\hat{G}(s)(s+1)\Big|_{s=-1}=\left\{\frac{1}{s+2}\begin{bmatrix}s+3\\3(s+2)\end{bmatrix}\right\}_{s=-1}=\begin{bmatrix}2\\3\end{bmatrix}$$

$$c_2=\hat{G}(s)(s+2)\Big|_{s=-2}=\left\{\frac{1}{s+1}\begin{bmatrix}s+3\\3(s+2)\end{bmatrix}\right\}_{s=-2}=\begin{bmatrix}-1\\0\end{bmatrix}$$

故其输出方程为 $y=Cx+du=[c_1\quad c_2]x+du=\begin{bmatrix}2&-1\\3&0\end{bmatrix}\begin{bmatrix}x_1\\x_2\end{bmatrix}+\begin{bmatrix}0\\1\end{bmatrix}u$

8.2 线性系统的运动分析

8.2.1 线性定常连续系统的自由运动

在没有控制作用时，线性定常系统由初始条件引起的运动称为线性定常系统的自由运动，可由齐次状态方程描述，即

$$\dot{x}(t)=Ax(t) \tag{8-36}$$

齐次状态方程通常采用幂级数法、凯莱-哈密顿定理和拉普拉斯变换法求解。

1. 幂级数法

设齐次方程的解是时间t的向量幂级数，即

$$x(t)=b_0+b_1t+b_2t^2+\cdots+b_kt^k+\cdots$$

式中，$\boldsymbol{x},\boldsymbol{b}_0,\boldsymbol{b}_1,\cdots,\boldsymbol{b}_k,\cdots$都是$n$维向量，且$\boldsymbol{x}(0)=\boldsymbol{b}_0$，求导并考虑状态方程，得

$$\dot{\boldsymbol{x}}(t)=\boldsymbol{b}_1+2\boldsymbol{b}_2t+\cdots+k\boldsymbol{b}_kt^{k-1}+\cdots=\boldsymbol{A}(\boldsymbol{b}_0+\boldsymbol{b}_1t+\boldsymbol{b}_2t^2+\cdots+\boldsymbol{b}_kt^k+\cdots)$$

由等号两边对应的系数相等，有

$$\begin{aligned}\boldsymbol{b}_1&=\boldsymbol{A}\boldsymbol{b}_0\\ \boldsymbol{b}_2&=\frac{1}{2}\boldsymbol{A}\boldsymbol{b}_1=\frac{1}{2}\boldsymbol{A}^2\boldsymbol{b}_0\\ \boldsymbol{b}_3&=\frac{1}{3}\boldsymbol{A}\boldsymbol{b}_2=\frac{1}{6}\boldsymbol{A}^3\boldsymbol{b}_0\\ &\vdots\\ \boldsymbol{b}_k&=\frac{1}{k}\boldsymbol{A}\boldsymbol{b}_{k-1}=\frac{1}{k!}\boldsymbol{A}^k\boldsymbol{b}_0\\ &\vdots\end{aligned}$$

故

$$\boldsymbol{x}(t)=\left(\boldsymbol{I}+\boldsymbol{A}t+\frac{1}{2}\boldsymbol{A}^2t^2+\cdots+\frac{1}{k!}\boldsymbol{A}^kt^k+\cdots\right)\boldsymbol{x}(0)\tag{8-37}$$

定义

$$\mathrm{e}^{At}=\boldsymbol{I}+\boldsymbol{A}t+\frac{1}{2}\boldsymbol{A}^2t^2+\cdots+\frac{1}{k!}\boldsymbol{A}^kt^k+\cdots=\sum_{k=0}^{\infty}\frac{1}{k!}\boldsymbol{A}^kt^k\tag{8-38}$$

则

$$\boldsymbol{x}(t)=\mathrm{e}^{\boldsymbol{A}t}\boldsymbol{x}(0)\tag{8-39}$$

标量微分方程$\dot{x}=ax$的解与指数函数e^{at}的关系为$x(t)=\mathrm{e}^{at}x(0)$，由此可以看出，向量微分方程式(8-36)的解与其在形式上是相似的，故把e^{At}称为矩阵指数函数，简称矩阵指数。由于$\boldsymbol{x}(t)$是由$\boldsymbol{x}(0)$转移而来的，$\mathrm{e}^{\boldsymbol{A}t}$又称为状态转移矩阵，记为$\boldsymbol{\Phi}(t)$，即

$$\boldsymbol{\Phi}(t)=\mathrm{e}^{\boldsymbol{A}t}\tag{8-40}$$

从上述分析可看出，齐次状态方程的求解问题，核心就是状态转移矩阵$\boldsymbol{\Phi}(t)$的计算问题。因而有必要进一步研究状态转移矩阵的算法和性质。

2. 拉普拉斯变换法

将式(8-36)取拉普拉斯变换，有

$$\boldsymbol{X}(s)=(s\boldsymbol{I}-\boldsymbol{A})^{-1}\boldsymbol{x}(0)\tag{8-41}$$

进行拉普拉斯反变换，有

$$\boldsymbol{x}(t)=\mathcal{L}^{-1}[(s\boldsymbol{I}-\boldsymbol{A})^{-1}]\boldsymbol{x}(0)\tag{8-42}$$

与式(8-39)相比有

$$\mathrm{e}^{At}=\mathcal{L}^{-1}[(s\boldsymbol{I}-\boldsymbol{A})^{-1}]\tag{8-43}$$

式(8-43)是$\mathrm{e}^{\boldsymbol{A}t}$的闭合形式。

例 8-8 设系统状态方程为$\begin{bmatrix}\dot{x}_1(t)\\ \dot{x}_2(t)\end{bmatrix}=\begin{bmatrix}0&1\\-2&-3\end{bmatrix}\begin{bmatrix}x_1(t)\\x_2(t)\end{bmatrix}$，试用拉普拉斯变换求解。

解 $sI-A=\begin{bmatrix} s & 0 \\ 0 & s \end{bmatrix}-\begin{bmatrix} 0 & 1 \\ -2 & -3 \end{bmatrix}=\begin{bmatrix} s & -1 \\ 2 & s+3 \end{bmatrix}$

$$(s\boldsymbol{I}-\boldsymbol{A})^{-1}=\frac{\operatorname{adj}(s\boldsymbol{I}-\boldsymbol{A})}{|s\boldsymbol{I}-\boldsymbol{A}|}=\frac{1}{(s+1)(s+2)}=\begin{bmatrix} s+3 & 1 \\ -2 & s \end{bmatrix}$$

$$=\begin{bmatrix} \dfrac{2}{s+1}-\dfrac{1}{s+2} & \dfrac{1}{s+1}-\dfrac{1}{s+2} \\ \dfrac{-2}{s+1}+\dfrac{2}{s+2} & \dfrac{-1}{s+1}+\dfrac{2}{s+2} \end{bmatrix}$$

$$\boldsymbol{\Phi}(t)=\mathcal{L}^{-1}[(s\boldsymbol{I}-\boldsymbol{A})^{-1}]=\begin{bmatrix} 2\mathrm{e}^{-t}-\mathrm{e}^{-2t} & \mathrm{e}^{-t}-\mathrm{e}^{-2t} \\ -2\mathrm{e}^{-t}+2\mathrm{e}^{-2t} & -\mathrm{e}^{-t}+2\mathrm{e}^{-2t} \end{bmatrix}$$

状态方程的解为

$$\begin{bmatrix} x_1(t) \\ x_2(t) \end{bmatrix}=\boldsymbol{\Phi}(t)\begin{bmatrix} x_1(0) \\ x_2(0) \end{bmatrix}=\begin{bmatrix} 2\mathrm{e}^{-t}-\mathrm{e}^{-2t} & \mathrm{e}^{-t}-\mathrm{e}^{-2t} \\ -2\mathrm{e}^{-t}+2\mathrm{e}^{-2t} & -\mathrm{e}^{-t}+2\mathrm{e}^{-2t} \end{bmatrix}\begin{bmatrix} x_1(0) \\ x_2(0) \end{bmatrix}$$

3. 凯莱-哈密顿定理法

凯莱-哈密顿定理 矩阵 $\boldsymbol{A}$ 满足它自己的特征方程，即若 n 阶矩阵 $\boldsymbol{A}$ 的特征多项式为

$$f(\lambda)=[\lambda\boldsymbol{I}-\boldsymbol{A}]=\lambda^n+a_{n-1}\lambda^{n-1}+\cdots+a_1\lambda+a_0 \tag{8-44}$$

则有

$$f(\boldsymbol{A})=\boldsymbol{A}^n+a_{n-1}\boldsymbol{A}^{n-1}+\cdots+a_1\boldsymbol{A}+a_0\boldsymbol{I}=\boldsymbol{0} \tag{8-45}$$

从该定理还可导出以下两个推论。

推论 1 矩阵 $\boldsymbol{A}$ 的 k 次幂，$k\geqslant n$，可表为 $\boldsymbol{A}$ 的$(n-1)$阶多项式，即

$$\boldsymbol{A}^k=\sum_{m=0}^{n-1}\alpha_m\boldsymbol{A}^m \quad (k\geqslant n) \tag{8-46}$$

推论 2 矩阵指数 $\mathrm{e}^{\boldsymbol{A}t}$ 可表为 $\boldsymbol{A}$ 的$(n-1)$阶多项式，即

$$\mathrm{e}^{\boldsymbol{A}t}=\sum_{m=0}^{n-1}\alpha_m(t)\boldsymbol{A}^m \tag{8-47}$$

且各 $\alpha_m(t)$ 作为时间的函数是线性无关的。

由凯莱-哈密顿定理可知，矩阵 $\boldsymbol{A}$ 满足它自己的特征方程，即在式(8-47)中用 $\boldsymbol{A}$ 的特征值 $\lambda_i(i=1,2,\cdots,n)$ 替代 $\boldsymbol{A}$ 后，等式仍能满足

$$\mathrm{e}^{\lambda_i t}=\sum_{j=0}^{k-1}\alpha_j(t)\lambda_i^j \tag{8-48}$$

利用式(8-48)和 n 个 λ_i 就可以确定待定系数 $\alpha_j(t)$。

若 λ_i 互不相等，则根据式(8-48)可写出各 $\alpha_j(t)$ 所构成的 n 元一次方程组为

$$\left.\begin{aligned} \mathrm{e}^{\lambda_1 t}&=\alpha_0+\alpha_1\lambda_1+\alpha_2\lambda_1^2+\cdots+\alpha_{n-1}\lambda_1^{n-1} \\ \mathrm{e}^{\lambda_2 t}&=\alpha_0+\alpha_1\lambda_2+\alpha_2\lambda_2^2+\cdots+\alpha_{n-1}\lambda_2^{n-1} \\ &\vdots \\ \mathrm{e}^{\lambda_n t}&=\alpha_0+\alpha_1\lambda_n+\alpha_2\lambda_n^2+\cdots+\alpha_{n-1}\lambda_n^{n-1} \end{aligned}\right\} \tag{8-49}$$

求解式(8-49),可求得系数 $\alpha_0,\alpha_1,\cdots,\alpha_{n-1}$,它们都是时间 t 的函数,将其代入式(8-47)后即可得出 e^{At}。

例 8-9 已知 $\boldsymbol{A}=\begin{bmatrix}-3 & 1\\ 2 & -2\end{bmatrix}$,求 e^{At}。

解 首先求矩阵 $\boldsymbol{A}$ 的特征值。由 $|\lambda\boldsymbol{I}-\boldsymbol{A}|=0$,得 $\begin{vmatrix}\lambda+3 & -1\\ -2 & \lambda+2\end{vmatrix}=0$,即

$$\lambda^2+5\lambda+4=0$$

解得

$$\lambda_1=-1,\quad \lambda_2=-4$$

将其代入式(8-48),有

$$\begin{cases}e^{-t}=\alpha_0+\alpha_1(-1)\\ e^{-4t}=\alpha_0+\alpha_1(-4)\end{cases}$$

解出系数

$$\begin{cases}\alpha_0=\dfrac{4}{3}e^{-t}-\dfrac{1}{3}e^{-4t}\\ \alpha_1=\dfrac{1}{3}e^{-t}-\dfrac{1}{3}e^{-4t}\end{cases}$$

于是

$$\begin{aligned}e^{At}=\alpha_0\boldsymbol{I}+\alpha_1\boldsymbol{A}&=\left(\frac{4}{3}e^{-t}-\frac{1}{3}e^{-4t}\right)\begin{bmatrix}1 & 0\\ 0 & 1\end{bmatrix}+\left(\frac{1}{3}e^{-t}-\frac{1}{3}e^{-4t}\right)\begin{bmatrix}-3 & 1\\ 2 & -2\end{bmatrix}\\ &=\begin{bmatrix}\dfrac{1}{3}e^{-t}+\dfrac{2}{3}e^{-4t} & \dfrac{1}{3}e^{-t}-\dfrac{1}{3}e^{-4t}\\ \dfrac{2}{3}e^{-t}-\dfrac{2}{3}e^{-4t} & \dfrac{2}{3}e^{-t}+\dfrac{1}{3}e^{-4t}\end{bmatrix}\end{aligned}$$

若矩阵 $\boldsymbol{A}$ 的特征值 λ_1 是 m 阶的重根,则求解各系数 α_j 的方程组的前 m 个方程可以写成

$$\begin{aligned}&e^{\lambda_1 t}=\alpha_0+\alpha_1\lambda_1+\cdots+\alpha_{n-1}\lambda_1^{n-1}\\ &\left.\frac{d}{d\lambda}e^{\lambda t}\right|_{\lambda=\lambda_1}=\alpha_1+2\alpha_2\lambda_1+\cdots+(n-1)\alpha_{n-1}\lambda_1^{n-2}\\ &\vdots\\ &\left.\frac{d^{m-1}}{d\lambda^{m-1}}e^{\lambda t}\right|_{\lambda=\lambda_1}=(m-1)!\alpha_{m-1}+m!\alpha_m\lambda_1+\frac{(m+1)!}{2!}\alpha_{m+1}\lambda_1^2+\cdots+\frac{(n-1)!}{(n-m)!}\alpha_{n-1}\lambda_1^{k-m}\end{aligned}\tag{8-50}$$

其他由 $\lambda_i(i=1,2,\cdots,n-m+1)$ 组成的 $(n-m)$ 个方程仍与式(8-49)的形式相同,它们与式(8-50)联立,即可解出各待定系数。

例 8-10 已知 $\boldsymbol{A}=\begin{bmatrix}-2 & 0\\ -1 & -2\end{bmatrix}$,求 e^{At}。

解 先求矩阵 $\boldsymbol{A}$ 的特征值,由 $|\lambda\boldsymbol{I}-\boldsymbol{A}|=0$,得

$$\begin{vmatrix} \lambda+2 & 0 \\ 1 & \lambda+2 \end{vmatrix} = 0$$

即

$$\lambda^2 + 4\lambda + 4 = 0$$

解得，$\lambda_{1,2}=-2$ 为一个二重根，由式(8-50)有

$$\begin{cases} e^{-2t} = \alpha_0 + \alpha_1(-2) \\ te^{-2t} = \alpha_1 \end{cases}$$

解得

$$\begin{cases} \alpha_0(t) = e^{-2t}(1+2t) \\ \alpha_1(t) = te^{-2t} \end{cases}$$

于是求得

$$e^{At} = e^{-2t}(1+2t)\begin{bmatrix} 1 & 0 \\ 0 & 1 \end{bmatrix} + te^{-2t}\begin{bmatrix} -2 & 0 \\ -1 & -2 \end{bmatrix} = e^{-2t}\begin{bmatrix} 1 & 0 \\ t & 1 \end{bmatrix}$$

8.2.2 状态转移矩阵的性质

状态转移矩阵$\boldsymbol{\Phi}(t)$具有如下运算性质：

(1) $\boldsymbol{\Phi}(0)=\boldsymbol{I}$ (8-51)

(2) $\dot{\boldsymbol{\Phi}}(t)=\boldsymbol{A\Phi}(t)=\boldsymbol{\Phi}(t)\boldsymbol{A}$ (8-52)

(3) $\boldsymbol{\Phi}(t_1 \pm t_2)=\boldsymbol{\Phi}(t_1)\boldsymbol{\Phi}(\pm t_2)=\boldsymbol{\Phi}(\pm t_2)\boldsymbol{\Phi}(t_1)$ (8-53)

式(8-52)表明 $\boldsymbol{A}$ 与$\boldsymbol{\Phi}(t)$可交换，且$\dot{\boldsymbol{\Phi}}(0)=\boldsymbol{A}$。

$\boldsymbol{\Phi}(t_1)$，$\boldsymbol{\Phi}(t_2)$，$\boldsymbol{\Phi}(t_1 \pm t_2)$分别表示由状态 $\boldsymbol{x}(0)$转移至状态 $\boldsymbol{x}(t_1)$，$\boldsymbol{x}(t_2)$，$\boldsymbol{x}(t_1 \pm t_2)$的状态转移矩阵。该性质表明$\boldsymbol{\Phi}(t_1 \pm t_2)$可分解为$\boldsymbol{\Phi}(t_1)$与$\boldsymbol{\Phi}(\pm t_2)$的乘积，且$\boldsymbol{\Phi}(t_1)$与$\boldsymbol{\Phi}(\pm t_2)$是可交换的。上述性质利用矩阵指数级数定义式(8-38)很容易证明，可令 $t=t_1 \pm t_2$。

(4) $\boldsymbol{\Phi}^{-1}(t)=\boldsymbol{\Phi}(-t)$，　$\boldsymbol{\Phi}^{-1}(-t)=\boldsymbol{\Phi}(t)$ (8-54)

证明　由性质(3)有

$$\boldsymbol{\Phi}(t-t) = \boldsymbol{\Phi}(t)\boldsymbol{\Phi}(-t) = \boldsymbol{\Phi}(-t)\boldsymbol{\Phi}(t) = \boldsymbol{\Phi}(0) = \boldsymbol{I}$$

根据逆矩阵的定义可得式(8-54)。根据$\boldsymbol{\Phi}(t)$的这一性质，对于线性定常系统，显然有

$$\boldsymbol{x}(t) = \boldsymbol{\Phi}(t)\boldsymbol{x}(0), \quad \boldsymbol{x}(0) = \boldsymbol{\Phi}^{-1}(t)\boldsymbol{x}(t) = \boldsymbol{\Phi}(-t)\boldsymbol{x}(t)$$

(5) $\boldsymbol{x}(t_2)=\boldsymbol{\Phi}(t_2-t_1)\boldsymbol{x}(t_1)$ (8-55)

证明　由于 $\boldsymbol{x}(t_1)=\boldsymbol{\Phi}(t_1)\boldsymbol{x}(0)$，$\boldsymbol{x}(0)=\boldsymbol{\Phi}^{-1}(t_1)\boldsymbol{x}(t_1)=\boldsymbol{\Phi}(-t_1)\boldsymbol{x}(t_1)$，故

$$\boldsymbol{x}(t_2) = \boldsymbol{\Phi}(t_2)\boldsymbol{x}(0) = \boldsymbol{\Phi}(t_2)\boldsymbol{\Phi}(-t_1)\boldsymbol{x}(t_1) = \boldsymbol{\Phi}(t_2-t_1)\boldsymbol{x}(t_1)$$

即由 $\boldsymbol{x}(t_1)$转移至 $\boldsymbol{x}(t_2)$的状态转移矩阵为$\boldsymbol{\Phi}(t_2-t_1)$。

(6) $\boldsymbol{\Phi}(t_2-t_0)=\boldsymbol{\Phi}(t_2-t_1)\boldsymbol{\Phi}(t_1-t_0)$ (8-56)

证明　由 $\boldsymbol{x}(t_2)=\boldsymbol{\Phi}(t_2-t_0)\boldsymbol{x}(t_0)$和 $\boldsymbol{x}(t_1)=\boldsymbol{\Phi}(t_1-t_0)\boldsymbol{x}(t_0)$，得到

$$\boldsymbol{x}(t_2) = \boldsymbol{\Phi}(t_2-t_1)\boldsymbol{x}(t_1) = \boldsymbol{\Phi}(t_2-t_1)\boldsymbol{\Phi}(t_1-t_0)\boldsymbol{x}(t_0) = \boldsymbol{\Phi}(t_2-t_0)\boldsymbol{x}(t_0)$$

(7) $[\boldsymbol{\Phi}(t)]^k=\boldsymbol{\Phi}(kt)$ (8-57)

证明

$$[\boldsymbol{\Phi}(t)]^k=(e^{\boldsymbol{A}t})^k=e^{k\boldsymbol{A}t}=e^{\boldsymbol{A}(kt)}=\boldsymbol{\Phi}(kt)$$

(8) 若 $\boldsymbol{AB}=\boldsymbol{BA}$,则

$$e^{(\boldsymbol{A}+\boldsymbol{B})t}=e^{\boldsymbol{A}t}e^{\boldsymbol{B}t}=e^{\boldsymbol{B}t}e^{\boldsymbol{A}t} \tag{8-58}$$

例 8-11 已知状态转移矩阵为$\boldsymbol{\Phi}(t)=\begin{bmatrix}2e^{-t}-e^{-2t} & e^{-t}-e^{-2t}\\ -2e^{-t}+2e^{-2t} & -e^{-t}+2e^{-2t}\end{bmatrix}$,试求$\boldsymbol{\Phi}^{-1}(t)$,$\boldsymbol{A}$。

解 根据状态转移矩阵的运算性质有

$$\boldsymbol{\Phi}^{-1}(t)=\boldsymbol{\Phi}(-t)=\begin{bmatrix}2e^{t}-e^{2t} & e^{t}-e^{2t}\\ -2e^{t}+2e^{2t} & -e^{t}+2e^{2t}\end{bmatrix}$$

$$\boldsymbol{A}=\dot{\boldsymbol{\Phi}}(0)=\begin{bmatrix}-2e^{-t}+2e^{-2t} & -e^{-t}+2e^{-2t}\\ 2e^{-t}-4e^{-2t} & e^{-t}-4e^{-2t}\end{bmatrix}_{t=0}=\begin{bmatrix}0 & 1\\ -2 & -3\end{bmatrix}$$

8.2.3 线性定常连续系统的受控运动

线性定常系统在控制作用下的运动称为线性定常系统的受控运动,其数学描述为非齐次状态方程,即

$$\dot{\boldsymbol{x}}(t)=\boldsymbol{A}\boldsymbol{x}(t)+\boldsymbol{B}\boldsymbol{u}(t) \tag{8-59}$$

该方程主要有两种解法。

(1) 积分法。由式(8-59),有

$$e^{-\boldsymbol{A}t}[\dot{\boldsymbol{x}}(t)-\boldsymbol{A}\boldsymbol{x}(t)]=e^{-\boldsymbol{A}t}\boldsymbol{B}\boldsymbol{u}(t)$$

由于

$$\frac{d}{dt}[e^{-\boldsymbol{A}t}\boldsymbol{x}(t)]=-\boldsymbol{A}e^{-\boldsymbol{A}t}\boldsymbol{x}(t)+e^{-\boldsymbol{A}t}\dot{\boldsymbol{x}}(t)=e^{-\boldsymbol{A}t}[\dot{\boldsymbol{x}}(t)-\boldsymbol{A}\boldsymbol{x}(t)]$$

积分后有

$$e^{-\boldsymbol{A}t}\boldsymbol{x}(t)-\boldsymbol{x}(0)=\int_0^t e^{-\boldsymbol{A}\tau}\boldsymbol{B}\boldsymbol{u}(t)d\tau$$

即

$$\boldsymbol{x}(t)=e^{\boldsymbol{A}t}\boldsymbol{x}(0)+\int_0^t e^{\boldsymbol{A}(t-\tau)}\boldsymbol{B}\boldsymbol{u}(\tau)d\tau=\boldsymbol{\Phi}(t)\boldsymbol{x}(0)+\int_0^t\boldsymbol{\Phi}(t-\tau)\boldsymbol{B}\boldsymbol{u}(\tau)d\tau \tag{8-60}$$

式(8-60)中,等号右边第一项为状态转移项,是系统对初始状态的响应,即零输入响应;第二项是系统对输入作用的响应,即零状态响应。通过变量代换,式(8-60)又可表示为

$$\boldsymbol{x}(t)=\boldsymbol{\Phi}(t)\boldsymbol{x}(0)+\int_0^t\boldsymbol{\Phi}(\tau)\boldsymbol{B}\boldsymbol{u}(t-\tau)d\tau \tag{8-61}$$

若取 t_0 作为初始时刻,则有

$$\begin{aligned}\boldsymbol{x}(t)&=e^{\boldsymbol{A}(t-t_0)}\boldsymbol{x}(t_0)+\int_{t_0}^t e^{\boldsymbol{A}(t-\tau)}\boldsymbol{B}\boldsymbol{u}(\tau)d\tau\\ &=\boldsymbol{\Phi}(t-t_0)\boldsymbol{x}(t_0)+\int_{t_0}^t\boldsymbol{\Phi}(t-\tau)\boldsymbol{B}\boldsymbol{u}(\tau)d\tau\end{aligned} \tag{8-62}$$

(2) 拉普拉斯变换法。将式(8-59)两端取拉普拉斯变换，有

$$sX(s)-x(0)=AX(s)+BU(s)$$
$$X(s)=(sI-A)^{-1}X(0)+(sI-A)^{-1}BU(s)$$

进行拉普拉斯反变换有

$$x(t)=\mathcal{L}^{-1}(sI-A)^{-1}x(0)+\mathcal{L}^{-1}[(sI-A)^{-1}BU(s)] \tag{8-63}$$

例 8-12 设系统状态方程为

$$\begin{bmatrix}\dot{x}_1\\ \dot{x}_2\end{bmatrix}=\begin{bmatrix}0 & 1\\ -2 & -3\end{bmatrix}\begin{bmatrix}x_1\\ x_2\end{bmatrix}+\begin{bmatrix}0\\ 1\end{bmatrix}u$$

且 $x(0)=[x_1(0)\ x_2(0)]^{\mathrm{T}}$，试求在 $u(t)=1(t)$ 作用下状态方程的解。

解 由于 $u(t)=1(t)$，$u(t-\tau)=1$，根据式(8-61)，可得

$$x(t)=\Phi(t)x(0)+\int_0^t\Phi(\tau)B\mathrm{d}\tau$$

由例 8-18 已求得 $\Phi(t)=\begin{bmatrix}2\mathrm{e}^{-t}-\mathrm{e}^{-2t} & \mathrm{e}^{-t}-\mathrm{e}^{-2t}\\ -2\mathrm{e}^{-t}+2\mathrm{e}^{-2t} & -\mathrm{e}^{-t}+2\mathrm{e}^{-2t}\end{bmatrix}$，因此有

$$\int_0^t\Phi(\tau)B\mathrm{d}\tau=\int_0^t\begin{bmatrix}\mathrm{e}^{-\tau}-\mathrm{e}^{-2\tau}\\ -\mathrm{e}^{-\tau}+2\mathrm{e}^{-2\tau}\end{bmatrix}\mathrm{d}\tau=\begin{bmatrix}-\mathrm{e}^{-\tau}+\frac{1}{2}\mathrm{e}^{-2\tau}\\ \mathrm{e}^{-\tau}-\mathrm{e}^{-2\tau}\end{bmatrix}\Bigg|_0^t=\begin{bmatrix}-\mathrm{e}^{-t}+\frac{1}{2}\mathrm{e}^{-2t}+\frac{1}{2}\\ \mathrm{e}^{-t}-\mathrm{e}^{-2t}\end{bmatrix}$$

故

$$x(t)=\begin{bmatrix}x_1(t)\\ x_2(t)\end{bmatrix}=\begin{bmatrix}2\mathrm{e}^{-t}-\mathrm{e}^{-2t} & \mathrm{e}^{-t}-\mathrm{e}^{-2t}\\ -2\mathrm{e}^{-t}+2\mathrm{e}^{-2t} & -\mathrm{e}^{-t}+2\mathrm{e}^{-2t}\end{bmatrix}\begin{bmatrix}x_1(0)\\ x_2(0)\end{bmatrix}+\begin{bmatrix}-\mathrm{e}^{-t}+\frac{1}{2}\mathrm{e}^{-2t}+\frac{1}{2}\\ \mathrm{e}^{-t}-\mathrm{e}^{-2t}\end{bmatrix}$$

8.2.4 线性定常离散系统的运动分析

求解离散系统运动的方法主要有 z 变换法和递推法，前者只适用于线性定常系统，而后者对非线性系统、时变系统都适用，且特别适合计算机计算。下面用递推法求解系统响应，重写系统的动态方程如下

$$\begin{cases}x(k+1)=\Phi x(k)+Gu(k)\\ y(k)=Cx(k)+Du(k)\end{cases}$$

令状态方程中的 $k=0,1,\cdots,k-1$，可得到 $T,2T,\cdots,kT$ 时刻的状态，即

$k=0\quad x(1)=\Phi x(0)+Gu(0)$

$k=1\quad x(2)=\Phi x(1)+Gu(1)=\Phi^2x(0)+\Phi Gu(0)+Gu(1)$

$k=2\quad x(3)=\Phi x(2)+Gu(2)=\Phi^3x(0)+\Phi^2Gu(0)+\Phi Gu(1)+Gu(2)$

$\vdots$

$k=k-1\quad x(k)=\Phi x(k-1)+Gu(k-1)=\Phi^kx(0)+\sum\limits_{i=0}^{k-1}\Phi^{k-1-i}Gu(i)$

$$y(k)=Cx(k)+Du(k)=C\Phi^kx(0)+C\sum_{i=0}^{k-1}\Phi^{k-1-i}Gu(i)+Du(k)$$

于是，系统解为

$$\begin{cases}\boldsymbol{x}(k)=\boldsymbol{\Phi}^{k}\boldsymbol{x}(0)+\sum_{i=0}^{k-1}\boldsymbol{\Phi}^{k-1-i}\boldsymbol{G}\boldsymbol{u}(i)\\ \boldsymbol{y}(k)=\boldsymbol{C}\boldsymbol{\Phi}^{k}\boldsymbol{x}(0)+\boldsymbol{C}\sum_{i=0}^{k-1}\boldsymbol{\Phi}^{k-1-i}\boldsymbol{G}\boldsymbol{u}(i)+\boldsymbol{D}\boldsymbol{u}(k)\end{cases} \tag{8-64}$$

8.2.5 连续系统的离散化

计算机只能处理离散信号，现代控制系统是基于计算机的控制系统。因此无论是控制，还是分析计算，都存在信号的离散化问题。连续系统离散化实际上是状态方程的离散化。

1. 线性定常连续系统的离散化

已知线性定常连续系统状态方程$\dot{\boldsymbol{x}}=\boldsymbol{A}\boldsymbol{x}+\boldsymbol{B}\boldsymbol{u}$在$\boldsymbol{x}(t_0)$及$\boldsymbol{u}(t)$作用下的解为

$$\boldsymbol{x}(t)=\boldsymbol{\Phi}(t-t_0)\boldsymbol{x}(t_0)+\int_{t_0}^{t}\boldsymbol{\Phi}(t-\tau)\boldsymbol{B}\boldsymbol{u}(\tau)\mathrm{d}\tau \tag{8-65}$$

假定采样过程时间间隔相等，令$t_0=kT$，则$\boldsymbol{x}(t_0)=\boldsymbol{x}(kT)=\boldsymbol{x}(k)$；令$t=(k+1)T$，则$\boldsymbol{x}(t)=\boldsymbol{x}[(k+1)T]=\boldsymbol{x}(k+1)$；并假定在$t\in[k,k+1]$区间内，$\boldsymbol{u}(t)=\boldsymbol{u}(kT)=$常数，于是其解化为

$$\boldsymbol{x}(k+1)=\boldsymbol{\Phi}[(k+1)T-kT]\boldsymbol{x}(k)+\int_{kT}^{(k+1)T}\boldsymbol{\Phi}[(k+1)T-\tau]\boldsymbol{B}\mathrm{d}\tau\boldsymbol{u}(k)$$

若记

$$\boldsymbol{G}(T)=\int_{kT}^{(k+1)T}\boldsymbol{\Phi}[(k+1)T-\tau]\boldsymbol{B}\mathrm{d}\tau$$

则通过变量代换得到

$$\boldsymbol{G}(T)=\int_{0}^{T}\boldsymbol{\Phi}(\tau)\boldsymbol{B}\mathrm{d}\tau \tag{8-66}$$

故离散化状态方程为

$$\boldsymbol{x}(k+1)=\boldsymbol{\Phi}(T)\boldsymbol{x}(k)+\boldsymbol{G}(T)\boldsymbol{u}(k) \tag{8-67}$$

式中，$\boldsymbol{\Phi}(T)$与连续状态转移矩阵$\boldsymbol{\Phi}(t)$的关系为

$$\boldsymbol{\Phi}(T)=\boldsymbol{\Phi}(t)\big|_{t=T} \tag{8-68}$$

2. 非线性时变系统的离散化及分析方法

对于式(8-1)表示的非线性时变系统，状态方程很难求得解析解，常采用近似的离散化处理方法。当采样周期T足够小时，按导数定义有

$$\dot{\boldsymbol{x}}(k)\approx\frac{1}{T}[\boldsymbol{x}(k+1)-\boldsymbol{x}(k)]$$

代入式(8-3a)得到离散化状态方程

$$\boldsymbol{x}(k+1)=\boldsymbol{x}(k)+T\boldsymbol{f}[\boldsymbol{x}(k),\boldsymbol{u}(k),k] \tag{8-69}$$

对于非线性时变系统，一般都是先离散化，然后再用递推计算求数值解的方法进行

系统的运动分析。

8.3 控制系统的李雅普诺夫稳定性分析

稳定性描述系统受到外界干扰，平衡工作状态被破坏后，系统偏差调节过程的收敛性。它是系统的重要特性，是系统正常工作的必要条件。经典控制理论用代数判据、奈氏判据、对数频率判据、特征根判据来判断线性定常系统的稳定性，用相平面法来判断二阶非线性系统的稳定性。这些稳定性判据无法满足以多变量、非线性、时变为特征的现代控制系统对稳定性分析的要求。1892 年，俄国学者李雅普诺夫建立了基于状态空间描述的稳定性理论，提出了依赖于线性系统微分方程的解来判断稳定性的第一方法(称为间接法)和利用经验和技巧来构造李雅普诺夫函数借以判断稳定性的第二方法(称为直接法)。李雅普诺夫提出的这一理论是确定系统稳定性的更一般的理论，不仅适用于单变量、线性、定常系统，还适用于多变量、非线性、时变系统。它有效地解决过一些用其他方法未能解决的非线性微分方程的稳定性问题，在现代控制系统的分析与设计中，得到了广泛的应用与发展。

8.3.1 李雅普诺夫稳定性概念

忽略输入后，非线性时变系统的状态方程为

$$\dot{\boldsymbol{x}} = \boldsymbol{f}(\boldsymbol{x},t) \tag{8-70}$$

式中，$\boldsymbol{x}$ 为 n 维状态向量；t 为时间变量；$\boldsymbol{f}(\boldsymbol{x},t)$ 为 n 维函数，其展开式为

$$\dot{x}_i = f_i(x_1,x_2,\cdots,x_n,t) \quad i=1,\cdots,n$$

假定方程的解为 $\boldsymbol{x}(t;\boldsymbol{x}_0,t_0)$，$\boldsymbol{x}_0$ 和 t_0 分别为初始状态向量和初始时刻，$\boldsymbol{x}(t_0;\boldsymbol{x}_0,t_0)=\boldsymbol{x}_0$。

1. 平衡状态

如果对于所有 t，满足

$$\dot{\boldsymbol{x}}_e = \boldsymbol{f}(\boldsymbol{x}_e,t) = 0 \tag{8-71}$$

的状态 $\boldsymbol{x}_e$ 称为平衡状态(又称为平衡点)。平衡状态的各分量不再随时间变化。若已知状态方程，令 $\dot{\boldsymbol{x}}=0$ 所求得的解 $\boldsymbol{x}$，便是平衡状态。

对于线性定常系统 $\dot{\boldsymbol{x}}=\boldsymbol{A}\boldsymbol{x}$，其平衡状态满足 $\boldsymbol{A}\boldsymbol{x}_e=0$，如果矩阵 $\boldsymbol{A}$ 非奇异，系统只有唯一的零解，即仅存在一个位于状态空间原点的平衡状态。至于非线性系统，$\boldsymbol{f}(\boldsymbol{x}_e,t)=0$ 的解可能有多个，由系统状态方程决定。

控制系统李雅普诺夫稳定性理论所指的稳定性是关于平衡状态的稳定性，反映了系统在平衡状态附近的动态行为。鉴于实际线性系统往往只有一个平衡状态，平衡状态的稳定性能够表征整个系统的稳定性。对于具有多个平衡状态的非线性系统来说，由于各平衡状态的稳定性一般并不相同，故需逐个加以考虑，还需结合具体初始条件下的系统运动轨迹来考虑。

本节主要研究平衡状态位于状态空间原点(即零状态)的稳定性问题,因为任何非零状态均可以通过坐标变换平移到坐标原点,而坐标变换又不会改变系统的稳定性。

2. 李雅普诺夫稳定性定义

(1) 李雅普诺夫稳定性。如果对于任意小的 $\varepsilon>0$,均存在一个 $\delta(\varepsilon,t_0)>0$,当初始状态满足 $\|\boldsymbol{x}_0-\boldsymbol{x}_e\|\leqslant\delta$ 时,系统运动轨迹满足 $\lim\limits_{t\to\infty}\|\boldsymbol{x}(t;\boldsymbol{x}_0,t_0)-\boldsymbol{x}_e\|\leqslant\varepsilon$,则称该平衡状态 $\boldsymbol{x}_e$ 是李雅普诺夫意义下稳定的,简称是稳定的。该定义的平面几何表示如图 8-18(a)所示,$\|\boldsymbol{x}_0-\boldsymbol{x}_e\|$ 表示状态空间中 x_0 点至 x_e 点之间的距离,其数学表达式为

$$\|\boldsymbol{x}_0-\boldsymbol{x}_e\|=\sqrt{(x_{10}-x_{1e})^2+\cdots+(x_{n0}-x_{ne})^2} \tag{8-72}$$

设系统初始状态 $\boldsymbol{x}_0$ 位于平衡状态以 $\boldsymbol{x}_e$ 为球心、半径为 δ 的闭球域 $S(\delta)$ 内,如果系统稳定,则状态方程的解 $x(t;\boldsymbol{x}_0,t_0)$ 在 $t\to\infty$ 的过程中,都位于以 $\boldsymbol{x}_e$ 为球心,半径为 ε 的闭球域 $S(\varepsilon)$ 内。

(2) 一致稳定性。通常 δ 与 ε、t_0 都有关。如果 δ 与 t_0 无关,则称平衡状态是一致稳定的。定常系统的 δ 与 t_0 无关,因此定常系统如果稳定,则一定是一致稳定的。

(3) 渐近稳定性。系统的平衡状态不仅具有李雅普诺夫意义下的稳定性,且有

$$\lim_{t\to\infty}\|\boldsymbol{x}(t;\boldsymbol{x}_0,t_0)-\boldsymbol{x}_e\|\to 0 \tag{8-73}$$

称此平衡状态是渐近稳定的。这时,从 $S(\delta)$ 出发的轨迹不仅不会超出 $S(\varepsilon)$,且当 $t\to\infty$ 时收敛于 $\boldsymbol{x}_e$ 或其附近,其平面几何表示如图 8-18(b)所示。

(4) 大范围稳定性。当初始条件扩展至整个状态空间,且具有稳定性时,称此平衡状态是大范围稳定的,或全局稳定的。此时,$\delta\to\infty$,$S(\delta)\to\infty$,$\boldsymbol{x}\to\infty$。对于线性系统,如果它是渐近稳定的,必具有大范围稳定性,因为线性系统稳定性与初始条件无关。非线性系统的稳定性一般与初始条件的大小密切相关,通常只能在小范围内稳定。

(5) 不稳定性。不论 δ 取得多么小,只要在 $S(\delta)$ 内有一条从 $\boldsymbol{x}_0$ 出发的轨迹跨出 $S(\varepsilon)$,则称此平衡状态是不稳定的。其平面几何表示见图 8-18(c)所示。

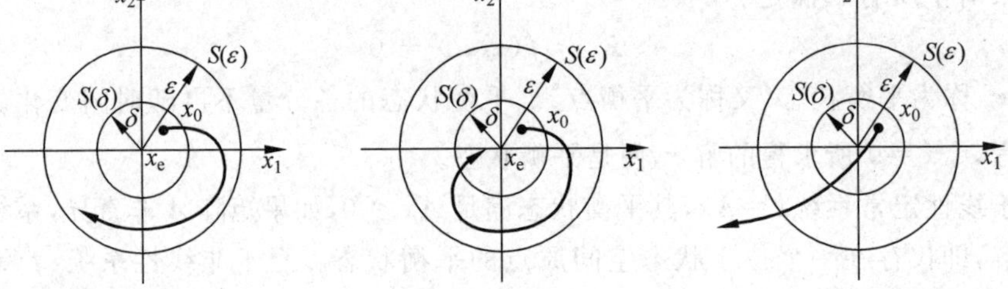

(a) 李雅普诺夫意义下的稳定　(b) 渐近稳定　(c) 不稳定

图 8-18　稳定性的平面几何表示

注意,按李雅普诺夫意义下的稳定性定义,当系统作不衰减的振荡运动时,将在平面内描绘出一条封闭曲线,只要不超过 $S(\varepsilon)$,则认为是稳定的,如线性系统的无阻尼自由振荡和非线性系统的稳定极限环,这同经典控制理论中的稳定性定义是有差异的。经典控

制理论的稳定是李雅普诺夫意义下的一致渐近稳定。

(6) BIBS 稳定性。对任意有界的 $\boldsymbol{x}(0)$，若在任意有界的输入 $\boldsymbol{u}(t)$ 的作用下，$\boldsymbol{x}(t)$ 均有界，则称系统 BIBS 稳定。

(7) BIBO 稳定性。对任意有界的 $\boldsymbol{x}(0)$，若在任意有界的输入 $\boldsymbol{u}(t)$ 的作用下，$\boldsymbol{y}(t)$ 均有界，则称系统 BIBO 稳定。

8.3.2 李雅普诺夫稳定性间接判别法

李雅普诺夫第一法(间接法)是利用状态方程的解的特性来判断系统稳定性的方法，它适用于线性定常、线性时变及可线性化的非线性系统。

线性定常系统的特征值判据 系统 $\dot{\boldsymbol{x}}=\boldsymbol{A}\boldsymbol{x}$ 渐近稳定的充分必要条件是：系统矩阵 $\boldsymbol{A}$ 的全部特征值位于复平面左半部，即

$$\mathrm{Re}(\lambda_i)<0 \quad i=1,\cdots,n \tag{8-74}$$

证明 假定 $\boldsymbol{A}$ 有相异特征值 $\lambda_1,\cdots,\lambda_n$，根据线性代数理论，存在非奇异线性变换 $\boldsymbol{x}=\boldsymbol{P}\bar{\boldsymbol{x}}$ ($\boldsymbol{P}$ 由特征值 λ_i 对应的特征向量构成，为一常数矩阵)，可使 $\bar{\boldsymbol{A}}$ 对角化，有

$$\bar{\boldsymbol{A}}=\boldsymbol{P}^{-1}\boldsymbol{A}\boldsymbol{P}=\mathrm{diag}(\lambda_1,\cdots,\lambda_n)$$

变换后状态方程的解为

$$\bar{\boldsymbol{x}}(t)=\mathrm{e}^{\bar{\boldsymbol{A}}t}\,\bar{\boldsymbol{x}}(0)=\mathrm{diag}(\mathrm{e}^{\lambda_1 t}\quad\cdots\quad \mathrm{e}^{\lambda_n t})\,\bar{\boldsymbol{x}}(0)$$

由于

$$\bar{\boldsymbol{x}}=\boldsymbol{P}^{-1}\boldsymbol{x},\quad \bar{\boldsymbol{x}}(0)=\boldsymbol{P}^{-1}\boldsymbol{x}(0)$$

故原状态方程的解为

$$\boldsymbol{x}(t)=\boldsymbol{P}\mathrm{e}^{\bar{\boldsymbol{A}}t}\boldsymbol{P}^{-1}\boldsymbol{x}(0)=\mathrm{e}^{\boldsymbol{A}t}\boldsymbol{x}(0)$$

有

$$\mathrm{e}^{\boldsymbol{A}t}=\boldsymbol{P}\mathrm{e}^{\bar{\boldsymbol{A}}t}\boldsymbol{P}^{-1}=\boldsymbol{P}\mathrm{diag}(\mathrm{e}^{\lambda_1 t}\quad\cdots\quad \mathrm{e}^{\lambda_n t})\boldsymbol{P}^{-1}$$

将上式展开，$\mathrm{e}^{\boldsymbol{A}t}$ 的每一元素都是 $\mathrm{e}^{\lambda_1 t},\ \cdots,\ \mathrm{e}^{\lambda_n t}$ 的线性组合，因而可写成矩阵多项式

$$\mathrm{e}^{\boldsymbol{A}t}=\sum_{i=1}^{n}\boldsymbol{R}_i\mathrm{e}^{\lambda_i t}=\boldsymbol{R}_1\mathrm{e}^{\lambda_1 t}+\cdots+\boldsymbol{R}_n\mathrm{e}^{\lambda_n t}$$

故 $\boldsymbol{x}(t)$ 可以显式表示出与 λ_i 的关系，即

$$\boldsymbol{x}(t)=\mathrm{e}^{\boldsymbol{A}t}\boldsymbol{x}(0)=[\boldsymbol{R}_1\mathrm{e}^{\lambda_1 t}+\cdots+\boldsymbol{R}_n\mathrm{e}^{\lambda_n t}]\boldsymbol{x}(0)$$

当式(8-74)成立时，对于任意 $x(0)$，均有 $\boldsymbol{x}(t)|_{t\to\infty}\to 0$，系统渐近稳定。只要有一个特征值的实部大于零，对于 $\boldsymbol{x}(0)\neq 0$，$\boldsymbol{x}(t)$ 便无限增长，系统不稳定。如果只有一个(或一对，且均不能是重根)特征值的实部等于零，其余特征值实部均小于零，$\boldsymbol{x}(t)$ 便含有常数项或三角函数项，则系统是李雅普诺夫意义下稳定的。

8.3.3 李雅普诺夫稳定性直接判别法

李雅普诺夫第二法(直接法)利用李雅普诺夫函数直接对平衡状态稳定性进行判断，无须求出系统状态方程的解。它对各种控制系统均适用。

根据物理学原理，若系统储存的能量(含动能与位能)随时间推移而衰减，系统迟早会到达平衡状态。实际系统的能量函数表达式相当难找，因此李雅普诺夫引入了广义能量函数，称之为李雅普诺夫函数。它与 $x_1,\cdots,x_n$ 及 t 有关，是一个标量函数，记以 $V(\boldsymbol{x},t)$；若不显含 t，则记以 $V(\boldsymbol{x})$。考虑到能量总大于零，故为正定函数，能量衰减特性用 $\dot{V}(\boldsymbol{x},t)$ 表示。遗憾的是至今仍未形成构造李雅普诺夫函数的通用方法，需要凭经验与技巧。实践表明，对于大多数系统，可先尝试用二次型函数 $\boldsymbol{x}^{\mathrm{T}}\boldsymbol{P}\boldsymbol{x}$ 作为李雅普诺夫函数。

1. 标量函数定号性

(1) **正定性**。标量函数 $V(\boldsymbol{x})$ 在域 S 中对所有非零状态 $(\boldsymbol{x}\neq 0)$ 有 $V(\boldsymbol{x})>0$，且 $V(\boldsymbol{0})=0$，称 $V(\boldsymbol{x})$ 在域 S 内正定。例如，$V(\boldsymbol{x})=x_1^2+x_2^2$ 是正定的。

(2) **负定性**。标量函数 $V(\boldsymbol{x})$ 在域 S 中对所有非零 $\boldsymbol{x}$ 有 $V(\boldsymbol{x})<0$，且 $V(\boldsymbol{0})=0$，称 $V(\boldsymbol{x})$ 在域 S 内负定。如 $V(\boldsymbol{x})=-(x_1^2+x_2^2)$ 是负定的。如果 $V(\boldsymbol{x})$ 是负定的，$-V(\boldsymbol{x})$ 则一定是正定的。

(3) **负(正)半定性**。$V(\boldsymbol{0})=0$，且 $V(\boldsymbol{x})$ 在域 S 内某些状态处有 $V(x)=0$，而其他状态处均有 $V(\boldsymbol{x})<0(V(\boldsymbol{x})>0)$，则称 $V(\boldsymbol{x})$ 在域 S 内负(正)半定。设 $V(\boldsymbol{x})$ 为负半定，则 $-V(\boldsymbol{x})$ 为正半定。如 $V(\boldsymbol{x})=-(x_1+2x_2)^2$ 为负半定。

(4) **不定性**。$V(\boldsymbol{x})$ 在域 S 内可正可负，则称 $V(\boldsymbol{x})$ 不定。例如，$V(\boldsymbol{x})=x_1x_2$ 是不定的。

关于 $V(\boldsymbol{x},t)$ 正定性的提法是：标量函数 $V(\boldsymbol{x},t)$ 在域 S 中，对于 $t>t_0$ 及所有非零状态有 $V(\boldsymbol{x},t)>0$，且 $V(\boldsymbol{0},t)=0$，则称 $V(\boldsymbol{x},t)$ 在域 S 内正定。$V(\boldsymbol{x},t)$ 的其他定号性提法类同。

二次型函数是一类重要的标量函数，记

$$V(\boldsymbol{x})=\boldsymbol{x}^{\mathrm{T}}\boldsymbol{P}\boldsymbol{x}=[x_1 \quad \cdots \quad x_n]\begin{bmatrix} p_{11} & \cdots & p_{1n} \\ \vdots & \ddots & \vdots \\ p_{n1} & \cdots & p_{nn} \end{bmatrix}\begin{bmatrix} x_1 \\ \vdots \\ x_n \end{bmatrix} \tag{8-75}$$

其中，$\boldsymbol{P}$ 为对称矩阵，有 $p_{ij}=p_{ji}$。显然满足 $V(0)=0$，其定号性由赛尔维斯特准则判定。

当 $\boldsymbol{P}$ 的各顺序主子行列式均大于零时，即

$$p_{11}>0, \quad \begin{vmatrix} p_{11} & p_{12} \\ p_{21} & p_{22} \end{vmatrix}>0, \quad \cdots, \quad \begin{vmatrix} p_{11} & \cdots & p_{1n} \\ \vdots & \ddots & \vdots \\ p_{n1} & \cdots & p_{nn} \end{vmatrix}>0 \tag{8-76}$$

$\boldsymbol{P}$ 为正定矩阵，则 $V(\boldsymbol{x})$ 正定。当 $\boldsymbol{P}$ 的各顺序主子行列式负、正相间时，即

$$p_{11}<0, \quad \begin{vmatrix} p_{11} & p_{12} \\ p_{21} & p_{22} \end{vmatrix}>0, \quad \cdots, \quad (-1)^n\begin{vmatrix} p_{11} & \cdots & p_{1n} \\ \vdots & \ddots & \vdots \\ p_{n1} & \cdots & p_{nn} \end{vmatrix}>0 \tag{8-77}$$

$\boldsymbol{P}$ 为负定矩阵，则 $V(\boldsymbol{x})$ 负定。若主子行列式含有等于零的情况，则 $V(\boldsymbol{x})$ 为正半定或负半定。不属以上所有情况的 $V(\boldsymbol{x})$ 不定。

下面不再对李雅普诺夫第二法中诸稳定性定理在数学上作严格证明，而只着重于物

理概念的阐述和应用。

2. 李雅普诺夫第二法诸稳定性定理

设系统状态方程为$\dot{\boldsymbol{x}}=\boldsymbol{f}(\boldsymbol{x},t)$，其平衡状态满足 $f(\boldsymbol{0},t)=\boldsymbol{0}$。不失一般性，把状态空间原点作为平衡状态，并设系统在原点邻域存在 $V(\boldsymbol{x},t)$对 $\boldsymbol{x}$ 的连续的一阶偏导数。

定理 1 若①$V(\boldsymbol{x},t)$正定；②$\dot{V}(\boldsymbol{x},t)$负定，则原点是渐近稳定的。

$\dot{V}(x,t)$负定表示能量随时间连续单调地衰减，故与渐近稳定性定义叙述一致。

定理 2 若①$V(\boldsymbol{x},t)$正定；②$\dot{V}(\boldsymbol{x},t)$负半定，且在非零状态不恒为零，则原点是渐近稳定的。

$\dot{V}(\boldsymbol{x},t)$负半定表示在非零状态存在$\dot{V}(\boldsymbol{x},t)\equiv 0$，但在从初态出发的轨迹 $\boldsymbol{x}(t;\boldsymbol{x}_0,t_0)$上，不存在 $V(\boldsymbol{x},t)\equiv 0$ 的情况，于是系统将继续运行至原点。状态轨迹仅是经历能量不变的状态，而不会维持在该状态。

定理 3 若①$V(\boldsymbol{x},t)$正定；②$\dot{V}(\boldsymbol{x},t)$负半定，且在非零状态恒为零，则原点是李雅普诺夫意义下稳定的。

沿状态轨迹能维持$\dot{V}(\boldsymbol{x},t)\equiv 0$，表示系统能维持等能量水平运行，使系统维持在非零状态而不运行至原点。

定理 4 若①$V(\boldsymbol{x},t)$正定；②$\dot{V}(\boldsymbol{x},t)$正定，则原点是不稳定的。

$\dot{V}(\boldsymbol{x},t)$正定表示能量函数随时间增大，故状态轨迹在原点邻域发散。

参考定理 2 可推论：$V(\boldsymbol{x},t)$正定，当$\dot{V}(\boldsymbol{x},t)$正半定，且在非零状态不恒为零时，则原点不稳定。

应注意到，李雅普诺夫函数“正定的 $V(\boldsymbol{x},t)$”的选取不是唯一的，但只要找到一个$V(\boldsymbol{x},t)$满足定理所述条件，便可对原点的稳定性做出判断，并不因选取的 $V(\boldsymbol{x},t)$不同而有所影响。不过至今尚无构造李雅普诺夫函数的通用方法，这是应用李雅普诺夫稳定性理论的主要障碍。如果 $V(\boldsymbol{x},t)$选取不当，会导致$\dot{V}(\boldsymbol{x},t)$不定的结果，这时便做不出确定的判断，需要重新选取 $V(\boldsymbol{x},t)$。

以上定理按照$\dot{V}(\boldsymbol{x},t)$连续单调衰减的要求来确定系统稳定性，并未考虑实际稳定系统可能存在衰减振荡的情况，因此其条件是偏于保守的，故借稳定性定理判稳定者必稳定，李雅普诺夫第二法诸稳定性定理所述条件都是充分条件。

具体分析时，先构造一个李雅普诺夫函数 $V(\boldsymbol{x},t)$，通常选二次型函数，求其导数$\dot{V}(\boldsymbol{x},t)$，再将状态方程代入，最后根据$\dot{V}(\boldsymbol{x},t)$的定号性判别稳定性。

至于如何判断在非零状态下 $V[\boldsymbol{x}(t;\boldsymbol{x}_0,t_0),t]$是否有恒为零的情况，可按如下方法进行：令$\dot{V}(\boldsymbol{x},t)\equiv 0$，将状态方程代入，若能导出非零解，表示对 $\boldsymbol{x}\neq 0$，$\dot{V}(\boldsymbol{x},t)\equiv 0$ 的条件是成立的；若导出的是全零解，表示只有原点满足$\dot{V}(\boldsymbol{x},t)\equiv 0$ 的条件。

例 8-13 试用李雅普诺夫第二法判断下列非线性系统的稳定性。

$$\dot{x}_1 = x_2 - x_1(x_1^2 + x_2^2) \quad \dot{x}_2 = -x_1 - x_2(x_1^2 + x_2^2)$$

解 令$\dot{x}_1=0$及$\dot{x}_2=0$，可以解得原点($x_2=0,x_1=0$)是系统的唯一平衡状态。取李雅普诺夫函数为$V(\boldsymbol{x})=(x_1^2+x_2^2)$，则

$$\dot{V}(\boldsymbol{x}) = 2x_1\dot{x}_1 + 2x_2\dot{x}_2$$

将状态方程代入有

$$\dot{V}(\boldsymbol{x}) = -2(x_1^2 + x_2^2)^2$$

显然$\dot{V}(\boldsymbol{x},t)$负定，根据定理1，原点是渐近稳定的。因为只有一个平衡状态，该非线性系统是大范围渐近稳定的。又因为$\dot{V}(\boldsymbol{x},t)$与$t$无关，系统大范围一致渐近稳定。

例 8-14 试判断下列线性系统平衡状态的稳定性。

$$\dot{x}_1 = x_2, \quad \dot{x}_2 = -x_1 - x_2$$

解 令$\dot{x}_1=\dot{x}_2=0$，得知原点是唯一的平衡状态。选$V(\boldsymbol{x})=2x_1^2+x_2^2$，则$\dot{V}(\boldsymbol{x})=2x_2(x_1-x_2)$，当$x_1>x_2>0$时，$\dot{V}(\boldsymbol{x})>0$；当$x_2>x_1>0$时，$\dot{V}(\boldsymbol{x})<0$，故$\dot{V}(\boldsymbol{x})$不定，不能对稳定性做出判断，应重选$V(\boldsymbol{x})$。

选$V(\boldsymbol{x})=x_1^2+x_2^2$，则考虑状态方程后得$\dot{V}(\boldsymbol{x})=-2x_2^2$，对于非零状态(如$x_2=0$，$x_1\neq0$)存在$\dot{V}(\boldsymbol{x})=0$，对于其余非零状态，$\dot{V}(\boldsymbol{x})<0$，故$\dot{V}(\boldsymbol{x})$负半定。根据定理2，原点是渐近稳定的，且是大范围一致渐近稳定的。

例 8-15 试判断下列线性系统平衡状态的稳定性。

$$\dot{x}_1 = kx_2(k > 0), \quad \dot{x}_2 = -x_1$$

解 由$\dot{x}_1=\dot{x}_2=0$，可知原点是唯一平衡状态。选$V(\boldsymbol{x})=x_1^2+kx_2^2$，考虑状态方程则有

$$\dot{V}(\boldsymbol{x}) = 2kx_1x_2 - 2kx_2x_1 = 0$$

对所有状态，$\dot{V}(\boldsymbol{x})=0$，故系统是李雅普诺夫意义下稳定的。

例 8-16 试判断下列线性系统平衡状态的稳定性。

$$\dot{x}_1 = x_2, \quad \dot{x}_2 = -x_1 + x_2$$

解 原点是唯一平衡状态。选$V(\boldsymbol{x})=x_1^2+x_2^2$，则$\dot{V}(\boldsymbol{x})=2x_2^2$，$\dot{V}(x)$与$x_1$无关，故存在非零状态(如$x_1\neq0,x_2=0$)，使$\dot{V}(\boldsymbol{x})=0$，而对其余任意状态有$\dot{V}(\boldsymbol{x})>0$，故$\dot{V}(\boldsymbol{x})$正半定。根据定理4的推论，系统不稳定。

例 8-17 试判断下列线性系统平衡状态的稳定性。

$$\dot{z}_1 = z_2 - 1, \quad \dot{z}_2 = -z_1 - z_2 + 2$$

解 $z_1=z_2=1$是系统的唯一平衡状态，方程中的常数项可以看做是阶跃输入作用的结果。作坐标变换$x_1=z_1-1$，$x_2=z_2-1$。得到$\dot{x}_1=x_2$，$\dot{x}_2=-x_1-x_2$。原状态方程在Z状态空间点(1,1)处的稳定性判别问题就变成变换后状态方程在X状态空间原点处

的稳定性判别问题。

选 $V(\boldsymbol{x})=x_1^2+x_2^2$，对其求导，考虑状态方程，得到 $\dot{V}(\boldsymbol{x})=2x_1^2+x_2^2=-2x_2^2$，系统原点是大范围一致渐近稳定的，因而原系统在平衡状态点(1,1)处是大范围一致渐近稳定的。

注意：一般不能用李雅普诺夫函数去直接判别非原点的平衡状态稳定性。

例 8-18 试判断下列非线性系统平衡状态的稳定性。

$$\dot{x}=ax+x^2$$

解 这实际上是一个可线性化的非线性系统的典型例子。令 $\dot{x}=0$，得知系统有两个平衡状态，$x=0$ 和 $x=-a$。

对位于原点的平衡状态，选 $V(x)=x^2$，有

$$\dot{V}(x)=2ax^2+2x^3=2x^2(a+x)$$

于是，当 $a<0$ 时，系统在原点处的平衡状态是局部($x<-a$)一致渐近稳定的；根据定理 4，当 $a>0$ 时，原点显然是不稳定的；当 $a=0$ 时，原点也是不稳定的[$x>0,\dot{V}(x)>0$]。上述结论也可以从状态方程直接看出。

对于平衡状态 $x=-a$，作坐标变换，使 $z=x+a$，得到新的状态方程

$$\dot{z}=-az+z^2$$

因此，通过与原状态方程对比可以断定：对于原系统在状态空间 $x=-a$ 处的平衡状态，当 $a>0$ 时是局部一致渐近稳定的；当 $a\leqslant 0$ 时是不稳定的。

8.3.4 线性定常系统的李雅普诺夫稳定性分析

1. 连续系统渐近稳定的判别

设系统状态方程为 $\dot{\boldsymbol{x}}=\boldsymbol{A}\boldsymbol{x}$，$\boldsymbol{A}$ 为非奇异矩阵，故原点是唯一平衡状态。可以取正定二次型函数 $V(\boldsymbol{x})$ 作为李雅普诺夫函数，即

$$V(\boldsymbol{x})=\boldsymbol{x}^{\mathrm{T}}\boldsymbol{P}\boldsymbol{x} \tag{8-78}$$

求导并考虑状态方程

$$\dot{V}(\boldsymbol{x})=\dot{\boldsymbol{x}}^{\mathrm{T}}\boldsymbol{P}\boldsymbol{x}+\boldsymbol{x}^{\mathrm{T}}\boldsymbol{P}\dot{\boldsymbol{x}}=\boldsymbol{x}^{\mathrm{T}}(\boldsymbol{A}^{\mathrm{T}}\boldsymbol{P}+\boldsymbol{P}\boldsymbol{A})\boldsymbol{x} \tag{8-79}$$

令

$$\boldsymbol{A}^{\mathrm{T}}\boldsymbol{P}+\boldsymbol{P}\boldsymbol{A}=-\boldsymbol{Q} \tag{8-80}$$

式(8-80)称为连续系统的李雅谱诺夫代数方程。从而得到

$$\dot{V}(\boldsymbol{x})=-\boldsymbol{x}^{\mathrm{T}}\boldsymbol{Q}\boldsymbol{x} \tag{8-81}$$

根据定理 1，只要 $\boldsymbol{Q}$ 矩阵正定(即 $\dot{V}(\boldsymbol{x})$ 负定)，则系统是大范围一致渐近稳定的。于是线性定常连续系统渐近稳定的判定条件可表示为：给定一个正定矩阵 $\boldsymbol{P}$，存在满足式(8-80)的正定矩阵 $\boldsymbol{Q}$。

可以先给定一个正定的 $\boldsymbol{P}$ 矩阵，然后验证 $\boldsymbol{Q}$ 矩阵是否正定去分析稳定性。但若 $\boldsymbol{P}$ 选取不当，往往会导致 $\boldsymbol{Q}$ 矩阵不定，使得判别过程多次重复进行。因此，也可以先指定正定

的 Q 矩阵，然后验证 P 矩阵是否正定。

定理 5 （证明从略）线性定常系统 $\dot{\boldsymbol{x}}=\boldsymbol{A}\boldsymbol{x}$ 渐近稳定的充分必要条件为：给定正定实对称矩阵 $\boldsymbol{Q}$，存在正定实对称矩阵 $\boldsymbol{P}$ 使式(8-80)成立。

$\boldsymbol{x}^{\mathrm{T}}\boldsymbol{P}\boldsymbol{x}$ 是系统的一个李雅普诺夫函数，该定理为系统的渐近稳定性判断带来实用上的极大方便，这时是先给定 $\boldsymbol{Q}$ 矩阵，采用单位矩阵最为简单，再按式(8-80)计算 $\boldsymbol{P}$ 矩阵并校验其定号性。当 $\boldsymbol{P}$ 矩阵正定时，系统渐近稳定；当 $\boldsymbol{P}$ 矩阵负定时，系统不稳定；当 $\boldsymbol{P}$ 矩阵不定时，可断定为非渐近稳定。至于具体的稳定性质，尚须结合其他方法去判断，既有可能不稳定，也有可能是李雅普诺夫意义下稳定。总之，对于系统是否渐近稳定，只需进行一次计算。

由定理 2 可以推知，若系统状态轨迹在非零状态不存在 $\dot{V}(\boldsymbol{x})$ 恒为零时，$\boldsymbol{Q}$ 矩阵可给定为正半定的，即允许单位矩阵中主对角线上部分元素为零(取法不是唯一的，只要既简单又能导出确定的平衡状态的解即可)，而解得的 $\boldsymbol{P}$ 矩阵仍应是正定的。

例 8-19 试用李雅普诺夫方程确定，使图 8-19 所示系统渐近稳定的 K 值范围。

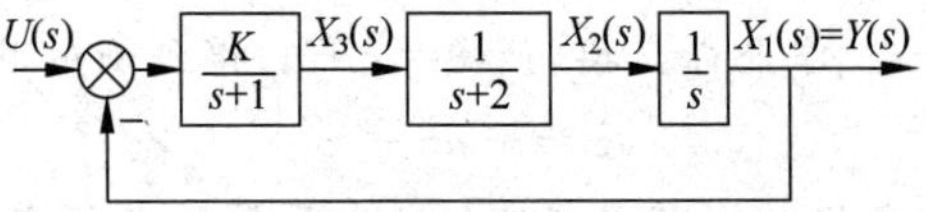

图 8-19 例 8-19 的系统结构图

解 由图示状态变量列写状态方程为

$$\dot{\boldsymbol{x}}=\begin{bmatrix}0 & 1 & 0\\ 0 & -2 & 1\\ -K & 0 & -1\end{bmatrix}\boldsymbol{x}+\begin{bmatrix}0\\ 0\\ K\end{bmatrix}u$$

因系统的稳定性与输入无关，可令 $u=0$。由于 $\det A=-K\neq 0$，故 $\boldsymbol{A}$ 非奇异，原点为唯一的平衡状态。取 $\boldsymbol{Q}$ 为正半定矩阵，即

$$\boldsymbol{Q}=\begin{bmatrix}0 & 0 & 0\\ 0 & 0 & 0\\ 0 & 0 & 1\end{bmatrix}$$

则 $\dot{V}(\boldsymbol{x})=-\boldsymbol{x}^{\mathrm{T}}\boldsymbol{Q}\boldsymbol{x}=-x_3^2$，$\dot{V}(\boldsymbol{x})$ 负半定。令 $\dot{V}(\boldsymbol{x})\equiv 0$，有 $x_3\equiv 0$，考虑状态方程中 $\dot{x}_3=-Kx_1-x_3$，解得 $x_1\equiv 0$；考虑到 $\dot{x}_1=x_2$，解得 $x_2\equiv 0$，表明唯有原点存在 $\dot{V}(\boldsymbol{x})\equiv 0$。令

$$\boldsymbol{A}^{\mathrm{T}}\boldsymbol{P}+\boldsymbol{P}\boldsymbol{A}=-\boldsymbol{Q}$$

$$\begin{bmatrix}0 & 0 & -K\\ 1 & -2 & 0\\ 0 & 1 & -1\end{bmatrix}\begin{bmatrix}p_{11} & p_{12} & p_{13}\\ p_{12} & p_{22} & p_{23}\\ p_{13} & p_{23} & p_{33}\end{bmatrix}+\begin{bmatrix}p_{11} & p_{12} & p_{13}\\ p_{12} & p_{22} & p_{23}\\ p_{13} & p_{23} & p_{33}\end{bmatrix}\begin{bmatrix}0 & 1 & 0\\ 0 & -2 & 1\\ -K & 0 & -1\end{bmatrix}=\begin{bmatrix}0 & 0 & 0\\ 0 & 0 & 0\\ 0 & 0 & -1\end{bmatrix}$$

展开的代数方程为 6 个，即

$$-2Kp_{13}=0,\quad -Kp_{23}+p_{11}-2p_{12}=0,\quad -Kp_{33}+p_{12}-p_{13}=0$$

$$2p_{12}-4p_{22}=0,\quad p_{13}-3p_{23}+p_{22}=0,\quad 2p_{23}-2p_{33}=-1$$

解得

$$\boldsymbol{P}=\begin{bmatrix}\dfrac{K^2+12K}{12-2K} & \dfrac{6K}{12-2K} & 0\\ \dfrac{6K}{12-2K} & \dfrac{3K}{12-2K} & \dfrac{K}{12-2K}\\ 0 & \dfrac{K}{12-2K} & \dfrac{6}{12-2K}\end{bmatrix}$$

使 $\boldsymbol{P}$ 矩阵正定的条件为：$12-2K>0$ 及 $K>0$。故 $0<K<6$ 时，系统渐近稳定。由于是线性定常系统，系统大范围一致渐近稳定。

2. 离散系统渐近稳定的判别

设系统状态方程为 $\boldsymbol{x}(k+1)=\boldsymbol{\Phi x}(k)$，原点是平衡状态。取正定二次型函数

$$V[\boldsymbol{x}(k)]=\boldsymbol{x}^{\mathrm{T}}(k)\boldsymbol{Px}(k) \tag{8-82}$$

以 $\Delta V[\boldsymbol{x}(k)]$ 代替 $\dot{V}(\boldsymbol{x})$，取

$$\Delta V[\boldsymbol{x}(k)]=V[\boldsymbol{x}(k+1)]-V[\boldsymbol{x}(k)] \tag{8-83}$$

考虑状态方程，有

$$\begin{aligned}\Delta V[x(k)]&=\boldsymbol{x}^{\mathrm{T}}(k+1)\boldsymbol{Px}(k+1)-\boldsymbol{x}^{\mathrm{T}}(k)\boldsymbol{Px}(k)\\&=[\boldsymbol{\Phi x}(k)]^{\mathrm{T}}\boldsymbol{P\Phi x}(k)-\boldsymbol{x}^{\mathrm{T}}(k)\boldsymbol{Px}(k)\\&=\boldsymbol{x}^{\mathrm{T}}(k)[\boldsymbol{\Phi}^{\mathrm{T}}\boldsymbol{P\Phi}-\boldsymbol{P}]\boldsymbol{x}(k)\end{aligned} \tag{8-84}$$

令

$$\boldsymbol{\Phi}^{\mathrm{T}}\boldsymbol{P\Phi}-\boldsymbol{P}=-\boldsymbol{Q} \tag{8-85}$$

式(8-85)称为离散系统的李雅普诺夫代数方程。$\boldsymbol{x}^{\mathrm{T}}(k)\boldsymbol{Px}(k)$ 是系统的一个李雅普诺夫函数，于是有

$$\Delta V[\boldsymbol{x}(k)]=-\boldsymbol{x}^{\mathrm{T}}(k)\boldsymbol{Qx}(k) \tag{8-86}$$

定理 6 系统 $\boldsymbol{x}(k+1)=\boldsymbol{\Phi x}(k)$ 渐近稳定的充分条件是：给定任一正定实对称矩阵 $\boldsymbol{Q}$（常取 $\boldsymbol{Q}=\boldsymbol{I}$），存在正定对称矩阵 $\boldsymbol{P}$，使式(8-85)成立。

8.3.5 李雅普诺夫稳定性、BIBS 稳定性、BIBO 稳定性之间的关系

线性定常系统的 BIBO 稳定性判别主要依据传递函数矩阵进行，如果其极点全部位于左半复平面(不含虚轴)，则系统 BIBO 稳定。

线性定常系统的 BIBS 稳定性判别主要依据系统矩阵 $\boldsymbol{A}$ 进行，如果其特征值全部位于左半复平面(不含虚轴)，则系统 BIBS 稳定。

对线性定常系统，如果系统是渐近稳定的，则系统必然是 BIBS 稳定的和 BIBO 稳定的。如果系统是 BIBS 稳定的，则系统必然是 BIBO 稳定的。即渐近稳定要求的条件严于 BIBS 稳定，而 BIBS 稳定要求的条件又严于 BIBO 稳定。但是，如果系统是李雅普诺夫意义下稳定的，则系统不一定是 BIBS 稳定的和 BIBO 稳定的。例如，系统

$$\begin{cases}\dot{\boldsymbol{x}}=\begin{bmatrix}-1 & 0 & 0\\ 0 & 0 & 0\\ 0 & 0 & -2\end{bmatrix}\boldsymbol{x}+\begin{bmatrix}1\\0\\1\end{bmatrix}u\\ y=\begin{bmatrix}0 & 1 & 0\end{bmatrix}\boldsymbol{x}\end{cases}$$

是 BIBS 稳定的和 BIBO 稳定的，但不是渐近稳定的。系统

$$\begin{cases}\dot{\boldsymbol{x}}=\begin{bmatrix}1 & 0 & 0\\ 0 & -1 & 0\\ 0 & 0 & -2\end{bmatrix}\boldsymbol{x}+\begin{bmatrix}1\\0\\1\end{bmatrix}u\\ y=\begin{bmatrix}0 & 1 & 0\end{bmatrix}\boldsymbol{x}\end{cases}$$

是不稳定的，也不是 BIBS 稳定的，却是 BIBO 稳定的。系统

$$\begin{cases}\dot{\boldsymbol{x}}=\begin{bmatrix}0 & 0 & 0\\ 0 & 0 & 0\\ 0 & 0 & 0\end{bmatrix}\boldsymbol{x}+\begin{bmatrix}1\\0\\1\end{bmatrix}u\\ y=\begin{bmatrix}1 & 1 & 1\end{bmatrix}\boldsymbol{x}\end{cases}$$

是李雅普诺夫意义下稳定的，但不是 BIBS 稳定的，也不是 BIBO 稳定的。

8.4　线性系统的可控性和可观测性

8.4.1　可控性和可观测性的概念

8.3 节介绍了系统的稳定性，本节介绍系统的另外两个重要属性，即系统的可控性和可观测性，这两个属性是经典控制理论中所没有的。在用传递函数描述的控制系统中，输出量一般是可控的和可以被测量的，因而不需要特别地提及可控性及可观测性的概念。现代控制理论用状态方程和输出方程描述系统，输出和输入构成系统的外部变量，而状态为系统的内部变量，系统就好比是一块集成电路芯片，内部结构可能十分复杂，物理量很多，而外部只有少数几个引脚，对电路内部物理量的控制和观测都只能通过这为数不多的几个引脚进行。这就存在着系统内的所有状态是否都受输入控制和所有状态是否都可以从输出反映出来的问题，这就是可控性和可观测性问题。如果系统所有状态变量的运动都可以通过有限的控制点的输入来使其由任意的初态达到任意设定的终态，则称系统是可控的，更确切地说是状态可控；否则，就称系统是不完全可控的，简称系统不可控。相应地，如果系统所有状态变量的任意形式的运动均可由有限测量点的输出完全确定出来，则称系统是可观测的，简称系统可观测；反之，则称系统是不完全可观测的，简称系统不可观测。

可控性与可观测性的概念，是用状态空间描述系统引申出来的新概念，在现代控制理论中起着重要的作用，可控性、可观测性与稳定性是控制系统的三个基本属性。

下面举几个例子直观地说明系统的可控性和可观测性。

对图 8-20 所示的结构图，其中，由图 8.20(a)显见，x_1 受 u 的控制，但 x_2 与 u 无关，故系统不可控。系统输出量 $y=x_1$，但 x_1 是受 x_2 影响的，y 能间接获得 x_2 的信息，故系

统是可观测的。图 8.20(b)中的 x_1、x_2 均受 u 的控制，故系统可控，但 y 与 x_2 无关，故系统不可观测。图 8.20(c)中所示的 x_1、x_2 均受 u 的控制，且在 y 中均能观测到 x_1、x_2，故系统是可控可观测的。

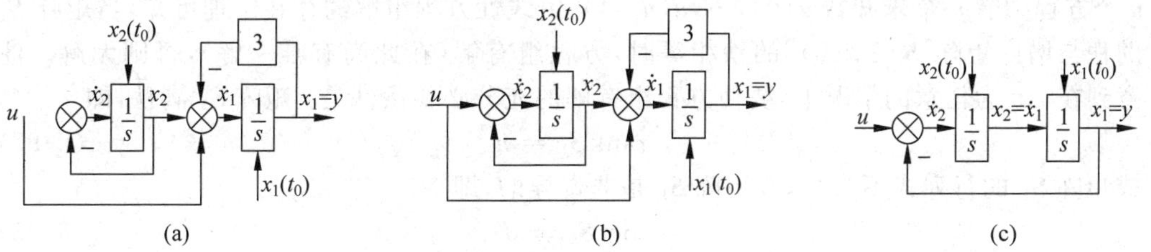

图 8-20　系统可控性和可观测性的直观判别

只有少数简单的系统可以从结构图或信号流图直接判别系统的可控性与可观测性，如果系统结构复杂，就只能借助于数学方法进行分析与研究，才能得到正确的结论。

8.4.2　线性定常系统的可控性

可控性分为状态可控性和输出可控性，若不特别指明，一般指状态可控性。状态可控性只与状态方程有关，与输出方程无关。下面分别对离散、连续定常系统的可控性加以研究，先从单输入离散系统入手。

1. 离散系统的可控性

(1) 单输入离散系统的状态可控性。n 阶单输入线性定常离散系统状态可控性定义为：在有限时间间隔 $t\in[0,nT]$内，存在无约束的阶梯控制序列 $u(0),\cdots,u(n-1)$，能使系统从任意初态 $\boldsymbol{x}(0)$转移至任意终态 $\boldsymbol{x}(n)$，则称该系统状态完全可控，简称可控。

下面导出系统可控性的条件。设单输入系统状态方程为

$$\boldsymbol{x}(k+1)=\boldsymbol{\Phi}\boldsymbol{x}(k)+\boldsymbol{g}u(k) \tag{8-87}$$

其解为

$$\boldsymbol{x}(k)=\boldsymbol{\Phi}^{k}\boldsymbol{x}(0)+\sum_{i=0}^{k-1}\boldsymbol{\Phi}^{k-1-i}\boldsymbol{g}u(i) \tag{8-88}$$

定义

$$\Delta\boldsymbol{x}=\boldsymbol{x}(n)-\boldsymbol{\Phi}^{n}\boldsymbol{x}(0) \tag{8-89}$$

由于 $\boldsymbol{x}(0)$和 $\boldsymbol{x}(n)$的取值都可以是任意的，因此 $\Delta\boldsymbol{x}$ 的取值也可以是任意的。将式(8-89)写成矩阵形式，有

$$\begin{aligned}\Delta\boldsymbol{x}&=\boldsymbol{\Phi}^{n-1}\boldsymbol{g}u(0)+\boldsymbol{\Phi}^{n-2}\boldsymbol{g}u(1)+\cdots+\boldsymbol{g}u(n-1)\\&=[\boldsymbol{g}\quad\boldsymbol{\Phi}\boldsymbol{g}\quad\cdots\quad\boldsymbol{\Phi}^{n-1}\boldsymbol{g}]\begin{bmatrix}u(n-1)\\u(n-2)\\\vdots\\u(0)\end{bmatrix}\end{aligned} \tag{8-90}$$

记

$$\boldsymbol{S}_1=[\boldsymbol{g}\quad \boldsymbol{\Phi g}\quad \cdots\quad \boldsymbol{\Phi}^{n-1}\boldsymbol{g}] \tag{8-91}$$

称 $n\times n$ 方阵 $\boldsymbol{S}_1$ 为单输入离散系统的可控性矩阵。式(8-90)是一个非齐次线性方程组，n 个方程中有 n 个未知数 $u(0),\cdots,u(n-1)$，由线性方程组解的存在定理可知，当矩阵 $\boldsymbol{S}_1$ 的秩与增广矩阵 $[\boldsymbol{S}_1 \vdots \boldsymbol{x}(0)]$ 的秩相等时，方程组有解（在此尚有唯一解），否则无解。注意到在 $\Delta\boldsymbol{x}$ 为任意的情况下，要使方程组有解的充分必要条件是：矩阵 $\boldsymbol{S}_1$ 满秩，即

$$\mathrm{rank}\boldsymbol{S}_1=n \tag{8-92}$$

或矩阵 $\boldsymbol{S}_1$ 的行列式不为零，或矩阵 $\boldsymbol{S}_1$ 是非奇异的，即

$$\det\boldsymbol{S}_1\neq 0 \tag{8-93}$$

式(8-92)和式(8-93)都称为可控性判据。

当 $\mathrm{rank}\boldsymbol{S}_1<n$ 时，系统不可控，表示不存在能使任意 $\boldsymbol{x}(0)$ 转移至任意 $\boldsymbol{x}(n)$ 的控制。

从以上推导看出，状态可控性取决于 $\boldsymbol{\Phi}$ 和 $\boldsymbol{g}$，当 $u(k)$ 不受约束时，可控系统的状态转移过程至多以 n 个采样周期便可以完成，有时状态转移过程还可能少于 n 个采样周期。

上述过程不仅导出了单输入离散系统可控性条件，而且式(8-90)还给出了求取控制输入的具体方法。

(2) 多输入离散系统的状态可控性。单输入离散系统可控性的判断方法可推广到多输入系统，设系统状态方程为

$$\boldsymbol{x}(k+1)=\boldsymbol{\Phi x}(k)+\boldsymbol{Gu}(k) \tag{8-94}$$

可控性矩阵为

$$\boldsymbol{S}_2=[\boldsymbol{G}\quad \boldsymbol{\Phi G}\quad \cdots\quad \boldsymbol{\Phi}^{n-1}\boldsymbol{G}] \tag{8-95}$$

$$\Delta\boldsymbol{x}=[\boldsymbol{G}\quad \boldsymbol{\Phi G}\quad \cdots\quad \boldsymbol{\Phi}^{n-1}\boldsymbol{G}]\begin{bmatrix}u(n-1)\\ \vdots\\ u(0)\end{bmatrix} \tag{8-96}$$

该矩阵为 $n\times np$ 矩阵，由于列向量 $u(n-1),\cdots,u(0)$ 构成的控制列向量是 np 维的，式(8-96)含有 n 个方程和 np 个待求的控制量。由于 Δx 是任意的，根据解存在定理，矩阵 $\boldsymbol{S}_2$ 的秩为 n 时，方程组才有解。于是多输入线性定常离散系统状态可控的充分必要条件是

$$\mathrm{rank}\boldsymbol{S}_2=\mathrm{rank}[\boldsymbol{G}\quad \boldsymbol{\Phi G}\quad \cdots\quad \boldsymbol{\Phi}^{n-1}\boldsymbol{G}]=n \tag{8-97}$$

或

$$\det\boldsymbol{S}_2\boldsymbol{S}_2^{\mathrm{T}}\neq 0 \tag{8-98}$$

矩阵 $\boldsymbol{S}_2$ 的行数总小于列数，在列写矩阵 $\boldsymbol{S}_2$ 时，若能知道 $\boldsymbol{S}_2$ 的秩为 n，便不必把 $\boldsymbol{S}_2$ 的其余列都计算和列写出来。另外，用式(8-98)计算一次 n 阶行列式便可确定可控性了，这比可能需要多次计算 $\boldsymbol{S}_2$ 的 n 阶行列式要简单些。

多输入线性定常离散系统的状态转移过程一般可少于 n 个采样周期（见例 8-21）。

例 8-20 设单输入线性定常散离系统状态方程为

$$\boldsymbol{x}(k+1)=\begin{bmatrix}1&0&0\\0&2&-2\\-1&1&0\end{bmatrix}\boldsymbol{x}(k)+\begin{bmatrix}1\\0\\1\end{bmatrix}u(k)$$

试判断可控性；若初始状态 $\boldsymbol{x}(0)=[2\quad 1\quad 0]^{\mathrm{T}}$，确定使 $\boldsymbol{x}(3)=\boldsymbol{0}$ 的控制序列 $u(0),u(1),u(2)$；研究使 $\boldsymbol{x}(2)=\boldsymbol{0}$ 的可能性。

解 由题意知

$$\boldsymbol{\Phi}=\begin{bmatrix}1&0&0\\0&2&-2\\-1&1&0\end{bmatrix},\quad \boldsymbol{g}=\begin{bmatrix}1\\0\\1\end{bmatrix}$$

$$\operatorname{rank}\boldsymbol{S}_1=\operatorname{rank}[\boldsymbol{g}\quad \boldsymbol{\Phi g}\quad \boldsymbol{\Phi}^2\boldsymbol{g}]=\operatorname{rank}\begin{bmatrix}1&1&1\\0&-2&-2\\1&-1&-3\end{bmatrix}=3=n$$

故该系统可控。

按式(8-94)可求出 $u(0),u(1),u(2)$。下面则用递推法来求控制序列。令 $k=0,1,2$，可得状态序列

$$\boldsymbol{x}(1)=\boldsymbol{\Phi x}(0)+\boldsymbol{g}u(0)=\begin{bmatrix}2\\2\\-1\end{bmatrix}+\begin{bmatrix}1\\0\\1\end{bmatrix}u(0)$$

$$\boldsymbol{x}(2)=\boldsymbol{\Phi x}(1)+\boldsymbol{g}u(1)=\begin{bmatrix}2\\6\\0\end{bmatrix}+\begin{bmatrix}1\\-2\\-1\end{bmatrix}u(0)+\begin{bmatrix}1\\0\\1\end{bmatrix}u(1)$$

$$\boldsymbol{x}(3)=\boldsymbol{\Phi x}(2)+\boldsymbol{g}u(2)=\begin{bmatrix}2\\12\\4\end{bmatrix}+\begin{bmatrix}1\\-2\\-3\end{bmatrix}u(0)+\begin{bmatrix}1\\-2\\-1\end{bmatrix}u(1)+\begin{bmatrix}1\\0\\1\end{bmatrix}u(2)$$

令 $\boldsymbol{x}(3)=\boldsymbol{0}$，即解方程组 $\begin{bmatrix}1&1&1\\-2&-2&0\\-3&-1&1\end{bmatrix}\begin{bmatrix}u(0)\\u(1)\\u(2)\end{bmatrix}=\begin{bmatrix}-2\\-12\\-4\end{bmatrix}$

其系数矩阵即可控性矩阵 $\boldsymbol{S}_1$，它的非奇异性可给出如下的解为

$$\begin{bmatrix}u(0)\\u(1)\\u(2)\end{bmatrix}=\begin{bmatrix}1&1&1\\-2&-2&0\\-3&-1&1\end{bmatrix}^{-1}\begin{bmatrix}-2\\-12\\-4\end{bmatrix}=\begin{bmatrix}\frac{1}{2}&\frac{1}{2}&-\frac{1}{2}\\-\frac{1}{2}&-1&\frac{1}{2}\\1&\frac{1}{2}&0\end{bmatrix}\begin{bmatrix}-2\\-12\\-4\end{bmatrix}=\begin{bmatrix}-5\\11\\-8\end{bmatrix}$$

若令 $x(2)=0$，即解下列方程组 $\begin{bmatrix}1&1\\-2&0\\-1&1\end{bmatrix}\begin{bmatrix}u(0)\\u(1)\end{bmatrix}=\begin{bmatrix}-2\\-6\\0\end{bmatrix}$

容易看出其系数矩阵的秩为2，但增广矩阵 $\begin{bmatrix}1&1&-2\\-2&0&-6\\-1&1&0\end{bmatrix}$ 的秩为3，两个秩不等，方程组无解，意为不能在第二个采样周期内使给定初态转移至原点。若该两个秩相等时，便

意味着可用两步完成状态转移。

例 8-21 多输入线性定常离散系统的状态方程为 $\boldsymbol{x}(k+1)=\boldsymbol{\Phi x}(k)+\boldsymbol{Gu}(k)$，其中

$$\boldsymbol{\Phi}=\begin{bmatrix}-2 & 2 & -1\\ 0 & -2 & 0\\ 1 & -4 & 0\end{bmatrix},\quad \boldsymbol{G}=\begin{bmatrix}0 & 0\\ 0 & 1\\ 1 & 0\end{bmatrix}$$

试判断可控性，设初始状态为$[-1,0,2]^{\mathrm{T}}$，研究使 $\boldsymbol{x}(1)=0$ 的可能性。

解
$$\boldsymbol{S}_2=[\boldsymbol{G}\quad \boldsymbol{\Phi G}\quad \boldsymbol{\Phi}^2\boldsymbol{G}]=\begin{bmatrix}0 & 0 & -1 & 2 & 2 & -4\\ 0 & 1 & 0 & -2 & 0 & 4\\ 1 & 0 & 0 & -4 & -1 & 10\end{bmatrix}$$

由前三列组成的矩阵的行列式不为零，故该系统可控，一定能求得控制序列使系统从任意初态在三步内转移到原点。由 $\boldsymbol{x}(1)=\boldsymbol{\Phi x}(0)+\boldsymbol{Gu}(0)=\boldsymbol{0}$，给出

$$\boldsymbol{x}(0)=-\boldsymbol{\Phi}^{-1}\boldsymbol{Gu}(0)=-\begin{bmatrix}0 & -2 & 1\\ 0 & -\frac{1}{2} & 0\\ 1 & 3 & -2\end{bmatrix}\begin{bmatrix}0 & 0\\ 0 & 1\\ 1 & 0\end{bmatrix}\begin{bmatrix}u_1(0)\\ u_2(0)\end{bmatrix}=\begin{bmatrix}-1 & 2\\ 0 & \frac{1}{2}\\ 2 & -3\end{bmatrix}\begin{bmatrix}u_1(0)\\ u_2(0)\end{bmatrix}$$

由于初始状态为$[-1\quad 0\quad 2]^{\mathrm{T}}$，并且 $\mathrm{rank}\begin{bmatrix}-1 & 2\\ 0 & \frac{1}{2}\\ 2 & -3\end{bmatrix}=\mathrm{rank}\begin{bmatrix}-1 & 2 & -1\\ 0 & \frac{1}{2} & 0\\ 2 & -3 & 2\end{bmatrix}=$ 2，可求得 $u_1(0)=1$，$u_2(0)=0$，在一步内使该初态转移到原点。当初始状态为$[2\quad 1/2\quad -3]^{\mathrm{T}}$时亦然，只是 $u_1(0)=0$，$u_2(0)=1$。但本例不能在一步内使任意初态转移到原点。

2. 连续系统的可控性

(1) 单输入连续系统的状态可控性。单输入线性连续定常系统状态可控性定义为：在有限时间间隔 $t\in[t_0,t_{\mathrm{f}}]$内，如果存在无约束的分段连续控制函数 $u(t)$，能使系统从任意初态 $\boldsymbol{x}(t_0)$转移至任意终态 $\boldsymbol{x}(t_{\mathrm{f}})$，则称该系统是状态完全可控的，简称是可控的。

设状态方程为

$$\dot{\boldsymbol{x}}=\boldsymbol{Ax}+\boldsymbol{b}u \tag{8-99}$$

终态解为

$$\boldsymbol{x}(t_{\mathrm{f}})=\mathrm{e}^{\boldsymbol{A}(t_{\mathrm{f}}-t_0)}\boldsymbol{x}(t_0)+\int_{t_0}^{t_{\mathrm{f}}}\mathrm{e}^{\boldsymbol{A}(t_{\mathrm{f}}-\tau)}\boldsymbol{b}u(\tau)\mathrm{d}\tau \tag{8-100}$$

定义

$$\Delta\boldsymbol{x}=\boldsymbol{x}(t_{\mathrm{f}})-\mathrm{e}^{\boldsymbol{A}(t_{\mathrm{f}}-t_0)}\boldsymbol{x}(t_0)$$

显然，$\Delta\boldsymbol{x}$ 的取值也是任意的。于是有

$$\Delta\boldsymbol{x}=\int_{t_0}^{t_{\mathrm{f}}}\mathrm{e}^{\boldsymbol{A}(t_{\mathrm{f}}-\tau)}\boldsymbol{b}u(\tau)\mathrm{d}\tau \tag{8-101}$$

利用凯莱-哈密顿定理的推论

$$e^{-A\tau}=\sum_{m=0}^{n-1}\alpha_m(\tau)A^m$$

有

$$\Delta x=e^{At_f}\int_{t_0}^{t_f}\sum_{m=0}^{n-1}\alpha_m(\tau)A^m b u(\tau)d\tau=e^{At_f}\sum_{m=0}^{n-1}A^m b\left[\int_{t_0}^{t_f}\alpha_m(\tau)u(\tau)d\tau\right]$$

令

$$u_m=\int_{t_0}^{t_f}\alpha_m(\tau)u(\tau)d\tau\quad(m=0,1,\cdots,n-1)\tag{8-102}$$

考虑到 u_m 是标量，则有

$$e^{-At_f}\Delta x=\sum_{m=0}^{n-1}A^m b u_m=\begin{bmatrix}b & Ab & \cdots & A^{n-1}b\end{bmatrix}\begin{bmatrix}u_0\\u_1\\\vdots\\u_{n-1}\end{bmatrix}\tag{8-103}$$

记

$$S_3=\begin{bmatrix}b & Ab & \cdots & A^{n-1}b\end{bmatrix}\tag{8-104}$$

S_3 为单输入线性定常连续系统的可控性矩阵，为$(n\times n)$矩阵。可以证明：由于各 $\alpha_m(\tau)$之间线性无关，利用式(8-103)得到的 u_m 是无约束的阶梯序列。同离散系统一样，根据解的存在定理，其状态可控的充分必要条件是

$$\mathrm{rank}S_3=n\tag{8-105}$$

(2) 多输入线性定常连续系统的可控性。对多输入系统

$$\dot{x}=Ax+Bu\tag{8-106}$$

记可控性矩阵

$$S_4=\begin{bmatrix}B & AB & \cdots & A^{n-1}B\end{bmatrix}\tag{8-107}$$

状态可控的充分必要条件为

$$\mathrm{rank}S_4=n\quad 或\quad \det S_4S_4^T\neq 0\tag{8-108}$$

与离散系统一样，连续系统状态可控性只与状态方程中的 A、B 矩阵有关。

例 8-22 试用可控性判据判断图 8-21 所示桥式电路的可控性。

解 选取状态变量：$x_1=i_L$，$x_2=u_C$。电路的状态方程如下：

$$\begin{cases}\dot{x}_1=-\dfrac{1}{L}\left(\dfrac{R_1R_2}{R_1+R_2}+\dfrac{R_3R_4}{R_3+R_4}\right)x_1+\dfrac{1}{L}\left(\dfrac{R_1}{R_1+R_2}-\dfrac{R_3}{R_3+R_4}\right)x_2+\dfrac{1}{L}u\\ \dot{x}_2=\dfrac{1}{C}\left(\dfrac{R_2}{R_1+R_2}-\dfrac{R_4}{R_3+R_4}\right)x_1-\dfrac{1}{C}\left(\dfrac{1}{R_1+R_2}-\dfrac{1}{R_3+R_4}\right)x_2\end{cases}$$

可控性矩阵为

$$S_3=\begin{bmatrix}b & Ab\end{bmatrix}=\begin{bmatrix}\dfrac{1}{L} & -\dfrac{1}{L^2}\left(\dfrac{R_1R_2}{R_1+R_2}+\dfrac{R_3R_4}{R_3+R_4}\right)\\ 0 & \dfrac{1}{LC}\left(\dfrac{R_2}{R_1+R_2}-\dfrac{R_4}{R_3+R_4}\right)\end{bmatrix}$$

当 $R_1R_4\neq R_2R_3$ 时，$\mathrm{rank}S_3=2=n$，系统可控；反之当 $R_1R_4=R_2R_3$，即电桥处于平衡

状态时，$\operatorname{rank}\boldsymbol{S}_3=\operatorname{rank}[\boldsymbol{b}\quad \boldsymbol{Ab}]=\operatorname{rank}\begin{bmatrix}\frac{1}{L} & -\frac{1}{L^2}\left(\frac{R_1R_2}{R_1+R_2}+\frac{R_3R_4}{R_3+R_4}\right)\\ 0 & 0\end{bmatrix}$，系统不可控，显然，$u$ 不能控制 x_2。

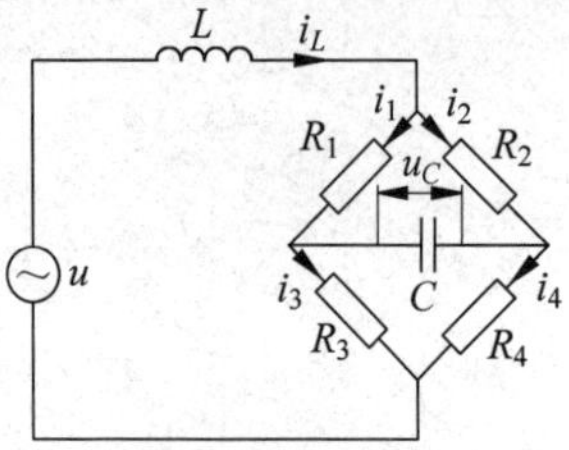

图 8-21　电桥电路

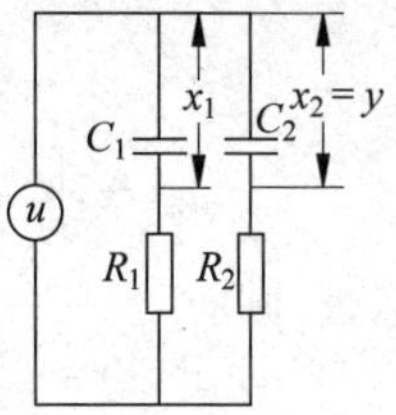

图 8-22　并联电路

例 8-23　试判断图 8-22 所示并联网络的可控性。

解　网络的微分方程为

$$x_1+R_1C_1\dot{x}_1=x_2+R_2C_2\dot{x}_2=u$$

式中

$$x_1=u_{C1}=\frac{1}{C_1}\int i_1\,\mathrm{d}t,\quad x_2=u_{C2}=\frac{1}{C_2}\int i_2\,\mathrm{d}t$$

状态方程为

$$\begin{cases}\dot{x}_1=-\dfrac{1}{R_1C_1}x_1+\dfrac{1}{R_1C_1}u\\ \dot{x}_2=-\dfrac{1}{R_2C_2}x_2+\dfrac{1}{R_2C_2}u\end{cases}$$

于是

$$\operatorname{rank}[\boldsymbol{b}\quad \boldsymbol{Ab}]=\operatorname{rank}\begin{bmatrix}\dfrac{1}{R_1C_1} & -\dfrac{1}{R_1^2C_1^2}\\ \dfrac{1}{R_2C_2} & -\dfrac{1}{R_2^2C_2^2}\end{bmatrix}$$

当 $R_1C_1\neq R_2C_2$ 时，系统可控。当 $R_1=R_2$，$C_1=C_2$ 时，有 $R_1C_1=R_2C_2$，$\operatorname{rank}[\boldsymbol{b}\quad \boldsymbol{Ab}]=1<n$，系统不可控；实际上，设初始状态 $x_1(t_0)=x_2(t_0)$，u 只能使 $x_1(t)\equiv x_2(t)$，而不能将 $x_1(t)$ 与 $x_2(t)$ 分别转移到不同的数值，即不能同时控制住两个状态变量。

例 8-24　判断下列状态方程的可控性

$$\begin{bmatrix}\dot{x}_1\\ \dot{x}_2\\ \dot{x}_3\end{bmatrix}=\begin{bmatrix}1 & 3 & 2\\ 0 & 2 & 0\\ 0 & 1 & 3\end{bmatrix}\begin{bmatrix}x_1\\ x_2\\ x_3\end{bmatrix}+\begin{bmatrix}2 & 1\\ 1 & 1\\ -1 & -1\end{bmatrix}\begin{bmatrix}u_1\\ u_2\end{bmatrix}$$

解

$$\boldsymbol{S}_4=[\boldsymbol{B}\quad \boldsymbol{AB}\quad \boldsymbol{A}^2\boldsymbol{B}]=\begin{bmatrix}2 & 1 & 3 & 2 & 5 & 4\\ 1 & 1 & 2 & 2 & 4 & 4\\ -1 & -1 & -2 & -2 & -4 & -4\end{bmatrix}$$

显见 $\boldsymbol{S}_4$ 矩阵的第二、三行元素绝对值相同，$\mathrm{rank}\boldsymbol{S}_4=2<3$，系统不可控。

3. **A 矩阵为对角阵或约当阵时的可控性判据**

当系统矩阵 $\boldsymbol{A}$ 已化成对角阵或约当阵时，由可控性矩阵能导出更简洁直观的可控性判据。下面先来研究两个简单的引例。

设二阶系统 $\boldsymbol{A},\boldsymbol{b}$ 矩阵为

$$\boldsymbol{A}=\begin{bmatrix}\lambda_1 & 0\\ 0 & \lambda_1\end{bmatrix},\quad \boldsymbol{b}=\begin{bmatrix}b_1\\ b_2\end{bmatrix}$$

其可控性矩阵 $\boldsymbol{S}_3$ 的行列式为

$$\det\boldsymbol{S}_3=\det[\boldsymbol{b}\quad \boldsymbol{Ab}]=\begin{vmatrix}b_1 & \lambda_1 b_1\\ b_2 & \lambda_2 b_2\end{vmatrix}=b_1 b_2(\lambda_2-\lambda_1)$$

当 $\det\boldsymbol{S}_3\neq 0$ 时系统可控。于是要求：当 $\boldsymbol{A}$ 矩阵有相异特征值($\lambda_2\neq\lambda_1$)时，应存在 $b_1\neq 0,b_2\neq 0$，意为 $\boldsymbol{A}$ 矩阵对角化且有相异元素时，只需根据输入矩阵没有全零行即可判断系统可控。若 $\lambda_2=\lambda_1$ 时，则不能这样判断，这时 $\det\boldsymbol{S}_3\equiv 0$，系统总是不可控的。

又设二阶系统 $\boldsymbol{A},\boldsymbol{b}$ 矩阵为

$$\boldsymbol{A}=\begin{bmatrix}\lambda_1 & 1\\ 0 & \lambda_1\end{bmatrix},\boldsymbol{b}=\begin{bmatrix}b_1\\ b_2\end{bmatrix}$$

其可控性矩阵 $\boldsymbol{S}_3$ 的行列式为

$$\det\boldsymbol{S}_3=\det[\boldsymbol{b}\quad \boldsymbol{Ab}]=\begin{vmatrix}b_1 & \lambda_1 b_1+b_2\\ b_2 & \lambda_1 b_2\end{vmatrix}=-b_2^2$$

当 $\det\boldsymbol{S}_3\neq 0$ 时系统可控。于是要求，$b_2\neq 0$，与 b_1 是否为零无关，即当 $\boldsymbol{A}$ 矩阵约当化且相同特征值分布在一个约当块时，只需根据输入矩阵中与约当块最后一行所对应的行不是全零行，即可判断系统可控，与输入矩阵中的其他行是否为零行是无关的。

以上判断方法可推广到 $\boldsymbol{A}$ 阵对角化、约当化的 n 阶系统。设系统状态方程为

$$\begin{bmatrix}\dot{x}_1\\ \dot{x}_2\\ \vdots\\ \dot{x}_n\end{bmatrix}=\begin{bmatrix}\lambda_1 & & & 0\\ & \lambda_2 & & \\ & & \ddots & \\ 0 & & & \lambda_n\end{bmatrix}\begin{bmatrix}x_1\\ x_2\\ \vdots\\ x_n\end{bmatrix}+\begin{bmatrix}r_{11} & \cdots & r_{1p}\\ r_{21} & \cdots & r_{2p}\\ \vdots & & \vdots\\ r_{n1} & \cdots & r_{np}\end{bmatrix}\begin{bmatrix}u_1\\ u_2\\ \vdots\\ u_p\end{bmatrix}\tag{8-109}$$

式中，$\lambda_1,\cdots,\lambda_n$ 为系统相异特征值。

将式(8-109)展开，每个方程只含一个状态变量，状态变量之间解除了耦合，只要每个方程中含有一个控制分量，则对应状态变量便是可控的，而这意味着输入矩阵的每一行都是非零行。当第 i 行出现全零时，$\dot{x}_i$ 方程中不含任何控制分量，x_i 不可控。于是 $\boldsymbol{A}$ 矩阵为对角阵时的可控性判据又可表述为：$\boldsymbol{A}$ 矩阵为对角阵且元素各异时，输入矩阵不存在全零行。

当 $\boldsymbol{A}$ 矩阵为对角阵且含有相同元素时，上述判据不适用，应根据可控性矩阵的秩来判断。设系统状态方程为

$$\begin{bmatrix}\dot{x}_1\\ \dot{x}_2\\ \dot{x}_3\\ \vdots\\ \dot{x}_n\end{bmatrix}=\begin{bmatrix}\lambda_1 & 1 & & & \\ & \lambda_1 & & & \\ & & \lambda_3 & & \\ & & & \ddots & \\ & & & & \lambda_n\end{bmatrix}\begin{bmatrix}x_1\\ x_2\\ x_3\\ \vdots\\ x_n\end{bmatrix}+\begin{bmatrix}r_{11} & \cdots & r_{1p}\\ r_{21} & \cdots & r_{2p}\\ r_{31} & \cdots & r_{3p}\\ \vdots & & \vdots\\ r_{n1} & \cdots & r_{np}\end{bmatrix}\begin{bmatrix}u_1\\ u_2\\ u_3\\ \vdots\\ u_p\end{bmatrix} \tag{8-110}$$

式中，λ_1 为系统的二重特征值且构成一个约当块，$\lambda_3,\cdots,\lambda_n$ 为系统的相异特征值。展开式(8-110)可见，$\dot{x}_2,\cdots,\dot{x}_n$ 各方程的状态变量是解耦的，上述 **A** 矩阵对角化的判据仍适用；而 $\dot{x}_1$ 方程中既含 x_1 又含 x_2，在 x_2 受控条件下，即使 $\dot{x}_1$ 方程中不存在任何控制分量，也能通过 x_2 间接传递控制作用，使 x_1 仍可控。于是 **A** 矩阵约当化时的可控性判据又可表述为：输入矩阵中与约当块最后一行所对应的行不是全零行(与约当块其他行所对应的行允许是全零行)；输入矩阵中与相异特征值所对应的行不是全零行。

当 **A** 矩阵的相同特征值分布在两个或更多个约当块时，例如 $\begin{bmatrix}\lambda_1 & 1 & 0\\ 0 & \lambda_1 & 0\\ 0 & 0 & \lambda_1\end{bmatrix}$，以上判据不适用，应根据可控性矩阵的秩来判断。

例 8-25 下列系统是可控的，试自行说明。

(1) $\begin{bmatrix}\dot{x}_1\\ \dot{x}_2\end{bmatrix}=\begin{bmatrix}-2 & 0\\ 0 & -3\end{bmatrix}\begin{bmatrix}x_1\\ x_2\end{bmatrix}+\begin{bmatrix}1\\ 2\end{bmatrix}u$

(2) $\begin{bmatrix}\dot{x}_1\\ \dot{x}_2\\ \dot{x}_3\end{bmatrix}=\begin{bmatrix}-1 & 1 & 0\\ 0 & -1 & 0\\ 0 & 0 & 2\end{bmatrix}\begin{bmatrix}x_1\\ x_2\\ x_3\end{bmatrix}+\begin{bmatrix}0 & 0\\ 1 & 0\\ 0 & 1\end{bmatrix}\begin{bmatrix}u_1\\ u_2\end{bmatrix}$

(3) $\begin{bmatrix}\dot{x}_1\\ \dot{x}_2\\ \dot{x}_3\\ \dot{x}_4\\ \dot{x}_5\\ \dot{x}_6\end{bmatrix}=\begin{bmatrix}\lambda_1 & 1 & & & & \\ & \lambda_1 & & & & \\ & & \lambda_2 & & & \\ & & & \lambda_3 & 1 & \\ & & & & \lambda_3 & 1\\ & & & & & \lambda_3\end{bmatrix}\begin{bmatrix}x_1\\ x_2\\ x_3\\ x_4\\ x_5\\ x_6\end{bmatrix}+\begin{bmatrix}0 & 0 & 0\\ 0 & 0 & 1\\ 0 & 1 & 0\\ 0 & 0 & 0\\ 0 & 0 & 0\\ 1 & 0 & 0\end{bmatrix}\begin{bmatrix}u_1\\ u_2\\ u_3\end{bmatrix}$

例 8-26 下列系统是不可控的，试自行说明。

(1) $\begin{bmatrix}\dot{x}_1\\ \dot{x}_2\end{bmatrix}=\begin{bmatrix}-2 & 0\\ 0 & -1\end{bmatrix}\begin{bmatrix}x_1\\ x_2\end{bmatrix}+\begin{bmatrix}1\\ 0\end{bmatrix}u$

(2) $\begin{bmatrix}\dot{x}_1\\ \dot{x}_2\end{bmatrix}=\begin{bmatrix}1 & 0\\ 0 & 1\end{bmatrix}\begin{bmatrix}x_1\\ x_2\end{bmatrix}+\begin{bmatrix}1\\ 1\end{bmatrix}u$

$$(3)\quad \begin{bmatrix}\dot{x}_1\\ \dot{x}_2\\ \dot{x}_3\end{bmatrix}=\begin{bmatrix}-3 & 1 & 0\\ 0 & -3 & 0\\ 0 & 0 & 1\end{bmatrix}\begin{bmatrix}x_1\\ x_2\\ x_3\end{bmatrix}+\begin{bmatrix}2 & -1\\ 0 & 0\\ 3 & 2\end{bmatrix}\begin{bmatrix}u_1\\ u_2\end{bmatrix}$$

4. 可控标准型问题

在前面研究状态空间表达式的建立问题时，曾对单输入-单输出定常系统建立的状态方程为

$$\begin{bmatrix}\dot{x}_1\\ \dot{x}_2\\ \vdots\\ \dot{x}_{n-1}\\ \dot{x}_n\end{bmatrix}=\begin{bmatrix}0 & 1 & 0 & \cdots & 0\\ 0 & 0 & 1 & \cdots & 0\\ \vdots & \vdots & \vdots & \ddots & \vdots\\ 0 & 0 & 0 & \cdots & 1\\ -a_0 & -a_1 & -a_2 & \cdots & -a_{n-1}\end{bmatrix}\begin{bmatrix}x_1\\ x_2\\ \vdots\\ x_{n-1}\\ x_n\end{bmatrix}+\begin{bmatrix}0\\ 0\\ \vdots\\ 0\\ 1\end{bmatrix}u \tag{8-111}$$

其可控性矩阵为

$$\boldsymbol{S}_3=[\boldsymbol{b}\quad \boldsymbol{Ab}\quad \cdots\quad \boldsymbol{A}^{n-1}\boldsymbol{b}]=\begin{bmatrix}0 & 0 & 0 & \cdots & 0 & 1\\ 0 & 0 & 0 & \cdots & 1 & -a_{n-1}\\ \vdots & \vdots & \vdots & ⋰ & \vdots & \vdots\\ 0 & 0 & 1 & \cdots & \times & \times\\ 0 & 1 & -a_{n-1} & \cdots & \times & \times\\ 1 & -a_{n-1} & \times & \cdots & \times & \times\end{bmatrix} \tag{8-112}$$

与该状态方程对应的可控性矩阵 $\boldsymbol{S}_3$ 是一个右下三角阵，且其副对角线元素均为 1，系统一定是可控的，这就是式(8-111)称为可控标准型的由来。

8.4.3 线性定常系统的可观测性

如果某个状态变量可直接用仪器测量，它必然是可观测的。在多变量系统中，能直接测量的状态变量一般不多，大多数状态变量往往只能通过对输出量的测量间接得到，有些状态变量甚至根本就不可观测。需要注意的是，出现在输出方程中的状态变量不一定可观测，不出现在输出方程中的状态变量也不一定就不可观测。

1. 离散系统的状态可观测性

其定义为：已知输入向量序列 $u(0),\cdots,u(n-1)$ 及在有限采样周期内测量到的输出向量序列 $y(0),\cdots,y(n-1)$，能唯一确定任意初始状态向量 $x(0)$，则称系统是完全可观测的，简称系统可观测。下面研究多输入-多输出离散系统的可观测条件。设系统状态空间描述为

$$\begin{cases}\boldsymbol{x}(k+1)=\boldsymbol{\Phi x}(k)+\boldsymbol{Gu}(k)\\ \boldsymbol{y}(k)=\boldsymbol{C}x(k)+\boldsymbol{Du}(k)\end{cases} \tag{8-113}$$

因为是讨论可观性,可假设输入为零,其动态方程解 $\boldsymbol{y}(k)$ 写成展开式为

$$\boldsymbol{x}(k)=\boldsymbol{\Phi}^{k}\boldsymbol{x}(0)$$

$$\boldsymbol{y}(k)=\boldsymbol{C}\boldsymbol{\Phi}^{k}\boldsymbol{x}(0)$$

$$\begin{cases}\boldsymbol{y}(0)=\boldsymbol{C}\boldsymbol{x}(0)\\ \boldsymbol{y}(1)=\boldsymbol{C}\boldsymbol{\Phi}\boldsymbol{x}(0)\\ \vdots\\ \boldsymbol{y}(n-1)=\boldsymbol{C}\boldsymbol{\Phi}^{n-1}\boldsymbol{x}(0)\end{cases} \tag{8-114}$$

其向量-矩阵形式为

$$\begin{bmatrix}\boldsymbol{C}\\ \boldsymbol{C}\boldsymbol{\Phi}\\ \vdots\\ \boldsymbol{C}\boldsymbol{\Phi}^{n-1}\end{bmatrix}\begin{bmatrix}x_1(0)\\ x_2(0)\\ \vdots\\ x_n(0)\end{bmatrix}=\begin{bmatrix}\boldsymbol{y}(0)\\ \boldsymbol{y}(1)\\ \vdots\\ \boldsymbol{y}(n-1)\end{bmatrix} \tag{8-115}$$

令

$$\boldsymbol{V}_1^{\mathrm{T}}=\begin{bmatrix}\boldsymbol{C}\\ \boldsymbol{C}\boldsymbol{\Phi}\\ \vdots\\ \boldsymbol{C}\boldsymbol{\Phi}^{n-1}\end{bmatrix} \tag{8-116}$$

称 $nq\times n$ 矩阵 V_1^{T} 为线性定常离散系统的可观测性矩阵。式(8-115)展开后有 nq 个方程,若其中有 n 个独立方程,便可唯一确定一组的 $x_1(0),\cdots,x_n(0)$。当独立方程个数多于 n 时,解会出现矛盾;当独立方程个数少于 n 时,便有无穷解。故可观测的充分必要条件为

$$\mathrm{rank}\boldsymbol{V}_1^{\mathrm{T}}=n \tag{8-117}$$

由于 $\mathrm{rank}\boldsymbol{V}_1^{\mathrm{T}}=\mathrm{rank}\boldsymbol{V}_1$,故离散系统可观测性判据又可以表示为

$$\mathrm{rank}\boldsymbol{V}_1=\mathrm{rank}[\boldsymbol{C}^{\mathrm{T}}\quad \boldsymbol{\Phi}^{\mathrm{T}}\boldsymbol{C}^{\mathrm{T}}\quad \cdots\quad (\boldsymbol{\Phi}^{\mathrm{T}})^{n-1}\boldsymbol{C}^{\mathrm{T}}]=n \tag{8-118}$$

例 8-27 判断下列线性定常离散系统的可观测性,并讨论可观测性的物理解释。其输出矩阵有两种情况,即

$$\boldsymbol{x}(k+1)=\boldsymbol{\Phi}\boldsymbol{x}(k)+\boldsymbol{g}u(k),\quad \boldsymbol{y}(k)=\boldsymbol{C}_i\boldsymbol{x}(k),\quad (i=1,2)$$

$$\boldsymbol{\Phi}=\begin{bmatrix}1&0&-1\\0&-2&1\\3&0&2\end{bmatrix},\quad \boldsymbol{g}=\begin{bmatrix}2\\-1\\1\end{bmatrix},\quad \boldsymbol{C}_1=[0\quad 1\quad 0],\quad \boldsymbol{C}_2=\begin{bmatrix}0&0&1\\1&0&0\end{bmatrix}$$

解 计算可观测性矩阵 V_1

(1) 当 $i=1$ 时

$$\boldsymbol{C}_1^{\mathrm{T}}=\begin{bmatrix}0\\1\\0\end{bmatrix},\quad \boldsymbol{\Phi}^{\mathrm{T}}\boldsymbol{C}_1^{\mathrm{T}}=\begin{bmatrix}0\\-2\\1\end{bmatrix},(\boldsymbol{\Phi}^{\mathrm{T}})^2\boldsymbol{C}_1^{\mathrm{T}}=\begin{bmatrix}3\\4\\0\end{bmatrix}\mathrm{det}\boldsymbol{V}_1=\begin{vmatrix}0&0&3\\1&-2&4\\0&1&0\end{vmatrix}=3\neq 0$$

故系统可观测。由输出方程 $y(k)=x_2(k)$ 可见,在第 k 步便可由输出确定状态变量 $x_2(k)$。由于

$$y(k+1)=x_2(k+1)=-2x_2(k)+x_3(k)$$
故在第$(k+1)$步便可确定 $x_3(k)$。由于

$$y(k+2)=x_2(k+2)=-2x_2(k+1)+x_3(k+1)=4x_2(k)+3x_1(k)$$
故在第$(k+2)$步便可确定 $x_1(k)$。

该系统为三阶系统，可观测意味着至多观测三步便能由 $y(k),y(k+1),y(k+2)$的输出测量值来确定三个状态变量。

(2) 当 $i=2$ 时

$$\boldsymbol{C}_2^{\mathrm{T}}=\begin{bmatrix}0&1\\0&0\\1&0\end{bmatrix},\quad \boldsymbol{\Phi}^{\mathrm{T}}\boldsymbol{C}_2^{\mathrm{T}}=\begin{bmatrix}3&1\\0&0\\2&-1\end{bmatrix},\quad (\boldsymbol{\Phi}^{\mathrm{T}})^2\boldsymbol{C}_2^{\mathrm{T}}=\begin{bmatrix}9&-2\\0&0\\1&-3\end{bmatrix}$$

$$\mathrm{rank}\boldsymbol{V}_1=\begin{bmatrix}0&1&3&1&9&-2\\0&0&0&0&0&0\\1&0&2&-1&1&-3\end{bmatrix}=2\neq 3$$

故系统不可观测。由输出方程 $\boldsymbol{y}(k)=\begin{bmatrix}x_3(k)\\x_1(k)\end{bmatrix}$

$$\boldsymbol{y}(k+1)=\begin{bmatrix}x_3(k+1)\\x_1(k+1)\end{bmatrix}=\begin{bmatrix}3x_1(k)+2x_3(k)\\x_1(k)-x_3(k)\end{bmatrix}$$

$$\boldsymbol{y}(k+2)=\begin{bmatrix}x_3(k+2)\\x_1(k+2)\end{bmatrix}=\begin{bmatrix}3x_1(k+1)+2x_3(k+1)\\x_1(k+1)-x_3(k+1)\end{bmatrix}=\begin{bmatrix}9x_1(k)+x_3(k)\\-2x_1(k)-3x_3(k)\end{bmatrix}$$
可看出三步的输出测量值中始终不含 $x_2(k)$，故 $x_2(k)$是不可观测的状态变量。只要有一个状态变量不可观测，系统就不可观测。

2. 连续系统的状态可观测性

其定义为：已知输入 $\boldsymbol{u}(t)$及在有限时间间隔 $t\in[t_0\quad t_f]$内测量到的输出 $\boldsymbol{y}(t)$，能唯一确定初始状态 $\boldsymbol{x}(t_0)$，则称系统是完全可观测的，简称系统可观测。

对多输入-多输出连续系统，系统可观测的充分必要条件是

$$\mathrm{rank}\boldsymbol{V}_2^{\mathrm{T}}=\mathrm{rank}\begin{bmatrix}\boldsymbol{C}\\\boldsymbol{CA}\\\vdots\\\boldsymbol{CA}^{n-1}\end{bmatrix}=n \tag{8-119}$$

或

$$\mathrm{rank}\boldsymbol{V}_2=\mathrm{rank}[\boldsymbol{C}^{\mathrm{T}}\quad \boldsymbol{A}^{\mathrm{T}}\boldsymbol{C}^{\mathrm{T}}\quad (\boldsymbol{A}^{\mathrm{T}})^2\boldsymbol{C}^{\mathrm{T}}\cdots\quad (\boldsymbol{A}^{\mathrm{T}})^{n-1}\boldsymbol{C}^{\mathrm{T}}]=n \tag{8-120}$$

$\boldsymbol{V}_2^{\mathrm{T}},\boldsymbol{V}_2$ 均称为可观测性矩阵。

3. **A** 为对角阵或约当阵时的可观测性

当系统矩阵 **A** 已化成对角阵或约当阵时，由可观测性矩阵能导出更简捷直观的可观测性判据。

设二阶系统动态方程中 $\boldsymbol{A},\boldsymbol{C}$ 分别为 $\boldsymbol{A}=\begin{bmatrix}\lambda_1 & 0\\0 & \lambda_2\end{bmatrix}$ $\boldsymbol{C}=[c_1 \quad c_2]$

可观测矩阵 V_2 的行列式为 $\det\boldsymbol{V}_2=\det[\boldsymbol{C}^{\mathrm{T}} \quad \boldsymbol{A}^{\mathrm{T}}\boldsymbol{C}^{\mathrm{T}}]=\begin{vmatrix}c_1 & \lambda_1 c_1\\c_2 & \lambda_2 c_2\end{vmatrix}=c_1c_2(\lambda_2-\lambda_1)$

当 $\det\boldsymbol{V}_2\neq 0$ 时系统状态可观测。于是要求：当对角阵 $\boldsymbol{A}$ 有相异特征值($\lambda_2\neq\lambda_1$)时，应存在 $c_1\neq 0,c_2\neq 0$，即只需根据输出矩阵中没有全零列便可判断系统可观测。若 $\lambda_2=\lambda_1$ 时，则不能这样判断，这时 $\det V_2\equiv 0$，系统总是不可观测的。

设二阶系统动态方程中 A,C 分别为 $A=\begin{bmatrix}\lambda_1 & 1\\0 & \lambda_1\end{bmatrix}$，$C=[C_1 \quad C_2]$

则

$$\det\boldsymbol{V}_2=\det[\boldsymbol{C}^{\mathrm{T}} \quad \boldsymbol{A}^{\mathrm{T}}\boldsymbol{C}^{\mathrm{T}}]=\begin{vmatrix}c_1 & \lambda_1 c_1\\c_2 & c_1+\lambda_1 c_2\end{vmatrix}=c_1^2$$

显见，只要 $c_1\neq 0$，系统便可观测，与 c_2 无关，意为 $\boldsymbol{A}$ 矩阵约当化且相同特征值分布在一个约当块内时，只需根据输出矩阵中与约当块最前一列所对应的列不是全零列，即可判断系统可观测，与输出矩阵中的其他列是否为全零列无关。当 $\boldsymbol{A}$ 矩阵的相同特征值分布在两个或更多个约当块内时，例如 $\begin{bmatrix}\lambda_1 & 1 & 0\\0 & \lambda_1 & 0\\0 & 0 & \lambda_1\end{bmatrix}$，以上判断方法不适用。

以上判断方法可推广到 $\boldsymbol{A}$ 矩阵对角化、约当化的 n 阶系统。设系统动态方程为(令 $\boldsymbol{u}=\mathbf{0}$)为

$$\dot{\boldsymbol{x}}=\begin{bmatrix}\lambda_1 & & & \\ & \lambda_2 & & \\ & & \ddots & \\ & & & \lambda_n\end{bmatrix}\boldsymbol{x} \quad \boldsymbol{y}=\begin{bmatrix}c_{11} & \cdots & c_{1n}\\c_{21} & \cdots & c_{2n}\\\vdots & \ddots & \vdots\\c_{q1} & \cdots & c_{qn}\end{bmatrix}\boldsymbol{x} \tag{8-121}$$

式中，$\lambda_1,\cdots,\lambda_n$ 为系统相异特征值，状态变量间解耦，输出解为

$$\begin{bmatrix}y_1\\y_2\\\vdots\\y_q\end{bmatrix}=\begin{bmatrix}c_{11} & \cdots & c_{1n}\\c_{21} & \cdots & c_{2n}\\\vdots & \ddots & \vdots\\c_{q1} & \cdots & c_{qn}\end{bmatrix}\begin{bmatrix}\mathrm{e}^{\lambda_1 t}x_1(0)\\\mathrm{e}^{\lambda_2 t}x_2(0)\\\vdots\\\mathrm{e}^{\lambda_n t}x_n(0)\end{bmatrix} \tag{8-122}$$

由式(8-122)可见，当 $\boldsymbol{C}$ 矩阵第一列全为零时，在 $y_1,\cdots,y_q$ 诸分量中均不含 $x_1(0)$，则 $x_1(0)$不可观测。于是 $\boldsymbol{A}$ 矩阵为对角阵时可观测判据又可表为：$\boldsymbol{A}$ 矩阵为对角阵且元素各异时，输出矩阵不存在全零列。

当 $\boldsymbol{A}$ 矩阵为对角阵但含有相同元素时，上述判据不适用，应根据可观测矩阵的秩来判断。

设系统动态方程为

$$\begin{bmatrix}\dot{x}_1\\\dot{x}_2\\\dot{x}_3\\\vdots\\\dot{x}_n\end{bmatrix}=\begin{bmatrix}\lambda_1 & 1 & & & \\ & \lambda_1 & & & \\ & & \lambda_3 & & \\ & & & \ddots & \\ & & & & \lambda_n\end{bmatrix}\begin{bmatrix}x_1\\x_2\\x_3\\\vdots\\x_n\end{bmatrix}\quad \begin{bmatrix}y_1\\y_2\\\vdots\\y_q\end{bmatrix}=\begin{bmatrix}c_{11} & \cdots & c_{1n}\\c_{21} & \cdots & c_{2n}\\\vdots & \ddots & \vdots\\c_{q1} & \cdots & c_{qn}\end{bmatrix}\begin{bmatrix}x_1\\x_2\\\vdots\\x_n\end{bmatrix} \tag{8-123}$$

λ_1 为二重特征值且构成一个约当块，$\lambda_3,\cdots,\lambda_n$，为相异特征值。动态方程解为

$$\begin{gathered}\begin{bmatrix}x_1\\x_2\\x_3\\\vdots\\x_n\end{bmatrix}=\begin{bmatrix}e^{\lambda_1 t} & te^{\lambda_1 t} & & & \\ & e^{\lambda_1 t} & & \mathbf{0} & \\ & & e^{\lambda_3 t} & & \\ & \mathbf{0} & & \ddots & \\ & & & & e^{\lambda_n t}\end{bmatrix}\begin{bmatrix}x_1(0)\\x_2(0)\\x_3(0)\\\vdots\\x_n(0)\end{bmatrix}\\ \begin{bmatrix}y_1\\y_2\\y_3\\\vdots\\y_q\end{bmatrix}=\begin{bmatrix}c_{11} & \cdots & c_{1n}\\c_{21} & \cdots & c_{2n}\\c_{31} & \cdots & c_{3n}\\\vdots & \ddots & \vdots\\c_{q1} & \cdots & c_{qn}\end{bmatrix}\begin{bmatrix}e^{\lambda_1 t}x_1(0)+te^{\lambda_1 t}x_2(0)\\e^{\lambda_1 t}x_2(0)\\e^{\lambda_3 t}x_3(0)\\\vdots\\e^{\lambda_n t}x_n(0)\end{bmatrix}\end{gathered} \tag{8-124}$$

由式(8-124)可见，当 **C** 矩阵第一列全为零时，在 $y_1,\cdots,y_q$ 诸分量中均不含 $x_1(0)$；若第一列不全为零，则必有输出分量既含 $x_1(0)$，又含 $x_2(0)$，于是 **C** 矩阵第二列允许全为零。故 **A** 矩阵为约当阵且相同特征值分布在一个约当块内时，可观测判据又可表述为：输出矩阵中与约当块最前一列对应的列不是全零列(与约当块其他列所对应的列允许是全零列)；输出矩阵中与相异特征值所对应的列不是全零列。

对于相同特征值分布在两个或更多个约当块内的情况，以上判据不适用，仍应根据可观测矩阵的秩来判断。

例 8-28 下列系统可观测，试自行说明。

(1)

$$\begin{bmatrix}\dot{x}_1\\\dot{x}_2\\\dot{x}_3\end{bmatrix}=\begin{bmatrix}-2 & 1 & 0\\0 & -2 & 0\\0 & 0 & 5\end{bmatrix}\begin{bmatrix}x_1\\x_2\\x_3\end{bmatrix},\quad \begin{bmatrix}y_1\\y_2\end{bmatrix}=\begin{bmatrix}2 & 0 & 0\\0 & 0 & -1\end{bmatrix}\begin{bmatrix}x_1\\x_2\\x_3\end{bmatrix}$$

(2)

$$\begin{bmatrix}\dot{x}_1\\\dot{x}_2\\\dot{x}_3\\\dot{x}_4\\\dot{x}_5\end{bmatrix}=\begin{bmatrix}-1 & 1 & & & \\ & -1 & & & \\ & & -2 & 1 & \\ & & & -2 & 1\\ & & & & -2\end{bmatrix}\begin{bmatrix}x_1\\x_2\\x_3\\x_4\\x_5\end{bmatrix},\quad y=[-5\ \ 0\ \ 2\ \ 0\ \ 0]\boldsymbol{x}$$

例 8-29 下列系统不可观测,试自行说明。

(1)

$$\dot{\boldsymbol{x}}=\begin{bmatrix}-2 & 0\\ 0 & -3\end{bmatrix}\boldsymbol{x},\quad y=\begin{bmatrix}1 & 0\end{bmatrix}\boldsymbol{x}$$

(2)

$$\dot{\boldsymbol{x}}=\begin{bmatrix}1 & 0\\ 0 & 1\end{bmatrix}\boldsymbol{x},\quad y=\begin{bmatrix}1 & 1\end{bmatrix}\boldsymbol{x}$$

4. 可观测标准型问题

当动态方程中的 $\boldsymbol{A},\boldsymbol{c}$ 矩阵具有下列形式

$$\boldsymbol{A}=\begin{bmatrix}0 & 0 & \cdots & 0 & 0 & -a_0\\ 1 & 0 & \cdots & 0 & 0 & -a_1\\ 0 & 1 & \cdots & 0 & 0 & -a_2\\ \vdots & \vdots & \ddots & \vdots & \vdots & \vdots\\ 0 & 0 & \cdots & 1 & 0 & -a_{n-2}\\ 0 & 0 & \cdots & 0 & 1 & -a_{n-1}\end{bmatrix}\tag{8-125}$$

$$\boldsymbol{c}=\begin{bmatrix}0 & 0 & \cdots & 0 & 0 & 1\end{bmatrix}$$

时,其可观测性矩阵

$$\boldsymbol{V}_2=\begin{bmatrix}\boldsymbol{c}^{\mathrm{T}} & \boldsymbol{A}^{\mathrm{T}}\boldsymbol{c}^{\mathrm{T}} & \cdots & (\boldsymbol{A}^{\mathrm{T}})^{n-1}\boldsymbol{c}^{\mathrm{T}}\end{bmatrix}=\begin{bmatrix}0 & 0 & 0 & \cdots & 0 & 1\\ 0 & 0 & 0 & \cdots & 1 & -a_{n-1}\\ \vdots & \vdots & \vdots & \ddots & \vdots & \vdots\\ 0 & 0 & 1 & \cdots & \times & \times\\ 0 & 1 & -a_{n-1} & \cdots & \times & \times\\ 1 & -a_{n-1} & \times & \cdots & \times & \times\end{bmatrix}$$

$\boldsymbol{V}_2$ 是一个右下三角阵,$\det\boldsymbol{V}_2\neq 0$,系统一定可观测,这就是形如式(8-125)所示的 $\boldsymbol{A}$、$\boldsymbol{c}$ 矩阵称为可观测标准型名称的由来。一个可观测系统,当 $\boldsymbol{A}$、$\boldsymbol{c}$ 矩阵不具有可观测标准型时,也可选择适当的变换化为可观测标准型。

8.4.4 可控性、可观测性与传递函数矩阵的关系

1. 单输入-单输出系统

设系统动态方程为

$$\begin{cases}\dot{\boldsymbol{x}}=\boldsymbol{A}\boldsymbol{x}+\boldsymbol{b}u\\ y=\boldsymbol{c}\boldsymbol{x}\end{cases}\tag{8-126}$$

当 $\boldsymbol{A}$ 矩阵具有相异特征值 $\lambda_1,\cdots,\lambda_n$ 时,通过线性变换,定可使矩阵 $\boldsymbol{A}$ 对角化为

$$\dot{z}=\begin{bmatrix}\lambda_1 & & 0\\ & \ddots & \\ 0 & & \lambda_n\end{bmatrix}z+\begin{bmatrix}r_1\\ \vdots\\ r_n\end{bmatrix}u \tag{8-127}$$

$$y=[f_1 \quad \cdots \quad f_n]z=\sum_{i=1}^{n}f_i z_i$$

根据 **A** 矩阵对角化的可控、可观测性判据，可知：当 $r_i=0$ 时，x_i 不可控；当 $f_i=0$ 时，x_i 不可观测。试看传递函数 $G(s)$所具有的相应特点。由于

$$G(s)=\frac{Y(s)}{U(s)}=\boldsymbol{c}(s\boldsymbol{I}-\boldsymbol{A})^{-1}\boldsymbol{b} \tag{8-128}$$

式中，$(s\boldsymbol{I}-\boldsymbol{A})^{-1}\boldsymbol{b}$ 是输入至状态向量之间的传递矩阵。这可由状态方程两端取拉普拉斯变换(令初始条件为零)来导出，即

$$\boldsymbol{X}(s)=(s\boldsymbol{I}-\boldsymbol{A})^{-1}\boldsymbol{b}U(s) \tag{8-129}$$

若 $r_1=0$，即 x_1 不可控，则$(s\boldsymbol{I}-\boldsymbol{A})^{-1}\boldsymbol{b}$ 矩阵一定会出现零、极点对消现象，例如

$$(s\boldsymbol{I}-\boldsymbol{A})^{-1}\boldsymbol{b}=\begin{bmatrix}s-\lambda_1 & & 0\\ & \ddots & \\ 0 & & s-\lambda_n\end{bmatrix}^{-1}\begin{bmatrix}0\\ r_2\\ \vdots\\ r_n\end{bmatrix}=\begin{bmatrix}\dfrac{1}{s-\lambda_1}\cdot 0\\ \dfrac{1}{s-\lambda_2}\cdot r_2\\ \vdots\\ \dfrac{1}{s-\lambda_n}\cdot r_n\end{bmatrix}$$

$$=\frac{(s-\lambda_1)}{(s-\lambda_1)(s-\lambda_2)\cdots(s-\lambda_n)}\begin{bmatrix}0\\ (s-\lambda_3)\cdots(s-\lambda_n)r_2\\ \vdots\\ (s-\lambda_2)\cdots(s-\lambda_{n-1})r_n\end{bmatrix}$$

式(8-128)中，$\boldsymbol{c}(s\boldsymbol{I}-\boldsymbol{A})^{-1}$则是初始状态至输出向量之间的传递矩阵，即

$$y(s)=\boldsymbol{c}\boldsymbol{x}(s)=\boldsymbol{c}(s\boldsymbol{I}-\boldsymbol{A})^{-1}\boldsymbol{x}_0 \tag{8-130}$$

若 $f_1=0$，即 x_1 不可观测，则 $\boldsymbol{c}(s\boldsymbol{I}-\boldsymbol{A})^{-1}$ 也一定会出现零、极点对消现象，例如

$$\boldsymbol{c}(s\boldsymbol{I}-\boldsymbol{A})^{-1}=[0 \quad f_2 \quad \cdots \quad f_n]\begin{bmatrix}s-\lambda_1 & & & 0\\ & s-\lambda_2 & & \\ & & \ddots & \\ 0 & & & s-\lambda_n\end{bmatrix}^{-1}$$

$$=\begin{bmatrix}\dfrac{0}{s-\lambda_1} & \dfrac{f_2}{s-\lambda_2} & \cdots & \dfrac{f_n}{s-\lambda_n}\end{bmatrix}$$

$$=\frac{(s-\lambda_1)}{(s-\lambda_1)(s-\lambda_2)\cdots(s-\lambda_n)}\cdot$$

$$[0 \quad (s-\lambda_3)\cdots(s-\lambda_n)f_2 \quad \cdots \quad (s-\lambda_2)\cdots(s-\lambda_{n-1})f_n]$$

当 $r_i=0$ 及 $f_i=0$ 时，系统既不可控，也不可观测；当 $r_i\neq 0$ 及 $f_i\neq 0$ 时，系统可控、可观测。

对于 **A** 矩阵约当化的情况，经类似推导可得出相同结论，与特征值是否分布在一个约

当块内无关。单输入-单输出系统可控、可观测的充分必要条件是由动态方程导出的传递函数不存在零、极点对消(即传递函数不可约),系统可控的充分必要条件是$(s\boldsymbol{I}-\boldsymbol{A})^{-1}\boldsymbol{b}$不存在零、极点对消,系统可观测的充分必要条件是$\boldsymbol{c}(s\boldsymbol{I}-\boldsymbol{A})^{-1}$不存在零、极点对消。

以上判据仅适用于单输入-单输出系统,对多输入-多输出系统一般不适用。

由不可约传递函数列写的动态方程一定是可控、可观测的,不能反映系统中可能存在的不可控和不可观测的属性。由动态方程导出可约传递函数时,表明系统或是可控、不可观测的,或是可观测、不可控的,或是不可控、不可观测的,三者必居其一;反之亦然。

传递函数可约时,传递函数分母阶次将低于系统特征方程阶次。若对消掉的是系统的一个不稳定特征值,便可能掩盖了系统固有的不稳定性而误认为系统稳定。通常说用传递函数描述系统属性不完全,就是指它可能掩盖系统的不可控性、不可观测性及不稳定性。只有当系统是可控又可观测时,传递函数描述与状态空间描述才是等价的。

例 8-30 已知下列动态方程,试研究其可控性、可观测性与传递函数的关系。

(1)

$$\dot{\boldsymbol{x}}=\begin{bmatrix}0 & 1\\ 2.5 & -1.5\end{bmatrix}\boldsymbol{x}+\begin{bmatrix}0\\ 1\end{bmatrix}u,\quad y=[2.5\quad 1]\boldsymbol{x}$$

(2)

$$\dot{\boldsymbol{x}}=\begin{bmatrix}0 & 2.5\\ 1 & -1.5\end{bmatrix}\boldsymbol{x}+\begin{bmatrix}2.5\\ 1\end{bmatrix}u,\quad y=[0\quad 1]\boldsymbol{x}$$

(3)

$$\dot{\boldsymbol{x}}=\begin{bmatrix}1 & 0\\ 0 & -2.5\end{bmatrix}\boldsymbol{x}+\begin{bmatrix}1\\ 0\end{bmatrix}u,\quad y=[1\quad 0]\boldsymbol{x}$$

解 三个系统的传递函数均为$G(s)=\dfrac{Y(s)}{U(s)}=\dfrac{s+2.5}{(s+2.5)(s-1)}$,存在零、极点对消。

(1) 系统$\boldsymbol{A},\boldsymbol{b}$矩阵为可控标准型,故可控、不可观测。

(2) 系统$\boldsymbol{A},\boldsymbol{c}$矩阵为可观测标准型,故可观测、不可控。

(3) 由系统$\boldsymbol{A}$矩阵对角化时的可控、可观测判据可知,系统不可控、不可观测,x_2为不可控、不可观测的状态变量。

例 8-31 设二阶系统结构图如图 8-23 所示,试用状态空间及传递函数描述判断系统的可控性与可观测性,并说明传递函数描述的不完全性。

解 由结构图列写系统传递函数

$$X_1(s)=\frac{-5}{s+4}[U(s)-X_2(s)]$$

$$X_2(s)=\frac{1}{s-1}Y(s)$$

$$Y(s)=X_1(s)+[U(s)-X_2(s)]$$

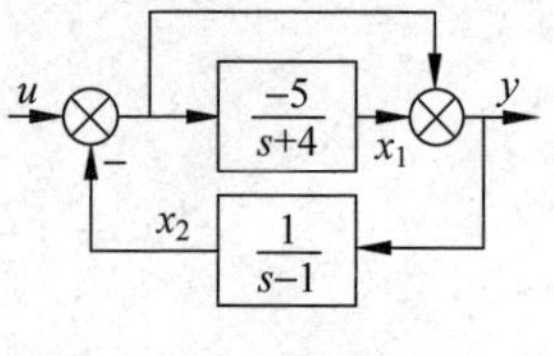

图 8-23 例 8-31 系统结构图

再写成向量-矩阵形式的动态方程

$$\begin{cases}\begin{bmatrix}\dot{x}_1\\ \dot{x}_2\end{bmatrix}=\begin{bmatrix}-4 & 5\\ 1 & 0\end{bmatrix}\begin{bmatrix}x_1\\ x_2\end{bmatrix}+\begin{bmatrix}-5\\ 1\end{bmatrix}u=\boldsymbol{Ax}+\boldsymbol{b}u\\ y=[1\quad -1]\boldsymbol{x}+u=\boldsymbol{cx}+u\end{cases}$$

由状态可控性矩阵 S_3 及可观测性矩阵 V_2，有

$$S_3 = [b \quad Ab] = \begin{bmatrix} -5 & 25 \\ 1 & -5 \end{bmatrix}, \quad |S_3| = 0$$

故不可控。

$$V_2 = [c^T \quad A^T c^T] = \begin{bmatrix} 1 & -5 \\ -1 & 5 \end{bmatrix}, \quad |V_2| = 0$$

故不可观测。由传递矩阵

$$(sI - A)^{-1} b = \begin{bmatrix} s+4 & -5 \\ -1 & s \end{bmatrix}^{-1} \begin{bmatrix} -5 \\ 1 \end{bmatrix} = \frac{1}{s^2 + 4s - 5} \begin{bmatrix} s & 5 \\ 1 & s+4 \end{bmatrix} \begin{bmatrix} -5 \\ 1 \end{bmatrix}$$

$$= \frac{(s-1)}{(s-1)(s+5)} \begin{bmatrix} -5 \\ 1 \end{bmatrix}$$

$$c(sI - A)^{-1} = \frac{1}{s^2 + 4s - 5} [1 \quad -1] \begin{bmatrix} s & 5 \\ 1 & s+4 \end{bmatrix} = \frac{(s-1)}{(s-1)(s+5)} [1 \quad -1]$$

两式均出现零、极点对消，系统不可控、不可观测。系统特征多项式为 $|sI - A| = (s+5)(s-1)$，二阶系统的特征多项式是二次多项式，经零、极点对消后，系统降为一阶。本系统原是不稳定系统，其中一个特征值 $s=\lambda=1$，但如果用对消后的传递函数来描述系统时，会误认为系统稳定。

2. 多输入-多输出系统

多输入-多输出系统传递函数矩阵存在零、极点对消时，系统并非一定是不可控或不可观测的，需要利用传递函数矩阵中的行或列的线性相关性来判断。

传递函数矩阵 $G(s)$ 的元素是 s 的多项式，设 $G(s)$ 以下面列向量组来表示

$$G(s) = [g_1(s) \quad g_2(s) \quad \cdots \quad g_n(s)] \tag{8-131}$$

若存在不全为零的实常数 $a_1, a_2, \cdots, a_n$，使式

$$a_1 g_1(s) + a_2 g_2(s) + \cdots + a_n g_n(s) = 0 \tag{8-132}$$

成立，则称函数 $g_1(s), g_2(s), \cdots, g_n(s)$ 是线性相关的。若只有当 $a_1, a_2, \cdots, a_n$ 全为零时，式(8-132)才成立，则称函数 $g_1(s), g_2(s), \cdots, g_n(s)$ 是线性无关的。

下面不加证明给出用传递矩阵判断多输入-多输出系统可控性、可观测性的判据。

定理 多输入系统可控的充分必要条件是：传递矩阵 $(sI - A)^{-1} B$ 的 n 行线性无关。

定理 多输出系统可观测的充分必要条件是：传递矩阵 $C(sI - A)^{-1}$ 的 n 列线性无关。

运用以上判据判断多输入-多输出系统的可控性、可观测性时，只需检查对应传递矩阵的行或列的线性相关性，至于对应传递矩阵中是否出现零、极点对消是无妨的。

行(列)线性相关性的判据更具一般性，该判据同样适用于单输入-单输出系统。线性无关时必不存在零、极点对消；线性相关时必存在零、极点对消。

例 8-32 试用传递矩阵判据判断下列双输入-双输出系统的可控性和可观测性。

$$\boldsymbol{A}=\begin{bmatrix}1 & 3 & 2\\0 & 4 & 2\\0 & 0 & 1\end{bmatrix},\quad \boldsymbol{B}=\begin{bmatrix}0 & 1\\0 & 0\\1 & 0\end{bmatrix},\quad \boldsymbol{C}=\begin{bmatrix}1 & 0 & 0\\0 & 0 & 1\end{bmatrix}$$

解

$$(s\boldsymbol{I}-\boldsymbol{A})^{-1}=\begin{bmatrix}s-1 & -3 & -2\\0 & s-4 & -2\\0 & 0 & s-1\end{bmatrix}^{-1}=\frac{(s-1)}{(s-1)^2(s-4)}\begin{bmatrix}s-4 & 3 & 2\\0 & s-1 & 2\\0 & 0 & s-4\end{bmatrix}$$

写出特征多项式$|s\boldsymbol{I}-\boldsymbol{A}|$,将矩阵中各元素的公因子提出矩阵符号外面以便判断。故

$$(s\boldsymbol{I}-\boldsymbol{A})^{-1}\boldsymbol{B}=\frac{(s-1)}{(s-1)^2(s-4)}\begin{bmatrix}2 & s-4\\2 & 0\\s-4 & 0\end{bmatrix}$$

若存在非全零的实常数a_1,a_2,a_3能使向量方程

$$a_1[2 \quad s-4]+a_2[2 \quad 0]+a_3[s-4 \quad 0]=0$$

成立,则称三个行向量线性相关;若只有当$a_1=a_2=a_3=0$时上式才成立,则称三个行向量线性无关。运算时可先令向量方程式成立,可分列出

$$2a_1+2a_2+(s-4)a_3=0$$
$$(s-4)a_1=0$$

解得

$$a_1=0$$

且

$$2a_2+a_3s-4a_3=0$$

同幂项系数应相等,有

$$a_2=0 \quad a_3=0$$

故只有$a_1=a_2=a_3=0$时才能满足上述向量方程,于是可断定$(s\boldsymbol{I}-\boldsymbol{A})^{-1}\boldsymbol{B}$的三行线性无关,系统可控。由$C(sI-A)^{-1}=\dfrac{(s-1)}{(s-1)^2(s-4)}\begin{bmatrix}s-4 & 3 & 2\\0 & 0 & s-4\end{bmatrix}$

令

$$a_1\begin{bmatrix}s-4\\0\end{bmatrix}+a_2\begin{bmatrix}3\\0\end{bmatrix}+a_3\begin{bmatrix}2\\s-4\end{bmatrix}=0$$

可分列为

$$a_1(s-4)+3a_2+2a_3=0$$
$$(s-4)a_3=0$$

解得

$$a_1=0 \quad a_2=0 \quad a_3=0$$

故$\boldsymbol{C}(s\boldsymbol{I}-\boldsymbol{A})^{-1}$的三列线性无关,系统可观测。显见,这时与传递矩阵出现零、极点对消无关。利用可控性矩阵及可观测性矩阵的判据,可得相同结论。

例 8-33 试用传递矩阵判据判断下列单输入-单输出系统的可控性、可观测性。

$$\boldsymbol{A}=\begin{bmatrix}2&0&0\\0&2&0\\0&3&1\end{bmatrix},\quad \boldsymbol{b}=\begin{bmatrix}0\\1\\-1\end{bmatrix},\quad \boldsymbol{c}=\begin{bmatrix}1&1&1\end{bmatrix}$$

解

$$(s\boldsymbol{I}-\boldsymbol{A})^{-1}=\begin{bmatrix}s-2&0&0\\0&s-2&0\\0&-3&s-1\end{bmatrix}^{-1}$$

$$=\frac{1}{(s-2)^2(s-1)}\begin{bmatrix}(s-2)(s-1)&0&0\\0&(s-2)(s-1)&0\\0&3(s-2)&(s-2)^2\end{bmatrix}$$

故

$$(s\boldsymbol{I}-\boldsymbol{A})^{-1}\boldsymbol{b}=\frac{(s-2)}{(s-2)^2(s-1)}\begin{bmatrix}0\\s-1\\-(s-5)\end{bmatrix}$$

令

$$a_1\cdot 0+a_2(s-1)-a_3(s-5)=0$$

分列出

$$a_2-a_3=0,\quad -a_2+5a_3=0$$

解得 $a_2=a_3=0$，a_1 可为任意值。于是能求得不全为零的 a_1,a_2,a_3 使上述代数方程满足，故 $(s\boldsymbol{I}-\boldsymbol{A})^{-1}\boldsymbol{b}$ 的三行线性相关，系统不可控。该单输入系统，$(s\boldsymbol{I}-\boldsymbol{A})^{-1}\boldsymbol{b}$ 存在零、极点对消，由此同样得出不可控的结论。由

$$\boldsymbol{c}(s\boldsymbol{I}-\boldsymbol{A})^{-1}=\frac{(s-2)}{(s-2)^2(s-1)}\begin{bmatrix}s-1&s+2&s-2\end{bmatrix}$$

令

$$a_1(s-1)+a_2(s+2)+a_3(s-2)=0$$

可分列为

$$a_1+a_2+a_3=0,\quad -a_1+2a_2-2a_3=0$$

解得

$$-\frac{3}{4}a_1=3a_2=a_3$$

可见存在不全为零的 a_1,a_2,a_3 满足上述代数方程，故 $\boldsymbol{c}(s\boldsymbol{I}-\boldsymbol{A})^{-1}$ 的三列线性相关，系统不可观测。此时 $\boldsymbol{c}(s\boldsymbol{I}-\boldsymbol{A})^{-1}$ 也存在零、极点对消，同样得出不可观测的结论。

8.4.5 连续系统离散化后的可控性与可观测性

一个可控的连续系统，在其离散化后并不一定能保持其可控性；一个可观测的连续系统，离散化后也并不一定能保持其可观测性。下面举例说明。

设连续系统动态方程为

$$\begin{bmatrix}\dot{x}_1\\ \dot{x}_2\end{bmatrix}=\begin{bmatrix}0 & 1\\ -\omega^2 & 0\end{bmatrix}\begin{bmatrix}x_1\\ x_2\end{bmatrix}+\begin{bmatrix}0\\ 1\end{bmatrix}u \quad y=\begin{bmatrix}1 & 0\end{bmatrix}\begin{bmatrix}x_1\\ x_2\end{bmatrix}$$

它是可控标准型，故一定可控。其状态转移矩阵

$$\boldsymbol{\Phi}(t)=\mathcal{L}^{-1}[(s\boldsymbol{I}-\boldsymbol{A})^{-1}]=\mathcal{L}^{-1}\begin{bmatrix}\dfrac{s}{s^2+\omega^2} & \dfrac{1}{s^2+\omega^2}\\ \dfrac{-\omega^2}{s^2+\omega^2} & \dfrac{s}{s^2+\omega^2}\end{bmatrix}=\begin{bmatrix}\cos\omega t & \dfrac{\sin\omega t}{\omega}\\ -\omega\sin\omega t & \cos\omega t\end{bmatrix}$$

$$\boldsymbol{G}(T)=\int_0^T\boldsymbol{\Phi}(\tau)\boldsymbol{B}\mathrm{d}\tau=\begin{bmatrix}\dfrac{1-\cos\omega T}{\omega^2}\\ \dfrac{\sin\omega T}{\omega}\end{bmatrix}$$

其离散化状态方程为

$$\begin{aligned}\boldsymbol{x}(k+1)&=\boldsymbol{\Phi}(T)\boldsymbol{x}(k)+\boldsymbol{G}(T)u(k)\\ &=\begin{bmatrix}\cos\omega T & \dfrac{\sin\omega T}{\omega}\\ -\omega\sin\omega T & \cos\omega T\end{bmatrix}\begin{bmatrix}x_1(k)\\ x_2(k)\end{bmatrix}+\begin{bmatrix}\dfrac{1-\cos\omega T}{\omega^2}\\ \dfrac{\sin\omega T}{\omega}\end{bmatrix}u(k)\end{aligned}\tag{8-133}$$

离散化系统的可控性矩阵为

$$\boldsymbol{S}=[\boldsymbol{G}\quad \boldsymbol{\Phi G}]=\begin{bmatrix}\dfrac{1-\cos\omega T}{\omega^2} & \dfrac{\cos\omega T-\cos^2\omega T+\sin^2\omega T}{\omega^2}\\ \dfrac{\sin\omega T}{\omega} & \dfrac{2\sin\omega T\cos\omega T-\sin\omega T}{\omega}\end{bmatrix}$$

当采样周期 $T=\dfrac{k\pi}{\omega}$ $(k=1,2,\cdots)$时，可控性矩阵为零矩阵，系统不可控。故离散化系统的采样周期选择不当时，便不能保持原连续系统的可控性。当连续系统状态方程不可控时，不管采样周期 T 如何选择，离散化系统一定是不可控的。读者可自行证明：上述系统离散化后不一定可观测。

8.5 线性系统非奇异线性变换及系统的规范分解

为了便于揭示系统的固有属性，经常需要对系统进行非奇异线性变换，例如，将 $\boldsymbol{A}$ 矩阵对角化、约当化；将系统化为可控标准型、可观测标准型也需要进行线性变换。为了便于分析与设计，需要对动态方程进行规范分解，往往也涉及线性变换。如何变换？经过变换后，系统的固有属性是否会引起改变呢？这些问题必须加以研究解决。

8.5.1 线性系统的非奇异线性变换及其性质

1. 非奇异线性变换

设系统动态方程为

$$\begin{cases}\dot{\boldsymbol{x}}(t)=\boldsymbol{A}\boldsymbol{x}(t)+\boldsymbol{B}\boldsymbol{u}(t)\\ \boldsymbol{y}(t)=\boldsymbol{C}\boldsymbol{x}(t)+\boldsymbol{D}\boldsymbol{u}(t)\end{cases} \tag{8-134}$$

令

$$\boldsymbol{x}=\boldsymbol{P}\bar{\boldsymbol{x}} \tag{8-135}$$

式中，非奇异矩阵 $\boldsymbol{P}$($\det\boldsymbol{P}\neq 0$，有时以 $\boldsymbol{P}^{-1}$ 形式出现)将状态 $\boldsymbol{x}$ 变换为状态 $\bar{\boldsymbol{x}}$。设变换后的动态方程为

$$\begin{cases}\dot{\bar{\boldsymbol{x}}}(t)=\bar{\boldsymbol{A}}\bar{\boldsymbol{x}}(t)+\bar{\boldsymbol{B}}\boldsymbol{u}(t)\\ \boldsymbol{y}(t)=\bar{\boldsymbol{C}}\bar{\boldsymbol{x}}(t)+\bar{\boldsymbol{D}}\boldsymbol{u}(t)\end{cases} \tag{8-136}$$

则有

$$\bar{\boldsymbol{x}}=\boldsymbol{P}^{-1}\boldsymbol{x}\quad \bar{\boldsymbol{A}}=\boldsymbol{P}^{-1}\boldsymbol{A}\boldsymbol{P}\quad \bar{\boldsymbol{B}}=\boldsymbol{P}^{-1}\boldsymbol{B}\quad \bar{\boldsymbol{C}}=\boldsymbol{C}\boldsymbol{P}\quad \bar{\boldsymbol{D}}=\boldsymbol{D} \tag{8-137}$$

上述过程就是对系统进行非奇异线性变换。线性变换的目的在于使 $\boldsymbol{A}$ 矩阵或系统规范化，以便于揭示系统属性，简化分析、计算与设计，在系统建模，可控性、可观测性、稳定性分析，系统综合设计方面特别有用。非奇异线性变换不会改变系统的固有性质，所以是等价变换。待计算出所需结果之后，再引入反变换 $\bar{\boldsymbol{x}}=\boldsymbol{P}^{-1}\boldsymbol{x}$，将新系统变回原来的状态空间中去，获得最终结果。

2. 非奇异线性变换的性质

系统经过非奇异线性变换，系统的特征值、传递矩阵、可控性、可观测性等重要性质均保持不变。下面进行证明。

(1) 变换后系统传递矩阵不变

证明 列出变换后系统传递矩阵 $\bar{\boldsymbol{G}}$ 为

$$\begin{aligned}\bar{\boldsymbol{G}}&=\boldsymbol{C}\boldsymbol{P}(s\boldsymbol{I}-\boldsymbol{P}^{-1}\boldsymbol{A}\boldsymbol{P})^{-1}\boldsymbol{P}^{-1}\boldsymbol{B}+\boldsymbol{D}\\&=\boldsymbol{C}\boldsymbol{P}(\boldsymbol{P}^{-1}s\boldsymbol{I}\boldsymbol{P}-\boldsymbol{P}^{-1}\boldsymbol{A}\boldsymbol{P})^{-1}\boldsymbol{P}^{-1}\boldsymbol{B}+\boldsymbol{D}\\&=\boldsymbol{C}\boldsymbol{P}[\boldsymbol{P}^{-1}(s\boldsymbol{I}-\boldsymbol{A})\boldsymbol{P}]^{-1}\boldsymbol{P}^{-1}\boldsymbol{B}+\boldsymbol{D}\\&=\boldsymbol{C}\boldsymbol{P}\boldsymbol{P}^{-1}(s\boldsymbol{I}-\boldsymbol{A})^{-1}\boldsymbol{P}\boldsymbol{P}^{-1}\boldsymbol{B}+\boldsymbol{D}\\&=\boldsymbol{C}(s\boldsymbol{I}-\boldsymbol{A})^{-1}\boldsymbol{B}+\boldsymbol{D}=\boldsymbol{G}\end{aligned}$$

表明变换前、后的系统传递矩阵相同。

(2) 线性变换后系统特征值不变

证明 列出变换后系统的特征多项式，即

$$\begin{aligned}|\lambda\boldsymbol{I}-\boldsymbol{P}^{-1}\boldsymbol{A}\boldsymbol{P}|&=|\lambda\boldsymbol{P}^{-1}\boldsymbol{P}-\boldsymbol{P}^{-1}\boldsymbol{A}\boldsymbol{P}|=|\boldsymbol{P}^{-1}\lambda\boldsymbol{I}\boldsymbol{P}-\boldsymbol{P}^{-1}\boldsymbol{A}\boldsymbol{P}|\\&=|\boldsymbol{P}^{-1}(\lambda\boldsymbol{I}-\boldsymbol{A})\boldsymbol{P}|=|\boldsymbol{P}^{-1}||\lambda\boldsymbol{I}-\boldsymbol{A}||\boldsymbol{P}|\\&=|\boldsymbol{P}^{-1}||\boldsymbol{P}||\lambda\boldsymbol{I}-\boldsymbol{A}|=|\boldsymbol{I}||\lambda\boldsymbol{I}-\boldsymbol{A}|=|\lambda\boldsymbol{I}-\boldsymbol{A}|\end{aligned}$$

表明变换前、后的特征多项式相同，故特征值不变。由此可以推出，非奇异变换后，系统的稳定性不变。

(3) 变换后系统可控性不变

证明 列出变换后系统可控性阵的秩为

$$\begin{aligned}\mathrm{rank}\boldsymbol{S}_4 &= \mathrm{rank}[\boldsymbol{P}^{-1}\boldsymbol{B}\quad (\boldsymbol{P}^{-1}\boldsymbol{AP})\boldsymbol{P}^{-1}\boldsymbol{B}\quad (\boldsymbol{P}^{-1}\boldsymbol{AP})^2\boldsymbol{P}^{-1}\boldsymbol{B}\quad \cdots\quad (\boldsymbol{P}^{-1}\boldsymbol{AP})^{n-1}\boldsymbol{P}^{-1}\boldsymbol{B}]\\ &= \mathrm{rank}[\boldsymbol{P}^{-1}\boldsymbol{B}\quad \boldsymbol{P}^{-1}\boldsymbol{AB}\quad \boldsymbol{P}^{-1}\boldsymbol{A}^2\boldsymbol{B}\quad \cdots\quad \boldsymbol{P}^{-1}\boldsymbol{A}^{n-1}\boldsymbol{B}]\\ &= \mathrm{rank}\boldsymbol{P}^{-1}[\boldsymbol{B}\quad \boldsymbol{AB}\quad \boldsymbol{A}^2\boldsymbol{B}\quad \cdots\quad \boldsymbol{A}^{n-1}\boldsymbol{B}]\\ &= \mathrm{rank}[\boldsymbol{B}\quad \boldsymbol{AB}\quad \boldsymbol{A}^2\boldsymbol{B}\quad \cdots\quad \boldsymbol{A}^{n-1}\boldsymbol{B}]\end{aligned}$$

表明变换前、后的可控性矩阵的秩相同，故可控性不变。

(4) 变换后系统可观测性不变

证明 列出变换后可观测性矩阵的秩为

$$\begin{aligned}\mathrm{rank}\boldsymbol{V}_2 &= \mathrm{rank}[(\boldsymbol{CP})^{\mathrm{T}}\quad (\boldsymbol{P}^{-1}\boldsymbol{AP})^{\mathrm{T}}(\boldsymbol{CP})^{\mathrm{T}}\quad \cdots\quad ((\boldsymbol{P}^{-1}\boldsymbol{AP})^{n-1})^{\mathrm{T}}\boldsymbol{CP})^{\mathrm{T}}]\\ &= \mathrm{rank}[\boldsymbol{P}^{\mathrm{T}}\boldsymbol{C}^{\mathrm{T}}\quad \boldsymbol{P}^{\mathrm{T}}\boldsymbol{A}^{\mathrm{T}}\boldsymbol{C}^{\mathrm{T}}\quad \cdots\quad \boldsymbol{P}^{\mathrm{T}}(\boldsymbol{A}^{n-1})^{\mathrm{T}}\boldsymbol{C}^{\mathrm{T}}]\\ &= \mathrm{rank}\boldsymbol{P}^{\mathrm{T}}[\boldsymbol{C}^{\mathrm{T}}\quad \boldsymbol{A}^{\mathrm{T}}\boldsymbol{C}^{\mathrm{T}}\quad \cdots\quad (\boldsymbol{A}^{n-1})^{\mathrm{T}}\boldsymbol{C}^{\mathrm{T}}]\\ &= \mathrm{rank}[\boldsymbol{C}^{\mathrm{T}}\quad \boldsymbol{A}^{\mathrm{T}}\boldsymbol{C}^{\mathrm{T}}\quad \cdots\quad (\boldsymbol{A}^{n-1})^{\mathrm{T}}\boldsymbol{C}^{\mathrm{T}}]\end{aligned}$$

表明变换前、后可观测性矩阵的秩相同，故可观测性不变。

(5) $\bar{\boldsymbol{\Phi}}(t)=\mathrm{e}^{\bar{\boldsymbol{A}}t}=\boldsymbol{P}^{-1}\mathrm{e}^{\boldsymbol{A}t}\boldsymbol{P}=\boldsymbol{P}^{-1}\boldsymbol{\Phi}(t)\boldsymbol{P}$ (8-138)

证明

$$\begin{aligned}\mathrm{e}^{\boldsymbol{P}^{-1}\boldsymbol{AP}t} &= \boldsymbol{I}+\boldsymbol{P}^{-1}\boldsymbol{AP}t+\frac{1}{2}(\boldsymbol{P}^{-1}\boldsymbol{AP})^2t^2+\cdots+\frac{1}{k!}(\boldsymbol{P}^{-1}\boldsymbol{AP})^kt^k+\cdots\\ &= \boldsymbol{P}^{-1}\boldsymbol{IP}+\boldsymbol{P}^{-1}\boldsymbol{AP}t+\frac{1}{2}(\boldsymbol{P}^{-1}\boldsymbol{AP})^2t^2+\cdots+\frac{1}{k!}(\boldsymbol{P}^{-1}\boldsymbol{AP})^kt^k+\cdots\\ &= \boldsymbol{P}^{-1}\left(\boldsymbol{I}+\boldsymbol{A}t+\frac{1}{2}\boldsymbol{A}^2t^2+\cdots+\frac{1}{k!}\boldsymbol{A}^kt^k+\cdots\right)\boldsymbol{P}=\boldsymbol{P}^{-1}\mathrm{e}^{\boldsymbol{A}t}\boldsymbol{P}\end{aligned}$$

8.5.2 几种常用的线性变换

1. 化 $\boldsymbol{A}$ 矩阵为对角阵

(1) $\boldsymbol{A}$ 矩阵为任意方阵，且有互异实数特征根 $\lambda_1,\lambda_2,\cdots,\lambda_n$。则由非奇异变换可将其化为对角阵，即

$$\bar{\boldsymbol{A}}=\boldsymbol{P}^{-1}\boldsymbol{AP}=\begin{bmatrix}\lambda_1 & & & \\ & \lambda_2 & & \\ & & \ddots & \\ & & & \lambda_n\end{bmatrix} \tag{8-139}$$

$\boldsymbol{P}$ 矩阵由特征向量 $\boldsymbol{p}_i(i=1,2,\cdots,n)$ 组成，即

$$\boldsymbol{P}=[\boldsymbol{p}_1\quad \boldsymbol{p}_2\quad \cdots\quad \boldsymbol{p}_n] \tag{8-140}$$

特征向量满足

$$\boldsymbol{A}\boldsymbol{p}_i=\lambda_i\boldsymbol{p}_i\quad (i=1,2,\cdots,n) \tag{8-141}$$

(2) $\boldsymbol{A}$ 矩阵为友矩阵，且有互异实数特征根 $\lambda_1,\lambda_2,\cdots,\lambda_n$。则用范德蒙特(Vandermode)矩阵 $\boldsymbol{P}$ 可以将 $\boldsymbol{A}$ 矩阵对角化。

$$\boldsymbol{A}=\begin{bmatrix}0 & 1 & 0 & \cdots & 0\\ 0 & 0 & 1 & \cdots & 0\\ \vdots & \vdots & \vdots & \ddots & \vdots\\ 0 & 0 & 0 & \cdots & 1\\ -a_0 & -a_1 & -a_2 & \cdots & -a_{n-1}\end{bmatrix}\quad \boldsymbol{P}=\begin{bmatrix}1 & 1 & \cdots & 1\\ \lambda_1 & \lambda_2 & \cdots & \lambda_n\\ \lambda_1^2 & \lambda_2^2 & \cdots & \lambda_n^2\\ \vdots & \vdots & & \vdots\\ \lambda_1^{n-1} & \lambda_2^{n-1} & \cdots & \lambda_n^{n-1}\end{bmatrix} \tag{8-142}$$

(3) $\boldsymbol{A}$ 矩阵为任意方阵，有 m 重实数特征根($\lambda_1=\lambda_2=\cdots=\lambda_m$)，其余($n-m$)个特征根为互异实数特征根，但在求解 $\boldsymbol{A}\boldsymbol{p}_i=\lambda_i\boldsymbol{p}_i,\quad i=1,2,\cdots,m$ 时，仍有 m 个独立的特征向量 $\boldsymbol{p}_1,\boldsymbol{p}_2,\cdots,\boldsymbol{p}_m$，则仍可以将 $\boldsymbol{A}$ 矩阵化为对角阵。

$$\bar{\boldsymbol{A}}=\boldsymbol{P}^{-1}\boldsymbol{A}\boldsymbol{P}=\begin{bmatrix}\lambda_1 & & & & & \\ & \ddots & & & & \\ & & \lambda_1 & & & \\ & & & \lambda_{m+1} & & \\ & & & & \ddots & \\ & & & & & \lambda_n\end{bmatrix} \tag{8-143}$$

$$\boldsymbol{P}=[\boldsymbol{p}_1\quad \boldsymbol{p}_2\quad \cdots\quad \boldsymbol{p}_m\quad \boldsymbol{p}_{m+1}\quad \cdots\quad \boldsymbol{p}_n] \tag{8-144}$$

式中，$\boldsymbol{p}_{m+1},\boldsymbol{p}_{m+2},\cdots,\boldsymbol{p}_n$ 是互异实数特征根 $\lambda_{m+1},\lambda_{m+2},\cdots,\lambda_n$ 对应的特征向量。

2. 化 $\boldsymbol{A}$ 矩阵为约当阵

(1) 当 $\boldsymbol{A}$ 矩阵有 m 重实数特征根($\lambda_1=\lambda_2=\cdots=\lambda_m$)，其余($n-m$)个特征根为互异实数特征根，但重根只有一个独立的特征向量 $\boldsymbol{p}_1$ 时，只能将 $\boldsymbol{A}$ 矩阵化为约当阵 $\boldsymbol{J}$。

$$\boldsymbol{J}=\boldsymbol{P}^{-1}\boldsymbol{A}\boldsymbol{P}=\left[\begin{array}{ccc|ccc}\lambda_1 & 1 & & & & \\ & \ddots & 1 & & & \\ & & \lambda_1 & & & \\ \hline & & & \lambda_{m+1} & & \\ & & & & \ddots & \\ & & & & & \lambda_n\end{array}\right] \tag{8-145}$$

$$\boldsymbol{P}=[\boldsymbol{p}_1\quad \boldsymbol{p}_2\quad \cdots\quad \boldsymbol{p}_m\quad \vdots\quad \boldsymbol{p}_{m+1}\quad \cdots\quad \boldsymbol{p}_n] \tag{8-146}$$

式中，$\boldsymbol{p}_1,\boldsymbol{p}_{m+1},\boldsymbol{p}_{m+2},\cdots,\boldsymbol{p}_n$ 分别是互异实数特征根 $\lambda_1,\lambda_{m+1},\lambda_{m+2},\cdots,\lambda_n$ 对应的特征向量，而 $\boldsymbol{p}_2,\boldsymbol{p}_3,\cdots,\boldsymbol{p}_m$ 是广义特征向量，可由下式求得

$$[\boldsymbol{p}_1\quad \boldsymbol{p}_2\quad \cdots\quad \boldsymbol{p}_m]\begin{bmatrix}\lambda_1 & 1 & & \\ & \lambda_1 & \ddots & \\ & & \ddots & 1\\ & & & \lambda_1\end{bmatrix}=\boldsymbol{A}[\boldsymbol{p}_1\quad \boldsymbol{p}_2\quad \cdots\quad \boldsymbol{p}_m] \tag{8-147}$$

(2) 当 $\boldsymbol{A}$ 矩阵为友矩阵，具有 m 重实数特征根($\lambda_1=\lambda_2=\cdots=\lambda_m$)，其余($n-m$)个特征根为互异实数特征根，但重根只有一个独立的特征向量 $\boldsymbol{p}_1$ 时，将 $\boldsymbol{A}$ 矩阵约当化的 $\boldsymbol{P}$ 矩阵为

$$P=\begin{bmatrix}p_1 & \frac{\partial p_1}{\partial\lambda_1} & \frac{\partial^2 p_1}{\partial\lambda_1^2} & \cdots & \frac{\partial^{m-1}p_1}{\partial\lambda_1^{m-1}} & \vdots & p_{m+1} & \cdots & p_n\end{bmatrix} \tag{8-148}$$

(3) $\boldsymbol{A}$ 矩阵有五重特征根 λ_1，但有两个独立特征向量 $\boldsymbol{p}_1,\boldsymbol{p}_2$，其余 $(n-5)$ 个特征根为互异特征根，一般可化 $\boldsymbol{A}$ 矩阵为如下形式的约当阵 $\boldsymbol{J}$

$$J=P^{-1}AP=\begin{bmatrix}\lambda_1 & 1 & & & & & & \\ & \lambda_1 & 1 & & & & & \\ & & \lambda_1 & & & & & \\ & & & \lambda_1 & 1 & & & \\ & & & & \lambda_1 & & & \\ & & & & & \lambda_6 & & \\ & & & & & & \ddots & \\ & & & & & & & \lambda_n\end{bmatrix} \tag{8-149}$$

$$P=\begin{bmatrix}p_1 & \frac{\partial p_1}{\partial\lambda_1} & \frac{\partial^2 p_1}{\partial\lambda_1^2} & \vdots & p_2 & \frac{\partial p_2}{\partial\lambda_1} & \vdots & p_6 & \cdots & p_n\end{bmatrix} \tag{8-150}$$

3. 化可控状态方程为可控标准型

前面曾对单输入-单输出建立了可控标准型状态方程，即

$$\begin{bmatrix}\dot{x}_1\\ \dot{x}_2\\ \vdots\\ \dot{x}_{n-1}\\ \dot{x}_n\end{bmatrix}=\begin{bmatrix}0 & 1 & 0 & \cdots & 0\\ 0 & 0 & 1 & \cdots & 0\\ \vdots & \vdots & \vdots & \ddots & \vdots\\ 0 & 0 & 0 & \cdots & 1\\ -a_0 & -a_1 & -a_2 & \cdots & -a_{n-1}\end{bmatrix}\begin{bmatrix}x_1\\ x_2\\ \vdots\\ x_{n-1}\\ x_n\end{bmatrix}+\begin{bmatrix}0\\ 0\\ \vdots\\ 0\\ 1\end{bmatrix}u \tag{8-151}$$

与该状态方程对应的可控性矩阵 $\boldsymbol{S}$ 是一个右下三角阵，且其副对角线元素均为 1，即

$$S=\begin{bmatrix}b & Ab & \cdots & A^{n-1}b\end{bmatrix}=\begin{bmatrix}0 & 0 & 0 & \cdots & 0 & 1\\ 0 & 0 & 0 & \cdots & 1 & -a_{n-1}\\ \vdots & \vdots & \vdots & \ddots & \vdots & \vdots\\ 0 & 0 & 1 & \cdots & \times & \times\\ 0 & 1 & -a_{n-1} & \cdots & \times & \times\\ 1 & -a_{n-1} & \times & \cdots & \times & \times\end{bmatrix} \tag{8-152}$$

一个可控系统，当 $\boldsymbol{A},\boldsymbol{b}$ 不具有可控标准型时，一定可选择适当的线性变换将其化为可控标准型。设系统状态方程为

$$\dot{x}=Ax+bu \tag{8-153}$$

进行 $\boldsymbol{P}^{-1}$ 变换，即令

$$x=P^{-1}z \tag{8-154}$$

状态方程变换为

$$\dot{z}=PAP^{-1}z+Pbu \tag{8-155}$$

要求

$$PAP^{-1}=\begin{bmatrix}0&1&0&\cdots&0\\0&0&1&\cdots&0\\\vdots&\vdots&\vdots&\ddots&\vdots\\0&0&0&\cdots&1\\-a_0&-a_1&-a_2&\cdots&-a_{n-1}\end{bmatrix}\quad \boldsymbol{Pb}=\begin{bmatrix}0\\0\\\vdots\\0\\1\end{bmatrix}\tag{8-156}$$

设变换矩阵为

$$\boldsymbol{P}=[\boldsymbol{p}_1^{\mathrm{T}}\quad \boldsymbol{p}_2^{\mathrm{T}}\quad \cdots\quad \boldsymbol{p}_n^{\mathrm{T}}]^{\mathrm{T}}\tag{8-157}$$

根据 **A** 矩阵的变换要求，变换矩阵 **P** 应满足式(8-156)，即

$$\begin{bmatrix}\boldsymbol{p}_1\\\boldsymbol{p}_2\\\vdots\\\boldsymbol{p}_{n-2}\\\boldsymbol{p}_{n-1}\\\boldsymbol{p}_n\end{bmatrix}\boldsymbol{A}=\begin{bmatrix}0&1&0&\cdots&0\\0&0&1&\cdots&0\\\vdots&\vdots&\vdots&\ddots&\vdots\\0&0&0&\cdots&0\\0&0&0&\cdots&1\\-a_0&-a_1&-a_2&\cdots&-a_{n-1}\end{bmatrix}\begin{bmatrix}\boldsymbol{p}_1\\\boldsymbol{p}_2\\\vdots\\\boldsymbol{p}_{n-2}\\\boldsymbol{p}_{n-1}\\\boldsymbol{p}_n\end{bmatrix}\tag{8-158}$$

展开后

$$\begin{aligned}\boldsymbol{p}_1\boldsymbol{A}&=\boldsymbol{p}_2\\\boldsymbol{p}_2\boldsymbol{A}&=\boldsymbol{p}_3\\&\vdots\\\boldsymbol{p}_{n-2}\boldsymbol{A}&=\boldsymbol{p}_{n-1}\\\boldsymbol{p}_{n-1}\boldsymbol{A}&=\boldsymbol{p}_n\\\boldsymbol{p}_n\boldsymbol{A}&=-a_0\boldsymbol{p}_1-a_1\boldsymbol{p}_2-\cdots-a_{n-2}\boldsymbol{p}_{n-1}-a_{n-1}\boldsymbol{p}_n\end{aligned}$$

增补一个方程

$$\boldsymbol{p}_1=\boldsymbol{p}_1$$

整理后，得到变换矩阵为

$$\boldsymbol{P}=\begin{bmatrix}\boldsymbol{p}_1\\\boldsymbol{p}_1\boldsymbol{A}\\\vdots\\\boldsymbol{p}_1\boldsymbol{A}^{n-1}\end{bmatrix}\tag{8-159}$$

另根据 **b** 矩阵变换要求，**P** 应满足式(8-156)，有

$$\begin{bmatrix}\boldsymbol{p}_1\\\boldsymbol{p}_1\boldsymbol{A}\\\vdots\\\boldsymbol{p}_1\boldsymbol{A}^{n-1}\end{bmatrix}\boldsymbol{b}=\begin{bmatrix}\boldsymbol{p}_1\boldsymbol{b}\\\boldsymbol{p}_1\boldsymbol{Ab}\\\vdots\\\boldsymbol{p}_1\boldsymbol{A}^{n-1}\boldsymbol{b}\end{bmatrix}=\begin{bmatrix}0\\0\\\vdots\\1\end{bmatrix}\tag{8-160}$$

即

$$\boldsymbol{p}_1[\boldsymbol{b}\quad \boldsymbol{Ab}\quad \cdots\quad \boldsymbol{A}^{n-1}\boldsymbol{b}]=[0\quad 0\quad \cdots\quad 1]\tag{8-161}$$

故

$$\boldsymbol{p}_1=[0\quad 0\quad \cdots\quad 1][\boldsymbol{b}\quad \boldsymbol{Ab}\quad \cdots\quad \boldsymbol{A}^{n-1}\boldsymbol{b}]^{-1}\tag{8-162}$$

该式表示 $\boldsymbol{p}_1$ 是可控性矩阵逆阵的最后一行。于是可以得到变换矩阵 $\boldsymbol{P}$ 的求法如下：

(1) 计算可控性矩阵

$$\boldsymbol{S}_3 = [\boldsymbol{b} \quad \boldsymbol{Ab} \quad \cdots \quad \boldsymbol{A}^{n-1}\boldsymbol{b}]$$

(2) 计算可控性矩阵的逆阵

$$\boldsymbol{S}_3^{-1} = \begin{bmatrix} s_{11} & \cdots & s_{1n} \\ \vdots & \ddots & \vdots \\ s_{n1} & \cdots & s_{nn} \end{bmatrix}$$

(3) 取出 $\boldsymbol{S}_3^{-1}$ 的最后一行(即第 n 行)构成 $\boldsymbol{p}_1$ 行向量

$$\boldsymbol{p}_1 = [s_{n1} \quad \cdots \quad s_{nn}]$$

(4) 按下列方式构造 $\boldsymbol{P}$ 阵

$$\boldsymbol{P} = \begin{bmatrix} \boldsymbol{p}_1 \\ \boldsymbol{p}_1\boldsymbol{A} \\ \vdots \\ \boldsymbol{p}_1\boldsymbol{A}^{n-1} \end{bmatrix}$$

(5) $\boldsymbol{P}$ 便是将普通可控状态方程化为可控标准型状态方程的变换矩阵。

当然,也可先将任意矩阵 $\boldsymbol{A}$ 化为对角型,然后再用将对角阵化为友矩阵的方法将 $\boldsymbol{A}$ 化为友矩阵。

8.5.3 对偶原理

设有系统 $S_1(\boldsymbol{A},\boldsymbol{B},\boldsymbol{C})$,则称系统 $S_2(\boldsymbol{A}^{\mathrm{T}},\boldsymbol{C}^{\mathrm{T}},\boldsymbol{B}^{\mathrm{T}})$为系统 S_1 的对偶系统。其动态方程分别为

系统 S_1：

$$\dot{\boldsymbol{x}} = \boldsymbol{Ax} + \boldsymbol{Bu}, \quad \boldsymbol{y} = \boldsymbol{Cx}$$

系统 S_2：

$$\dot{\boldsymbol{z}} = \boldsymbol{A}^{\mathrm{T}}\boldsymbol{z} + \boldsymbol{C}^{\mathrm{T}}\boldsymbol{v}, \quad \boldsymbol{w} = \boldsymbol{B}^{\mathrm{T}}\boldsymbol{z} \tag{8-163}$$

式中,$\boldsymbol{x}$,$\boldsymbol{z}$ 均为 n 维状态向量,$\boldsymbol{u}$、$\boldsymbol{w}$ 均为 p 维向量,$\boldsymbol{y}$、$\boldsymbol{v}$ 均为 q 维向量。

注意：系统与对偶系统之间,其输入、输出向量的维数是相交换的。当 S_2 为 S_1 的对偶系统时,S_1 也是 S_2 的对偶系统。如果系统 S_1 可控,则 S_2 必然可观测；如果系统 S_1 可观测,则 S_2 必然可控；反之亦然,这就是对偶原理。

实际上,不难验证：系统 S_1 的可控性矩阵与对偶系统 S_2 的可观测性矩阵完全相同；系统 S_1 的可观测性矩阵与对偶系统 S_2 的可控性矩阵完全相同。

在动态方程建模、系统可控性和可观测性的判别、系统线性变换等问题上,应用对偶原理,往往可以使问题得到简化。应用对偶原理,可以把可观测的单输入-单输出系统化为可观测标准型的问题,转化为将其对偶系统化为可控标准型的问题。

设单输入-单输出系统动态方程为

$$\dot{\boldsymbol{x}} = \boldsymbol{Ax} + \boldsymbol{b}u, \quad y = \boldsymbol{cx} \tag{8-164}$$

系统可观测，但 $\boldsymbol{A},\boldsymbol{c}$ 不是可观测标准型。其对偶系统动态方程为

$$\dot{\boldsymbol{z}} = \boldsymbol{A}^{\mathrm{T}}\boldsymbol{z} + \boldsymbol{c}^{\mathrm{T}}\boldsymbol{v}, \quad \boldsymbol{w} = \boldsymbol{b}^{\mathrm{T}}\boldsymbol{z} \tag{8-165}$$

对偶系统一定可控，但不是可控标准型。可利用可控标准型变换的原理和步骤，先将对偶系统化为可控标准型，再一次使用对偶原理，便可获得可观测标准型，下面仅给出其计算步骤。

(1) 列出对偶系统的可控性矩阵(即原系统的可观测性矩阵 $\boldsymbol{V}_2$)

$$\boldsymbol{V}_2 = [\boldsymbol{c}^{\mathrm{T}} \quad \boldsymbol{A}^{\mathrm{T}}\boldsymbol{c}^{\mathrm{T}} \quad \cdots \quad (\boldsymbol{A}^{\mathrm{T}})^{n-1}\boldsymbol{c}^{\mathrm{T}}] \tag{8-166}$$

(2) 求矩阵 $\boldsymbol{V}_2$ 的逆阵 $\boldsymbol{V}_2^{-1}$，且记为行向量组

$$\boldsymbol{V}_2^{-1} = \begin{bmatrix} \boldsymbol{v}_1^{\mathrm{T}} \\ \boldsymbol{v}_2^{\mathrm{T}} \\ \vdots \\ \boldsymbol{v}_n^{\mathrm{T}} \end{bmatrix} \tag{8-167}$$

(3) 取 $\boldsymbol{V}_2^{-1}$ 的第 n 行 $\boldsymbol{v}_n^{\mathrm{T}}$，并按下列规则构造变换矩阵

$$\boldsymbol{P} = \begin{bmatrix} \boldsymbol{v}_n^{\mathrm{T}} \\ \boldsymbol{v}_n^{\mathrm{T}}\boldsymbol{A}^{\mathrm{T}} \\ \vdots \\ \boldsymbol{v}_n^{\mathrm{T}}(\boldsymbol{A}^{\mathrm{T}})^{n-1} \end{bmatrix} \tag{8-168}$$

(4) 求矩阵 $\boldsymbol{P}$ 的逆阵 $\boldsymbol{P}^{-1}$，并引入 $\boldsymbol{P}^{-1}$ 变换，即 $\boldsymbol{z}=\boldsymbol{P}^{-1}\bar{\boldsymbol{z}}$，变换后的动态方程为

$$\dot{\bar{\boldsymbol{z}}} = \boldsymbol{P}\boldsymbol{A}^{\mathrm{T}}\boldsymbol{P}^{-1}\bar{\boldsymbol{z}} + \boldsymbol{P}\boldsymbol{c}^{\mathrm{T}}\boldsymbol{v}, \quad \boldsymbol{w} = \boldsymbol{b}^{\mathrm{T}}\boldsymbol{P}^{-1}\bar{\boldsymbol{z}} \tag{8-169}$$

(5) 对对偶系统再利用对偶原理，便可获得原系统的可观测标准型，结果为

$$\begin{aligned} \dot{\bar{\boldsymbol{x}}} &= (\boldsymbol{P}\boldsymbol{A}^{\mathrm{T}}\boldsymbol{P}^{-1})^{\mathrm{T}}\bar{\boldsymbol{x}} + (\boldsymbol{b}^{\mathrm{T}}\boldsymbol{P}^{-1})^{\mathrm{T}}\boldsymbol{u} = (\boldsymbol{P}^{-1})^{\mathrm{T}}\boldsymbol{A}\boldsymbol{P}^{\mathrm{T}}\bar{\boldsymbol{x}} + (\boldsymbol{P}^{-1})^{\mathrm{T}}\boldsymbol{b}\boldsymbol{u} \\ \boldsymbol{y} &= (\boldsymbol{P}\boldsymbol{c}^{\mathrm{T}})^{\mathrm{T}}\bar{\boldsymbol{x}} = \boldsymbol{c}\boldsymbol{P}^{\mathrm{T}}\bar{\boldsymbol{x}} \end{aligned} \tag{8-170}$$

与原系统动态方程相比较，可知将原系统化为可观测标准型须进行变换，即令

$$\boldsymbol{x} = \boldsymbol{P}^{\mathrm{T}}\bar{\boldsymbol{x}} \tag{8-171}$$

式中

$$\boldsymbol{P}^{\mathrm{T}} = [\boldsymbol{v}_n \quad \boldsymbol{A}\boldsymbol{v}_n \quad \cdots \quad \boldsymbol{A}^{n-1}\boldsymbol{v}_n] \tag{8-172}$$

$\boldsymbol{v}_n$ 为原系统可观测性矩阵的逆阵中第 n 行的转置。

8.5.4 线性系统的规范分解

不可控系统含有可控、不可控两种状态变量；状态变量可以分解成可控 $\boldsymbol{x}_c$、不可控 $\boldsymbol{x}_{\bar{c}}$ 两类，与之相应，系统和状态空间可分成可控子系统和不可控子系统、可控子空间和不可控子空间。同样，不可观测系统状态变量可以分解成可观测 $\boldsymbol{x}_o$、不可观测 $\boldsymbol{x}_{\bar{o}}$ 两类，系统和状态空间也分成可观测子系统和不可观测子系统、可观测子空间和不可观测子空间。这个分解过程称为系统的规范分解。通过规范分解能明晰系统的结构特性和传递特性，简化系统的分析与设计。具体方法是选取一种特殊的线性变换，使原动态方

程中的 $\boldsymbol{A},\boldsymbol{B},\boldsymbol{C}$ 矩阵变换成某种标准构造的形式。上述分解过程还可以进一步深入，状态变量可以分解成可控、可观测 $\boldsymbol{x}_{co}$，可控、不可观测 $\boldsymbol{x}_{c\bar{o}}$，不可控、可观测 $\boldsymbol{x}_{\bar{c}o}$，不可控、不可观测 $\boldsymbol{x}_{\bar{c}\bar{o}}$ 四类，对应的状态子空间和子系统也分成四类。规范分解过程可以先从系统的可控性分解开始，将可控、不可控的状态变量分离开，继而分别对可控和不可控的子系统再进行可观测性分解，便可以分离出四类状态变量及四类子系统。当然，也可以先对系统进行可观测性分解，然后再进行可控性分解。下面仅介绍可控性分解和可观测性分解的方法，有关证明从略。

1. 可控性分解

设不可控系统动态方程为

$$\dot{\boldsymbol{x}} = \boldsymbol{A}\boldsymbol{x} + \boldsymbol{B}\boldsymbol{u}, \quad \boldsymbol{y} = \boldsymbol{C}\boldsymbol{x} \tag{8-173}$$

假定可控性矩阵的秩为 $r(r<n)$，从可控性矩阵中选出 r 个线性无关的列向量，再附加上任意尽可能简单的 $n-r$ 个列向量，构成非奇异阵的 $\boldsymbol{T}^{-1}$ 变换矩阵，那么，只需引入 $\boldsymbol{T}^{-1}$ 变换矩阵，即令

$$\boldsymbol{x} = \boldsymbol{T}^{-1}\begin{bmatrix}\boldsymbol{x}_c \\ \boldsymbol{x}_{\bar{c}}\end{bmatrix} \tag{8-174}$$

式(8-173)就可变换成如下的标准构造

$$\begin{bmatrix}\dot{\boldsymbol{x}}_c \\ \dot{\boldsymbol{x}}_{\bar{c}}\end{bmatrix} = \boldsymbol{TAT}^{-1}\begin{bmatrix}\boldsymbol{x}_c \\ \boldsymbol{x}_{\bar{c}}\end{bmatrix} + \boldsymbol{TB}\boldsymbol{u}, \quad \boldsymbol{y} = \boldsymbol{CT}^{-1}\begin{bmatrix}\boldsymbol{x}_c \\ \boldsymbol{x}_{\bar{c}}\end{bmatrix} \tag{8-175}$$

式中，$\boldsymbol{x}_c$ 为 r 维可控状态子向量，$\boldsymbol{x}_{\bar{c}}$ 为$(n-r)$维不可控状态子向量

$$\boldsymbol{TAT}^{-1} = \underset{r\text{ 列}\quad(n-r)\text{ 列}}{\begin{bmatrix}\bar{\boldsymbol{A}}_{11} & \bar{\boldsymbol{A}}_{12} \\ \boldsymbol{0} & \bar{\boldsymbol{A}}_{22}\end{bmatrix}}\begin{matrix}r\text{ 行} \\ (n-r)\text{ 行}\end{matrix} \qquad \boldsymbol{TB} = \underset{p\text{ 列}}{\begin{bmatrix}\bar{\boldsymbol{B}}_1 \\ \boldsymbol{0}\end{bmatrix}}\begin{matrix}r\text{ 行} \\ (n-r)\text{ 行}\end{matrix} \tag{8-176}$$

$$\boldsymbol{CT}^{-1} = \underset{r\text{ 列}\quad(n-r)\text{ 列}}{[\bar{\boldsymbol{C}}_1 \quad \bar{\boldsymbol{C}}_2]}\ q\text{ 行}$$

展开式(8-175)，得

$$\begin{aligned}\dot{\boldsymbol{x}}_c &= \bar{\boldsymbol{A}}_{11}\boldsymbol{x}_c + \bar{\boldsymbol{A}}_{12}\boldsymbol{x}_{\bar{c}} + \bar{\boldsymbol{B}}_1\boldsymbol{u} \\ \dot{\boldsymbol{x}}_{\bar{c}} &= \bar{\boldsymbol{A}}_{22}\boldsymbol{x}_{\bar{c}} \\ \boldsymbol{y} &= \bar{\boldsymbol{C}}_1\boldsymbol{x}_c + \bar{\boldsymbol{C}}_2\boldsymbol{x}_{\bar{c}}\end{aligned}$$

将输出向量进行分解，可得可控子系统状态方程

$$\dot{\boldsymbol{x}}_c = \bar{\boldsymbol{A}}_{11}\boldsymbol{x}_c + \bar{\boldsymbol{A}}_{12}\boldsymbol{x}_{\bar{c}} + \bar{\boldsymbol{B}}_1\boldsymbol{u}, \quad \boldsymbol{y}_1 = \bar{\boldsymbol{C}}_1\boldsymbol{x}_c \tag{8-177}$$

和不可控子系统状态方程

$$\dot{\boldsymbol{x}}_{\bar{c}} = \bar{\boldsymbol{A}}_{22}\boldsymbol{x}_{\bar{c}}, \quad \boldsymbol{y}_2 = \bar{\boldsymbol{C}}_2\boldsymbol{x}_{\bar{c}} \tag{8-178}$$

可控性分解后的系统结构图如图 8-24 所示。

由于 $\boldsymbol{u}$ 仅通过可控子系统传递到输出，故 $\boldsymbol{u}$ 至 $\boldsymbol{y}$ 之间的传递函数矩阵描述不能反映不可控部分的属性。但是可控子系统的状态响应 $\boldsymbol{x}_c(t)$ 及系统输出响应 $\boldsymbol{y}(t)$ 均与 $\boldsymbol{x}_{\bar{c}}(t)$

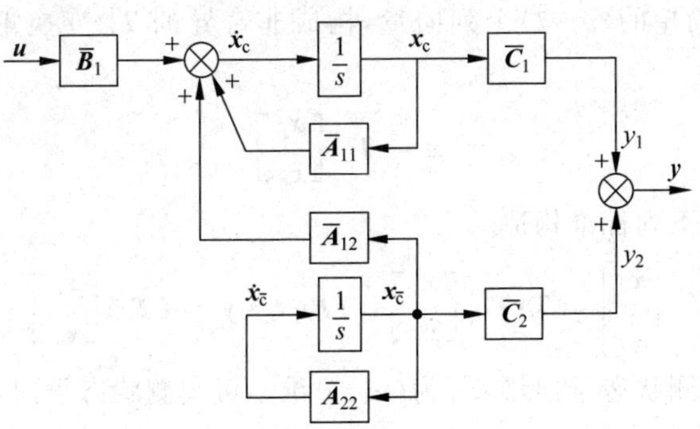

图 8-24　系统的可控性规范分解结构图

有关，不可控子系统对整个系统的影响依然存在，如果要求整个系统稳定，则 $\bar{A}_{22}$ 应仅含稳定特征值。

至于选择怎样的 $(n-r)$ 个附加列向量是无关紧要的，只要构成的 T^{-1} 非奇异，并不会改变规范分解的结果。

例 8-34　已知系统 $S(\boldsymbol{A},\boldsymbol{b},\boldsymbol{c})$，试按可控性进行规范分解。

$$\boldsymbol{A}=\begin{bmatrix}1&2&-1\\0&1&0\\1&-4&3\end{bmatrix},\quad \boldsymbol{b}=\begin{bmatrix}0\\0\\1\end{bmatrix},\quad \boldsymbol{c}=[1\quad -1\quad 1]$$

解　计算可控性矩阵的秩，即

$$\text{rank}[\boldsymbol{b}\quad \boldsymbol{Ab}\quad \boldsymbol{A}^2\boldsymbol{b}]=\text{rank}\begin{bmatrix}0&-1&-4\\0&0&0\\1&3&8\end{bmatrix}=2<n$$

故系统不可控。从中选出两个线性无关列，附加任意列向量 $[0\quad 1\quad 0]^{\mathrm{T}}$，构成非奇异变换矩阵 $\boldsymbol{T}^{-1}$，并计算变换后的各矩阵。则有

$$\boldsymbol{T}^{-1}=\begin{bmatrix}0&-1&0\\0&0&1\\1&3&0\end{bmatrix},\quad \boldsymbol{T}=(\boldsymbol{T}^{-1})^{-1}=\begin{bmatrix}3&0&1\\-1&0&0\\0&1&0\end{bmatrix}$$

$$\boldsymbol{TAT}^{-1}=\begin{bmatrix}0&-4&2\\1&4&-2\\0&0&1\end{bmatrix},\quad \boldsymbol{Tb}=\begin{bmatrix}1\\0\\0\end{bmatrix},\quad \boldsymbol{cT}^{-1}=[1\quad 2\quad -1]$$

可控子系统动态方程为

$$\dot{\boldsymbol{x}}_c=\begin{bmatrix}0&-4\\1&4\end{bmatrix}\boldsymbol{x}_c+\begin{bmatrix}2\\-2\end{bmatrix}\boldsymbol{x}_{\bar{c}}+\begin{bmatrix}1\\0\end{bmatrix}u,\quad y_1=[1\quad 2]\boldsymbol{x}_c$$

不可控子系统动态方程为

$$\dot{\boldsymbol{x}}_{\bar{c}}=\boldsymbol{x}_{\bar{c}},\quad y_2=-\boldsymbol{x}_{\bar{c}}$$

2. 可观测性分解

设系统可观测矩阵的秩为 l，$l<n$，从可观测性矩阵中选出 l 个线性无关的列向量，再

附加上任意尽可能简单的$(n-l)$个列向量，构成非奇异的$\boldsymbol{T}^{\mathrm{T}}$变换矩阵，那么，只须引入$\boldsymbol{T}^{-1}$变换矩阵，即令

$$\boldsymbol{x} = \boldsymbol{T}^{-1}\begin{bmatrix} \boldsymbol{x}_{\mathrm{o}} \\ \boldsymbol{x}_{\bar{\mathrm{o}}} \end{bmatrix}$$

式(8-173)便变换成下列标准构造

$$\begin{bmatrix} \dot{\boldsymbol{x}}_{\mathrm{o}} \\ \dot{\boldsymbol{x}}_{\bar{\mathrm{o}}} \end{bmatrix} = \boldsymbol{TAT}^{-1}\begin{bmatrix} \boldsymbol{x}_{\mathrm{o}} \\ \boldsymbol{x}_{\bar{\mathrm{o}}} \end{bmatrix} + \boldsymbol{TBu}, \quad \boldsymbol{y} = \boldsymbol{CT}^{-1}\begin{bmatrix} \boldsymbol{x}_{\mathrm{o}} \\ \boldsymbol{x}_{\bar{\mathrm{o}}} \end{bmatrix} \tag{8-179}$$

式中，$\boldsymbol{x}_{\mathrm{o}}$为$l$维可观测状态子向量，$\boldsymbol{x}_{\bar{\mathrm{o}}}$为$(n-l)$维不可观测状态子向量

$$\boldsymbol{TAT}^{-1} = \begin{bmatrix} \bar{\boldsymbol{A}}_{11} & \boldsymbol{0} \\ \bar{\boldsymbol{A}}_{21} & \bar{\boldsymbol{A}}_{22} \end{bmatrix} \begin{matrix} l\text{ 行} \\ (n-l)\text{ 行} \end{matrix} \qquad \boldsymbol{TB} = \begin{bmatrix} \bar{\boldsymbol{B}}_1 \\ \bar{\boldsymbol{B}}_2 \end{bmatrix} \begin{matrix} l\text{ 行} \\ (n-l)\text{ 行} \end{matrix} \tag{8-180}$$

$$\qquad l\text{ 列} \quad (n-l)\text{ 列} \qquad\qquad\qquad p\text{ 列}$$

$$\boldsymbol{CT}^{-1} = [\bar{\boldsymbol{C}}_1 \quad \boldsymbol{0}] \quad q\text{ 行}$$

$$l\text{ 列} \quad (n-l)\text{ 列}$$

展开式(8-179)，有

$$\begin{aligned} \dot{\boldsymbol{x}}_{\mathrm{o}} &= \bar{\boldsymbol{A}}_{11}\boldsymbol{x}_{\mathrm{o}} + \bar{\boldsymbol{B}}_1\boldsymbol{u} \\ \dot{\boldsymbol{x}}_{\bar{\mathrm{o}}} &= \bar{\boldsymbol{A}}_{21}\boldsymbol{x}_{\mathrm{o}} + \bar{\boldsymbol{A}}_{22}\boldsymbol{x}_{\bar{\mathrm{o}}} + \bar{\boldsymbol{B}}_2\boldsymbol{u} \\ \boldsymbol{y} &= \bar{\boldsymbol{C}}_1\boldsymbol{x}_{\mathrm{o}} \end{aligned}$$

可观测子系统动态方程为

$$\dot{\boldsymbol{x}}_{\mathrm{o}} = \bar{\boldsymbol{A}}_{11}\boldsymbol{x}_{\mathrm{o}} + \bar{\boldsymbol{B}}_1\boldsymbol{u}, \quad \boldsymbol{y}_1 = \bar{\boldsymbol{C}}_1\boldsymbol{x}_{\mathrm{o}} = \boldsymbol{y} \tag{8-181}$$

不可观测子系统动态方程为

$$\dot{\boldsymbol{x}}_{\bar{\mathrm{o}}} = \bar{\boldsymbol{A}}_{21}\boldsymbol{x}_{\mathrm{o}} + \bar{\boldsymbol{A}}_{22}\boldsymbol{x}_{\bar{\mathrm{o}}} + \bar{\boldsymbol{B}}_2\boldsymbol{u}, \quad \boldsymbol{y}_2 = \boldsymbol{0} \tag{8-182}$$

可观测性分解后的系统结构图如图8-25所示。

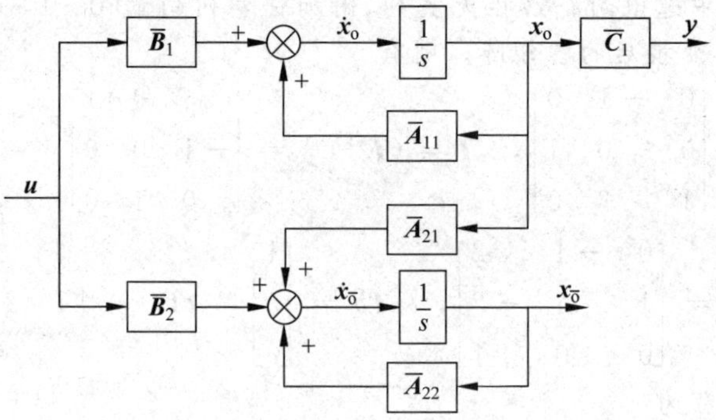

图8-25 系统的可观测性规范分解结构图

例8-35 试将例8-34所示系统按可观测性进行分解。

解 计算可观测性矩阵的秩，即

$$\mathrm{rank}[\boldsymbol{C}^{\mathrm{T}} \quad \boldsymbol{A}^{\mathrm{T}}\boldsymbol{C}^{\mathrm{T}} \quad (\boldsymbol{A}^{\mathrm{T}})^2\boldsymbol{C}^{\mathrm{T}}] = \mathrm{rank}\begin{bmatrix} 1 & 2 & 4 \\ -1 & -3 & -7 \\ 1 & 2 & 4 \end{bmatrix} = 2 < n$$

故系统不可观测,从中选出两个线性无关列,附加任意一列,构成非奇异变换矩阵,并计算变换后的各矩阵。则有

$$\boldsymbol{T}^{\mathrm{T}}=\begin{bmatrix}1 & 2 & 0\\ -1 & -3 & 0\\ 1 & 2 & 1\end{bmatrix},\quad \boldsymbol{T}=\begin{bmatrix}1 & -1 & 1\\ 2 & -3 & 2\\ 0 & 0 & 1\end{bmatrix},\quad \boldsymbol{T}^{-1}=\begin{bmatrix}3 & -1 & -1\\ 2 & -1 & 0\\ 0 & 0 & 1\end{bmatrix}$$

$$\boldsymbol{TAT}^{-1}=\begin{bmatrix}0 & 1 & 0\\ -2 & 3 & 0\\ -5 & 3 & 2\end{bmatrix},\quad \boldsymbol{Tb}=\begin{bmatrix}1\\ 2\\ 1\end{bmatrix},\quad \boldsymbol{cT}^{-1}=[1\quad 0\quad 0]$$

可观测子系统动态方程为

$$\dot{\boldsymbol{x}}_{o}=\begin{bmatrix}0 & 1\\ -2 & 3\end{bmatrix}\boldsymbol{x}_{o}+\begin{bmatrix}1\\ 2\end{bmatrix}\boldsymbol{u},\quad y_1=[1\quad 0]\boldsymbol{x}_{o}=y$$

不可观测子系统动态方程为

$$\dot{\boldsymbol{x}}_{\bar{o}}=[-5\quad 3]\boldsymbol{x}_{o}+2\boldsymbol{x}_{\bar{o}}+\boldsymbol{u},\quad y_2=0$$

8.6 线性定常控制系统的综合设计

闭环系统性能与闭环极点密切相关,经典控制理论用调整开环增益及引入串联和反馈校正装置来配置闭环极点,以改善系统性能;而在状态空间的分析综合中,除了利用输出反馈以外,更主要的是利用状态反馈配置极点,它能提供更多的校正信息。通常不是所有的状态变量在物理上都可测量,因此,状态反馈与状态观测器的设计便构成了现代控制系统综合设计的主要内容。

从反馈信号的来源或引出点分,系统反馈主要有状态反馈和输出反馈两种基本形式;从反馈信号的作用点或注入点分,又有反馈至状态微分处和反馈至控制输入处两种基本形式。

8.6.1 状态反馈与极点配置

系统状态变量可测量是用状态反馈进行极点配置的前提。状态反馈有两种基本形式:一种为状态反馈至状态微分处;另一种为状态反馈至控制输入处。前者可以任意配置系统矩阵,从而任意配置状态反馈系统的极点,使系统性能达到最佳,且设计上只需将状态反馈矩阵与原有的系统矩阵合并即可。但是,需要为反馈控制量增加新的注入点,否则无法实施反馈控制,显然这在工程上往往是难以实现的。而后者则是状态反馈控制信号与原有的控制输入信号叠加后在原控制输入处注入,正好解决了反馈控制量的注入问题,工程可实现性较好,因此本书对后者进行重点介绍。设单输入系统的动态方程为

$$\dot{\boldsymbol{x}}=\boldsymbol{Ax}+\boldsymbol{b}u,\quad \boldsymbol{y}=\boldsymbol{Cx}$$

状态向量 $\boldsymbol{x}$ 通过待设计的状态反馈矩阵 $\boldsymbol{k}$,负反馈至控制输入处,于是

$$u=v-\boldsymbol{kx} \tag{8-183}$$

从而构成了状态反馈系统(见图 8-26)。

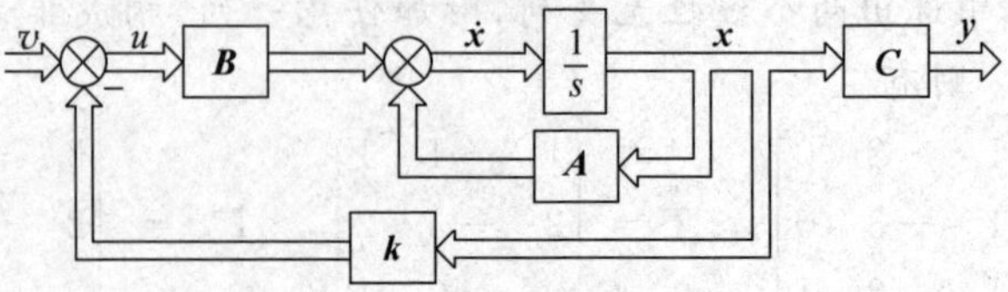

图 8-26　状态反馈至控制输入

状态反馈系统的动态方程为

$$\dot{\boldsymbol{x}} = \boldsymbol{A}\boldsymbol{x} + \boldsymbol{b}(v - \boldsymbol{k}\boldsymbol{x}) = (\boldsymbol{A} - \boldsymbol{b}\boldsymbol{k})\boldsymbol{x} + \boldsymbol{b}v, \quad \boldsymbol{y} = \boldsymbol{C}\boldsymbol{x} \tag{8-184}$$

式中，$\boldsymbol{k}$ 为 $1\times n$ 矩阵，$(\boldsymbol{A}-\boldsymbol{b}\boldsymbol{k})$ 称为闭环状态矩阵，闭环特征多项式为 $|\lambda\boldsymbol{I}-(\boldsymbol{A}-\boldsymbol{b}\boldsymbol{k})|$。显见引入状态反馈后，只改变了系统矩阵及其特征值，$\boldsymbol{b}$，$\boldsymbol{C}$ 矩阵均无改变。

定理 1　用状态反馈任意配置系统闭环极点的充分必要条件是系统可控，且状态反馈不改变系统的可控性。

证明　这里仅对单输入系统进行证明。设单输入系统可控，通过 $\boldsymbol{x}=\boldsymbol{P}^{-1}\bar{\boldsymbol{x}}$ 变换，将状态方程化为可控标准型，有

$$\bar{\boldsymbol{A}} = \boldsymbol{P}\boldsymbol{A}\boldsymbol{P}^{-1} = \begin{bmatrix} 0 & 1 & 0 & \cdots & 0 \\ 0 & 0 & 1 & \cdots & 0 \\ \vdots & \vdots & \vdots & \ddots & \vdots \\ 0 & 0 & 0 & \cdots & 1 \\ -a_0 & -a_1 & -a_2 & \cdots & -a_{n-1} \end{bmatrix}$$

$$\bar{\boldsymbol{C}} = \boldsymbol{C}\boldsymbol{P}^{-1} = \begin{bmatrix} \beta_{10} & \beta_{11} & \cdots & \beta_{1,n-1} \\ \beta_{20} & \beta_{21} & \cdots & \beta_{2,n-1} \\ \vdots & \vdots & \ddots & \vdots \\ \vdots & \vdots & \cdots & \vdots \\ \beta_{q0} & \beta_{q1} & \cdots & \beta_{q,n-1} \end{bmatrix}$$

$$\bar{\boldsymbol{b}} = \boldsymbol{P}\boldsymbol{b} = [0 \quad 0 \quad \cdots \quad 0 \quad 1]^{\mathrm{T}}$$

在变换后的状态空间内，引入状态反馈矩阵 $\bar{\boldsymbol{k}}$

$$\bar{\boldsymbol{k}} = [\bar{k}_0 \quad \bar{k}_1 \quad \cdots \quad \bar{k}_{n-1}] \tag{8-185}$$

$$u = v - \bar{\boldsymbol{k}}\bar{\boldsymbol{x}} \tag{8-186}$$

这里，$\bar{k}_0,\cdots,\bar{k}_{n-1}$ 分别是由 $\bar{x}_1,\cdots,\bar{x}_n$ 引出的反馈系数，变换后的状态方程为

$$\dot{\bar{\boldsymbol{x}}} = (\bar{\boldsymbol{A}} - \bar{\boldsymbol{b}}\bar{\boldsymbol{k}})\bar{\boldsymbol{x}} + \bar{\boldsymbol{b}}v, \quad \boldsymbol{y} = \bar{\boldsymbol{C}}\bar{\boldsymbol{x}} \tag{8-187}$$

式中

$$\bar{\boldsymbol{A}} - \bar{\boldsymbol{b}}\bar{\boldsymbol{k}} = \begin{bmatrix} 0 & 1 & 0 & \cdots & 0 \\ 0 & 0 & 1 & \cdots & 0 \\ \vdots & \vdots & \vdots & \ddots & \vdots \\ 0 & 0 & 0 & \cdots & 1 \\ -a_0-\bar{k}_0 & -a_1-\bar{k}_1 & -a_2-\bar{k}_2 & \cdots & -a_{n-1}-\bar{k}_{n-1} \end{bmatrix} \tag{8-188}$$

可见，极点配置后的系统仍为可控标准型，故引入状态反馈后，系统可控性不变。其闭环特征方程为

$$|\lambda \boldsymbol{I}-(\bar{\boldsymbol{A}}-\bar{\boldsymbol{b}}\bar{\boldsymbol{k}})|=\lambda^n+(a_{n-1}+\bar{k}_{n-1})\lambda^{n-1}+\cdots+(a_1+\bar{k}_1)\lambda+(a_0+\bar{k}_0)=0 \tag{8-189}$$

于是，适当选择$\bar{k}_0,\cdots,\bar{k}_{n-1}$，可满足特征方程中 n 个任意特征值的要求，因而闭环极点可任意配置。充分性得证。

再证必要性。设系统不可控，必有状态变量与输入 u 无关，不可能实现全状态反馈。于是不可控子系统的特征值不可能重新配置，传递函数不反映不可控部分的特性。必要性得证。

经典控制中的调参及校正方案，其可调参数有限，只能影响特征方程的部分系数，比如根轨迹法仅能在根轨迹上选择极点，它们往往做不到任意配置极点；而状态反馈的待选参数多，如果系统可控，特征方程的全部 n 个系数都可独立任意设置，便获得了任意配置闭环极点的效果。

对在变换后状态空间中设计的 $\boldsymbol{k}$，应换算回到原状态空间中去，由于

$$u=v-\bar{\boldsymbol{k}}\,\bar{\boldsymbol{x}}=v-\bar{\boldsymbol{k}}\boldsymbol{P}\boldsymbol{x}=v-\boldsymbol{k}\boldsymbol{x}$$

故

$$\boldsymbol{k}=\bar{\boldsymbol{k}}\boldsymbol{P} \tag{8-190}$$

对原受控系统直接采用状态反馈阵 $\boldsymbol{k}$，可获得与式(8-190)相同的特征值，这是因为线性变换后系统特征值不变。

实际求解状态反馈矩阵时，并不一定要进行到可控标准型的变换，只需校验系统可控，计算特征多项式$|\lambda\boldsymbol{I}-(\boldsymbol{A}-\boldsymbol{b}\boldsymbol{k})|$（其系数均为 $k_0,\cdots,k_{n-1}$ 的函数）和特征值，并通过与具有希望特征值的特征多项式相比较，便可确定 $\boldsymbol{k}$ 矩阵。一般 $\boldsymbol{k}$ 矩阵元素的值越大，闭环极点离虚轴越远，频带越宽，响应速度越快，但稳态抗干扰能力越差。

状态反馈对系统零点和可观测性的影响，是需要注意的问题。按照可控标准型实施的状态反馈只改变友矩阵 $\boldsymbol{A}$ 的最后一行，即 $a_1,a_2,\cdots,a_n$ 的值，而不会改变矩阵 $\boldsymbol{C}$ 和 $\boldsymbol{b}$，因此状态反馈系统仍是可控标准型系统。因为非奇异线性变换后传递函数矩阵不变，故原系统的传递函数矩阵

$$\boldsymbol{G}_1(s)=\frac{1}{s^n+a_{n-1}s^{n-1}+\cdots+a_1s+a_0}\begin{bmatrix}\beta_{10} & \cdots & \beta_{1,n-1}\\ \vdots & \ddots & \vdots\\ \beta_{q0} & \cdots & \beta_{q,n-1}\end{bmatrix}\begin{bmatrix}1\\ s\\ \vdots\\ s^{n-1}\end{bmatrix}$$

而状态反馈系统的传递函数矩阵为

$$\boldsymbol{G}_2(s)=\frac{1}{s^n+(a_{n-1}+\bar{k}_{n-1})s^{n-1}+\cdots+(a_1+\bar{k}_1)s+(a_0+\bar{k}_0)}\begin{bmatrix}\beta_{10} & \cdots & \beta_{1,n-1}\\ \vdots & \ddots & \vdots\\ \beta_{q0} & \cdots & \beta_{q,n-1}\end{bmatrix}\begin{bmatrix}1\\ s\\ \vdots\\ s^{n-1}\end{bmatrix} \tag{8-191}$$

显然，$\boldsymbol{G}_1(s)$，$\boldsymbol{G}_2(s)$的分子相同，即引入状态反馈前、后系统闭环零点不变。因此，当状态反馈系统存在极点与零点对消时，系统的可观测性将会发生改变，原来可观测的系统可能变为不可观测的，原来不可观测的系统则可能变为可观测的。只有当状态反馈系统的极点中不含原系统的闭环零点时，状态反馈才能保持原有的可观测性。这个结论仅适用于单输入系统，对多输入系统不适用。根据经典控制理论，闭环零点对系统动态性能是有影响的，故在极点配置时，须予以考虑。

例 8-36 设系统传递函数为$\dfrac{Y(s)}{U(s)}=\dfrac{10}{s(s+1)(s+2)}=\dfrac{10}{s^3+3s^2+2s}$，试用状态反馈使闭环极点配置在$-2,-1\pm \mathrm{j}$。

解 该系统传递函数无零、极点对消，故系统可控、可观测。其可控标准型实现为

$$\dot{\boldsymbol{x}}=\begin{bmatrix}0 & 1 & 0\\ 0 & 0 & 1\\ 0 & -2 & -3\end{bmatrix}\boldsymbol{x}+\begin{bmatrix}0\\0\\1\end{bmatrix}u,\quad y=\begin{bmatrix}10 & 0 & 0\end{bmatrix}\boldsymbol{x}$$

状态反馈矩阵为

$$\boldsymbol{k}=\begin{bmatrix}k_0 & k_1 & k_2\end{bmatrix}$$

状态反馈系统特征方程为

$$|\lambda\boldsymbol{I}-(\boldsymbol{A}-\boldsymbol{bk})|=\lambda^3+(3+k_2)\lambda^2+(2+k_1)\lambda+k_0=0$$

期望闭环极点对应的系统特征方程为

$$(\lambda+2)(\lambda+1-\mathrm{j})(\lambda+1+\mathrm{j})=\lambda^3+4\lambda^2+6\lambda+4=0$$

由两特征方程同幂项系数应相同，可得

$$k_0=4,\quad k_1=4,\quad k_2=1$$

即系统反馈矩阵$\boldsymbol{k}=[4\quad 4\quad 1]$将系统闭环极点配置在$-2,-1\pm\mathrm{j}$。

例 8-37 设受控系统的状态方程为$\begin{bmatrix}\dot{x}_1\\ \dot{x}_2\end{bmatrix}=\begin{bmatrix}0 & 0\\ 0 & 1\end{bmatrix}\begin{bmatrix}x_1\\ x_2\end{bmatrix}+\begin{bmatrix}1\\1\end{bmatrix}u$，试用状态反馈使闭环极点配置在$-1$。

解 由系统矩阵为对角阵，显见系统可控，但不稳定。设反馈控制律为$u=v-\boldsymbol{kx}$，$\boldsymbol{k}=[k_1\quad k_2]$，则

$$\begin{bmatrix}\dot{x}_1\\ \dot{x}_2\end{bmatrix}=\begin{bmatrix}-k_1 & -k_2\\ -k_1 & -k_2+1\end{bmatrix}\begin{bmatrix}x_1\\ x_2\end{bmatrix}+\begin{bmatrix}1\\1\end{bmatrix}v$$

闭环特征多项式为

$$\begin{vmatrix}\lambda+k_1 & k_2\\ k_1 & \lambda+k_2-1\end{vmatrix}=\lambda^2+(k_1+k_2-1)\lambda-k_1=\lambda^2+2\lambda+1$$

因此

$$\boldsymbol{k}=[k_1\quad k_2]=[-1\quad 4]$$

最后，闭环系统的状态方程为

$$\begin{bmatrix}\dot{x}_1\\ \dot{x}_2\end{bmatrix}=\begin{bmatrix}1 & -4\\ 1 & -3\end{bmatrix}\begin{bmatrix}x_1\\ x_2\end{bmatrix}+\begin{bmatrix}1\\1\end{bmatrix}v$$

例 8-38 设受控系统传递函数为

$$\frac{Y(s)}{U(s)}=\frac{1}{s(s+6)(s+12)}=\frac{1}{s^3+18s^2+72s}$$

综合指标为：①超调量：$\sigma\%\leqslant 5\%$；②峰值时间：$t_p\leqslant 0.5\text{s}$；③系统带宽：$\omega_b=10$；④位置误差 $e_p=0$。试用极点配置法进行综合。

解 (1) 列动态方程。如图 8-27 所示，本题要用带输入变换的状态反馈来解题，原系统可控标准型动态方程为

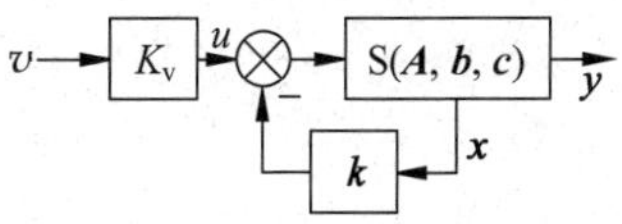

图 8-27 带输入变换的状态反馈系统

$$\begin{bmatrix}\dot{x}_1\\ \dot{x}_2\\ \dot{x}_3\end{bmatrix}=\begin{bmatrix}0 & 1 & 0\\ 0 & 0 & 1\\ 0 & -72 & -18\end{bmatrix}\begin{bmatrix}x_1\\ x_2\\ x_3\end{bmatrix}+\begin{bmatrix}0\\ 0\\ 1\end{bmatrix}u$$

$$y=[1\quad 0\quad 0]\boldsymbol{x}$$

(2) 根据技术指标确定希望极点。系统有三个极点，为方便，选一对主导极点 s_1, s_2，另外一个为可忽略影响的非主导极点。由第 3 章可知，相应的指标计算公式为

$$\sigma\%=\mathrm{e}^{-\frac{\pi\zeta}{\sqrt{1-\zeta^2}}}\quad t_p=\frac{\pi}{\omega_n\sqrt{1-\zeta^2}}\quad \omega_b=\omega_n\sqrt{1-2\zeta^2+\sqrt{2-4\zeta^2+4\zeta^4}}$$

式中，ζ 和 ω_n 分别为阻尼比和自然频率。将已知数据代入，从前两个指标可以分别求出：$\zeta\approx 0.707$，$\omega_n\approx 9.0$；代入带宽公式，可求得 $\omega_b\approx 9.0$；综合考虑响应速度和带宽要求，取 $\omega_n=10$。于是，闭环主导极点为 $s_{1,2}=-7.07\pm \mathrm{j}7.07$，取非主导极点为 $s_3=-10\omega_n=-100$。

(3) 确定状态反馈矩阵 $\boldsymbol{k}$。状态反馈系统的特征多项式为

$$|\lambda\boldsymbol{I}-(\boldsymbol{A}-\boldsymbol{bk})|=(\lambda+100)(\lambda^2+14.1\lambda+100)=\lambda^3+114.1\lambda^2+1510\lambda+10000$$

由此，求得状态反馈矩阵为

$$\boldsymbol{k}=[10000-0\quad 1510-72\quad 114.1-18]=[10000\quad 1438\quad 96.1]$$

(4) 确定输入放大系数。状态反馈系统闭环传递函数

$$G(s)=\frac{Y(s)}{U(s)}=\frac{K_v}{(s+100)(s^2+14.1s+100)}=\frac{K_v}{s^3+114.1s^2+1510s+10000}$$

令

$$e_p=\lim_{s\to 0}s\frac{1}{s}G_e(s)=\lim_{s\to 0}[1-G(s)]=0$$

有 $\lim\limits_{s\to 0}G(s)=0$，可以求出 $K_v=10000$。

8.6.2 输出反馈与极点配置

同状态反馈类似，输出反馈也有两种基本形式：一种是将输出量反馈至控制输入处（见图 8-28）；另一种是将输出量反馈至状态微分处（见图 8-29）。由于输出量一般是可测量的，因此输出反馈工程上容易实现。下面以多输入-单输出系统为例来讨论，原因是对于单输入-单输出系统，将输出通过常数矩阵反馈至控制输入处不能任意配置高阶系

统的闭环极点。

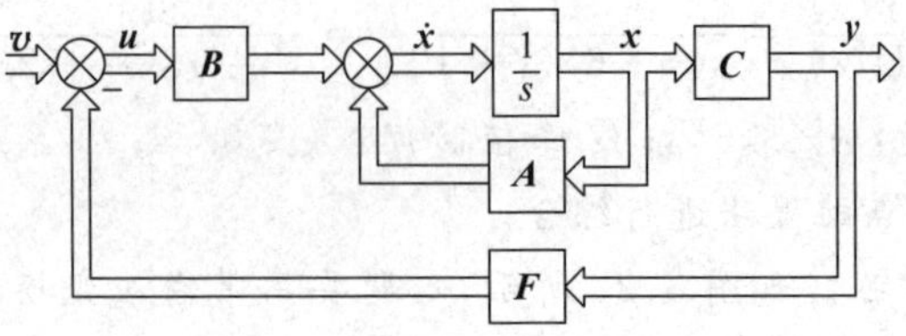

图 8-28　输出反馈至控制输入

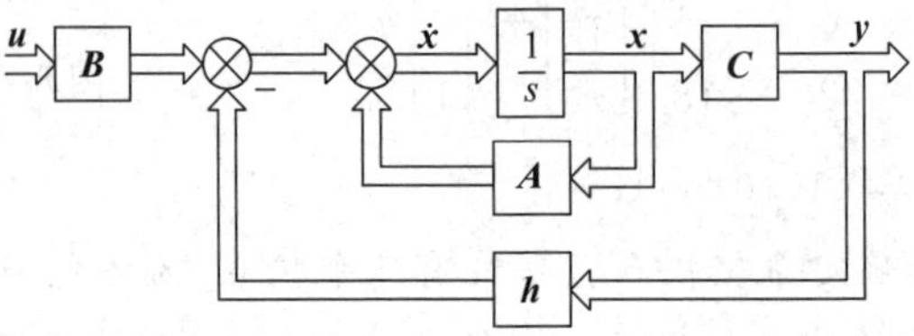

图 8-29　输出反馈至状态微分

输出反馈至状态微分处的系统动态方程为

$$\dot{\boldsymbol{x}} = \boldsymbol{A}\boldsymbol{x} + \boldsymbol{B}\boldsymbol{u} - \boldsymbol{h}\boldsymbol{y}, \quad \boldsymbol{y} = \boldsymbol{C}\boldsymbol{x} \tag{8-192}$$

即

$$\dot{\boldsymbol{x}} = (\boldsymbol{A} - \boldsymbol{h}\boldsymbol{C})\boldsymbol{x} + \boldsymbol{B}\boldsymbol{u}, \quad \boldsymbol{y} = \boldsymbol{C}\boldsymbol{x} \tag{8-193}$$

式中，$\boldsymbol{h}$ 为$(n\times1)$输出反馈矩阵。

定理 2　用输出至状态微分的反馈任意配置闭环极点的充分必要条件是系统可观测，且极点配置后系统的可观测性不变。

证明　用对偶定理来证明。若系统 $S(\boldsymbol{A},\boldsymbol{B},\boldsymbol{C})$可观测，则其对偶系统 $S(\boldsymbol{A}^{\mathrm{T}},\boldsymbol{C}^{\mathrm{T}},\boldsymbol{B}^{\mathrm{T}})$可控，由状态反馈极点配置定理已知，$(\boldsymbol{A}^{\mathrm{T}}-\boldsymbol{C}^{\mathrm{T}}\boldsymbol{h}^{\mathrm{T}})$的特征值可任意配置，但$(\boldsymbol{A}^{\mathrm{T}}-\boldsymbol{C}^{\mathrm{T}}\boldsymbol{h}^{\mathrm{T}})$的特征值与$(\boldsymbol{A}^{\mathrm{T}}-\boldsymbol{C}^{\mathrm{T}}\boldsymbol{h}^{\mathrm{T}})^{\mathrm{T}}=\boldsymbol{A}-\boldsymbol{h}\boldsymbol{C}$ 的特征值是相同的，故当且仅当 $S(\boldsymbol{A},\boldsymbol{B},\boldsymbol{C})$可观测时，可以任意配置$(\boldsymbol{A}-\boldsymbol{h}\boldsymbol{C})$的特征值。证毕。

该定理的证明也可以用与状态反馈配置极点定理证明类似的步骤进行，输出至状态微分的反馈系统仍是可观测的，闭环零点也未改变，而原系统的可控性可能会发生变化。

为根据期望闭环极点位置来设计输出反馈矩阵 $\boldsymbol{h}$ 的参数，只需将期望系统的特征多项式与该输出反馈系统特征多项式$|\lambda\boldsymbol{I}-(\boldsymbol{A}-\boldsymbol{h}\boldsymbol{C})|$相比较即可。

输出量反馈至参考输入的输出反馈系统的动态方程为

$$\dot{\boldsymbol{x}} = (\boldsymbol{A} - \boldsymbol{B}\boldsymbol{F}\boldsymbol{C})\boldsymbol{x} + \boldsymbol{B}\boldsymbol{v}, \quad \boldsymbol{y} = \boldsymbol{C}\boldsymbol{x} \tag{8-194}$$

被控对象的总输入为

$$\boldsymbol{u} = \boldsymbol{v} - \boldsymbol{F}\boldsymbol{y} \tag{8-195}$$

式中，输出反馈矩阵 $\boldsymbol{F}$ 为 $p\times1$ 维，若令 $\boldsymbol{F}\boldsymbol{C}=\boldsymbol{k}$，该输出反馈便等于状态反馈。由结构图变换原理可知，比例的状态反馈变换为输出反馈时，输出反馈中必含有输出量的各阶导数，于是 $\boldsymbol{F}$ 矩阵不是常数矩阵，这会给物理实现带来困难，因而其应用受限。如果 $p=n$，适当选择 $\boldsymbol{F}$ 矩阵，可使特征值任意配置；可推论，当 $\boldsymbol{F}$ 是常数矩阵时，对高于 p 阶的系统，便不能任意配置极点。输出至输入的反馈不会改变原系统的可控性和可观测性（证略）。

8.6.3 状态重构与状态观测器设计

在极点配置时，状态反馈明显优于输出反馈，但须用传感器对所有的状态变量进行测量，工程上不一定可实现；输出量一般是可测量的，然而输出反馈至状态微分处，在工程上同样也难以实现，但是如果反馈至控制输入处，往往又不能任意配置系统的闭环极点。将这两种反馈方案综合起来，扬长避短，于是就提出了利用系统的输出，通过状态观测器重构系统的状态，然后将状态估计值（计算机内存变量）反馈至控制输入处来配置系统极点的方案。当重构状态向量的维数与系统状态的维数相同时，观测器称为全维状态观测器，否则称为降维观测器。显然，状态观测器可以使状态反馈真正得以实现。

1. 全维状态观测器及其状态反馈系统组成结构

设系统动态方程为

$$\dot{\boldsymbol{x}} = \boldsymbol{A}\boldsymbol{x} + \boldsymbol{B}\boldsymbol{u}, \quad \boldsymbol{y} = \boldsymbol{C}\boldsymbol{x}$$

可构造一个结构与之相同，但由计算机模拟的系统为

$$\dot{\hat{\boldsymbol{x}}} = \boldsymbol{A}\hat{\boldsymbol{x}} + \boldsymbol{B}\boldsymbol{u}, \quad \hat{\boldsymbol{y}} = \boldsymbol{C}\hat{\boldsymbol{x}} \tag{8-196}$$

式中，$\hat{\boldsymbol{x}}$，$\hat{\boldsymbol{y}}$分别为模拟系统的状态向量及输出向量。当模拟系统与受控对象的初始状态相同时，有$\hat{\boldsymbol{x}}=\boldsymbol{x}$，于是可用$\hat{\boldsymbol{x}}$作为状态反馈信息。但是，受控对象的初始状态一般不可能知道，模拟系统的状态初值只能预估值，因而两个系统的初始状态总有差异，即使两个系统的 $\boldsymbol{A}$、$\boldsymbol{B}$、$\boldsymbol{C}$ 矩阵完全一样，估计状态与实际状态也必然存在误差，用$\hat{\boldsymbol{x}}$代替 $\boldsymbol{x}$，难以实现真正的状态反馈。但是$\hat{\boldsymbol{x}}-\boldsymbol{x}$ 的存在必导致$\hat{\boldsymbol{y}}-\boldsymbol{y}$ 的存在，如果利用$\hat{\boldsymbol{y}}-\boldsymbol{y}$，并负反馈至$\dot{\hat{\boldsymbol{x}}}$处，控制$\hat{\boldsymbol{y}}-\boldsymbol{y}$ 尽快衰减至零，从而使$\hat{\boldsymbol{x}}-\boldsymbol{x}$ 也尽快衰减至零，便可以利用$\hat{\boldsymbol{x}}$来形成状态反馈。按以上原理构成的状态观测器，并实现状态反馈的方案如图 8-30 所示。状态观测器有两个输入即 $\boldsymbol{u}$ 和 y，其输出为$\hat{\boldsymbol{x}}$，含 n 个积分器并对全部状态变量作出估计。$\boldsymbol{H}$ 为观测器输出反馈矩阵，它是前面介绍过的一种输出反馈，目的是配置观测器极点，提高其动态性

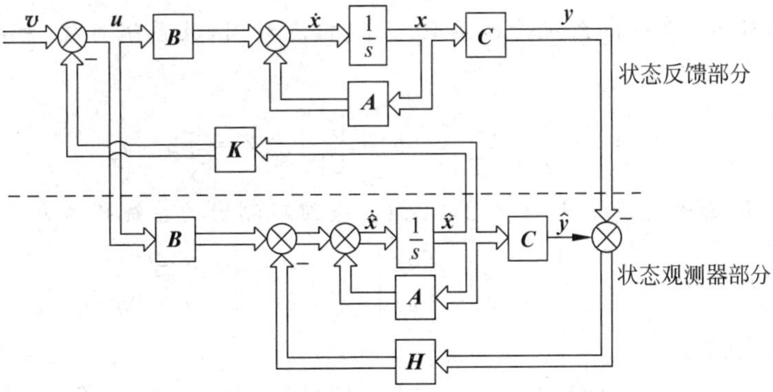

图 8-30 用全维状态观测器实现状态反馈原理

能，使$\hat{\boldsymbol{x}}-\boldsymbol{x}$尽快逼近于零。

2. 全维状态观测器分析设计

由图 8-30，可得全维状态观测器动态方程为

$$\dot{\hat{\boldsymbol{x}}}=\boldsymbol{A}\hat{\boldsymbol{x}}+\boldsymbol{B}\boldsymbol{u}-\boldsymbol{H}(\hat{\boldsymbol{y}}-\boldsymbol{y}),\quad \hat{\boldsymbol{y}}=\boldsymbol{C}\hat{\boldsymbol{x}} \tag{8-197}$$

故

$$\dot{\hat{\boldsymbol{x}}}=\boldsymbol{A}\hat{\boldsymbol{x}}+\boldsymbol{B}\boldsymbol{u}-\boldsymbol{H}\boldsymbol{C}(\hat{\boldsymbol{x}}-\boldsymbol{x})=(\boldsymbol{A}-\boldsymbol{H}\boldsymbol{C})\hat{\boldsymbol{x}}+\boldsymbol{B}\boldsymbol{u}+\boldsymbol{H}\boldsymbol{y} \tag{8-198}$$

式中，$(\boldsymbol{A}-\boldsymbol{H}\boldsymbol{C})$称为观测器系统矩阵，$\boldsymbol{H}$为$n\times q$维矩阵。为了保证状态反馈系统正常工作，重构的状态在任何$\hat{\boldsymbol{x}}(t_0)$与$\boldsymbol{x}(t_0)$的初始条件下，都必须满足

$$\lim_{t\to\infty}(\hat{\boldsymbol{x}}-\boldsymbol{x})=\boldsymbol{0} \tag{8-199}$$

状态误差$\hat{\boldsymbol{x}}-\boldsymbol{x}$的状态方程为

$$\dot{\boldsymbol{x}}-\dot{\hat{\boldsymbol{x}}}=(\boldsymbol{A}-\boldsymbol{H}\boldsymbol{C})(\boldsymbol{x}-\hat{\boldsymbol{x}}) \tag{8-200}$$

其解为

$$\boldsymbol{x}-\hat{\boldsymbol{x}}=\mathrm{e}^{(\boldsymbol{A}-\boldsymbol{H}\boldsymbol{C})(t-t_0)}[\boldsymbol{x}(t_0)-\hat{\boldsymbol{x}}(t_0)] \tag{8-201}$$

当$\hat{\boldsymbol{x}}(t_0)=\boldsymbol{x}(t_0)$时，恒有$\hat{\boldsymbol{x}}(t)=\boldsymbol{x}(t)$，输出反馈不起作用；当$\hat{\boldsymbol{x}}(t_0)\neq\boldsymbol{x}(t_0)$时，有$\hat{\boldsymbol{x}}(t)\neq\boldsymbol{x}(t)$，输出反馈便起作用，这时只要观测器的极点具有负实部，状态误差向量总会按指数规律衰减，衰减速率取决于观测器的极点配置。由输出反馈，有

定理 3 若系统 $S(\boldsymbol{A},\boldsymbol{B},\boldsymbol{C})$可观测，则可用动态方程为

$$\dot{\hat{\boldsymbol{x}}}=(\boldsymbol{A}-\boldsymbol{H}\boldsymbol{C})\hat{\boldsymbol{x}}+\boldsymbol{B}\boldsymbol{u}+\boldsymbol{H}\boldsymbol{y} \tag{8-202}$$

的全维观测器来给出状态估值，矩阵$\boldsymbol{H}$可按极点配置的需要来设计，以决定状态估计误差衰减的速率。

实际选择$\boldsymbol{H}$矩阵参数时，既要防止状态反馈失真，又要防止数值过大导致饱和效应和噪声加剧等。通常希望观测器的响应速度比状态反馈系统的响应速度快 3～10 倍为好。

例 8-39 设受控对象传递函数为$\dfrac{Y(s)}{U(s)}=\dfrac{2}{(s+1)(s+2)}$，试设计全维状态观测器，将其极点配置在$-10,-10$。

解 该单输入-单输出系统传递函数无零、极点对消，故系统可控、可观测。若写出其可控标准型实现，则有

$$\boldsymbol{A}=\begin{bmatrix}0 & 1\\ -2 & -3\end{bmatrix},\quad \boldsymbol{b}=\begin{bmatrix}0\\1\end{bmatrix},\quad \boldsymbol{c}=[2\quad 0]$$

由于$n=2,q=1$，输出反馈矩阵$\boldsymbol{H}$为2×1维。全维观测器的系统矩阵为

$$\boldsymbol{A}-\boldsymbol{H}\boldsymbol{C}=\begin{bmatrix}0 & 1\\ -2 & -3\end{bmatrix}-\begin{bmatrix}h_0\\ h_1\end{bmatrix}[2\quad 0]=\begin{bmatrix}-2h_0 & 1\\ -2-2h_1 & -3\end{bmatrix}$$

观测器的特征方程为

$$|\lambda\boldsymbol{I}-(\boldsymbol{A}-\boldsymbol{H}\boldsymbol{C})|=\lambda^2+(2h_0+3)\lambda+(6h_0+2h_1+2)=0$$

期望特征方程为

$$(\lambda+10)^2=\lambda^2+20\lambda+100=0$$

由特征方程同幂系数相等,可得

$$h_0=8.5,\quad h_1=23.5$$

h_0,h_1 分别为由($\hat{y}-y$)引至$\dot{\hat{x}}_1$、$\dot{\hat{x}}_2$的反馈系数。一般来说,如果给定的系统模型是传递函数,建议按可观测标准型实现较好,这样观测器的极点总可以任意配置,从而达到满意的效果。若用可控标准型实现,则观测器设计往往会失败。

(1) **分离特性**

用全维状态观测器提供的状态估计值$\hat{x}$代替真实状态 x 来实现状态反馈,其状态反馈矩阵是否需要重新设计,以保持系统的期望特征值;在观测器被引入系统以后,状态反馈系统部分是否会改变已经设计好的观测器极点配置;其观测器输出反馈矩阵 H 是否需要重新设计。这些问题均需要作进一步的分析。如图 8-30 所示,整个系统是一个 $2n$ 维的复合系统,其中

$$u=v-K\hat{x} \tag{8-203}$$

状态反馈子系统的动态方程为

$$\left.\begin{aligned}\dot{x}&=Ax+Bu=Ax-BK\hat{x}+Bv\\ y&=Cx\end{aligned}\right\} \tag{8-204}$$

全维状态观测器子系统的状态方程为

$$\dot{\hat{x}}=A\hat{x}+Bu-H(\hat{y}-y)=(A-BK-HC)\hat{x}+HCx+Bv \tag{8-205}$$

故复合系统动态方程为

$$\begin{aligned}\begin{bmatrix}\dot{x}\\ \dot{\hat{x}}\end{bmatrix}&=\begin{bmatrix}A & -BK\\ HC & A-BK-HC\end{bmatrix}\begin{bmatrix}x\\ \hat{x}\end{bmatrix}+\begin{bmatrix}B\\ B\end{bmatrix}v\\ y&=\begin{bmatrix}C & 0\end{bmatrix}\begin{bmatrix}x\\ \hat{x}\end{bmatrix}\end{aligned} \tag{8-206}$$

由于

$$\dot{x}-\dot{\hat{x}}=(A-HC)(x-\hat{x})$$

且

$$\dot{x}=Ax-BK\hat{x}+Bv=(A-BK)x+BK(x-\hat{x})+Bv$$

可以得到复合系统的另外一种形式,即

$$\left\{\begin{aligned}\begin{bmatrix}\dot{x}\\ \dot{x}-\dot{\hat{x}}\end{bmatrix}&=\begin{bmatrix}A-BK & BK\\ 0 & A-HC\end{bmatrix}\begin{bmatrix}x\\ x-\hat{x}\end{bmatrix}+\begin{bmatrix}B\\ 0\end{bmatrix}v\\ y&=\begin{bmatrix}C & 0\end{bmatrix}\begin{bmatrix}x\\ x-\hat{x}\end{bmatrix}\end{aligned}\right. \tag{8-207}$$

由式(8-207),可以导出复合系统传递函数矩阵

$$G(s)=\begin{bmatrix}C & 0\end{bmatrix}\begin{bmatrix}sI-(A-BK) & -BK\\ 0 & sI-(A-HC)\end{bmatrix}^{-1}\begin{bmatrix}B\\ 0\end{bmatrix} \tag{8-208}$$

利用分块矩阵求逆公式

$$\begin{bmatrix} R & S \\ 0 & T \end{bmatrix}^{-1} = \begin{bmatrix} R^{-1} & -R^{-1}ST^{-1} \\ 0 & T^{-1} \end{bmatrix} \tag{8-209}$$

得到

$$G(s) = C[sI - (A - BK)]^{-1}B \tag{8-210}$$

式(8-210)右端正是引入真实状态 $\boldsymbol{x}$ 作为反馈的状态反馈系统,即

$$\dot{x} = Ax + B(v - Kx) = (A - BK)x + Bv$$
$$y = Cx$$

的传递函数矩阵。该式表明复合系统与状态反馈系统具有相同的传递特性,与观测器的部分无关,可用估值状态$\hat{x}$代替真实状态 $\boldsymbol{x}$ 作为反馈。从 $2n$ 维复合系统导出了 $n \times n$ 传递函数矩阵,这是由于$(x-\hat{x})$不可控造成的。

复合系统的特征多项式为

$$\begin{vmatrix} sI - (A - BK) & -BK \\ 0 & sI - (A - HC) \end{vmatrix} = | sI - (A - BK) || sI - (A - HC) | \tag{8-211}$$

该式表明复合系统特征值是由状态反馈子系统和全维状态观测器的特征值组合而成的,且两部分特征值相互独立,彼此不受影响,因此状态反馈矩阵 $\boldsymbol{K}$ 和输出反馈矩阵 $\boldsymbol{H}$,可根据各自的要求来独立进行设计,故有下述定理。

(2) **分离定理**

若受控系统 S($\boldsymbol{A},\boldsymbol{B},\boldsymbol{C}$)可控、可观测,用状态观测器估值形成状态反馈时,其系统的极点配置和观测器设计可分别独立进行。即 $\boldsymbol{K}$ 与 $\boldsymbol{H}$ 的设计可分别独立进行。

8.6.4 降维状态观测器的概念

当状态观测器的估计状态向量维数小于受控对象的状态向量维数时,状态观测器称为降维状态观测器。降维状态观测器主要在三种情况下使用:一是系统不可观测;二是不可控系统的状态反馈控制设计;三是希望简化观测器的结构或减小状态估计的计算量。这里对降维状态观测器的设计方法不做详细讨论,感兴趣者可参阅胡寿松主编《自动控制原理》,下面举例简要说明降维状态观测器的设计方法。

例 8-40 已知 $\begin{bmatrix} \dot{x}_1 \\ \dot{x}_2 \\ \dot{x}_3 \end{bmatrix} = \begin{bmatrix} 2 & 0 & 0 \\ 0 & 1 & 1 \\ 0 & 0 & 1 \end{bmatrix}\begin{bmatrix} x_1 \\ x_2 \\ x_3 \end{bmatrix} + \begin{bmatrix} 1 \\ 0 \\ 1 \end{bmatrix}u$ 和 $y = [0 \quad 1 \quad 0]\begin{bmatrix} x_1 \\ x_2 \\ x_3 \end{bmatrix}$,试设计特征值为−2 的降维状态观测器。

解 (1) 检查受控系统可观测性

$$\text{rank}[C^{\mathrm{T}} \quad A^{\mathrm{T}}C^{\mathrm{T}} \quad (A^{\mathrm{T}})^2C^{\mathrm{T}}] = \text{rank}\begin{bmatrix} 0 & 0 & 0 \\ 1 & 1 & 1 \\ 0 & 1 & 2 \end{bmatrix} = 2$$

系统不可观测,实际上正是 x_1 不可观测。

(2) 考虑到 $x_2=y$ 可通过测量得到，故可仅对 x_3 设计一维状态观测器。

(3) 由于原先的观测量 y 与 x_3 无关，无法直接作为反馈引入，故构造 $z=\dot{y}-y=\dot{x}_2-x_2=x_3$ 作为观测量，由此得到降维观测器动态方程为

$$\begin{cases}\dot{\hat{x}}_3=\hat{x}_3+u-h(\hat{z}-z)\\ \hat{z}=\hat{x}_3\end{cases}$$

(4) 由观测器特征方程 $|\lambda-(1-h)|=\lambda+2=0$，得到 $h=3$。故降维观测器动态方程为

$$\begin{cases}\dot{\hat{x}}_3=-2\hat{x}_3+u+3z\\ \hat{z}=\hat{x}_3\end{cases}$$

(5) 如果要进行状态反馈，则可用 $\hat{\boldsymbol{x}}=\begin{bmatrix}0\\ \hat{x}_2\\ \hat{x}_3\end{bmatrix}=\begin{bmatrix}0\\ y\\ \hat{x}_3\end{bmatrix}$ 替代原系统的状态信息，即

$$\boldsymbol{u}=\boldsymbol{v}-\boldsymbol{K}\hat{\boldsymbol{x}}$$

注意：在解本题时，可观测子系统的观测量 z 不是传感器的输出，而是根据传感器的测量值 $y(t)$ 计算出来的。

系统按约当块可自然分解为两个子系统，请读者自己考虑对应于 x_2，x_3 二维观测器的设计问题。

8.7 小结

1. 本章内容提要

建立在状态变量、状态方程基础上的状态空间分析是现代控制理论的基础。状态空间分析法适用范围广，便于用计算机求解，其数学模型可以由物理机理、方框图、微分方程、传递函数等建立；动态方程的建立具有多样化，有可控标准型、可观测标准型、对角型、约当型等多种标准形式，正确选择状态变量和列写状态方程是其中的关键。

状态转移矩阵是状态空间分析的重要概念，矩阵指数是线性定常系统分析的基础，拉普拉斯变换法和凯莱哈密顿定理法是求状态方程的闭合解的常用方法。

李雅普诺夫稳定性是关于平衡状态的稳定性，分李雅普诺夫意义下的稳定性、一致稳定性、渐近稳定性、全局稳定性、有界输入稳定性等多种概念。稳定性判别的基本方法是构造能量函数，根据标量函数的定号性进行判别。

可控性、可观测性是现代控制理论的基本概念，与稳定性一起表征了系统的固有特性。系统的可控性和可观测性判别有直观判别、根据可控性矩阵和可观测型矩阵的秩判别，由规范型判别和由传递函数(矩阵)判别等多种方法。

非奇异线性变换在状态空间分析中经常使用，通过动态方程向可控标准型、可观测标准型、对角型、约当型等标准型的变换，通过系统的规范分解，能明晰系统的性质与特

点，给分析与设计带来便利。

状态反馈和输出反馈是改善控制系统性能的重要途径，可以达到理想配置系统的极点的目的。在系统状态不能直接测量的情况下，状态观测器的概念与设计尤为重要，是解决系统状态估值与状态反馈控制的重要手段。

2. 知识脉络图

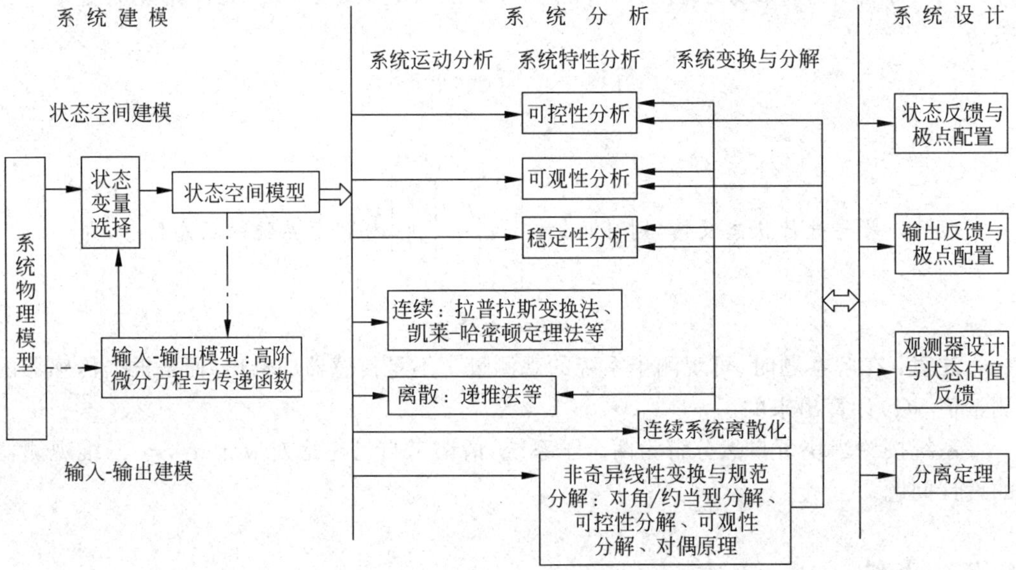

习题

8-1 已知电枢控制的直流伺服电机的微分方程组及传递函数为

$$u_a = R_a i_a + L_a \frac{\mathrm{d}i_a}{\mathrm{d}t} + E_b$$

$$E_b = K_b \frac{\mathrm{d}\theta_m}{\mathrm{d}t}$$

$$M_m = C_m i_a$$

$$M_m = J_m \frac{\mathrm{d}^2\theta_m}{\mathrm{d}t^2} + f_m \frac{\mathrm{d}\theta_m}{\mathrm{d}t}$$

$$\frac{\Theta_m(s)}{U_a(s)} = \frac{C_m}{s[L_a J_m s^2 + (L_a f_m + J_m R_a)s + (R_a f_m + K_b C_m)]}$$

(1) 设状态变量 $x_1=\theta_m, x_2=\dot{\theta}_m, x_3=\ddot{\theta}_m$，输出量 $y=\theta_m$，试建立其动态方程；

(2) 设状态变量 $\bar{x}_1=i_a, \bar{x}_2=\theta_m, \bar{x}_3=\dot{\theta}_m, y=\theta_m$，试建立其动态方程。

8-2 设系统微分方程为 $\dddot{y}+6\ddot{y}+11\dot{y}+6y=6u$，式中 u 和 y 分别为系统输入、输出量。试列写可控标准型(即矩阵 **A** 为友矩阵)及可观测标准型(即矩阵 **A** 为友矩阵转置)

状态空间表达式,并画出状态变量图。

8-3 已知系统结构图如图 8-31 所示,其状态变量为 x_1,x_2,x_3。试求动态方程,并画出状态变量图。

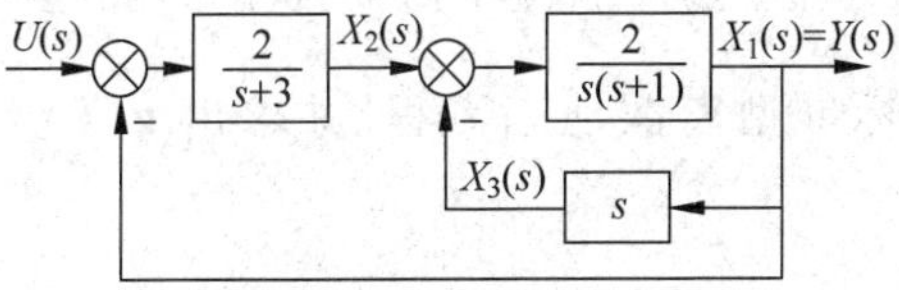

图 8-31　题 8-3 图

8-4 已知系统传递函数 $G(s)=\dfrac{s^2+6s+8}{s^2+4s+3}$,试列写可控标准型、可观测标准型、对角型动态方程,并画出状态变量图。

8-5 已知系统传递函数 $G(s)=\dfrac{5}{(s+1)^2(s+2)}$,试求约当型动态方程,并画出状态变量图。

8-6 已知双输入-双输出系统状态方程和输出方程分别为

$$
\begin{aligned}
\dot{x}_1 &= x_2+u_1\\
\dot{x}_2 &= x_3+2u_1-u_2\\
\dot{x}_3 &=-6x_1-11x_2-6x_3+2u_2\\
y_1 &= x_1-x_2\\
y_2 &= 2x_1+x_2-x_3
\end{aligned}
$$

试写出矩阵形式的动态方程,并画出系统的状态变量图。

8-7 已知系统动态方程为 $\begin{cases}\dot{\boldsymbol{x}}=\begin{bmatrix}0 & 1 & 0\\ -2 & -3 & 0\\ -1 & 1 & 3\end{bmatrix}\boldsymbol{x}+\begin{bmatrix}0\\1\\2\end{bmatrix}u\\ y=[0\quad 0\quad 1]\end{cases}$,试求系统的传递函数 $G(s)$。

8-8 已知系统矩阵 $\mathbf{A}=\begin{bmatrix}-1 & 0\\ 0 & 1\end{bmatrix}$,至少用两种方法求状态转移矩阵。

8-9 已知矩阵 $\boldsymbol{\Phi}_1(t)=\begin{bmatrix}6\mathrm{e}^{-t}-5\mathrm{e}^{-2t} & 4\mathrm{e}^{-t}-4\mathrm{e}^{-2t}\\ -3\mathrm{e}^{-t}+3\mathrm{e}^{-2t} & -2\mathrm{e}^{-t}+3\mathrm{e}^{-2t}\end{bmatrix}$

和

$$\boldsymbol{\Phi}_2(t)=\begin{bmatrix}2\mathrm{e}^{-t}-\mathrm{e}^{-2t} & \mathrm{e}^{-t}-\mathrm{e}^{-2t}\\ -2\mathrm{e}^{-t}+2\mathrm{e}^{-2t} & -\mathrm{e}^{-t}+2\mathrm{e}^{-2t}\end{bmatrix}$$

判断 $\boldsymbol{\Phi}_1$、$\boldsymbol{\Phi}_2$ 是否为状态转移矩阵,若是,则确定系统的状态矩阵 $\mathbf{A}$;若不是,请说明理由。

8-10 试求状态方程 $\dot{\boldsymbol{x}}=\begin{bmatrix}-1 & 0 & 0\\ 0 & -2 & 0\\ 0 & 0 & -3\end{bmatrix}\boldsymbol{x}$ 的解。

8-11 已知系统状态方程为$\dot{\boldsymbol{x}}=\begin{bmatrix}1 & 0\\1 & 1\end{bmatrix}\boldsymbol{x}+\begin{bmatrix}1\\1\end{bmatrix}u$，初始条件为 $x_1(0)=1,x_2(0)=0$。试求系统在单位阶跃输入作用下的响应。

8-12 已知差分方程 $y(k+2)+3y(k+1)+2y(k)=2u(k+1)+3u(k)$，并且 $y(0)=0,y(1)=1$，试列写可控标准型离散动态方程，并求出 $\boldsymbol{u}(k)=\begin{bmatrix}u(0)\\u(1)\end{bmatrix}=\begin{bmatrix}1\\1\end{bmatrix}$时的系统响应。

8-13 已知连续系统动态方程为$\dot{\boldsymbol{x}}=\begin{bmatrix}0 & 1\\0 & 2\end{bmatrix}\boldsymbol{x}+\begin{bmatrix}0\\1\end{bmatrix}u$，　$y=[1\quad 0]\boldsymbol{x}$，设采样周期 $T=1\text{s}$，试求离散化动态方程。

8-14 试用李雅普诺夫第二法判断$\dot{x}_1=-x_1+x_2$，　$\dot{x}_2=2x_1-3x_2$ 平衡状态的稳定性。

8-15 已知系统状态方程为$\dot{\boldsymbol{x}}=\begin{bmatrix}2 & \frac{1}{2} & -3\\0 & -1 & 0\\0 & \frac{1}{2} & -1\end{bmatrix}\boldsymbol{x}+\begin{bmatrix}1 & 0\\0 & 2\\1 & 0\end{bmatrix}\begin{bmatrix}u_1\\u_2\end{bmatrix}$，求当矩阵 $\boldsymbol{Q}=\boldsymbol{I}$ 时，矩阵 $\boldsymbol{P}$ 的值；若选 $\boldsymbol{Q}$ 为正半定矩阵，求对应的 $\boldsymbol{P}$ 矩阵的值，并判断系统的稳定性。

8-16 设线性定常离散系统状态方程为 $\boldsymbol{x}(k+1)=\begin{bmatrix}0 & 1 & 0\\0 & 0 & 1\\0 & \frac{K}{2} & 0\end{bmatrix}\boldsymbol{x}(k)$，$K>0$，试求使系统渐近稳定的 K 值范围。

8-17 试判断下列系统的状态可控性：

(1)

$$\dot{\boldsymbol{x}}=\begin{bmatrix}-2 & 2 & -1\\0 & -2 & 0\\1 & -4 & 0\end{bmatrix}\boldsymbol{x}+\begin{bmatrix}0\\0\\1\end{bmatrix}u;$$

(2)

$$\dot{\boldsymbol{x}}=\begin{bmatrix}1 & 1 & 0\\0 & 1 & 0\\0 & 1 & 1\end{bmatrix}\boldsymbol{x}+\begin{bmatrix}0\\1\\0\end{bmatrix}u;$$

(3)

$$\dot{\boldsymbol{x}}=\begin{bmatrix}1 & 1 & 0\\0 & 1 & 0\\0 & 1 & 1\end{bmatrix}\boldsymbol{x}+\begin{bmatrix}0 & 0\\0 & 1\\1 & 0\end{bmatrix}\begin{bmatrix}u_1\\u_2\end{bmatrix};$$

(4)

$$\dot{\boldsymbol{x}}=\begin{bmatrix}-4 & 0 & 0\\0 & -4 & 0\\0 & 0 & 1\end{bmatrix}\boldsymbol{x}+\begin{bmatrix}1\\2\\1\end{bmatrix}u;$$

(5)

$$\dot{x}=\begin{bmatrix}\lambda_1 & 1 & & \\ & \lambda_1 & & \\ & & \lambda_1 & \\ & & & \lambda_1\end{bmatrix}x+\begin{bmatrix}0\\1\\1\\1\end{bmatrix}u;$$

(6)

$$\dot{x}=\begin{bmatrix}\lambda_1 & 1 & & \\ & \lambda_1 & 1 & \\ & & \lambda_1 & \\ & & & \lambda_1\end{bmatrix}x+\begin{bmatrix}0\\0\\1\\1\end{bmatrix}u。$$

8-18 设系统状态方程为$\dot{x}=\begin{bmatrix}0 & 1\\ -1 & a\end{bmatrix}x+\begin{bmatrix}1\\ b\end{bmatrix}u$，并设系统状态可控，试求 a，b。

8-19 设系统传递函数 $G(s)=\dfrac{s+a}{s^3+7s^2+14s+8}$，并设系统状态可控、可观测，试求 a 值。

8-20 试判断下列系统的可观测性：

(1)

$$\dot{x}=\begin{bmatrix}-1 & -2 & -2\\ 0 & -1 & -1\\ 1 & 0 & -1\end{bmatrix}x+\begin{bmatrix}2\\0\\1\end{bmatrix}u$$

$$y=\begin{bmatrix}1 & 1 & 0\end{bmatrix}x;$$

(2)

$$\dot{x}=\begin{bmatrix}2 & 0 & 0\\ 0 & 2 & 0\\ 0 & 3 & 1\end{bmatrix}x$$

$$y=\begin{bmatrix}1 & 1 & 1\end{bmatrix}x;$$

(3)

$$\dot{x}=\begin{bmatrix}-1 & 1 & 0 & 0\\ 0 & -1 & 0 & 0\\ 0 & 0 & -2 & 1\\ 0 & 0 & 0 & -2\end{bmatrix}x$$

$$y=\begin{bmatrix}1 & 0 & 0 & 0\\ 0 & 0 & -1 & 0\end{bmatrix}x;$$

(4)

$$\dot{x}=\begin{bmatrix}2 & 1 & 0\\ 0 & 2 & 0\\ 0 & 0 & -3\end{bmatrix}x$$

$$y=\begin{bmatrix}0 & 1 & 1\end{bmatrix}x。$$

8-21 试确定使系统$\dot{\boldsymbol{x}}=\begin{bmatrix}a & 1\\0 & b\end{bmatrix}\boldsymbol{x}$，$y=[1 \quad -1]\boldsymbol{x}$ 可观测的 a，b。

8-22 已知系统动态方程各矩阵为

$$\boldsymbol{A}=\begin{bmatrix}1 & 3 & 2\\0 & 4 & 2\\0 & 0 & 1\end{bmatrix},\quad \boldsymbol{B}=\begin{bmatrix}0 & 1\\0 & 0\\1 & 0\end{bmatrix},\quad \boldsymbol{C}=\begin{bmatrix}1 & 0 & 0\\0 & 0 & 1\end{bmatrix}$$

试用传递函数矩阵判断系统的可控性和可观测性。

8-23 已知矩阵 $\boldsymbol{A}=\begin{bmatrix}0 & 1 & 0 & 0\\0 & 0 & 1 & 0\\0 & 0 & 0 & 1\\1 & 0 & 0 & 0\end{bmatrix}$，试求 $\boldsymbol{A}$ 的特征方程、特征值和特征向量，并求出变换矩阵，将 $\boldsymbol{A}$ 约当化。

8-24 将状态方程$\dot{\boldsymbol{x}}=\begin{bmatrix}1 & -2\\3 & 4\end{bmatrix}\boldsymbol{x}+\begin{bmatrix}1\\1\end{bmatrix}u$ 化为可控标准型。

8-25 已知系统传递函数为 $\dfrac{Y(s)}{U(s)}=\dfrac{s+1}{s^2+3s+2}$，试分别写出系统可控、不可观测，可观测、不可控，不可控、不可观测的动态方程。

8-26 已知系统动态方程各矩阵为

$$\boldsymbol{A}=\begin{bmatrix}1 & 0 & 0 & 0\\0 & 2 & 0 & 0\\-6 & -2 & 3 & 0\\3 & -2 & 0 & 4\end{bmatrix}\quad \boldsymbol{b}=\begin{bmatrix}1\\0\\3\\2\end{bmatrix}\quad \boldsymbol{c}=[-4 \quad -3 \quad 1 \quad 1]$$

试求可控子系统和不可控子系统的动态方程。

8-27 系统动态方程各矩阵同题 8-26，试求可观测子系统和不可观测子系统的动态方程。

8-28 设系统状态方程为

$$\dot{\boldsymbol{x}}=\begin{bmatrix}0 & 1 & 0\\0 & -1 & 1\\0 & -1 & 10\end{bmatrix}\boldsymbol{x}+\begin{bmatrix}0\\0\\10\end{bmatrix}u$$

说明可否用状态反馈任意配置闭环极点；若可以，则求状态反馈矩阵，使闭环极点位于 -10，$-1\pm \mathrm{j}\sqrt{3}$，并画出状态变量图。

8-29 设系统状态方程为$\dot{\boldsymbol{x}}=\begin{bmatrix}0 & 1\\0 & 0\end{bmatrix}\boldsymbol{x}+\begin{bmatrix}0\\1\end{bmatrix}u$，$y=[1 \quad 0]\boldsymbol{x}$，试设计全维状态观测器，使其极点位于 $-r$，$-2r(r>0)$，并画出状态变量图。

8-30 设系统传递函数为$\dfrac{Y(s)}{U(s)}=\dfrac{(s-1)(s+2)}{(s+1)(s-2)(s+3)}$，判断能否利用状态反馈矩阵将传递函数变为$\dfrac{s-1}{(s+2)(s+3)}$，若有可能，求出一个满足的状态反馈矩阵 K，并画出状态变量图。

提示：状态反馈不改变原传递函数零点。

附录 A　拉普拉斯变换及反变换

A.1　拉普拉斯变换的基本性质

表 A-1　拉普拉斯变换的基本性质

1	线性定理	齐次性	$\mathcal{L}[af(t)] = aF(s)$
		叠加性	$\mathcal{L}[f_1(t) \pm f_2(t)] = F_1(s) \pm F_2(s)$
2	微分定理	一般形式	$\mathcal{L}\left[\frac{\mathrm{d}f(t)}{\mathrm{d}t}\right] = sF(s) - f(0)$ $\mathcal{L}\left[\frac{\mathrm{d}^2 f(t)}{\mathrm{d}t^2}\right] = s^2 F(s) - sf(0) - f'(0)$ $\vdots$ $\mathcal{L}\left[\frac{\mathrm{d}^n f(t)}{\mathrm{d}t^n}\right] = s^n F(s) - \sum_{k=1}^{n} s^{n-k} f^{(k-1)}(0)$ $f^{(k-1)}(t) = \frac{\mathrm{d}^{k-1} f(t)}{\mathrm{d}t^{k-1}}$
		初始条件为 0 时	$\mathcal{L}\left[\frac{\mathrm{d}^n f(t)}{\mathrm{d}t^n}\right] = s^n F(s)$
3	积分定理	一般形式	$\mathcal{L}[\int f(t)\mathrm{d}t] = \frac{F(s)}{s} + \frac{\left[\int f(t)\mathrm{d}t\right]_{t=0}}{s}$ $\mathcal{L}\left[\iint f(t)(\mathrm{d}t)^2\right] = \frac{F(s)}{s^2} + \frac{\left[\int f(t)\mathrm{d}t\right]_{t=0}}{s^2} + \frac{\left[\iint f(t)(\mathrm{d}t)^2\right]_{t=0}}{s}$ $\vdots$ $\mathcal{L}\left[\overbrace{\int\cdots\int}^{共n个} f(t)(\mathrm{d}t)^n\right] = \frac{F(s)}{s^n} + \sum_{k=1}^{n} \frac{1}{s^{n-k+1}}\left[\overbrace{\int\cdots\int}^{共k个} f(t)(\mathrm{d}t)^k\right]_{t=0}$
		初始条件为 0 时	$\mathcal{L}\left[\overbrace{\int\cdots\iint}^{共n个} f(t)(\mathrm{d}t)^n\right] = \frac{F(s)}{s^n}$
4	实位移定理		$\mathcal{L}[f(t-T)1(t-T)] = \mathrm{e}^{-Ts}F(s)$
5	复位移定理		$\mathcal{L}[f(t)\mathrm{e}^{-at}] = F(s+a)$
6	终值定理		$\lim_{t\to\infty} f(t) = \lim_{s\to 0} sF(s)$
7	初值定理		$\lim_{t\to 0} f(t) = \lim_{s\to\infty} sF(s)$
8	卷积定理		$\mathcal{L}\left[\int_0^t f_1(t-\tau)f_2(\tau)\mathrm{d}\tau\right] = \mathcal{L}\left[\int_0^t f_1(t)f_2(t-\tau)\mathrm{d}\tau\right] = F_1(s)F_2(s)$

A.2 常用函数的拉普拉斯变换和 z 变换

表 A-2 常用函数的拉普拉斯变换和 z 变换表

序号	拉普拉斯变换 $E(s)$	时间函数 $e(t)$	z 变换 $E(z)$
1	1	$\delta(t)$	1
2	$\frac{1}{1-e^{-Ts}}$	$\delta_T(t)=\sum_{n=0}^{\infty}\delta(t-nT)$	$\frac{z}{z-1}$
3	$\frac{1}{s}$	$1(t)$	$\frac{z}{z-1}$
4	$\frac{1}{s^2}$	t	$\frac{Tz}{(z-1)^2}$
5	$\frac{1}{s^3}$	$\frac{t^2}{2}$	$\frac{T^2z(z+1)}{2(z-1)^3}$
6	$\frac{1}{s^{n+1}}$	$\frac{t^n}{n!}$	$\lim_{a\to 0}\frac{(-1)^n}{n!}\frac{\partial^n}{\partial a^n}\left(\frac{z}{z-e^{-aT}}\right)$
7	$\frac{1}{s+a}$	e^{-at}	$\frac{z}{z-e^{-aT}}$
8	$\frac{1}{(s+a)^2}$	te^{-at}	$\frac{Tze^{-aT}}{(z-e^{-aT})^2}$
9	$\frac{a}{s(s+a)}$	$1-e^{-at}$	$\frac{(1-e^{-aT})z}{(z-1)(z-e^{-aT})}$
10	$\frac{b-a}{(s+a)(s+b)}$	$e^{-at}-e^{-bt}$	$\frac{z}{z-e^{-aT}}-\frac{z}{z-e^{-bT}}$
11	$\frac{\omega}{s^2+\omega^2}$	$\sin\omega t$	$\frac{z\sin\omega T}{z^2-2z\cos\omega T+1}$
12	$\frac{s}{s^2+\omega^2}$	$\cos\omega t$	$\frac{z(z-\cos\omega T)}{z^2-2z\cos\omega T+1}$
13	$\frac{\omega}{(s+a)^2+\omega^2}$	$e^{-at}\sin\omega t$	$\frac{ze^{-aT}\sin\omega T}{z^2-2ze^{-aT}\cos\omega T+e^{-2aT}}$
14	$\frac{s+a}{(s+a)^2+\omega^2}$	$e^{-at}\cos\omega t$	$\frac{z^2-ze^{-aT}\cos\omega T}{z^2-2ze^{-aT}\cos\omega T+e^{-2aT}}$
15	$\frac{1}{s-(1/T)\ln a}$	$a^{t/T}$	$\frac{z}{z-a}$

A.3 用查表法进行拉普拉斯反变换

用查表法进行拉普拉斯反变换的关键在于将变换式进行部分分式展开，然后逐项查表进行反变换。设 $F(s)$是 s 的有理真分式

$$F(s)=\frac{B(s)}{A(s)}=\frac{b_m s^m+b_{m-1}s^{m-1}+\cdots+b_1 s+b_0}{a_n s^n+a_{n-1}s^{n-1}+\cdots+a_1 s+a_0}\quad (n>m)$$

式中，系数 $a_0,a_1,\cdots,a_{n-1},a_n$ 和 $b_0,b_1,\cdots,b_{m-1},b_m$ 都是实常数；m,n 是正整数。按代数定理可将 $F(s)$展开为部分分式。分以下两种情况讨论。

① **A(s)=0 无重根**：这时，$F(s)$可展开为 n 个简单的部分分式之和的形式，即

$$F(s)=\frac{c_1}{s-s_1}+\frac{c_2}{s-s_2}+\cdots+\frac{c_i}{s-s_i}+\cdots+\frac{c_n}{s-s_n}=\sum_{i=1}^{n}\frac{c_i}{s-s_i}\tag{A-1}$$

式中，$s_1,s_2,\cdots,s_n$ 是特征方程 $A(s)=0$ 的根。c_i 为待定常数，称为 $F(s)$在 s_i 处的留数，可按下面两式计算

$$c_i=\lim_{s\to s_i}(s-s_i)F(s)\tag{A-2}$$

或

$$c_i=\left.\frac{B(s)}{A'(s)}\right|_{s=s_i}\tag{A-3}$$

式中，$A'(s)$为 $A(s)$对 s 的一阶导数。根据拉普拉斯变换的性质，从式(A-1)可求得原函数

$$f(t)=\mathcal{L}^{-1}[F(s)]=\mathcal{L}^{-1}\left[\sum_{i=1}^{n}\frac{c_i}{s-s_i}\right]=\sum_{i=1}^{n}c_i \mathrm{e}^{-s_i t}\tag{A-4}$$

② **A(s)=0 有重根**：设 $A(s)=0$ 有 r 重根 s_1，$F(s)$可写为

$$\begin{aligned}F(s)&=\frac{B(s)}{(s-s_1)^r(s-s_{r+1})\cdots(s-s_n)}\\&=\frac{c_r}{(s-s_1)^r}+\frac{c_{r-1}}{(s-s_1)^{r-1}}+\cdots+\frac{c_1}{(s-s_1)}+\frac{c_{r+1}}{s-s_{r+1}}+\cdots+\frac{c_i}{s-s_i}+\cdots+\frac{c_n}{s-s_n}\end{aligned}$$

式中，s_1 为 $F(s)$的 r 重根，$s_{r+1},\cdots,s_n$ 为 $F(s)$的 $n-r$ 个单根；其中，$c_{r+1},\cdots,c_n$ 仍按式(A-2)或式(A-3)计算，$c_r,c_{r-1},\cdots,c_1$ 则按下式计算

$$\begin{cases}c_r=\lim\limits_{s\to s_1}(s-s_1)^r F(s)\\ c_{r-1}=\lim\limits_{s\to s_1}\dfrac{\mathrm{d}}{\mathrm{d}s}[(s-s_1)^r F(s)]\\ \vdots\\ c_{r-j}=\dfrac{1}{j!}\lim\limits_{s\to s_1}\dfrac{\mathrm{d}^{(j)}}{\mathrm{d}s^{(j)}}(s-s_1)^r F(s)\\ \vdots\\ c_1=\dfrac{1}{(r-1)!}\lim\limits_{s\to s_1}\dfrac{\mathrm{d}^{(r-1)}}{\mathrm{d}s^{(r-1)}}(s-s_1)^r F(s)\end{cases}\tag{A-5}$$

原函数 $f(t)$为

$$\begin{aligned}f(t)&=\mathcal{L}^{-1}[F(s)]\\&=\mathcal{L}^{-1}\left[\frac{c_r}{(s-s_1)^r}+\frac{c_{r-1}}{(s-s_1)^{r-1}}+\cdots+\frac{c_1}{(s-s_1)}+\frac{c_{r+1}}{s-s_{r+1}}+\cdots+\frac{c_i}{s-s_i}+\cdots+\frac{c_n}{s-s_n}\right]\\&=\left[\frac{c_r}{(r-1)!}t^{r-1}+\frac{c_{r-1}}{(r-2)!}t^{r-2}+\cdots+c_2 t+c_1\right]\mathrm{e}^{s_1 t}+\sum_{i=r+1}^{n}c_i \mathrm{e}^{s_i t}\end{aligned}\tag{A-6}$$

附录B　常见的无源及有源校正网络

表 B-1　无源校正网络

电　路　图	传　递　函　数	对数幅频特性(分段直线表示)
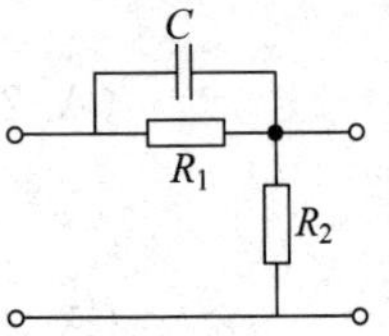	$G(s)=\alpha\dfrac{Ts+1}{\alpha Ts+1}$ $T=R_1C\quad \alpha=\dfrac{R_2}{R_1+R_2}$	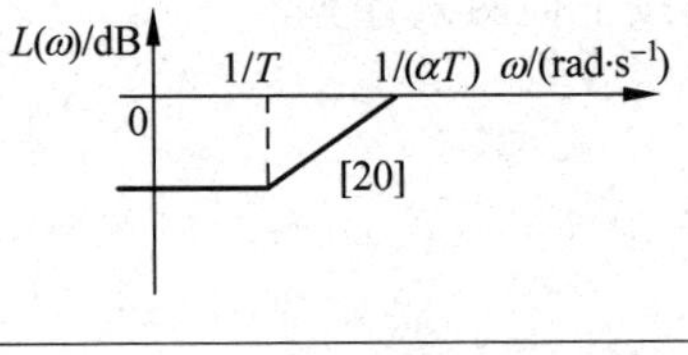
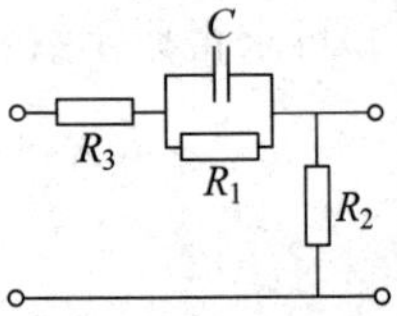	$G(s)=\alpha_1\dfrac{Ts+1}{\alpha_2 Ts+1}$ $\alpha_1=\dfrac{R_2}{R_1+R_2+R_3}\quad T=R_1C$ $\alpha_2=\dfrac{R_2+R_3}{R_1+R_2+R_3}$	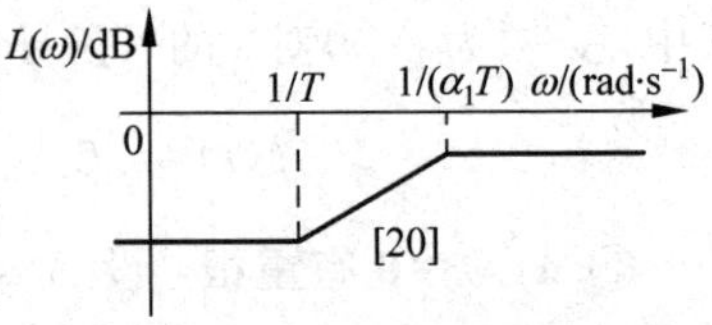
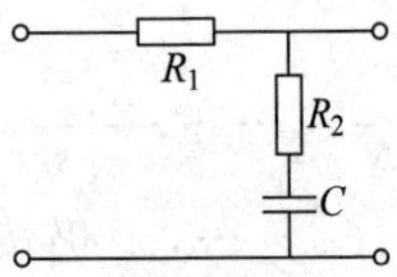	$G(s)=\dfrac{\alpha Ts+1}{Ts+1}$ $T=(R_1+R_2)C\quad \alpha=\dfrac{R_2}{R_1+R_2}$	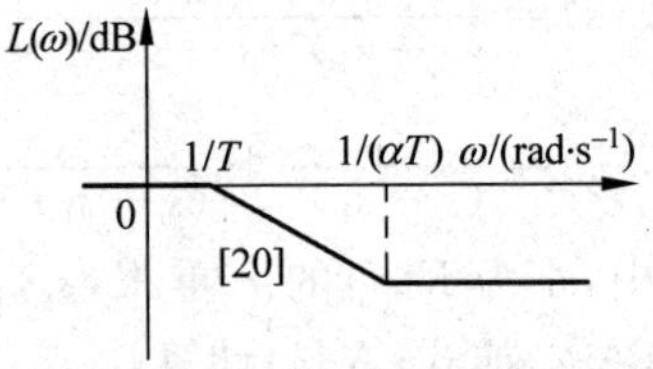
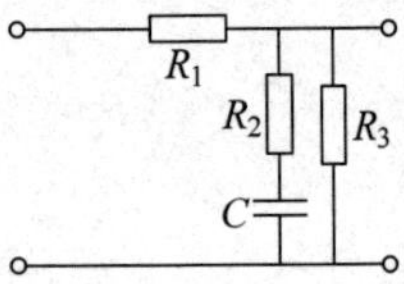	$G(s)=\alpha\dfrac{\tau s+1}{Ts+1}$ $T=\left(R_2+\dfrac{R_1R_3}{R_1+R_3}\right)C$ $\tau=R_2C\quad \alpha=R_3/(R_1+R_3)$	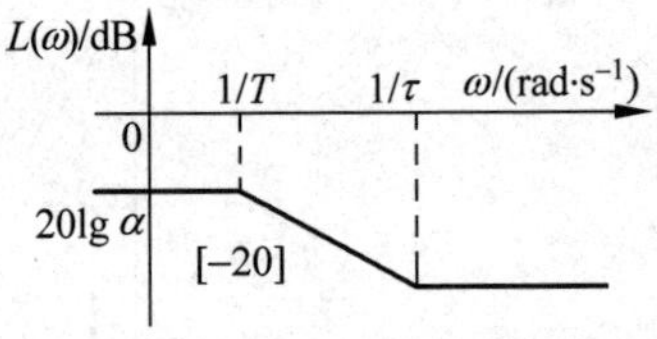
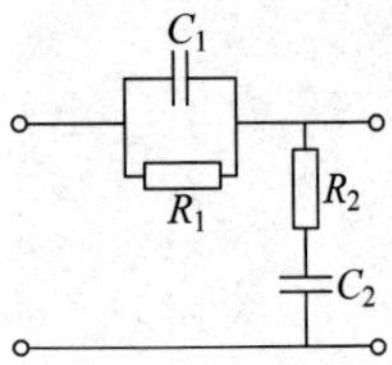	$G(s)=$ $\dfrac{T_1T_2s^2+(T_1+T_2)s+1}{T_1T_2s^2+(T_1+T_2+T_{1,2})s+1}$ $T_1=R_1C_1\quad T_2=R_2C_2$ $T_{1,2}=R_1C_2$	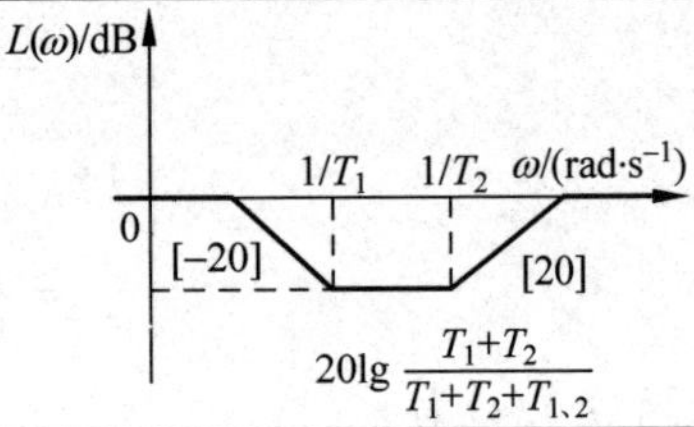
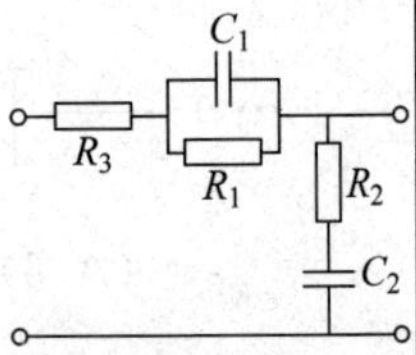	$G(s)=$ $\dfrac{(T_1s+1)(T_2s+1)}{T_1(T_2+T_{3,2})s^2+(T_1+T_2+T_{1,2}+T_{3,2})s+1}$ $T_1=R_1C_1\quad T_2=R_2C_2$ $T_{1,2}=R_1C_2\quad T_{3,2}=R_3C_2$	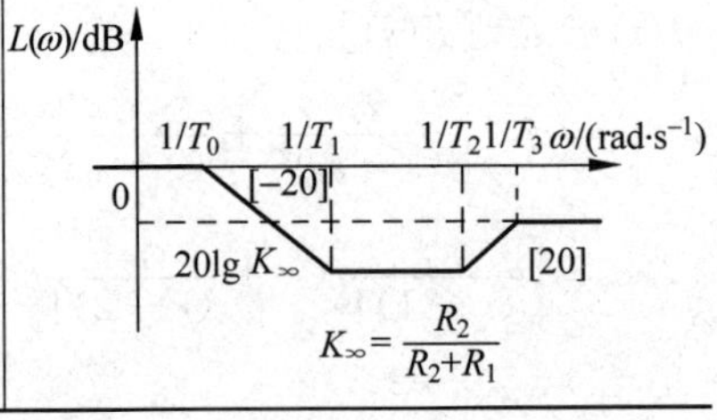

表 B-2 由运算放大器组成的有源校正网络

电 路 图	传 递 函 数	对数幅频特性(分段直线表示)
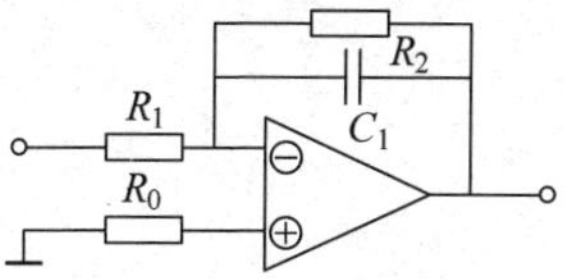	$G(s)=-\dfrac{K}{Ts+1}$ $T=R_2C_1\quad K=\dfrac{R_2}{R_1}$	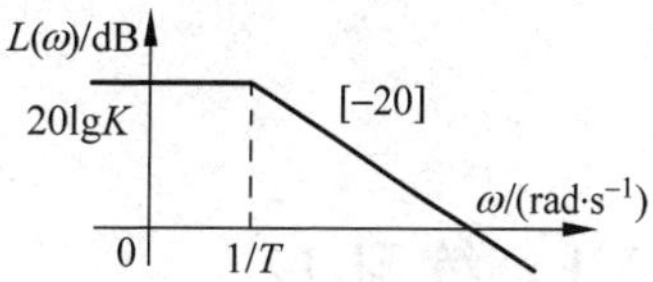
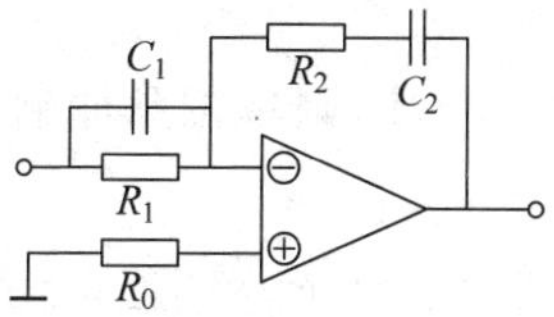	$G(s)=-\dfrac{(\tau_1 s+1)(\tau_2 s+1)}{Ts}$ $\tau_1=R_1C_1\quad \tau_2=R_2C_2$ $T=R_1C_2$	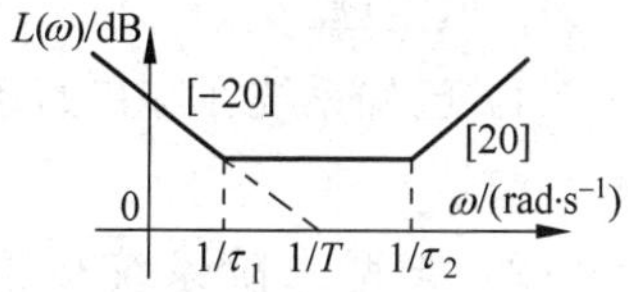
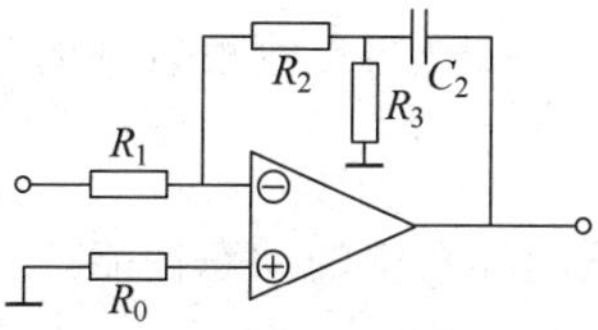	$G(s)=-\dfrac{\tau s+1}{Ts}$ $\tau=\dfrac{R_2R_3}{R_2+R_3}C_2\quad T=\dfrac{R_1R_3}{R_2+R_3}C_2$	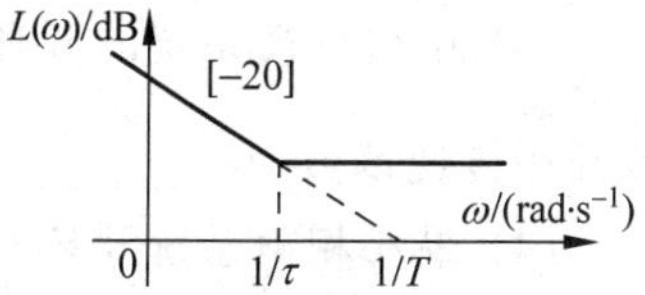
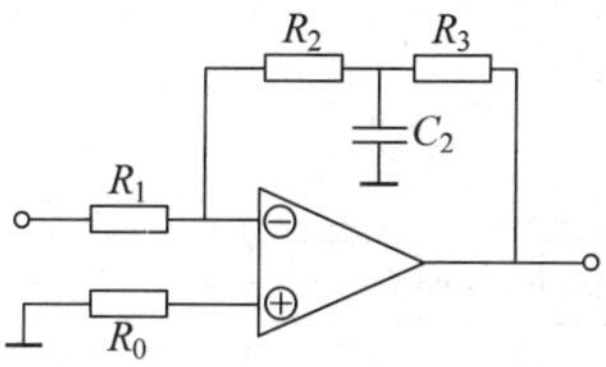	$G(s)=-K(\tau s+1)$ $\tau=\dfrac{R_2R_3}{R_2+R_3}C_2$ $K=\dfrac{R_2+R_3}{R_1}$	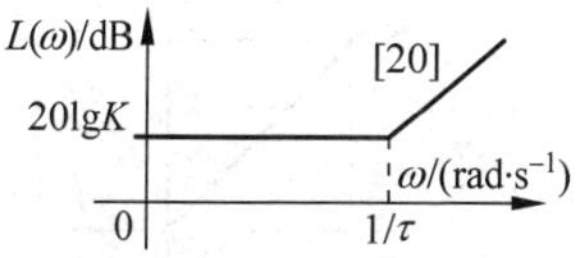
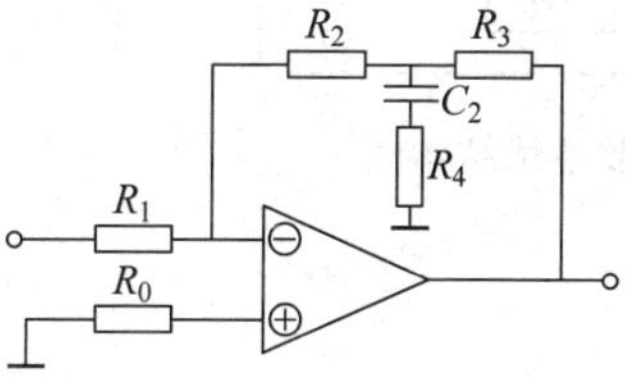	$G(s)=-\dfrac{K(\tau s+1)}{Ts+1}$ $K=\dfrac{R_2+R_3}{R_1}\quad T=R_4C_2$ $\tau=\left(\dfrac{R_2R_3}{R_2+R_3}+R_4\right)C_2$	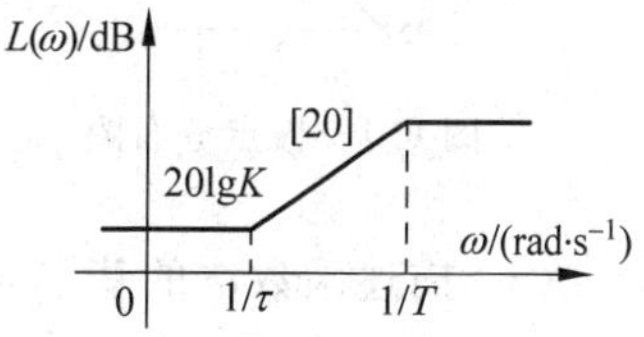
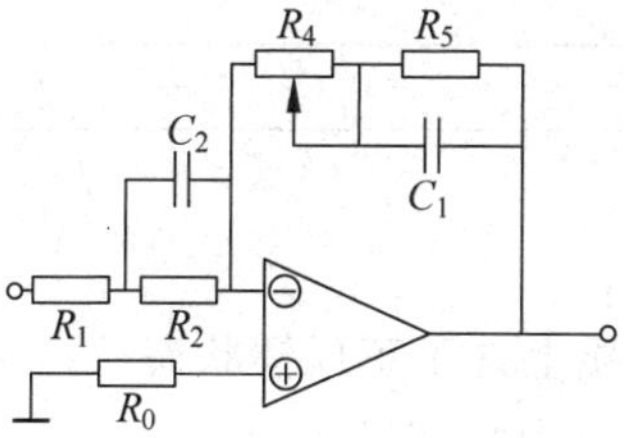	$G(s)=-\dfrac{K(\tau_1 s+1)(\tau_2 s+1)}{(T_1 s+1)(T_2 s+1)}$ $K=\dfrac{R_4+R_5}{R_1+R_2}$ $\tau_1=\dfrac{R_4R_5}{R_1+R_2}C_1,\quad \tau_2=R_2C_2$ $T_1=R_5C_1,\quad T_2=\dfrac{R_1R_2}{R_1+R_2}C_2$	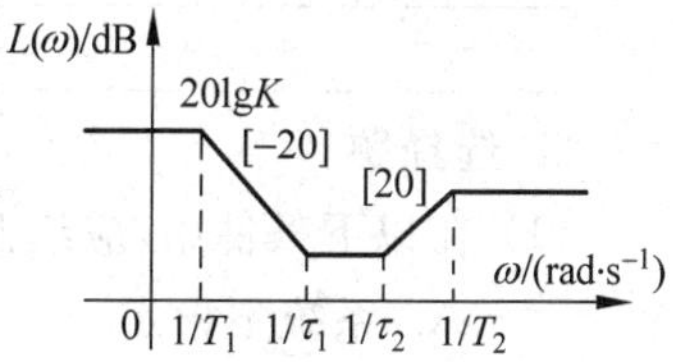

附录C　综合练习题

C.1　练习1

1. 填空题。

(1) 已知系统在零初始条件下的单位阶跃响应为 $h(t)=1-3e^{-2t}$，则单位脉冲响应为________。

(2) 典型二阶系统极点分布如图 C-1 所示，则 $\omega_n=$ ________；$\omega_d=$ ________；$\zeta=$ ________。

(3) 单位反馈系统的开环传递函数为 $GH(s)=\dfrac{10}{s(s+1)(s+a)}$，绘制参数根轨迹的等效开环传递函数为________。

(4) 最小相角系统开环对数频率特性的________频段表征闭环系统的动态性能。

(5) 离散系统结构图如图 C-2 所示，其闭环脉冲传递函数 $\Phi(z)=$ ________。

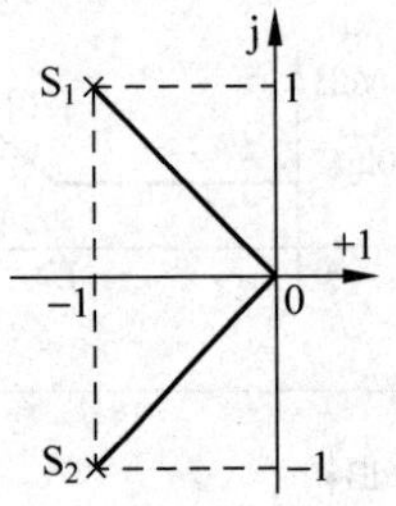

图 C-1　极点分布图

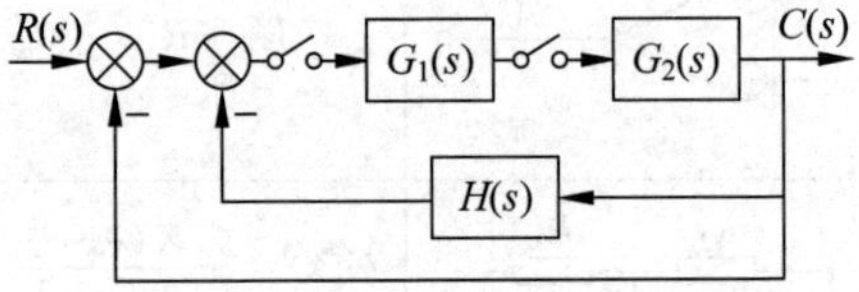

图 C-2　离散系统结构图

(6) 描述函数法的基本假设条件是：

________________________________；

________________________________；

________________________________。

2. 选择题。

(1) 在以下条件中，应绘制 0°根轨迹的是：

A. 系统不稳定　　B. 系统实质上处于正反馈状态

C. 非最小相角系统　　D. 主反馈口为"+"号

(2) 最小相角系统闭环稳定的充要条件是：

A. 奈奎斯特曲线不包围(−1,j0)点

B. 奈奎斯特曲线通过(−1,j0)点

C. 奈奎斯特曲线顺时针包围$(-1, j0)$点

D. 奈奎斯特曲线逆时针包围$(-1, j0)$点

(3) 已知串联校正装置的传递函数为$\dfrac{0.4(s+5)}{s+2}$,则它是

A. 相角超前校正　　B. 滞后超前校正

C. 相角滞后校正　　D. A、B、C 都不是

(4) 线性离散系统闭环极点在单位圆内正实轴上,则对应瞬态响应

A. 振荡衰减　　B. 单调增大　　C. 等幅振荡　　D. 单调衰减

(5) 非线性系统相轨迹的起点取决于

A. 与外作用无关　　B. 系统的结构和参数

C. 初始条件　　D. 初始条件和所加的外作用

3. 系统结构图如图 C-3 所示。

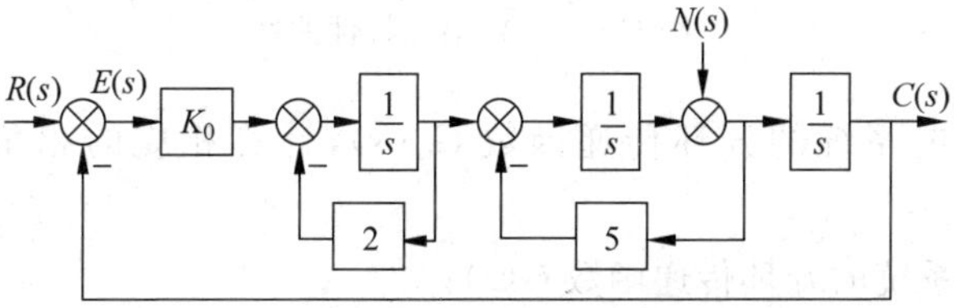

图 C-3　系统结构图

(1) 确定闭环系统传递函数$\Phi(s)=C(s)/R(s)$和$\Phi_n(s)=C(s)/N(s)$;

(2) 确定使系统稳定的开环增益 K 的取值范围;

(3) 当输入 $r(t)=t$ 时,确定满足稳态误差 $e_{ss}<0.5$ 的开环增益 K 的范围。

4. 系统结构图如图 C-4 所示。

(1) 输入 $r(t)=1(t)$时,要求系统稳态误差 $e_{ss}<0.5$,K_0 应取何值?

(2) 当 $K_0=2.5$ 时,计算系统动态性能指标[超调量 $\sigma\%$,峰值时间 t_p 和调节时间 $t_s(\Delta=5\%)$]。

5. 系统结构图如图 C-5 所示。

(1) 绘制系统的根轨迹(求渐近线,分离点,与虚轴交点);

(2) 确定系统稳定且为欠阻尼状态时,开环增益 K 的范围;

(3) 当一闭环极点 $s_3=-6$ 时,判定系统是否稳定?

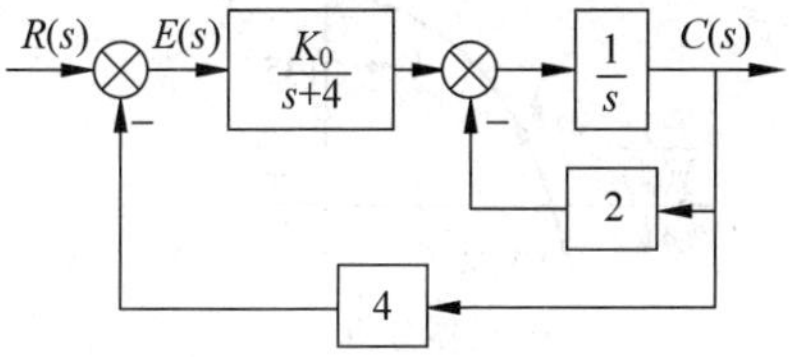

图 C-4　系统结构图

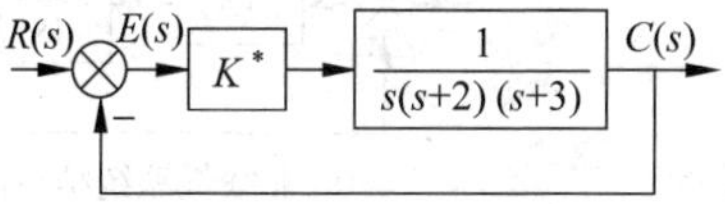

图 C-5　系统结构图

6. 已知单位反馈的最小相角系统,校正前其开环对数幅频特性曲线如图 C-6 中

$L_0(\omega)$所示，采用串联校正，校正装置的传递函数 $G_c(s)=\dfrac{s+1}{\dfrac{s}{100}+1}$。

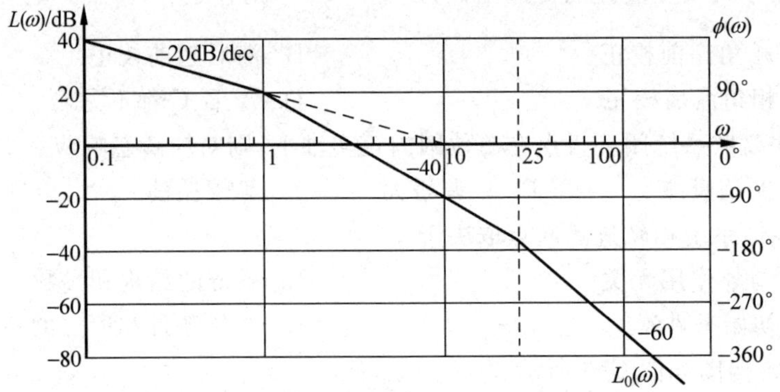

图 C-6　对数幅频特性曲线

(1) 写出校正前系统的开环传递函数 $G_0(s)$，计算相应的相角裕度 γ_0 和幅值裕度 h_0；

(2) 求校正后系统的开环传递函数 $G(s)$；

(3) 在图 C-6 中绘制校正后系统的对数幅频特性曲线 $L(\omega)$；

(4) 计算校正后系统的相角裕度 γ 和幅值裕度 h；

(5) 用三频段理论简要说明校正对系统性能产生的影响。

7. 离散系统结构图如图 C-7 所示，采样周期 $T=0.5\text{s}$。

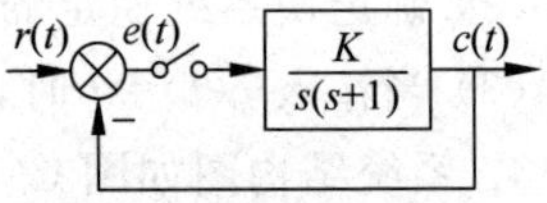

图 C-7　离散系统结构图

(1) 写出系统开环脉冲传递函数 $G(z)$ 和闭环脉冲传递函数 $\Phi(z)$；

(2) 确定使系统稳定的 K 值范围；

(3) 当 $K=2$，$r(t)=4t$ 时，求系统的稳态误差 $e(\infty)$。

8. 非线性系统结构图如图 C-8(a)所示，相应的幅相曲线 $G(\mathrm{j}\omega)$ 与负倒描述函数曲线 $\dfrac{-1}{N(A)}$ 如图 C-8(b)所示。

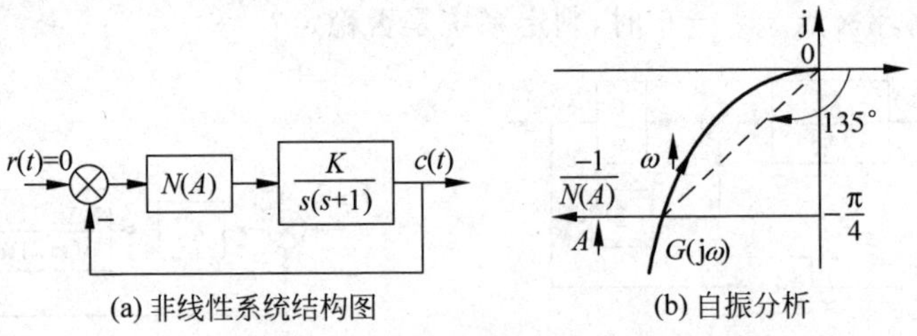

图 C-8　非线性系统结构图及自振分析

(1) 确定系统是否存在自振,若存在自振,求出系统参数 K 及自振频率 ω;

(2) 定性分析当 K 增大时,系统自振参数(A,ω)的变化趋势。

C.2 练习 2

1. 已知系统结构图如图 C-9 所示,要求

(1) 求前向通道传递函数$\dfrac{C(s)}{E(s)}$;

(2) 求系统闭环传递函数$\dfrac{C(s)}{R(s)}$;

(3) 若 $G_1(s)G_2(s)=1$,$G_2(s)-G_1(s)=\dfrac{2K_1}{s(s+1)}-2$,$H(s)=\dfrac{1}{s+1}$。欲使系统在单位速度输入下的稳态误差 $e_{ss}<2$,试确定 K_1 的取值范围。

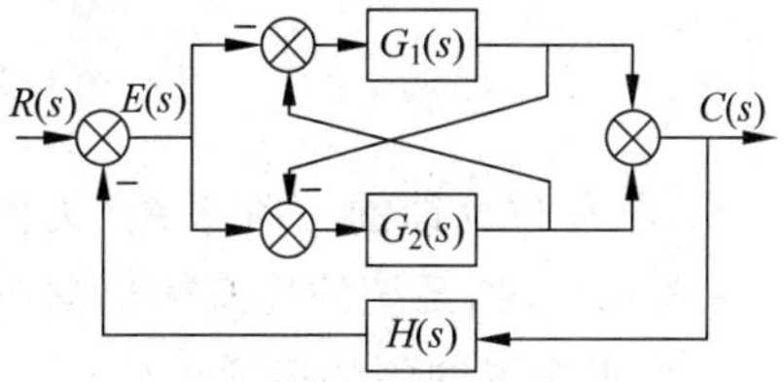

图 C-9 系统结构图

2. 某单位反馈的 Ⅰ 型三阶系统(无开环零点),调节开环增益 K 时,系统会出现二重根 $\lambda_{1,2}=-1$;当调节 K 使系统单位阶跃响应出现等幅正弦波动时,波动的频率 $\omega=3\text{rad/s}$。

(1) 确定系统的开环传递函数 $G(s)$;

(2) 确定使系统主导极点位于最佳阻尼比位置($\beta=45°$)时的开环增益 K,估算此时系统的超调量 $\sigma\%$ 和调节时间 t_s;

(3) 在条件(2)下,求 $r(t)=t$ 时系统的稳态误差 e_{ss}。

3. 系统结构图如图 C-10 所示。

(1) 欲配置系统闭环极点到 $\lambda_{1,2}=+2\pm \mathrm{j}\sqrt{10}$,试确定参数 K,T 的值;

(2) 以(1)中的计算结果为基础,分别绘制 $K,T=0\to+\infty$ 变化时系统的根轨迹;

(3) 确定使系统稳定的 K,T 值范围,并绘制稳定的参数区域。

4. 系统结构图如图 C-11 所示,其中 PID 控制器的参数设计为 $K_P=1,K_D=0.1,K_I=5$。

(1) 试绘制 $K_0=0\to\infty$ 变化时的根轨迹(计算出射角、入射角、与虚轴交点);

(2) 确定使系统稳定的开环增益 K 的取值范围。

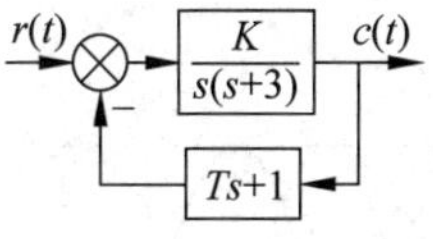

图 C-10 系统结构图

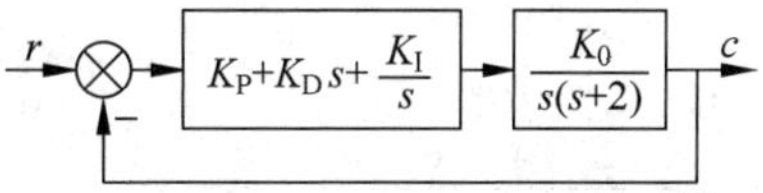

图 C-11 控制系统结构图

5. 单位反馈的最小相角系统,其开环对数幅频特性如图 C-12 所示,试确定

(1) 当 $r(t)=3\times1(t)$时系统的稳态误差 e_{ss};

(2) 系统的相角裕度 γ;

(3) 信号 $r(t)=2\sin13.6t$ 通过系统后,幅值能衰减到多少。

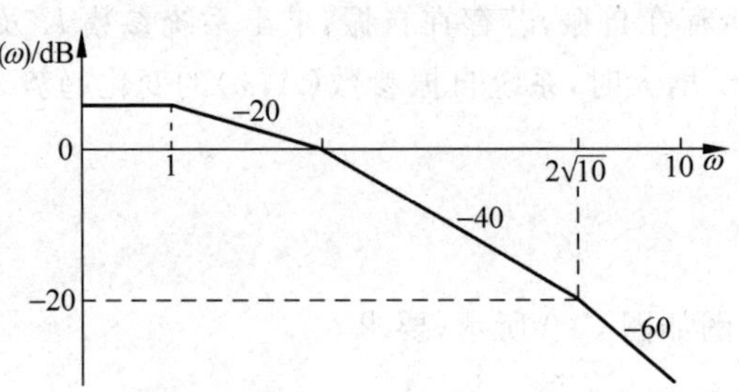

图 C-12　开环对数幅频特性

6. 某单位反馈的二阶系统(无闭环零点),其单位阶跃响应如图 C-13(a)所示;当 $r(t)=3\sin 4t$ 时,系统的稳态输出响应如图 C-13(b)所示。

(1) 求系统的闭环传递函数;

(2) 计算系统的动态性能(超调量 $\sigma\%$,调节时间 t_s);

(3) 求系统的截止频率 ω_c 和相角裕度 γ。

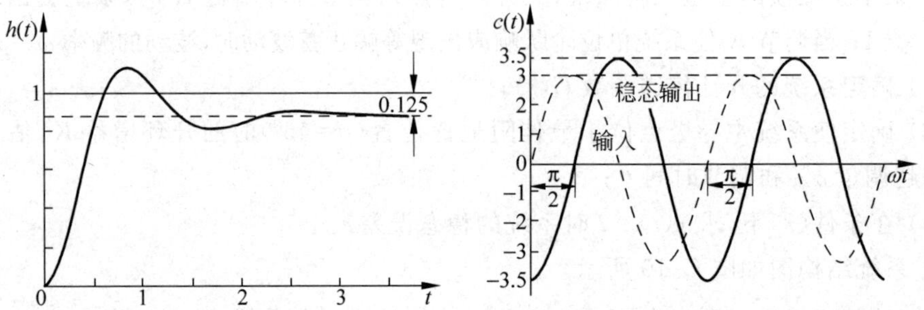

(a)　　(b)

图 C-13　系统的单位阶跃响应和稳态正弦响应

7. 某单位反馈的二阶系统(无开环零点),校正前系统的开环幅相特性曲线如图 C-14(a)所示。采用串联校正后成为典型二阶系统,当输入 $r(t)=t$ 时,系统的稳态误差 $e_{ss}=0.1$;当输入 $r(t)=\sin 10t$ 时,系统的稳态响应 $c_s(t)$ 如图 C-14(b)所示。

(1) 求校正装置的传递函数 $G_c(s)$,并绘制 $G_c(s)$的渐近对数幅频特性曲线 $L_c(\omega)$;

(2) 计算校正后系统的超调量 $\sigma\%$ 和调节时间 t_s。

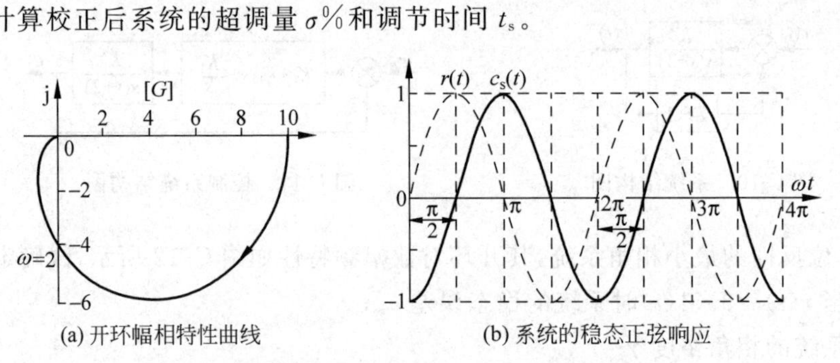

(a) 开环幅相特性曲线　　(b) 系统的稳态正弦响应

图 C-14　系统的幅相特性曲线和稳态正弦响应

8. 某单位反馈系统，校正前系统的开环对数幅频特性 $L_0(\omega)$ 如图 C-15(a)所示，欲采用 PID 校正［见图 C-15(b)］使系统成为典型欠阻尼二阶系统，动态性能指标设定为 $\sigma\%=16.3\%$，$t_s=0.7\text{s}$。

(1) 计算校正前系统的截止频率 ω_{c0} 和相角裕度 γ_0；

(2) 确定校正装置中的参数 K_P，K_D，K_I。

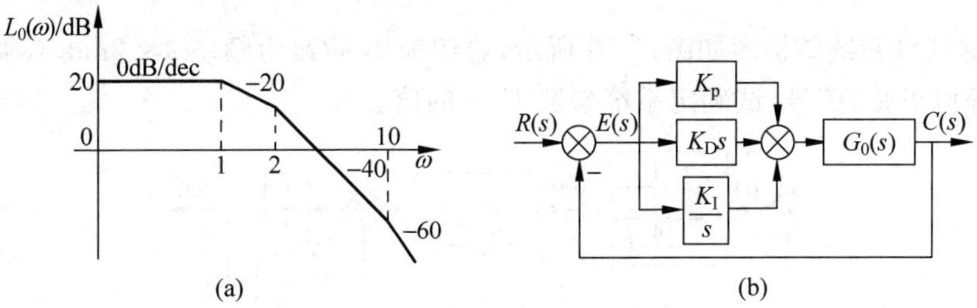

图 C-15　校正前系统的对数幅频特性及系统结构图

9. 已知单位反馈的典型二阶系统，在 $r(t)=\sin 2t$ 作用下的稳态输出响应为

$$c_s(t)=2\sin(2t-90°)$$

欲采用串联校正，使校正后系统仍为典型二阶系统，并且同时满足条件

$$\begin{cases} r(t)=t\ \text{作用时，系统的稳态误差}\ e_{ss}=0.25 \\ \text{超调量}\ \sigma\%=16.3\% \end{cases}$$

(1) 试确定校正前系统的开环传递函数 $G_0(s)$；

(2) 确定校正后系统的开环传递函数 $G(s)$，求校正后系统的截止频率 ω_c 和相角裕度 γ；

(3) 确定校正装置的传递函数 $G_c(s)$，指出所用的校正方式(超前，滞后，滞后-超前)。

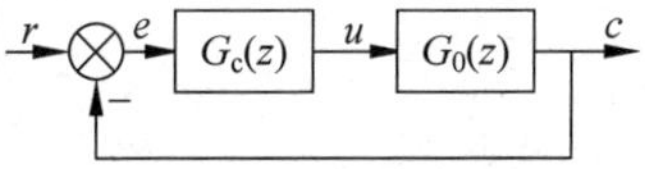

图 C-16　采样系统结构图

10. 某离散系统结构图如图 C-16 所示，采样周期 $T=0.5\text{s}$。各变量之间的差分方程为

$$u(k)=u(k-1)+e(k)$$
$$c(k)=2K\cdot u(k-3)$$

(1) 求系统的开环脉冲传递函数 $G(z)$ 和闭环脉冲传递函数 $\Phi(z)$；

(2) 确定使系统稳定的 K 值范围；

(3) 当 $K=0.25$ 时，求 $r(t)=t$ 作用下系统的稳态误差 $e^*(\infty)$。

11. 采样系统结构图如图 C-17 所示，采样周期 T 及时间常数 T_0 均为大于 0 的常数，且 $\mathrm{e}^{-T/T_0}=0.2$。

(1) 当 $D(z)=1$ 时求使系统稳定的 K 值范围($K>0$)；

(2) 当 $D(z)=\dfrac{bz+c}{z-1}$ 及 $K=1$ 时，采样系统有三重根 a(a 为实常数)，求 $D(z)$ 中的系数 b、c 及重根 a 值。

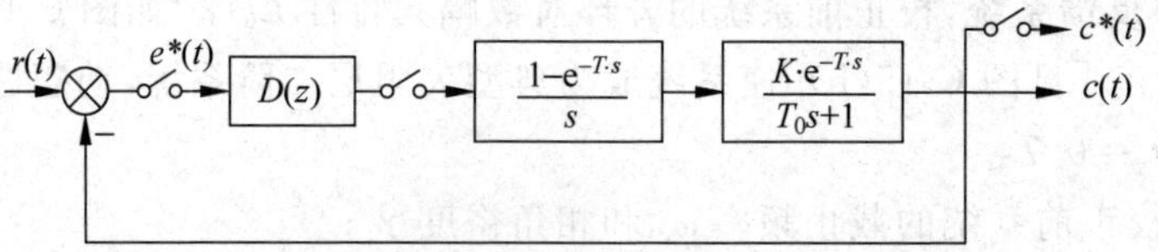

图 C-17　采样系统结构图

12. 非线性系统结构图如图 C-18 所示，希望输出 $y(t)$ 为频率 $\omega=2\text{rad/s}$，幅值 $A_y=2$ 的周期(近似正弦)信号，试确定系统参数 K,a 的值。

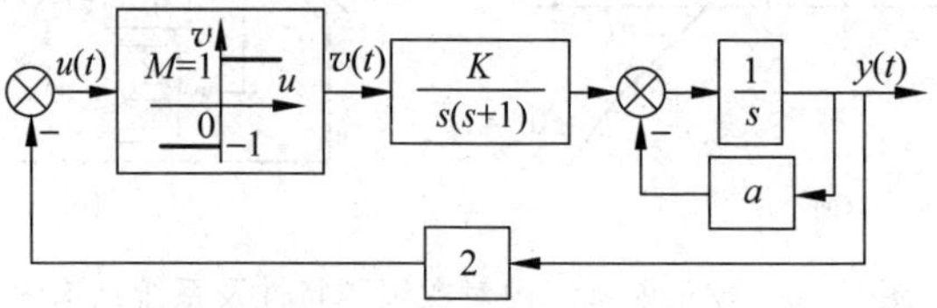

图 C-18　非线性系统结构图

13. 非线性系统结构图如图 C-19 所示，其中 $M=\pi,h=1$。试分析系统在初始条件 $c(0)=A_0\in(0,\infty)$ 条件下的运动形式。

(1) 确定系统的自由响应是否会稳定或发散，并确定相应 A_0 的取值范围；

(2) 如果系统存在自振，请确定自振参数(A,ω)。

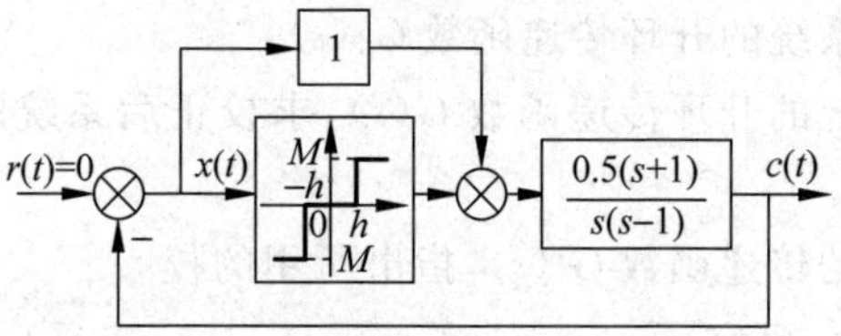

图 C-19　非线性系统结构图

附录D 习题答案

第 1 章

1-1 （1）$a \leftrightarrow d, b \leftrightarrow c$；（2）方框图略。

1-2 方框图略。

1-3 被控对象：加热炉，被控量：炉温，给定量：给定电位器设定的电压 u_r。方框图略。

1-4 被控对象：发射架，被控量：发射架方位角，给定量：输入轴转角 θ_i。方框图略。

1-5 被控对象：蒸汽机，被控量：蒸汽机转速 ω，给定量：设定转速。方框图略。

1-6 被控对象：摄像机，被控量：摄像机方向角 θ_2，给定量：光点显示器的方向角 θ_1。

1-7 图 1-21(a)所示系统能恢复到 110V；图 1-21(b)所示系统不能恢复到 110V。理由略。

1-8 被控对象：热交换器，出口热水温度为被控量，给定量（希望温度）在控制器中设定；冷水流量是干扰量。方框图略。

1-9 略。

1-10 （1）略；（2）图 1-24(a)所示系统是有差系统，图 1-24(b)所示系统是无差系统。

1-11 方框图略。

第 2 章

2-1 (a) $\dfrac{\mathrm{d}^2 y(t)}{\mathrm{d}t^2}+\dfrac{f}{m}\dfrac{\mathrm{d}y(t)}{\mathrm{d}t}+\dfrac{k}{m}y(t)=\dfrac{1}{m}F(t)$；

(b) $\dfrac{\mathrm{d}y}{\mathrm{d}t}+\dfrac{k_1k_2}{f(k_1+k_2)}y=\dfrac{k_1}{k_1+k_2}\dfrac{\mathrm{d}x}{\mathrm{d}t}$；

(c) $\dfrac{\mathrm{d}^4 y}{\mathrm{d}t^4}+\dfrac{2K}{m}\dfrac{\mathrm{d}^2 y}{\mathrm{d}t^2}=\dfrac{K}{m^2}F(t)$。

2-2 (a) $\dfrac{U_c(s)}{U_r(s)}=\dfrac{R_2(1+R_1Cs)}{R_1+R_2+R_1R_2Cs}$；

(b) $\dfrac{U_c(s)}{U_r(s)}=\dfrac{R^2C^2s^2+2RCs+1}{R^2C^2s^2+3RCs+1}$；

(c) $\dfrac{U_c(s)}{U_r(s)}=\dfrac{R_2}{R_1LCs^2+(L+R_1R_2C)s+(R_1+R_2)}$。

2-3 (a) $\dfrac{Y(s)}{X(s)}=\dfrac{\dfrac{f_1f_2}{k_1k_2}s^2+\left(\dfrac{f_1}{k_1}+\dfrac{f_2}{k_2}\right)s+1}{\dfrac{f_1f_2}{k_1k_2}s^2+\left(\dfrac{f_1}{k_1}+\dfrac{f_2}{k_2}+\dfrac{f_1}{k_2}\right)s+1}$;

(b) $\dfrac{U_c(s)}{U_r(s)}=\dfrac{R_1R_2C_1C_2s^2+(R_1C_1+R_2C_2)s+1}{R_1R_2C_1C_2s^2+(R_1C_1+R_2C_2+R_1C_2)s+1}$。

2-4 $\Delta i_d=10^{-14}\cdot\dfrac{1}{0.026}\cdot e^{u_{d0}/0.026}\cdot\Delta u_d=0.085\cdot\Delta u_d$。

2-5 $S\dfrac{d\Delta h}{dt}+\dfrac{\alpha}{2\sqrt{h_0}}\Delta h=\Delta Q_r$。

2-6 $\dfrac{d^2\Delta\theta}{dt^2}+\dfrac{g}{l}\Delta\theta=0$。

2-7 (a) $X(s)=\dfrac{2}{s}+\dfrac{1}{s^2}e^{-t_0s}$;

(b) $X(s)=\dfrac{e^{-s}}{s^2}\left(s+\dfrac{1}{2}\right)-\dfrac{e^{-3s}}{s^2}\left(2s+\dfrac{1}{2}\right)$;

(c) $X(s)=\dfrac{1}{s}[a+(b-a)e^{-t_1s}-(b-c)e^{-t_2s}-ce^{-t_3s}]$;

(d) $X(s)=\dfrac{4}{T^2s^2}(1-2e^{\frac{-T}{2}s}+e^{-Ts})$。

2-8 (1) $x(t)=e^{t-1}$;

(2) $x(t)=\dfrac{2}{3}\sin 3t$;

(3) $x(t)=\dfrac{-t^2}{4}e^{-2t}+\dfrac{t}{4}e^{-2t}-\dfrac{3}{8}e^{-2t}+\dfrac{1}{3}e^{-3t}+\dfrac{1}{24}$;

(4) $x(t)=\dfrac{1}{2}+\dfrac{1}{2}e^{-t}(\sin t-\cos t)$。

2-9 $G(s)=\dfrac{C(s)}{R(s)}=\dfrac{3s+2}{(s+1)(s+2)},k(t)=4e^{-2t}-e^{-t}$。

2-10 $c(t)=1-4e^{-t}+2e^{-2t}$。

2-11 (a) $\dfrac{U_c(s)}{U_r(s)}=-\dfrac{R_2}{R_1}$;

(b) $\dfrac{U_c(s)}{U_r(s)}=-\dfrac{(1+R_1C_1s)(1+R_2C_2s)}{R_1C_2s}$;

(c) $\dfrac{U_c(s)}{U_r(s)}=-\dfrac{R_2}{R_1(1+R_2Cs)}$。

2-12 (1) $k_1=-3,k_2=-2$; (2) 结构图略;

(3) $\dfrac{Q_c(s)}{Q_r(s)}=\dfrac{1}{\dfrac{T_m}{k_0k_1k_2k_3k_m}s^2+\dfrac{1+k_2k_3k_mk_t}{k_0k_1k_2k_3k_m}s+1}$。

2-13 $\dfrac{Q_c(s)}{Q_r(s)}=\dfrac{0.7(s+0.6)}{s^3+(0.9+0.7K)s^2+(1.18+0.42K)s+0.68}$。

2-14 图略；$\dfrac{C(s)}{R(s)}=\dfrac{G_1G_2G_3G_4}{1+G_2G_3G_6+G_3G_4G_5+G_1G_2G_3G_4G_7-G_1G_2G_3G_4G_8}$。

2-15 (a) $\dfrac{C(s)}{R(s)}=\dfrac{G_1-G_2}{1-G_2H}$；

(b) $\dfrac{C(s)}{R(s)}=\dfrac{G_1G_2G_3}{1+G_1G_2+G_2G_3+G_1G_2G_3}$；

(c) $\dfrac{C(s)}{R(s)}=\dfrac{G_1G_2G_3+G_1G_4}{1+G_1G_2H_1+G_2G_3H_2+G_1G_2G_3+G_1G_4+G_4H_2}$；

(d) $\dfrac{C(s)}{R(s)}=G_4+\dfrac{G_1G_2G_3}{1+G_1G_2H_1+G_2H_1+G_2G_3H_2}$。

2-16 图略；$\dfrac{C(s)}{R(s)}=\dfrac{G_1G_2G_3G_4}{1+G_3G_4H_1+G_2G_3H_2+G_1G_2G_3G_4H_3}$

2-17 图略；$\dfrac{X_5(s)}{X_1(s)}=\dfrac{a_{12}a_{23}a_{34}a_{45}+a_{12}a_{24}a_{45}+a_{12}a_{25}(1-a_{34}a_{43}+a_{44})}{1+a_{23}a_{32}+a_{44}-a_{34}a_{43}+a_{24}a_{43}a_{32}+a_{23}a_{32}a_{44}}$。

2-18 同2-15。

2-19 (a) $\dfrac{C(s)}{R(s)}=\dfrac{G_1G_2G_3G_4}{1-G_2G_3H_1+G_1G_2G_3H_3-G_1G_2G_3G_4H_4+G_3G_4H_2}$；

(b) $\dfrac{C(s)}{R(s)}=\dfrac{G_1G_2G_3+G_3G_4(1+G_1H_1)}{1+G_1H_1-G_3H_3+G_1G_2G_3H_1H_2H_3-G_1H_1G_3H_3}$；

(c) $\dfrac{C(s)}{R(s)}=\dfrac{-G_1+G_1G_2+G_2+G_2G_1}{1-G_1+G_1G_2+G_2+G_2G_1+G_1G_2}=\dfrac{2G_1G_2-G_1+G_2}{1-G_1+G_2+3G_1G_2}$；

(d) $\dfrac{C(s)}{R(s)}=\dfrac{G_1G_2+G_3}{1+G_2H_1+G_1G_2H_2+G_1G_2+G_3-G_3H_1G_2H_2}$。

2-20 (a) $\dfrac{C(s)}{R(s)}=\dfrac{G_1G_2+G_1G_3(1+G_2H)}{1+G_2H+G_1G_2+G_1G_3+G_1G_2G_3H}$，

$\dfrac{C(s)}{N(s)}=\dfrac{-1-G_2H+G_4G_1G_2+G_4G_1G_3(1+G_2H)}{1+G_2H+G_1G_2+G_1G_3+G_1G_2G_3H}$；

(b) $\dfrac{C(s)}{R(s)}=\dfrac{Ks}{(2K+1)s+2(K+1)}$，

$\dfrac{C(s)}{N_1(s)}=\dfrac{s(s+2)}{(2K+1)s+2(K+1)}$，

$\dfrac{C(s)}{N_2(s)}=\dfrac{-2K}{(2K+1)s+2(K+1)}$；

(c) $\dfrac{C(s)}{R(s)}=\dfrac{G_2G_4+G_3G_4+G_1G_2G_4}{1+G_2G_4+G_3G_4}$，

$\dfrac{C(s)}{N(s)}=\dfrac{G_4}{1+G_2G_4+G_3G_4}$。

2-21 (1) $c(t)=\dfrac{1}{2}-\dfrac{1}{3}e^{-t}-\dfrac{1}{6}e^{-4t}$；

(2) $e(t)=\frac{2}{3}e^{-t}+\frac{1}{3}e^{-4t}$。

第 3 章

3-1 $\Phi(s)=0.0125/(s+1.25)$。

3-2 证明略。

3-3 $K_1\geqslant 15, K_2=0.5$。

3-4 (1) 系统(a)需要 10 个单位时间； (2) 系统(b)需要 0.099 个单位时间。

3-5 $G_0(s)=\frac{7.2586}{s+0.5776}$。

3-6 $h(t)=1-\frac{4}{3}e^{-t}+\frac{1}{3}e^{-4t}$， $t_s=3.3$。

3-7 $K=2.5, t_s=0.95s$。

3-8 图略。

3-9 (1) $K=20$， (2) $h(1)=60.00145$(次/分)， $h(t_p)=69.78$(次/分)。

3-10 $K_1=100, K_2=0.146$。

3-11 $\Phi(s)=\frac{2\times 1.717^2}{s^2+2\times 0.404\times 1.717s+1.717^2}=\frac{5.9}{s^2+1.39s+2.95}$。

3-12 $c(t)=-10e^{-2.5t}\cos 7.5t-3.47e^{-2.5t}\sin 7.5t=-10.6e^{-2.5t}\sin(7.5t+70.8°)$。

3-13 $K_1=1108, K_2=3, a=22$。

3-14 $\Phi(s)=\frac{\frac{10}{3}}{s^2+2s+\frac{4}{3}}$；

$t_p=5.44s, \sigma\%=0.433\%, t_s=3.5s, h(\infty)=2.5$。

3-15 (1) 有 2 个正根；

(2) 没有正根，有一对虚根：$s_{1,2}=\pm j2$；

(3) 有 1 个正根，有一对虚根：$s_{1,2}=\pm j$；

(4) 有 1 个正根，有一对虚根：$s_{1,2}=\pm j5$。

3-16 $0.536<K<0.933$。

3-17 $\frac{8}{15}<K_k<\frac{18}{15}$。

3-18 $T>0, K>1, T<2+\frac{4}{K-1}$，图略。

3-19 (1) $0<K<36.36$； (2) $0<\tau<0.357$。

3-20 (1) $\frac{\Theta(s)}{M_N(s)}=\frac{0.5}{s^2+(0.2+0.5K_2K_3)s+(1+0.5K_1K_2)}$；

(2) $0.2+0.5K_2K_3=\sqrt{1+0.5K_1K_2}$；

(3) $K_1 \geqslant 8, K_3 \geqslant 4.072$。

3-21 $e_{ss}=2.5℃$。

3-22 局部反馈加入前：$K_p \to \infty$，$K_v \to \infty$，$K_a=10$；

局部反馈加入后：$K_p \to \infty$，$K_v=0.5$，$K_a=0$。

3-23 $r(t)=1(t)$时，$e_{ss}=0$；

$r(t)=t$ 时，$e_{ss}=1.14$；

$r(t)=t^2$ 时，$e_{ss} \to \infty$。

3-24 $r(t)=1(t)$时，$e_{ssr}=0$；

$n_1(t)=1(t)$时，$e_{ssn_1}=-1/K$；

$n_2(t)=1(t)$时，$e_{ssn_2}=0$。

3-25 $K_0=1/K$，$\tau=T_1+T_2$。

3-26 (1) $K_3=0.01$； (2) $K_1K_2 \geqslant 360000$。

3-27 (1) 不可以，此时系统不稳定； (2) $e_{ss} \to -\infty$。

3-28 (1) $e_{ss} \to \infty$； (2) $e_s(10)=2.4$。

3-29 $e_s(t)=0.1t+0.1472$。

3-30 (1) $\beta>0$ 时系统稳定； (2) $\beta\uparrow \begin{cases} \zeta\uparrow \quad \to \quad \sigma\% \downarrow \\ t_s=\dfrac{3.5}{\zeta\omega_n}=\dfrac{7}{\beta K_2}\downarrow \end{cases}$；

(3) $e_{ss}=\dfrac{a\beta}{K_1}\uparrow$。

3-31 $K_c=K_2K_3/K_4$。

3-32 (1) $\Phi_n(s)=\dfrac{s+5}{s^2+6s+25}$； (2) $c_n(\infty)=\Delta/5$； (3) $K=0.25$。

3-33 $G_{c1}(s)=\dfrac{s+K_1}{K_1}$； $G_{c2}(s)=\dfrac{1}{s}$。

3-34 $\begin{cases} K=10 \\ v=1 \\ T=1 \end{cases}$ 或 $\begin{cases} K=10 \\ v=2 \\ T=0 \end{cases}$。

3-35 (1) $T_1+T_2>T_1T_2K_1K_2$； (2) $G_c(s)=s/K_2$。

3-36 $G_{c1}(s)=-s(s+1.386), G_{c2}(s)=K_t's=0.47s, K_1=2.946$。

3-37 (1) $\begin{cases} K=3 \\ \omega=\sqrt{2} \end{cases}$； (2) $2 \leqslant K \leqslant 3$。

3-38 (1) $G(s)=\dfrac{10K}{s(s+10\tau+1)}$； (2) $\Phi(s)=\dfrac{\omega_n^2}{s^2+2\zeta\omega_n s+\omega_n^2}$；

(3) $K=1.318, \tau=0.263$； (4) $e_{ss}=0.413$。

3-39 (1) $0<K<15$； (2) $0.72<K<6.24$； (3) $8 \leqslant K<15$。

第 4 章

4-1 $K^*=12, K=3/2$。

4-2 (1) 渐近线$\begin{cases}\sigma_a=-7/3\\ \varphi_a=\pm 60°, 180°\end{cases}$,分离点 $d=-0.88$,虚轴交点:$\begin{cases}\omega=\sqrt{10}\\ K=7\end{cases}$,图略;

(2) 渐近线$\begin{cases}\sigma_a=0\\ \varphi_a=\pm 90°\end{cases}$,分离点 $d=-0.886$,图略;

(3) 分离点 $d_1=-0.293, d_2=-1.707$,图略。

4-3 (1) 分离点 $d=-4.23$,起始角 $\theta_{p_1}=153.43°$,图略;

(2) 渐近线$\begin{cases}\sigma_a=0\\ \varphi_a=\pm 90°\end{cases}$,起始角 $\theta=0°$,图略;

(3) 渐近线$\begin{cases}\sigma_a=-8/3\\ \varphi_a=\pm 60°, 180°\end{cases}$,分离点$\begin{cases}d_1=-2\\ d_2=-3.33\end{cases}$,

虚轴交点$\begin{cases}\omega=0\\ K^*=0\end{cases}$ $\begin{cases}\omega=\pm 2\sqrt{5}\\ K^*=160\end{cases}$,起始角 $\theta=-63°$,图略;

(4) 渐近线$\begin{cases}\sigma_a=-1\\ \varphi_a=\pm 60°, 180°\end{cases}$,虚轴交点$\begin{cases}\omega=\pm 1.61\\ K^*=7.03\end{cases}$,起始角 $\theta_1=-25.57°$,图略。

4-4 (1) $K^*=30, z=199/30$;

(2) 渐近线$\begin{cases}\sigma_a=-2.1\\ \varphi_a=\pm 36°, \pm 108°, 180°\end{cases}$,分离点 $d=-0.45$,

虚轴交点$\begin{cases}\omega=\pm 1.02\\ K^*=71.90\end{cases}$, 起始角 $\theta=92.74°$,图略。

4-5 渐近线$\begin{cases}\sigma_a=-2\\ \varphi_a=\pm 60°, 180°\end{cases}$,分离点 $d=-3.29$,

虚轴交点$\begin{cases}\omega=\pm\sqrt{21}\\ K^*=96\end{cases}$, 起始角$\begin{cases}\theta=45°\\ \theta=-135°\end{cases}$,图略。

4-6 (1) 渐近线$\begin{cases}\sigma_a=-3.85\\ \varphi_a=\pm 90°\end{cases}$, 分离点$\begin{cases}d_1=-1.79\\ d_2=-3.46\end{cases}$,图略;

(2) $e_{ss}=-0.868$。

4-7 $1<K<9/7$。

4-8 分离点 $d=-0.41$，虚轴交点$\begin{cases}\omega=0\\K^*=0.2\end{cases}$ $\begin{cases}\omega=\pm 1.25\\K^*=0.75\end{cases}$；$1<K<3.75$。

4-9 (1) 渐近线$\begin{cases}\sigma_a=0\\\varphi_a=\pm 90°\end{cases}$，起始角 $\theta=19.48°$，图略；

(2) 渐近线$\begin{cases}\sigma_a=3.5\\\varphi_a=\pm 90°\end{cases}$，分离点 $d=-0.4344$，虚轴交点$\begin{cases}\omega=\pm 1.69\\K=6/7\end{cases}$，图略。

4-10 分离点 $d=-0.5$，起始角 $\pm 60°$，$180°$，图略。

4-11 分离点$\begin{cases}d_1=-0.732\\d_2=2.732\end{cases}$， 虚轴交点$\begin{cases}\omega=\pm 1.41\\K^*=2\end{cases}$；

图略，产生重实根的 K^* 为 0.54，7.46，产生纯虚根的 K^* 为 2。

4-12 (1) 图略，$\Phi(s)=\dfrac{20}{(s+3+\mathrm{j}4.24)(s+3-\mathrm{j}4.24)}$；

(2) 图略，$\Phi(s)=\dfrac{30(s+2)}{(s+1.56)(s+38.44)}$。

4-13 (1) $G^*(s)=\dfrac{\tau s}{s^2+0.2s+1}$，图略；

(2) $\Phi(s)=\dfrac{1+0.8s}{(s+0.5+\mathrm{j}0.866)(s+0.5-\mathrm{j}0.866)}$。

4-14 分离点 $d=-30$，虚轴交点$\begin{cases}\omega=\pm 10\\T=0.2\end{cases}$，起始角 $\theta_{p_1}=60°$，图略；

$0<T\leqslant 0.015$ 时，阶跃响应为单调收敛过程，$0.015<T<0.2$ 时，阶跃响应为振荡收敛过程，$T>0.2$ 时系统不稳定。

4-15 $0\leqslant a\leqslant 0.4147$ 或 $a<0$。

4-16 (1) $\begin{cases}\sigma_a=-2/3\\\varphi_a=\pm 60°,180°\end{cases}$，图略； (2) $\begin{cases}\sigma_a=1/2\\\varphi_a=\pm 90°\end{cases}$，图略； (3) $\begin{cases}\sigma_a=-1/2\\\varphi_a=\pm 90°\end{cases}$，图略。

4-17 (1) 180 度根轨迹

$$\begin{cases}\sigma_a=\dfrac{1}{3}\\\varphi_a=\pm\dfrac{\pi}{3},\pi\end{cases},\quad \begin{cases}d_1=-0.45\\d_3=-12.5\end{cases},\quad \begin{cases}\omega=\pm 1.53\\K^*=5.07\end{cases}，图略；$$

0 度根轨迹

$$\begin{cases}\sigma_a=\dfrac{1}{3}\\\varphi_a=\pm\dfrac{2\pi}{3},0\end{cases},\quad d_2=-2.25，图略；$$

(2) $K_d=0.204$， $\Phi(s)=\dfrac{0.2}{(s+0.45)^2}$。

第 5 章

5-1 (1) $G_a(j\omega)=\dfrac{K_1(1+j\tau_1\omega)}{1+jT_1\omega}$； (2) $G_b(j\omega)=\dfrac{1+j\tau_2\omega}{1+jT_2\omega}$。

5-2 (1) $r(t)=\sin 2t$ 时，

$c_s(t)=0.35\sin(2t-45°)$，$e_s(t)=0.79\sin(2t+18.4°)$；

(2) $r(t)=\sin(t+30°)-2\cos(2t-45°)$时，

$c_s(t)=0.45\sin(t+3.4°)-0.7\cos(2t-90°)$，

$e_s(t)=0.63\sin(t+48.4°)-1.58\cos(2t-26.6°)$。

5-3 $\Phi(j\omega)=\dfrac{36}{(j\omega+4)(j\omega+9)}$。

5-4 幅相特性曲线略。

5-5 $\begin{cases}A(0.5)=17.8885\\ \varphi(0.5)=-153.435°\end{cases}$，$\begin{cases}A(2)=0.3835\\ \varphi(2)=-327.53°\end{cases}$

5-6 幅相特性曲线略。

5-7 $G(j\omega)=\dfrac{1-j0.5\omega}{j\omega(1+j2\omega)}$。

5-8 幅相特性曲线略。

5-9 对数幅频特性曲线略。

5-10 证明略。

5-11 (a) $G(s)=\dfrac{100}{\left(\dfrac{s}{0.2}+1\right)\left(\dfrac{s}{200}+1\right)}$； (b) $G(s)=\dfrac{\dfrac{s}{0.5}+1}{s^2\left(\dfrac{s}{10}+1\right)}$；

(c) $G(s)=\dfrac{s/2}{\left(\dfrac{s}{10}+1\right)\left(\dfrac{s}{60}+1\right)}$； (d) $G(s)=\dfrac{0.1\left(\dfrac{s}{0.1}+1\right)}{s^2(s+1)}$；

(e) $G(s)=\dfrac{250000}{s(s^2+31s+2500)}$； (f) $G(s)=\dfrac{2000(s^2+1.2858s+10)}{(s^2+63.246s+1000)(s+200)}$。

5-12 $G_4(s)=\dfrac{18}{s(0.125s+1)}$。

5-13 (1) 不稳定； (2) 稳定； (3) 不稳定； (4) 稳定； (5) 不稳定；
(6) 稳定； (7) 稳定； (8) 稳定； (9) 不稳定； (10) 不稳定。

5-14 (1) 不稳定；(2) 稳定；(3) 稳定。

5-15 (1) $0<K<\dfrac{3}{2}$；(2) $0<T<\dfrac{1}{9}$；(3) $0<K<\dfrac{1+T}{T}$。

5-16 系统不稳定。

5-17 $Z=P-2N=Z_1-2N=0-2\times(-1)=2$。

5-18 系统不稳定。

5-19 系统不稳定。

5-20 （1）$\gamma=12.6°, h=\infty$； （2）$\gamma=-29.4°, h=0.391$；

（3）$\gamma=0°, h=1$； （4）$\gamma=-24.8°, h=0.343$。

5-21 $a=0.84$。

5-22 $K_h=0.1$。

5-23 $\omega_c=2.45$， $K=2.65$。

5-24 $0<\tau<1.3686$。

5-25 系统不能达到精度要求。

5-26 （1）$G(s)=\dfrac{10}{s\left(\dfrac{s}{0.1}+1\right)\left(\dfrac{s}{20}+1\right)}$； （2）$\gamma=2.85°$，系统稳定；

（3）超调量不变，调节时间缩短。

5-27 （1）$G(s)=\dfrac{4\left(\dfrac{s}{0.2}+1\right)}{s\left(\dfrac{s}{0.04}+1\right)\left(\dfrac{s}{2}+1\right)\left(\dfrac{s}{10}+1\right)}$；

（2）$\omega_c=0.8$， $\gamma=52.45°$；

（3）$e_{ss}=0.125$。

5-28 $\omega_c=2.143, \gamma=63°$。

5-29 $\omega_c=2.1824, \gamma=46.9°$。

5-30 闭环对数幅频特性曲线略。

5-31 （1）$\sigma\%=21\%, t_s=1.13$；

（2）$\sigma\%=21\%, t_s=1.13$；

（3）$\sigma\%=20.6\%, t_s=1.2446$。

5-32 $\omega_n=1.244, \zeta=0.22$。

5-33 $\omega_c=0.28$， $K=0.07854$， $\gamma=35.54°$。

5-34 $\begin{cases}\gamma=75° \\ \omega_c=125\end{cases}$。

5-35 $K_1/K=2.02/0.5=4.04$。

5-36 （1）$K>6, \gamma'=-3.8°, 20\lg h'=-1\text{dB}$；

（2）$\gamma''=22.5°, 20\lg h''=7.5\text{dB}$。

5-37 $G_c(s)=\dfrac{\dfrac{s}{2}+1}{\dfrac{s}{28.125}+1}$。

5-38 $G_c(s)=\dfrac{\dfrac{s}{0.06}+1}{\dfrac{s}{0.0072}+1}$。

5-39 $G_c(s)=\dfrac{20\left(\dfrac{s}{0.05}+1\right)}{\dfrac{s}{0.0025}+1}$。

5-40 $G_c(s)=\dfrac{\dfrac{s}{0.6}+1}{\dfrac{s}{0.036}+1}$。

5-41 $G_c(s)=\dfrac{\left(\dfrac{s}{0.2}+1\right)\left(\dfrac{s}{0.67}+1\right)}{\left(\dfrac{s}{0.0536}+1\right)\left(\dfrac{s}{6}+1\right)}$。

5-42 (1) $G(s)=\dfrac{20\left(\dfrac{s}{4}+1\right)}{s\left(\dfrac{s}{2}+1\right)\left(\dfrac{s}{20}+1\right)}$； (2) $G_c(s)=\dfrac{10\left(\dfrac{s}{4}+1\right)}{\dfrac{s}{20}+1}$。

(3) $L_c(\omega)$，$L_0(\omega)$曲线略；

(4) 校正后系统的稳态速度误差减小；超调量减小，调节时间减小；抗高频干扰能力下降。

5-43 (1) (a) $G(s)=G_{ca}(s)\cdot G_0(s)=\dfrac{20(s+1)}{s\left(\dfrac{s}{10}+1\right)\left(\dfrac{s}{0.1}+1\right)}$；

(b) $G(s)=G_{cb}(s)\cdot G_0(s)=\dfrac{\dfrac{s}{10}+1}{\dfrac{s}{100}+1}\cdot\dfrac{20}{s\left(\dfrac{s}{10}+1\right)}=\dfrac{20}{s\left(\dfrac{s}{100}+1\right)}$；

(c) $G_3(s)=G_0\cdot G_{cc}=\dfrac{10^{\frac{K_0+K_c}{20}}(T_2s+1)(T_3s+1)}{(T_1s+1)(T_4s+1)\left(\dfrac{s}{\omega_1}+1\right)\left(\dfrac{s}{\omega_2}+1\right)\left(\dfrac{s}{\omega_3}+1\right)}$。

(2) 略。

5-44 (1) $K=27$；(2) $t_s=6.76$，$K_v=1$；(3) $G_c(s)=\dfrac{\left(\dfrac{s}{0.2}+1\right)\left(\dfrac{s}{0.6}+1\right)}{\left(\dfrac{s}{0.0063}+1\right)\left(\dfrac{s}{6.3}+1\right)}$。

5-45 (1) 采用滞后-超前校正时稳定程度最好；

(2) 采用滞后-超前校正可以满足要求。

5-46 (1) 滞后-超前校正，$G_c(s)=\dfrac{(s+1)^2}{(10s+1)(0.1s+1)}$；

(2) $0<K<110$；

(3) $\gamma=83.72°$，$h=109.8$。

第 6 章

6-1 (1) $E(z)=\dfrac{z}{z-a}$； (2) $E(z)=\dfrac{T^2ze^{3T}(ze^{3T}+1)}{(ze^{3T}-1)^3}=\dfrac{T^2ze^{-3T}(z+e^{-3T})}{(z-e^{-3T})^3}$；

(3) $E(z)=\frac{z}{z-1}+\frac{Tz}{(z-1)^2}$； (4) $E(z)=\frac{3z}{2(z-1)}-\frac{2z}{z-e^{-T}}+\frac{z}{2(z-e^{-2T})}$。

6-2 (1) $e(nT)=10(2^n-1)$； (2) $e(nT)=-2n-3$。

6-3 (1) $\begin{cases}e_0=0\\e_{ss}=\infty\end{cases}$； (2) $\begin{cases}e_0=0\\e_{ss}=1\end{cases}$。

6-4 $c(0)=0,c(1)=1,c(2)=4,c(3)=15,c(4)=56,\cdots$。

6-5 (1) $c(n)=\frac{1}{3}-\frac{1}{2}\times 2^n+\frac{1}{6}\times 4^n$；

(2) $c(n)=\frac{n-1}{4}[1+(-1)^{n-1}]$；

(3) $c(nT)=(-1)^n\left[\frac{11}{2}-7\times 2^n+\frac{5}{2}\times 3^n\right]$。

6-6 $G(z)=\frac{C(z)}{R(z)}=\frac{z(1-e^{-0.5T})}{z^2-(1+e^{-0.5T})z+e^{-0.5T}}$。

6-7 (a) $G(z)=\frac{10z^2}{(z-e^{-2T})(z-e^{-5T})}$；

(b) $G(z)=\frac{10}{3}\cdot\frac{z(e^{-2T}-e^{-5T})}{(z-e^{-2T})(z-e^{-5T})}$；

(c) $G(z)=\frac{\left(1-\frac{5}{3}e^{-2T}+\frac{2}{3}e^{-5T}\right)z+\frac{2}{3}e^{-2T}+\frac{5}{3}e^{-5T}+e^{-7T}}{(z-e^{-2T})(z-e^{-5T})}$。

6-8 (a) $\Phi(z)=\frac{G_1(z)}{1+G_1G_2(z)+G_1(z)G_3(z)}$；

(b) $C(z)=\frac{RG_2G_4(z)+G_hG_3G_4(z)RG_1(z)}{1+G_hG_3G_4(z)}$；

(c) $C(z)=\frac{NG_2(z)+[D_1(z)+D_2(z)]G_hG_1G_2(z)R(z)}{1+D_1(z)G_hG_1G_2(z)}$。

6-9 (1) 系统不稳定；(2) 系统不稳定；(3) 系统不稳定。

6-10 (1) $\Phi(z)=\frac{0.01966z+0.01558}{z^2-1.4946z+0.4981}$；

(2) 系统稳定；

(3) $c^*(t)=0.01966\delta(t-T)+0.06462\delta(t-2T)+0.12203\delta(t-3T)+0.18543\delta(t-4T)+0.25161\delta(t-5T)+\cdots$,

$c^*(\infty)=10$。

6-11 (1) 略；(2) $0<K<3.304$ 时稳定。

6-12 稳定条件：$0<K<4.329$。

6-13 $T=1$s 时，$0<K<2.3922$；

$T=0.5$s 时，$0<K<4.362$。

6-14 $K=4, 0<T<\ln 3$。

6-15 $e^*(\infty)=0.1$。

6-16　$K_p=\infty, K_v=0.1, K_a=0$；$e^*(\infty)=1$。

6-17　在系统稳定范围内，不可能使 $e^*(\infty)<0.1$。

6-18　(1) $D(z)=D(s)\Big|_{s=\frac{1-z^{-1}}{T}}=\dfrac{(\tau+T)-\tau z^{-1}}{(T_1+T)-T_1 z^{-1}}$；

(2) $D(z)=\mathcal{Z}\left[\dfrac{1-e^{-Ts}}{s}D(s)\right]=\dfrac{\dfrac{\tau}{T_1}+\left(1-\dfrac{\tau}{T_1}-e^{-\frac{T}{T_1}}\right)z^{-1}}{1-e^{-\frac{T}{T_1}}z^{-1}}$；

(3) $D(z)=\dfrac{1-e^{-\frac{T}{T_1}}}{1-e^{-\frac{T}{\tau}}}\cdot\dfrac{1-e^{-\frac{T}{\tau}}z^{-1}}{1-e^{-\frac{T}{T_1}}z^{-1}}$；

(4) $D(z)=D(s)\Big|_{s=\frac{2}{T}\frac{z-1}{z+1}}=\dfrac{(2\tau+T)+(T-2\tau)z^{-1}}{(2T_1+T)+(T-2T_1)z^{-1}}$。

6-19　$D(z)=0.6368\cdot\dfrac{1-1.77896z^{-1}+0.78609z^{-2}}{1-1.4206z^{-1}+0.42515z^{-2}}$。

6-20　$u(k)-0.408u(k-1)-0.592u(k-2)=0.383e(k)-0.366e(k-1)+0.0827e(k-2)$；

$$u^*(t)=\sum_{n=0}^{\infty}[0.0628+0.442(-0.592)^n]\cdot\delta(t-nT)。$$

6-21　$D(z)=\dfrac{1-0.37z^{-1}}{0.63}$。

6-22　$D(z)=\dfrac{2-z^{-1}}{K(1-z^{-1})}$。

6-23　$D(z)=\dfrac{0.543(1-0.5z^{-1})(1-0.368z^{-1})}{(1-z^{-1})(1+0.718z^{-1})}$。

第 7 章

7-1　稳定的平衡状态：$x_e=0$；不稳定平衡状态：$x_e=-1,+1$；图略。

7-2　(1) $x_e=0$：不稳定的焦点，$x_e=-1$：鞍点，图略；

(2) $x_e=0$：中心点，图略；

(3) $x_e=2k\pi$：中心点，$x_e=(2k+1)\pi$：鞍点，$k=0,\pm1,\pm2,\cdots$，图略。

7-3　证明略。

7-4　(1) $x_e=0$：稳定的焦点($x>0$)，$x_e=0$：鞍点($x<0$)，图略；

(2) $x_e=0$：鞍点，图略。

7-5　开关线方程：$e(t)=\pm2$，$e_0=2$：中心点，$e_0=-2$：中心点，图略。

7-6　图略。

7-7　比例微分控制可以改善系统的稳定性；微分作用增强时，系统振荡性减小，响应加快。

7-8　(1) 图略；(2) 测速反馈有利于系统运动的收敛。

7-9 $N(A)=\frac{3A^2}{4}$。

7-10 式(2)对应的非线性系统用描述函数法分析的结果准确程度较高。

7-11 (a) $G(s)=G_1(s)[1+H_1(s)]$； (b) $G(s)=H_1(s)\frac{G_1(s)}{1+G_1(s)}$。

7-12 (a) 不是； (b) 是； (c) 是；
(d) a、c 点是，b 点不是； (e) 是； (f) a 点不是，b 点是；
(g) a 点不是，b 点是； (h) 系统不稳定； (i) 系统稳定；
(j) 不是； (k) 系统不稳定； (l) a 点是，b 点不是。

7-13 略。

7-14 $0<a<1$ 时系统不稳定；$a>1$ 时系统自振。

7-15 (1) K $0\longrightarrow 2/3\longrightarrow 2\longrightarrow\infty$；
稳定 自振 不稳定

(2) $\begin{cases}A=\dfrac{6K-4}{2-K}\\ \omega=1\end{cases}\quad\left(\dfrac{2}{3}<K<2\right)$。

7-16 (1) $T=0.5$ 时，$A=1.18$； (2) 自振振幅随 T 增大而减小。

7-17 $\omega=3.91$，$A=0.806$；$c(t)$的振幅为 0.161。

7-18 $0<K<11.35$，$K=0.1$ 时系统稳定。

7-19 系统会自振，$A=2.12M$，$\omega=\sqrt{2}$。

7-20 $A_c=0.398$，$\omega=2$；波形图略。

7-21 略。

7-22 略。

第 8 章

8-1

(1) $$\begin{cases}\begin{bmatrix}\dot{x}_1\\ \dot{x}_2\\ \dot{x}_3\end{bmatrix}=\begin{bmatrix}0 & 1 & 0\\ 0 & 0 & 1\\ 0 & -\dfrac{R_a f_m+K_b C_m}{L_a J_m} & -\dfrac{L_a f_m+J_m R_a}{L_a J_m}\end{bmatrix}\begin{bmatrix}x_1\\ x_2\\ x_3\end{bmatrix}+\begin{bmatrix}0\\ 0\\ \dfrac{C_m}{L_a J_m}\end{bmatrix}U_a\\ y=[1\quad 0\quad 0]\begin{bmatrix}x_1\\ x_2\\ x_3\end{bmatrix}\end{cases}$$；

(2) $$\begin{bmatrix}\dot{\bar{x}}_1\\ \dot{\bar{x}}_2\\ \dot{\bar{x}}_3\end{bmatrix}=\begin{bmatrix}-\dfrac{R_a}{L_a} & 0 & -\dfrac{K_b}{L_a}\\ 0 & 0 & 1\\ \dfrac{C_m}{J_m} & 0 & -\dfrac{f_m}{J_m}\end{bmatrix}\begin{bmatrix}\bar{x}_1\\ \bar{x}_2\\ \bar{x}_3\end{bmatrix}+\begin{bmatrix}\dfrac{1}{L_a}\\ 0\\ 0\end{bmatrix}U_a,\quad y=[0\quad 1\quad 0]\begin{bmatrix}\bar{x}_1\\ \bar{x}_2\\ \bar{x}_3\end{bmatrix}$$。

8-2　可控标准型

$$\begin{bmatrix}\dot{x}_1\\ \dot{x}_2\\ \dot{x}_3\end{bmatrix}=\begin{bmatrix}0 & 1 & 0\\ 0 & 0 & 1\\ -6 & -11 & -6\end{bmatrix}\begin{bmatrix}x_1\\ x_2\\ x_3\end{bmatrix}+\begin{bmatrix}0\\ 0\\ 1\end{bmatrix}u,\quad y=[6\quad 0\quad 0]\begin{bmatrix}x_1\\ x_2\\ x_3\end{bmatrix}$$,状态图略；

可观测标准型

$$\begin{bmatrix}\dot{\bar{x}}_1\\ \dot{\bar{x}}_2\\ \dot{\bar{x}}_3\end{bmatrix}=\begin{bmatrix}0 & 0 & -6\\ 1 & 0 & -11\\ 0 & 1 & -6\end{bmatrix}\begin{bmatrix}\bar{x}_1\\ \bar{x}_2\\ \bar{x}_3\end{bmatrix}+\begin{bmatrix}6\\ 0\\ 0\end{bmatrix}u,\quad y=[0\quad 0\quad 1]\begin{bmatrix}\bar{x}_1\\ \bar{x}_2\\ \bar{x}_3\end{bmatrix}$$,状态图略。

8-3　$$\begin{bmatrix}\dot{x}_1\\ \dot{x}_2\\ \dot{x}_3\end{bmatrix}=\begin{bmatrix}0 & 0 & 1\\ -2 & -3 & 0\\ 0 & 2 & -3\end{bmatrix}\begin{bmatrix}x_1\\ x_2\\ x_3\end{bmatrix}+\begin{bmatrix}0\\ 2\\ 0\end{bmatrix}u,\ y=x_1=[1\quad 0\quad 0]\begin{bmatrix}x_1\\ x_2\\ x_3\end{bmatrix}$$；状态图略。

8-4

(1) 可控标准型

$$\begin{bmatrix}\dot{x}_1\\ \dot{x}_2\end{bmatrix}=\begin{bmatrix}0 & 1\\ -3 & -4\end{bmatrix}\begin{bmatrix}x_1\\ x_2\end{bmatrix}+\begin{bmatrix}0\\ 1\end{bmatrix}u,\quad y=[5\quad 2]\begin{bmatrix}x_1\\ x_2\end{bmatrix}+u$$,状态图略；

(2) 可观测标准型

$$\begin{bmatrix}\dot{\bar{x}}_1\\ \dot{\bar{x}}_2\end{bmatrix}=\begin{bmatrix}0 & -3\\ 1 & -4\end{bmatrix}\begin{bmatrix}\dot{\bar{x}}_1\\ \dot{\bar{x}}_2\end{bmatrix}+\begin{bmatrix}5\\ 2\end{bmatrix}u,\quad y=[0\quad 1]\begin{bmatrix}\bar{x}_1\\ \bar{x}_2\end{bmatrix}+u$$,状态图略；

(3) 对角型

$$\begin{bmatrix}\dot{x}_1\\ \dot{x}_2\end{bmatrix}=\begin{bmatrix}-3 & 0\\ 0 & -1\end{bmatrix}\begin{bmatrix}x_1\\ x_2\end{bmatrix}+\begin{bmatrix}\frac{1}{2}\\ \frac{3}{2}\end{bmatrix}u,\quad y=[1\quad 1]\begin{bmatrix}x_1\\ x_2\end{bmatrix}+u$$,状态图略。

8-5　$$\begin{bmatrix}\dot{x}_1\\ \dot{x}_2\\ \dot{x}_3\end{bmatrix}=\begin{bmatrix}-1 & 1 & 0\\ 0 & -1 & 0\\ 0 & 0 & -2\end{bmatrix}\begin{bmatrix}x_1\\ x_2\\ x_3\end{bmatrix}+\begin{bmatrix}0\\ 1\\ 1\end{bmatrix}u,\quad y=[5\quad -5\quad 5]\begin{bmatrix}x_1\\ x_2\\ x_3\end{bmatrix}$$,状态图略。

8-6　$$\begin{cases}\begin{bmatrix}\dot{x}_1\\ \dot{x}_2\\ \dot{x}_3\end{bmatrix}=\begin{bmatrix}0 & 1 & 0\\ 0 & 0 & 1\\ -6 & -11 & -6\end{bmatrix}\begin{bmatrix}x_1\\ x_2\\ x_3\end{bmatrix}+\begin{bmatrix}1 & 0\\ 2 & -1\\ 0 & 2\end{bmatrix}\begin{bmatrix}u_1\\ u_2\end{bmatrix}\\ \begin{bmatrix}y_1\\ y_2\end{bmatrix}=\begin{bmatrix}1 & -1 & 0\\ 2 & 1 & -1\end{bmatrix}\begin{bmatrix}x_1\\ x_2\\ x_3\end{bmatrix}\end{cases}$$；状态图略。

8-7　$G(s)=\dfrac{2s^2+7s+3}{s^3-7s-6}$。

8-8　$e^{\boldsymbol{A}t}=\begin{bmatrix}e^{-t} & 0\\ 0 & e^{t}\end{bmatrix}$。

8-9 $\boldsymbol{\Phi}_1(t)$不是转移矩阵；$\boldsymbol{\Phi}_2(t)$是转移矩阵，其状态阵为$\begin{bmatrix}0 & 1\\-2 & -3\end{bmatrix}$。

8-10 $\boldsymbol{x}(t)=\begin{bmatrix}e^{-t} & 0 & 0\\0 & e^{-2t} & 0\\0 & 0 & e^{-3t}\end{bmatrix}\boldsymbol{x}_0$。

8-11 $\boldsymbol{x}(t)=\begin{bmatrix}e^t & 0\\te^t & e^t\end{bmatrix}\begin{bmatrix}1\\0\end{bmatrix}+\int_0^t\begin{bmatrix}e^{t-\tau} & 0\\(t-\tau)e^{t-\tau} & e^{t-\tau}\end{bmatrix}\begin{bmatrix}1\\1\end{bmatrix}d\tau=\begin{bmatrix}-1+2e^t\\2te^t\end{bmatrix}$。

8-12 $\begin{cases}\boldsymbol{x}(k+1)=\boldsymbol{G}\cdot x(k)+\boldsymbol{H}\cdot u(k)\\y(k)=\boldsymbol{C}\cdot x(k)\end{cases}$；

$G=\begin{bmatrix}0 & 1\\-2 & -3\end{bmatrix}$，$H=\begin{bmatrix}0\\1\end{bmatrix}$，$C=[3\quad 2]$；$y(1)=2$，$y(2)=-1$。

8-13 $\boldsymbol{\Phi}(T=1)\approx\begin{bmatrix}1 & 3.19\\0 & 7.39\end{bmatrix}$，$\boldsymbol{G}(T=1)=\begin{bmatrix}1.347\\3.195\end{bmatrix}$。

8-14 平衡点$\begin{cases}x_1=0\\x_2=0\end{cases}$，平衡状态大范围一致渐近稳定。

8-15 $\boldsymbol{Q}=\boldsymbol{I}$时，$\boldsymbol{P}=\frac{1}{16}\begin{bmatrix}-4 & 8 & -12\\8 & 6 & -13\\-12 & -13 & 44\end{bmatrix}$，不定；

选$\boldsymbol{Q}=\begin{bmatrix}0 & 0 & 0\\0 & 1 & 0\\0 & 0 & 0\end{bmatrix}$时，$\boldsymbol{P}=\begin{bmatrix}0 & 0 & 0\\0 & \frac{1}{2} & 0\\0 & 0 & 0\end{bmatrix}$正半定，系统稳定。

8-16 $0<K<2$。

8-17 (1) 不可控； (2) 不可控； (3) 可控；

(4) 不可控； (5) 不可控； (6) 不可控。

8-18 $a\neq b+1/b$。

8-19 ① 采用可控标准型，不论a为何值，系统总可控。

② 在任意三阶实现情况下可控，则$a\neq 1,2,4$。

8-20 (1) 可观； (2) 可观； (3) 可观； (4) 不可观。

8-21 $b\neq a+1$时，系统可观。

8-22 系统可控，可观测。

8-23 特征方程$D(s)=s^4-1=0$；特征值：$\lambda_1=1$，$\lambda_2=-1$，$\lambda_{3,4}=\pm j$；特征向量

$$\boldsymbol{P}_1=\begin{bmatrix}1\\1\\1\\1\end{bmatrix},\boldsymbol{P}_2=\begin{bmatrix}1\\-1\\1\\-1\end{bmatrix},\boldsymbol{P}_3=\begin{bmatrix}1\\j\\-1\\-j\end{bmatrix},\boldsymbol{P}_4=\begin{bmatrix}1\\-j\\-1\\j\end{bmatrix}$$

变换矩阵

$$P=\begin{bmatrix}1 & 1 & 1 & 1\\ 1 & -1 & \mathrm{j} & -\mathrm{j}\\ 1 & 1 & -1 & -1\\ 1 & -1 & -\mathrm{j} & \mathrm{j}\end{bmatrix}$$

8-24　$\boldsymbol{A}=\begin{bmatrix}0 & 1\\ -10 & 5\end{bmatrix}$，$\boldsymbol{B}=\begin{bmatrix}0\\ 1\end{bmatrix}$。

8-25　可控、不可观方程

$$\dot{\boldsymbol{x}}=\begin{bmatrix}0 & 1\\ -2 & -3\end{bmatrix}\boldsymbol{x}+\begin{bmatrix}0\\ 1\end{bmatrix}u,\quad y=[1\quad 1]\boldsymbol{x};$$

可观测、不可控方程

$$\dot{\boldsymbol{x}}=\begin{bmatrix}0 & -2\\ 1 & -3\end{bmatrix}\boldsymbol{x}+\begin{bmatrix}1\\ 1\end{bmatrix}u,\quad y=[0\quad 1]\boldsymbol{x};$$

不可控不可观方程

$$\dot{\boldsymbol{x}}=\begin{bmatrix}-1 & 0\\ 0 & -2\end{bmatrix}\boldsymbol{x}+\begin{bmatrix}0\\ 1\end{bmatrix}u,\quad y=[0\quad 1]\boldsymbol{x}。$$

8-26　可控子系统

$$\begin{cases}\dot{\boldsymbol{x}}_{\mathrm{c}}=\dfrac{1}{27}\begin{bmatrix}0 & -108\\ 27 & 135\end{bmatrix}\boldsymbol{x}_{\mathrm{c}}+\dfrac{1}{27}\begin{bmatrix}-75 & -16\\ 21 & -2\end{bmatrix}\boldsymbol{x}_{\bar{\mathrm{c}}}+\begin{bmatrix}1\\ 0\end{bmatrix}u\\ y_{\mathrm{c}}=[1\quad 10]\boldsymbol{x}_{\mathrm{c}}\end{cases};$$

不可控子系统

$$\begin{cases}\dot{\boldsymbol{x}}_{\bar{\mathrm{c}}}=\begin{bmatrix}3 & \dfrac{2}{3}\\ 0 & 2\end{bmatrix}\dot{\boldsymbol{x}}_{\bar{\mathrm{c}}}=\dfrac{1}{3}\begin{bmatrix}9 & 2\\ 0 & 6\end{bmatrix}\boldsymbol{x}_{\bar{\mathrm{c}}}\\ y_{\bar{\mathrm{c}}}=[-4\quad -3]\boldsymbol{x}_{\bar{\mathrm{c}}}\end{cases}。$$

8-27　可观子系统

$$\begin{cases}\dot{\boldsymbol{x}}_{\mathrm{o}}=\dfrac{1}{27}\begin{bmatrix}0 & 27\\ -108 & 135\end{bmatrix}\boldsymbol{x}_{\mathrm{o}}+\begin{bmatrix}1\\ 10\end{bmatrix}u\\ y_{\mathrm{o}}=[1\quad 0]\boldsymbol{x}_{\mathrm{o}}\end{cases};$$

不可观子系统

$$\begin{cases}\dot{\boldsymbol{x}}_{\bar{\mathrm{o}}}=\dfrac{1}{27}\begin{bmatrix}-75 & 21\\ -28 & -2\end{bmatrix}\boldsymbol{x}_{\bar{\mathrm{o}}}+\dfrac{1}{3}\begin{bmatrix}9 & 0\\ 2 & 6\end{bmatrix}\boldsymbol{x}_{\bar{\mathrm{o}}}+\begin{bmatrix}-4\\ -3\end{bmatrix}u\\ y_{\bar{\mathrm{o}}}=0\end{cases}。$$

8-28　可以，$\boldsymbol{k}=[4\quad 1.2\quad 2.1]$，状态图略。

8-29　$\boldsymbol{h}=\begin{bmatrix}h_0\\ h_1\end{bmatrix}=\begin{bmatrix}3r\\ 2r^2\end{bmatrix}$，状态图略。

8-30　能，$\boldsymbol{k}=[18\quad 21\quad 5]$，状态图略。

参 考 文 献

[1] 高国燊,余文烋. 自动控制原理[M]. 广州：华南理工大学出版社,1999.8

[2] 王划一,杨西侠,林家恒,杨立才. 自动控制原理[M]. 北京：国防工业出版社,2001

[3] 张晋格,王广雄. 自动控制原理[M]. 哈尔滨：哈尔滨工业大学出版社,2002

[4] 孙虎章. 自动控制原理[M]. 北京：中央广播电视大学出版社,1984

[5] Richard C. Dorf,Robert H. Bishop 著,谢红卫,邹逢兴,张明,李鹏波,李琦译. 现代控制系统(第八版)[M]. 北京：高等教育出版社,2001

[6] [美] Katsuhiko Ogata 著,卢伯英,于海勋等译. 现代控制工程[M]. 北京：电子工业出版社,2000

[7] 戴忠达. 自动控制理论基础[M]. 北京：清华大学出版社,1991

[8] 王积伟,吴振顺. 控制工程基础[M]. 北京：国防工业出版社,2001

[9] 刘明俊,于明祁,杨泉林. 自动控制原理[M]. 长沙：国防科技大学出版社,2000

[10] 胡寿松. 自动控制原理(第五版)[M]. 北京：科学出版社,2007

[11] 裴澜,宋申民. 自动控制原理(上册)[M]. 哈尔滨：哈尔滨工业大学出版社,2006

[12] 张汉全,肖建,汪晓宁. 自动控制理论[M]. 成都：西南交通大学出版社,2000

[13] 王万良. 自动控制原理[M]. 北京：科学出版社,2001

[14] 郑大钟. 线性系统理论[M]. 北京：清华大学出版社,1990

[15] 姜建国,曹建中,高玉明编. 信号与系统分析基础[M]. 北京：清华大学出版社,1994

[16] 于长官. 现代控制理论[M]. 哈尔滨：哈尔滨工业大学出版社,1997

[17] 周雪琴,张洪才. 控制工程导论[M]. 西安：西北工业大学出版社,1995

[18] 杨庚辰主编,自动控制原理[M]. 西安：西安电子科技大学出版社,1994

[19] 李素玲,胡健. 自动控制原理[M]. 西安：西安电子科技大学出版社,2007

[20] 潘丰,张开如等. 自动控制原理[M]. 北京：中国林业出版社,北京大学出版社,2006

[21] 晁勤,傅成华,王军,陈华. 自动控制原理[M]. 重庆：重庆大学出版社,2001

[22] 冯巧玲,吴娟等. 自动控制原理[M]. 北京：北京航空航天大学出版社,2007

[23] 程鹏主编. 自动控制原理[M]. 北京：高等教育出版社,2003

[24] 谢克明,王柏林. 自动控制原理[M]. 北京：电子工业出版社,2007

[25] 梅晓榕. 自动控制原理[M]. 北京：科学出版社,2003

[26] 邹伯敏. 自动控制理论[M]. 北京：机械工业出版社,2007

[27] 曹柱中,徐薇莉. 自动控制理论与设计[M]. 上海：上海交通大学出版社,1991

[28] 陈小琳. 自动控制原理习题集[M]. 北京：国防工业出版社,1982